技能型人才培训用书
国家职业资格培训教材

数控车工（技师、高级技师）

国家职业资格培训教材编审委员会　编
韩鸿鸾　主编

机械工业出版社

本书是根据国家职业标准《数控车工》（技师、高级技师）的知识要求和技能要求，按照岗位培训需要的原则编写的。内容包括：数控车床简介、数控车床精度及加工精度、数控车床加工的基础、FANUC系统数控车床与车削中心的编程、SIEMENS系统数控车床与加工中心的编程、数控车床的结构与常见故障的排除、生产管理的有关知识介绍。本书每章后面有复习思考题，书末还附有与之配套的试题库和答案，以便于企业培训、考核、鉴定和读者自测自查。

本书主要用作企业培训部门、职业技能鉴定培训机构的教材，也可作为高级技校、技师学院、高职、各种短训班的教学用书，还可以作为企业数控机床操作人员的参考书。

图书在版编目（CIP）数据

数控车工（技师、高级技师）/韩鸿鸾主编．—北京：机械工业出版社，2008.1（2011.10重印）
国家职业资格培训教材
ISBN 978-7-111-23256-8

Ⅰ.数… Ⅱ.韩… Ⅲ.数控机床：车床—车削—技术培训—教材 Ⅳ.TG519.1

中国版本图书馆CIP数据核字（2008）第008195号

机械工业出版社（北京市百万庄大街22号 邮政编码100037）
策划编辑：荆宏智 何月秋 责任编辑：邓振飞
责任校对：张晓蓉 责任印制：乔 宇
三河市宏达印刷有限公司印刷
2011年10月第1版第4次印刷
148mm×210mm·18.625印张·531千字
标准书号：ISBN 978-7-111-23256-8
定价：40.00元

凡购本书，如有缺页、倒页、脱页，由本社发行部调换

电话服务
社服务中心：(010)88361066
销售一部：(010)68326294
销售二部：(010)88379649
读者购书热线：(010)88379203

网络服务
门户网：http：//www.cmpbook.com
教材网：http：//www.cmpedu.com

国家职业资格培训教材

编审委员会

序 一

当前和今后一个时期，是我国全面建设小康社会、开创中国特色社会主义事业新局面的重要战略机遇期。建设小康社会需要科技创新，离不开技能人才，“全国人才工作会议”、“全国职教工作会议”都强调要把“提高技术工人素质、培养高技能人才”作为重要任务来抓。当今世界，谁掌握了先进的科学技术并拥有大量技术娴熟、手艺高超的技能人才，谁就能生产出高质量的产品，创出自己的名牌；谁就能在激烈的市场竞争中立于不败之地。我国有近一亿技术工人，他们是社会物质财富的直接创造者。技术工人的劳动，是科技成果转化为生产力的关键环节，是经济发展的重要基础。

科学技术是财富，操作技能也是财富，而且是重要的财富。中华全国总工会始终把提高劳动者素质作为一项重要任务，在职工中开展的“当好主力军，建功‘十一五’，和谐奔小康”竞赛中，全国各级工会特别是各级工会职工技协组织注重加强职工技能开发，实施群众性经济技术创新工程，坚持从行业和企业实际出发，广泛开展岗位练兵、技术比赛、技术革新、技术协作等活动，不断提高职工的技术技能和操作水平，涌现出一大批掌握高超技能的能工巧匠。他们以自己的勤劳和智慧，在推动企业技术进步，促进产品更新换代和升级中发挥了积极的作用。

欣闻机械工业出版社配合新的《国家职业标准》，为技术工人编写了这套涵盖41个职业的172种“国家职业资格培训教材”。这套教材由全国各地技能培训和考评专家编写，具有权威性和代表性；将理论与技能有机结合，并紧紧围绕《国家职业标准》的知识点和技能鉴定点编写，实用性、针对性强；既有必备的理论和技能知识，又有考核鉴定的理论和技能题库及答案，编排科学、便于培训和检测。

这套教材的出版非常及时，为培养技能型人才做了一件大好事，我相信这套教材一定会为我们培养更多更好的高技能人才做出贡献！

李永安

（李永安　中国职工技术协会常务副会长）

序　二

为贯彻“全国职业教育工作会议”和“全国再就业会议”精神，落实国家人才发展战略目标，促进农村劳动力转移培训，全面推进技能振兴计划和高技能人才培养工程，加快培养一大批高素质的技能型人才，我们精心策划了这套与劳动和社会保障部最新颁布的《国家职业标准》配套的“国家职业资格培训教材”。

进入21世纪，我国制造业在世界上所占的比重越来越大，随着我国逐渐成为“世界制造业中心”进程的加快，制造业的主力军——技能人才，尤其是高级技能人才的严重缺乏已成为制约我国制造业快速发展的瓶颈，高级蓝领出现断层的消息屡屡见诸报端。据统计，我国技术工人中高级以上技工只占3.5%，与发达国家40%的比例相去甚远。为此，国务院先后召开了“全国职业教育工作会议”和“全国再就业会议”，提出了“三年50万新技师的培养计划”，强调各地、各行业、各企业、各职业院校等要大力开展职业技术培训，以培训促就业，全面提高技术工人的素质。那么，开展职业培训的重要基础是什么呢？

众所周知，“教材是人们终身教育和职业生涯的重要学习工具”。顾名思义，作为职业培训的重要基础，职业培训教材当之无愧！编写出版优秀的职业培训教材，就等于为技能培训提供了一把开启就业之门的金钥匙，搭建了一座高技能人才培养的阶梯。

加快发展我国制造业，作为制造业龙头的机械行业责无旁贷。技术工人密集的机械行业历来高度重视技术工人的职业技能培训工作，尤其是技术工人培训教材的基础建设工作，并在几十年的实践中积累了丰富的教材建设经验。作为机械行业的专业出版社，机械工业出版社在“七五”、“八五”、“九五”期间，先后组织编写出版了“机械工人技术理论培训教材”149种，“机械工人操作技能培训教材”85种，“机械工人职业技能培训教材”66种，“机械工业技师考评培训教材”22种，以及配套的习题集、试题库和各种辅导性教材约800种，基本满足了机械行业技术工人培训的需要。这些教材以其针对性、实用性强，覆盖面广，层次齐备，成龙配套等特点，受到全国各级培训、鉴定和考工部门和技术工人的欢迎。

2000年以来，我国相继颁布了《中华人民共和国职业分类大典》和新的《国家职业标准》，其中对我国职业技术工人的工种、等级、职业的活动范围、工作内容、技能要求和知识水平等根据实际需要进行了重新界定，将国家职业资格分为5个等级：初级（5级）、中级（4级）、高级（3级）、技师（2级）、高级技师（1级）。为与新的《国家职业标准》配套，更好地满足当前各级职业培训和技术工人考工取证的需要，我们精心策划编写了这套“国家职业资格培训教材”。

这套教材是依据劳动和社会保障部最新颁布的《国家职业标准》编写的，为满足各级培训考工部门和广大读者的需要，这次共编写了41个职业172种教材。在职业选择上，除机电行业通用职业外，还选择了建筑、汽车、家电等其他相近行业的热门职业。每个职业按《国家职业标准》规定的工作内容和技能要求编写初级、中级、高级、技师（含高级技师）四本教材，各等级合理衔接、步步提升，为高技能人才培养搭建了科学的阶梯型培训架构。为满足实际培训的需要，对多工种共同需求的基础知识我们还分别编写了《机械制图》、《机械基础》、《电工常识》、《电工基础》、《建筑装饰识图》等近20种公共基础教材。

在编写原则上，依据《国家职业标准》又不拘泥于《国家职业标准》是我们这套教材的创新。为满足沿海制造业发达地区对技能人才细分市场的需要，我们对模具、制冷、电梯等社会需求量大又已单独培训和考核的职业，从相应的职业标准中剥离出来单独编写了针对性较强的培训教材。

为满足培训、鉴定、考工和读者自学的需要，在编写时我们考虑了教材的配套性。教材的章首有培训要点、章末配复习思考题，书末有与之配套的试题库和答案，以及便于自检自测的理论和技能模拟试卷，同时还根据需求为20多种教材配制了VCD光盘。

增加教材的可读性、提升教材的品质是我们策划这套教材的又一亮点。为便于培训、鉴定、考工部门在有限的时间内把最需要的知识和技能传授给学员，同时也便于学员抓住重点，提高学习效率，对需要掌握的重点、难点、考点和知识鉴定点加有旁白提示并采用双色印刷。

为扩大教材的覆盖面和体现教材的权威性，我们组织了上海、江苏、广东、广西、北京、山东、吉林、河北、四川、内蒙古等地相关行业从事技能培训和考工的200多名专家、工程技术人员、教师、技师和高级技师参加编写。

这套教材在编写过程中力求突出“新”字，做到“知识新、工艺新、技术新、设备新、标准新”；增强实用性，重在教会读者掌握必需的专业知识和技能，是企业培训部门、各级职业技能鉴定培训机构、再就业和农民工培训机构的理想教材，也可作为技工学校、职业高中、各种短训班的专业课教材。

在这套教材的调研、策划、编写过程中，曾经得到广东省职业技能鉴定中心、上海市职业技能鉴定中心、江苏省机械工业联合会、中国第一汽车集团公司以及北京、上海、广东、广西、江苏、山东、河北、内蒙古等地许多企业和技工学校的有关领导、专家、工程技术人员、教师、技师和高级技师的大力支持和帮助，在此谨向为本套教材的策划、编写和出版付出艰辛劳动的全体人员表示衷心的感谢！

教材中难免存在不足之处，诚恳希望从事职业教育的专家和广大读者不吝赐教，提出批评指正。我们真诚希望与您携手，共同打造职业培训教材的精品。

国家职业资格培训教材编审委员会

前　言

本书是根据中华人民共和国劳动社会保障部最新制定的国家职业标准《数控车工》技师及高级技师部分编写的。本书内容先进，引用了新观点、新思想以适应经济社会发展和科技进步的需要，体现以职业能力为本位，以应用为核心，以“必需、够用”为度的原则；紧密联系生产实际；加强针对性，与职业资格标准相互衔接。

本书为数控车工技师和高级技师考评培训教材，在实际应用时，可以根据当地实际情况全用或选用本书的部分内容。

本书由韩鸿鸾任主编，戚晓霞和朱晓华任副主编；毕毓杰任主审，房德涛任副主审。其中第一章、第七章由朱晓华、张玉东编写，第二章由戚晓霞编写，第三章由阮洪涛编写，第四章、第六章由韩鸿鸾编写，第五章由卢超、刘海燕编写，试题库及附录由宋吉红编写，全书由韩鸿鸾统稿。

本书在编写过程中得到了烟台工程职业技术学院、烟台职业学院、东营职业学院、常州技师学院、威海精密机床附件厂、威海联桥仲精机械有限公司、华东数控有限公司的大力支持，在此深表谢意。

由于时间仓促，编者水平有限，书中缺陷乃至错误在所难免，感谢广大读者给予批评指正。

编　者

目 录

MU LU

第一章

数控车床简介

培训学习目标 了解数控车床的布局、分类等。

数控车床主要是用于进行车削加工，在车床上一般可以加工各种回转表面，如内外圆柱面、圆锥面、成形回转表面及螺纹面等。在数控车床上还可加工高精度的曲面与端面螺纹。数控车床上所使用的刀具主要是车刀、各种孔加工刀具（如钻头、铰刀等）及螺纹刀具。数控车床加工零件的尺寸精度可达 IT5 ~ IT6 公差等级，表面粗糙度值可达 1.6μm 以下。

一、数控车床的布局形式

数控车床布局形式受到工件尺寸、质量和形状、机床生产率、机床精度以及操纵、运行要求和安全与环境保护要求的影响。

随着工件尺寸、质量和形状的变化，数控车床的布局可有卧式车床、落地式车床、单立柱立式车床、双立柱式车床和龙门移动式立式车床等，如图 1-1 所示。

生产率要求不同，数控车床的布局可以产生单主轴单刀架、单主轴双刀架、双主轴双刀架等不同的结构变化。表 1-1 是外国某公司 CNC 车床和车削加工系列布局图。

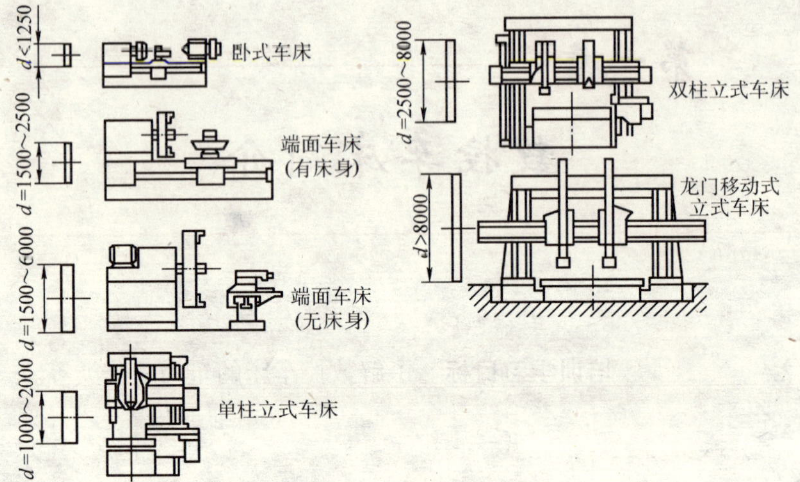

图 1-1　工件尺寸、质量对车床布局的影响

表 1-1　某公司 CNC 车床和车削加工系列布局

TT25	TM25	TM25Y
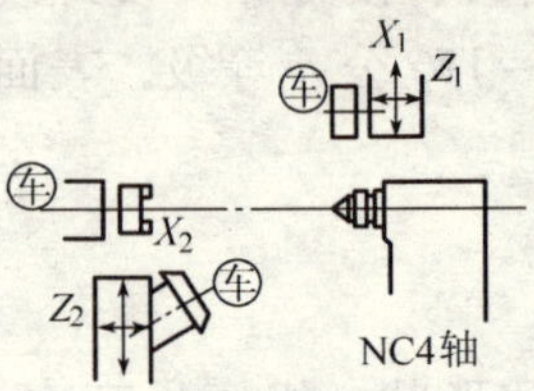 车　X_1　Z_1　车　X_2　Z_2　车　NC4轴	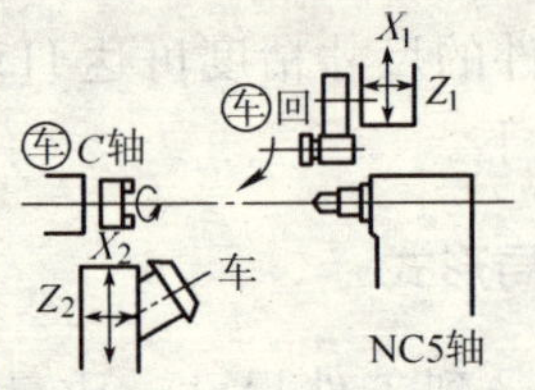 车　回　X_1　Z_1　车　C轴　X_2　Z_2　车　NC5轴	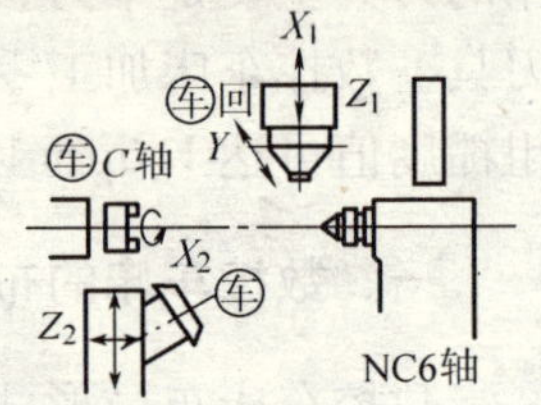 X_1　车　回　Z_1　Y　车　C轴　X_2　Z_2　车　NC6轴
·多刀平衡车削	·铣削 ·动力刀具	·上刀架有 Y 轴、ATC 和动力刀具
TT25S	**TM25S**	**TM25YS**
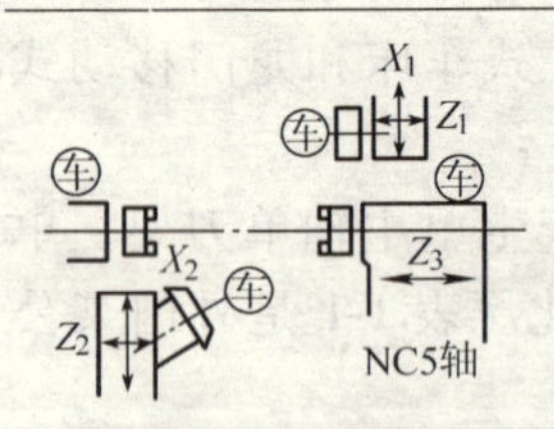 X_1　车　Z_1　车　车　X_2　车　Z_2　Z_3　NC5轴	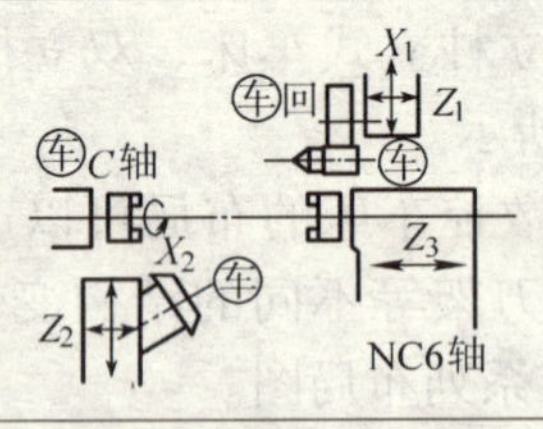 X_1　车　回　Z_1　车　C轴　车　X_2　车　Z_2　Z_3　NC6轴	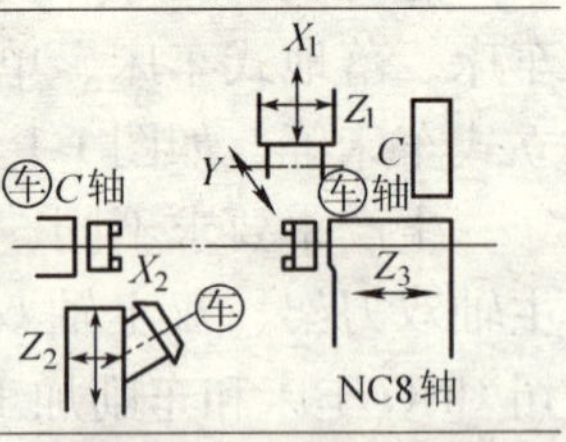 X_1　Z_1　C　Y　车　C轴　车　轴　X_2　Z_2　车　Z_3　NC8轴
·尾座换为第二主轴	·尾座换为第二主轴	·尾座换为第二主轴
·一台机床上完成 1、2 工序全部加工 ·附上下料装置可完成无人加工		·第一主轴送棒料 ·第二主轴拉棒料可完成无人加工

随着机床精度的不同，数控车床的布局要考虑切削力、切削热和切削振动的影响。要使这些因素对精度影响最小，机床在布局上就要考虑到各部件的刚度、抗震性和在受热时使得热变形的影响在不敏感的方向。如卧式车床主轴箱热变形时，随着刀架的位置不同，对尺寸的影响而不同，如图 1-2 所示。

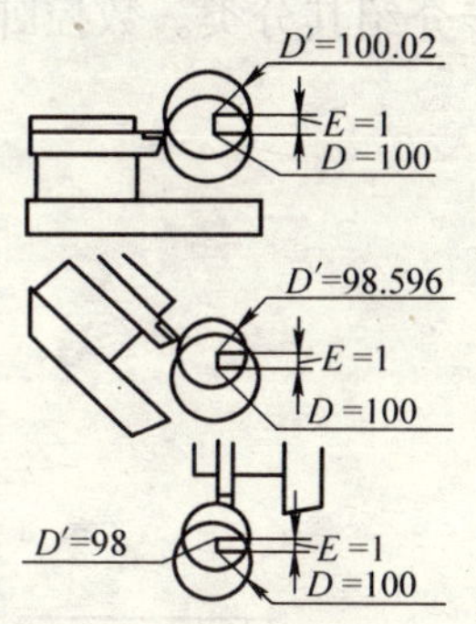

图 1-2　主轴箱热变形对加工尺寸的影响

由此可看出，在卧式数控机床布局中，刀架和导轨的布局已成为重要的影响因素。刀架位置和导轨的位置较大地影响了机床和刀具的调整、工件的装卸、机床操作的方便性，以及机床的加工精度，并且考虑到排屑性和抗震性，导轨宜采用倾斜式。在图 1-3 中，以斜床身（斜导轨）——平滑板式为最佳卧式车床布局形式。

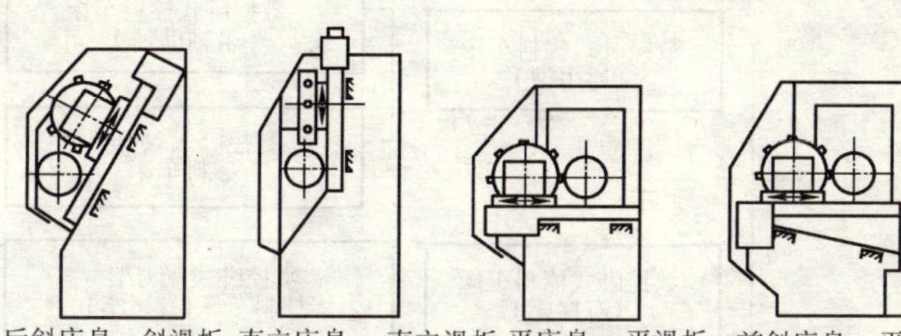

图 1-3　数控卧车床的布局形式

由于对安全的要求和环境的保护，数控机床上采用了防护罩，可将机床加工区全部封闭起来。

二、数控车床按产品布局形式分类

数控车工中、高级教材中已经介绍过数控车床按主轴位置、刀具数量、控制方式和数控系统的功能分类，这里介绍数控车床按产品的布局形式分类。

数控车床按布局分为数控卧式车床与数控立式车床，每一种又分为不同的形式，其分类情况类似，现以数控卧式车床为例来进一步介绍其分类。数控卧式车床的分类如图 1-4 所示。

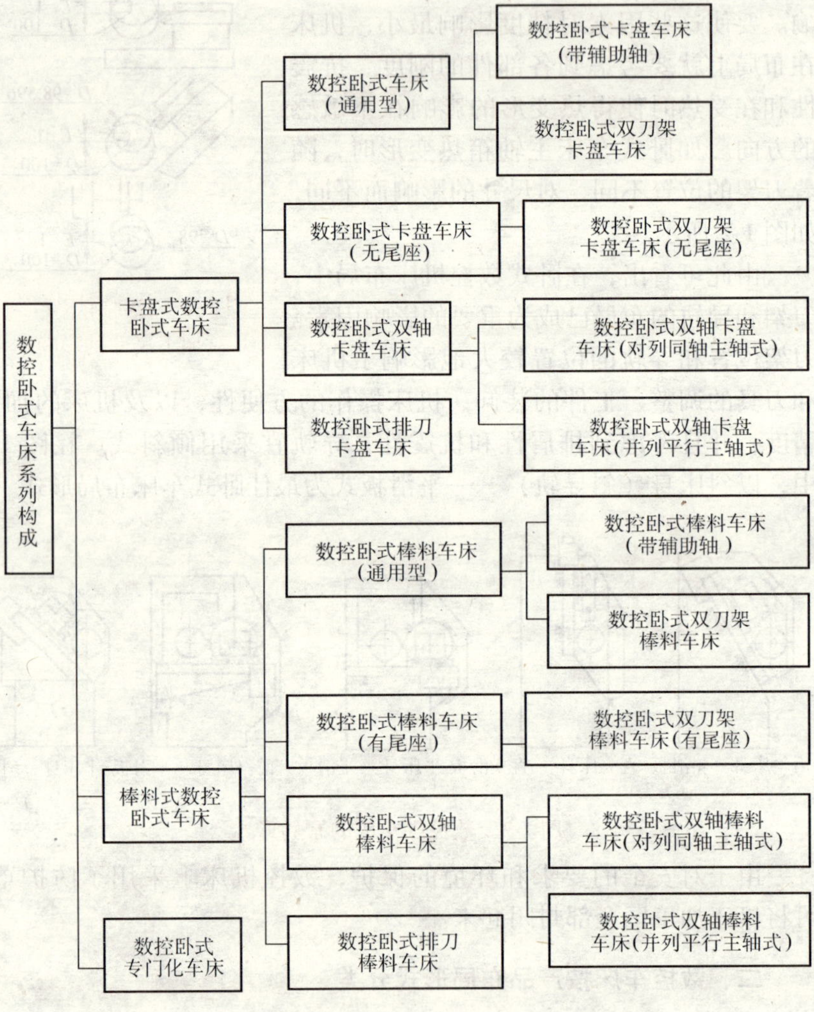

- 数控卧式车床系列构成
  - 卡盘式数控卧式车床
    - 数控卧式车床（通用型）
      - 数控卧式卡盘车床（带辅助轴）
      - 数控卧式双刀架卡盘车床
    - 数控卧式卡盘车床（无尾座）
      - 数控卧式双刀架卡盘车床（无尾座）
    - 数控卧式双轴卡盘车床
      - 数控卧式双轴卡盘车床（对列同轴主轴式）
      - 数控卧式双轴卡盘车床（并列平行主轴式）
    - 数控卧式排刀卡盘车床
  - 棒料式数控卧式车床
    - 数控卧式棒料车床（通用型）
      - 数控卧式棒料车床（带辅助轴）
      - 数控卧式双刀架棒料车床
    - 数控卧式棒料车床（有尾座）
      - 数控卧式双刀架棒料车床（有尾座）
    - 数控卧式双轴棒料车床
      - 数控卧式双轴棒料车床（对列同轴主轴式）
      - 数控卧式双轴棒料车床（并列平行主轴式）
    - 数控卧式排刀棒料车床
  - 数控卧式专门化车床

图 1-4　数控卧式车床的分类

（1）卡盘式数控卧式车床

1）数控卧式车床（通用型）的形式如图 1-5 所示。

数控卧式车床（通用型）属数控卧式车床的基型系列，适用于

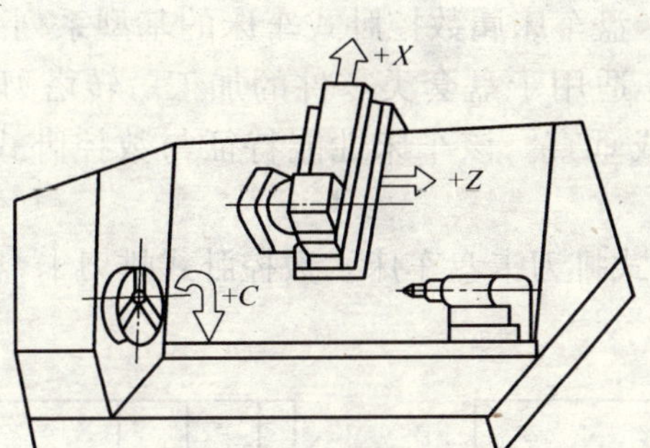

图 1-5　数控卧式车床（通用型）

各种机械制造业加工由直线和弧线所构成的回转体零件的单件或成批生产。卡盘式数控卧式车床应具备下列性能特征：

① 具备预先编程完成半自动工作循环的功能，若配置自动上下料装置则可完成自动工作循环或纳入柔性制造单元（FMC）。

② 多工位转塔刀架能自动逻辑选位，每个工位均可进行多次不同工步的切削。

③ 车床通常具有 2 轴或 4 轴控制，可进行直线插补与圆弧插补，刀架具有相应的位置（定位、重复定位、反向误差）精度。

④ 车床主驱动多为 AC 主轴电动机（AC Spindle motor）无级变速，同一主轴电动机应有连续运行与间断运行两种功率（cont/ED）。

⑤ 该车床还可增加辅助主轴、*C* 轴（主轴分度、定向停机）、动力刀架，以扩大车床工艺范围。

2）数控卧式卡盘车床。数控卧式卡盘车床的形式如图 1-6 所示。

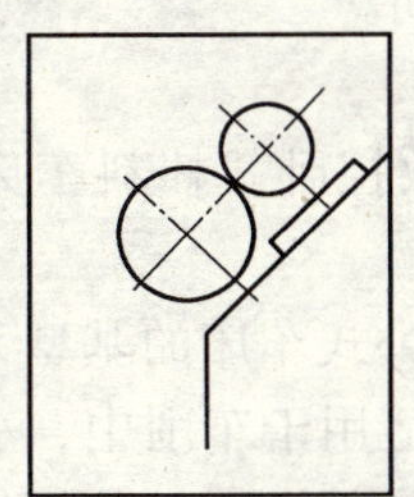

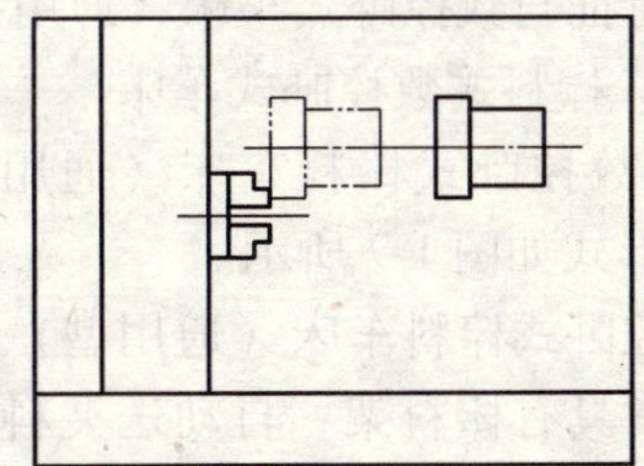

图 1-6　数控卧式卡盘车床

数控卧式卡盘车床属数控卧式车床的基型系列。该车床无尾座，床身导轨较短，适用于盘套类零件的加工。转塔刀架回转轴线可与主轴轴线平行或垂直。该车床性能特征与数控卧式车床（通用型）相同。

3）数控卧式排刀卡盘车床。数控卧式排刀卡盘车床的形式如图 1-7 所示。

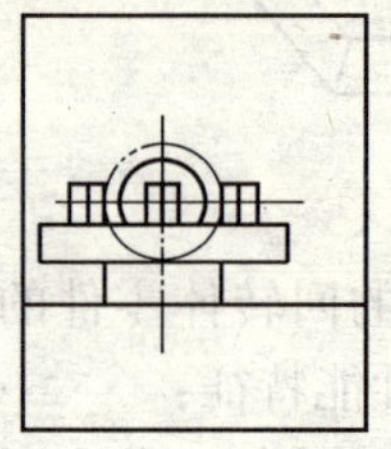
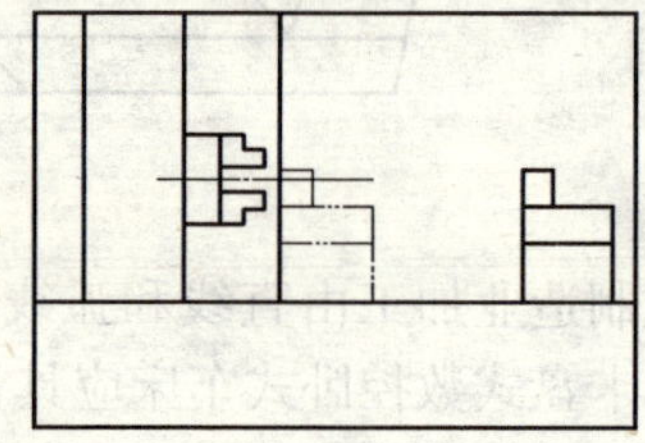

图 1-7　数控卧式排刀卡盘车床

数控卧式排刀卡盘车床属数控卧式车床的基型系列。该车床床身较短，一般无转塔刀架，在长横滑板上布置有多组刀夹，可进行盘类件的加工。小规格数控卧式排刀卡盘车床有床头移动式和不移动式两种形式。车床其他性能特征与数控卧式车床（通用型）相同。

4）数控卧式双轴卡盘车床。数控卧式双轴卡盘车床的形式如图 1-8 所示。

数控卧式双轴卡盘车床属数控卧式卡盘车床的基型系列。该车床床身较短，两主轴分别控制或同步控制，主要适用于盘类件的加工。该车床形式可为并列平行主轴式或对列同轴主轴式。车床的其他性能特征与数控卧式车床（通用型）相同。

（2）棒料式数控卧式车床

1）数控卧式棒料车床（通用型）。数控卧式棒料车床（通用型）的形式如图 1-9 所示。

数控卧式棒料车床（通用型）属数控卧式车床的基型系列。该车床通常具有棒料架、自动送夹料装置。适用于车削中、小规格棒料的批量加工和各种由直线和弧线所构成的复杂回转体短轴、套类零件。数控卧式棒料车床应具备下列性能特征：

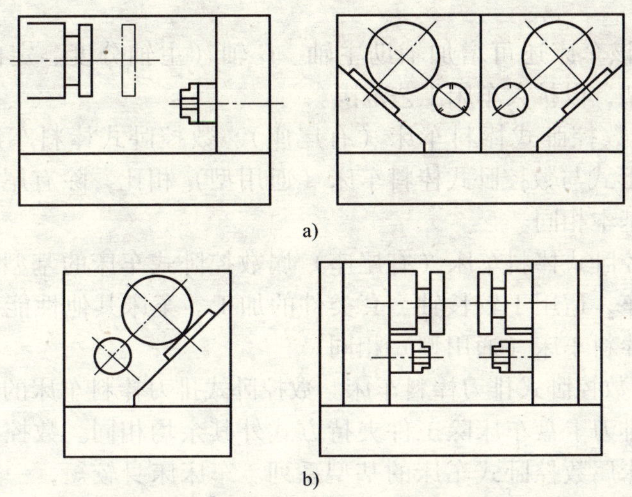

图 1-8　数控卧式双轴卡盘车床

a）数控卧式双轴卡盘车床（并列平行主轴式）

b）数控卧式双轴卡盘车床（对列同轴主轴式）

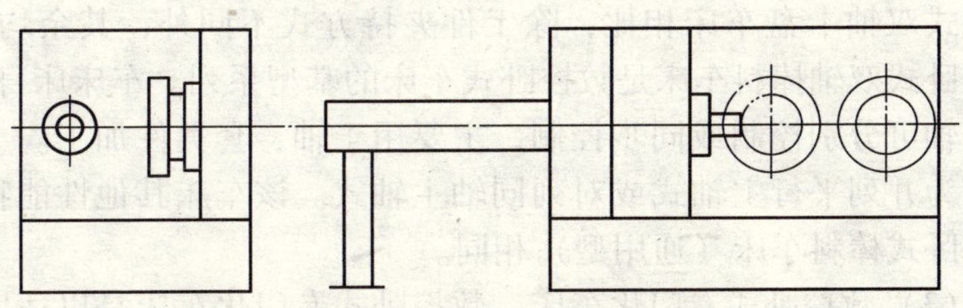

图 1-9　数控卧式棒料车床（通用型）

① 预先编程完成自动工作循环，若配备自动上、下料装置可纳入柔性制造单元（FMC）。

② 多工位转塔刀架能自动逻辑选位，每个工位均可进行多次不同工步的切削。

③ 该车床通常由 2 轴控制，可进行直线插补和圆弧插补。刀架具有较高的位置（定位、重复定位、反向误差）精度。

④ 该车床主驱动多为 AC 主轴电动机（AC Spindle motor）无级变速，同一主轴电动机应具有连续运行与间断运行两种功率（cont/

ED）。

⑤ 该车床还可增加辅助主轴、C 轴（主轴分度、定向停机）、动力刀架，以扩大车床工艺范围。

2）数控卧式棒料车床（有尾座）。数控卧式棒料车床（有尾座）的形式与数控卧式棒料车床（通用型）相比，除有尾座外，其他结构基本相同。

数控卧式棒料车床（有尾座）属数控卧式车床的基型系列。车床有尾座，适用于较长轴、套类件的加工。车床其他性能特征与数控卧式棒料车床（通用型）相同。

3）数控卧式排刀棒料车床。数控卧式排刀棒料车床的形式与数控卧式排刀卡盘车床除工件夹持方式外其余均相同。数控卧式排刀棒料车床属数控卧式车床的基型系列。车床床身较短，一般无转塔刀架：在长横滑板上布置有多组刀夹，可进行轴套件加工。小规格数控卧式排刀棒料车床有床头移动式和不移动式两种形式。该车床其他性能特征与数控卧式棒料车床（通用型）相同。

4）数控卧式双轴棒料车床。数控卧式双轴棒料车床的形式与数控卧式双轴卡盘车床相比，除工件夹持方式不同外，其余均相同。数控卧式双轴捧料车床是数控卧式车床的基型系列。车床床身较短，两主轴可分别控制或同步控制，主要用于轴、套类件加工。车床形式可为并列平行主轴式或对列同轴主轴式。该车床其他性能特征与数控卧式棒料车床（通用型）相同。

（3）数控卧式专门化车床　数控卧式专门化车床是以适应用户特定零件加工为目的的数控卧式卡盘车床、数控卧式棒料车床或其他形式的数控卧式车床。其性能特征、精度应符合特定零件的加工要求。

复习思考题

1. 简述数控车床的分类。
2. 常用的数控车床有哪几种？

第二章

数控车床精度及加工精度

培训学习目标　掌握数控车床定位精度、重复定位精度、主轴精度、刀架转位精度的检测方法。掌握数控车床工作精度的检测方法。了解数控车床最小设定单位、返回基准点及温升与热变形的检测。掌握精密量仪的使用，掌握提高工件加工精度的方法。

这些精密量仪在实际过程中经常用到。

第一节　精密量仪

一、扭簧比较仪

扭簧比较仪又称测微仪，分度值一般为 0.0005 ~ 0.001mm，其量程比千分表小，精度比千分表高。比较仪通常装在专用测量架上，以量块为标准件，用相对比较法来测量精密工件的尺寸，也可用于测量工件的形状和位置误差。

扭簧比较仪是用扭簧作为尺寸的转换和放大机构，它的外形如图 2-1 所示。

二、圆度测量仪

图 2-2 是上海机床厂生产的 HYQ—014A 型圆度仪。它属于传感器转轴型圆度仪，适用于机械、仪表、航空等精密机械加工中的圆

度测量，也可以测量同轴度和垂直度等。

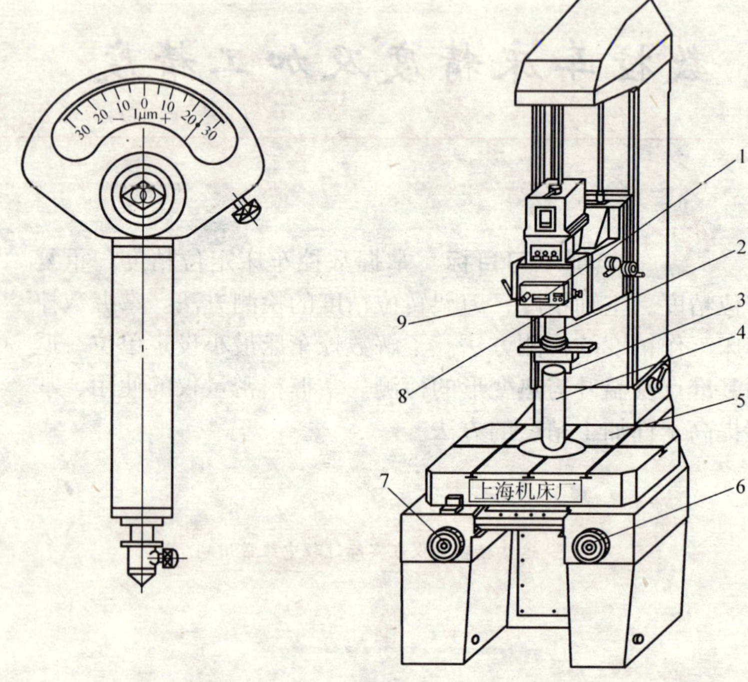

图 2-1　扭簧比较仪

图 2-2　HYQ—014A 型圆度仪

测量时，被测工件 4 安放在工作台 5 上，用手轮 6 与 7 调节工作台的纵、横向运动，使被测工件轴线与主轴 2 轴线初步对准，再用微调手轮 8 和 9 进行对心微调。径向移动装在主轴下端的传感器 3 上，以使传感器的测头与被测工件周边接触。开动主轴电动机，使主轴旋转，传感器在绕被测工件 4 转一周的过程中，即可测出被测工件截面上的半径变化量。再通过电子放大器将上述变化量以极大的比例放大，指示在对心表 1 上，或自动地把图形记录在记录纸上。根据记录纸上的图形就能清楚地判明被测工件截面的形状和误差。

如果被测工件的截面是绝对圆，且与主轴恰好对准，测量时传感器的测头没有径向变动，因此记录的图形呈圆形，其中圆心与记

录纸的旋转中心重合，如图 2-3 所示。

如果被测工件的截面是绝对圆，但中心没有与主轴对准，则图形与记录纸偏心，如图 2-4 所示。如果被测工件的截面有圆度误差，则在测量过程中，将各点半径变化量以极大的比例记录在记录纸上。记录纸上印有径向坐标，每格间距离为 2mm，为消除在对心时可能存在偏心的影响，机床附有一块透明的同心样板，利用同心样板读出圆度误差值，如图 2-5 所示。

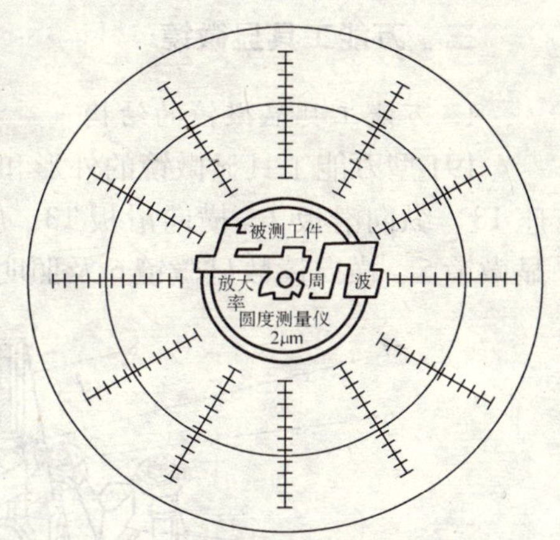

图 2-3 工件绝对圆并对准主轴

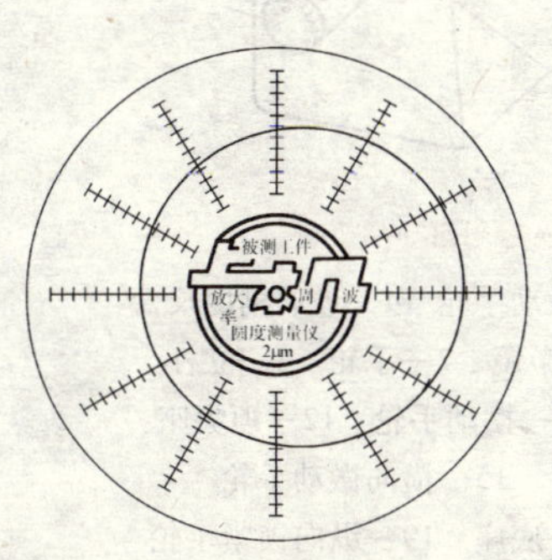

图 2-4 工件绝对圆不对准主轴

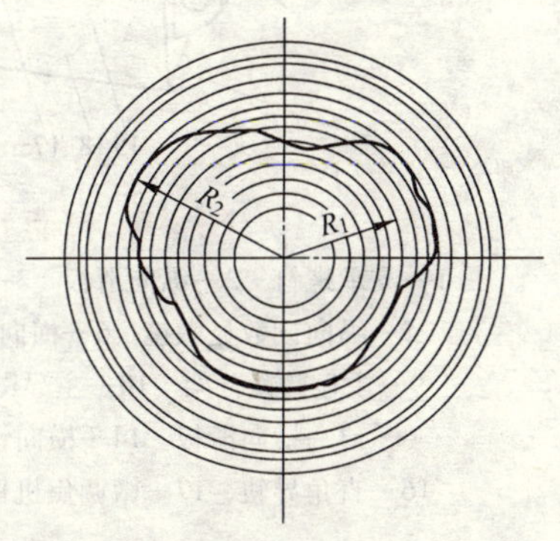

图 2-5 用同心样板读出误差

读数时，如按内接圆度，则应首先在同心样板上找出记录图形的内接圆，然后再找出最高点的外切圆，根据放大倍率和两个半径差，即可算出其误差值。

如图 2-5 所示的图形，若所选的放大率为 10000 倍，则记录纸每格示值精度为 2mm/10000 = 0.0002mm，即 0.2μm。此图形 $R_2 - R_1 = 4$，因此，其圆度为 0.2μm × 4 = 0.8μm。

三、万能工具显微镜

1. 万能工具显微镜的结构

19J 型万能工具显微镜的外形和结构如图 2-6 所示，它主要由底座 18、纵向滑板 2、横向滑板 13、主显微镜 10、立柱 8、纵向读数显微镜 5、横向读数显微镜 6 及照明装置等部件组成。

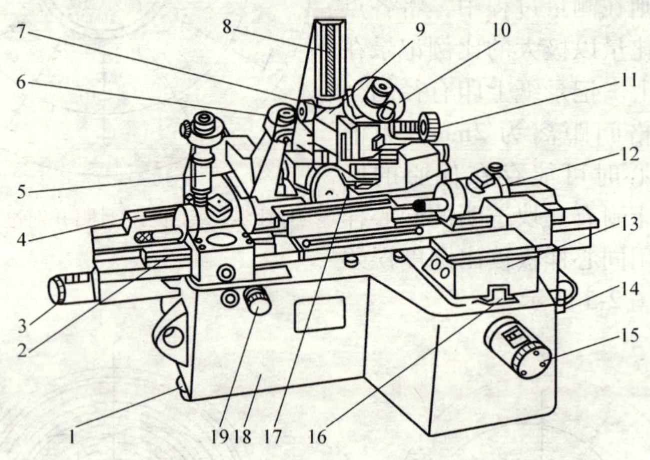

图 2-6　万能工具显微镜外形图

1—支承螺钉　2—纵向滑板　3—纵向微动手轮　4—玻璃刻度尺盒　5—纵向读数显微镜　6—横向读数显微镜　7—手轮　8—立柱　9—主显微镜臂架　10—主显微镜　11—摆动手轮　12—顶尖座　13—横向滑板　14—横向锁紧手轮　15—横向微动手轮　16—直角导轨　17—微调焦机构　18—底座　19—纵向锁紧手轮

仪器中纵向滑板、横向滑板是以滚动轴承为支承安放在底座 18 上的。纵向滑板 2 可做纵向移动（移动范围为 200mm），并可按被测件的需要，用纵向锁紧手轮 19 将其固定在所需位置上，此时仍可转动纵向微动手轮 3 使滑板 2 做微小的移动，以达到精确对准。

纵向滑板 2 的左方装有玻璃刻度尺盒 4，内有长 200mm 的玻璃刻度尺，可通过纵向读数显微镜 5 进行读数。在纵向滑板的圆柱形导轨中可安装两个顶尖座 12，用于安装带中心孔被测件；若被测件无中心孔，则可用 V 形块来安装。有时需测量工件绕顶尖轴线的转

角，可卸下右顶尖，装上仪器附件光学分度头来测量。纵向滑板中间有带T形槽的基准面，除可安装光学分度头外，还可安装测量刀垫板，以便使用测量刀进行测量。

横向滑板13上装有立柱8及立柱偏摆机构，立柱可绕横向滑板13上的一根轴摆动，轴的后方装有长100mm的横向玻璃刻度尺，可用横向读数显微镜6进行读数。主显微镜10与照明系统分别装在立柱的上方和下方，并可随立柱一起偏摆，以满足螺纹测量的需要。11是摆动手轮，其摆动范围为±12′。14是横向锁紧手轮，锁紧时仍可旋转横向微动手轮15使横向滑板做微小移动。

转动手轮7可使主显微镜臂架上下移动，以进行工作时粗调焦，微调焦机构17用来做精确调焦。

主显微镜由物镜、转像棱镜和目镜三部分组成。物镜可根据所需放大倍率而更换，目镜则因测量对象的不同可换用轮廓目镜、测角目镜或双像目镜。

2. 测量方法

使用万能工具显微镜时，常用的测量方法有影像法、轴切法和干涉法三种。

3. 工具显微镜的应用

(1) 螺纹的测量　外螺纹测量可用影像法。测量时，将螺纹工件卡在两顶尖之间，主显微镜立柱倾斜一螺纹升角，立柱的倾斜方向由螺纹旋向而定。一般螺纹升角 ϕ 按下式计算

$$\tan\phi = \frac{nP}{\pi d_2}$$

式中　P——螺纹螺距（mm）；

d_2——螺纹中径的公称值（mm）；

n——螺纹线数。

根据被测螺纹的参数，按从仪器说明书查出适宜的光阑直径，调整光阑的大小；调整目镜上的调节环，使米字刻线、分值刻线等清晰；调整仪器的焦距，使被测轮廓影像清晰。

移动纵、横向滑轨，使被测件的牙型进入目镜视场内。运用目镜分划板上的米字线与螺纹一侧投影牙型重合，记下纵、横向滑轨

的第一次位置读数；然后移动纵向滑轨几个螺距长度后，再次使目镜分划板上的米字线与螺纹一侧投影牙型重合，记下纵向滑轨的第二次位置读数，两读数之差可进行螺纹螺距的误差计算。如果第一次读数后，将立柱反向倾斜一个螺纹升角，移动横向滑轨，使目镜分划板上的米字线与螺纹对面一侧投影牙型重合，记下横向滑轨的第二次位置读数，两读数之差可进行螺纹中径的误差计算。当目镜分划板上的米字线与螺纹一侧投影牙型重合时，角度读数目镜中显示的读数，即为该牙型半角数值。

外圆锥螺纹的测量与普通外螺纹测量基本相同，但圆锥螺纹的螺纹中径测量要求是基面上的中径。测螺距时，由于螺纹升角在螺纹全长上是变化的，因此测量时每一位置的螺纹轮廓影像歪曲程度也各不相同，会引起一定的测量误差。

（2）样板或模具轮廓的测量　样板或模具轮廓采用直角坐标测量法、极坐标测量法或采用光学接触法测量。测量时，被测件平放在工作台面上，万能工具显微镜的立柱不需要倾斜。测量模具轮廓时，万能工具显微镜的目镜焦距要调到模具刃口表面。不论样板或模具的形状多么复杂，其轮廓总是由圆弧与直线组成的，测量时只要找出直线与圆弧的交点，其轮廓尺寸就不难检测了。

图 2-7 为圆弧检测的方法。测量前，先调整测角目镜，使米字线的水平线与圆弧顶点相切，记下此时横向读数。然后移动纵、横向滑台，用目镜米字线的 60°或 120°交角线与圆弧两边同时相切，再次记下横向读数，两次读数之差为 h，便可由下式算出圆弧半径，如图 2-7a 所示。

$$R = \frac{\sin\frac{\alpha}{2}}{1 - \sin\frac{\alpha}{2}}h = K_1 h$$

式中　α——目镜米字线交角，其值为 60°或 120°；

K_1——计算系数；

h——测量读数差值。

当被测圆弧较大，视场中只能看到其中一部分时，可采用如图

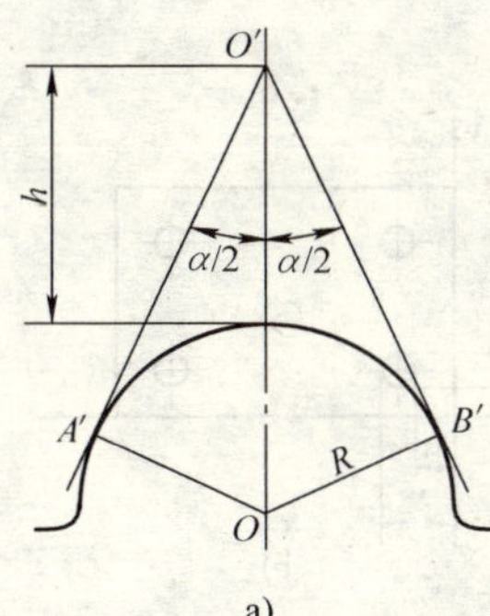

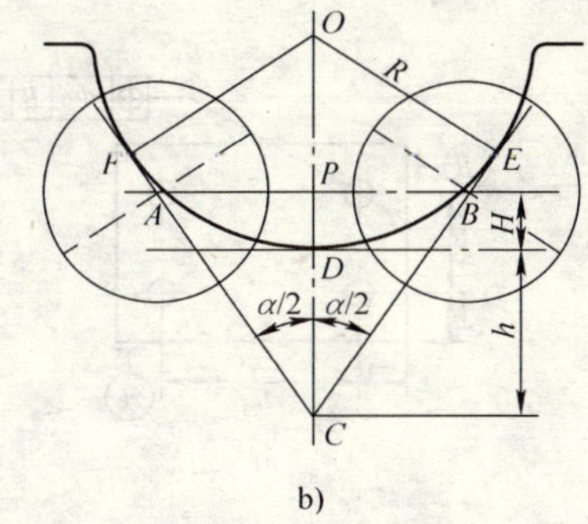

图 2-7　圆弧检测方法

2-7b 所示方法。测量时，使目镜米字线的水平线与圆弧顶点相切于 D 点后，将横向滑台移动一个距离 H（取整数最好），使水平线与圆弧相割。转动测角目镜，变换一个角度 $\alpha/2$，微动纵向滑台，使米字线的中垂线与圆弧相切于 E 点，记下纵向读数。然后反向移动纵向滑台，反向旋转测角目镜变换角度，并使米字线中央垂线相切圆弧于 F 点，再记下纵向读数，两次纵向读数差为$\overline{AB}$。从图 2-7b 可以看出

$$\sin\frac{\alpha}{2} = \frac{R}{R+h}$$

弧切公式可写作

$$R = \frac{\sin\frac{\alpha}{2}}{1-\sin\frac{\alpha}{2}}h$$

$$= \frac{\cos\frac{\alpha}{2}}{2\left(1-\sin\frac{\alpha}{2}\right)}\overline{AB} - \frac{\sin\frac{\alpha}{2}}{1-\sin\frac{\alpha}{2}}H$$

$$= K_2\overline{AB} - K_1 H$$

式中　K_1、K_2——计算系数。

（3）多孔凹模位置度误差的测量　图 2-8a 是一个多孔凹模的设计图。采用工具显微镜测量该多孔凹模的方法可用直角坐标测量法，

如图 2-8b 所示。

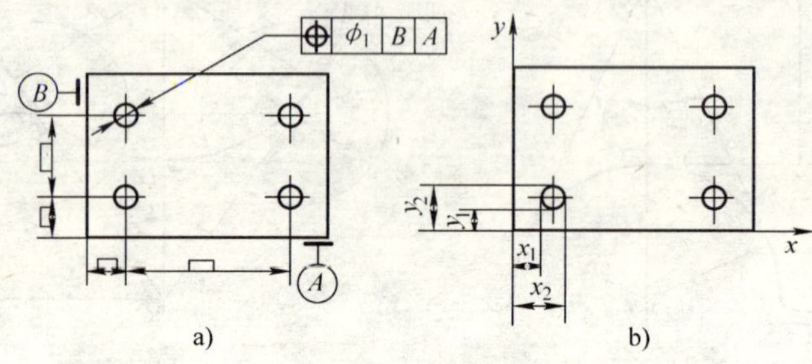

图 2-8　多孔凹模位置误差的测量

首先按基准 A、B 面找正凹模，使其与工具显微镜的纵、横坐标方向一致。然后测出 x_1、x_2 和 y_1、y_2，则孔的圆心坐标 x、y 为

$$x = \frac{x_1 + x_2}{2}, \quad y = \frac{y_1 + y_2}{2}$$

将 x、y 与设计给定的尺寸比较，得到偏差值 f_x 和 f_y，则该孔的位置度误差值为

$$f = 2\sqrt{f_x^2 + f_y^2}$$

其他各孔的位置度误差的测量方法与上述方法相同，可逐孔进行测量和计算。

（4）锥角的测量　用万能工具显微镜测量锥角时，一般可以利用仪器附件（如分度台、分度头、测角目镜等）进行直接测量，图 2-9 所示锥角的测量为间接测量方法。

图 2-9a 所示为在万能工具显微镜上测量外锥角的方法。将被测工件安装在仪器两顶尖之间，用测量刀测出相距 L 的两端直径 D 与 d，则工件圆锥角为

$$\alpha = 2\arctan\frac{D - d}{2L}$$

对于准确度要求较高的内锥体，可在万能工具显微镜上用光学灵敏杠杆测量，如图 2-9b 所示。测量时，将工件安置在仪器的玻璃工作台上，用光学灵敏杠杆先在接近内锥孔大端处测量，得到读数 L_1，然后在工件下垫上尺寸为 H 的量块组或已知尺寸的标准件，在

接近内锥体小端处进行第二次测量，得到读数 L_2，则被测内锥体的锥角为

$$\alpha = 2\arctan\frac{L_1 - L_2}{2H}$$

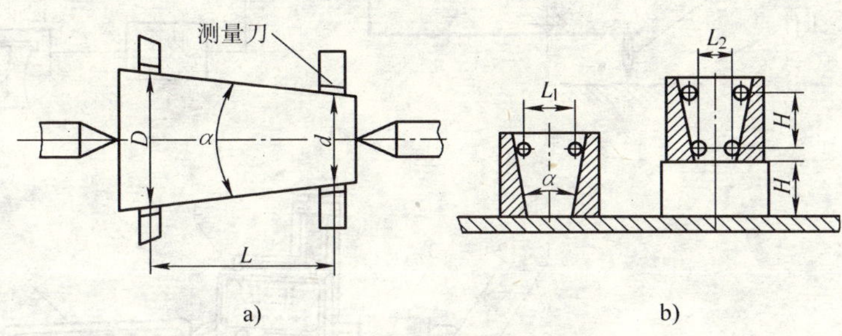

图 2-9　万能工具显微镜测量锥角

a）测量外锥角　b）用灵敏杠杆测量内锥体

四、电动轮廓仪

电动轮廓仪是利用触针直接在被测表面上轻轻划过，从而测出表面粗糙度 R_a 值，因此，利用电动轮廓仪测表面粗糙度的方法又称针描法。如图 2-10 所示，仪器由传感器 3、驱动箱 4、指示表 5、记录器 7 和工作台 6 等部件组成。传感器端部装有非常尖锐的金刚石触针 2（$r = 1 \sim 2\mu m$），如图 2-10b 所示。测量时，将触针搭在工件 1 上，与被测表面垂直接触；利用驱动箱 4 以一定的速度拖动传感器。由于被测表面轮廓峰谷起伏，触针在被测表面滑行时，将产生上下移动。从而使传感器内电量变化，电量变化的大小与触针上下移动量成比例，经电子装置将这一微弱电量经功率放大，推动记录器 7 进行记录，即得到截面轮廓的放大图，或在指示表 5 上直接读出数值，这种仪器适用于测定表面粗糙度 R_a 为 0.04 ~ 5μm。

电动轮廓仪配有各种附件，以适应平面、内外圆柱面、圆锥面、球面、曲面以及小孔、沟槽等工件的表面测量，使用范围非常广泛。另外，该仪器测量迅速方便，读数精度高，因此获得广泛应用。

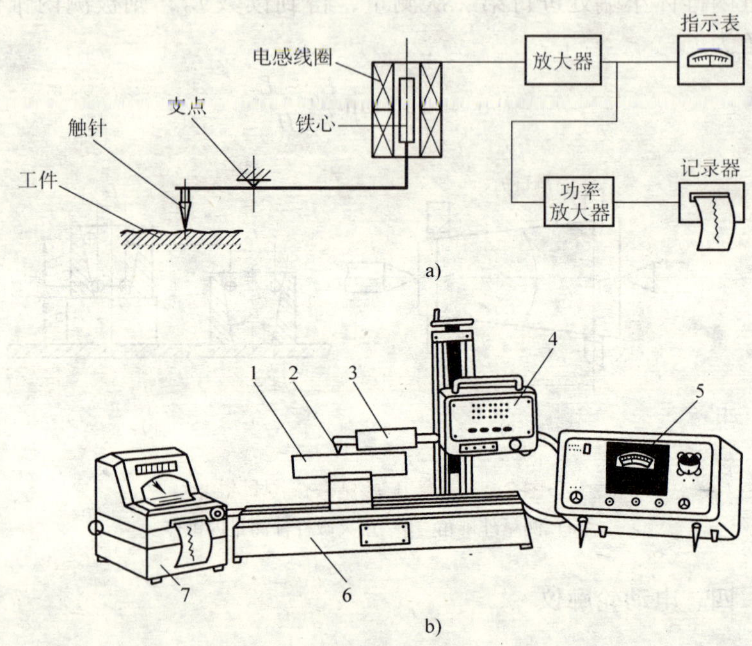

图 2-10　电动轮廓仪

a）原理图　b）电动轮廓仪

五、万能测长仪

测长仪有立式和卧式两种。卧式测长仪也称万能测长仪，如图 2-11 所示。它由底座 6、测座 1、万能工作台 2、尾座 4 等部件组成。仪器设计按阿贝原则（即被测工件的尺寸线与刻线尺的轴线在一条直线上或在其延长线上）。

六、三坐标测量机

三坐标测量机（CMM）是一种以精密机械为基础，综合应用电子技术、计算机技术、光栅与激光干涉等先进技术的检测仪器。三坐标测量机的主要功能有实现空间坐标点的测量，可方便地测量各

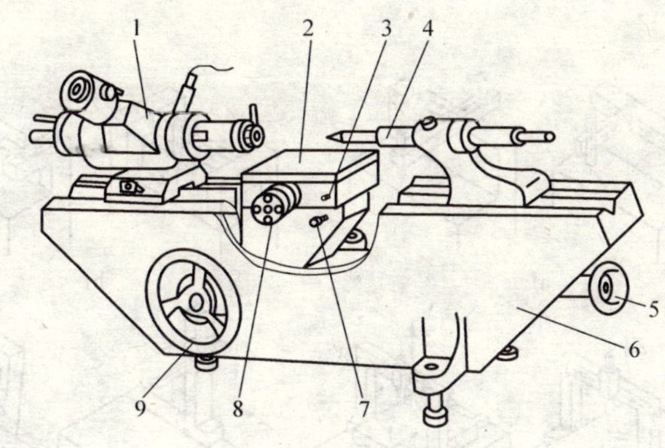

图 2-11 万能测长仪

1—测座 2—万能工作台 3、7—手柄

4—尾座 5、9—手轮 6—底座 8—微分筒

种零件的三维轮廓尺寸、位置精度等。其测量精确可靠，适用面广；由于计算机的引入，可方便地进行数字运算与程序控制，并具有很高的智能化程度。因此，它不仅可方便地进行空间三维尺寸的测量，还可实现主动测量和自动检测。在模具制造工业中，三坐标测量机充分显示了在测量方面的万能性、测量对象的多样性。

1. 三坐标测量机的分类与构成

三坐标测量机按其工作方式可分为点位测量方式和连续扫描测量方式。点位测量是由测量机采集零件表面上一系列有意义的空间点，通过数学处理，再求出这些点所组成的特定几何元素的形状和位置的测量方式。连续扫描测量方式是对曲线、曲面轮廓进行连续测量，多为大、中型测量机。

根据三坐标测量机的结构形式及三个方向测量轴的相互配置位置的不同，三坐标测量机可分为悬臂式、桥式、龙门式、立柱式和坐标镗床式等，如图 2-12 所示。它们各有特点及相应的应用范围。

悬臂式的特点是结构紧凑、工作面开阔、装卸工件方便、便于测量，但悬臂易变形，且变形量随测量轴 Y 轴的位置变化，因此 Y 轴测量范围受限。桥式测量机结构刚性好，X、Y、Z 的行程大，一

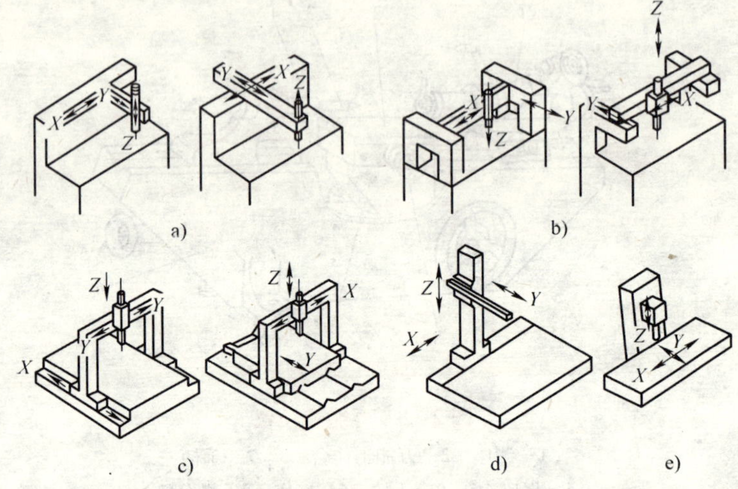

图 2-12　三坐标测量机的结构形式

a）悬臂式　b）桥式　c）龙门式　d）立柱式　e）坐标镗床式

般用于测量大型工件。龙门式的特点是龙门架刚度大，结构稳定性好，精度较高。由于龙门和工作台都可以移动，使装卸工件方便，但考虑龙门移动或工作台移动的惯性，龙门式测量机一般用于测量小型工件。立柱式适合于大型工件的测量。坐标镗床式结构与镗床基本相同，具有结构刚性好、测量精度高等特点，但结构复杂，适用于测量小型工件。

三坐标测量机按测量范围可分为大型、中型和小型。按其精度可分两类：一类是精密型，一般放在有恒温条件的计量室，用于精密测量，分辨率一般为0.5～2μm；另一类为生产型，一般放在生产车间，用于生产过程检测，并可进行末道工序的精加工，分辨率为5μm或10μm。

2. 三坐标测量机的测量方法

一般点位测量有三种测量方法：直接测量、程序测量和自学习测量。

（1）直接测量方法（即手动测量）　操作员将决定的顺序利用键盘将指令输入测量机，再由系统逐步执行的操作方式称为直接测量法。测量时，根据被测零件的形状调用相应的测量指令，以手动

或NC方式采样，其中NC方式是把测头拉到接近测量部位，系统根据给定的点数自动采点。测量机通过接口将测量点坐标值送入计算机进行处理，并将结果显示或打印出来。

（2）程序测量方法　程序测量法是指将测量一个零件所需要的全部操作按照其执行顺序编程，以文件形式存入磁盘，测量时按运行程序控制测量机自动测量。该方法适用于成批零件的重复测量。

（3）自学习测量方法　自学习测量法是指在操作者对第一个零件执行直接测量方式的正常测量循环中，借助适当命令使系统自动产生相应的零件测量程序，对其余零件测量时系统会重复调用这些程序。该方法与手工编程相比，具有省时且不易出错的特点，但要求操作员能熟练掌握直接测量技巧，严格控制操作的正确性，注意操作的目的是获得零件测量程序。

自学习测量过程中，系统可以通过两种方式进行自学习：对于系统不需要对其进行任何计算的指令，如测头定义、参考坐标系的选择等指令，系统会采用直接记录方式。另一种记录方式称为许可记录方式，它用于测量计算的有关指令，只有在操作者确认无误时才记录，如测头校正、零件校正等指令。当测量循环完成或在执行程序的过程中发现操作错误时，可中断零件程序的生成，进入编辑状态修改，然后再从断点启动。

3. 三坐标测量机的应用

（1）多种几何量的测量　测量前必须根据被测件的形状特点选择测头并进行测头的定义和校验，并对被测件的安装位置进行找正。

1）触头的定义和校验。在测量过程中，当触头接触零件时，计算机将存入测头中心坐标，而不是零件接触点的实际坐标，因而触头的定义包括由触头半径和测杆的长度造成的中心偏置，以及多触头测量时各个触头的定义代码。测量触头的校验包括使计算机记录各触头沿测量机不同方向测同一测点时的长度差别，以便实际测量时系统能自动补偿。触头的定义和校验可直接调用测头管理程序、参考点标定和测头校正程序来进行，将各触头分别测量固定在工作台上已标定的标准球或标准块，计算机即通过各测头测量时的坐标值计算出各触头的实际球径和相互位置尺寸，并将这些数据存储于寄存器作为以后测量时的补偿值。经过校验的不同触头测同一点时，可得到同样的测量结果。

2）零件的找正。零件的找正是指在测量机上用数学方法为工件的测量建立新的坐标基准。测量时，工件任意地放置在工作台上，其基准线或基准面与测量机的坐标轴（X、Y、Z 轴的移动方向）不需要精确找正，为了消除这种基准不重合对测量精度的影响，用计算机对其进行坐标转换，根据新基准计算校正测量结果。因此，这种零件找正的方法称为数学找正。

零件找正的主要步骤有：

① 根据采用的三维找正或二维找正方法，确定初始参考坐标系。

② 运行找正程序。

③ 选定第一坐标轴。

④ 调用相应子程序进行测量并存储结果。

⑤ 选第二坐标轴。

⑥ 调用相应子程序进行测量并存储结果。对于三维找正中的第三轴，系统自动根据右手坐标准则确定。

工件测量坐标系设定后，即可调用测量指令进行测量。三坐标测量机测量被测工件的形状、位置、中心和尺寸等方面的常用示例见表 2-1。

表 2-1　三坐标测量机的应用举例

序号	测量分类	测量项目	测量形状及位置	被测件名称
1	直线坐标测量	孔中心距测量	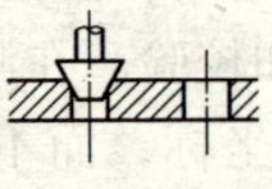	孔系部件
2	平面坐标测量	和 Z 轴平行面的内外尺寸测量	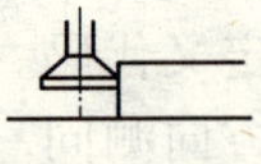	数控铣床的部件
		测头不能接触的部位表面形状、间隙测量	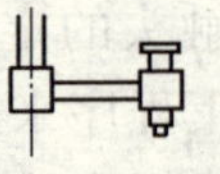	精密部件

（续）

序号	测量分类	测量项目	测量形状及位置	被测件名称
3	高度关系的测量	高度方向尺寸测量		用球面立铣刀加工的具有三个坐标尺寸的被加工件
		与高度相关的平行度测量		
4	曲面轮廓测量	把高度分成小间隔的一个平面上的轮廓形状测量		电火花机床用电极
5	三坐标测量	用球测头接触作不连续点的测量以决定空间形状		电火花机床用电极
6	角度关系的测量	安装圆工作台测量与角度相关的尺寸		间隙、凸轮沟槽

（2）实物程序编制　对于在数控机床上加工的形状复杂的零件，当其形状难于建立数学模型使程序编制困难时，常常可以借助于测量机。通过对木质、塑料、黏土或石膏制作的模型或实物的测量，得到加工面几何形状的各项参数，经过实物程序软件系统的处理，输出所需结果。例如，高速数字化扫描机实际上是一台连续扫描测量方式的坐标测量机，主要用于对模具未知曲面进行扫描测量，可将测得的数据存入计算机，根据模具制造需要，实现：对扫描模型进行凸凹模转换，生成需要的 CNC 加工程序；借助绘图设备和绘图软件得到复杂零件的设计图样，即生成各种 CAD 数据。

（3）轻型加工　生产型三坐标测量机除用于零件的测量外，还可用于如划线、打冲眼、钻孔、微量铣削及末道工序精加工等轻型加工，在模具制造中可用于模具的安装、装配。

三坐标划线机即立柱式三坐标测量机，主要用于金属加工中的精密划线和外形轮廓的检测，特别适用于大型工件制造、模具制造、汽车和造船制造业及铸件加工等。它与生产型三坐标测量机在结构和精度上有较大区别，属于生产适用型三坐标机，可承受检测环境较恶劣的划线和计量测试技术工作。

这是本节的重点，在职业标准中有明确要求。

七、激光干涉仪

激光干涉仪可对机床、三坐标测量机及各种定位装置进行高精度的（位置和几何）精度校正。可完成各项参数的测量，如线形位置精度、重复定位精度、角度、直线度、垂直度、平行度及平面度等。其次，它还具有一些选择功能，如自动螺距误差补偿（适用大多数控系统)，机床动态特性测量与评估，回转坐标分度精度标定，触发脉冲输入输出功能等。

1. 单频激光干涉仪

图 2-13 为单频激光干涉仪原理图，激光器 1 发出的激光束，经镀有半透明银箔层的分光镜 5 将光分为两路，一路折射进入固定不动的棱镜 4，另一路反射进入可动棱镜 7。经棱镜 4 和 7 反射回来的光重新在分光镜 5 处汇合成相干光束，此光束又被分光镜分成两路，一路进入光电元件 3，另一路经棱镜 8 反射至光电元件 2。

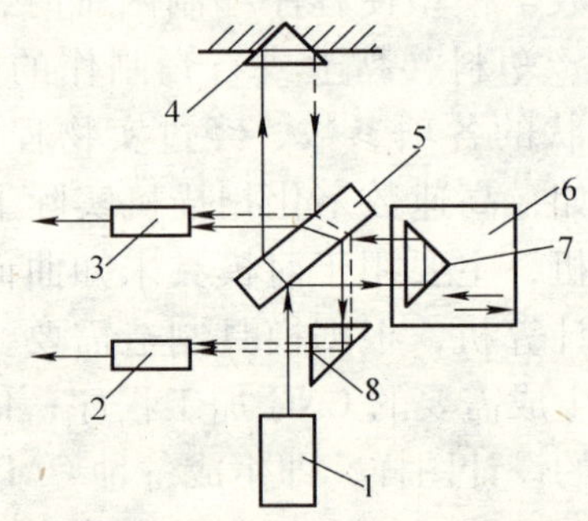

图 2-13　单频激光干涉仪原理图

1—激光器　2、3—光电元件　4、7、8—棱镜　5—分光镜　6—工作台

由于分光镜 5 上镀有半透明半反射的金属膜，所产生的折射光和反射光的波形相同，但相位上有变化，适当调整光电元件 3 和 2 的位置，使两光电信号相位差 90°。工作时两者相位超前或滞后的关

系，取决于棱镜 7 的移动方向，当工作台 6 移动时棱镜 7 也移动，则干涉条纹移动，每移动一个干涉条纹，光电信号变化一个周期。如果采用四倍频电子线路细分，采用波长 $\lambda = 0.6328\mu m$ 的氦-氖激光为光源，则一个脉冲信号相当于机床工作台的实际位移量为

$$(1/4) \times (1/2)\lambda \approx 0.08\mu m$$

单频激光干涉仪使用时受环境影响较大，调整麻烦，放大器存在零点漂移。

2. 双频激光干涉仪

双频激光干涉仪的基本原理与单频激光干涉仪不同，是一种新型激光干涉仪，如图 2-14 所示。它是利用光的干涉原理和多普勒效应产生频差的原理来进行位置检测的。

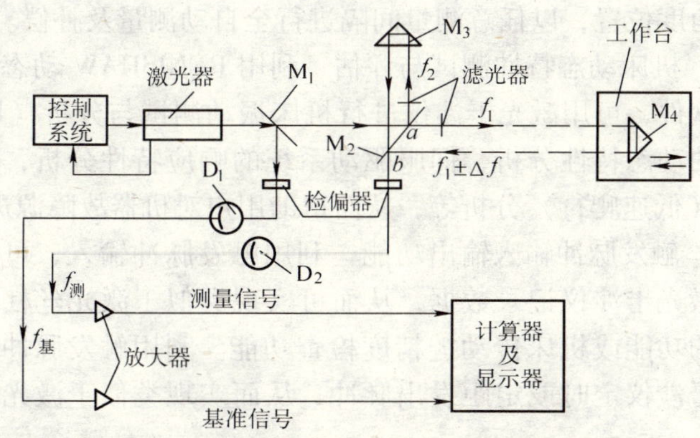

图 2-14　双频激光干涉仪的基本原理

3. 激光测量的应用

激光干涉仪用于机床精度的检测及长度、角度、直线度、直角等的测量精度高、效率高、使用方便、测量长度可达十几米甚至几十米，精度达微米级，如图 2-15 所示。

（1）自动螺距误差补偿　激光干涉仪不仅能自动测量机器的位置精度，而且还能通过 RS232 接口使计算机和数控系统实现通信，对误差进行自动补偿，它较通常的手工补偿方法节省了大量时间，同时可最大限度地选用被测轴上的补偿点数，使机床达到最佳精度。

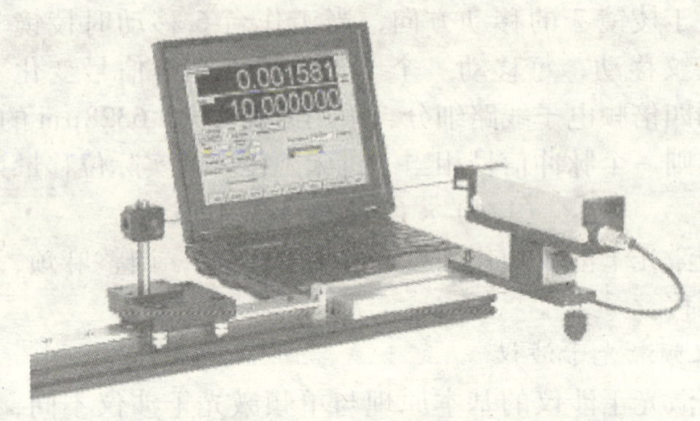

图 2-15　激光干涉仪的应用

（2）回转坐标精度标定　回转坐标分度精度标定可对数控转台在任意角度位置，以任意测量间隔进行全自动测量及补偿。

（3）机床动态特性测试与评估　利用 RENISHAW 动态特性测量与评估软件，可用激光干涉仪进行机床振动测试与分析（FFT），滚珠丝杠的动态特性分析，伺服驱动系统的响应特性分析，导轨的动态特性（低速爬行）分析等，从而帮助用户对机器故障源进行分析。

（4）触发脉冲输入输出功能　利用触发脉冲输入，可实现用外部控制激光干涉仪记录数据，从而可实现类似于激光丝杠动态精度检查仪的功能或机床传动链精度检查功能。利用触发脉冲输出，可用激光干涉仪定时或定距发出脉冲，从而实现类似于激光光刻机的功能。

（5）可选 AB 正交信号输出　AB 正交信号是标准光栅信号，由于 RENISHAW 激光干涉仪能输出该信号，因而可将该激光干涉仪作为长度基准用于其他场合，如动态光刻等。

（6）双轴同步校准　在某些机器中，某一轴线运动由双驱动和双反馈系统控制（如龙门铣床和大型龙门移动的机器等），在这种情况下，双轴校准软件可在一台计算机上连接并控制两个接口卡，提供了同步自动采集两平行轴数据的能力。从双轴上采集的数据同时显示在 PC 机上，并根据要求存储起来，然后分别加以分析或进行双轴误差自动补偿。

便携式表面粗糙度测量仪与球杆仪是实际工件中常用到的，也是在鉴定考试中经常出现的。

八、便携式表面粗糙度测量仪

1. 工作原理

便携式表面粗糙度测量仪如图 2-16 所示。其工作原理是当传感器在驱动器的驱动下沿被测表面做匀速直线运动时，其垂直于工件表面的触针随工件表面的微观起伏作上下运动。触针的运动被转换为电信号，主机采集该信号进行放大、整流、滤波，再经 A/D 转换器转换成数据，然后按选择进行数字滤波和数据处理，显示测量参数值和在被测表面上得到的各种曲线。

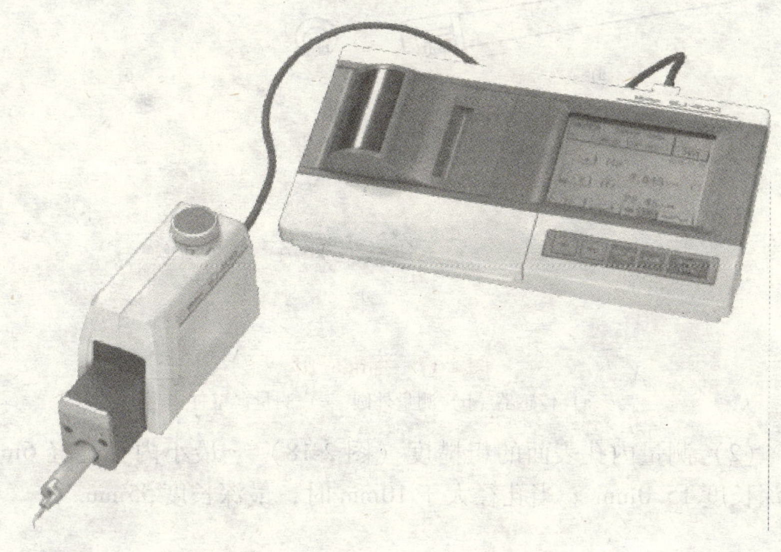

图 2-16 便携式表面粗糙度测量仪

2. 特点

1）设计新颖，结构紧凑，经济耐用。

2）可用于检测不同形状表面的粗糙度，包括：平面、外圆、内孔、凹槽及其他较难测量的表面。

3）既可在车间现场使用，也适用于计量室和实验室。

4）传感器可在内置或转出至 90°、180°及 270°进行测量，可轻松满足不同状况下的检测要求。

5）仪器可在垂直甚至倒置的状态下进行操作。

6）配置输出端口，将测量结果输出至微型打印机或计算机。

3. 应用

（1）标准应用　用于检测平面、外圆，直径不小于 80mm 的内孔，以及曲轴等，如图 2-17 所示。

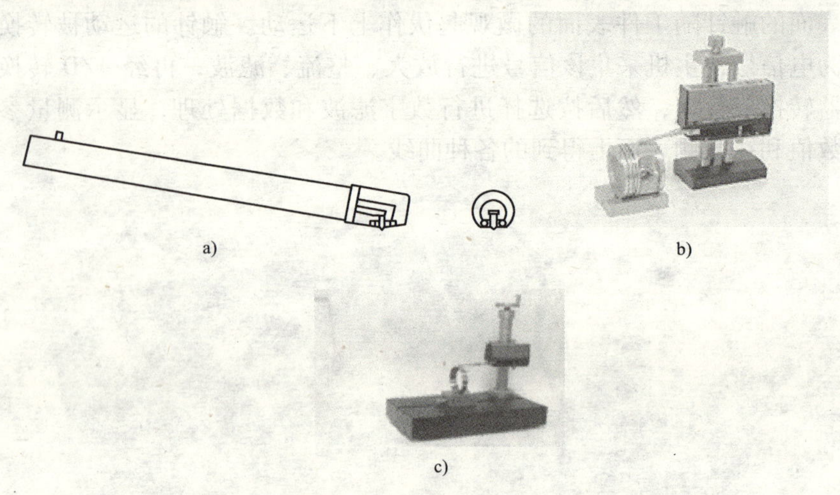

图 2-17　标准应用

a）传感器　b）测量外圆　c）测量薄壁件

（2）测量内孔表面的粗糙度（图 2-18）　最小内孔孔径 6mm，最深长度 15. 0mm 。当孔径大于 10mm 时，最深长度 55mm。

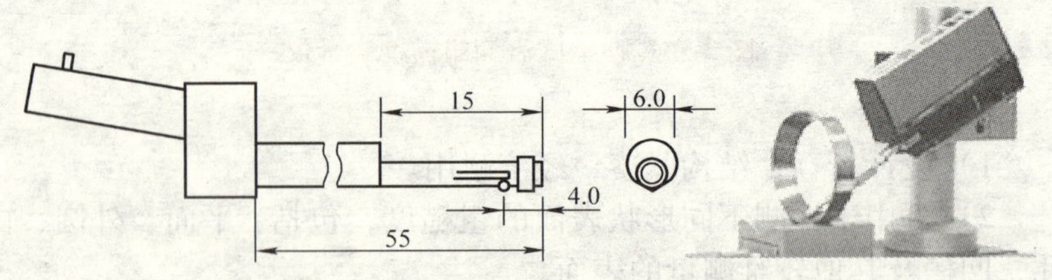

图 2-18　测量内孔表面的粗糙度

（3）测量凹槽或不通孔底部的粗糙度　测量凹槽或不通孔底部的粗糙度，最大深度为 8mm，如图 2-19 所示。

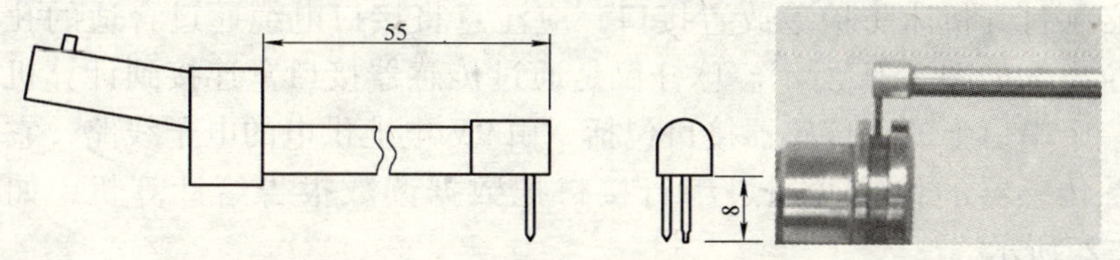

图 2-19　测量凹槽或不通孔底部的粗糙度

（4）小立柱工作台（图 2-20）　配套使用小立柱，可使测量更方便、更稳定，尤其适用于检测内孔、凹槽等较难测量的表面。

图 2-20　小立柱工作台的应用

（5）大立柱工作台　配套使用 450mm × 250mm × 70mm 花岗岩平板，300mm 可升降立柱，可 90°旋转的仪器安装板，可方便、可靠地检测外圆、内孔、凹槽及倾斜面等复杂形状表面的粗糙度。亦可配置十字、倾斜工作块，方便小型零件的放置和检测。

九、球杆仪

球杆仪能快速（10 ~ 15min）、方便、经济的评价和诊断 CNC 机床动态精度的仪器，适用于各种立卧式加工中心和数控车床等机床，具有操作简单，携带方便的特点，其工作原理是将球杆仪的两端分别安装在机床的主轴与工作台上（或者安装在车床的主轴与刀塔上），测量两轴差补运动形成的圆形轨迹，并将这一轨迹与标准圆形轨迹进行比较，从而评价机床产生误差的种类和幅值。

1. 球杆仪的安装

应将球杆仪接口放置在机床上方便的，并且安全位置上。有时必须打开机床防护罩放置接口，应注意将接口电缆通过合适的孔位拉出，如图 2-21 所示。球杆仪是通过传感器接口盒连接到计算机的一个串口上的。传感器接口包括一由 9V 电池供电的电子线路，它跟踪传感器的伸缩并通过串行接口把数据读数报告给计算机，如图 2-22所示。

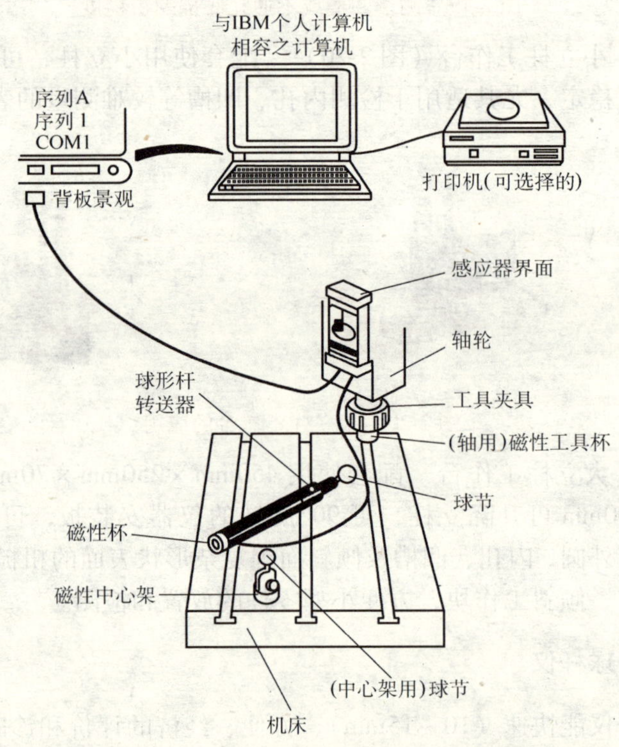

图 2-21　球杆仪的安装

2. 球杆仪的功能

（1）机床精度等级的快速标定、优化切削参数　在不同进给率条件下用球杆仪检测机床，这样就可采用满足加工精度要求的进给率进行加工，从而避免了废品的产生。

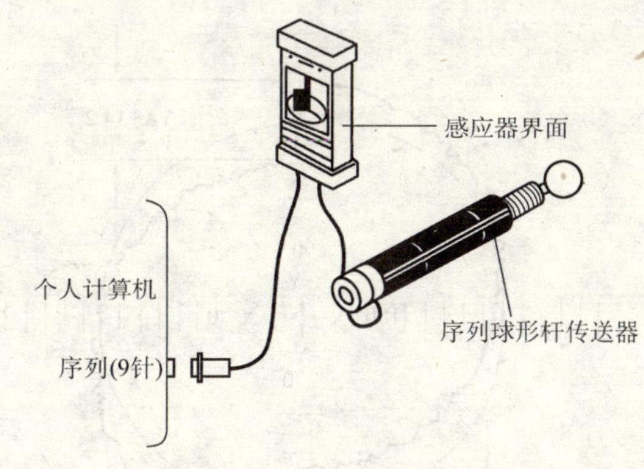

图 2-22　球杆仪的连接

（2）机床动态特性测试与评估、分离故障源　球杆仪可以快速找出并分析机床的问题所在，主要可检查反向差、反向间隙、伺服增益、垂直度、直线度、周期误差等性能。例如机床撞车事故后的检测，可用球杆仪快速告诉操作者机床是否可继续使用。在 ISO 标准中已规定了用球杆仪检测机床精度的方法，用它可方便进行机床之间的性能比较，提示机床问题，建立机床性能档案。现仅以反向间隙为例对其进行介绍。

1）反向间隙。图形中有沿某轴线开始向图形中心内凹的台阶，负值反向间隙的大小通常不受机床进给率的影响。在图 2-23 中仅在 Y 轴上显示有负值反向间隙。

2）诊断值。图 2-23 中 Y 轴正负方向均存在相同大小，为 $-14.2\mu m$的负值反向间隙或矢动量。

3）可能起因

① 在机床的导轨中可能存在间隙，导致当机床在被驱动换向时出现在运动中跳跃。

② 用于弥补原有反向间隙而对机床进行的反向间隙补偿的数值过大，导致原来具有正值反向间隙问题的机床出现负值反向间隙。

③ 机器可能受到编码器滞后现象的影响。

4）对加工带来的影响。在机器上负值反向间隙的影响为圆弧插补的刀具轨迹将出现一向内凹的跳跃。

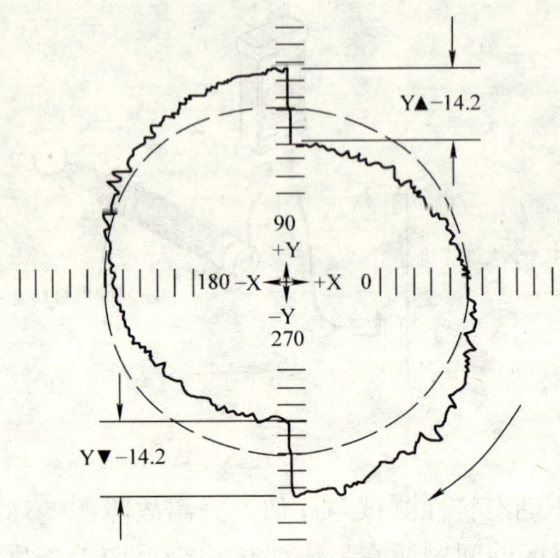

图 2-23　反向间隙

5）推荐对策

① 检查数控系统反向间隙补偿参数设置是否正确。

② 检查机器是否受到编码器滞后现象的影响。

③ 去除机器导轨的间隙，可能需要更换已磨损的机器部件。

（3）方便机床的保养与维护　球杆仪可揭示机床精度变化趋势，这样便可提醒维修工程师注意机床极有可能出现的问题，不致酿成大故障，实现机床的预防性维护。另外，球杆仪软件可进行机床误差的自动分离，维修工程师可快速找到机床故障所在，并集中精力去解决。

（4）缩短新机床开发研制周期　用球杆仪检测机床可分析出润滑系统、轴承等的选用对机床精度性能的影响。这样可根据测试情况改变原配套件的选用以至设计，因而缩短了新机床研制周期。

（5）方便机床验收试验　对机床制造厂来说，可用球杆仪快速进行机床出厂检验，并作为随机机床精度验收文件。球杆仪现已被国际机床检验标准所采用，如 ISO230、ANME B5. 54、QA9000 和 ATA 等。图 2-24 就是球杆仪所检测的圆度结果。

对用户厂来说，可用球杆仪来进行机床验收试验，代替 NAS 试

件切削。对二手设备的检测来讲，这也是一个方便的仪器。

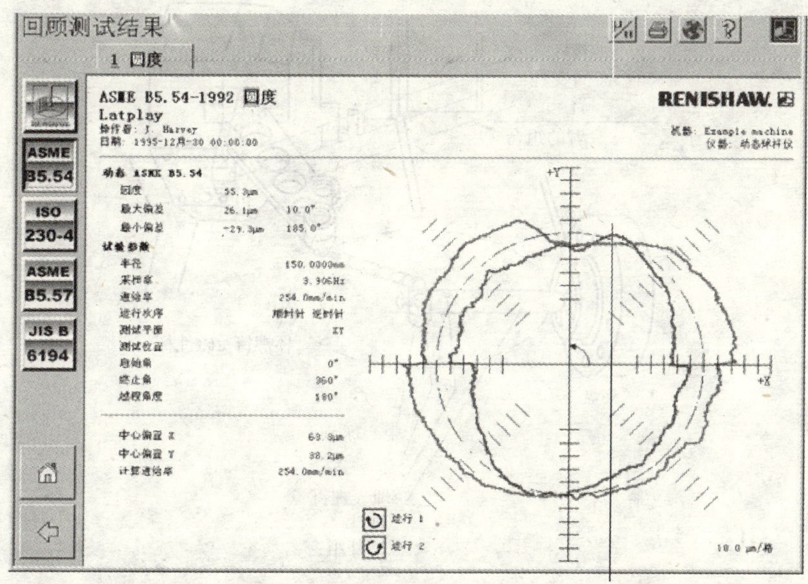

图 2-24　ANME B5. 54 报告

（6）有全套完整的附件可供选择　对于数控车床而言，有一套特殊附件来实现其 360°检测，从而可用球杆仪软件来进行两轴联动，故障自动分离。对于其他两轴联动机构，雷尼绍公司为用户准备了可选中心座，从而使球杆仪也能用于对其进行自动故障分离。

1）360°车床适配器组件。可在车床上进行 360°、半径为 100mm 的球杆仪测试。图 2-25 所示为典型车床测试的安装布局和各零件的名称。

2）检测程序

（动态数据采集，100mm 球杆仪，ZX 平面）

（360°数据采集弧，180°越程）

（米制单位，进给率 1000mm/min）

M05；　　　　　　　　　　　　（停止主轴）

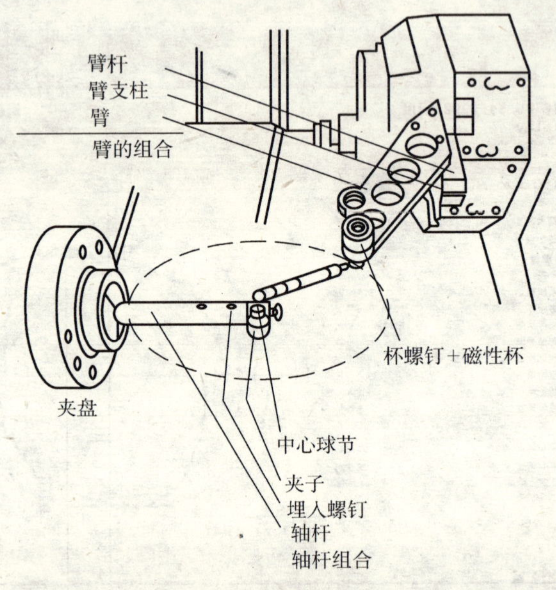

图 2-25　适配器组件零件名称

G01 X0.0 Z101.5 F1000;	（直接运动到起始点）
M00;	（暂停，安装球杆仪）
G01 X0.0 Z100.0;	（运行切入；使球杆仪进入测量状态）
G02 X0.0 Z100.0 I0.0 K-100.0;	（360°顺时针圆弧）
G02 X0.0 Z100.0 I0.0 K-100.0;	（360°顺时针圆弧）
G01 X0.0 Z101.5;	（运行切出）
M00;	（开始逆时针方向数据采集）
G01 X0.0 Z100.0;	（运行切入）
G03 X0.0 Z100.0 I0.0 K-100.0;	（360°逆时针圆弧）
G03 X0.0 Y100.0 I0.0 K-100.0;	（360°逆时针圆弧）

```
G01 X0.0 Z101.5;              （运行切出）
M30;
```

本节是重点，要求能利用量具、量仪等对机床定位精度、重复定位精度、主轴精度、刀架的转位精度进行检验。

第二节　数控车床精度检验

一、数控车床几何精度

数控机床的几何精度是综合反映机床各关键零部件经组装后的综合几何形状误差。其检测工具和方法与普通机床类似，但检测要求更高，检测工具、量具更精密。常用的检测工具有：精密水平仪、直角尺、精密方箱、平尺、平行光管、千分表或测微仪、高精度主轴心棒及刚性好的千分表杆。检测工具的精度等级必须比所测的几何精度高一个等级。每项几何精度按照数控车床验收条件的规定进行检测。

数控车床几何精度检验项目依据 GB/T16462.1—2007《数控车床和车削中心检验条件　第 1 部分：卧式机床几何精度检验》。检测中应注意某些几何精度要求是互相牵连和影响的。如主轴轴线与尾座轴线同轴度误差较大时，可以通过适当调整机床床身的地脚垫铁来减少误差，但这一调整同样又会引起导轨平行度误差的改变。因此，数控机床的各项几何精度检测应在一次检测中完成，否则会造成顾此失彼的现象。

检测中，还应注意消除检测工具和检测方法造成的误差，如检测机床主轴回转精度时，检验心棒自身的振摆、弯曲等造成的误差；在表架上安装千分表和测微仪时，由于表架的刚性不足而造成的误差；在卧式机床上使用回转测微仪时，由于重力影响，造成测头抬头位置和低头位置时的测量数据误差等。

机床的几何精度在冷态和热态时是有区别的。检测应按国家标准规定，在机床预热状态下进行，通常是在性能试验之后。

二、数控车床定位精度

数控车床定位精度是测量机床运动部件在数控系统控制下所能达到的位置精度。根据一台数控车床实测的定位精度数值，可以判断出加工工件在该机床上所能达到的最好加工精度。

定位精度主要检测内容有：直线运动定位精度、直线运动重复定位精度、直线运动轴机械原点的返回精度和直线运动矢动量的测定。检测工具有测微仪、成组量块、标准长度刻线尺、光学读数显微镜和双频激光干涉仪等。

1. 直线运动定位精度

按标准规定，对数控车床的直线运动定位精度的检验应以激光检测为准，如图 2-26 所示。条件不具备时，也可用标准长度刻线尺进行比较测量，如图 2-27 所示，这种方法的检测精度与检测技巧有关，一般可控制在（0.004～0.005）/1000。而激光检测的测量精度可比标准长度刻线尺检测精度高一倍。

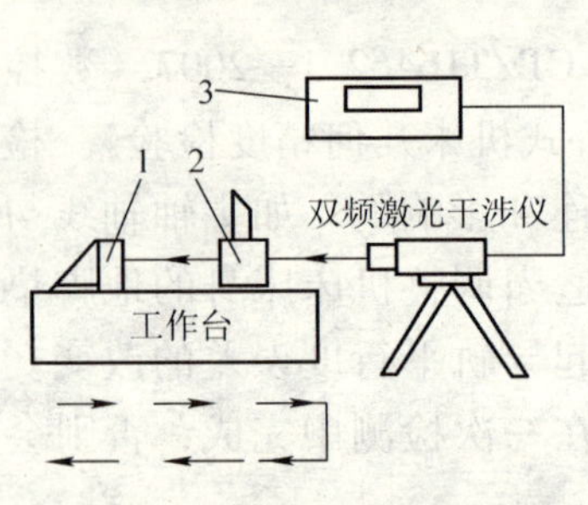

图 2-26 激光检测

1—反光镜 2—分光镜

3—数显及记录仪

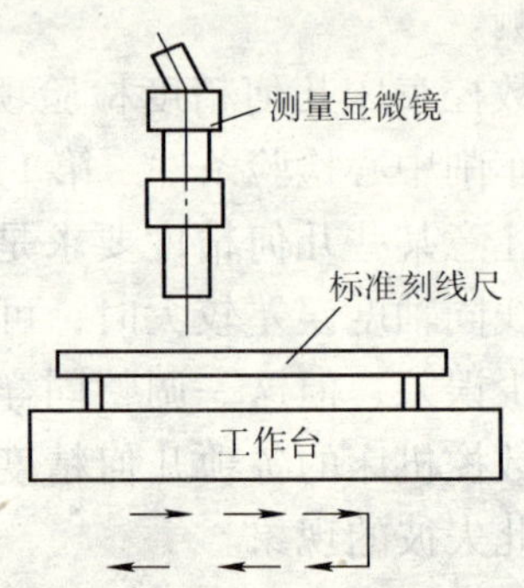

图 2-27 标准长度刻线尺比较测量

为反映多次定位中的全部误差，ISO 标准规定每一个定位点按 5 次测量数据计算出平均值和离散差 ±3σ，画出其定位精度曲线。测定的定位精度曲线还与环境温度和轴的工作状态有关。如数控车床

的丝杠的热伸长约（0.01～0.02）/1000，而经济型的数控车床一般不能补偿滚动丝杠的热伸长，故有些数控车床采用预拉伸丝杠的方法来减少其影响。

2. 直线运动重复定位精度

该精度是反映坐标轴运动稳定性的基本指标，而机床运动稳定性决定着加工零件质量的稳定性和误差的一致性。

一般检测方法是在靠近各坐标行程的中点及两端的任意三个位置进行测量，每个位置用快速移动定位，在相同的条件下重复做7次定位，测出定位点的坐标值，并求出读数的最大差值。以3个位置中最大差值的1/2，取±号后，作为该坐标的重复定位精度。

3. 直线运动轴机械原点的返回精度

数控车床每个坐标轴都应有精确的定位起点，即坐标轴的原点或参考点，它与程序编制中使用的工件坐标系、夹具安装基准有直接关系。数控车床每次开机时原点复归精度应一致，因此对原点的定位精度要求很高。此项检验的目的一是检测坐标轴原点的复归精度，二是检测原点复归的稳定性。

4. 直线运动矢动量

坐标轴直线运动矢动量又称为直线运动反向误差。是进给轴传动链上驱动元件的反向死区以及机械传动副的反向间隙和弹性变形等误差的综合反映。该误差越大，定位精度和重复定位精度就越差。如果矢动量在全行程上分布均匀，可通过数控系统的反向间隙补偿功能予以补偿。

数控车床定位精度检验项目以及对车床位置精度、空载下的轮廓精度、C轴精度和工作精度的要求，应遵循GB/T16462—2007中的相关要求。其中，数控车床工作精度检查实质是对几何精度与定位精度在切削条件下的一项综合考核。进行工作精度检查的加工，可以是单项加工，也可以综合加工一个标准试件。

三、返回基准点（参考点）检验

返回基准点（参考点）检验见表2-2与表2-3。

表2-2 返回基准点（参考点）检验方法

简　　图	试验方法	检验工具
X轴 Z轴	使溜板或滑板在Z轴或X轴全行程上，从任意点快速移动回到基准点，测量其实际位置，至少进行5次返回基准点试验。 Z轴、X轴基准点误差分别计算。 误差以5次测量的最大差值计算	激光干涉仪指示器
C′轴 R	C′轴从任意点快速回转回到基准点，测量其实际位置，至少进行5次返回基准点试验。 误差以5次测量的最大差值计算	指示器

表2-3 公差　　　　（单位：mm）

返回基准点试验的公差	
$D_a \leqslant 500$	$D_a > 500$
Z轴0.004	Z轴0.005
X轴0.003	
C′轴0.00007R	

四、最小设定单位进给检验

最小设定单位进给检验见表2-4。

表 2-4　最小设定单位进给检验方法

试验方法图	试 验 方 法	检验工具
相当于数个设定单位的实际移动距离 测量范围 位置 L L 最小设定单位数	使溜板或滑板先以快速进给速度向正（或负）方向移动，以停止的位置作为基准，然后每次给一个最小设定单位的指令，向同一个方向移动约相当于20个设定单位指令的距离，测量各个指令的停止位置。然后，从上述的最终位置开始，每次给一个最小设定单位的指令，向负（或正）的方向移动，返回到基准位置。测量各个指令的停止位置。至少在行程的中间及靠近两端的三个位置分别进行测量。相当于返回后数个设定单位的实际移动距离内的测量点要除外 误差以相邻停止位置间的距离与最小设定单位之最大差值计 即：误差值 = $\vert L-m\vert_{max}$ 式中　L——相邻停止位置间的距离 m——最小设定单位 X轴、Z轴均应检验	激光干涉仪指示器

五、温升和热位移试验

测量主轴高速和中速空运转时主轴轴承、润滑油和其他主要热源的温升及其变化规律。试验应连续运转180min。

1. 试验条件

1）为保证机床在冷态下开始试验，试验前16h内不得工作。

2）试验不得中途停机。

3）试验前应检查润滑油的油量和牌号，并符合使用说明书的规定。

2. 温升测量

（1）温升测量方法　主轴连续运转，每隔 15 min 测量一次。最后用被测部位温度值绘成时间—温升曲线图，以连续运转 180 min 的温升值作为考核数据如图 2-28 所示。在主轴轴承（前、中、后）处及主轴箱体、电动机壳和液压油箱中设置测量点。

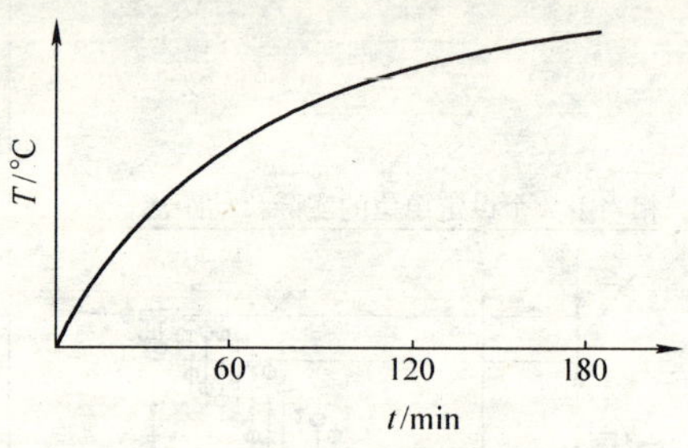

图 2-28　时间—温升曲线

1）温度测量点应选择尽量靠近被测部件的位置。主轴轴承温度应以测温工艺孔为测量点。在无测温工艺孔的机床上，可在主轴前、后法兰盘的紧固螺钉孔内装热电偶，并在螺孔内灌注凡士林，孔口用橡皮泥或胶布封住。

2）室温测点应设在机床中心高处离机床 500mm 的任意空间位置，油箱测温点应尽量靠近吸油口。

（2）温度测量系统

1）温度测量系统采用热电偶，并根据条件可采用图 2-29 中所示测试系统，热电偶在使用前用分度值为 0.1℃水银温度计校正。此外也可采用多点数据采集系统通过自动校正测出各点温度。条件不具备时，可采用其他测温仪器。

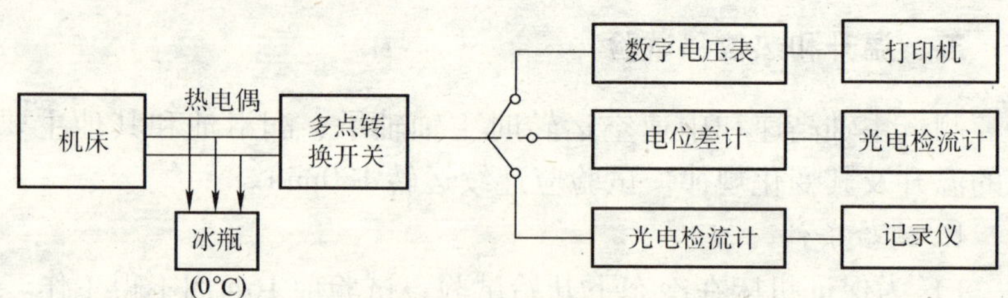

图 2-29　热电偶测量

2）热电偶工作端的焊点一般为直径在 0.3 ~ 0.5mm 的小球，为使热电偶更好的紧贴在被测物体表面，焊点附近可焊上小块纯铜片。

3. 热位移试验

主轴空运转期间，在 *X* 方向、*Y* 方向测量主轴锥孔轴线最大线位移，角位移和 *Z* 方向线位移。热位移试验与温升试验应同时进行。热位移表示方法按图 2-30、表 2-5 的规定。

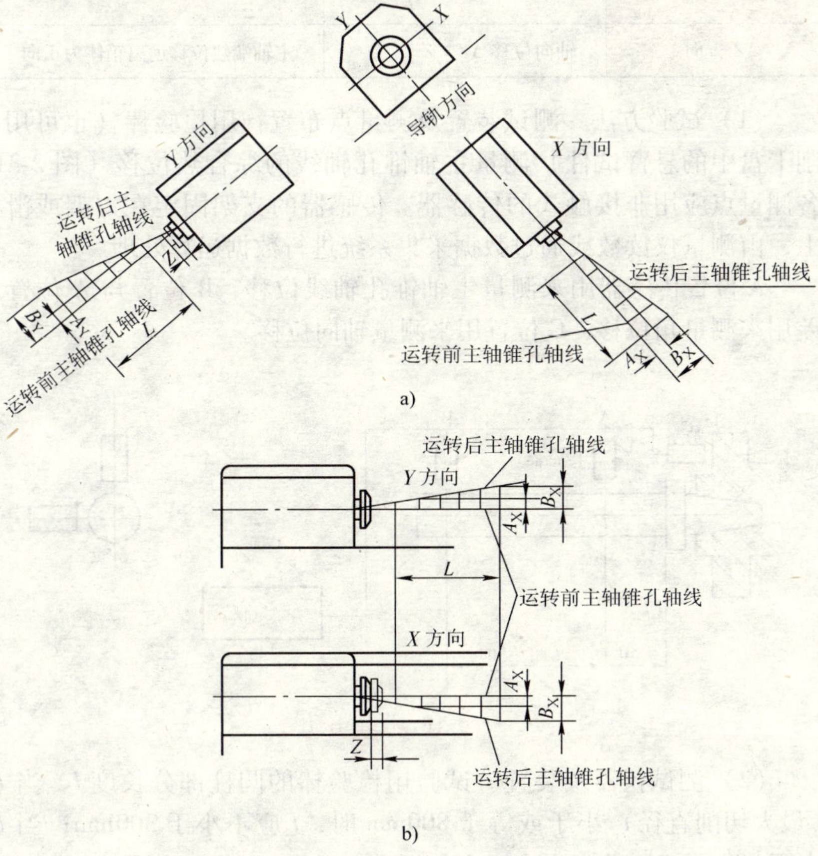

图 2-30　热位移表示方法

a）斜导轨　b）水平导轨

表 2-5 计算方法

Y 方向	线位移 $\Delta A_Y = A_Y$	热位移向上为正
	角位移 $\Delta\alpha_Y = \dfrac{B_Y - A_Y}{L}$	B_Y 高于 A_Y 为正
X 方向	线位移 $\Delta A_X = A_X$	热位移接近刀架为正
	角位移 $\Delta\alpha_X = \dfrac{B_X - A_X}{L}$	B_X 比 A_X 接近刀架为正
Z 方向	轴向位移 $\Delta Z = Z$	主轴端热位移远离箱体为正向

（1）试验方法　测试装置及测量点布置：用检验棒（也可用车削卡盘中的悬臂试件）测量主轴锥孔轴线的综合热位移（图 2-31）各测量点应用非接触式的传感器。传感器的支架固定在刀架或滑板上，由测量仪读数或通过数据采集系统进行数据运算处理。

A 位置传感器用来测量主轴锥孔轴线位移，B 位置与 A 位置之差用来测量角位移，C 位置用来测量轴向位移。

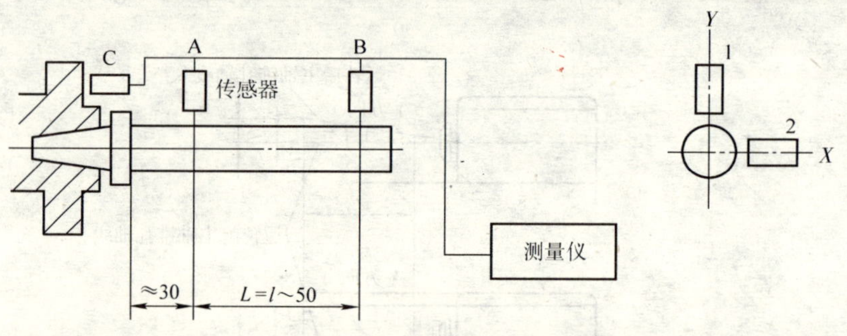

图 2-31　试验方法

（2）测试仪器及装置　试验用检验棒的圆柱部分长度 l，当 D_a（最大切削直径）小于或等于 800mm 时，l 应不小于 300mm；当 D_a 大于 800mm 时，l 应不小于 500mm。

测试仪器要经过充分预热，消除其零点漂移，测量前还应消除支架装夹所引起的应力。

要求能对工件精度进行检验，并能提出提高精度的方法。

第三节　工件精度检验

一、加工精度和表面质量的基本概念

机械产品的工作性能和使用寿命与组成产品的零件的加工质量和产品的装配精度直接有关。而零件的加工质量又是整个产品质量的基础，零件的加工质量包括加工精度和表面质量两个方面内容。

1. 加工精度

所谓加工精度是指零件加工后的几何参数（尺寸、几何形状和相互位置）与理想零件几何参数相符合的程度，它们之间的偏离程度则为加工误差。加工误差的大小反映了加工精度的高低。加工精度包括如下三方面。

（1）尺寸精度　限制加工表面与其基准间尺寸误差不超过一定的范围。

（2）几何形状精度　限制加工表面的宏观几何形状误差，如：圆度、圆柱度、平面度和直线度等。

（3）相互位置精度　限制加工表面与其基准间的相互位置误差，如：平行度、垂直度、同轴度和位置度等。

2. 表面质量

机械加工表面质量包括如下两方面的内容。

（1）表面层的几何形状偏差

1）表面粗糙度。指零件表面的微观几何形状误差。

2）表面波纹度。指零件表面周期性的几何形状误差。

（2）表面层的物理、力学性能

1）冷作硬化。表面层因加工中塑性变形而引起的表面层硬度提高的现象。

2）残余应力。表面层因机械加工产生强烈的塑性变形和金相组

织的可能变化而产生的内应力。按应力性质分为拉应力和压应力。

3）表面层金相组织变化。表面层因切削加工时切削热而引起的金相组织的变化。

二、表面质量对零件使用性能的影响

1. 对零件耐磨性的影响

零件的耐磨性不仅和材料及热处理有关，而且还与零件接触表面的粗糙度有关。当两个零件相互接触时，实质上只是两个零件接触表面上的一些凸峰相互接触，因此，实际接触面积比理论接触面积要小得多，从而使单位面积上的压力很大。当其超过材料的屈服点时，就会使凸峰部分产生塑性变形甚至被折断，或因接触面的滑移而迅速磨损。以后随着接触面积的增大，单位面积上的压力减小，磨损减慢。零件表面粗糙度值越大，磨损越快，但这不等于说零件表面粗糙度值越小越好。如果零件表面的粗糙度小于合理值，则由于摩擦面之间润滑油被挤出而形成干摩擦，从而使磨损加快。实验表明，最佳表面粗糙度 R_a 值大致在 0. 3 ~ 1. 2μm 之间。另外，零件表面有冷作硬化层或经淬硬，也可提高零件的耐磨性。

2. 对零件疲劳强度的影响

零件表面层的残余应力性质对疲劳强度的影响很大。当残余应力为拉应力时，在拉应力作用下，会使表面的裂纹扩大，而降低零件的疲劳强度，减少了产品的使用寿命。相反，残余压应力可以延缓疲劳裂纹的扩展，可提高零件的疲劳强度。

同时表面冷作硬化层的存在，以及加工纹路方向与载荷方向一致，都可以提高零件的疲劳强度。

3. 对零件配合性质的影响

在间隙配合中，如果配合表面粗糙，磨损后会使配合间隙增大，改变了原配合性质。在过盈配合中，如果配合表面粗糙，则装配后表面的凸峰将被挤平，而使有效过盈量减小，降低了配合的可靠性。所以，对有配合要求的表面，也应标注有对应的表面粗糙度值。

这部分是实际应用中的重点，应掌握。

三、影响加工精度的因素及提高精度的主要措施

由机床、夹具、工件和刀具所组成的一个完整的系统称之为工艺系统。加工过程中，工件与刀具的相对位置就决定了零件加工的尺寸、形状和位置。因此，加工精度的问题也就涉及整个工艺系统的精度问题。工艺系统的种种误差，在加工过程中会在不同的情况下，以不同的方式和程度反映为加工误差。根据工艺系统误差的性质可将其归纳为工艺系统的几何误差、工艺系统受力变形引起的误差、工艺系统受热变形引起的误差及工件内应力所引起的误差。

1. 工艺系统的几何误差及改善措施

工艺系统的几何误差包括加工方法的原理误差、机床的几何误差、调整误差、刀具和夹具的制造误差、工件的装夹误差以及工艺系统磨损所引起的误差。本节仅就机床几何误差中的主轴误差和导轨误差对加工精度的影响进行简略分析。

（1）主轴误差　机床主轴是装夹刀具或工件的位置基准，它的误差也将直接影响工件的加工质量。

机床主轴的回转精度是机床主要精度指标之一。其在很大程度上决定着工件加工表面的形状精度。主轴的回转误差主要包括主轴的径向圆跳动、轴向窜动和摆动。

造成主轴径向圆跳动的主要原因有：轴径与轴孔圆度不高、轴承滚道的形状误差、轴与孔安装后不同心以及滚动体误差等。使用该主轴装夹工件将造成形状误差。

造成主轴轴向窜动的主要原因有：推力轴承端面滚道的跳动，以及轴承间隙等。以车床为例，造成的加工误差主要表现为车削端面与轴线的垂直度误差。

由于前后轴承、前后轴承孔或前后轴径的不同心造成主轴在转动过程中出现摆动现象。摆动不仅给工件造成工件尺寸误差，而且还造成形状误差。

提高主轴旋转精度的方法主要有通过提高主轴组件的设计、制造和安装精度，采用高精度的轴承等方法，这无疑将加大制造成本。

还可以通过工件的定位基准或被加工面本身与夹具定位元件之间组成的回转副来实现工件相对于刀具的转动，如外圆磨床头架上的固定顶尖。这样机床主轴组件的误差就不会对工件的加工质量构成影响。

（2）导轨误差　导轨是机床的重要基准，它的各项误差将直接影响被加工零件的精度。以数控车床为例，当床身导轨在水平面内出现弯曲（前凸）时，加工后的工件呈鼓形（图2-32a）；当床身导轨与主轴轴心在水平面内不平行时，加工后的工件呈锥形（图2-32b）；而当床身导轨与主轴轴心在垂直面内不平行时，加工后的工件呈鞍形（图2-32c）。

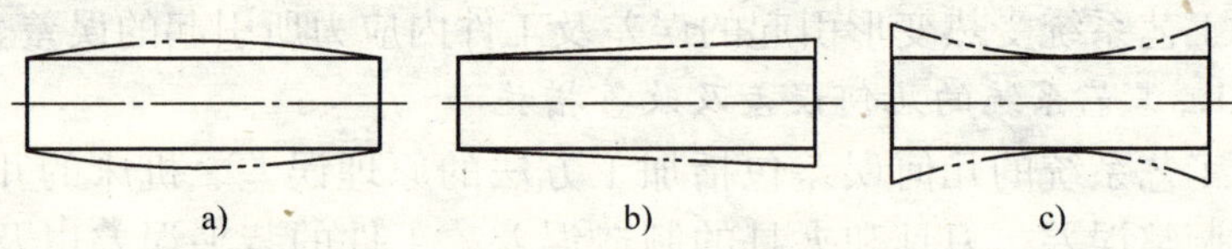

图2-32　机床导轨误差对工件精度的影响

事实上，数控车床导轨在水平面和垂直面内的几何误差对加工精度的影响程度是不一样的。影响最大的是导轨在水平面内的弯曲或与主轴轴线的平行度，而导轨在垂直面内的弯曲或与主轴轴心线的平行度对加工精度的影响则小到可以忽略的程度。如图2-33所示，当导轨在水平面和垂直面内都有一个误差Δ时，前者造成的半径方向加工误差$\Delta R=\Delta$，而后者$\Delta R\approx\frac{\Delta^2}{d}$等，可以忽略不计。因此称数控车床导轨的水平方向为误差敏感方向，而称垂直方向为误差非敏感方向。推广来看，原始误差会引起的刀具与工件间的相对位移，如果该误差产生在加工表面的法线方向，则对加工精度构成直接影响，即为误差敏感方向；若位移产生在加工表面的切线方

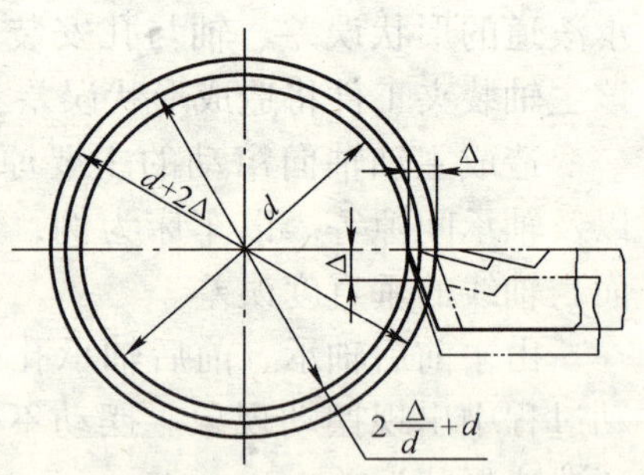

图2-33　车床导轨的几何误差对加工精度的影响

向，则不会对加工精度构成直接影响，即为误差非敏感方向。

因此，减小导轨误差对加工精度的影响一方面可以通过提高导轨的制造、安装和调整精度来实现，另一方面也可以利用误差非敏感方向来设计安排定位加工。如转塔车床的转塔刀架设计就充分注意到了这一点，其转塔定位选在了误差非敏感方向上，既没有把制造精度定得很高，又保证了实际加工的精度。

2. 工艺系统受力变形引起的误差及改善措施

工艺系统在切削力、传动力、惯性力、夹紧力以及重力等的作用下，会产生相应的变形，从而破坏刀具与工件之间的正确位置，使工件产生几何形状误差和尺寸误差。

例如车削细长轴时，在切削力的作用下，工件因弹性变形而出现的“让刀”现象使工件产生腰鼓形的圆柱度误差，如图 2-34a 所示。又如，在内圆磨床上用横向切入法磨孔时，由于内圆磨头主轴的弯曲变形，磨出的孔会出现带有锥度的圆柱度误差，如图 2-34b 所示。

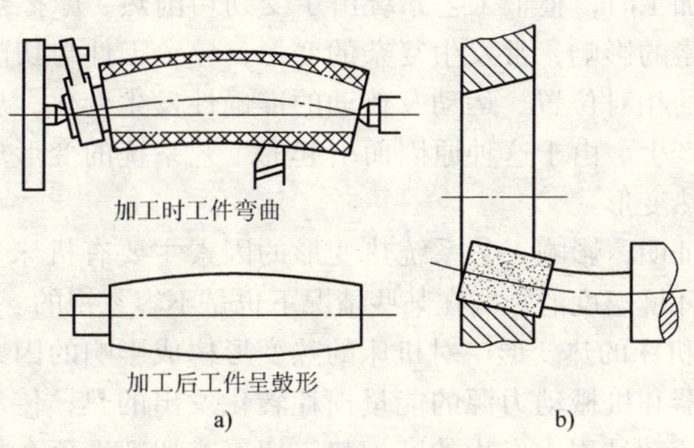

图 2-34 工艺系统受力变形引起的加工误差

工艺系统受力变形通常是弹性变形，一般来说，工艺系统抵抗变形的能力越大，加工误差就越小。也就是说，工艺系统的刚度越好，加工精度越高。

工艺系统的刚度取决于机床、刀具、夹具及工件的刚度，其一般公式为

$$K_{xt}=\frac{1}{\frac{1}{K_{jc}}+\frac{1}{K_{jj}}+\frac{1}{K_{aj}}+\frac{1}{K_{gj}}}$$

式中　K_{xt}——工艺系统刚度；

K_{jc}——机床刚度；

K_{jj}——夹具刚度；

K_{aj}——刀架刚度；

K_{gj}——工件刚度。

提高工艺系统各组成部分的刚度可以提高工艺系统的整体刚度。生产实际中，常采取的有效措施有：减小接触面间的粗糙度，增大接触面积，适当预紧，减小接触变形，提高接触刚度；合理地布置肋板，提高局部刚度；减少受力变形，提高工件刚度，（如车削细长轴时，利用中心架或跟刀架）；合理装夹工件，减少夹紧变形（如加工薄壁套时，采用开口过渡环或专用卡爪夹紧）。

3. 工艺系统热变形产生的误差及改善措施

切削加工时，整个工艺系统由于受到切削热、摩擦热及外界辐射热等因素的影响，常发生复杂的变形，导致工件与切削刃之间原先调整好的相对位置、运动及传动的准确性发生变化，从而导致加工误差的产生。由于这种原因而引起的工艺系统的变形现象称为工艺系统的热变形。

实践证明，影响工艺系统热变形的因素主要有机床、刀具、工件，另外环境温度的影响在某些情况下也是不容忽视的。

（1）机床的热变形　对机床的热变形构成影响的因素主要有电动机、电器和机械动力源的能量损耗转化发出的热；传动部件、运动部件在运动过程中发生的摩擦热；切屑或切削液落在机床上所传递的切削热；外界的辐射热。这些热都将或多或少地使机床床身、工作台和主轴等部件发生变形，如图 2-35 所示。

为了减小机床热变形对加工精度的影响，通常在机床大件的结构设计上采取对称结构或采用主动控制方式均衡关键件的温度，以减小其因受热而出现的弯曲或扭曲变形对加工的影响；在结构连接设计上，其布局应使关键部件的热变形方向对加工精度影响较小；

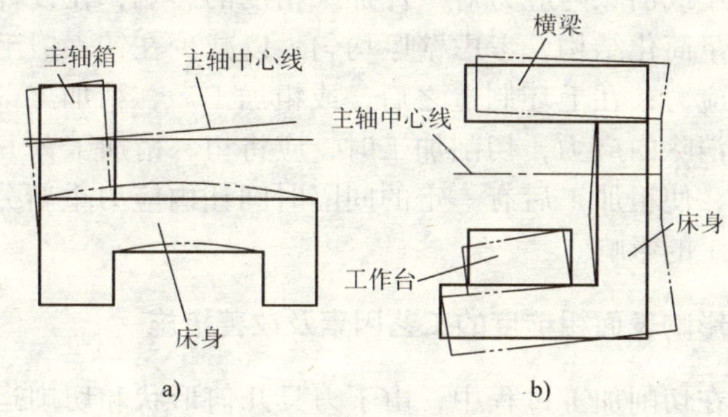

图 2-35　机床热变形对加工精度的影响

对发热量较大的部件，应采取足够的冷却措施或采取隔离热源的方法。在工艺措施方面，可让机床空运转一段时间之后，当其达到或接近热平衡时再调整机床，对零件进行加工；或将精密机床安装在恒温室中使用。

（2）工件的热变形　由于切削热的作用，工件在加工过程中产生热变形，其热膨胀影响了尺寸精度和形状精度。

为了减小热变形对加工精度的影响，常常采用用切削液冷却切削区的方法；也可通过选择合适的刀具或改变切削参数的方法来减少切削热或减少传入工件的热量；对大型或较长的工件，在夹紧状态下应使其末端能自由伸缩。

4. 工件内应力引起的误差及改善措施

所谓内应力，就是当外界载荷去掉后，仍残留在工件内部的应力。内应力是工件在加工过程中其内部宏观或微观组织因发生了不均匀的体积变化而产生的。

具有内应力的零件处于一种不稳定的相对平衡状态，可以保持形状精度的暂时稳定。但它的内部组织有强烈的倾向要恢复到一种稳定的没有内应力的状态，一旦外界条件产生变化，如环境温度的改变、继续进行切削加工、受到撞击等，内应力的暂时平衡就会被打破而进行重新分布，零件将产生相应的变形，从而破坏原有的精度。

为减小或消除内应力对零件加工精度的影响，在设计零件结构时，应尽量简化结构，考虑壁厚均匀，以减少在铸、锻毛坯制造中产生的内应力；在毛坯制造之后，或粗加工后，精加工前，安排时效处理以消除内应力，切削加工时，应将粗、精加工分开在不同的工序进行，使粗加工后有一定的间隔时间让内应力重新分布，以减少对精加工的影响。

四、影响表面粗糙度的工艺因素及改善措施

零件在切削加工过程中，由于刀具几何形状和切削运动引起的残留面积、粘接在刀具刃口上的积屑瘤划出的沟纹、工件与刀具之间的振动引起的振动波纹以及刀具后刀面磨损造成的挤压与摩擦痕迹等原因，使零件表面上形成了粗糙度。影响表面粗糙度的工艺因素主要有工件材料、切削用量、刀具几何参数及切削液等。

1. 工件材料

一般韧性较大的弹塑性材料，加工后表面粗糙度值较大，而韧性较小的弹塑性材料加工后易得到较小的表面粗糙度值。对于同种材料，其晶粒组织越大，加工表面粗糙度值越大。因此，为了减小加工表面粗糙度值，常在切削加工前对材料进行调质或正火处理，以获得均匀细密的晶粒组织和较大的硬度。

2. 切削用量

进给量越大，残留面积高度越高，零件表面越粗糙。因此，减小进给量可有效地减小表面粗糙度值。

切削速度对表面粗糙度的影响也很大。在中速切削弹塑性材料时，由于容易产生积屑瘤，且塑性变形较大，因此加工后零件表面粗糙度值较大。通常采用低速或高速切削弹塑性材料，可有效地避免积屑瘤的产生，这对减小表面粗糙度值有积极作用。

3. 刀具几何参数

主偏角、副偏角及刀尖圆弧半径对零件表面粗糙度有直接影响。在进给量一定的情况下，减小主偏和副偏角或增大刀尖圆弧半径可减小表面粗糙度值。另外，适当增大前角和后角，能够减小切削变形和前后刀面间的摩擦，抑制积屑瘤的产生，也可减小表面粗糙度值。

4. 切削液

切削液的冷却和润滑作用能减小切削过程中的摩擦，降低切削区温度，使切削层金属表面的塑性变形程度下降，抑制积屑瘤的产生，因此可大大减小表面粗糙度值。

五、形位误差的检测

1. 形位误差的检测原则

国家标准中规定的 5 种检测原则见表 2-6。根据这 5 种检测原则，国家标准还提出了 107 种检测方案供实际检测时选用。

表 2-6　形位误差的检测原则

序号	检测原则名称	说　明	示　例
1	与理想要素比较原则	理想要素用模拟方法获得. 如用细直光束、刀口形直尺、平尺等模拟理想直线；用精密平板、光扫描平面模拟理想平面；用精密心轴、V 形架等模拟理想轴线等。模拟要素的误差直接影响被测结果，故一定要保证具有足够的精度 此原则在生产中用得最多	1. 量值由直接法获得 模拟理想要素 2. 量值由间接法获得 自准直仪　模拟理想要素　反射镜
2	测量坐标值原则	测量被测实际要素的坐标值（如直角坐标值、极坐标值、圆柱面坐标值），并经过数据处理获得形位误差值	测量直角坐标值 x_4 x_1 x_2 x_3 y_1 y_2 y_3 y_4

（续）

序号	检测原则名称	说　明	示　例
3	测量特征参数原则	测量被测实际要素上具有代表性的参数（即特征参数）来表示形位误差值。如用两点法、三点法来测量圆度误差 应用这一原则的测量结果是近似的，特别要注意能否满足测量精度要求	两点法测量圆度特征参数 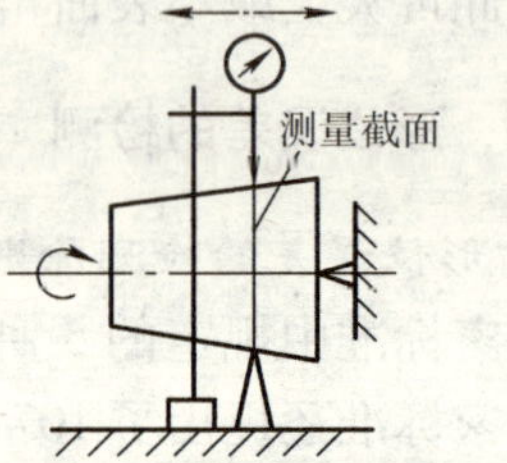 测量截面
4	测量跳动原则	被测实际要素绕基准轴线回转过程中，沿给定方向测量其对某参考点或线的变动量 一般测量都是用各种指示表读数，变动量就是指指示表最大与最小读数之差 这是根据跳动定义提出的一个检测原则，主要用于跳动的测量	测量径向圆跳动 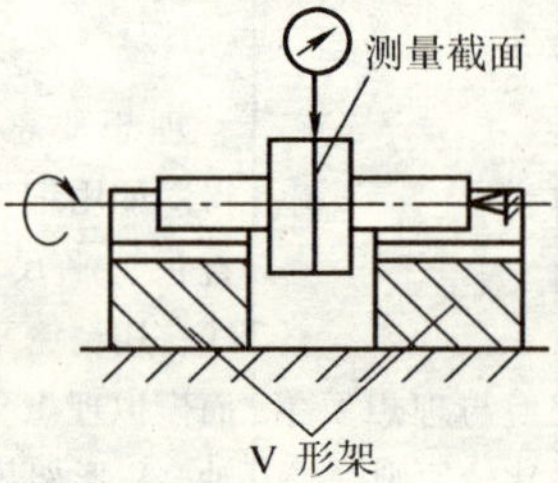 测量截面 V 形架
5	控制实效边界原则	检测被测实际要素是否超过实效边界，以判断合格与否 这个原则适用于采用了最大实体原则的情况。实用中一般都是用量规综合检验。量规的尺寸公差（包括磨损公差）应比实测要素的相应尺寸公差高 2 ~ 4 个公差等级，其形位公差按被测要素相应形位公差的 $\frac{1}{10}$ ~ $\frac{1}{5}$ 选取	用综合量规检验同轴度误差 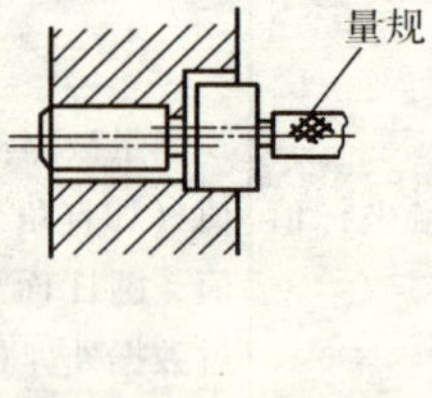 量规

2. 常用检测符号及其说明

检测方法常用检测示意图表示，所用符号的意义见表 2-7。

表 2-7　常用检测符号及其说明

序号	符　　号	说　　明	序号	符　　号	说　　明
1		平板、平台（或测量平面）	7		连续转动（不超过一周）
2		固定支承	8		间断转动（不超过一周）
3		可调支承	9		旋转
4		连续直线移动	10		指示器或记录器
5		间断直线移动	11		带有指示器的测量架（测量架的符号，根据测量设备的用途，可画成其他式样）
6		沿几个方向直线移动	12		

3. 形状误差的检测

（1）直线度误差的检测

1）光隙法。用刀口形直尺（或平尺）与零件被测素线接触，然后将刀口形直尺与实际素线间的最大光隙调为最小并与标准光隙比较，估读出直线度误差，如图 2-36 所示。当光隙较大时，可用塞尺测量。

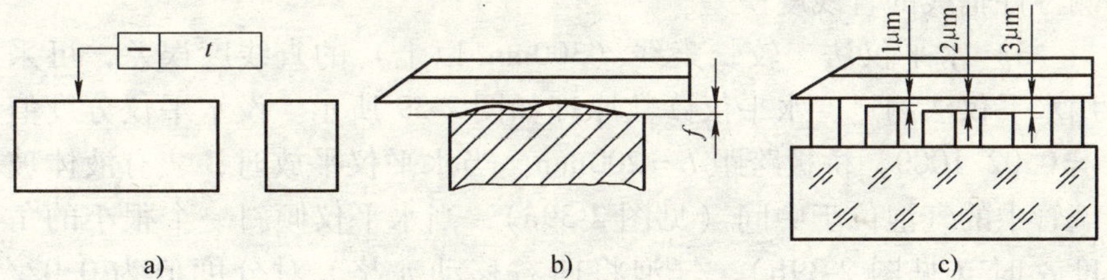

图 2-36　光隙法测直线度误差

a）直线度标注　b）检测示意　c）标准光隙的设置

2）测微法。图 2-37 是测量素线直线度误差的示意图。将工件置于

平板上，用测微仪沿被测素线方向作直线移动，同时记录被测素线上各点的相对高度值，再按最小条件求出直线度误差。若在测量前将被测素线首尾两点调至等高，则测得各点最大值与最小值之差即为直线度误差。再测零件上其他若干条素线，以最大误差值作为该零件素线直线度误差。图 2-37 中①、②为测量器具或工件转动或移动的顺序号。

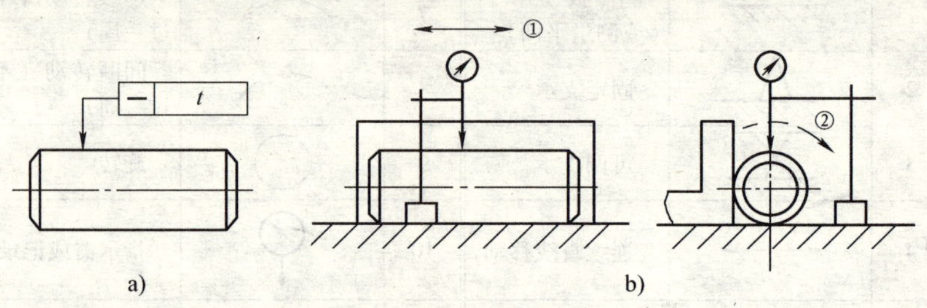

图 2-37　测微法测素线直线度误差

a）直线度标注　b）检测示意

图 2-38 是用双表测轴线直线度误差的示意图。将被测零件安装在平行于平板的两顶尖之间，把测微仪置于被测零件轴向剖面的上下两侧，并使两测微仪位于同一铅垂截面上。沿铅垂截面的两条素线进行测量，同时分别记录两测微仪各测点的示值 M_a 和 M_b，取各测点读数差之半（即$\frac{M_a - M_b}{2}$）中的最大值，作为该截面轴线的直线度误差。再按上述方法测若干个截面，以其中最大的误差值作为被测零件轴线的直线度误差。

3）水平仪法。较长素线（300mm 以上）的直线度误差，可采用水平仪法测量。水平仪读数原理如图 2-39 所示。设水平仪分度值 $i = 0.02/1000$，桥板跨距 $L = 200$mm。当水平仪平放时，装有液体玻璃管中的气泡位于中间（见图 2-39a），当水平仪倾斜一个很小的角度 α 时（见图 2-39b），气泡将向右移动 n 格。对分度值为 0.02/1000 的水平仪，气泡每移动 1 格，在 1000mm 长度上的高度变化量 $y = 0.02$mm，从而可以求出跨距为 200mm 的水平仪右侧的升高量

$$x = inL = \frac{0.02}{1000} \times 1 \times 200\text{mm} = 0.004\text{mm}$$

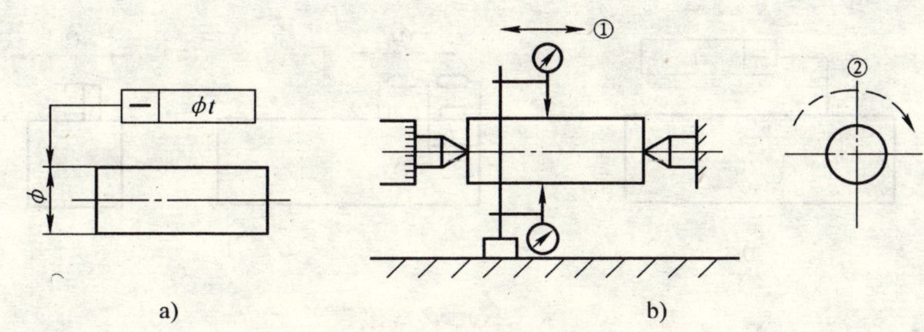

图 2-38　测微法测轴线直线度误差

a）直线度标注　b）检测示意

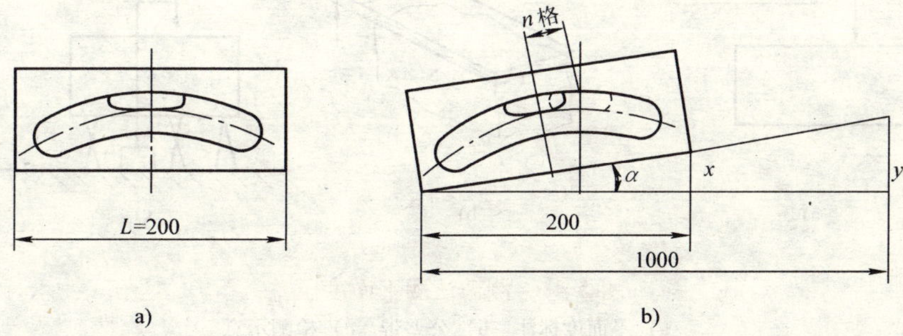

图 2-39　水平仪读数原理

a）水平时气泡位置　b）倾斜时气泡位置

此时的角度 α 为 4″。

测量时，先根据零件长度 L 选择合适的桥板跨距 l，并将被测素线分为 L/l 段。然后将桥板首尾衔接地移动，测出各段水平仪气泡相对于前一段的移动格数并作记录。最后通过作图和计算求出直线度误差。水平仪测直线度的示意如图 2-40 所示。

（2）平面度误差的检测

1）测微法。如图 2-41 所示，将被测零件置于平板上，调整支承高度，使两对角分别等高（或三远点等高），并按网格布线或对角线布线方式进行测量。测微仪的最大读数与最小读数之差即为平面度误差。此法适用于中小型平面的测量。

上述测量中，调对角等高的目的是以过一对角线且平行于另一

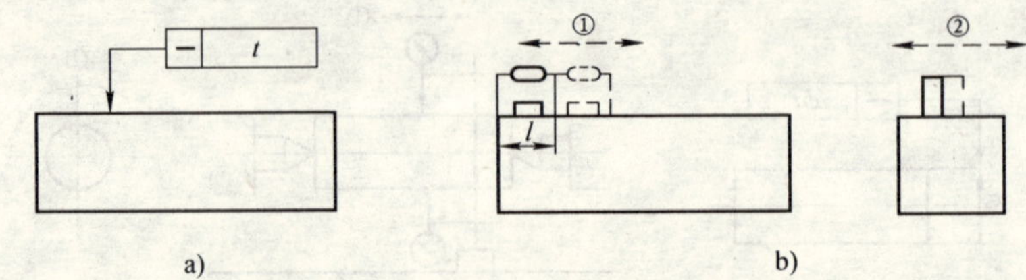

图 2-40　水平仪测直线度误差示意

a）直线度标注　b）检测示意

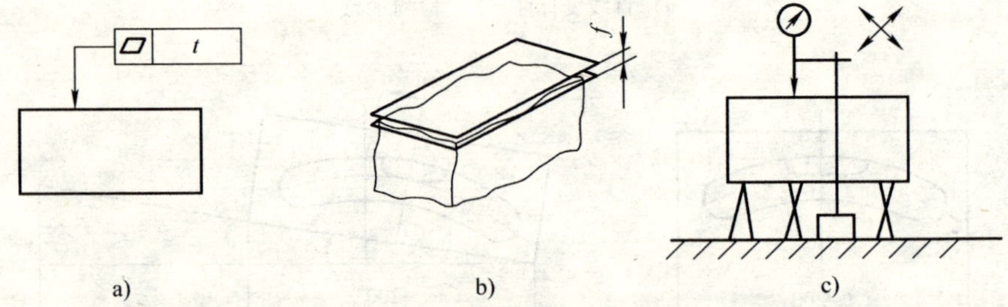

图 2-41　测微法测平面度误差

a）平面度标注　b）公差带　c）检测示意

对角线的理想平面作为评定基准。调三远点等高的目的，是以通过实际平面上三个相距最远点的理想平面作为评定基准，如图 2-42 所示。这两种评定基准，都用于近似替代符合最小条件的理想平面。网格布线和对角线布线方式，如图 2-43 所示。

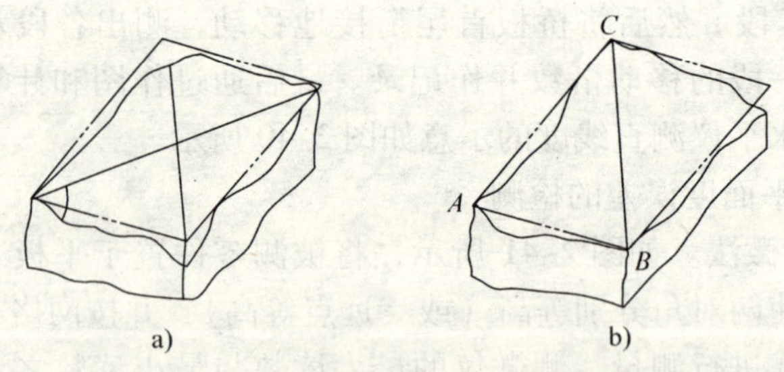

图 2-42　实际平面上评定基准的确定

a）对角线等高　b）三远点等高

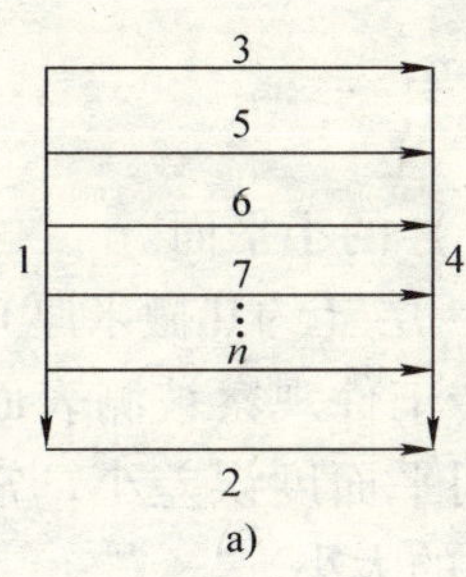

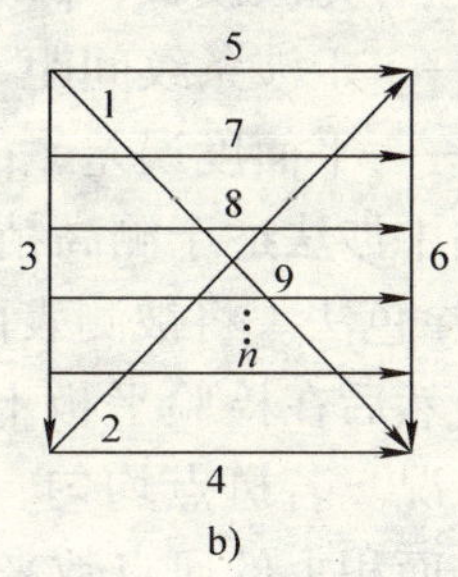

图 2-43　网格布线和对角线布线

a）网格布线　b）对角线布线

2）平晶干涉法。如图 2-44 所示，将平晶的工作面贴在被测表面上，使其出现数条干涉条纹。若被测面内凹或外凸，则出现环形干涉条纹，其平面度误差为

$$f = n\frac{\lambda}{2}$$

式中　n——干涉条纹数；

λ——光波波长，μm；

f——平面度误差，μm。

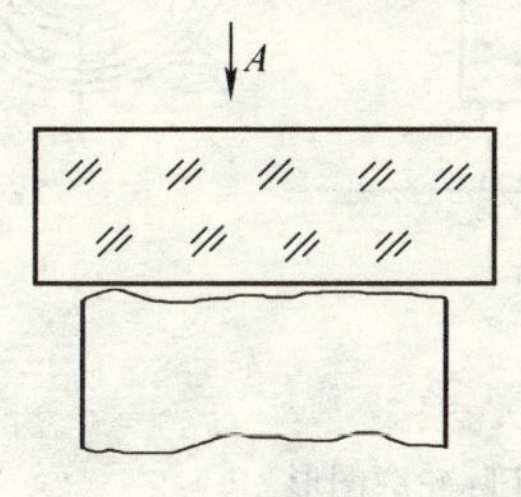

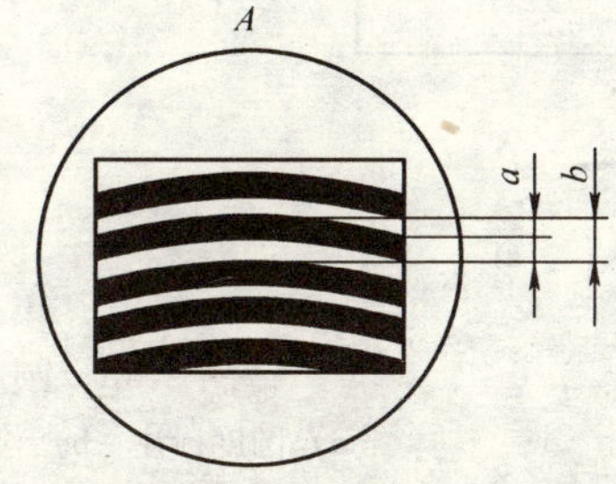

图 2-44　平晶干涉法测平面度误差

若出现不封闭的弯曲干涉条纹，则平面度误差为

$$f = \frac{a\lambda}{2b}$$

式中　a——干涉条纹弯曲量（估读），mm；

λ——光波波长，μm；

b——干涉条纹间距（估读），mm；

f——平面度误差，μm。

平晶干涉法适于测高精度（如精研）的小平面。

3）涂色法。将被测表面涂上很薄一层（约几微米厚）的红丹粉或蓝油，然后在检验平板上对研，翻转工件观察被测表面接触斑点的分布情况。若斑点均匀、细密，说明平面度误差小，常以25 mm ×25 mm面积上的研点数来评定其误差的大小。

（3）圆度误差的检测

1）圆度仪法。将被测工件置于圆度仪工作台上，如图2-45所示，找正回转轴线，使圆度仪测头与工件外圆接触并回转。通过传感器、放大器、滤波器、计算电路，最终显示测量结果。若输出的是实际轮廓的图形，可用同心圆模板套装，以两包容同心圆的半径之差作为某截面的圆度误差。圆度仪适于测精度要求较高的零件。

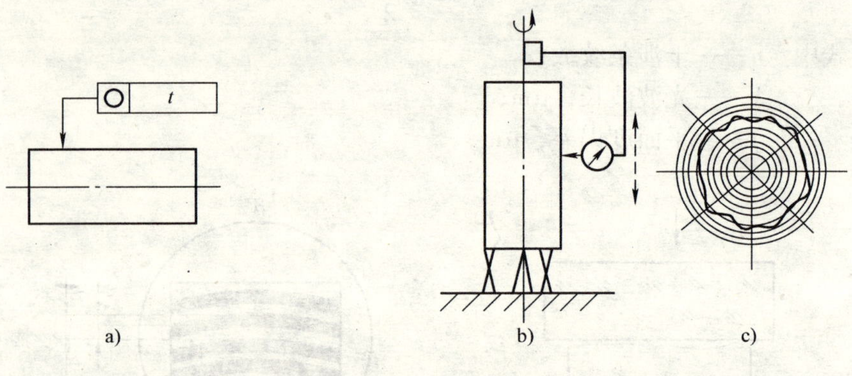

图2-45　圆度仪法测圆度误差

a）圆度标注　b）检测示意　c）实际轮廓图形

2）两点法和三点法。当被测轮廓的形状是偶数棱圆形时，可用两点法测圆度误差。使用卡尺、千分尺、测微仪等测量器具，沿正截圆整周测量直径的最大差值，以其一半作为该截圆的圆度误差，计算式为

$$f = \frac{D_{max} - D_{min}}{2}$$

由于最大和最小直径的圆不一定同心，故此法仅是一种近似测量。

当被测轮廓为奇数棱圆形时，用两点法不能测出其圆度误差，此时可用三点法测量，如图 2-46 所示。以 V 形架支承被测工件，用指示器测出工件回转一周的最大差值，取其一半作为该截面的圆度误差。常用的 V 形架夹角 α 有 60°、72°、90°、108°和 120°等。三点法也可用于高精度测量。

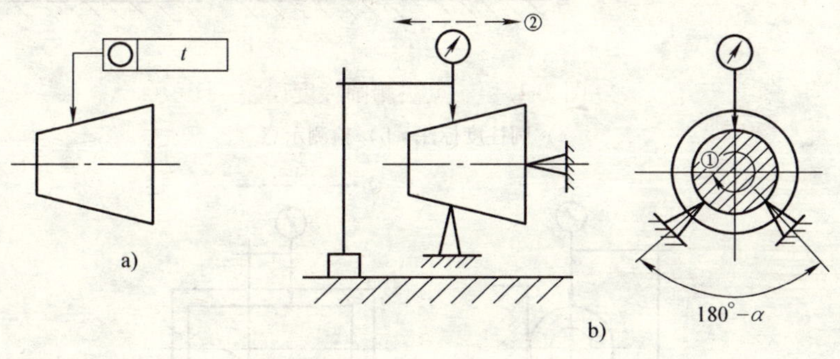

图 2-46 三点法测圆度误差

a）圆度标注 b）检测示意

（4）圆柱度误差的检测　可用圆度仪或三坐标测量机测量若干截面的轮廓（与测圆度方法同），并通过计算装置求出圆柱度误差。在生产车间还常用测圆度误差的两点法和三点法检测圆柱度误差。

用三点法测圆柱度误差时，固定支承一般选用 90°和 120°夹角的 V 形架，如图 2-47 所示。测量时，在每一截面上工件回转一周，连续测量若干个截面，最后以测微仪在整个检测过程中的最大差值之半作为圆柱度误差。三点法主要适于测奇数棱圆柱形的圆柱度误差。

两点法主要适于检测偶数棱圆柱的圆柱度误差（见图 2-48），测量取值方法与三点法相同，但需使用 L 形固定支承。

（5）线、面轮廓度误差的检测　零件实际轮廓（线或面）的理想轮廓形状由理论正确尺寸确定。它可以只指自身的形状（无基准要求），也可以相对于基准有方向或位置要求。线、面轮廓度公差带相对于理想轮廓双向等距公差，如图 2-49 所示，因此，线、面轮廓度误差的最小包容区域，应相对于理想轮廓对称配置。

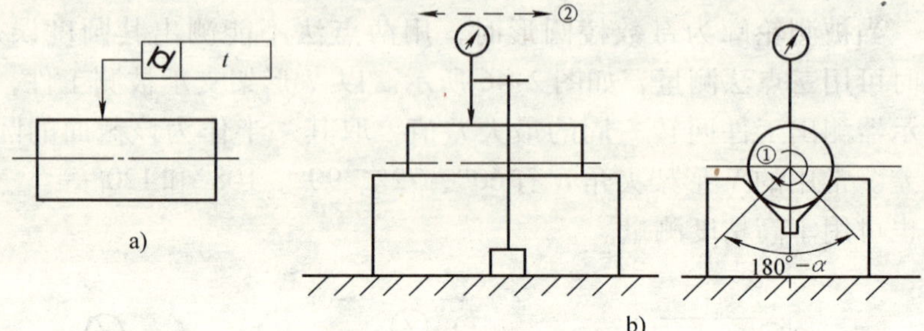

图 2-47　三点法测圆柱度误差

a）圆柱度标注　b）检测示意

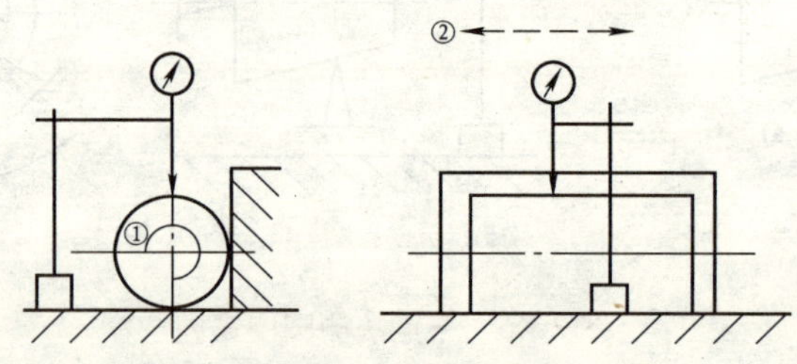

图 2-48　两点法测圆柱度误差

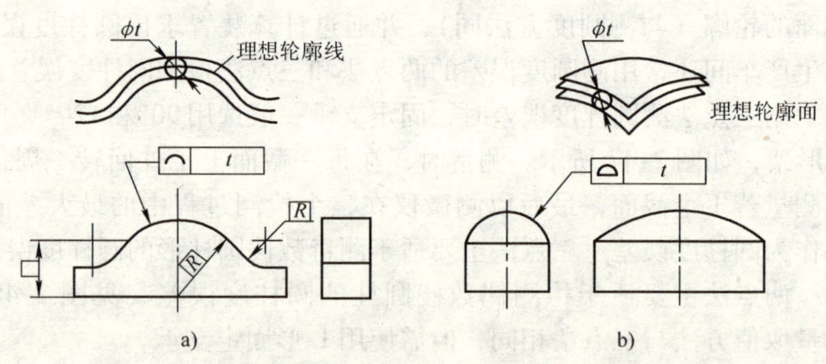

图 2-49　线、面轮廓度标注及其公差带

a）线轮廓度标注及其公差带　b）面轮廓度标注及其公差带

线、面轮廓度的常用测量方法有仿形法、轮廓样板法、投影法和坐标法等。

1）仿形法。仿形法以轮廓样板作靠模，当仿形测头沿轮廓样板移动时，与之联动的测微仪测头同时沿被测轮廓移动，由测微仪读数，其最大示值的两倍即为线（或面）轮廓度误差。

2）轮廓样板法。用样板与实际轮廓比较，估读出最人光隙作为线（或面）轮廓度误差。测量面轮廓度则需要若干个样板，在不同截面上测量，取各截面处的最大光隙作为面轮廓度误差。

3）投影法。投影法只适用于检测线轮廓度误差，且要求零件小而薄。投影仪将实际轮廓放大投影到影屏上，再利用事先绘制放大同样倍数的公差带图与实际轮廓比较，从而判断实际轮廓的合格与否。

4）坐标法。坐标法是利用工具显微镜或三坐标测量机等设备，以测得的坐标值与理想轮廓的坐标值相比较，从而求出轮廓度误差的方法。

4. 位置误差的检测

（1）平行度误差的检测

1）面对面平行度误差的测量。如图 2-50 所示，将被测工件置于检验平板上，用指示器沿各个方向移动，其最大与最小读数之差即为其平行度误差。其中检验平板用以模拟理想基准。

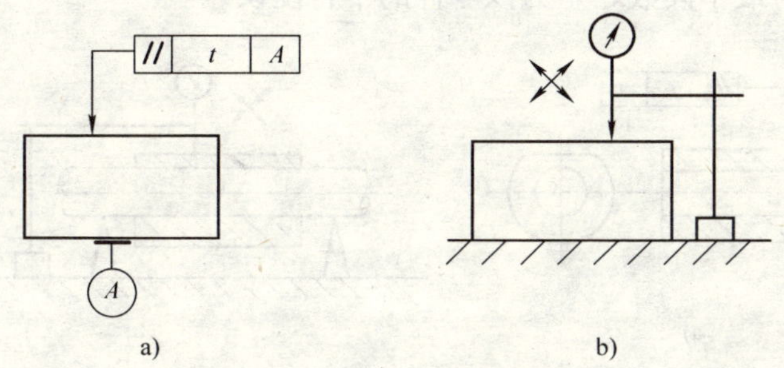

图 2-50 面对面平行度误差的测量

a）平行度标注 b）检测示意

2）线对面平行度误差的测量。如图 2-51 所示，用心轴模拟被测轴线，平板模拟理想基准平面，指示器在距离为 L_2 的两处测得 M_1

和 M_2 值，则线对面的平行度误差为

$$f = \frac{L_1}{L_2} | M_1 - M_2 |$$

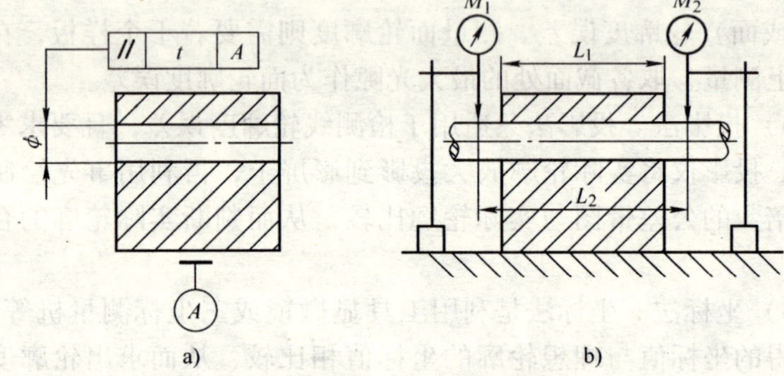

图 2-51　线对面平行度误差的测量

a）平行度标注　b）检测示意

3）面对线平行度误差的测量。如图 2-52 所示，用心轴模拟基准轴线，用两等高 V 形架作固定支承（也可用两等高顶尖支承）。转动零件，使 $L_3 = L_4$（确定理想平面的位置）沿各方向移动指示器，其最大与最小读数之差为该零件的平行度误差。

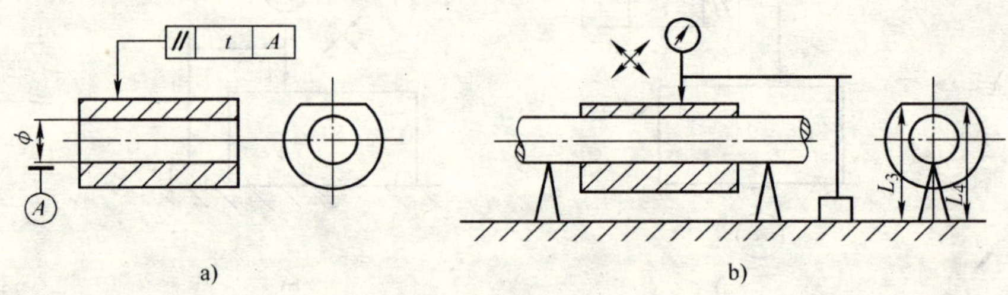

图 2-52　面对线平行度误差的测量

a）平行度标注　b）检测示意

4）线对线平行度误差的测量。如图 2-53 所示，用两心轴分别模拟被测轴线与基准轴线，用两等高 V 形架支承基准心轴，在 90°位置可以测垂直方向的平行度误差，其值 f_1 为

$$f_1 = \frac{L_1}{L_2} | M_1 - M_2 |$$

在0°位置可以测出水平方向的平行度误差，其值f_2为

$$f_2 = \frac{L_1}{L_2} | M_3 - M_4 |$$

而任意方向的平行度误差可按下式近似计算

$$f = \sqrt{f_1^2 + f_2^2} = \frac{L_1}{L_2} \sqrt{(M_1 - M_2)^2 + (M_3 - M_4)^2}$$

若用V和H分别表示垂直和水平测位符号，则

$$f = \frac{L_1}{L_2} \sqrt{(M_{1V} - M_{2V})^2 + (M_{1H} - M_{2H})^2}$$

在任意方向上检测平行度误差时，应在0°~180°范围内，按上述方法在若干不同角度位置测量，以其中最大的值作为任意方向的平行度误差。

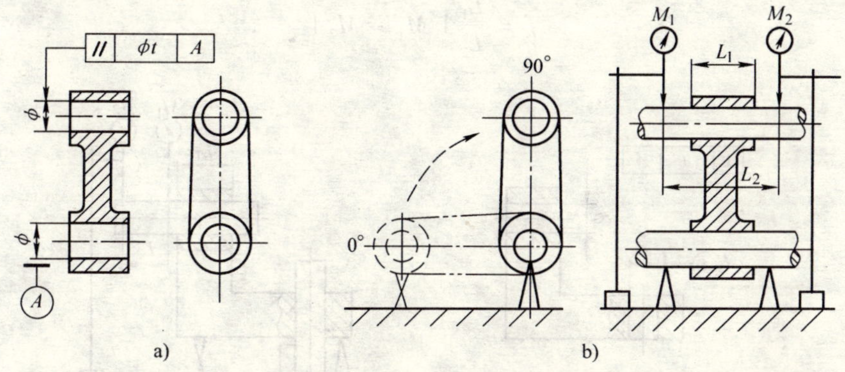

图2-53　线对线平行度误差的测量

a）平行度标注　b）检测示意

（2）垂直度误差的检测

1）面对面垂直度误差的测量。如图2-54所示，将被测工件用直角座（或方箱）靠紧，此时直角座为垂直平面模拟基准，调整被测面，使靠近基准处的读数差为最小，固定工件，然后沿整个被测面测量，指示器的最大与最小读数之差即为所测垂直度误差。

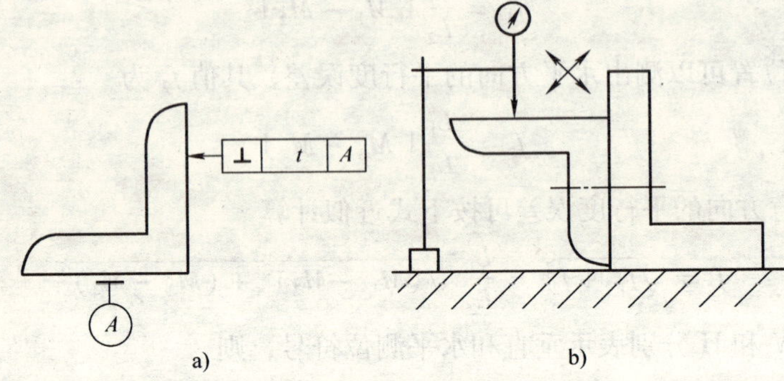

图 2-54　面对面垂直度误差的测量

a）垂直度标注　b）检测示意

2）线对线垂直度误差的测量。如图 2-55 所示，此法与面对面平行度误差的检测方法类似，只是基准方向不同。图示之垂直度误差为

$$f = \frac{L_1}{L_2} | M_1 - M_2 |$$

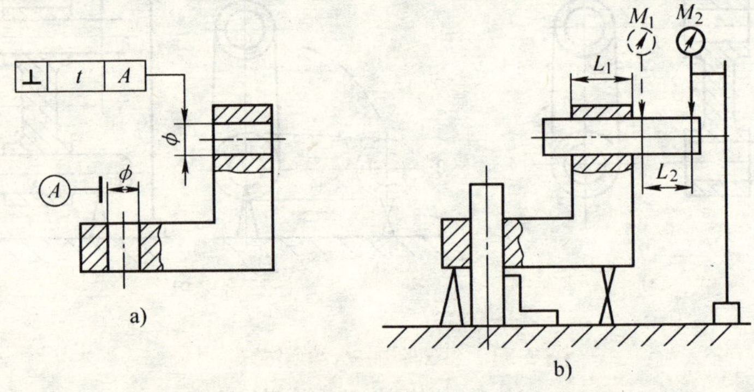

图 2-55　线对线垂直度误差的测量

a）垂直度标注　b）检测示意

3）面对线垂直度误差的测量。如图 2-56 所示，用导向块（或 V 形架）模拟基准轴线，此时应注意孔、轴间应无间隙，工件阶台面不得与导向块端面接触。用指示器测出整个表面的最大读数差，

该值即为所测垂直度误差。

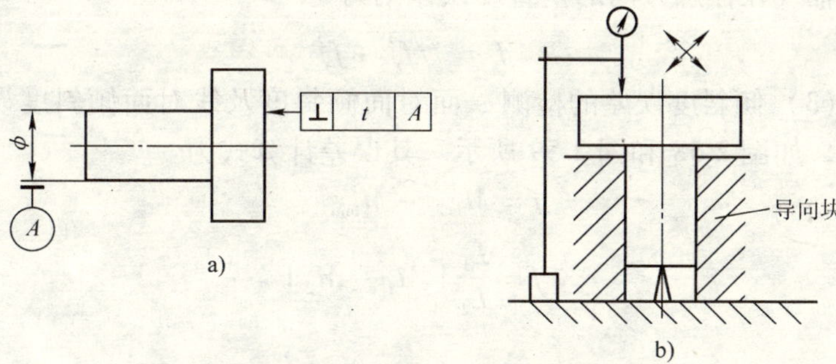

图 2-56 面对线垂直度误差的测量

a）垂直度标注 b）检测示意

4）线对面垂直度误差的测量。如图 2-57 所示，用平板模拟基准面，直角座的垂直工作面体现理想轴线的方向。将表座置于直角座垂面，在距离为 L_2 的两直径 d_1 和 d_2 处测量，读数 M_1 和 M_2，并测出相应的轴径 d_1 和 d_2，则 x 方向的垂直度误差为

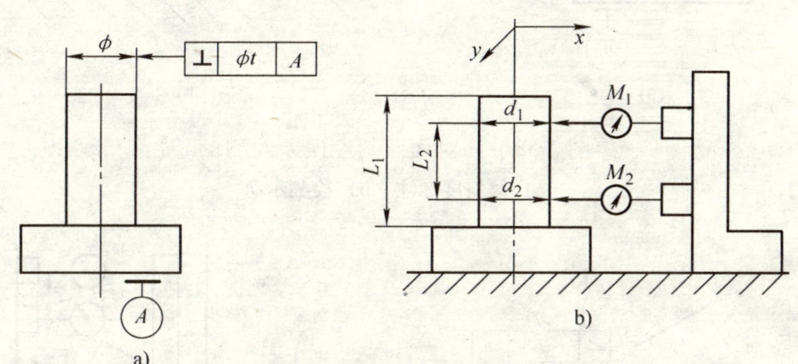

图 2-57 线对面垂直度误差的测量

a）垂直度标注 b）检测示意

$$f_x = \frac{L_1}{L_2}\left|(M_1 - M_2) + \frac{d_1 - d_2}{2}\right|$$

将工件旋转 90°，按同样方法可测出 y 方向的垂直度误差为

$$f_y = \frac{L_1}{L_3}\left|(M_3 - M_4) + \frac{d_3 - d_4}{2}\right|$$

式中，M_3 和 M_4 为指示器在直径 d_3 和 d_4 处的读数值。

轴线在任意方向的垂直度误差则为

$$f = \sqrt{f_x^2 + f_y^2}$$

（3）倾斜度误差的检测　面对面倾斜度及线对面倾斜度误差的检测，如图 2-58 和图 2-59 所示。其误差计算式为

$$f = M_{\max} - M_{\min}$$

$$f = \frac{L_1}{L_2} | M_1 - M_2 |$$

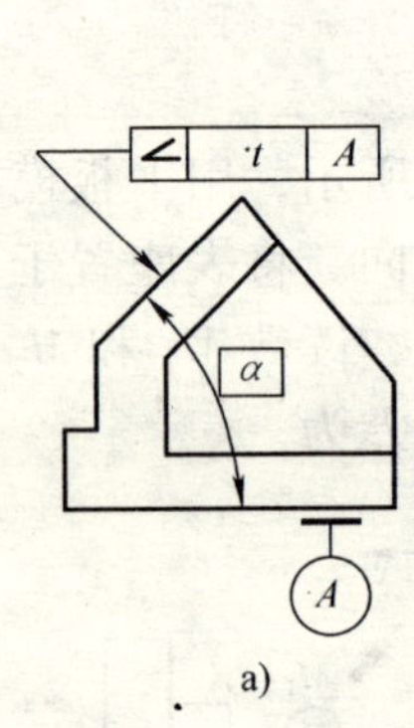

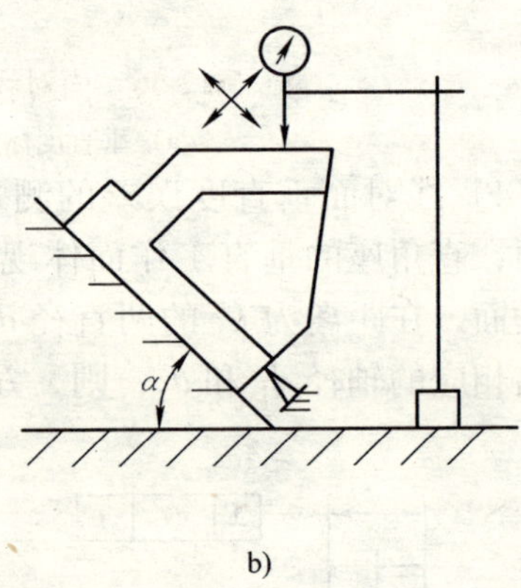

图 2-58　面对面倾斜度误差的测量

a）倾斜度标注　b）检测示意

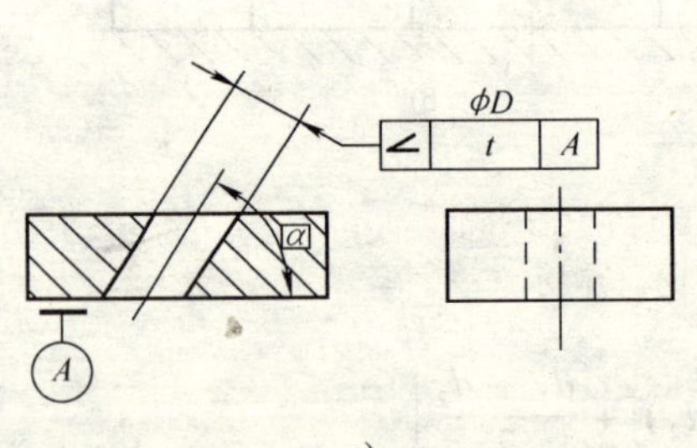

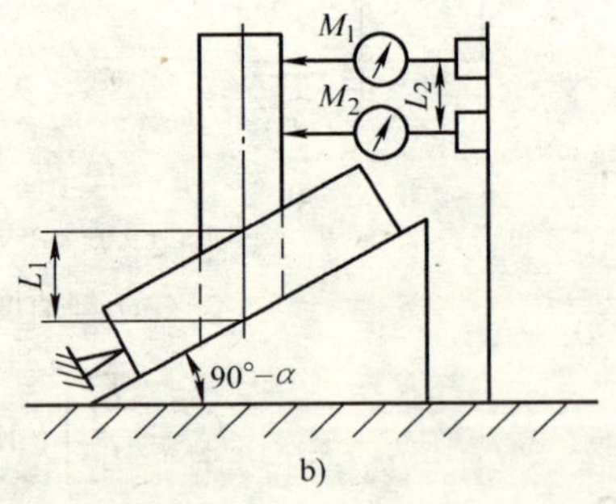

图 2-59　线对面倾斜度误差的测量

a）倾斜度标注　b）检测示意

它们的测量方法与对应的平行度或垂直度的测量方法类似。在调整倾斜角度时，大批量生产可用定角垫块，小批或单件生产则可用正弦规（小于30°的角）或精密转台（大于30°的角）。

（4）同轴度误差的检测

1）测量壁厚法如图 2-60 所示，当内孔和外圆的形状误差很小时，其同轴度误差计算式为

$$f = l_1 - l_2$$

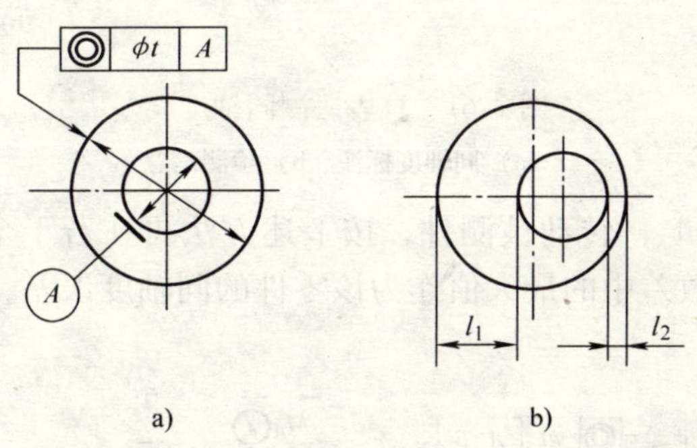

图 2-60　测量壁厚法测同轴度误差

a）同轴度标注　b）检测示意

2）在平板上打表法

① 以轴线为基准时的测量。如图 2-61 所示，将心轴插入孔内（无间隙配合并调整被测零件），使其基准轴线与平板平行。在靠近被测孔端 A、B 两点测量，并求出该两点分别与高度（$L+d_2/2$）的差值 f_{Ax} 和 f_{Bx}。零件翻转 90°，测得 f_{Ay} 和 f_{By}，则 A、B 两点同轴度误差为

$$f_A = 2\sqrt{(f_{Ax})^2 + (f_{Ay})^2}$$

$$f_B = 2\sqrt{(f_{Bx})^2 + (f_{By})^2}$$

取 f_A 和 f_B 中较大者作为同轴度误差。

② 以公共轴线为基准时的测量。如图 2-62 所示，将被测零件基准轮廓的中截面，放置在两个等高的刃口状 V 形架上，再将两指示器在铅垂截面上调零。沿轴向测量，读取在各位置上对应的读数差

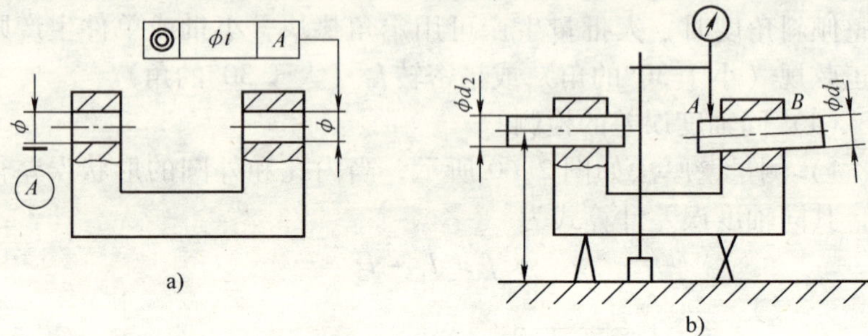

图 2-61 打表法测同轴度误差

a）同轴度标注 b）检测示意

值 $|M_a - M_b|$，转动被测件，按上述方法再在若干个截面上测量，以各截面读数差中的最大值作为该零件的同轴度误差。

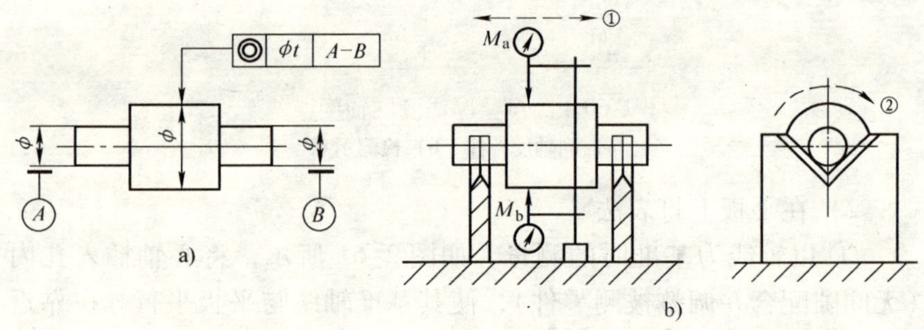

图 2-62 以公共轴线为基准时的测量

a）同轴度标注 b）检测示意

（5）对称度误差的检测

1）测量壁厚法。如图 2-63 所示，在零件的两端分别测出壁厚尺寸 B、D、C、F，一端的误差为 $f_1 = |B-D|$，另一端的误差为 $f_2 = |C-F|$，以 f_1、f_2 中较大者作为该零件的对称度误差。

2）在平板上打表法。图 2-64 为测量面对面对称度误差的示意图。用指示器在被测表面上各点测量，翻转零件后，用同样方法测另一面。以测量截面内对应两测点最大示值差为对称度误差。

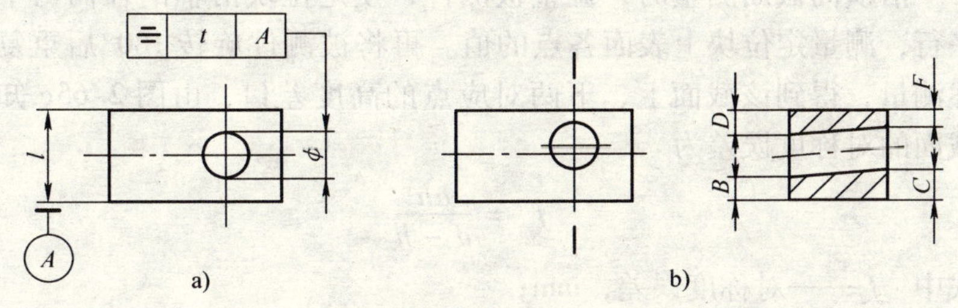

图 2-63　测量壁厚法测对称度误差

a）对称度标注　b）检测示意

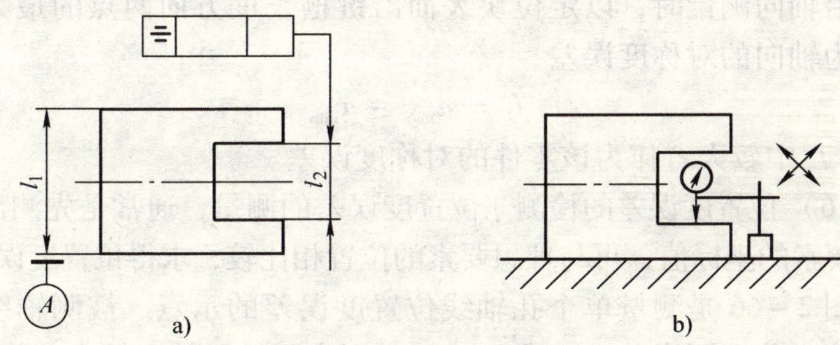

图 2-64　打表法测对称度误差

a）对称度标注　b）检测示意

图2-65b 是测键槽中心平面对轴线的对称度误差的示意图。用 V 形架模拟基准轴线，定位块模拟被测中心平面，然后从横向和轴向两个方向上测量。

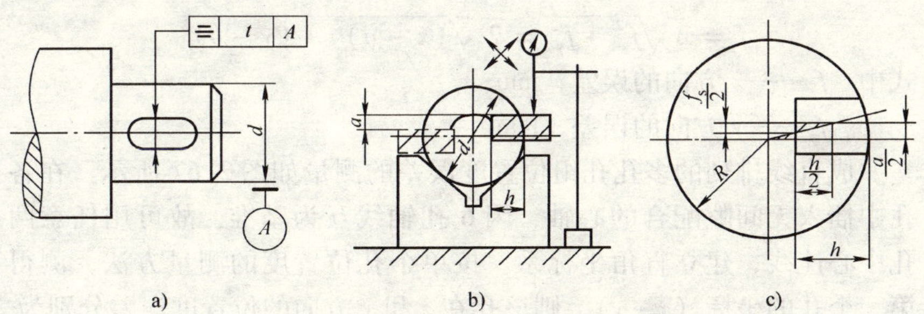

图 2-65　键槽对称度误差的测量

a）对称度标注　b）检测示意　c）f_s 的计算

沿横向截面测量时，调整被测件，使定位块沿轴的径向与平板平行，测量定位块上表面各点的值。再将被测件旋转180°后重复上述测量，得到该截面上、下两对应点的高度差口，由图2-65c知该截面的对称度误差为

$$f_s = \frac{ah}{d-h}$$

式中 f_s——对称度误差，mm；

h——槽深，mm；

d——轴的直径，mm。

沿轴向测量时，以定位块表面沿键槽长度方向两点的最大读数差作为轴向的对称度误差

$$f_1 = a_{max} - a_{min}$$

取f_1、f_s中较大者作为该零件的对称度误差。

（6）位置度误差的检测　位置度误差的测量，通常是先测出实际被测要素的坐标值，再与理想要素的位置相比较，求得位置度误差。

图2-66是测量单个孔轴线位置度误差的示意。被测轴线用心轴模拟。分别测出x_1、x_2和y_1、y_2，则实际轴线的坐标为

$$x = \frac{x_1 + x_2}{2}$$

$$y = \frac{y_1 + y_2}{2}$$

该孔轴线的位置度误差为

$$f = 2\sqrt{f_x^2 + f_y^2} = 2\sqrt{(x-a)^2 + (y-b)^2}$$

式中 f_x——x方向的误差，mm；

f_y——y方向的误差，mm。

成直线排列的多孔孔组位置度误差的测量如图2-67所示。在各孔中插入无间隙配合的心轴，因6孔轴线互为基准，故可用任意两孔中心连线，建立直角坐标系。按单个孔位置度的测量方法，测得第一个孔的坐标（x、y），则该孔在z和y方向的位置度误差分别为

$$f_1 = 2f_x$$

$$f_2 = 2f_y$$

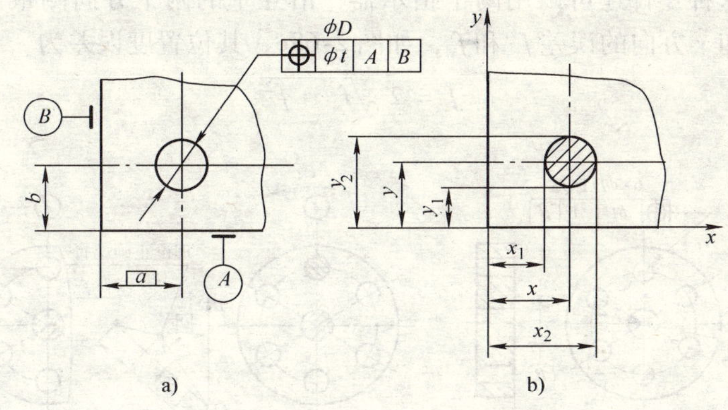

图 2-66　单个孔位置度误差的测量

a）位置度标注　b）检测示意

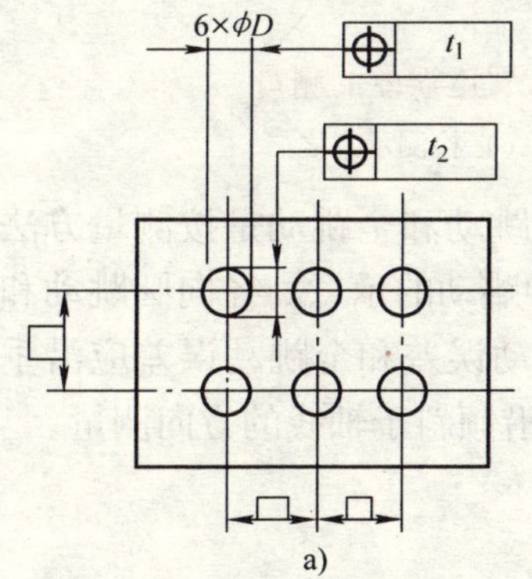

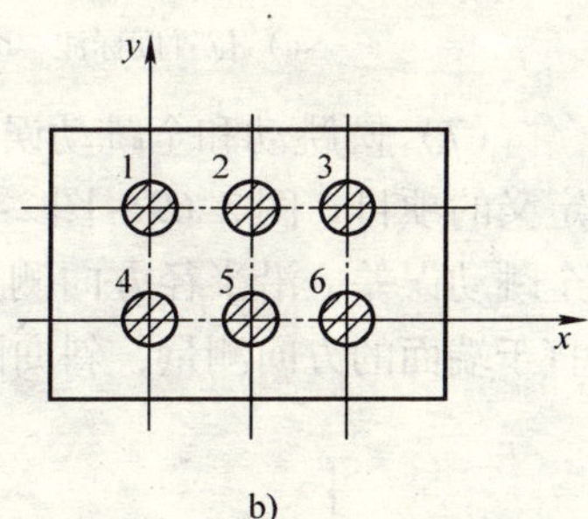

图 2-67　多孔孔组位置度误差的测量

a）位置度标注　b）检测示意

按此方法在 6 个孔的孔口两端进行测量，若每个孔两端的位置度 $f_1 \leqslant t_1$、$f_2 \leqslant t_2$，则该零件位置度合格。

图 2-68b、c 为圆周分布多孔孔组位置度误差的检测示意。以心轴模拟基准轴线和被测轴线，基准心轴与分度头相连，用指示器和分度头，分别测出各孔的角度误差 f_α 和径向误差 f_R，则各孔的位置度误差为

$$f = 2\sqrt{f_R^2 + (Rf_\alpha)^2}$$

式中，f_α 取弧度值，$R = D/2$。

这种零件还可以用两个指示器，沿互垂的两个方向测量出各孔在 x 和 y 方向的误差 f_x 和 f_y，如图 2-68c，其位置度误差为

$$f = 2\sqrt{f_x^2 + f_y^2}$$

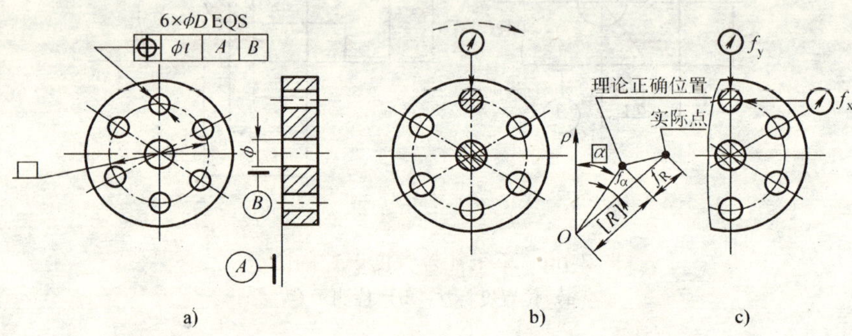

图 2-68　圆周分布的多孔孔组位置度误差的测量

a）位置度标注　b）检测示意之一　c）检测示意之二

（7）圆跳动和全跳动误差的测量　圆跳动和全跳动是按测量方法定义的项目，图 2-69 ~ 图 2-73 是测量各种跳动的示意。径向圆跳动和全跳动误差应沿半径方向测量，端面圆跳动误差和全跳动误差应沿垂直于端面的方向测量，斜向圆跳动误差应沿倾斜于轴线的方向测量。

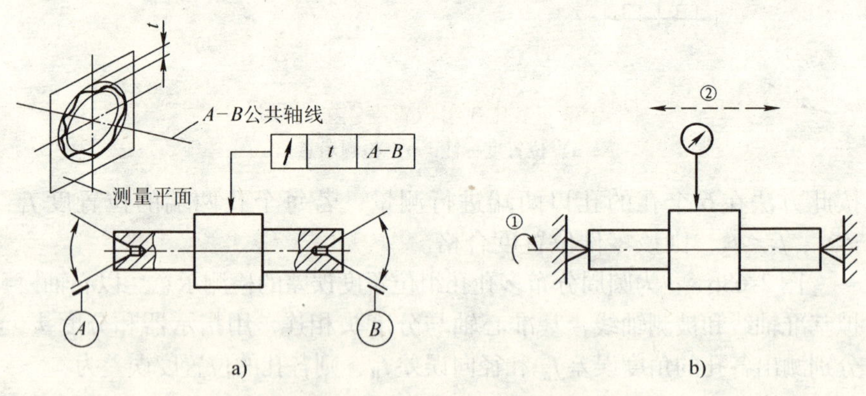

图 2-69　径向圆跳动的测量

a）径向圆跳动标注及其公差带　b）检测示意

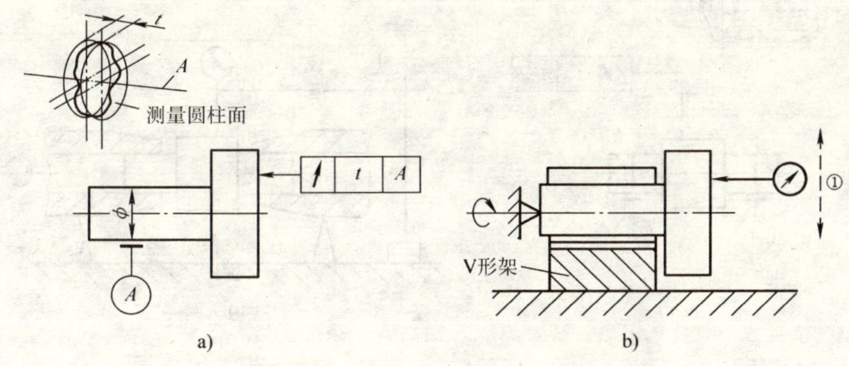

图 2-70 端面圆跳动的测量

a）端面圆跳动标注及其公差带 b）检测示意

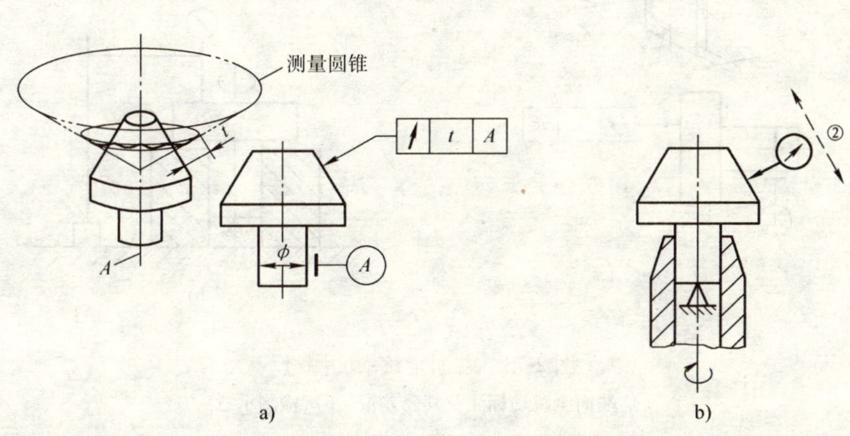

图 2-71 斜向圆跳动的测量

a）斜向圆跳动标注及其公差带 b）检测示意

在体现基准时，应按图样要求：两中心孔轴线为基准时，用两顶尖体现；以孔的轴线为基准时，则用心轴体现。

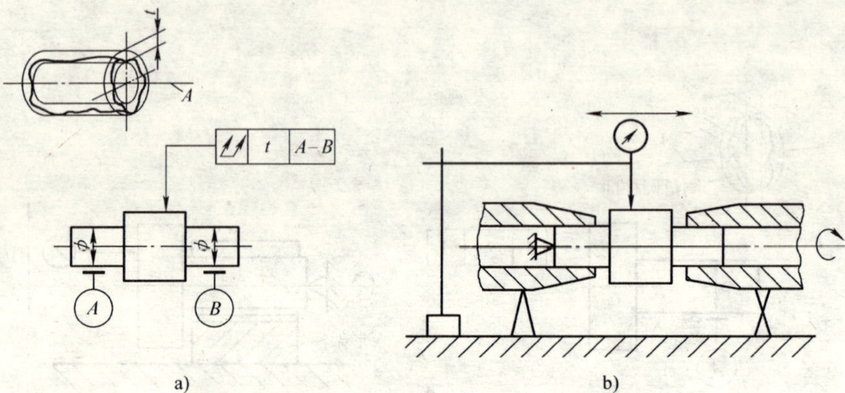

图 2-72　径向全跳动的测量

a）径向全跳动标注及其公差带　b）检测示意

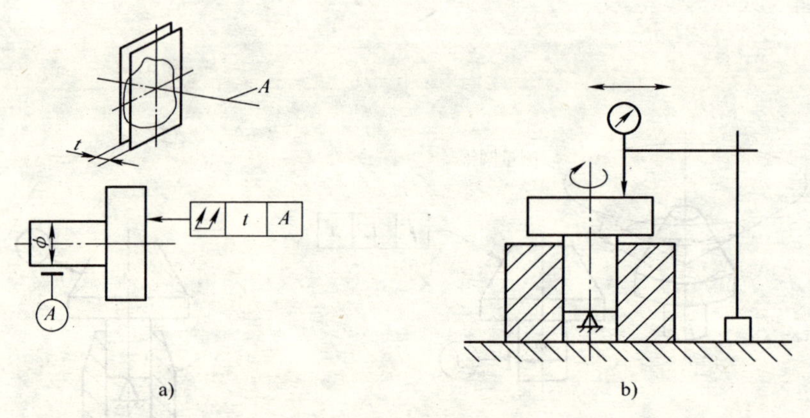

图 2-73　端面全跳动的测量

a）端面全跳动标注及其公差带　b）检测示意

测量中，工件只能回转，不允许有轴向窜动，故须有轴向定位装置。

圆跳动误差应在被测要素的各个位置上分别测量，最后以各位置上变动量的最大值作圆跳动误差值。测全跳动时，工件应作连续回转，同时指示器沿轴向（测径向全跳动）或径向（测端面全跳

动）缓慢移动，在整个过程中，指示器的最大变动量即为全跳动误差值。

跳动误差是一种综合性误差，它包含了部分形状误差和位置误差，如径向圆跳动当中包含有圆度误差和同轴度误差。所以，当圆度误差很小时，可用径向圆跳动误差替代同轴度误差。

5. 用位置量规检验形位误差

当被测要素或基准要素遵守相关原则时，为保证配合性质或可装配性，可采用位置量规进行检验，以控制其实效边界。

图 2-74 所示是用位置量规检验直线度误差的示例。在尺寸检验合格后，用位置量规检验直线度，若能通过，则零件直线度合格。

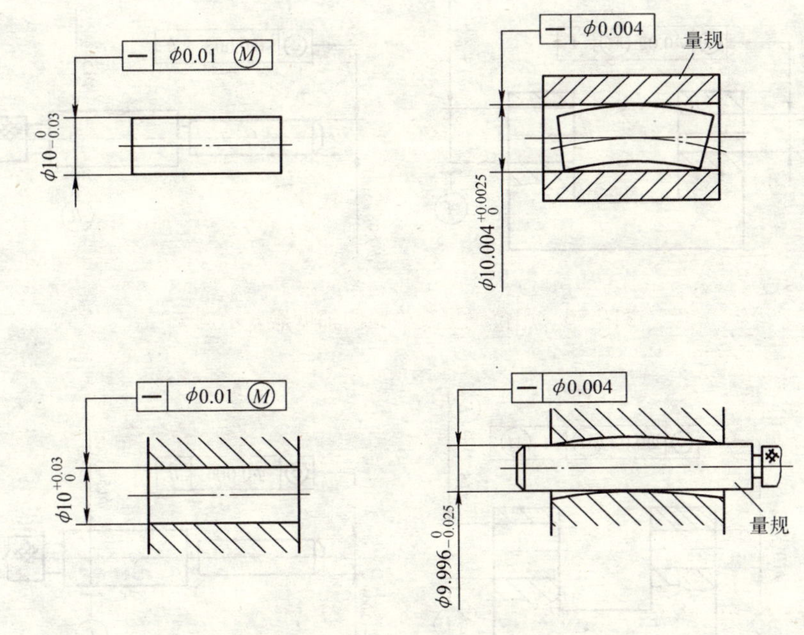

图 2-74 用位置量规检验直线度误差示例

图 2-75 ~ 图 2-77 所示是用位置量规检验同轴度误差的示例。当被测孔和基准孔检验合格后，用位置量规检验同轴度。

材料: 45钢

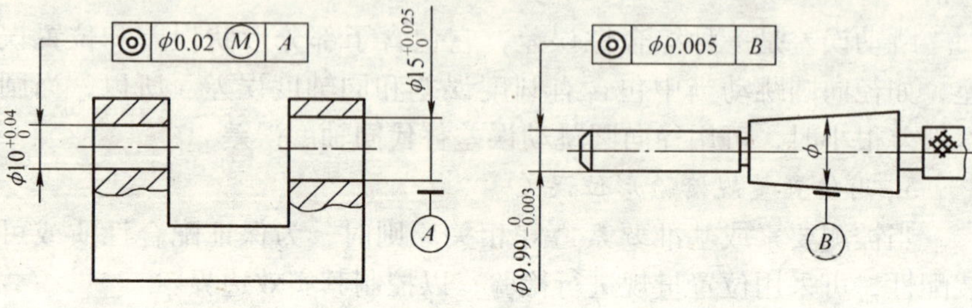

图 2-75 用位置量规检验同轴度误差示例 1

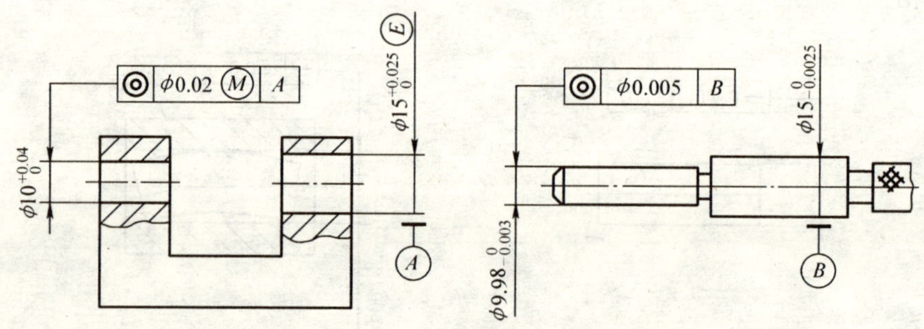

图 2-76 用位置量规检验同轴度误差示例 2

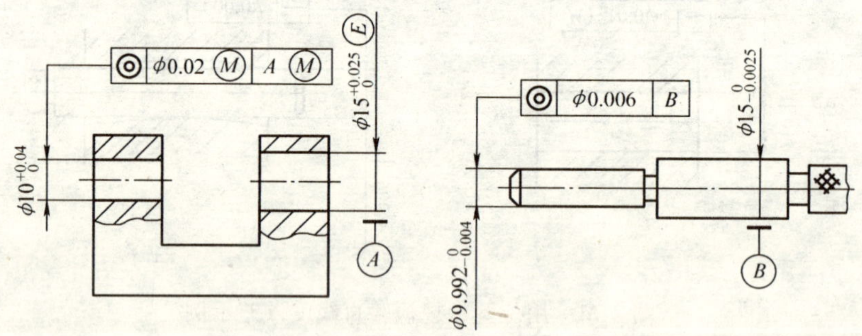

图 2-77 用位置量规检验同轴度误差示例 3

这部分内容是本书的重点，这里只是从总体上介绍的，对于不同的工件将在后续章节中通过实例介绍。

六、形位误差产生的原因与修正措施

1. 产生尺寸误差的原因及修正措施（表2-8）

表2-8　产生尺寸误差的原因及修正措施

尺寸精度的获得方法	产生误差的原因	修正措施
试切法	试切中测量不准	合理选择和正确使用量具
	微小进给量难以控制	1. 提高进给机构的精度和刚度 2. 采用新型微量进给机构 3. 保证进给丝杠、螺母、刻度盘等的清洁和润滑
	切削刃不锋利造成最小切屑厚度变化	选择切削刃倒棱、刀尖圆弧半径小的刀具，精细研磨刃口，提高刀具刚性
调整法	定程机构的重复定位不准确	提高定程机构刚度及操纵机构灵敏性
	抽样判断出现偏差	试切一批工件，精心测量和计算，以提高工件尺寸分布中心位置的判断准确性
	刀具磨损	及时调整车床，刃磨、更换刀具
	工件装夹出现误差	正确选择定位面，提高定位精度
	工艺系统热变形	1. 合理选择切削用量 2. 利用切削液充分散热，使工艺系统处于热平衡状态
定尺寸刀具法	刀具磨损	控制刀具磨损量
	刀具尺寸精度低	选择精度合适的刀具
	刀具安装出现偏差	提高刀具的安装精度
	刀具产生热变形	充分冷却、润滑刀具
自动控制法	控制系统的可靠性和灵敏性不理想	1. 提高进给机构的重复定位精度和灵敏性 2. 提高自动检测精度 3. 提高刀具刚性并减小刃口钝圆半径

2. 产生形状误差的原因及修正措施（表2-9）

表2-9 产生形状误差的原因及修正措施

加工方法	产生误差的原因	修正措施
轨迹法	车床主轴回转精度不符合要求 采用滑动轴承时，主轴轴颈和轴瓦的圆度误差会使车削表面不圆 采用滚动轴承时，轴承滚道不圆、有波纹，滚动体尺寸不一致，轴颈和箱体孔不圆等均会造成车削圆度误差。轴承的端面圆跳动，主轴止推轴承、过渡套、垫圈等端面圆跳动均会造成车削端面的平面度误差	1. 提高主轴轴颈与轴瓦的圆度 2. 对前后轴承要进行角度选配 3. 采用高精度滚动轴承或静压轴承 4. 对滚动轴承要预加载荷，消除间隙，配磨隔离套 5. 用固定顶尖支承工件，避开主轴回转误差影响
	车床导轨的导向误差 导轨在水平面或垂直平面内的直线度误差、前后导轨的平行度误差、横向导轨与主轴轴线的垂直度误差会使车削表面产生圆柱度和平面度误差 导轨润滑油压力过大引起刀架不均匀漂浮以及导轨磨损都会降低导向精度	1. 保证机床的安装技术要求 2. 提高或修复导轨的精度和刚度 3. 采用液体静压导轨或合理的刮油润滑方式 4. 预加反向变形，抵消导轨制造误差
	成形运动轨迹间几何位置关系误差会使车削表面产生圆度、圆柱度误差	提高和修复车床的几何精度
	车削大型表面、难加工的材料、精度高的表面时，自动车床连续车削等均会使刀尖磨损，造成圆柱度等形状误差	1. 采用耐磨的刀具材料 2. 定时检查并及时刃磨刀具 3. 选用合适的切削速度 4. 自动补偿刀具磨损
成形法	刀具的制造、安装误差与磨损都会直接造成车削表面的形状误差	1. 刀具的制造、安装精度、刃磨质量、耐磨性均需符合要求 2. 选用磨损轻的刀具

3. 车削工艺中产生的形状误差及修正措施（表2-10）

表2-10 车削工艺中产生的形状误差及修正措施

形状误差类型	车削工艺中产生误差的原因	修正措施
工艺系统的热变形	车床热变形造成车床静态几何精度降低	1. 移出热源，隔离热源，冷却热源，减少热源影响 2. 用补偿法均衡温度场，减少热变形 3. 进行空运转或局部冷却，保持工艺系统热平衡 4. 降低摩擦，减少发热 5. 控制环境温度
	工件受热变形时精车，冷却到室温后出现形状误差	1. 工件粗车后要进行充分冷却，然后再精车 2. 车削时要有充分的切削液 3. 选择适当的切削用量，使不过分产生切削热 4. 热容量小的细长轴、薄板等零件要合理装夹，使其能够热伸长，减少热变形 5. 根据工件热变形规律，预加反向误差
	在一次进给下长时间切削，刀具产生热变形，造成工件的形状误差	1. 要充分冷却 2. 缩短刀杆悬伸长度，增大截面积，提高刀具散热性
工艺系统受力变形	在不同车削位置上，工艺系统刚度差别较大，会出现形状误差。刚度薄弱处有较大的误差“复映” 毛坯余量或材料硬度不均匀，引起切削力变化，造成工件形状误差	1. 加强薄弱位置或薄弱环节的工艺系统刚度 2. 使用跟刀架等辅助支承，减少刚度变化 3. 改进刀具几何角度，减小吃刀抗力，减少弯曲变形 4. 对于高精度零件要进行粗车、半精车和精车

（续）

形状误差类型	车削工艺中产生误差的原因	修正措施
工件残余应力引起的变形	车去大量余量后，破坏了应力平衡，使残余应力重新分布，工件产生变形	1. 工件结构要使壁厚均匀，焊缝均匀 2. 铸、锻、焊接件要进行回火或退火，减少毛坯制造应力。零件淬火时，回火要充分 3. 除精密零件外，用热校直代替冷校直 4. 粗车和精车之间要有一定的时间间隔，或粗车后松开再用较小力夹紧，夹紧后再精车 5. 对于精密零件，粗车后要进行高温时效，半精车加工后要进行低温时效

4. 影响表面粗糙度的因素及修正措施（表2-11）

表2-11　影响表面粗糙度的因素及修正措施

表面缺陷	影响因素	修正措施
残留面积	车削时，其运动轨迹残留未被切除的面积	1. 减小进给量 2. 减小主、副偏角 3. 加大刀尖圆弧半径
鳞刺、毛刺等	积屑瘤	1. 冷却降温 2. 选择好切削速度和进给量 3. 注意观察，及时去掉积屑瘤
切削纹变形	工艺系统产生振动	增加刚性，减少振动源
	刀具后刀面摩擦	及时修复后刀面
	崩碎的切屑产生的影响	使排屑顺畅，断屑平稳
其他缺陷	切削刃自身表面粗糙度差	仔细研磨切削刃
	切屑将已加工的表面拉毛	改变排屑方向，及时断屑

5. 产生位置误差的原因及修正措施（表2-12）

表2-12　产生位置误差的原因及修正措施

装夹方式	产生误差的原因	修正措施
直接装夹，即将工件外锥装入主轴内锥孔中	主轴锥孔与主轴回转中心不同心	提高或修复车床回转中心与主轴内锥同轴度
	工件外锥与主轴内锥配合不好	配车工件外锥，增加接触面积
装夹找正，即在通用夹具上装夹	通用夹具本身与主轴轴线的位置误差	在车床上修正通用夹具定位面与主轴轴线的位置误差
	找正方法不完善，选择或使用量具不当	选择工件的正确位置，精心找正，合理选用量具
	工人操作水平低	提高工人操作水平
	工件定位基准质量差	提高工件定位面精度
夹具装夹，即使用专用夹具	工件定位基准与设计基准位置误差大	工件定位基准与设计基准应尽量重合或提高二者的位置精度
	夹具定位面与主轴回转轴线的位置误差大	提高工件定位面质量
	夹具制造、安装精度低	提高夹具制造精度，精心安装，认真调试，修正夹具定位面与主轴回转轴线的位置误差
	夹具刚性低	改进设计，提高夹具的刚性与平衡度
	车削时旋转不平衡	及时校正平衡
	工件定位面精度低	提高定位面精度

七、常见加工误差及解决方法

1. 外圆加工的质量分析

数控车床在外圆加工过程中会遇到各种各样的加工和质量上的问题，表2-13对较常出现的问题、产生的原因、预防及解决方法进行了分析。

表 2-13　外圆加工的质量分析

问题现象	产 生 原 因	预防和消除
工件外圆尺寸超差	1. 刀具数据不准确 2. 切削用量选择不当产生让刀 3. 程序错误 4. 工件尺寸计算错误	1. 调整或重新设定刀具数据 2. 合理选择切削用量 3. 检查修改加工程序 4. 正确计算
外圆表面粗糙度太差	1. 切削速度过低 2. 刀具中心过高 3. 切屑控制较差 4. 刀尖产生积屑瘤 5. 切削液选用不合理	1. 调高主轴转速 2. 调整刀具中心高度 3. 选择合理的进刀方式及背吃刀量 4. 选择合适的切速范围 5. 选择正确切削液并充分喷注
台阶处不清根或呈圆角	1. 程序错误 2. 刀具选择错误 3. 刀具损坏	1. 检查修改加工程序 2. 正确选择加工刀具 3. 更换刀片
加工过程中出现扎刀引起工件报废	1. 进给量过大 2. 切屑阻塞 3. 工件安装不合理 4. 刀具角度选择不合理	1. 降低进给速度 2. 采用断、退屑方式切入 3. 检查工件安装，增加安装刚性 4. 正确选择刀具
台阶端面出现倾斜	1. 程序错误 2. 刀具安装不正确	1. 检查修改加工程序 2. 正确安装刀具
工件圆度超差	1. 机床主轴间隙过大 2. 程序错误 3. 工件安装不合理	1. 调整机床主轴间隙 2. 检查修改加工程序 3. 检查工件安装，增加安装刚性
产生椭圆或棱圆	1. 车床主轴间隙大 2. 余量不均匀，背吃刀量变化大 3. 回转顶尖与中心孔接触不良或回转顶尖产生扭动 4. 夹具旋转不平衡	1. 调整或更换轴承，使主轴间隙恢复正常 2. 半精车后再精车 3. 修正中心孔或配磨回转顶尖 60°，使其接触良好，顶紧力要适当 4. 配平衡块并认真调整
产生锥度	1. 后顶尖中心线与主轴轴线不重合，前后顶尖不对中、不等高 2. 车床导轨与主轴轴线不平行 3. 工件悬臂较长，切削力使前端退让 4. 刀具逐渐磨损	1. 校正主轴箱或尾座，纠正偏移 2. 检验并修正主轴与导轨的平行度误差，使其符合要求 3. 减少工件悬伸长度或用后顶尖支承 4. 选用硬度高、耐磨性强的刀具，并适当降低切削速度

（续）

问题现象	产生原因	预防和消除
产生弯曲	1. 工件装夹刚度不够或后顶尖顶得过紧	1. 工件装夹刚度不够或后顶尖顶得过紧的修正措施 1）加工长轴时，注意散热与冷却，适当放松后顶尖顶力或用弹性活顶尖，以适应热胀，加大主偏角减小径向力 2）使用辅助支承 3）适当加大前角，减小切削力
	2. 工件内部应力大	2. 工件内部应力大的修正措施 1）适当进行消除应力处理 2）粗车时适当增加调头次数 3）半精车、精车前校验弯曲程度

2. 端面加工质量分析

端面加工是零件加工中必不可缺的工序，而且直接或间接地影响到工件的整体尺寸精度，因此有必要对加工中出现的加工和质量问题、预防和消除方法做简要介绍（表2-14)。

表2-14　端面加工的质量分析

问题现象	产生原因	预防和消除
端面加工时长度尺寸超差	1. 刀具数据不准确 2. 尺寸计算错误 3. 程序错误	1. 调整或重新设定刀具数据 2. 正确进行尺寸计算 3. 检查修改加工程序
端面粗糙度太差	1. 切削速度过低 2. 刀具中心过高 3. 切屑控制较差 4. 刀尖产生积屑瘤 5. 切削液选用不合理	1. 调高主轴转速 2. 调整刀具中心高度 3. 选择合理的进刀方式及背吃刀量 4. 选择合适的切速范围 5. 选择正确切削液并充分喷注
端面中心处有凸台	1. 程序错误 2. 刀具中心过低 3. 刀具损坏	1. 检查修改加工程序 2. 调整刀具中心高度 3. 更换刀片

（续）

问题现象	产生原因	预防和消除
加工过程中出现扎刀引起工件报废	1. 进给量过大 2. 刀具角度选择不合理	1. 降低进给速度 2. 正确选择刀具
工件端面凹凸不平	1. 机床主轴径间隙过大 2. 程序错误 3. 切削用量选择不当	1. 调整机床主轴间隙 2. 检查修改加工程序 3. 合理选择切削用量

3. 车削细长轴容易出现的质量问题及解决措施

车削细长轴时，因工件本身的刚性较差，若中心架、跟刀架等辅具调整不当，会使几何形状、表面质量达不到要求，主要有以下几个方面：

（1）弯曲　工件长径比大，刚性差；车削时径向切削力和离心力的作用，工件产生热变形伸长及切削应力；毛坯材料本身为变形杆件等多方面的原因，都会造成工件弯曲。

解决的方法是使用中心架、跟刀架，增加工件的刚性；合理选择刀具的几何角度（主要是大前角、大主偏角），减小径向切削力、减少切削热量的产生；使用弹簧顶尖，减小工件线膨胀带来的不利影响，充分浇注切削液，减少摩擦并迅速带走已产生的热量，对毛坯或工件进行必要的热处理。

若毛坯材料本身或加工中出现弯曲，应及时校直后再继续车削。具体可根据需要选择热锻校直、冷压校正、反击法校直、撬打校直、简便工具校直、淬火校直、抗扭槽校直等适当方法。

（2）锥度　工件回转中心与主轴回转中心不同轴和刀具切削过程中的磨损均会导致工件出现锥度。

仔细调整尾座，使工件轴线与车床主轴轴线同轴；选择耐磨性能好的刀具材料，并采用合理的几何角度，改善润滑状况等，将有利于减少锥度的产生。

（3）腰鼓形　加工的零件两端尺寸小、中间直径大。其直接原因是工件刚性差，车削中出现让刀所致及跟刀架的调整、使用不当，未真正起到应有作用。

解决的方法是增大车刀主偏角，保持切削刃锋利以减小切削中的径向切削分力，避免出现让刀；车削中途随时检查、调整支承爪，保持支承爪圆弧面中心与车床主轴旋转中心重合。

（4）中凹形　与腰鼓形相反，工件两端直径大而中间尺寸小，直线度变差。半精车、精车细长轴时，跟刀架一般都支承于工件待加工表面，其外侧支承爪压紧力太大，迫使工件偏向车刀一边，增加了背吃刀量，即出现这种缺陷。将跟刀架支承爪与工件表面的接触状况调整适当，即能使问题得以解决。

（5）竹节形　工件表面直径不等，呈一段大一段小有规律的变化，或是表面出现等距不平的现象。粗车细长轴或跟刀架支承于工件已加工表面，其外侧支承爪调整过紧，迫使工件偏向车刀，由于背吃刀量的增加而将直径车小；随着床鞍的移动，支承爪移至工件直径较小的区段时，在径向切削力的影响下，工件恢复原状。由此，背吃刀量减小至初定值，工件直径也相应变化，使支承爪的压紧程度又恢复到初始状态，如此不断重复，形成了有规律的竹节。除此以外，回转顶尖的精度不高，溜板间隙较大，也会出现类似现象。区分方法是，若竹节在车削一段时间后出现，系由跟刀架支承过紧所造成，而过早出现竹节形，则是顶尖或滑板间隙方面的原因引起。

选用精度较高的回转顶尖，控制溜板间隙（不应过大）；在溜板行进过程中调整跟刀架支承爪，控制好支承爪与工件的接触状况；粗车时接刀均匀，防止跳刀现象，均能避免竹节形缺陷的出现。

加工中若已出现竹节，则须消除缺陷后再继续车削。方法是：松开跟刀架支承爪，使用宽刃车刀以大进给量在竹节形部位车削一两次后，重新调整支承爪进行正常车削。也可以调整支承爪与竹节表面轻轻接触而逐步消除，或用退回刀架约两个竹节距离，增大0.5 mm左右的背吃刀量后再车削、调整，亦能达到消除缺陷的目的。

（6）多棱形　工件的径向剖面呈多角形是这种缺陷的特征，它的出现与低频振动有密切关系。工件在圆周方向上的背吃刀量呈周期性变化，例如跟刀架的安装不够牢固，支承爪圆弧面与工件接触不良（过紧、过松或接触面积过小）；工件顶尖孔表面粗糙且不圆等；工件弯曲过大或是顶尖顶得过紧；工件受热伸长、装夹部分太长等，都可能引起振动，而产生多棱形。此外，进给量太小，切削速度太高，背吃刀量太大，也容易因振动而出现多棱形弊病。

控制毛坯弯曲度在2mm范围内；尾座顶尖顶紧力不宜过大，并随时检查、调整其支顶的松紧程度；降低切削热以减少工件的线膨胀；工艺系统刚性不足时适当减小切削用量，均能有效遏制多棱形的出现。

（7）麻花形　支承爪的压力使工件受的扭矩过大，导致工件扭曲而形成。

（8）振动波纹　与多棱形相类似，但程度不同，可参考多棱形的介绍。若跟刀架侧支承爪压得太紧，将会使外侧支承爪的接触部位发生变化，回转顶尖轴承松动、不圆，原有振纹复映等，都是造成或加剧振动不可忽视的原因。

当振动波纹出现以后，应先进行修整，待振纹消除后再作正常进给车削。

4. 孔加工时产生误差的原因及修正措施

（1）钻孔产生误差原因及修正措施（表2-15）

表2-15　钻孔时产生的误差原因及修正措施

误差项目	产生原因	修正措施
钻孔偏斜	1. 工件端面不平或与主轴轴线不垂直，未打中心孔 2. 尾座轴线与主轴回转轴线有偏移 3. 初钻时钻头太长，刚性差，进给量过大 4. 钻头顶角不对称 5. 工件内部有偏孔、穿孔、砂眼、夹渣等	1. 钻孔前，车平钻孔面，在端面上预钻中心孔 2. 调整尾座，纠正偏移 3. 用短钻头初钻，以中心孔作引导，高速旋转，慢速进给；钻深孔时，换上长钻头，进给一段后，将钻头退出，清理切屑，再继续切削 4. 修磨钻头，用量角器检验 5. 降低转速，减小进给量
钻孔直径过大	1. 钻头直径选错 2. 钻头切削刃不对称 3. 钻头未对准工件中心	1. 正确选用钻头 2. 正确修磨钻头 3. 检查钻头是否弯曲，钻夹头、钻套等是否合格，安装是否正确，检查调整尾座

(2) 车孔时产生误差的原因及修正措施（表2-16）

表2-16 车孔时产生误差的原因及修正措施

误差项目	产生原因	修正措施
内孔尺寸误差大	1. 测量不准	1. 正确选用和使用量具，测量时工件温度不能过高
	2. 车孔过大，车削余量不足；钻孔偏歪，镗削不能完全纠正	2. 留足车削余量，防止钻孔偏歪。
	3. 车孔刀安装不好，刀杆与孔壁相碰，迫使车刀扎入工件，把孔车大	3. 正确安装车孔刀，选用合适的刀杆
	4. 精车时工件温度太高，冷却后孔径收缩	4. 工件冷却后再精车
	5. 出现积屑瘤或刀具磨损，使孔径尺寸变化	5. 适当提高切削速度，及时去掉积屑瘤，刃磨刀具，重新对刀，充足供应切削液
	6. 浮动车孔刀片自定心不良	6. 车孔刀片两切削刃的偏角修光刃一定要修磨对称，两切削刃要与工件轴线在同一轴向平面内
内孔有锥度	1. 刀具磨损	1. 选用硬质合金刀具
	2. 出现让刀	2. 精研切削刃，使切削锋利，加强刀杆刚性，减小切削用量
	3. 主轴回转轴线与导轨不平行	3. 检查、调整车床，恢复导轨与主轴的平行精度
内孔不圆	1. 工件硬度不均匀，内孔余量不一致	1. 半精车前增加调质工序，半精车后再精车
	2. 孔壁较薄，夹紧后产生弹性变形，松开后出现棱圆	2. 改善装夹方法，使夹紧力均匀分布
	3. 主轴间隙过大或轴颈不圆	3. 调整主轴间隙，修复轴颈圆度
	4. 工件旋转不平衡	4. 及时进行平衡校正
表面质量差	1. 车孔刀刃磨不好，刀尖低于工件中心	1. 研磨切削刃。精车时，刀尖要略高于中心
	2. 进给量过大	2. 选用合适的进给量
	3. 车削时振动大	3. 加强刀杆刚性，降低切削速度，调整车床各部间隙，修正刀具角度和切削用量，减少振动

（3）铰孔产生误差的原因及修正措施（表2-17）

表2-17　铰孔时产生误差的原因及修正措施

误差项目	产生原因	修正措施
孔径超差 孔径扩大	1. 铰刀直径偏大 2. 转速太高，铰刀径向圆跳动超差 3. 铰刀中心与工件轴线不重合 4. 积屑瘤的影响 5. 铰削余量过大或进给量选用不当	1. 精心测量和挑选铰刀直径或修研至合适尺寸 2. 降低转速，修磨铰刀刃口 3. 调整尾座对准工件旋转轴中心线，使用灵活的浮动刀杆 4. 及时修磨刀刃上的积屑瘤 5. 选择合适的铰削余量和进给量
孔径缩小	1. 铰刀磨损 2. 对于钢材工件，当铰削余量小，刃口不锋利时，会产生较大的弹性恢复 3. 铰刀偏角过小，寿命低	1. 认真测量、挑选铰刀刃直径，使用合格的铰刀 2. 合理控制铰削余量，保持铰刀刃口锋利 3. 选用偏角较大的铰刀
产生喇叭口	1. 铰刀夹头位置偏斜 2. 铰刀偏角大，导向不好 3. 工件端面不平整，开始铰削易歪斜 4. 铰削时导套松动	1. 调整夹头位置对准工件孔中心线或用浮动夹头 2. 选用偏角较小的铰刀 3. 修正工件端面，或将铰刀对准孔轴线后缓慢进刀 4. 加固导套与夹具的连接
孔不圆	1. 铰削时工件松动 2. 铰削时产生振动 3. 薄壁工件装夹过紧，卸下后变形 4. 润滑不充分、不均匀	1. 选好工件定位面，重新装夹 2. 调整各部间隙，防止窜动和振动 3. 改变装夹方式，夹紧力要均匀分布、大小适度 4. 供应充足的切削液

（续）

误差项目	产 生 原 因	修 正 措 施
轴心线不直	1. 铰削前工件孔不直 2. 切削刃导向不稳定 3. 铰削断续孔产生偏移	1. 增加扩孔工序，最好在车削后铰孔 2. 修磨导向刃，铰刀偏角不要大 3. 调整切削用量，选用有导柱的铰刀
表面质量不好	1. 铰刀切削刃不锋利或有崩口、毛刺 2. 余量过大或过小 3. 积屑瘤的影响 4. 铰刀出屑槽内积切屑过多 5. 切削液选用不当	1. 刃磨或更换铰刀 2. 铰削余量要适中 3. 去除积屑瘤，刃磨铰刀 4. 及时清除切屑 5. 合理选用切削液

（4）外排屑深孔钻易出现的故障及其排除（表2-18）

表 2-18　外排屑深孔钻头的故障及排除

故障现象	产 生 原 因
排屑不顺利	切削液系统漏液；刀具几何形状不对；切削液太稠；液压泵损坏；液压系统的设计不当；进给量过大
切屑的形成不良	几何形状不对；钻头太钝，切削液压力不恰当；表面线速度太低；工件材料质量不均匀
钻头损坏	钻头外刃口磨损过度，进给不正常；切屑排不出；倒锥度不够；机床、工具对准不良；切削液系统损坏；进给量太大或太小；主轴端面窜动太大；刀具材料不好
侧面过度磨损	切削液压力不恰当；容屑间隙不恰当
刀具寿命低	刀具伸出太长，切削液温度太高，机床、工具对准不良，几何形状不对；切削液压力不恰当；表面线速度太高或进给量太大，切削液不对，硬质合金品种不对；切削液的过滤不好，进给量不合适（冷作硬化的材料）

（续）

故障现象	产生原因
孔的对准不良	机床、工具对准不良；钻头衬套尺寸超差；进给量太大，引起钻杆弯曲
孔不圆	机床、工具没有对准；刃具几何形状不正确，对薄弱工件夹紧力不均匀
孔的尺寸超差	钻尖的角度或钻尖的位置不对；钻头衬套磨损（喇叭口），进给量太大
表面粗糙度不好	表面线速度太低；耐磨垫条的几何形状不对；切削液压力不恰当；切削液不对；机床、工具对准不良；进给量过大或反常；过滤不好；钻头衬套过大；有振动；工具材料质量不均匀

（5）内排屑深孔钻的故障及排除（表2-19）

表2-19　内排屑深孔钻的故障及排除

故障现象	产生原因	故障现象	产生原因
切屑太小	断屑槽太短或太深；断屑槽半径太小	硬质合金刀片损坏	工件材料均匀性差；进给量不正确；切削液污染；工件或刀片及磨损垫条间的化学亲和力强
切屑太大	断屑槽太长或太浅；断屑槽半径太大		
不规则的切屑形状	工件材料均匀性差；进给机构有毛病	刃具寿命太短	切削速度太高或太低；进给量过大；硬质合金品种不对；导向垫条磨损过度；导向衬套磨损过度；切削液温度过高；切削液选择不当
细条状切屑	断屑槽几何形状有毛病；进给机构有毛病；工件材料均匀性差		
切屑焊接	切削液被细末所污染；工件和刃具材料之间的化学亲和力强；切削刃口崩缺；表面线速度太高	表面粗糙（没有过大的振动）	故障原因的大部分如上列；对准不正确；断屑槽离中心线太上或太下；刀片或耐磨垫条几何形状不好
		表面粗糙（有过大的振动）	对准不正确；工件弯曲
钻头损坏	进给太快		
硬质合金刀片损坏	刃口太钝；切削液品种不适当；断屑槽太长或太浅	喇叭口孔	衬套尺寸超差或对准不正确

5. 螺纹车削产生误差的原因及修正措施（表2-20）

表2-20 螺纹车削中产生误差的原因及修正措施

误差项目	产生原因	修正措施
尺寸不正确	1. 外螺纹外径车小了，内螺纹底孔车大了 2. 刀尖磨损或进刀不准造成中径尺寸误差大 3. 背吃刀量过大或过小	1. 正确计算、车削、测量车削前的螺纹外径与内径 2. 修磨车刀或改用硬质合金车刀，调整进刀机构，准确进刀 3. 调整背吃刀量
螺距不正确或误差大	1. 局部螺距不正确 车床主轴和丝杠轴向窜动大 2. 螺距误差大的原因是传动链误差大，主要表现在：丝杠的制造、安装误差 3. 伺服系统滞后效应 4. 加工程序不正确	1. 局部螺距不正确的修正措施 调整主轴和丝杠的轴向窜动以及丝杠与螺母的间隙 2. 螺距误差大的修正措施 1）丝杠的制造、安装精度要符合要求 2）采用校正装置，如校正尺、偏心齿轮、行星校正机构、数控校正装置、激光校正装置等 3. 增加螺纹切削升降速段的长度 4. 检查修改加工程序
齿表面粗糙度达不到要求	1. 高速车削螺纹时切屑厚度太小，切屑拉毛已加工的表面 2. 产生积屑瘤 3. 刀杆刚度弱，切削时振动	1. 最后一刀切屑厚度常大于0.1mm；要使切屑从垂直轴线方向排出 2. 用高速钢车刀车削时要适当降低切削速度并加注切削液 3. 缩短刀杆伸长量，适当降低切削速度
扎刀和顶弯工件	1. 工件刚度差而切削用量太大 2. 车刀安装位置太低	1. 增加工件刚度；根据工件刚度选用切削用量 2. 使车刀对准工件中心
切削过程出现振动	1. 工件装夹不正确 2. 刀具安装不正确 3. 切削参数不正确	1. 检查工件安装，增加安装刚性 2. 调整刀具安装位置 3. 提高或降低切削速度

（续）

误差项目	产生原因	修正措施
螺纹牙顶呈刀口状 	1. 刀具角度选择错误 2. 螺纹外径尺寸过大 3. 螺纹切削过深	1. 选择正确的刀具 2. 检查并选择合适的工件外径尺寸 3. 减小螺纹背吃刀量
螺纹牙型过平 	1. 刀具中心错误 2. 螺纹背吃刀量不够 3. 刀具牙型角度过小 4. 螺纹外径尺寸过小	1. 选择合适的刀具并调整刀具中心的高度 2. 计算并增加背吃刀量 3. 检查并选择合适的工件外径尺寸
螺纹牙型底部圆弧过大 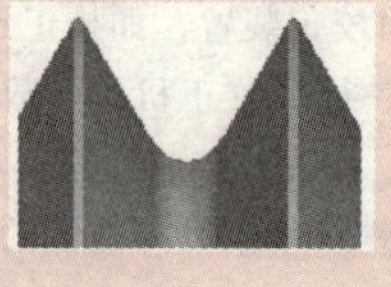	1. 刀具选择错误 2. 刀具磨损严重	1. 选择正确的刀具 2. 重新刃磨或更换刀片
螺纹牙型底部过宽 	1. 刀具选择错误 2. 刀具磨损严重 3. 螺纹有乱牙现象	1. 选择正确的刀具 2. 重新刃磨或更换刀片 3. 检查加工程序中有无导致乱牙的原因 4. 检查主轴脉冲编码器是否松动，损坏 5. 检查 Z 轴丝杠是否有窜动现象
螺纹牙型半角不正确 	刀具安装角度不正确	调整刀具安装角度

（续）

误差项目	产生原因	修正措施
螺纹表面质量差	1. 切削速度过低 2. 刀具中心过高 3. 切削控制较差 4. 刀尖产生积屑瘤 5. 切削液选用不合理	1. 调高主轴转速 2. 调整刀具中心高度 3. 选择合理的进刀方式及背吃刀量 4. 选择合适的切削液并充分喷注

6. 车削薄壁工件容易出现的加工误差

车削薄壁工件时，因夹紧力分布不均匀，而引起的加工误差见表2-21。可根据表中所列现象采取适当的防范措施，减少加工误差。

表2-21　薄壁工件的加工误差

装夹方式	加工前形状		加工后形状	
三爪自定心卡盘夹外圆（不加开口环）	车内孔	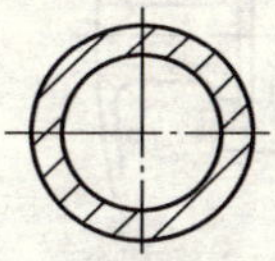	内孔呈三棱形	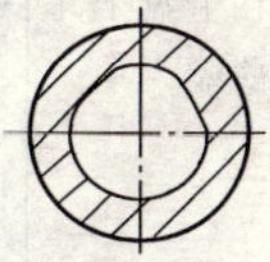
三爪自定心卡盘撑内孔（非扇形软卡爪）	车外圆	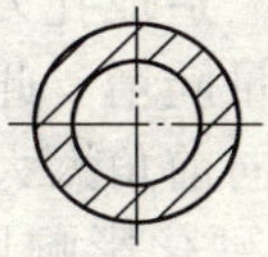	外圆呈三棱形	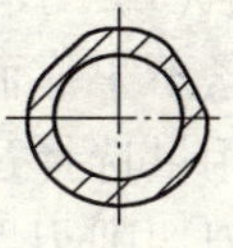
刚性心轴以内孔和端面定位并压紧端面（过定位）	坯件两端面不平行（车外圆）	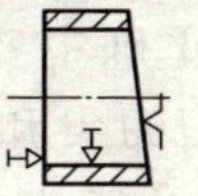	内外圆会出现圆度和同轴度误差	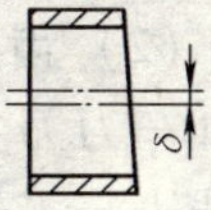 δ

（续）

装夹方式	加工前形状		加工后形状	
弹簧夹具等夹具，以内孔和端面定位，弹性夹紧	坯件合格但胀力不均匀（车外圆）	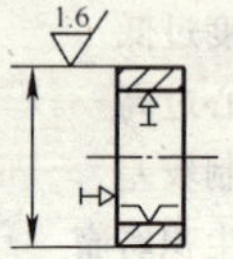	外圆呈椭圆且内外圆不同轴	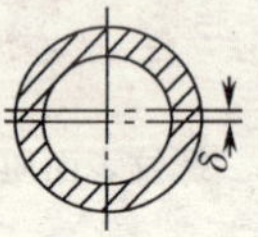
心轴夹紧	车外圆时受 F_p 力后弹性变形	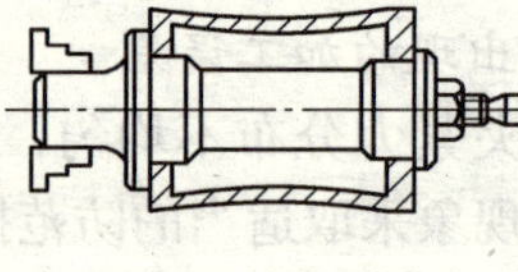	外圆呈腰鼓形	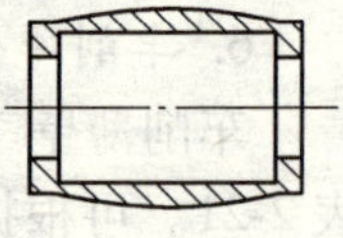
在卡盘上车削薄壁	车端面时，受 F_f 力影响产生弹性变形	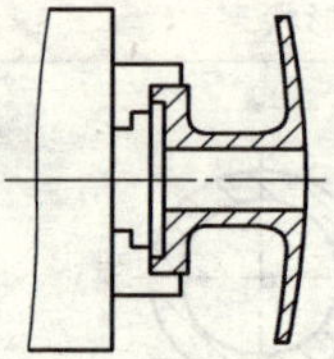	端面形成凹心平面	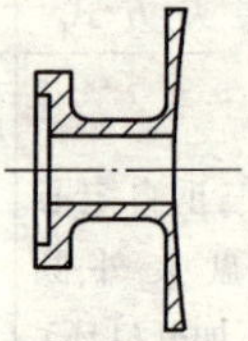

7. 大模数多头蜗杆强力切削容易出现的质量问题及其分析

（1）车削中出现扎刀现象　造成扎刀现象的主要原因是：工件夹紧不牢靠而走动，致使切削量陡增。此外，车刀刀杆弹性差、切削用量选择过大、蜗杆车刀纵向前角太大、切削液选用不适当或因车刀切削刃磨钝而出现的加工硬化影响切入等，也可能引起扎刀。一旦发生扎刀，轻则损坏车刀、报废工件，重则对机床造成损害，故应尽力防止。

（2）齿形不正确　齿形不正确主要出在车刀的刃磨和安装上。例如车刀刀尖角未作修正；车刀刀尖和工件中心不等高；刀尖角平分线未与工件轴线垂直；精车时未根据蜗杆形式按要求正确装刀等。此外，车刀的磨损也会影响齿形的正确性。

（3）表面质量差　刀杆刚性不足而产生振动；车刀磨钝或损坏；

工件刚性差且切削用量选择不适当；粗加工时借刀量过大而无法修整；精加工阶段余量未留足；切削液选用不当；车削中出现积屑瘤或切屑拉毛蜗杆齿侧面都将使表面质量下降。

8. 槽加工容易出现的问题

数控车床槽加工中经常遇到的加工和质量问题有多种，其产生的原因和可以采取的消除和预防的措施见表2-22。

表2-22　槽加工质量分析

问题现象	产生原因	预防和消除
槽的一侧或两个侧面出现小台阶	刀具数据不准确或程序错误	1. 调整或重新设定刀具数据 2. 检查修改加工程序
槽底出现倾斜	刀具安装不正确	正确安装刀具
槽的侧面呈现凹凸面	1. 刀具刃磨角度不对称 2. 刀具安装角度不对称 3. 刀具两刀尖磨损不对称	1. 更换刀片 2. 重新刃磨刀具 3. 正确安装刀具

（续）

问题现象	产生原因	预防和消除
槽的两个侧面倾斜	刀具磨损	重新刃磨刀具或更换刀片
槽底出现振动现象，留有振纹	1. 工件装夹不正确 2. 刀具安装不正确 3. 切削参数不正确 4. 程序延时时间太长	1. 检查工件安装，增加安装刚性 2. 调整刀具安装位置 3. 提高或降低切削速度 4. 缩短程序延时时间
切槽过程中出现扎刀现象，造成刀具断裂	1. 进给量过大 2. 切屑阻塞	1. 降低进给速度 2. 采用断、退屑方式切入
切槽开始即过程中出现较强的振动。表现为工件刀具出现谐振现象，严重者机床也会一同产生谐振，切削不能继续	1. 工件装夹不正确 2. 刀具安装不正确 3. 进给速度过低	1. 检查工件安装，增加安装刚性 2. 调整刀具安装位置 3. 提高进给速度

复习思考题

1. 常见的数控车床精度检验有哪些项目？
2. 数控车床的温度检验的条件是什么？
3. 数控车床的温度检验的方法是什么？
4. 槽加工容易出现的问题有哪些？
5. 螺纹车削产生误差的原因及修正措施有哪些？

6. 请对图 2-78 所示的形位公差进行检测。

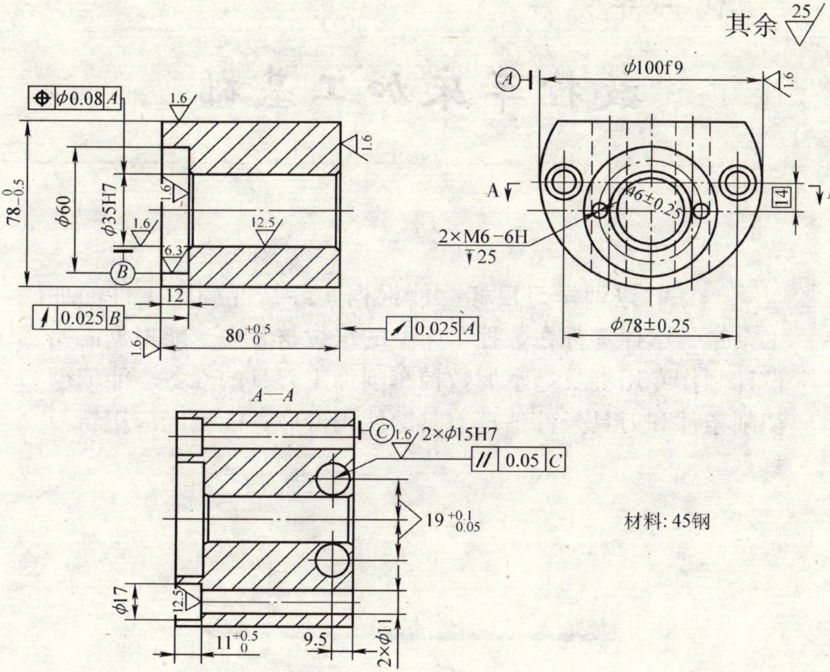

图 2-78　题 6 图

第三章

数控车床加工基础

培训学习目标　能根据实际情况确定工件的加工余量，掌握零件在数控车床上的定位与装夹，能根据需要设计制作专用夹具。掌握数控车削加工刀具的准备。能依据切削条件和刀具条件估算刀具的使用寿命，能推广应用新刀具。

第一节　加工余量的确定

这是进行数控车削加工的前提，应该掌握。

一、加工余量的概念

加工余量是指在加工过程中切去金属层的厚度。余量有工序余量和加工总余量之分。工序余量是相邻两工序的工序尺寸之差；加工总余量是毛坯尺寸与零件图的设计尺寸之差，它等于各工序余量之和，即

$$Z_{\Sigma} = \sum_{i=1}^{n} Z_{i}$$

式中　Z_{Σ}——总加工余量；

Z_{i}——工序余量；

n——工序数量。

由于工序尺寸有误差，实际切除的余量是一个变值，因此，工序余量分为基本余量（又称公称余量）、最大工序余量和最小工序余量。

为了便于加工，工序尺寸的公差一般按“入体原则”标注，即被包容面的工序尺寸取上偏差为零；包容面的工序尺寸取下偏差为零；毛坯尺寸的公差一般采取双向对称分布。

中间工序的工序余量与工序尺寸及其公差的关系如图 3-1 所示。由图 3-1 可知，工序的基本余量、最大工序余量和最小工序余量可按下式计算：

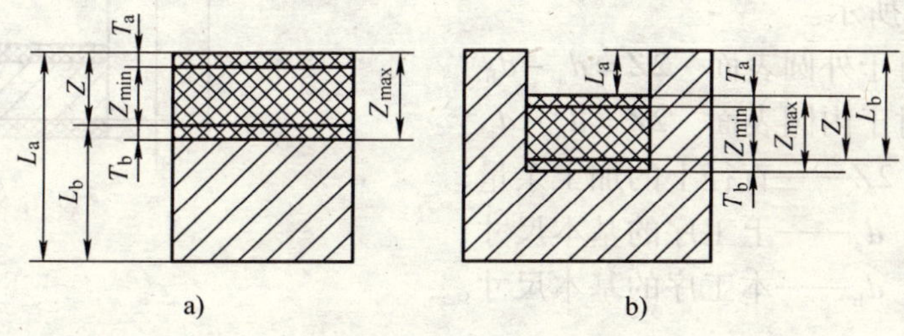

图 3-1　工序余量与工序尺寸及其公差的关系

a）被包容面　b）包容面

对于被包容面

$$Z = L_a - L_b$$

$$Z_{max} = L_{amax} - L_{bmin} = Z + T_b$$

对于包容面

$$Z_{min} = L_{amin} - L_{bmax} = Z - T_a$$

$$Z = L_b - L_a$$

$$Z_{max} = L_{bmax} - L_{amin} = Z + T_b$$

$$Z_{min} = L_{bmin} - L_{amax} = Z - T_a$$

式中　Z——工序余量的基本尺寸；

Z_{max}——最大工序余量；

Z_{min}——最小工序余量；

L_a——上工序的基本尺寸；

L_b——本工序的基本尺寸；

T_a——上工序尺寸的公差；

T_b——本工序尺寸的公差。

加工余量有单边余量和双边余量之分。平面的加工余量则指单边余量，它等于实际切削的金属层厚度。上述表面的加工余量为非对称的单边加工余量。对于内圆和外圆等回转体表面，在数控车床加工过程中，加工余量一般指双边余量，即以直径方向计算，实际切削的金属层厚度为加工余量的一半，如图 3-2 所示。

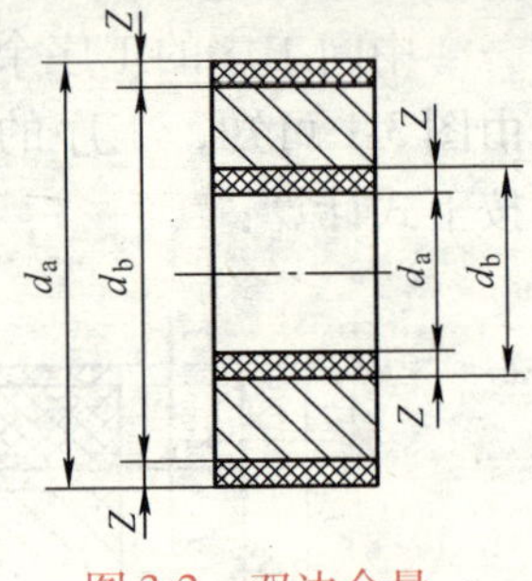

图 3-2　双边余量

对于外圆表面　$2Z = d_a - d_b$

对于内圆表面　$2Z = d_b - d_a$

式中　$2Z$——直径上的加工余量；

d_a——上工序的基本尺寸；

d_b——本工序的基本尺寸。

二、影响加工余量的因素

加工余量的大小对零件的加工质量和零件制造的经济性有较大的影响。余量过大会浪费原材料及机械加工的工时，增加机床、刀具及能源等的消耗；余量过小则不能消除上道工序留下的各种误差、表面缺陷和本工序的装夹误差，容易造成废品。因此，应根据影响余量大小的因素合理地确定加工余量。影响加工余量大小的因素有下列几种。

1. 上道工序的各种表面缺陷和误差

（1）上道工序表面粗糙度 R_a 和缺陷层 D_a　为了使工件的加工质量逐步提高，一般每道工序都应切到待加工表面以下的正常金属组织，将上道工序留下的表面粗糙度 R_a 和缺陷层 D_a 全部切去，如图 3-3 所示。

（2）上道工序的尺寸公差 T_a　从图 3-1 可知，上道工序的尺寸公差 T_a 直接影响本工序的基本余量，因此，本道工序的余量应包含上道工序的尺寸公差 T_a。

（3）上道工序的形位误差（也称空间误差）ρ_a 当形位公差与尺寸公差之间的关系是包容要求时，尺寸公差控制形位误差，可不计 ρ_a 值。但当形位公差与尺寸公差之间是独立要求或最大实体要求时，尺寸公差不控制形位误差，此时加工余量中要包括上工序的形位误差 ρ_a。图 3-4 所示的小轴，其轴线有直线度误差 ω，须在本工序中纠正，因而直径方向的加工余量应增加 2ω。

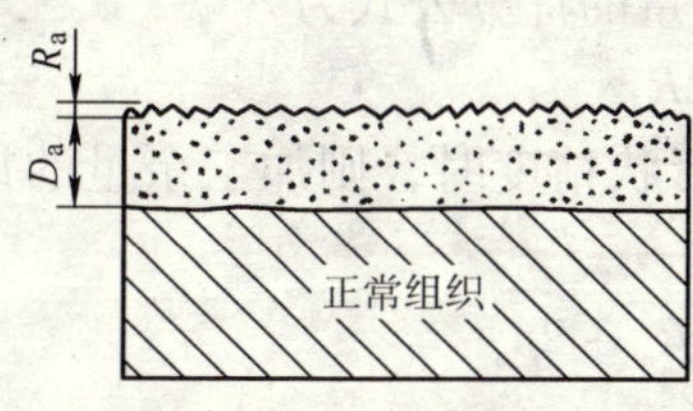

图 3-3 表面粗糙度及缺陷层

图 3-4 轴线弯曲对加工余量的影响

2. 本工序的装夹误差

装夹误差 ε_b 包括定位误差、夹紧误差（夹紧变形）及夹具本身的误差。由于装夹误差的影响，使工件待加工表面偏离了正确位置，所以确定加工余量时还应考虑装夹误差的影响。图 3-5 所示，用三爪自定心卡盘夹持工件外圆磨削内孔时，由于三爪自定心卡盘定心不准，使工件轴线偏离主轴回转轴线 e 值，导致内孔磨削余量不均匀，甚至造成局部表面无加工余量的情况。为保证全部待加工表面有足够的加工余量，孔的直径余量应增加 $2e$。

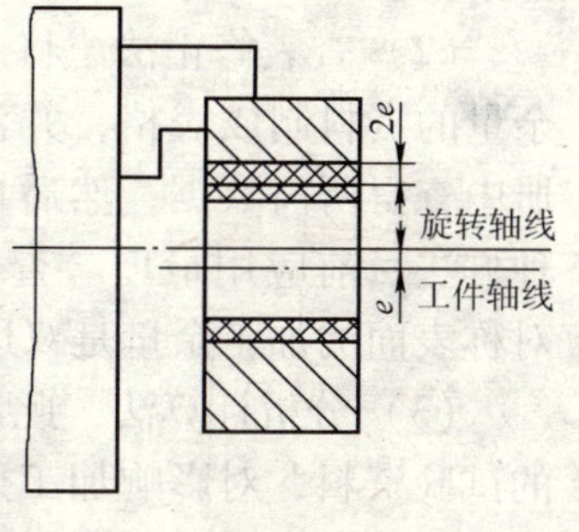

图 3-5 装夹误差对加工余量的影响

形位误差 ρ_a 和装夹误差 ε_b 都具有方向性，它们的合成应为矢量和。综上所述，工序余量的组成可用下式来表示：

对单边余量

$$Z_b = T_a + R_a + D_a + |\rho_a + \varepsilon_b|$$

对双边余量

$$2Z_b = T_a + 2(R_a + D_a) + 2|\rho_a + \varepsilon_b|$$

应用上述公式时，可视具体情况作适当修正。例如，在无心磨床上磨削外圆或用拉刀、浮动铰刀、浮动镗刀加工孔时，都是自为基准，加工余量不受装夹误差 ε_b 和形位误差 ρ_a 中位置误差的影响。此时加工余量的计算公式可修正为

$$2Z_b = T_a + 2(R_a + D_a) + 2\rho_a$$

又如，外圆表面的光整加工，若以减小表面粗糙度值为主要目的，如研磨、超精加工等，则加工余量的计算公式为

$$2Z_b = 2R_a$$

若还需进一步提高尺寸精度和形状精度时，则加工余量的计算公式为

$$2Z_b = T_a + 2R_a + 2\rho_a$$

三、确定加工余量的方法

（1）经验估算法　此法是凭工艺人员的实践经验估计加工余量。为避免因余量不足而产生废品，所估余量一般偏大，此法仅用于单件小批生产。

（2）查表修正法　将工厂生产实践和试验研究积累的有关加工余量的资料制成表格，并汇编成手册。确定加工余量时，可先从手册中查得所需数据，然后再结合工厂的实际情况进行适当修正。这种方法目前应用最广。查表时应注意表中的余量值为基本余量值，对称表面的加工余量是双边余量，非对称表面的余量是单边余量。

（3）分析计算法　此法是根据上述的加工余量计算公式和一定的试验资料，对影响加工余量的各项因素进行综合分析和计算来确定加工余量的一种方法。用这种方法确定的加工余量比较经济合理，但必须有全面可靠的试验资料，目前，只在材料十分贵重，以及军工生产或少数大量生产的工厂中采用此方法。

在确定加工余量时，总加工余量（毛坯余量）和工序余量要分别确定。总加工余量的大小与所选择的毛坯制造精度有关。用查表修正法确定工序余量时，粗加工工序的加工余量不能用查表修正法确定，而要由总加工余量减去其他各工序余量之和而获得。

第二节　工序尺寸及其公差的确定

零件上的设计尺寸一般要经过几道机械加工工序的加工才能得到，每道工序所应保证的尺寸叫工序尺寸，与其相应的公差即工序尺寸的公差。工序尺寸及其公差，不仅取决于设计尺寸、加工余量及各工序所能达到的经济精度，而且还与定位基准、工序基准、测量基准、编程坐标系原点的确定及基准的转换有关。所以，计算工序尺寸及公差时，应根据不同的情况，采用不同的方法。

在实际加工中有时也可以不用计算，而是采用试切法后，用刀具位置补偿的办法来解决。

一、基准重合时工序尺寸及其公差的计算

当工序基准、测量基准、定位基准或编程原点与设计基准重合时，工序尺寸及其公差直接由各道工序的加工余量和所能达到的精度确定。其计算方法是由最后一道工序开始向前推算，具体步骤如下：

1）确定毛坯总余量和工序余量。

2）确定工序公差。最终工序尺寸公差等于零件图上设计尺寸公差，其余工序尺寸公差按经济精度确定。

3）计算工序基本尺寸。从零件图上的设计尺寸开始向前推算，直至毛坯尺寸。最终工序基本尺寸等于零件图上的基本尺寸，其余工序基本尺寸等于后道工序基本尺寸加上或减去后道工序余量。

4）标注工序尺寸公差。最后一道工序的公差按零件图上设计尺寸标注，中间工序尺寸公差按“入体原则”标注，毛坯尺寸公差按双向标注。

例如，某车床主轴箱主轴孔的设计尺寸为 $\phi100^{+0.035}_{0}$ mm，表面粗糙度 R_a 值为 0.8μm，毛坯为铸铁件。已知其加工工艺过程为粗镗→半精镗→精镗→浮动镗。用查表修正法或经验估算法确定毛坯总余量和各工序余量，其中粗镗余量由毛坯总余量减去其余工序余量确定，各道工序的基本余量如下：

浮动镗　　$Z=0.1$mm

精　镗　　$Z=0.5\text{mm}$

半精镗　　$Z=2.4\text{mm}$

毛　坯　　$Z=8\text{mm}$

粗　镗　　$Z=[8-(2.4+0.5+0.1)]\text{mm}=5\text{mm}$

按照各工序能达到的经济精度查表确定的各工序尺寸公差分别为：

精　镗　　$T=0.054\text{mm}$

半精镗　　$T=0.23\text{mm}$

粗　镗　　$T=0.46\text{mm}$

毛　坯　　$T=2.4\text{mm}$

各工序的基本尺寸计算如下：

浮动镗　　$D=100\text{mm}$

精　镗　　$D=(100-0.1)\text{mm}=99.9\text{mm}$

半精镗　　$D=(99.9-0.5)\text{mm}=99.4\text{mm}$

粗　镗　　$D=(99.4-2.4)\text{mm}=97\text{mm}$

毛　坯　　$D=(97-5)\text{mm}=92\text{mm}$

按照工艺要求分布公差，最终得到的工序尺寸为：

毛　坯　　$\phi92\pm1.2\text{mm}$

粗　镗　　$\phi97^{+0.46}_{0}\text{mm}$

半精镗　　$\phi99.4^{+0.23}_{0}\text{mm}$

精　镗　　$\phi99.9^{+0.054}_{0}\text{mm}$

浮动镗　　$\phi100^{+0.035}_{0}\text{mm}$

孔加工余量、公差及工序尺寸的分布如图 3-6 所示。

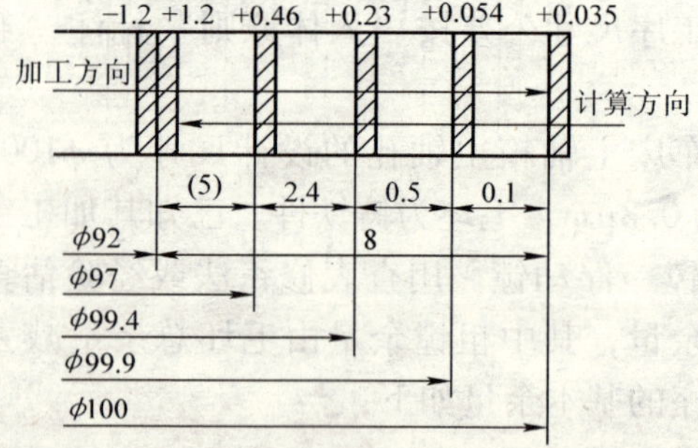

图 3-6　孔加工余量、公差及工序尺寸分布图

二、基准不重合时工序尺寸及其公差的计算

当工序基准、测量基准、定位基准或编程原点与设计基准不重合时，工序尺寸及其公差需要借助于工艺尺寸链的基本知识和计算方法，通过解工艺尺寸链来确定。

1. 工艺尺寸链

(1) 工艺尺寸链的概念

1) 工艺尺寸链的定义。在机器装配或零件加工过程中，互相联系且按一定顺序排列的封闭尺寸组合称为尺寸链。其中，由单个零件在加工过程中的各有关工艺尺寸所组成的尺寸链称为工艺尺寸链。

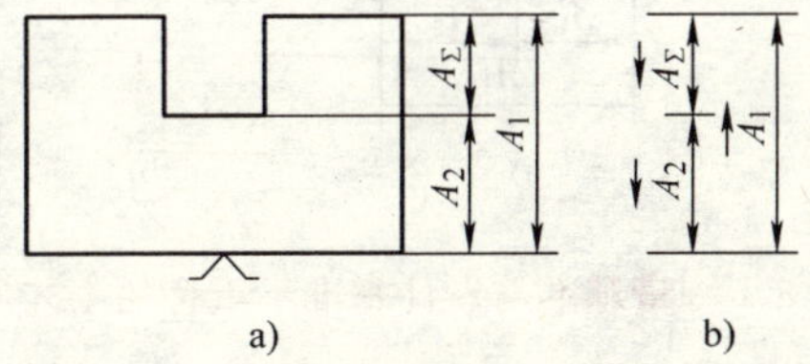

图 3-7　定位基准与设计基准不重合的工艺尺寸链

如图 3-7a 所示，图中尺寸 A_1、A_Σ 为设计尺寸，先以底面定位加工上表面，得到尺寸 A_1，当用调整法加工凹槽时，为了使定位稳定可靠并简化夹具，仍然以底面定位，按尺寸 A_2 加工凹槽，于是该零件上在加工时并未直接予以保证的尺寸 A_Σ 就随之确定。这样相互联系的尺寸 A_1—A_2—A_Σ，就构成一个如图 3-7b 所示的封闭尺寸组合，即工艺尺寸链。

又如图 3-8a 所示零件，尺寸 A_1 及 A_Σ 为设计尺寸。在加工过程中，因尺寸 A_Σ 不便直接测量，若以面 1 为测量基准，按容易测量的尺寸 A_2 加工，就能间接保证尺寸 A_Σ。这样相互联系的尺寸 A_1—A_2—A_Σ 也同样构成一个工艺尺寸链，如图 3-8b 所示。

2) 工艺尺寸链的特征。通过以上分析可知。工艺尺寸链具有以下两个特征：

① 关联性。任何一个直接保证的尺寸及其精度的变化，必将影响间接保证的尺寸及其精度。如上例尺寸链中，尺寸 A_1 和 A_2 的变

化都将引起尺寸 A_Σ 的变化。

② 封闭性。尺寸链中各个尺寸的排列呈封闭性，如上例中的 A_1—A_2—A_Σ，首尾相接组成封闭的尺寸组合。

3）工艺尺寸链的组成。我们把组成工艺尺寸链的各个尺寸称为环。图3-7和图3-8中的尺寸 A_1、A_2、A_Σ 都是工艺尺寸链的环，它们可分为两种：

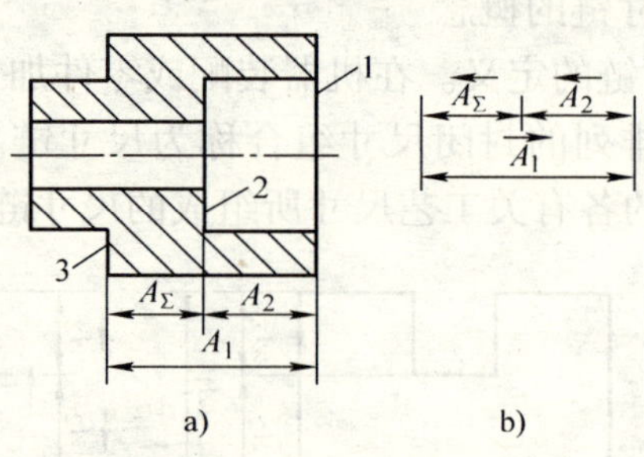

图3-8　测量基准与设计基准不重合的工艺尺寸链

① 封闭环。工艺尺寸链中间接得到的尺寸称为封闭环。它的基本属性是派生性，随着别的环的变化而变化。图3-7和图3-8中的尺寸 A_Σ 均为封闭环。一个工艺尺寸链中只有一个封闭环。

② 组成环。工艺尺寸链中除封闭环以外的其他环称为组成环。根据其对封闭环的影响不同，组成环又可分为增环和减环。

增环是当其他组成环不变，该环增大（或减小）使封闭环随之增大（或减小）的组成环。图3-7和图3-8中的尺寸 A_1 即为增环。

减环是当其他组成环不变，该环增大（或减小），使封闭环随之减小（或增大）的组成环。图3-7和图3-8中的尺寸 A_2 即为减环。

③ 组成环的判别。可采用下述方法迅速判别增、减环：在工艺尺寸链图上，先给封闭环任定一方向并画出箭头，然后沿此方向环绕尺寸链回路，依次给每一组成环画出箭头，凡箭头方向和封闭环相反的则为增环，相同的则为减环。

（2）工艺尺寸链计算的基本公式　工艺尺寸链计算的关键是正确地确定封闭环，否则计算结果是错的。封闭环的确定取决于加工方法和测量方法。

工艺尺寸链的计算方法有两种：极大极小法和概率法。生产中一般多采用极大极小法，其基本计算公式如下：

1）封闭环的基本尺寸。封闭环的基本尺寸 $A_{\sum}$ 等于所有增环的基本尺寸 A_i 之和减去所有减环的基本尺寸 A_j 之和，即

$$A_{\sum} = \sum_{i=1}^{m} A_i - \sum_{j=m+1}^{n-1} A_j$$

式中 m——增环的环数；

n——包括封闭环在内的总环数。

2）封闭环的极限尺寸。封闭环的最大极限尺寸 $A_{\sum\max}$。等于所有增环的最大极限尺寸 $A_{i\max}$ 之和减去所有减环的最小极限尺寸 $A_{j\min}$ 之和，即

$$A_{\sum\max} = \sum_{i=1}^{m} A_{i\max} - \sum_{j=m+1}^{n-1} A_{j\min}$$

封闭环的最小极限尺寸 $A_{\sum\min}$ 等于所有增环的最小极限尺寸 $A_{i\min}$ 之和减去所有减环的最大极限尺寸 $A_{j\max}$，之和，即

$$A_{\sum\min} = \sum_{i=1}^{m} A_{i\min} - \sum_{j=m+1}^{n-1} A_{j\max}$$

3）封闭环的平均尺寸。封闭环的平均尺寸 $A_{\sum M}$ 等于所有增环的平均尺寸 A_{iM} 之和减去所有减环的平均尺寸 A_{jM} 之和，即

$$A_{\sum M} = \sum_{i=1}^{m} A_{iM} - \sum_{j=m+1}^{n-1} A_{jM}$$

4）封闭环的上、下偏差。封闭环的上偏差 $ESA_{\sum}$ 等于所有增环的上偏差 ESA_i 之和减去所有减环的下偏差 EIA_j 之和，即

$$ESA_{\sum} = \sum_{i=1}^{m} ESA_i - \sum_{j=m+1}^{n-1} EIA_j$$

封闭环的下偏差 $EIA_{\sum}$ 等于所有增环的下偏差 EIA_i 之和减去所有减环的上偏差 ESA_j 之和，即

$$EIA_{\sum} = \sum_{i=1}^{m} EIA_i - \sum_{j=m+1}^{n-1} ESA_j$$

5）封闭环的公差。封闭环的公差 $TA_{\sum}$ 等于所有组成环的公差 TA_i 之和，即

$$TA_{\Sigma} = \sum_{i=1}^{n-1} TA_i$$

2. 数控编程原点与设计基准不重合的工序尺寸计算

零件在设计时，从保证使用性能角度考虑，尺寸多采用局部分散标注，而在数控编程中，所有点、线、面的尺寸和位置都是以编程原点为基准的。当编程原点与设计基准不重合时，为方便编程，必须将分散标注的设计尺寸换算成以编程原点为基准的工序尺寸。

图 3-9a 为一根阶梯轴简图。图上部的轴向尺寸 Z_1、Z_2、…、Z_6 为设计尺寸。编程原点在左端面与中心线的交点上，与尺寸 Z_2、Z_3、Z_4 及 Z_5 的设计基准不重合，编程时须按工序尺寸 Z_1'、Z_2'、…、Z_6'

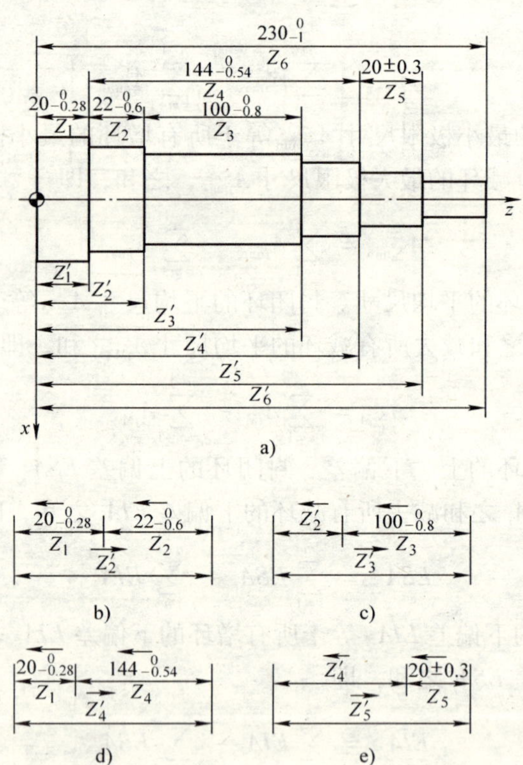

图 3-9　编程原点与设计基准不重合时的工序尺寸换算

编程。其中工序尺寸 Z'_1 和 Z'_6 就是设计尺寸 Z_1 和 Z'_6，即 $Z'_1 = Z_1 = 20_{-0.028}^{0}$mm；$Z'_6 = Z_6 = 230_{-1}^{0}$mm 为直接获得尺寸。其余工序尺寸 Z'_2、Z'_3、Z'_4 和 Z'_5 可分别利用图 3-9b、c、d 和 e 所示的工艺尺寸链计算。尺寸链中 Z_2、Z_3、Z_4 和 Z_5 为间接获得尺寸，是封闭环，其余尺寸为组成环。尺寸链的计算过程如下：

（1）计算 Z'_2 的工序尺寸及其公差

$Z_2 = Z'_2 - 20\text{mm}$；即 $Z'_2 = 42\text{mm}$

$0 = ESZ'_2 - (-0.28\text{mm})$；即 $ESZ'_2 = -0.28\text{mm}$

$-0.6\text{mm} = EIZ'_2 - 0$；即 $EIZ'_2 = -0.6\text{mm}$

因此，得 Z'_2 的工序尺寸及其公差：

$Z'_2 = 42_{-0.6}^{-0.28}\text{mm}$

（2）计算 Z'_3 的工序尺寸及其公差

$100\text{mm} = Z'_3 - Z'_2 = Z'_3 - 42\text{mm}$；即 $Z'_3 = 142\text{mm}$

$0 = ESZ'_3 - EIZ'_2 = ESZ'_3 - (-0.6\text{mm})$；即 $ESZ'_3 = -0.6\text{mm}$

$-0.8\text{mm} = EIZ'_3 - ESZ'_2 = EIZ'_3 - (-0.28\text{mm})$；即 $EIZ'_3 = -1.08\text{mm}$

因此，得 Z'_3 的工序尺寸及其公差：

$Z'_3 = 142_{-1.08}^{-0.6}\text{mm}$

（3）计算 Z'_4 的工序尺寸及其公差

$144\text{mm} = Z'_4 - 20\text{mm}$；即 $Z'_4 = 164\text{mm}$

$0 = ESZ'_4 - (-0.28)$；即 $ESZ'_4 = -0.28\text{mm}$

$-0.54\text{mm} = EIZ'_4 - 0$；即 $EIZ'_4 = -0.54\text{mm}$

因此，得 Z'_4 的工序尺寸及其公差：

$Z'_4 = 164_{-0.54}^{-0.28}\text{mm}$

（4）计算 Z'_5 的工序尺寸及其公差

$20\text{mm} = Z'_5 - Z'_4 = Z'_5 - 164\text{mm}$；即 $Z'_5 = 184\text{mm}$

$0.3\text{mm} = ESZ'_5 - EIZ'_4 = ESZ'_5 - (-0.54\text{mm})$；即 $ESZ'_5 = -0.24\text{mm}$

$-0.3\text{mm} = EIZ'_5 - ESZ'_4 = EIZ'_5 - (-0.28\text{mm})$；即 $EIZ'_5 = -0.58\text{mm}$

因此，得 Z'_5 的工序尺寸及其公差：

$Z'_5 = 184^{-0.24}_{-0.58}$mm

第三节　数控车削用刀具系统

数控加工用刀具可分为常规刀具和模块化刀具。发展模块化刀具的主要优点有：减少换刀停机时间，提高生产加工时间；加快换刀及安装时间，提高小批量生产的经济性；提高刀具的标准化和合理化的程度；提高刀具的管理及柔性加工的水平；扩大刀具的利用率，充分发挥刀具的性能；有效地消除刀具测量工作的中断现象，可采用机外预调。由于模块刀具的发展，数控刀具已形成了三大系统，即车削刀具系统、钻削刀具系统和镗铣刀具系统。

能根据实际加工情况，并参考其他相关手册，选择机夹可转位刀片。并能根据需要选择装夹方式。

一、机夹可转位刀片及代码

1. 可转位刀片的表示方法

硬质合金可转位刀片的国家标准是采用了 ISO 国际标准。产品型号的表示方法、品种规格、尺寸系列、制造公差以及测量方法等，都和 ISO 标准相同。另外，为适应我国的国情还在国际标准规定的 9 个号位之后，加一短横线，再用一个字母和一位数字表示刀片断屑槽形式和宽度。因此，我国可转位刀片的型号，共用 10 个号位的内容来表示主要参数的特征。按照规定，任何一个型号刀片都必须用前 7 个号位，后 3 个号位在必要时才使用。但对于车刀片，第十号位属于标准要求标注的部分。不论有无第八、九两个号位，第十号位都必须用短横线“—”与前面号位隔开，并且其字母不得使用第八、九两个号位已使用过的（E、F、T、S、R、L、N）字母。第八、九两个号位如只使用其中一位，则写在第八号位上，中间不需空格。

可转位刀片型号表示方法可用图 3-10 表达。十个号位表示的内容见表 3-1。

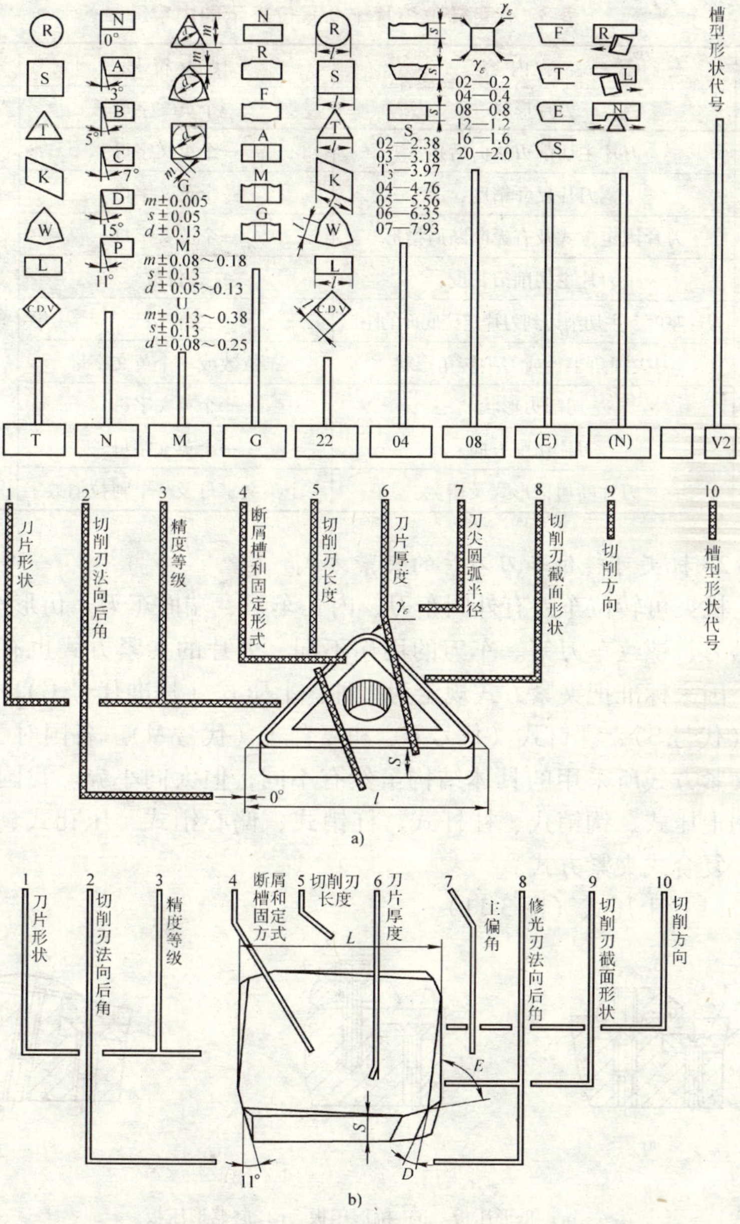

R S T K W L C.D.V

N 0° A 3° B 5° C 7° D 15° P 11°

G $m\pm0.005$ $s\pm0.05$ $d\pm0.13$

M $m\pm0.08\sim0.18$ $s\pm0.13$ $d\pm0.05\sim0.13$

U $m\pm0.13\sim0.38$ $s\pm0.13$ $d\pm0.08\sim0.25$

N R F A M G

R S T K W L C.D.V

S 02—2.38 03—3.18 1_3—3.97 04—4.76 05—5.56 06—6.35 07—7.93

γ_ε 02—0.2 04—0.4 08—0.8 12—1.2 16—1.6 20—2.0

F T E S

R L N

槽型形状代号

T N M G 22 04 08 (E) (N) V2

1 刀片形状 2 切削刃法向后角 3 精度等级 4 断屑槽和固定形式 5 切削刃长度 6 刀片厚度 γ_ε 7 刀尖圆弧半径 8 切削刃截面形状 9 切削方向 10 槽型形状代号

S 0° l

a)

1 刀片形状 2 切削刃法向后角 3 精度等级 4 断屑槽和固定方式 5 切削刃长度 6 刀片厚度 7 主偏角 8 修光刃法向后角 9 切削刃截面形状 10 切削方向

L E S 11° D

b)

图 3-10 可转位刀片的表示方法

a）可转位车削刀片等共性规则示意图 b）可转位铣刀片表示规则示意图

表 3-1　可转位刀片十个号位表示的内容

位号	表示内容	代表符号	备注
1	刀片形状	一个英文字母	具体含义应查有关标准
2	刀片主切削刃法向后角	一个英文字母	
3	刀片尺寸精度	一个英文字母	
4	刀片固定方式及有无断断屑槽形	一个英文字母	
5	刀片主切削刃长度	二位数	
6	刀片厚度，主切削刃到刀片定位底面的距离	二位数	
7	刀尖圆角半径或刀尖转角形状	二位数或一个英文字母	
8	切削刃形状	一个英文字母	
9	刀片切削方向	一个英文字母	
10	刀片断屑槽形式及槽宽	一个英文字母及一个阿拉伯数字	

2. 机夹可转位车刀刀片的夹紧方式

机夹可转位车刀有外圆车刀、内孔车刀、端面车刀、仿形车刀、车槽刀、螺纹车刀等。车刀的用途不同，刀片的夹紧方式也有所不同。国家标准把夹紧方式规定为 4 种：上压式（标准代号 C）、杠杆式（代号 S）、螺钉式（代号 P）和复合式（代号 M）。各国对于这 4 种夹紧方式所采用的具体结构虽然有不同，但大同小异。我国普遍采用上压式、钩销式、杠杆式、杠销式、偏心销式、压孔式、楔销式、复合式夹紧方式。

（1）上压式（图 3-11）

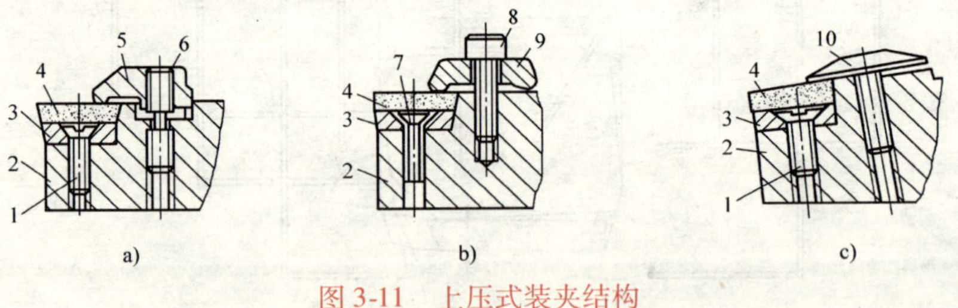

图 3-11　上压式装夹结构

a）爪形压板　b）桥形压板　c）蘑菇形压板

1—刀垫固定螺钉　2—刀杆　3—刀垫　4—刀片　5—爪形压板

6—双头螺钉　7—弹簧圈　8—螺钉　9—桥形压板　10—蘑菇头螺钉

1）结构特点。上压式装夹结构简单，夹紧可靠，切削力与夹紧力方向一致，多采用不带固定孔的刀片。压板要超过刀片中心1mm左右。排屑空间不能过窄，过窄时则会阻碍切屑的流动。这种压紧方式使得刀头体积大，影响操作，但装、卸容易。靠底面及侧面定位。

2）适用场合。前角可为正或负，刃倾角多数为0°，少数为负刃倾角。适用于精车，也可用于中型、重型及间断车削。

（2）钩销式（图3-12）

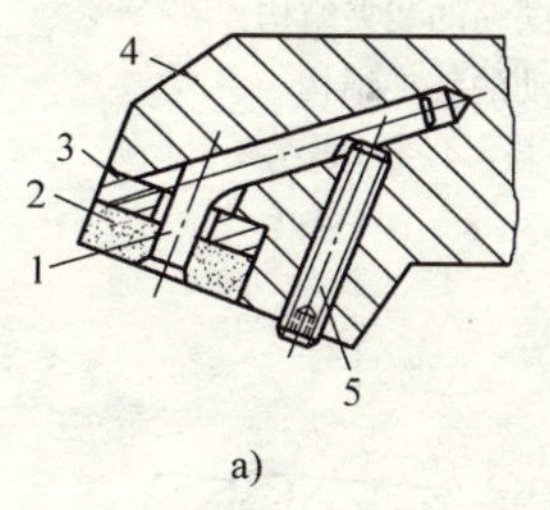

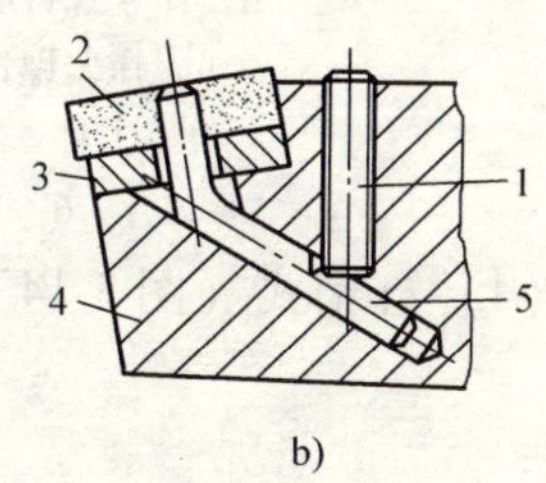

图3-12　钩销式装夹结构

1—螺钉　2—刀片　3—刀垫　4—刀杆　5—钩销

1）结构特点。旋紧螺钉推动钩销，把刀片压紧在刀片槽的定位面上。钩销式装夹结构简单，夹紧可靠，定位精度高，排屑通畅。其定位面为底面及侧面。钩销头部有一倒锥形，使刀片夹紧受力好，但刀片孔也必须有一段相应的锥形，且更换刀片不方便。

2）适用场合。钩销式装夹结构适用于有正前角和负刃倾角时的车削。在立装刀片的车刀上常采用钩销式装夹结构。可用于轻型和中型车削。

（3）杠杆式（图3-13）

1）结构特点。压紧螺钉使杠杆受力摆动，把带孔刀片压紧在刀杆上。杠杆式装夹定位精度高，夹紧可靠，能迅速使刀片转位或更换，排屑方便。但结构较复杂，制造杠杆比制造钩销困难。定位面为底面与侧面。

2）适用场合。刀片后角常为0°，刀具有正前角和负刃倾角，适用于轻型和中型负荷的车削。

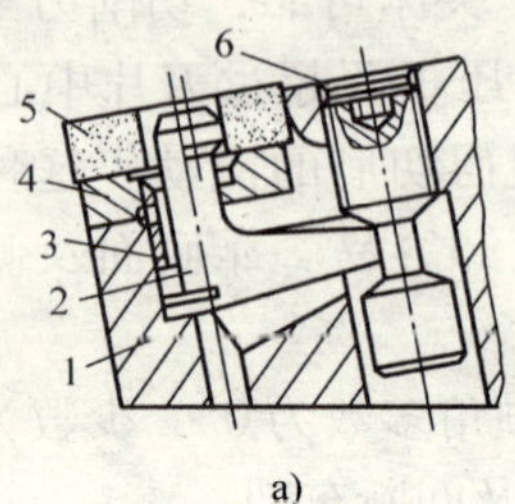

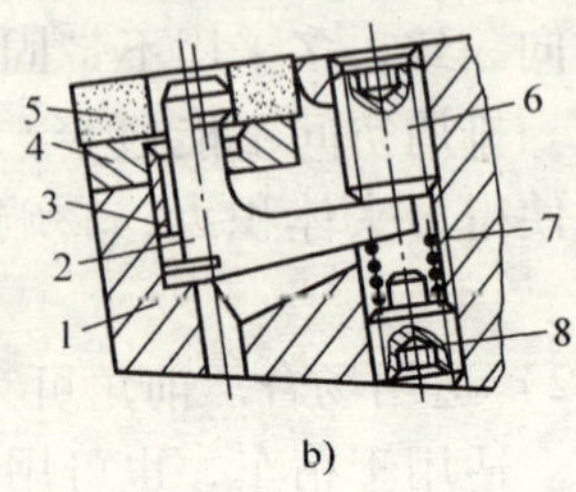

图 3-13　杠杆式装夹结构

a）压紧螺钉中部的斜面使杠杆摆动的装夹结构

b）压紧螺钉下端面使杠杆摆动的装夹结构

1—刀杆　2—杠杆　3—弹簧套　4—刀垫

5—刀片　6—压紧螺钉　7—弹簧　8—调节螺钉

（4）杠销式（图 3-14）

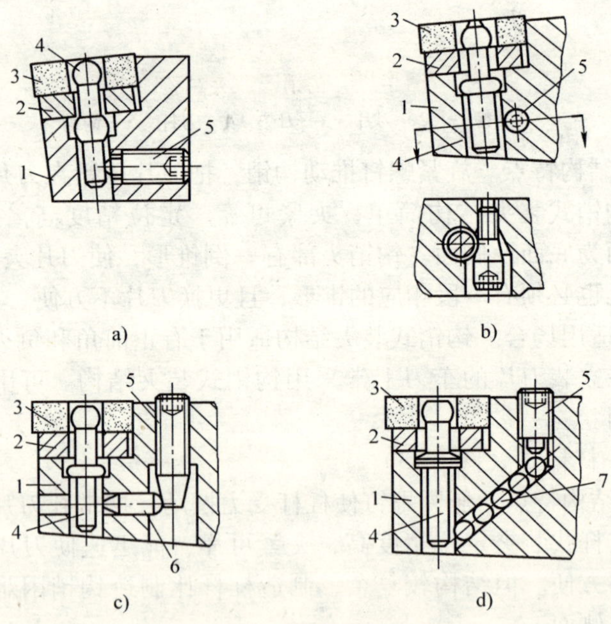

图 3-14　杠销式装夹结构

a）用螺钉头部顶压　b）用螺钉锥面施力　c）用螺钉和滑块施力　d）用螺钉、钢球施力

1—刀杆　2—刀垫　3—刀片　4—杠销　5—顶压螺钉　6—滑块　7—滚珠

1）结构特点。杠销式装夹结构是应用杠杆原理，顶压螺钉使杠销下端受力后绕中部台阶球面接触点摆动，把刀片压紧在刀槽中。杠销式装夹结构较简单，夹紧力稳定，定位精度较高。定位面为底面与侧面。

2）适用场合。适用于小型和中型机床车削。

（5）偏心销式（图3-15）

1）结构特点。偏心销旋转时，它的头部把刀片压紧。偏心销式装夹零件少，结构紧凑，刀片转位和更换迅速、方便。但是，如果设计或装夹不当，容易使刀片靠向一个定位侧面，遇到大的冲击，夹紧不十分可靠。定位面为底面与侧面。

2）适用场合。适用于小型和中型机床车削。

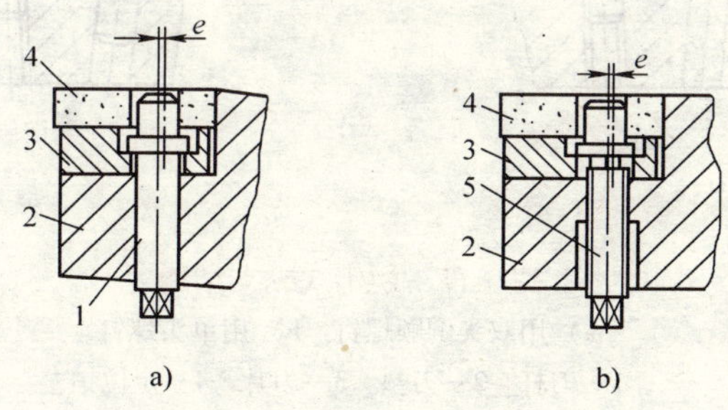

图3-15　偏心销式装夹结构

a）光圆标偏心销结构　b）带螺纹的偏心销结构

1—光偏心销　2—刀杆　3—刀垫　4—刀片　5—螺纹偏心销

（6）压孔式（图3-16）

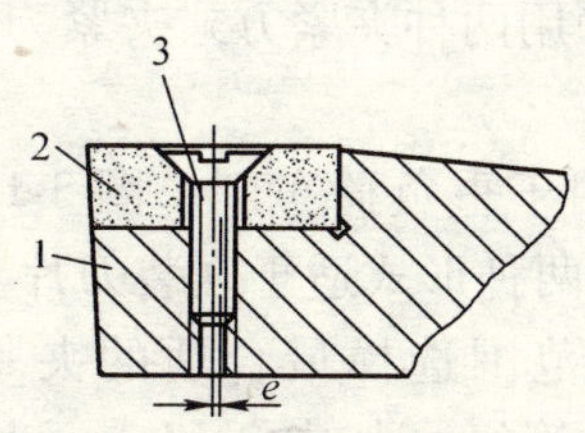

图3-16　压孔式装夹结构

1—刀杆　2—刀片　3—螺钉

1）结构特点。采用带深孔刀片，用螺钉压紧。刀杆上螺孔轴线和刀片中心至两侧定位面有0.1～0.2mm的偏心，能使刀片贴紧定位面。压孔式装夹零件少，结构简单，夹紧可靠，排屑通畅。用底面与锥孔定位。

2）适用场合。刀片的前角、刃倾角通常为0°，有后角。广泛用于铜、铝及塑料等材料的车削。

（7）楔销式（图3-17）

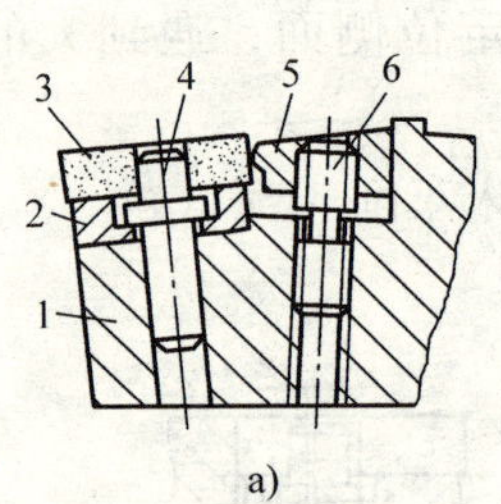

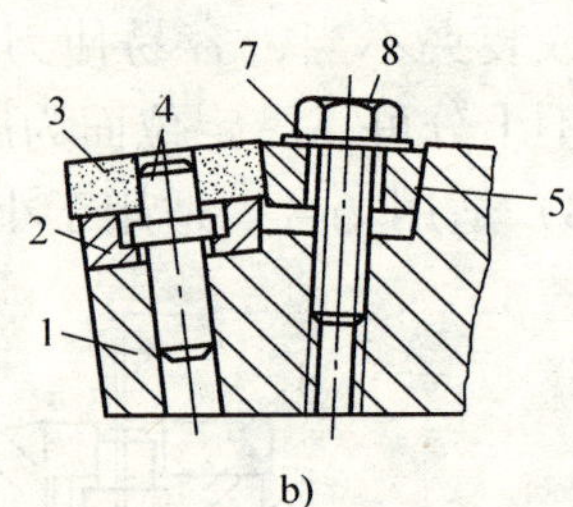

图3-17　楔销式装夹结构

a）用双头倒顺螺钉　b）用单头螺钉

1—刀杆　2—刀垫　3—刀片　4—定位销

5—楔块　6—双头螺柱　7—垫片　8—螺钉

用楔块将刀片压向定位销，将刀片压紧。楔销式装夹结构简单，使用方便，夹紧力大，夹紧可靠，但中心销容易变形，精度低。

（8）复合式（图3-18）

1）结构特点。采用两种夹紧方式夹紧刀片，夹紧可靠，能承受较大的切削力和冲击。

2）适用场合。用于重负荷车削。图3-18a、b两种形式适于平装刀片，图3-18c、d两种形式适于立装刀片。

满足不同的加工范围选择最合适的夹紧方式，已将它们按照适应性分为1至3个等级，其中3级表示最合适的选择，参见表3-2。

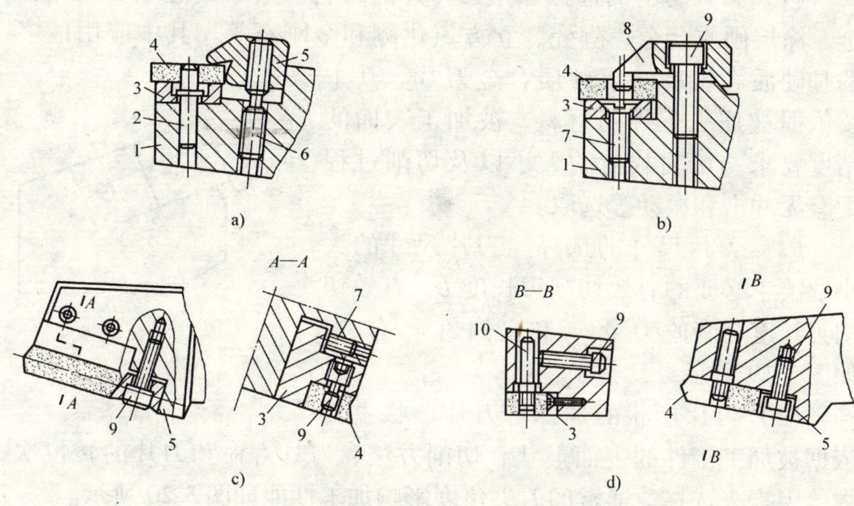

图 3-18　复合式装夹结构

a）楔压复合式　b）拉压复合式　c）偏心楔块复合式　d）杠销楔块复合式

1—刀杆　2—定位销　3—刀垫　4—刀片　5—楔块

6—双头螺钉　7—刀垫固定螺钉　8—拉压板　9—螺钉　10—杠销

表 3-2　各种夹紧方式最合适的加工范围

加工范围＼夹紧方式	杠　杆　式	上　压　式	螺　钉　式
可靠夹紧/紧固	3	3	3
仿形加工/易接近性	2	3	3
重复性	3	2	3
仿形加工/轻负荷加工	2	3	3
断续加工工序	3	2	3
外圆加工	3	1	3
内圆加工	3	3	3

3. 可转位刀片的选择

根据被加工零件的材料、表面粗糙度要求和加工余量等条件来决定刀片的类型。

（1）刀片材料的选择　车刀刀片的材料主要有高速钢、硬质合金、涂层硬质合金、陶瓷、立方氮化硼和金刚石等。其中应用最多的是硬质合金和涂层硬质合金刀片。其主要依据被加工工件的材料、被加工表面的精度要求、切削载荷的大小以及切削过程中有无冲击和振动等选取。

（2）刀片尺寸的选择　刀片尺寸的大小取决于必要的有效切削刃长度 L，有效切削刃长度与背吃刀量 a_p 和主偏角 κ_r 有关，如图 3-19 所示。

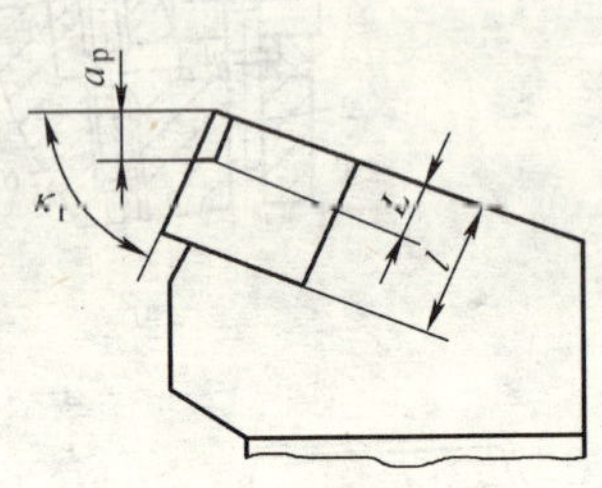

图 3-19　有效切削刃长度 L 与背吃刀量 a_p、主偏角 K_r 的关系

（3）刀片形状的选择　刀片形状主要依据被加工工件的表面形状、切削方法、刀具寿命和刀片的转位次数等因素来选择。通常的刀尖角度影响加工性能如图 3-20 所示。

切削刃强度增强，振动加大

通用性增强，所需功率减小

图 3-20　刀尖角度与性能关系

（4）刀片的刀尖圆弧半径选择　刀尖圆弧半径的大小直接影响刀尖的强度及被加工零件的表面粗糙度。刀尖圆弧半径大，表面粗糙度值减少，切削力增大且易产生振动，切削性能变坏；但切削刃强度增加，刀具前后刀面磨损会减少。通常在背吃刀量较小的精加工、细长轴加工、机床刚度较差情况下，选用刀尖圆弧较小些；而在需要切削刃强度高、工件直径大的粗加工中，选用刀尖圆弧大些。国家标准规定刀尖圆弧半径的尺寸系列为 0. 2mm、0. 4mm、0. 8mm、1. 2mm、1. 6mm、2. 0mm、2. 4mm、3. 2mm。图 3-21a 和图 3-21b 分别表示刀尖圆弧半径与表面粗糙度和刀具寿命的关系。刀尖圆弧半径一般适宜选取进给量的 2 ~3 倍。

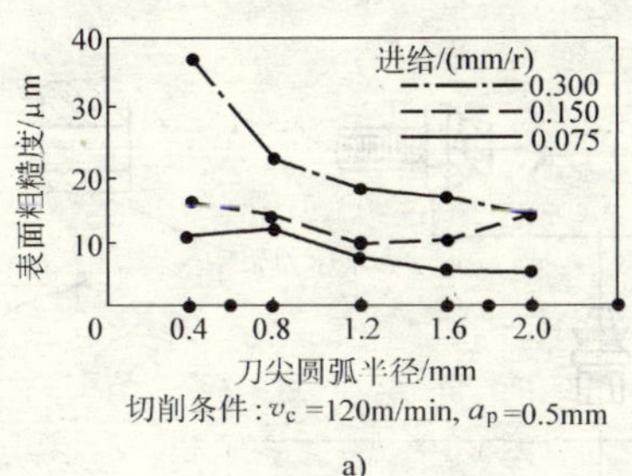

a)

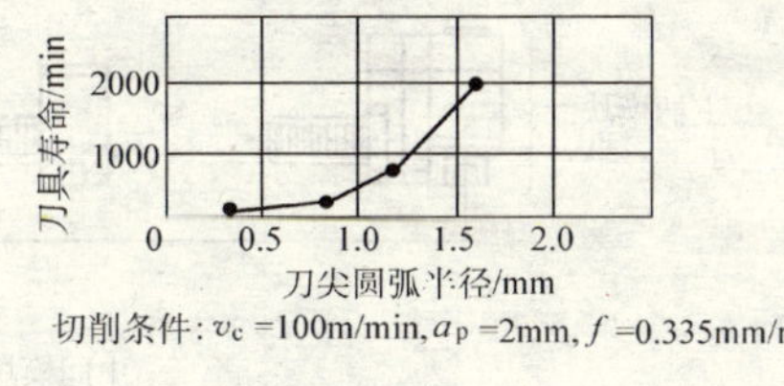

b)

图 3-21　刀尖圆弧半径与表面粗糙度、刀具寿命关系

二、数控车削刀具系统的形式

数控车床的刀具系统，常用的有两种形式，一种是刀块形式，用凸键定位，螺钉夹紧，定位可靠，夹紧牢固，刚性好，但换装费时，不能自动夹紧，如图 3-22 所示。另一种是圆柱柄上铣齿条的结构，可实现自动夹紧，换装也快捷，刚性较刀块的形式稍差，如图 3-23 所示。

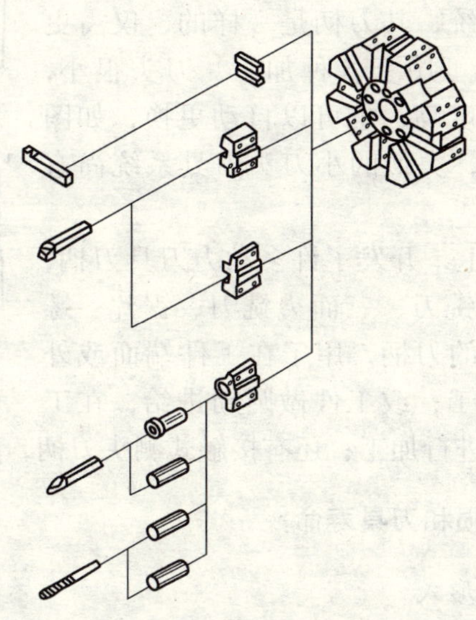

图 3-22　刀块式车刀系统

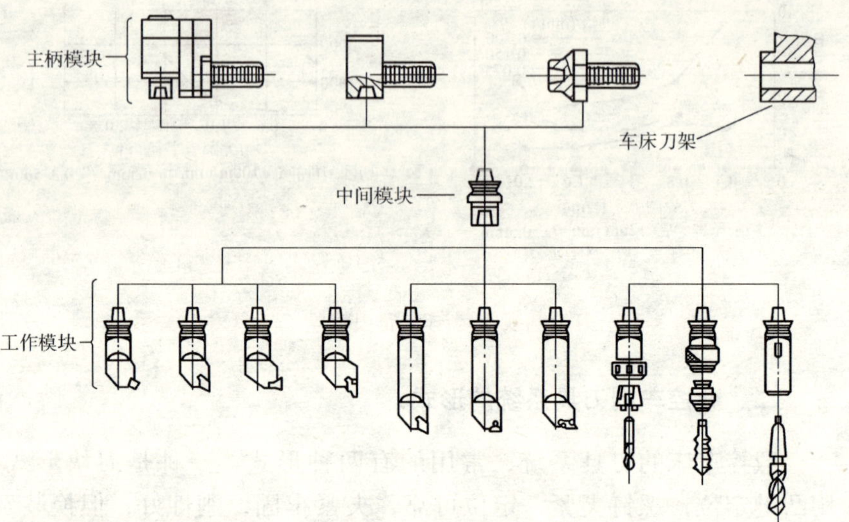

图 3-23　圆柱齿条式刀柄车刀系统

瑞典山德维克公司（Sndvik）推出了一套模块化的车刀系统，其刀柄是一样的，仅需更换刀头和刀杆即可用于各种加工，刀头很小，更换快捷定位精度高，也可以自动更换，如图 3-24 所示。另外，类似的小刀头刀具系统尚有多种。

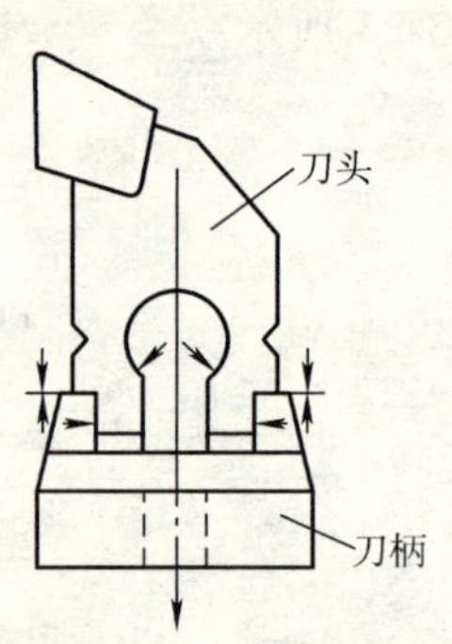

图 3-24　小刀头刀具

在车削中心上，开发了许多动力刀具刀柄，如能装钻头、立铣刀、三面刃铣刀、锯片、螺纹铣刀、丝锥等的刀柄，用于在工件端面或外圆上进行各种加工；或工件做圆周进给，在工件端面或外圆上进行加工；还有接触式测头刀柄，用于各种测量。

三、刀具磨损和刀具寿命

1. 刀具磨损形式

刀具磨损的形式有正常磨损和非正常磨损两大类。正常磨损形式如图 3-25 所示。

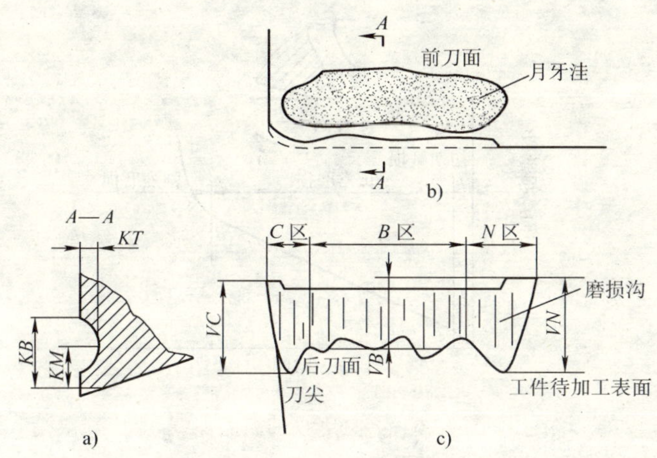

图 3-25　刀具的正常磨损形式

（1）前刀面磨损　在切削速度较高、切削厚度较大的情况下，切削高熔点塑性金属材料时，易产生前刀面磨损。磨损量用月牙洼的深度 *KT* 表示，如图 3-25a 所示。

（2）后刀面磨损　在切削速度较低、切削厚度较小的情况下，会产生后刀面磨损，见图 3-25c，刀尖和靠近工件外皮两处的磨损严重，中间部分磨损比较均匀，如图 3-25b 所示。

（3）前刀面和主后刀面同时磨损　在中等切削速度和进给量的情况下，切削塑性金属材料时，经常发生前、后刀面同时磨损。

2. 刀具磨损过程与磨钝标准

（1）刀具磨损过程　如图 3-26 所示，刀具磨损过程可分为三个阶段。

1）初期磨损阶段（*OA*）。因表面粗糙不平，主后刀面与过渡表面接触面积小，压应力集中于刃口，导致磨损速率大。

2）正常磨损阶段（*AB*）。粗糙表面被磨平，压应力减小。

3）剧烈磨损阶段（*BC*）。磨损量 *VB* 达到一定限度后，摩擦力增大、切削力和切削温度急剧上升，导致刀具迅速磨损而失去切削能力。

（2）刀具的磨钝标准　以加工要求规定的主后刀面中间部分的

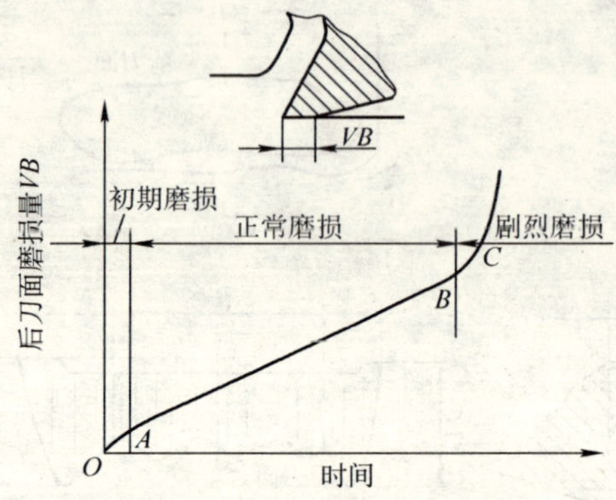

图 3-26　刀具磨损的典型曲线

平均磨损量 *VB* 允许达到的最大值作为磨钝标准。一般情况下，车刀磨钝标准的推荐值见表 3-3。

表 3-3　车刀的磨钝标准

车刀类型	工件材料	加工性质	磨钝标准 VB/mm	
			高速钢	硬质合金
外圆车刀、端面车刀、车孔刀	碳钢、合金钢	粗车	1.5~2.0	1.0~1.4
		精车	1.0	0.4~0.6
	灰铸铁、可锻铸铁	粗车	2.0~3.0	0.8~1.0
		半精车	1.5~2.0	0.6~0.8
	耐热钢、不锈钢	粗、精车	1.0	1.0
	钛合金	粗、半精车		0.4~0.5
	淬硬钢	精车		0.8~1.0
陶瓷车刀			0.5	

能根据实际加工情况和刀具条件估算刀具的寿命。切削过程中VB难以测量，数控机床多使用刀具寿命（时间）作为标准。

3. 刀具寿命

（1）刀具寿命的概念　刀具在刃磨后或新刀片的一个切削刃从开始切削，一直到磨损量达到磨钝标准为止所经过的总切削时间 *T*，称为刀具寿命，单位为 min。注意：刀具寿命 *T* 不包括对刀、测量、

快进、回程等非切削时间。刀具寿命是指刀具在规定的切削条件和时间内，能完成额定工作的概率。也就是刀具在已确定工作条件和切削规范下能完成预定的切削时间而刀具未损坏的概率。

（2）影响刀具寿命的因素

1）切削用量。切削用量三要素对刀具寿命的影响程度为：v_c 最大、f 次之、a_p 最小。

2）刀具几何参数。前角 γ_0 增大，切削力减小、切削温度降低，刀具寿命提高；但前角太大，刀具强度会降低，散热变差，刀具寿命反而降低了。主偏角减小，刀尖强度提高，散热条件改善，刀具寿命提高；但是主偏角 κ_r 太小，F_p 增大，当工艺系统刚性较差时，易引起振动。

3）刀具材料。刀具材料的热硬性越高，则刀具寿命就越长。但是，在有冲击切削、重型切削和难加工材料切削时，影响刀具寿命的主要因素为冲击韧度和抗弯强度。

4）工件材料。工件材料的强度、硬度越高，产生的切削温度越高，故刀具寿命越低。

（3）刀具寿命的确定　合理刀具寿命的确定原则是提高生产效率和降低加工成本。生产中常用刀具寿命参考值见表3-4。

表3-4　常用刀具寿命参考值　（单位：min）

刀具类型	刀具寿命 T 值	刀具类型	刀具寿命 T 值
高速钢车刀	60～90	硬质合金面铣刀	120～180
高速钢钻头	80～120	齿轮刀具	200～300
硬质合金焊接车刀	60	自动机用高速钢车刀	180～200
硬质合金可转位车刀	15～30		

选择刀具寿命时，还应该考虑以下几点：

1）复杂、高精度、多刃刀具的寿命应比简单、低精度、单刃刀具高。

2）可转位刀具换刃、换刀片快捷方便，为保持切削刃锋利，刀具的寿命可选得低一些。

3）精加工刀具切削负荷小，刀具的寿命应选得比粗加工刀具高

一些。

4）精加工大型工件时，为避免中途换刀，刀具的寿命应选得高一些。

5）数控加工中的刀具的寿命一般应大于一个工作班次，至少应大于一个零件的切削时间。

能根据实际加工情况和刀具条件选择刀具。

四、数控车削刀具的选用

刀具切削部分的几何参数对零件的表面质量及切削性能影响极大，应根据零件的形状、刀具的安装位置以及加工方法等，正确选择刀具的几何形状及有关参数。

（1）前角的选择

1）前角的选择原则

① 加工弹塑性材料时，特别是加工硬化严重的材料（如不锈钢等），为了减小切屑变形和刀具磨损，应选用较大的前角；加工脆性材料时，由于产生的切屑为崩碎切屑，切屑变形也小，增大前角的意义不大，而这时刀具与切屑之间的作用力集中在切削刃附近，为保证切削刃具有足够的强度，应采用较小的前角。

工件材料的强度和硬度低时，由于切削力不大，为使切削刃锋利，可选用较大的甚至很大的前角；工件材料的强度和硬度高时，应选用较小的前角；加工特别硬的工件材料（如淬火钢）时，应选用很小的前角，甚至选用负前角。这是因为工件材料强度、硬度越高，产生的切削力越大，切削热越多，为了使切削刃具有足够的强度和散热面积，以防崩刃和迅速磨损，因此应选用较小的前角。

② 刀具材料的抗弯强度和冲击韧度较低时应选用较小的前角。高速钢刀具比硬质合金刀具的合理前角约可大5°~10°。陶瓷刀具的合理前角应选得比硬质合金刀具更小一些。

③ 粗加工时，特别是断续切削时，不仅切削力大，切削热多，并且承受冲击载荷，为保证切削刃有足够的强度和散热面积，应适

当减小前角。精加工时，对切削刃强度的要求较低，为使切削刃锋利，减小切屑变形和获得较高的表面质量，前角应取得较大一些。

数控机床和自动机、自动线用刀具，为保证刀具工作的稳定性（不发生崩刃及破损），一般选用较小的前角。硬质合金车刀合理前角的参考值见表3-5。

表3-5　硬质合金车刀合理前角参考值

工件材料	合理前角/（°）		工件材料	合理前角/（°）	
	粗车	精车		粗车	精车
低碳钢 Q235	18~20	20~25	40Cr（正火）	13~18	15~20
45钢（正火）	15~18	18~20	40Cr（调质）	10~15	13~18
45钢（调质）	10~15	13~18	40钢，40Cr钢锻件	10~15	
45钢、40Cr铸钢件或钢锻件断续切削	10~15	5~10	淬硬钢（40~50HRC）	-15~-5	
灰铸铁 HT150、HT200、铸造锡青铜 ZQSn10-1、铅黄铜 HPb59-1	10~15	5~10	灰铸铁断续切削	5~10	0~5
			高强度钢（σ_b<180MPa）	-5	
1050A 及铝合金 2A12	30~35	35~40	高强度钢（σ_b≥180MPa）	-10	
纯铜 T1~T4	25~30	30~35	锻造高温合金	5~10	
奥氏体不锈钢（185HBW 以下）	15~25		铸造高温合金	0~5	
马氏体不锈钢（250HBW 以下）	15~25		钛及钛合金	5~10	
马氏体不锈钢（250HBW 以上）	-5		铸造碳化钨	-10~-15	

2）前面形状及刃区参数的选择。表3-6列出了常用的前面形状和刃区剖面参数、特点及应用范围。

前面形状分平面型和断屑前面型两大类。刃区剖面形式有锋刃型、倒棱型和钝圆切削刃型三种。

所谓锋刃是指刃磨前面和后面直接形成的切削刃，但它也并不是绝对锐利的，而是在刃磨后自然形成一个切削刃钝圆半径 r_n，其数值取决于刀具材料、刃磨工艺和楔角的大小。例如，新磨好的高

速钢车刀可达 $r_n=12\sim15\mu m$，用立方氮化硼磨料仔细研磨后可达 $r_n=5\sim6\mu m$ 一般新磨好的硬质合金车刀，其切削刃钝圆半径 $r_n=18\sim26\mu m$。与倒棱切削刃和钝圆切削刃相比，锋刃的钝圆半径很小，切削刃比较锋利，适合作精加工和超精加工的切削刃，但锋刃的强度和抗冲击性能较差，产生微小裂纹导致崩刃的可能性也较大。因此，对于精细切削和微量切削的刀具锋刃，都要求仔细刃磨和研磨，以获得小的切削刃钝圆半径，消除微小裂纹，提高刃口质量。采用锋刃切削时，一般应采用较小的进给量 $f=0.05\sim0.1mm/r$，以避免崩刃并减缓刃区裂纹的出现。

倒棱是增强切削刃强度、改善切削刃散热条件，避免崩刃并提高刀具寿命的有效措施，尤其是用硬质合金和陶瓷等脆性材料，在选用大前角或粗加工时，效果尤为显著。负倒棱参数包括倒棱宽度 $b_{\gamma1}$，和倒棱角 γ_{o1} 当工件材料强度、硬度高，而刀具材料的抗弯强度低且进给量大时，$b_{\gamma1}$ 和 γ_{o1} 的绝对值应取较大值；加工钢料时，若 $a_p<0.2mm$，$f<0.3mm/r$，可取 $b_{\gamma1}=(0.3\sim0.8)f$，$\gamma_{o1}=-5°\sim-10°$；当 $a_p\geqslant2mm$，$f\leqslant0.7mm/r$，可取 $b_{\gamma1}=(0.3\sim0.8)f$，$\gamma_{o1}=-25°$。

钝圆切削刃的钝圆半径 r_n 可制成轻型（$r_n=0.025\sim0.05mm$）、中型（$r_n=0.05\sim0.1mm$）和重型（$r_n=0.1\sim0.15mm$）三种。根据刀具材料、工件材料和切削条件三个方面选择。刀具和工件材料的硬度高时，宜选中型乃至重型钝圆半径；为防止因 r_n 过大，使切削刃严重挤压切削层而降低刀具寿命，一般 $r_n=(0.3\sim0.6)f$。

表 3-6　前面形状和刃区剖面参数、特点及应用范围

形　式	特点及切削性能	应用范围
正前角锋刃平前面 γ_o	切削刃口较锋利，但强度较差，γ_o 不能太大，不易断屑	各种高速钢刃形复杂刀具及成形刀具，精加工铸铁，青铜等脆性材料的硬质合金刀具

（续）

形　式	特点及切削性能	应用范围
负前角平前面 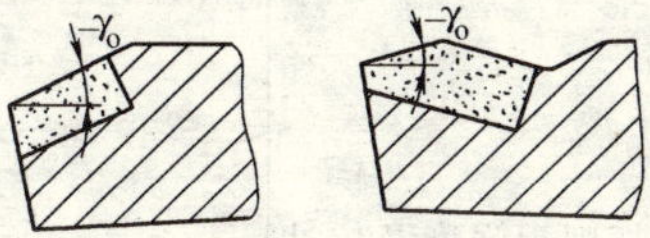	切削刃强度较好，但切削刃较钝，切削变形大	硬脆刀具材料，加工高强度高硬度（如淬火钢）的车刀、铣刀、面铣刀等
正前角锋刃断屑前面 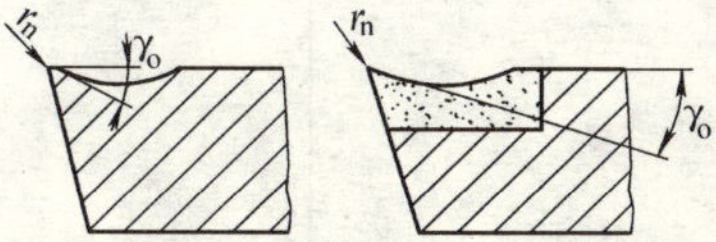	比平前刀面可取较大前角且改善了卷屑和断屑条件，但刃磨不如平前面简便	各种高速钢刀具，加工纯铜、铝合金等低强度低硬度的硬质合金刀具
带倒棱的前面 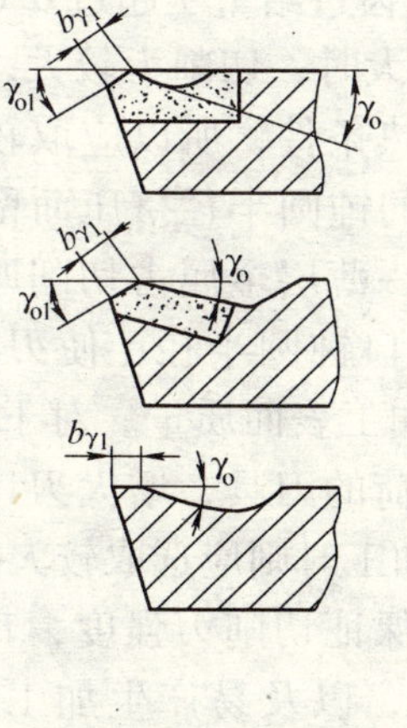	切削刃强度及抗冲击能力增加。在同样条件下允许采用较大的前角，提高了刀具寿命	加工各种钢材等弹塑性材料的硬质合金车刀 加工铸铁等脆性材料用的硬质合金陶瓷刀具 零度倒棱，适用于高速钢刀具

（续）

形　　式	特点及切削性能	应用范围
钝圆切削刃或倒棱刃加钝圆切削刃的前面	切削刃强度及抗冲击能力增加，且有一定的熨压和消振作用	适用于陶瓷等脆性材料刀具

（2）后角的选择

1）合理后角的选择原则

① 切削厚度 h_D 越大，则后角 α_o 应越小；而切削厚度 h_D 越小，则 α_o 应越大。如进给量较大的外圆车刀 $\alpha_o=6°\sim8°$；每齿进给量很小的立铣刀 $\alpha_o=6°$（车削中心用）；而每齿进给量不超过0.01mm的圆片铣刀 $\alpha_o=30°$。这是因为切削厚度较大时，切削力较大，切削温度也较高，为了保证刃口强度和改善散热条件，所以应取较小的后角。切削厚度越小，切削层上被切削刃的钝圆半径挤压而留在已加工表面上，并与主后刀面挤压摩擦的这一薄层金属占切削厚度的比例越大。若这时增大后角，即可减小刃口钝圆半径，使刃口锋利，便于切下薄切屑，可提高刀具耐用度和加工表面质量。对于粗加工、强力（大进给量）切削以及承受冲击载荷的刀具，增大刃口强度是首要任务，这时应选取较小的后角；精加工时则应选取较大的后角。

② 工件材料硬度、强度较高时，为保证切削刃强度，宜取较小的后角；工件材料硬度较低、塑性较大，以及易产生加工硬化时，主后刀面的摩擦对已加工表面质量和刀具磨损影响较大，此时应取较大的后角；加工脆性材料时，切削力集中在切削刃附近，为强化

切削刃，宜选取较小的后角。

③ 当工艺系统刚性差，容易产生振动时，为了增强刀具对振动的阻尼作用，应选取较小的后角。

④ 对于尺寸精度要求高的精加工用刀具（如铰刀等），为了减小重磨后刀具的尺寸变化，保证有较高的尺寸寿命，后角应取得较小。硬质合金车刀合理后角的参考值见表3-7。

表3-7　硬质合金车刀合理后角的参考值

工件材料	合理后角（°）	
	粗　车	精　车
低碳钢	8~10	10~12
中碳钢	5~7	6~8
合金钢	5~7	6~8
淬火钢	8~10	
不锈钢	6~8	8~10
灰铸铁	4~6	6~8
铜及铜合金	4~6	6~8
铝及铝合金	8~10	10~12
钛合金 $\sigma_b \leqslant 1.17$GPa	10~15	

副后角可减少副后面与已加工表面间的摩擦。一般车刀、刨刀等的副后角取得与主后角相等；而切断刀、车槽刀及锯片铣刀等的副后角因受刀头强度限制，只能取得较小，通常 $\alpha_o' = 1° \sim 2°$。

2）后面形状及选择。为减少刃磨后面的工作量，提高刃磨质量，常把后面作成双重后面，如图3-27a所示，$b_{\alpha 1}$取1~3mm。沿主切削刃或副切削刃磨出后角为零的窄棱面（图3-27 b）称为刃带。对定尺寸刀具沿后面（如拉刀）或副后面（如铰刀、浮动镗刀、立铣刀等）磨出刃带的目的是为了在制造刃磨刀具时便于控制和保持其尺寸精度，同时在切削时也可起到支承、导向、稳定切削过程和消振（产生摩擦阻尼）的作用。此外，刃带对已加工表面还会产生所谓“熨压”作用，从而能有效降低已加工表面粗糙度值。刃带宽度一般在0.05~0.3mm范围内，超过一定值后会增大摩擦，导致擦伤已加工表面，甚至引起振动。

有时，沿着后面磨出负后角倒棱面，倒棱角 $\alpha_o = -5° \sim -10°$，倒棱面宽 $b_{\alpha1} = 0.1 \sim 0.3\text{mm}$，如图 3-27c 所示。

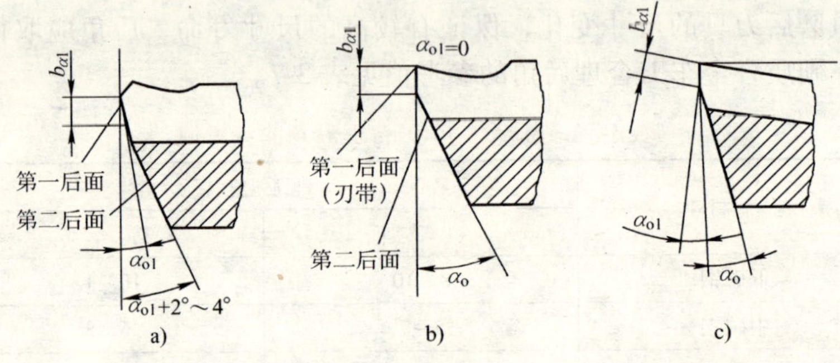

图 3-27　后面形状

（3）主偏角及副偏角的选择

1）合理主偏角的选择原则

① 粗加工和半精加工时，硬质合金车刀应选择较大的主偏角，以利于减少振动，提高刀具寿命并利于断屑。例如在生产中效果显著的强力切削车刀的 κ_r 就取为 75°。

② 加工很硬的材料，如淬硬钢和冷硬铸铁时，为减少单位长度切削刃上的负荷，改善切削刃散热条件，提高刀具使用寿命，应取 $\kappa_r = 10° \sim 30°$，工艺系统刚性好的取小值，反之取大值。

③ 单件小批生产时，若要用一两把车刀加工出工件上所有表面，则应选用通用性较好的 $\kappa_r = 45°$ 或 90°的车刀。

④ 需要从工件中间切入的车刀，以及仿形加工的车刀，应适当增大主偏角和副偏角，有时主偏角的大小决定于工件形状，例如车阶梯轴时，则需用 $\kappa_r = 90°$ 的刀具。硬质合金车刀合理主偏角的参考数值见表 3-8。

2）副偏角的选择原则

① 一般刀具的副偏角，在不引起振动的情况下，可选取较小的副偏角，如车刀、刨刀均可取 $\kappa_r' = 5° \sim 10°$。

② 精加工刀具的副偏角应取得更小一些，以减小残留面积，从而减小了表面粗糙度值。

③ 加工高强度、高硬度材料或断续切削时，应取较小的副偏角（$\kappa_r'=4° \sim 6°$），以提高刀尖强度，改善散热条件。

④ 对于切断刀、锯片刀和槽铣刀等，为了保证刀头强度和重磨后刀头宽度变化较小，只能取很小的副偏角，即 $\kappa_r'=1° \sim 2°$。硬质合金车刀合理副偏角参考数值见表 3-8。

表 3-8 硬质合金车刀合理主偏角和副偏角的参考数值

加工情况		参考数值/（°）	
		主偏角 κ_r	副偏角 κ_r'
粗车	工艺系统刚性好	45，60，75	5 ~ 10
粗车	工艺系统刚性差	65，75，90	10 ~ 15
车细长轴、薄壁零件		90，93	6 ~ 10
精车	工艺系统刚性好	45	0 ~ 5
精车	工艺系统刚性差	60，75	0 ~ 5
车削冷硬铸铁、淬火钢		10 ~ 30	4 ~ 10
从工件中间切入		45 ~ 60	30 ~ 45
切断刀、车槽刀		60 ~ 90	1 ~ 2

（4）刃倾角的选择原则

1）粗加工刀具，可取 $\lambda_s<0°$，以使刀具具有较高的强度和较好的散热条件，并使刀尖在切入工件时免受冲击。精加工时，取 $\lambda_s>0°$，使切屑流向待加工表面，以提高表面质量。

2）断续切削、工件表面不规则、冲击力大时，应取负的刃倾角，以提高刀尖强度。

3）切削硬度很高的工件材料（如淬硬钢）时，应取绝对值较大的负刃倾角，以使刀具有足够的强度。

4）工艺系统刚性差时，应取 $\lambda_s>0°$，以减小背向力，避免切削中的振动。合理刃倾角的参考数值参考表 3-9 选用。

表 3-9　刃倾角 λ_s 数值的选用表

λ_s 值	0°～5°	5°～10°	0°～－5°	－5°～－10°	－10°～－15°	－10°～－45°
应用范围	精车钢和细长轴	精车有色金属	粗车钢和灰铸铁	精车余量不均匀钢	断续车削钢和灰铸铁	带冲击切削淬硬钢

以下内容是鉴定标准中能推广应用新刀具的内容，在实际过程中也有应用，特别是进行特殊材料加工时。

五、数控车削用刀具新材料

1. 陶瓷材料车刀

（1）陶瓷车刀的主要类型

1）纯氧化铝陶瓷（Al_2O_3）刀片，俗称白陶瓷刀片。它的热硬性最好，能在很高的切削温度下车削而不产生塑性变形和氧化，最适用于高速车削。在加工低硬度（低于 35HRC）的钢和铸铁时，耐磨性好。因其横向断裂强度低，不适合车削带有硬皮的毛坯和进行断续切削。它的抗热振性很差，加工中不能使用切削液。纯氧化铝陶瓷刀片的后角为0°，用负前角切削。

2）氮化硅基陶瓷（Si_3N_4）刀片。它是以 Si_3N_4 为基体，加入少量的 Al_2O_3 和 V_2O_3 制成的刀片。具有良好的韧性、耐磨性、耐热性和抗热振性，其耐磨性和化学稳定性比氧化铝基陶瓷稍低。可用于高速、大进给量和大背吃刀量的车削。适用于加工冷硬铸铁、可锻铸铁、球墨铸铁、灰铸铁及带硬度的铸铁，也可车削铁基合金、镍基合金。可用于粗车、精车和断续车削。这种材料的刀片可压制成负角刀片或正角刀片，用负前角或正前角进行车削。

3）混合陶瓷（Al_2O_3 + TiC）刀片，俗称黑陶瓷刀片。它是以 Al_2O_3 为基体，加入质量分数 30% 的 TiC 制成的，TiC 可提高其硬度和强度。此类车刀可用于断续车削，适用于加工冷硬铸铁、有硬皮的铸件、淬硬钢（35～65HRC）和合金钢。因其抗热振性好，车削时需连续供应充足的切削液。这种材料的刀片用负前角或正前角车削。

4）晶须增强陶瓷（Al_2O_3 · SiC 晶须）刀片。它是以 Al_2O_3 为基

体，加入特殊的SiC超微细的晶须制成的，显著提高了刀片的强度和韧性，并远远超过其他陶瓷材料刀片。其耐磨性与抗热振性良好，不易崩刃，适用于车削球墨铸铁、冷硬铸铁及淬硬合金钢等。尤其适用于加工超耐热合金材料。车削中可使用切削液。

（2）陶瓷车刀的装夹　由于切削力大，陶瓷车刀常采用无孔刀片，用压板压紧。在车削韧性材料，产生带状切屑时，应装夹位置可调的硬质合金断屑器；在车削脆性材料，产生短切屑时，也要装压片，目的是将压紧力分散到整个刀片的平面上，陶瓷车刀压板式结构如图3-28所示。也有少量陶瓷车刀采用有孔刀片，用杠杆式结构压紧。

陶瓷车刀一般采用负前角，$\gamma_o = -6°$，后角一般为$\alpha_o = 6°$，也有0°、7°、11°。当进行冲击力很大的断续切削时，可将刀片的负倒棱加大到C2（2×45°），从而加大车刀的负前角。刃倾角一般取−4°～−6°，在使用55°菱形刀片进行仿形车削时，刃倾角可加大到−8°。主偏角一般取45°、75°、90°和95°。

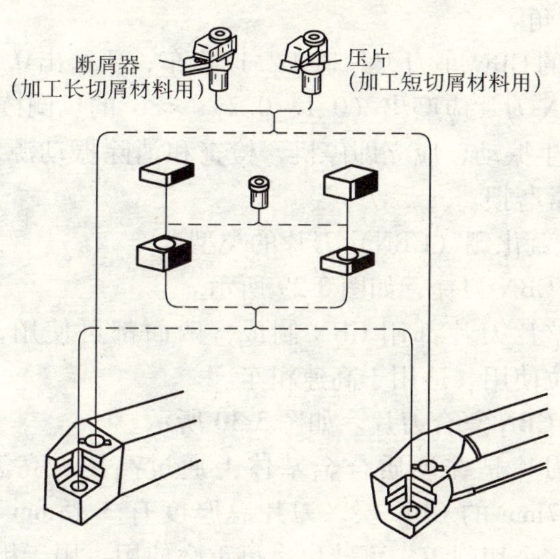

图3-28　陶瓷车刀压板式结构

2. 超硬刀具

超硬刀具材料是金刚石和立方氮化硼的统称，用于超精加工及硬脆材料加工。它们可用来加工任何硬度的工件材料，包括淬火硬度达65～67HRC的工具钢，有很好的切削性能，切削速度比硬质合金刀具提高10～20倍，且切削时温度低。加工超硬材料时，工件表面粗糙度的值很小，甚至可部分代替磨削加工。

（1）立方氮化硼（CBN）可转位车刀

1）使用范围。CBN车刀适用于加工硬度在30HRC以上的珠光体灰铸铁和硬度为45～70HRC的合金马氏体铸铁、冷硬铸铁、球墨铸铁、淬硬的马氏体不锈钢和高合金工具钢等，也适用于车削硬度在35HRC以上的钴基与镍基耐热合金。不适用于车削硬度在35HRC以下的钢铁材料，因为容易引起刀片的化学磨损。

2）使用要点

① 使用CBN车刀时要预防工艺系统出现振动。

② CBN车刀的几何角度一般选用：前角γ_o为$-5°\sim-8°$，后角α_o为$5°-9°$，主偏角κ_r为45°、75°、90°。若使用圆形刀片则效果更好。

③ 使用前，最好用金刚石油石珩磨切削刃，使它具有R0.025～0.05mm的圆角。

④ 整体的CBN车刀刀片适于高速粗车，要磨出0.2×20°的负倒棱；复合CBN刀片应磨出（0.1～0.2）×20°的负倒棱。

⑤ 如发生振动，应立即停机，检查和消除振动源，并检查刀片是否有不正常磨损。

3）立方氮化硼（CBN）刀片的类型

① 整体CBN刀片，如图3-29所示。

特点：整片刀片都用CBN制成，两面都可使用，有多个切削刃，可以转位使用。适用于高速粗车。

② 整片CBN复合刀片。如图3-30所示。

特点：刀片是在硬质合金基体上通过高压、高温烧结一层厚0.5mm或0.7mm的CBN层，刀片总厚度有3.18mm和4.76mm两种，刀片有多个切削刃，可转位也可重磨使用。用于粗车、精车。

③ 一角焊有CBN复合刀片毛坯的刀片，如图3-31所示。

特点：将1.5mm厚的CBN复合刀片毛坯（CBN层厚为0.5mm）切成所需的小块，焊在标准尺寸的硬质合金刀片上。因只有一个切削刃，只能重磨使用。适用于半精车与精车。

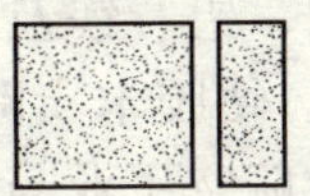

图 3-29　整体 CBN 刀片

图 3-30　整片 CBN 复合刀片

图 3-31　刀片的一角焊有 CBN 复合刀片毛坯

4）立方氮化硼车刀的型号及基本尺寸。CBN 车刀可将刀片用压板或夹紧结构夹固在刀体上，如图 3-32 所示。图中断屑器除起断屑作用外，还可将压力分散到刀片的上面。另外也可将刀片用铜钎焊焊在刀体上。

（2）聚晶金刚石（PCD）可转位车刀　聚晶金刚石车刀使用的都是聚晶金刚石（PCD）复合刀片。刀片的上层是细颗粒人造金刚石，下层是硬质合金基体，通过高压、高温烧结成圆形的聚晶金刚石复合刀片毛坯。它既有硬质合金的韧性又有金刚石的硬度与耐磨性。PCD 复合刀片毛坯的最大直径为 50.8mm，厚度为 1.5mm，人造金刚石的厚度为 0.5mm。如图 3-33 所示，用电火花线切割机把刀片毛坯切成所需要的形状和尺寸，用银钎焊将其焊到硬质合金刀片上，磨削后即成 PCD 复合刀片。它只有一个切削刃，用钝后可重磨使用。

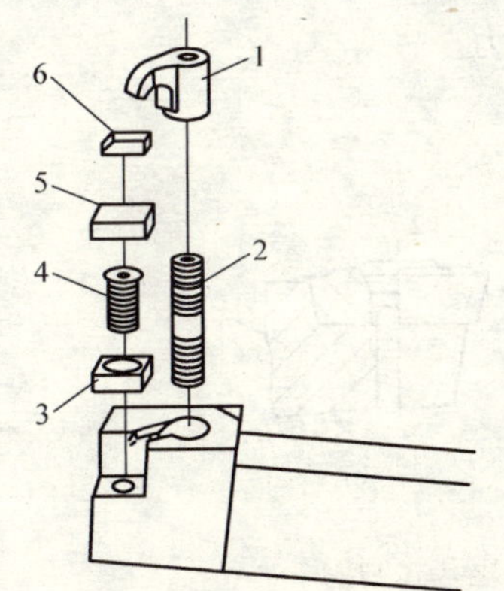

图 3-32　CBN 车刀压板式结构

1—压板　2—压板螺钉　3—刀垫　4—刀垫螺钉　5—刀片　6—断屑器

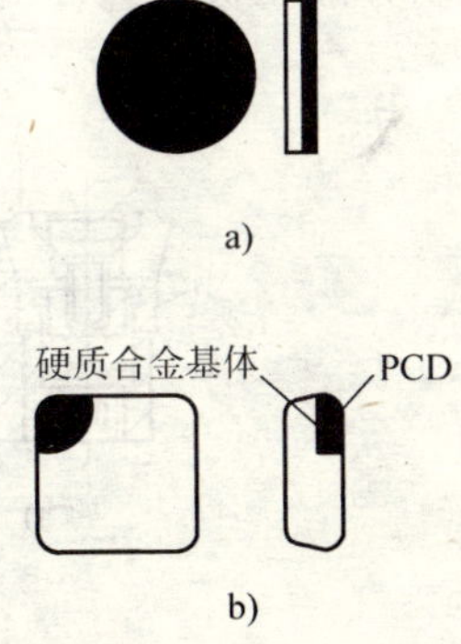

图 3-33　PCD 复合刀片毛坯和复合刀片

a）PCD 复合刀片毛坯　b）PCD 复合刀片

1）聚晶金刚石（PCD）车刀的使用。PCD车刀可用于粗车也可用于精车。主要用于车削非铁金属（如锌、铜、铝、镁及其合金），钛合金和非金属材料（如石墨、碳、玻璃、硬胶木、陶瓷、塑料、刚玉、胶木及含玻璃纤维的复合材料等）。航空工业与汽车工业中使用PCD车刀最多，主要用于车削发动机前孔板、硅铝合金的活塞、巴氏合金轴瓦和制动缸以及各种非金属材料制成的零件。对于PCD车刀，应建立刀具寿命定额标准。用钝了要及时刃磨，刀片一般可刃磨2~3次。PCD刀片的刃磨要用金刚石砂轮，在刚性好、精度高的刃磨机床上进行。要保证要求的几何精度、表面粗糙度，并使切削刃锋利。对新的金刚石砂轮，在使用前要修平，其工作表面的粗糙度值不超过5μm，刃磨时要用切削液。刃磨时先磨出1°负角和1mm宽的负倒棱，再磨削后面。粗磨时的刀片后角应比精磨时大1°。粗磨时必须使用切削液，精磨时可不使用。

2）聚晶金刚石（PCD）车刀的夹紧方式。PCD车刀刀片的夹紧方式有压孔式和压板式两种。压孔式是用螺钉将有孔刀片压紧，刀片与刀杆之间的垫片起保护刀杆和加强支承刀片的作用。有些内孔PCD车刀和小刀架，由于截面小，可不用刀垫，如图3-34所示。压板式是用压板压紧无孔刀片。除有刀垫外，还常在刀片上面加一块压片，以分散压板对刀片的直接夹紧力。

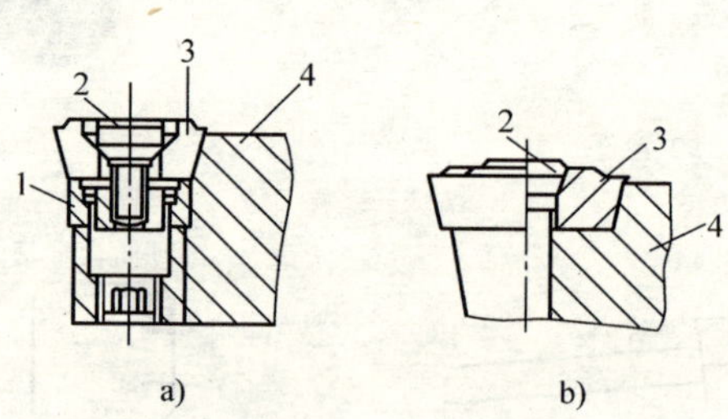

图3-34　PCD刀片压孔式结构

a）用螺钉压紧刀片（有刀垫）　b）用螺钉压紧刀片（无刀垫）

1—刀垫　2—螺钉　3—刀片　4—刀杆

六、数控车削用刀具新技术

涂层技术是采用化学气相沉积（CVD）或物理气相沉积（PVD）的方法，在普通硬质合金刀片表面上涂覆一薄层（厚5～12μm）高耐磨性的难熔金属化合物而得到的刀具材料。在精加工后的高速钢刀具表面涂覆一层2～6μm厚的高硬度、高熔点的耐磨材料（如TiN、TiC、Al_2O_3等），使刀具表面具有比基体高得多的硬度，较大地提高刀具的耐磨性，提高刀具使用寿命2～10倍，加工效率提高50%～100%。

由于PVD工艺的涂层温度（300～500℃）低于高速钢的回火温度，涂层后的高速钢基体硬度不下降，刀具几何尺寸精度可控，因此发展应用很快。PVD法主要采用TiN涂层工艺。涂层技术适用于以下刀具。

1）沿前刀面重磨的复杂刀具，如插齿刀、滚刀、成形刀具和拉刀等，其磨损主要发生在后刀面上，沿前刀面重磨后，保留了后刀面涂层，对刀具寿命的降低程度要比沿后刀面重磨小，与未涂层刀具相比其寿命仍可提高2倍左右，经济上较为合理。

2）用于制作加工难加工材料的刀具，如钻头、丝锥等。涂层高速钢刀具可直接加工调质中硬（硬度小于或等于42HRC）毛坯材料。

复习思考题

1. 什么是加工余量？怎样确定数控车削加工的加工余量？
2. 什么是工序尺寸？怎样确定数控车削加工的工序尺寸？
3. 数控车削加工所用的刀具系统有哪几种？
4. 机夹可转位刀具的装夹有哪几种形式？
5. 陶瓷刀具有哪几种？它们的装夹是怎样的？
6. 涂层刀具有几种？
7. 刀具寿命是什么？怎样确定？

第四章

FANUC 系统数控车床与车削中心的编程

培训学习目标　掌握 FANUC 系统数控车床与车削中心的编程，重点掌握车削中心的三轴及三轴以上的加工程序的编制。掌握配合件程序的编制方法。掌握非圆曲线的编程方法，能编写通用的非圆曲线加工程序。

第一节　FANUC 系统数控车床一般程序的编制

一、准备功能指令

FANUC 0i 常用的准备功能指令见表 4-1。

表 4-1　FANUC 0i 准备功能一览表

G代码			组	功　能
A	B	C		
▲G00	▲G00	▲G00	01	定位（快速）
G01	G01	G01		直线插补（切削进给）
G02	G02	G02		顺时针圆弧插补
G03	G03	G03		逆时针圆弧插补
G04	G04	G04	00	暂停
G07.1（G107）	G07.1（G107）	G07.1（G107）		圆柱插补
▲G10	G10	G10		可编程数据输入
G11	G11	G11		可编程数据输入方式取消

(续)

G代码			组	功　能
A	B	C		
G12.1 (G112)	G12.1 (G112)	G12.1 (G112)	21	极坐标插补方式
▲G13.1 (G113)	▲G13.1 (G113)	▲G13.1 (G113)		极坐标插补方式取消
G17	G17	G17	16	X_PY_P 平面选择
▲G18	▲G18	▲G18		Z_PX_P 平面选择
G19	G19	G19		Y_PZ_P 平面选择
G20	G20	G70	06	英制输入
G21	G21	G71		米制输入
▲G22	▲G22	▲G22	09	存储行程检查接通
G23	G23	G23		存储行程检查断开
▲G25	▲G25	▲G25	08	主轴速度波动检测断开
G26	G26	G26		主轴速度波动检测接通
G27	G27	G27	00	返回参考点检查
G28	G28	G28		返回参考位置
G30	G30	G30		返回第 2、第 3 和第 4 参考点
G31	G31	G31		跳转功能
G32	G33	G33	01	螺纹切削
G34	G34	G34		变螺距螺纹切削
G36	G36	G36	00	自动刀具补偿 X
G37	G37	G37		自动刀具补偿 Z
▲G40	▲G40	▲G40	07	刀尖半径补偿取消
G41	G41	G41		刀尖半径补偿左
G42	G42	G42		刀尖半径补偿右
G50	G92	G92	00	坐标系设定或最大主轴速度设定
G50.3	G92.1	G92.1		工件坐标系预置
▲G50.2 (G250)	▲G50.2 (G250)	▲G50.2 (G250)	20	多边形车削取消
G51.2 (G251)	G51.2 (G251)	G51.2 (G251)		多边形车削

（续）

G代码			组	功　　能
A	B	C		
G52	G52	G52	00	局部坐标系设定
G53	G53	G53		机床坐标系设定
▲G54	▲G54	▲G54	14	选择工件坐标系1
G55	G55	G55		选择工件坐标系2
G56	G56	G56		选择工件坐标系3
G57	G57	G57		选择工件坐标系4
G58	G58	G58		选择工件坐标系5
G59	G59	G59		选择工件坐标系6
G65	G65	G65	00	宏程序调用
G66	G66	G66	12	宏程序模态调用
▲G67	▲G67	▲G67		宏程序模态调用取消
G70	G70	G72	00	精加工循环
G71	G71	G73		粗车外圆
G72	G72	G74		粗车端面
G73	G73	G75		多重车削循环
G74	G74	G76		排屑钻端面孔
G75	G75	G77		外径，内径钻孔
G76	G76	G78		多头螺纹循环
▲G80	▲G80	▲G80	10	固定钻孔循环取消
G83	G83	G83		钻孔循环
G84	G84	G84		攻螺纹循环
G85	G85	G85		正面镗循环
G87	G87	G87		侧钻循环
G88	G88	G88		侧攻螺纹循环
G89	G89	G89		侧镗循环
G90	G77	G20	01	外径，内径车削循环
G92	G78	G21		螺纹切削循环
G94	G79	G24		端面车削循环
G96	G96	G96	02	恒表面切削速度控制
▲G97	▲G97	▲G97		恒表面切削速度控制取消

（续）

G 代码			组	功　能
A	B	C		
G98	G94	G94	05	每分进给
▲G99	▲G95	▲G95		每转进给
—	▲G90	▲G90	03	绝对值编程
—	G91	G91		增量值编程
—	G98	G98	11	返回到起始平面
—	G99	G99		返回到 *R* 平面

注：1. G 代码有 A、B 和 C 三种系列。

2. 当电源接通或复位时，CNC 进入清零状态，此时的开机默认代码在表中以符号“▲”表示。但此时，原来的 G21 或 G20 保持有效。

3. 除了 G10 和 G11 以外的 00 组 G 代码都是非模态 G 代码。

4. 当指定了没有在列表中的 G 代码，显示 P/S010 报警。

5. 不同组的 G 代码在同一程序段中可以指令多个。如果在同一程序段中指令了多个同组的 G 代码，仅执行最后指定的 G 代码。

6. 如果在固定循环中指令了 01 组的 G 代码，则固定循环取消，该功能与指令 G80 相同。

7. G 代码按组号显示。

这部分是蓝图编程的一种特例，在实际生产过程中用的较多。

二、角度编程

若直线段的目的点缺少一个坐标值，但图样上标有角度时，则可使用角度编程利用三角函数计算出所缺的这一坐标值。为减少编程员的计算工作，则可用 A（角度地址）间接的定义该直线的目的点，所缺坐标值由数控装置来计算。角度 A 可用正值也可用负值。如图 4-1a 所示，图中 *S* 为直线程序段起点，从起点向右作一条水平方向的辅助线，从这条辅助线逆时针旋转所展示的角取正值，从这条辅助线顺时针旋转所展示的角取负值。角度的分、秒值都化做以度为单位的十进制小数。

如图 4-1b 的工件，走刀方向为从右向左，编程如下：

```
G01  Z-25.0  F0.2;
G01  X20.0  A210.0  F0.1;
```

```
G01    Z-65.0    F0.2;
G01    X60.0    A135.0;
```

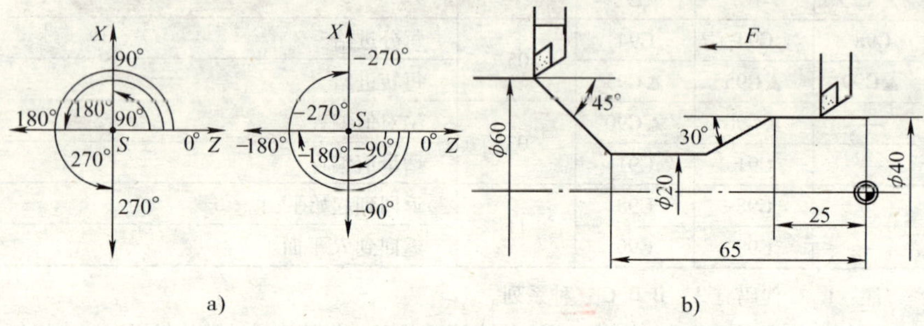

图 4-1　角度编程
a）角度地址 A 的取值　b）角度编程示例

如图 4-2 所示工件形状相同，走刀方向为从左到右，编程如下：

```
G01    X20.0    A-45.0    F0.1;
G01    Z-37.32    F0.1;
G01    X40.0    A30.0;
G01    Z0;
```

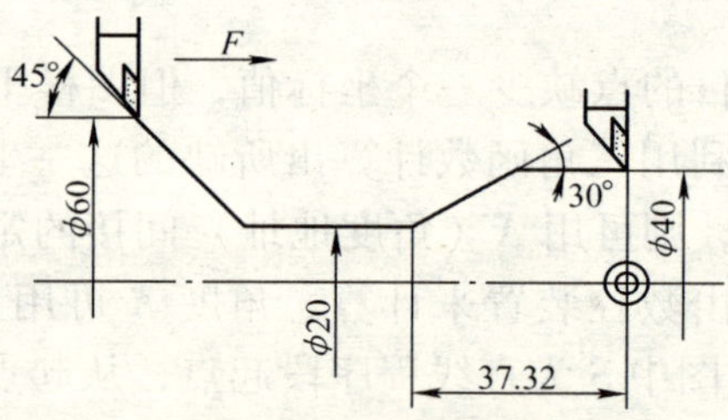

图 4-2　角度编程实例

三、车锐角

由 G01 派生了一个指令 G09，其格式与 G01 完全相同，使用 G09 可使直线按直线时形成一个锐角（见图 4-3），而用 G01 时形成一个小圆角。

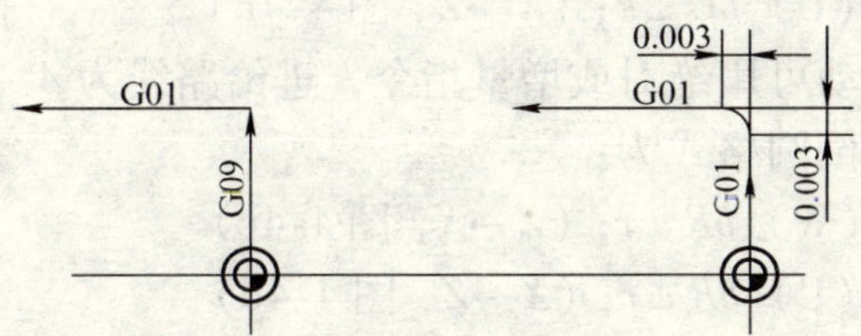

图 4-3　G09-G01 G01-G01

倒棱、倒圆也可以应用车锥与车圆弧的方法完成。这里介绍的是有正负之分，有的数控车床的只用正数，方向由数控系统根据下一段自行判定。

四、倒棱、倒圆编程

使用倒棱功能可以简化倒棱程序。

45°倒棱格式为：

G01　Z（W）$bC \pm i$；（$Z \rightarrow X$，图 4-4a）

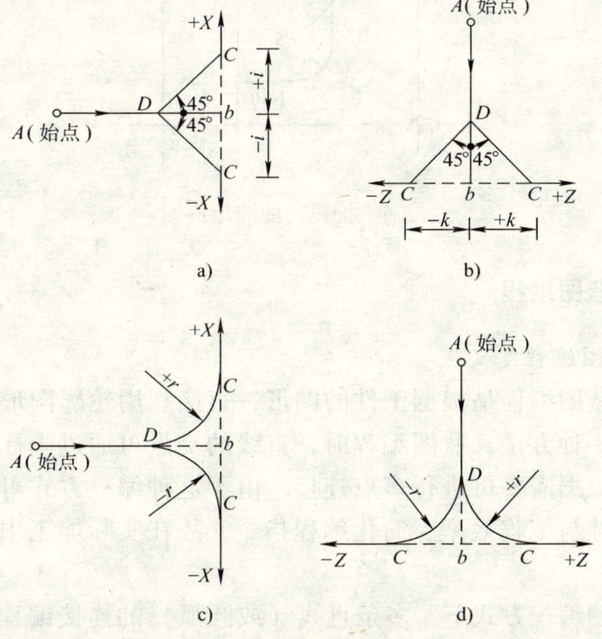

图 4-4　倒棱与倒圆

G01　X（U）$bC \pm k$；（$X \rightarrow Z$，图 4-4b）

b 点的移动可用绝对或增量指令，进给路线为 $A \rightarrow D \rightarrow C$。

1/4 圆角倒圆格式为：

G01　Z（W）$bR \pm r$；（$Z \rightarrow X$，图 4-4c）

C01　X（U）$bR \perp r$；（$X \rightarrow Z$，图 4-4d）

b 点的移动可用绝对或增量指令，进给路线为 $A \rightarrow D \rightarrow C$。

加工图 4-5 所示零件的倒棱程序为：

N20 G00 X10.0 Z22.0；

N30 G01 Z10.0 R5.0；

N40 X38.0 C-4.0；(在本程序段中有的数控机床要求写成 C4.0)

N50 Z0；

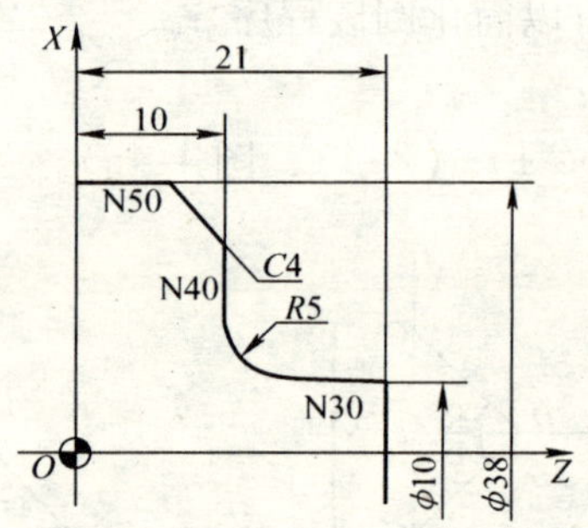

图 4-5　倒棱功能应用例图

五、蓝图编程

1. 蓝图编程定义

所谓蓝图编程是根据工件的图形，直接利用轮廓图形进行对话式编程的一种方法。蓝图编程时，直线的交点可通过坐标值或角度输入，并根据需要可进行多点连接。由于这种编程方式可以提高程序的可靠性与编程效率，简化编程指令，故在实际加工中被广泛使用。

在蓝图编程方式下，多条直线（或圆弧）的连接编程可以通过一个程序段完成，直线与直线的连接既可以是尖角，也可以通过圆

弧、直线倒角等方式进行平滑过渡。直线、圆弧的倒角尺寸，也是以直接指定尺寸的方法进行定义，由 CNC 自动完成过渡点的计算。终点位置的坐标可用绝对或相对位置值来编程。

2. 基本轮廓的定义

（1）指令一条直线（即角度编程）

编程格式：G01 X2（Z2），A；刀具运动如图 4-6 所示。

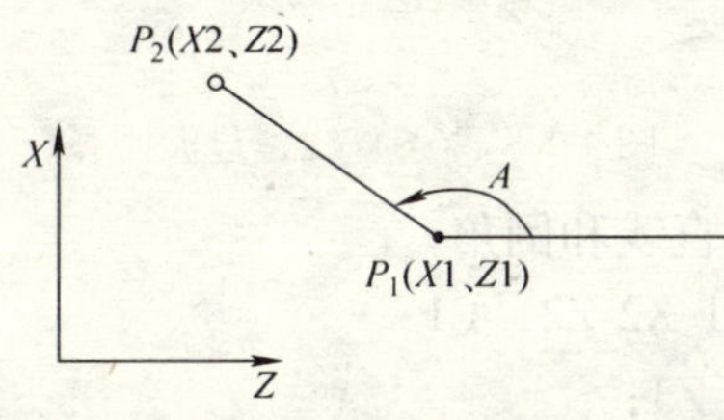

图 4-6　一条直线

（2）指令两条直线

编程格式：G01，A1；

X3 Z3，A2；刀具运动如图 4-7 所示。

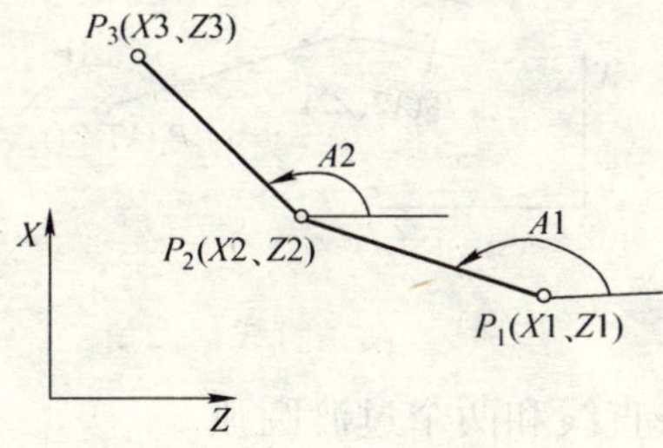

图 4-7　两条直线

（3）指令两条直线和过渡圆弧

编程格式：G01 X2 Z2，R1；

X3 Z3；

或 G01，A1，R1；

X3 Z3，A2；刀具运动如图 4-8 所示。

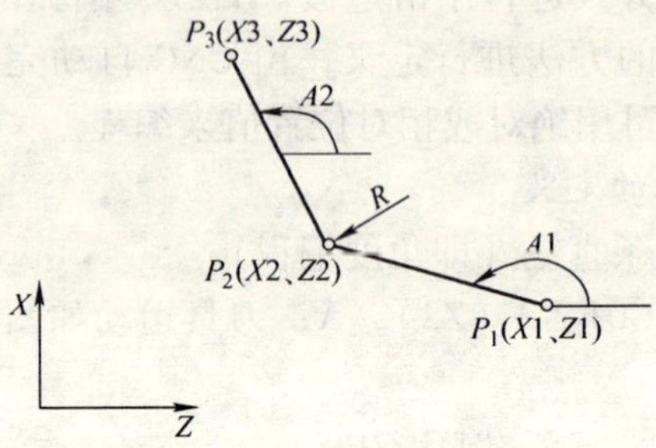

图 4-8　两条直线，过渡圆弧

（4）指令两条直线和倒角

编程格式：G01 X2 Z2，C1；

X3 Z3；

或 G01，A1，C1；

X3 Z3，A2；刀具运动如图 4-9 所示。

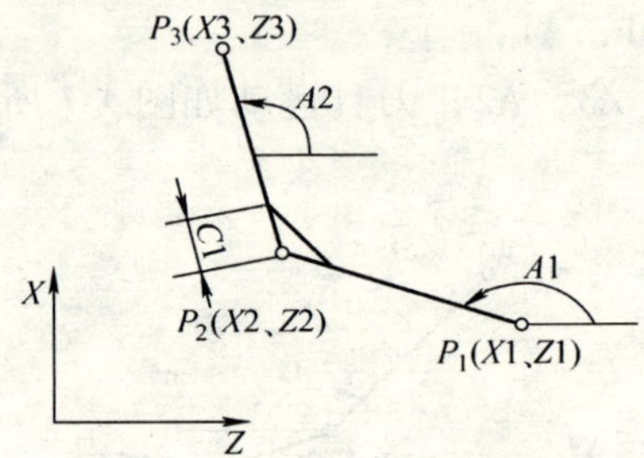

图 4-9　两条直线，倒角

（5）指令三条直线和两个过渡圆弧

编程格式：G01 X2 Z2，R1；

X3 Z3，R2；

X4 Z4；

或 G01，A1，R1；

X3 Z3，A2，R2；

X4 Z4；刀具运动如图 4-10 所示。

（6）指令三条直线和两个倒角

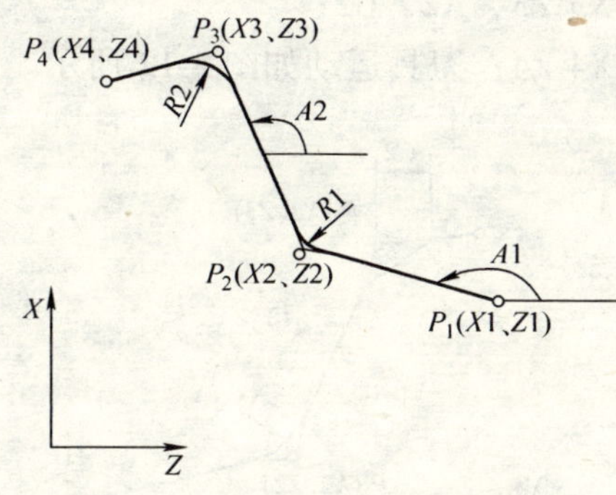

图 4-10　三条直线，两个过渡圆弧

编程格式：G01 X2 Z2，C1；

X3 Z3，C2；

X4 Z4；

或 G01，A1，C1；

X3 Z3，A2，C2；

X4 Z4；刀具运动如图 4-11 所示。

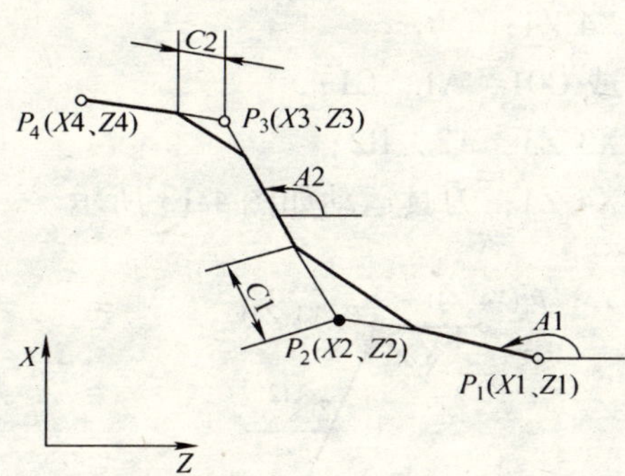

图 4-11　三条直线，两个倒角

（7）指令三条直线和一个过渡圆弧及一个倒角

编程格式：G01 X2 Z2，R1；

X3 Z3，C2；

X4 Z4；

或 G01，A1，R1；

X3 Z3，A2，C2；

X4 Z4；刀具运动如图 4-12 所示。

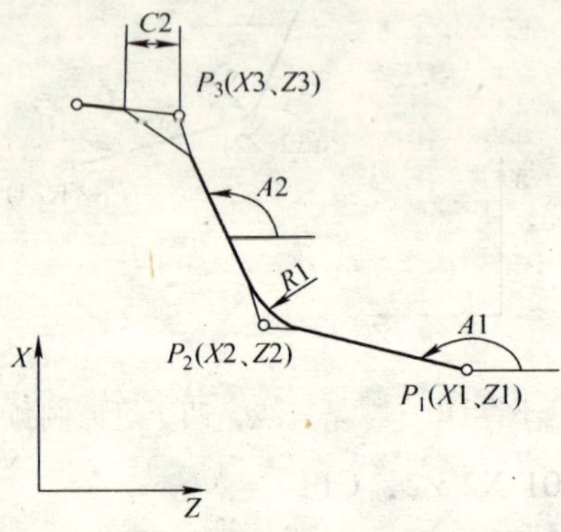

图 4-12　三条直线，一个过渡圆弧和一个倒角

（8）指令三条直线和一个倒角及一个过渡圆弧

编程格式：G01 X2 Z2，C1；

X3 Z3，R2；

X4 Z4；

或 G01，A1，C1；

X3 Z3，A2，R2；

X4 Z4；刀具运动如图 4-13 所示。

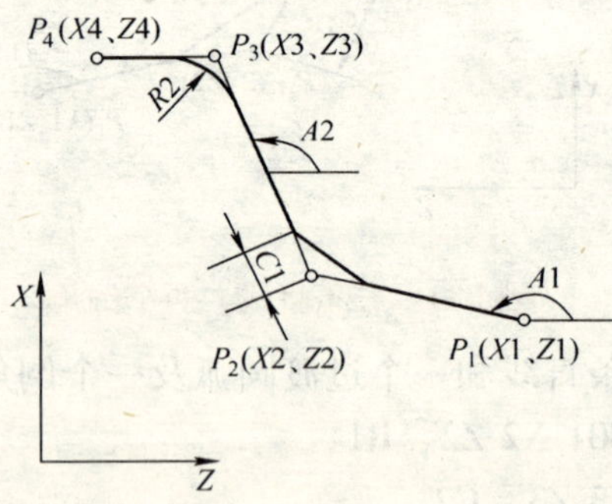

图 4-13　三条直线，一个倒角和一个过渡圆弧

3. 注意事项

1）在不用 A 或 C 作坐标轴名时，直线的倾角 A，倒角 C 和圆角 R 前面可以不用逗号“，”。若用 A 或 C 作轴名时，则 A、C、R 之前必须用逗号“，”分隔。

2）下列 G 代码不能在图样尺寸直接编程的程序段中指令，也不能在定义图形的直接指定图样尺寸的程序段间指令。

① 00 组的 G 代码（G04 除外）。

② 01 组中的 G02、G03、G90、G92、G94。

3）程序中交点计算的角度差应大于 ±1°，因为在这个计算中得到的移动距离太大。

4）在计算交点时，如果两条直线的角度差在 ±1°以内，则报警。

5）如果两条直线的角度差在 ±1°以内，则倒角或圆角被忽略。

6）角度指令必须在尺寸指令（绝对值编程）之后指令。

一般工件的加工在实际鉴定中很难确定界限，有的地方作为高级工的内容，有的地方作为技师的内容。

六、一般程序编制实例

例 4-1 轴类零件加工

用数控车床完成如图 4-14 所示零件的加工。零件材料为 45 钢，毛坯为 ϕ85 × 152mm。

1. 刀具的选择

1 号刀：93°菱形外圆车刀；2 号刀：60°外螺纹刀；3 号刀：外车槽刀（3mm）；4 号刀：内孔镗刀；5 号刀：60°内螺纹刀；6 号刀：内车槽刀（2.5mm）。

2. 切削参数的选择

各工序刀具的切削参数见表 4-2。

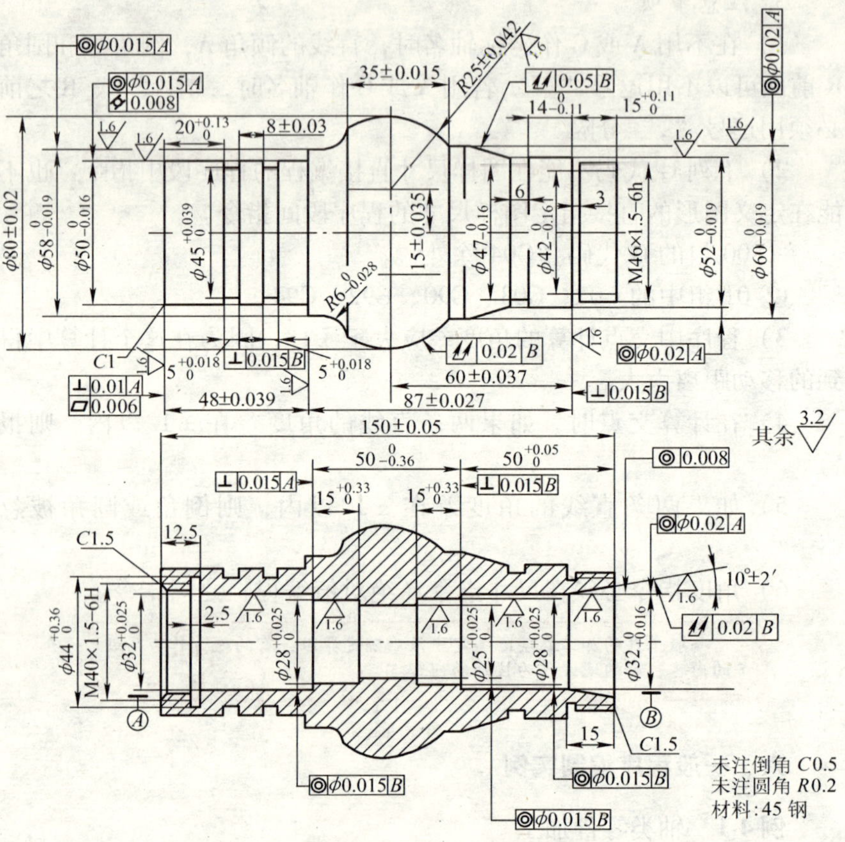

图 4-14　轴类零件加工

表 4-2　各工序刀具的切削参数

序号	加工面	刀具号	刀具类型	主轴转速 n/(r/min)	进给速度 v_f/(mm/min)
1	车外形	T01	93°菱形外圆车刀	粗 600，精 1200	粗 100，精 80
2	车外螺纹	T02	60°螺纹刀	1000	1.5mm/r
3	切外槽	T03	外切槽刀	600	25
4	镗内孔	T04	内孔镗刀	粗 800，精 1200	粗 100，精 80
5	车内螺纹	T05	60°内螺纹刀	1000	1.5mm/r
6	切内槽	T06	内切槽刀	600	25

3. 工艺路线

1）预钻 $\phi23$ 通孔，一端用反爪夹住，另一端用顶尖顶住。

2）用 G71 循环粗加工指令加工左端至 $R25$ 半球，双边留 0.5mm 余量。

3）用 G70 精加工指令加工外形，$R25$ 半球不加工。

4）车 $5\times\phi45$ 外槽。

5）撤去顶尖，用 G71 循环粗加工指令加工内形，用 G70 精车内形。

6）车 $2.5\times\phi44$ 内槽。

7）用 G76 螺纹复合循环加工指令加工 M40×1.5 内螺纹。

8）调头校正，用正爪夹紧 $\phi50_{-0.016}^{\ 0}$ 外圆，另一端用顶尖顶住，用 G71 循环加工指令车右端至 $R25$ 半球，双边留 0.5mm 余量。

9）用 G70 循环精加工指令加工外形，$R25$ 半球不加工。

10）车 $6\times\phi47$、$3\times\phi42$ 外槽。

11）用 G76 螺纹复合循环加工指令加工 M46×1.5 外螺纹。

12）精加工 $R25$ 球面。

13）撤去顶尖，用 G71 内径粗车循环粗加工指令加工内形，用 G70 精车指令加工内形。

4. 参考程序

（1）左端加工程序

```
O0001                                  主程序名
N5     G54 G98                         ;确定工件坐标系坐标原点，
                                        分进给
N10    M03 S600 T0101                  ;转速600r/min,换1号93°菱
                                        形外圆车刀
N15    G00 Z2.0
N20    X85.0                           ;快进到外径粗车循环起刀点
N25    G71 U1.5 R1.0                   ;外径粗车循环
N30    G71 P35 Q75 U0.5 W0.1 F100.0
M35    G01 X48.0                       ;进到外径轮廓起点
N40    Z0
```

```
N45    X49. 992 Z-1. 0                    ;倒角
N50    Z-48. 0
N55    X57. 99
N60    Z-54. 0
N65    G02 X70. 0 Z-60. 0 R6. 0
N70    G03 X80. 0 Z-75. 0 R25. 0
N75    G01 Z-78. 0                        ;N35 ~ N75 外径循环轮廓程
                                           序
N80    G01 X150. 0 Z15. 0                 ;退刀
N85    M05                                ;主轴停转
N90    M00                                ;程序暂停
N95    M03 S1200 T0101 F80. 0             ;精车转速 1200r/min,进给速
                                           度 80mm/min
N100   G00 Z2. 0
N115   X85. 0
N120   G70 P35 Q65
N125   G00 X150. 0 Z15. 0                 ;退刀
N130   M05                                ;主轴停转
N135   M00                                ;程序暂停
N140   M03 S600 T0303 F25. 0
N145   G00 X55. 0 Z-23. 0                 ;进刀
N150   G01 X45. 2                         ;车槽
N155   X51. 0                             ;退刀
N160   Z-25. 0                            ;进刀
N165   X45. 0                             ;车槽
N170   Z-23. 0                            ;精车槽底
N175   X51. 0                             ;退刀
NIS0   Z-36. 0                            ;进刀
N185   X45. 2                             ;车槽
N190   X51. 0                             ;退刀
N195   Z-38. 0                            ;进刀
```

```
N200  X45.0                          ;车槽
N205  Z-36.0                         ;精车槽底
N210  G00 X150.0                     ;X 向退刀
N215  Z15.0                          ;Z 向退刀
N220  M05                            ;主轴停转
N225  M30                            ;程序停止
O0002                                      主程序名
N0    G54 G98
N5    M03 S800 T0404                 ;转速 800r/min,换 4 号内孔
                                      车孔刀
N10   G00 X22.5 Z5.0                 ;快进到内径粗车循环起刀点
N15   G71 U1.0 R0.5                  ;内径粗车循环
N20   G71 P25 Q73 U-0.5 W0.1 F100.0
N25   G01 X41.5                      ;进到内径轮廓起点
N30   Z0
N35   X38.5 Z-1.5                    ;倒角
N40   Z-12.5
N45   X32.005
NS0   Z-50.0
N55   X28.005
N60   Z-65.0
N65   X25.005
N70   Z-87.0
N73   G00 U-0.5                      ;N25 ~ N73 内径循环轮廓程
                                      序
N75   G00 Z100.0
NS0   X100.0                         ;退刀
N85   M05                            ;主轴停转
N90   M00                            ;程序暂停
N95   M03 S1200 T0404 F80.0          ;精车转速 1200r/min,进给速
                                      度 80mm/min
```

```
N100  G00 X85. 0 Z5. 0              ;快进
N105  G70 P25 Q73
N110  G00 Z100. 0
N115  X100. 0                       ;退刀
N120  M05                           ;主轴停转
N125  M00                           ;程序暂停
N128  S600 M03 T0606 F25. 0
N130  G00 X28. 0                    ;快进
N135  Z-12. 5                       ;快进
N140  G01 X44. 0                    ;车内槽
N145  X28. 0                        ;退刀
N150  G00 Z100. 0
N155  X100. 0
N160  M05                           ;主轴停转
N165  M00                           ;程序停止
N170  M03 S1000 T0505               ;转速 1000r/min，换 5 号 60°
                                     内螺纹刀
N175  G00 X28. 0 Z5. 0              ;进到内螺纹复合循环起刀点
N180  G76 P10160 Q80 R0. 1
N183  G76 X40. 05 Z-10. 5 R0. 0 P930 Q850 F1. 5
N185  G00 Z100. 0
N190  X100. 0                       ;退刀
N195  M05                           ;主轴停转
N200  M30                           ;程序停止
```

（2）右端加工程序

```
O0008                                    主程序名
N5    G54 G98                       ;每分进给
N10   M03 S600 T0101                ;转速 600r/min，换 1 号 93°菱
                                     形外圆车刀
N15   G00 Z2. 0
N20   X85. 0                        ;快进到外径粗车循环起刀点
```

```
N25    G71 U1.5 R1.0                     ;外径粗车循环
N30    G71 P35 Q83 U0.5 W0.1 F100.0
N35    G01 X43.0                         ;进到外径轮廓起点
N40    Z0
N45    X45.8 Z-1.5                       ;倒角
N50    Z-15.0
N55    X51.99
N60    Z-35.0
N65    X60.0 Z-50.0
N70    Z-55.0
N75    G03 X80.0 Z-75.0 R25.0
N80    G01 Z-75.5                        ;N35 ~ N80 外径循环轮廓程
                                          序
N83    U1.0
N85    G00 X180.0 Z10.0                  ;退刀
N90    M05                               ;主轴停转
N95    M00                               ;程序暂停
N100   M03 S1200 T0101 F80
N105   G00 X85.0 Z5.0                    ;快进
N110   G70 P35 Q70
N115   G00 X150.0 Z10.0                  ;退刀
N120   M05                               ;主轴停转
N125   M00                               ;程序暂停
N130   M03 S600 T0303 F25.0              ;换车槽刀
N135   G00 X55.0 Z-15.0                  ;进刀
N140   G01 X47.0                         ;车槽
N145   X53.0                             ;退刀
N150   Z-32.0                            ;进刀
N155   X47.2                             ;车槽
N160   Z-35.0                            ;进刀
N165   X47.0                             ;车槽
```

```
N170  Z-32.0                        ;精车槽底
N175  G00 X150.0                    ;X 向退刀
N180  Z10                           ;Z 向退刀
N185  M03 S1000 T0202               ;换螺纹刀
N190  G00 X50.0 Z5.0                ;进到外螺纹复合循环起刀点
N195  G76 P10160 Q80 R0.1
N200  G76 X44.14 Z-12.5 R0 P930 Q350 F1.5
N205  G00 X150.0
N210  Z10.0                         ;退刀
N215  M05                           ;主轴停转
N220  M00                           ;程序暂停
N225  M03 S1200 T0101               ;换菱形外圆车刀
N230  G00 G42 X65.0 Z-49.0          ;进刀
N235  G01 X59.99 F80.0
N240  Z-55.0                        ;工进到圆弧起点
N245  G03 X70.0 Z-90.0 R25.0        ;精车球面
N250  G01 Z-92.0
N255  G00 G40 X150.0
N260  Z10.0                         ;退刀
N265  M05                           ;主轴停转
N270  M30                           ;程序停止
O0004                                           主程序名
N5    G98 G54                       ;每分进给
N10   M03 S800 T0404                ;换 4 号内孔镗刀
N15   G00 X22.5 Z5.0                ;快进到内径粗车循环起刀点
N20   G71 U1.0 R0.5                 ;内径粗车循环
N25   G71 P30 Q60 U-0.5 W0.1 F100.0
N30   G01 X37.29                    ;进到内径轮廓起点
N35   Z0.0
N40   X32.0 Z-15.0
N45   Z-50.0
```

```
N50     X28.0
N55     Z-65.0
N60     X22.0                        ;N30 ~ N60 内径循环轮廓程
                                      序
N65     G00 Z100.0                   ;Z 向退刀
N70     X150.0                       ;X 向退刀
N75     M05                          ;主轴停转
N80     M00                          ;程序暂停
N85     M03 S1200 T0404 F80.0
N90     G00 G41 X22.5 Z5.0           ;快速进刀,引入半径补偿
N95     G70 P30 Q60
N100    G00 Z100.0
N105    G40 X100.0                   ;退刀,撤消半径补偿
N110    M05                          ;主轴停转
N115    M30                          ;程序停止
```


这部分内容，在高级工中有所要求，但在实际考核技师时也经常用到这部分内容，并且要求有所提高。关于宏程序的相应知识请参阅《数控车工》（高级）一书，这里只介绍它在非圆曲线加工上的应用。

第二节　FANUC 系统数控车床用户宏程序的应用

用户宏程序是 FANUC 数控系统及类似系统中的特殊编程功能。将一组命令所构成的功能像子程序一样事先存入存储器中，用一个命令作为代表，执行时只需写出这个代表命令，就可以执行其功能。这一组命令称做用户宏主（本）体（或用户宏程序），简称为用户宏（Custom Macro）指令，这个代表命令称为用户宏命令，也称作宏调用命令。

用户宏程序分为 A、B 两类。通常情况下，FANUC 0T 系统采用 A 类宏程序，而 FANUC 0i 系统则采用 B 类宏程序。

一、非圆曲线的加工原理

非圆曲线分为解析曲线与类似列表曲线那样的非解析曲线，对于手工编程来说，一般解决的是解析曲线的加工，为此，本节主要对解析曲线的加工误差进行分析。解析曲线的数学表达式的形式可以是以 $y=f(x)$ 的直角坐标的形式给出，也可以是以 $\rho=\rho(\theta)$ 的极坐标形式给出，还可以参数方程的形式给出。通过坐标变换，后面两种形式的数学表达式，可以转换为直角坐标表达式。这类零件以及数控车床上加工的各种以非圆曲线为母线的回转体零件为主。其编程方法如下：

首先，应决定是采用直线段逼近非圆曲线，还是采用圆弧段逼近非圆曲线。若采用直线段逼近非圆曲线，各直线段间连接处存在尖角，由于刀具在尖角处不能连续地对零件进行切削，故零件表面会出现硬点或切痕，使加工表面质量变差。若采用圆弧段逼近的方式，可以大大减少程序段的数目，采用这种形式又分为两种情况，一种为相邻两圆弧段间彼此相交；另一种则采用彼此相切的圆弧段来逼近非圆曲线。后一种方法由于相邻圆弧彼此相切，一阶导数连续，工件表面整体光滑，从而有利于加工表面质量的提高。但无论哪种情况都应使 $\delta \leqslant \delta'$（允许误差）。由于在实际的手工编程中主要采用直线逼近法，所以本节主要对直线逼近法进行误差分析。直线段逼近非圆曲线，目前常用的有等间距法、等步长法和等误差法等。

1. 等间距法（图 4-15）

（1）基本原理　等间距法就是将某一坐标轴划分成相等的间距。如图 4-15 所示，沿 X 轴方向取 Δx 为等间距长，根据已知曲线的方

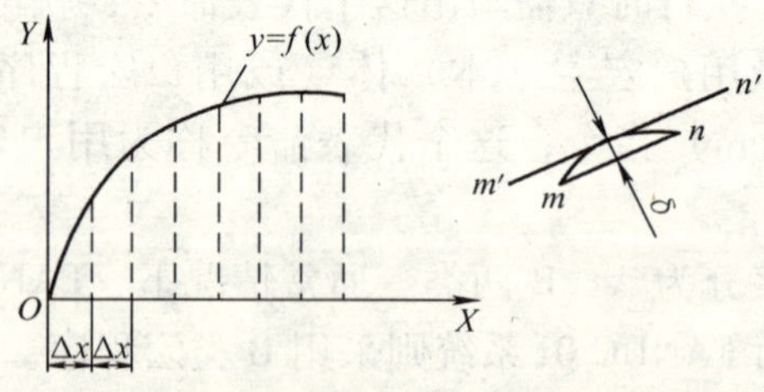

图 4-15　等间距法直线段逼近

程 $y=f(x)$，可由 x_i 求得 y_i，$y_{i+1}=f(x_i+\Delta x)$。如此求得的一系列点就是节点。

由于要求曲线 $y=f(x)$ 与相邻两节点连线间的法向距离小于允许的程序编制误差 δ'，Δx 值不能任意设定。若设置的大了，就不能满足这个要求，一般先取 $\Delta x=0.1$ 进行试算。实际处理时，并非任意相邻两点间的误差都要验算，对于曲线曲率半径变化较小处，只需验算两节点间距离最长处的误差即可；而对曲线曲率半径变化较大处，则应验算曲率半径较小处的误差，通常由轮廓图形直接观察确定校验的位置。

（2）误差校验方法　设需校验 mn 曲线段。

m 点：(x_m, y_m)

n 点：(x_n, y_n) 已求出，则 m、n 两点的直线方程为

$$\frac{x-x_n}{y-y_n}=\frac{x_m-x_n}{y_m-y_n}$$

令　$A=y_m-y_n$，$B=x_n-x_m$，$C=x_n y_m-x_m y_n$

则 $Ax+By=C$ 即为过 mn 两点的直线方程，距 mn 直线为 δ 的等距线 $m'n'$ 的直线方程可表示为

$$Ax+By=C\pm\delta\sqrt{A^2+B^2}$$

式中，当所求直线 $m'n'$ 在 mn 上边时，则 C 后取“+”号，在 mn 下边时，则 C 后取“-”号。δ 为 $m'n'$ 与 mn 两直线间的距离。通过求解联立方程

$$\begin{cases}Ax+By=C\pm\delta\sqrt{A^2+B^2}\\ y=f(x)\end{cases}$$

得 δ，要求 $\delta\leqslant\delta'$，一般 δ 允许取零件公差的 1/5～1/10。

2. 等步距法

等步距法就是使每个程序段的线段长度相等。如图 4-16 所示，由于零件轮廓曲线 $y=f(x)$ 的曲率各处不等，因此首先应求出该曲线的最小曲率半径 $R_{\min}$，由 $R_{\min}$ 及步距确定 $\delta_{允}$。

3. 等插补误差法

该方法是使各插补段的误差相等（如图 4-17 所示），并都小于

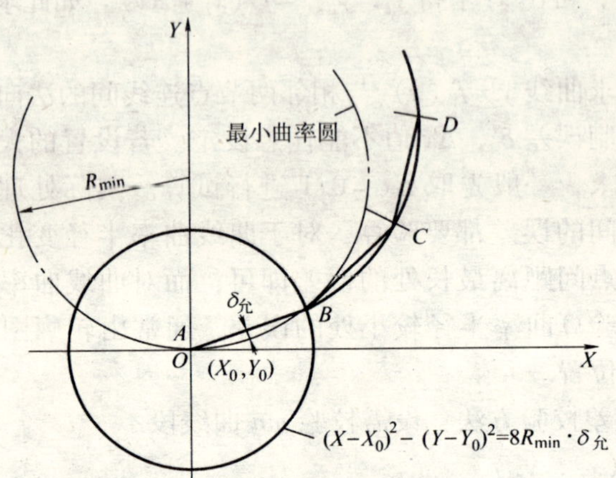

图 4-16　等步距法直线段逼近

实际误差，一般为实际误差的 1/2 ~ 1/3，而插补段长度不等，可大大减少插补段数，这一点比等步距法优越。这种方法可以用最少的插补段完成对曲线的插补工作。

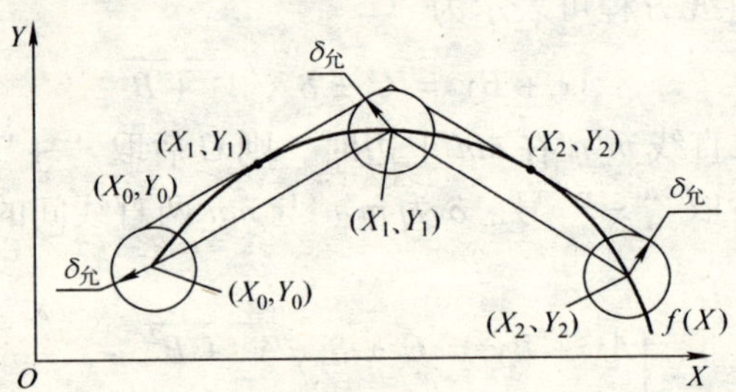

图 4-17　等插补误差法节点的计算

二、加工实例

1. 单一零件的加工

例 4-2　加工如图 4-18 所示的抛物线，方程为 $Z=-\dfrac{1}{20}X^2$。设工件坐标系统如图 4-18 所示，抛物线的原点为工件坐标系统的原点。

设刀尖在参考点上与工件系统原点的距离为 X = 400mm，Z = 400mm。采用线段逼近法编制程序。

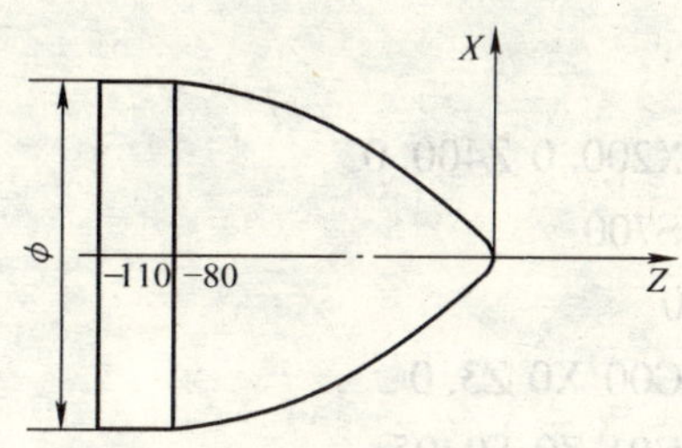

图 4-18　抛物线

加工程序：

（1）A 类型的宏程序

```
O1234
N20 G50 X200. 0 Z400. 0
N30 M03 S600
N40 T0101
N50 G00 Z1. 0
N60 G01 G99 Z0 F0. 05
N70 G65 H01 P#102 Q0
N80 H02 P#101 Q#102 R10
N85 H05 P#101 Q#102 R2
N90 H04 P#103 Q#101 R#101
N100 H05 P#104 Q#103 R20
N110 H01 P#105 Q-#104
N115 H04 P#101 Q#101 R2
N120 G01 X#101 Z#105
N130 G65 H01 P#102 Q#101
N140 H82 P80 Q#105 R-80. 0
N150 G01 Z-110
N160 G00 X200. 0 Z400. 0 T0100 M05
```

N170 M30

（2）B 类型的宏程序

主程序

```
O0080
N0010   G50 X200.0 Z400.0
N0020   M03 S700
N0030   T1010
N0040   G42 G00 X0 Z3.0
N0050   G99 G01 Z0 F0.05
N0060   G65 P9010 A0.01
        B2.0 C20.0 D-80.0 E0 F0.03    ;调用加工抛物线的子程序,步距为 0.01mm,直径编程
N0070   G01 Z-110.0 F0.05
N0080   G40 G00 X200.0 Z400.0 T1000 M05
N0090   M02
```

子程序

```
P9010                                 ;子程序号
N0010     #6 = #8                     ;赋初始值
N0020     #10 = #6 + #1               ;加工步距(直径编程)
N0030     #11 = #10/#2                ;求半径(方程中的 X)
N0040     #15 = #11 * #11             ;求半径的平方(方程中的 X²)
N0050     #20 = #15/#3                ;求 X²/20
N0060     #25 = -#20                  ;求 - X²/20
N0070     #12 = #11 * #2              ;求 2X(直径)
N0080     G99 G01 X#12 Z#25 F#9       ;走直线进行加工
N0090     #6 = #10                    ;变换动点
N0100     IF [#25 GT #7] GOTO 0020    ;终点判别
N0110     M99                         ;子程序结束
```

2. 通用宏程序

例 4-3　加工如图 4-19 所示的凸椭圆零件。

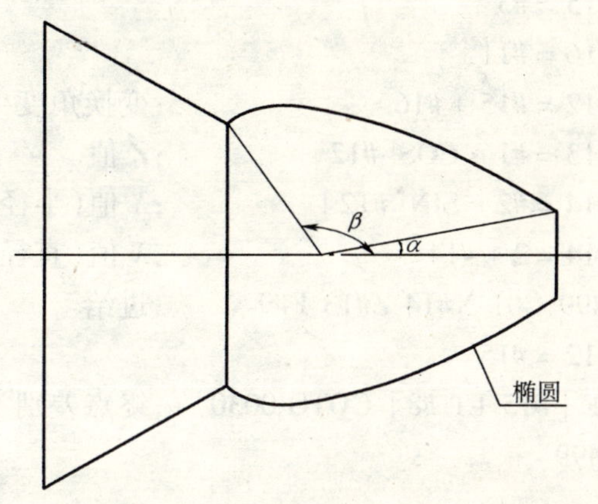

图 4-19　凸椭圆

变量和参数见表 4-3。

表 4-3　变量和参数

自　变　量	参　　数	对应的局部变量
A	椭圆的长半轴/a	#1
B	椭圆的短半轴/b	#2
C	起始角/θ_1	#3
E	终止角/θ_2	#8
H	步距角/γ	#11
F	进给速度/（mm/r）	#9

注：θ_1、θ_2 并不是图 4-19 中所标注的 α、β，而是

$$\theta_1 = \arctan\left[\frac{a}{b}\tan\alpha\right]$$

$$\theta_2 = \arctan\left[\frac{a}{b}\tan\beta\right]$$

程序

```
O9011;
N0010    #15 = #3
N0020    #16 = #11
N0030    #12 - #15 + #16              ;变换角度
N0040    #13 = #1 * COS[#12]          ;Z 值
N0050    #14 = #2 * SIN[#12]          ;X 值(半径)
N0060    #14 = 2 * #14                ;X 值(直径)
N0070    G99 G01 X#14 Z#13 F#9        ;进给
N0080    #12 = #15
N0090    IF [#15 LT #8] GOTO 0030     ;终点差别
N0100    M99
```

程序调用

G66 P9011 A __ B __ C __ E __ H __ F __;

例 4-4 加工如图 4-20 所示的凹椭圆零件。

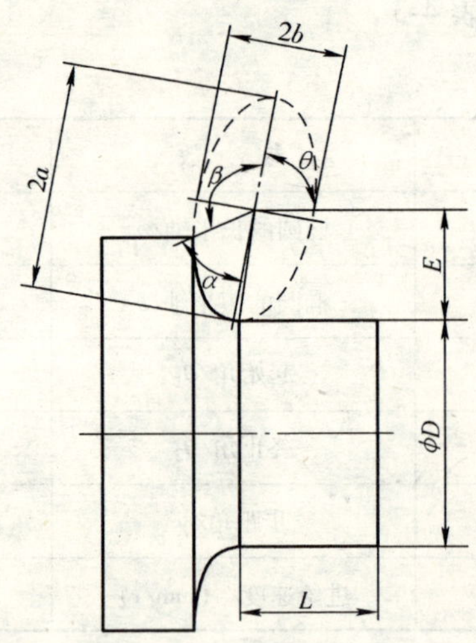

图 4-20 凹椭圆

变量和参数见表 4-4。

表4-4　变量和参数

自　变　量	参　　数	对应的局部变量
A	椭圆的长半轴/a	#1
B	椭圆的短半轴/b	#2
C	椭圆中心/Z	#3
D	直径/D	#7
E	椭圆中心/X	#8
H	夹角/θ	#11
M	起始圆心角/β	#13
Q	中心角/γ	#17
F	进给速度/（mm/r）	#9
R	步距角	#18

```
程序                                   说明
O9802                                  ;程序号
G01 X#7 Z#3 F#9                        ;到椭圆初始点
#100 = #8 + [#7/2]                     ;椭圆中心的 X 坐标(半径)
#101 = #13 + #17                       ;椭圆终止圆心角
#116 = #1/#2
#117 = TAN[#101]
#117 = #117 * #116
#101 = ATAN[#117]                      ;椭圆终止角
#118 = TAN[#13]
#119 = #118 * #116
#120 = ATAN[#119]                      ;椭圆初始角
#102 = 0
WHILE [#102 LE #101 ] DO1
#102 = #13 + #18                       ;角度变化
```

```
#103 = #1 * COS[#102]
#104 = #103 + #3
#105 = #2 * SIN[#102]
#106 = #105 + #100                      ;求 Z 坐标
#107 = #104 * COS[#11]
#108 = #106 * SIN[#11]
#109 = #107-#108
#110 = #104 * SIN[#11]
#111 = #106 * COS[#11]                  ;求 X 坐标(直径)
#112 = #110 + #111
#113 = 2 * #112
G99 G01 X#113 Z#109 F#9                 ;进给
#102 = #13
END 1
M99
```


程序调用

G66 P9802 A__ B__ C__ D__ E__ H__ M__ Q__ F__ R__;

例 4-5 加工如图 4-21 所示的椭圆与锥的复合体零件。

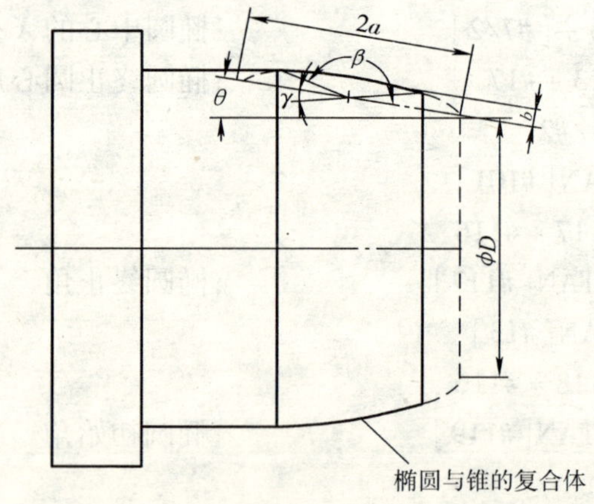

图 4-21 椭圆与锥的复合体

变量和参数见表4-5。

表 4-5 变量和参数

自变量	参数	对应的局部变量
A	椭圆的长半轴/a	#1
B	椭圆的短半轴/b	#2
C	起始圆心角/α	#3
D	直径/D	#7
E	终止圆心角/β	#8
H	步距角/γ	#11
F	进给速度/（mm/r）	#9
V	角度/θ	#22


```
程序                                              说明
O9012                                             ;子程序号
N0010   #3 = #15
N0020   #11 = #16
N0030   #12 = #15 + #16                           ;角度变化
N0040   #13 = #1 * COS[#12]                       ;Z 坐标
N0050   #14 = #2 * SIN[#12]                       ;X 坐标(直径)
N0060   #14 = 2 * #14
N0070   #17 = #14 + #7
N0080   #18 = 2 * #13
N0090   #18 = #18 * TAN[#22]
N0100   #19 = #17 + #18
N0110   G99 G01 X#19 Z#13 F#9                     ;进给
N0120   #15 = #12
N0130   IF [#15 LT #8] GOTO 0030                  ;终点判别
N0140   M99
程序调用
P9012 A__ B__ C__ D__ E__ H__ V__ F__;
```

本节内容是技师鉴定标准中所特有的，在有车削中心的单位，经常用到这部分内容。

第三节 FANUC 系统数控车削中心的编程

一、基本指令介绍

1. 平面选择指令（G17、G18、G19）

用 G 代码为圆弧插补、刀具半径补偿和钻削加工选择平面。G 代码与选择的平面是：

G17 为 X_PY_P 平面。

G18 为 Z_PX_P 平面。

G19 为 Y_PZ_P 平面。

X_P 指 X 轴或其平行轴。

Y_P 指 Y 轴或其平行轴。

Z_P 指 Z 轴或其平行轴。

X_P、Y_P、Z_P 是由 G17、G18 或 G19 所在程序段中的轴地址决定的。在 G17、G18 或 G19 程序段中，如果省略轴地址时，就认为省略的是基本轴的轴地址。在没有指令 G17、G18 或 G19 的程序段，平面保持不变。通电时，选择 G18（Z_PX_P）平面。运动指令与平面选择无关。

注意蓝图编程、倒棱、倒圆 R、车削固定循环和车削宏指令只用于 ZX 平面，在其他平面指定则报警。

例G17 X __ Y __ ;XY 平面

G17 U __ Y __ ;UY 平面,当 U 为 X 的平行轴时

G18 X __ Z __ ;ZX 平面

X __ Y __ ;平面不变,仍为 ZX 平面

G17 ;XY 平面,省略的是基本轴

G18 ;ZX 平面

G17 U __ ;UY 平面

G18 Y __　　　　;*ZX* 平面,*Y* 轴运动与平面无关

车削中心的辅助功能，不同的生产厂家生产的机床是不同的，这里介绍的是一些基本共性的内容。

2. 辅助功能

（1）辅助功能（M 功能）　这里只介绍车削中心所特有的 M 功能。因为 M 代码都在机床侧处理，所以，以机床厂的说明书为准。这里只介绍一些常用的 M 功能。

1）M10：卡盘夹紧，此指令能自动使卡盘夹紧。

2）M11：卡盘松开，此指令能自动使卡盘松开，一般在装有棒料输送机，工件收集器，及上下料机械手时用，如图 4-22 所示。

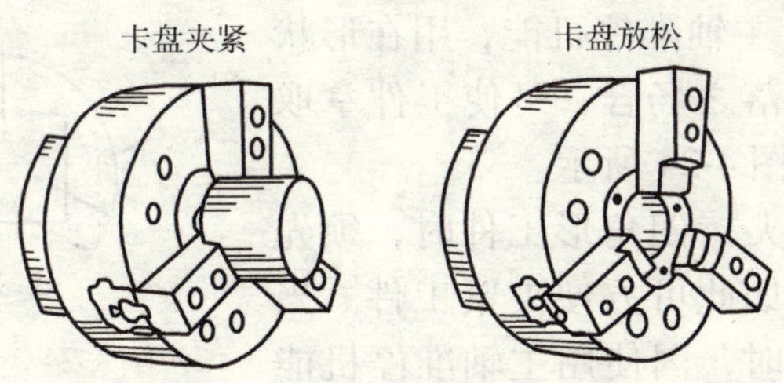

图 4-22　卡盘夹紧/卡盘松开

使用注意事项：

① 单件加工时请用手动方式夹持工件。

② 单段运行开关处于“ON”时，读到 M11 夹爪放松指令时机械手停止。

③ M10、M11 为单独程序指令，下一程序使用 G04 暂停指令，可使夹爪停止动作时间延长，以增加其安全性。

④ 使用夹头夹持工件，夹爪应调整至适当位置。

⑤ 工件长度大于直径约 7 倍时，应使用尾座顶持。

⑥ 夹持大工件或重切削时应适度调大卡盘夹紧力，夹紧力不足易使工件脱落。

⑦ 不同材质工件，应使用不同夹紧压力。

3）M12：尾座套筒前进。

4）M13：尾座套筒返回，如图 4-23 所示。

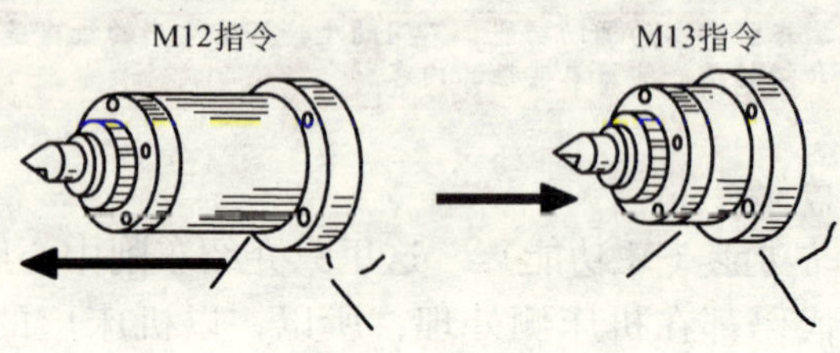

图 4-23　尾座套筒前进与退回

使用场合：该功能用在中心钻钻完中心孔后，顶持长工件使用。这以功能也可以在面板上直接由开关来控制。面板开关为 TS0（前进）、TS1（后退）。

5）M19：主轴准停机能，用在形状复杂或容易脱落之场合，可使工件拿取较为方便，如图 4-24 所示。

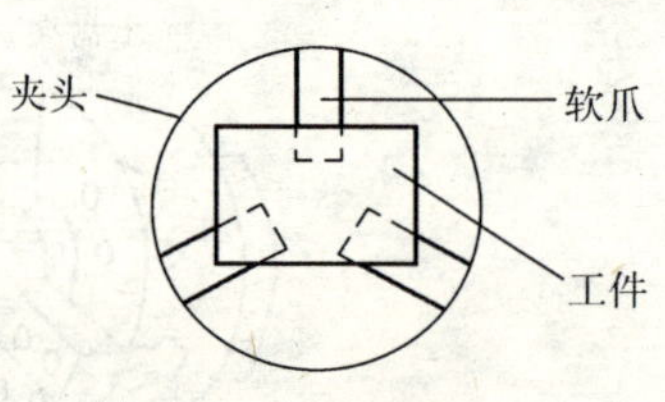

图 4-24　主轴准停

三爪夹头夹持四角形工件时，须先将夹爪成型，如此可方便夹紧工件。当主轴旋转停止时，因使用主轴准停机能可使主轴停在指定位置，如此可防止工件掉落。

装夹容易脱落之工件时，可用成型夹爪夹持，可避免工件因掉落而损坏。

6）M20：卡盘吹气，此指令在有上下工件机械手，进行工件自动装卸时用。每个加工完的工件由机械手卸下后，卡盘上可能会沾有切屑，若不吹去，再次装夹工件时，就有可能将切屑一起夹入，故每次装夹工件前，通过本指令控制压缩空气对卡盘自动吹气一次。

7）M21：尾座前进。

8）M22：尾座后退，图 4-25 所示。

使用注意事项：

① 尾座上注油孔需适时加油以防卡死。

② 经常保养尾座内锥度孔，避免其生锈及存留污秽。

③ 使用顶尖工作，套筒不宜伸出太长。

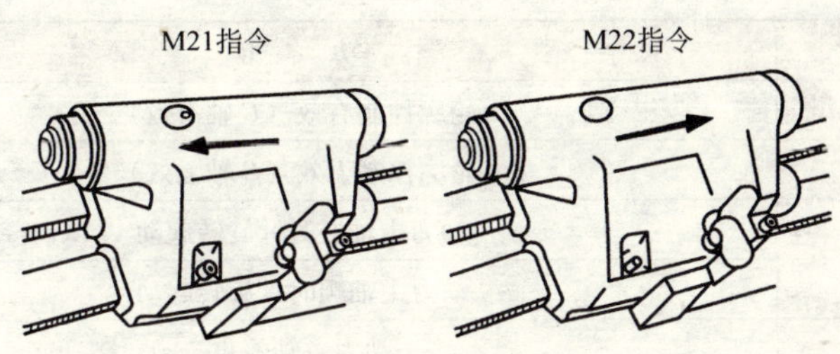

图 4-25　尾座前进与后退

9）M60：对刀仪吹屑，一般情况下在对刀时，当对刀仪摆出到位后，开始吹屑，延时一段时间以后便停止吹气，主要是吹掉粘附在刀具上的切屑，而在自动对刀时，可用指令 M60，自动控制其吹气时间。

10）M73：工件收集器前进，如图 4-26 所示。工件加工完成后，需切断时，将工件收集器摆进（接料状态）。

11）M74：工件收集器后退，如图 4-26 所示。工件切断以后，落入工件收集器内，然后将工件收集器退回。

12）M75：轮廓控制有效（*C* 轴有效）。

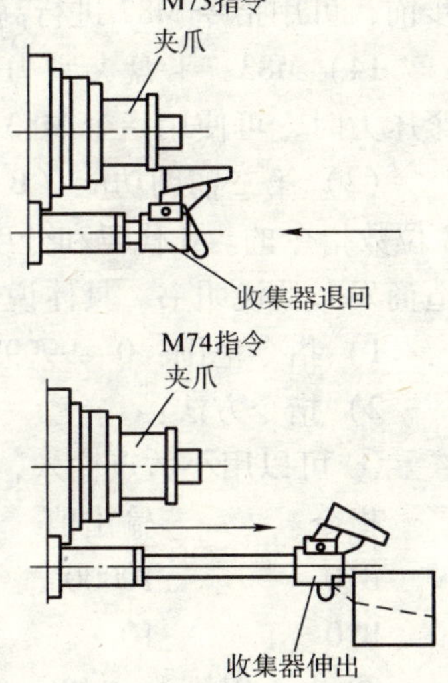

图 4-26　工件收集器进与退

由于刀盘上的动力刀具是通过刀架上的端面键实现动力传递的，为了保证两者间可靠的啮合，在 *C* 轴状态下，选择了某一动力刀具并按下选刀启动键后，刀盘抬起顺时针方向换刀，与此同时动力刀具主轴以 35r/min 转速旋转，在选刀结束刀盘落下压紧约 2s 后，动力主轴停止旋转，这样就保证了动力刀座与动力轴的可靠啮合。*C* 轴控制下的 M 代码见表 4-6。

表 4-6　*C* 轴控制的 M 代码

M 代码	功　　能
M75	轮廓控制有效（*C* 轴有效）
M76	轮廓控制无效（*C* 轴无效）
M03	动力主轴逆时针旋转起动
M04	动力主轴顺时针旋转起动
M05	动力主轴停止
M65	*C* 轴夹紧（一般在钻孔固定循环指令中使用）
M66	*C* 轴松开
M67	*C* 轴阻尼（一般在铣削加工中使用）

13）M82：卡盘夹紧力。在车薄套类工件时，为了防止工件因夹紧力过大而变形，希望在粗精车不同工步时，卡盘有高、低不同的夹持力（通过液压系统的减压阀预先调好），当工件转换到精车工步前，可用指令 M82 进行高压/低压的自动转换。

14）M83：卡盘夹紧力恢复。夹紧力转换以后，需恢复正常夹紧压力时，可使用指令 M83。

（2）第二辅助功能（B 功能）　主轴分度是由地址 B 及其后的 8 位数指令的。B 代码和分度角的对应关系随机床而异。详见机床制造商发布的说明书。具体说明：

1）指令范围：0 ~ 99999999。

2）指令方法：

① 可以用小数点输入，如：

指令	输出值
B10.	10000
B10	10

② 当不用小数点输入时，使用参数 DPI（3401 号参数的第 0 位）可以改变 B 的输出比例系数（1000 或 1）。

指令	输出值	
B1	1000	；当 DPI = 1 时
B1	1	；当 DPI = 0 时

③ 在英制输入且不用小数点时，使用参数 AUX（3405 号参数的第 0 位）可以在 DPI = 1 的条件下改变 B 的输出比例系数（1000 或者 10000）。

指令	输出值	
B1	10000	当 AUX = 1
B1	1000	当 AUX = 0

注意：使用此功能时，B 地址不能用于指定轴的运动。

例 4-6　在轴上铣出两个键槽。零件如图 4-27 所示，键槽为 180°对称分布。

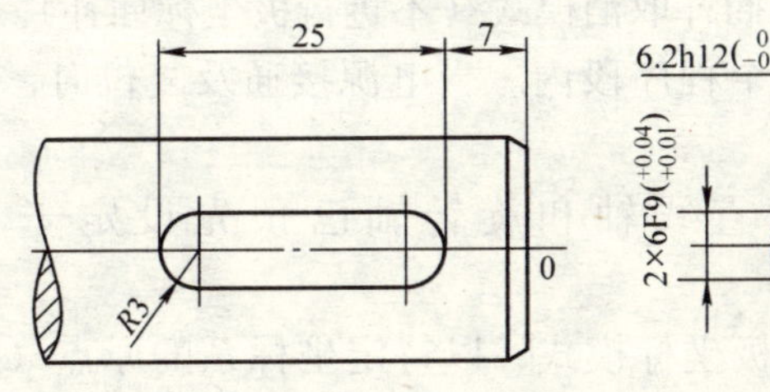

图 4-27　铣两个键槽

用 ϕ6mm 键槽铣刀，程序如下：

```
……
B0                          ;铣第一个键槽
M75
M65
G00 Z-10. 0 X24. 0 S600 M03
G01 X12. 15 F20
W-19. 0
G00 X24. 0
M66 W19. 0
B180. 0                     ;分度 180°,铣第 2 个键槽
G01 X12. 15 F20
W-19. 0
G00 X24. 0
```

M76

…

二、极坐标插补（G12.1、G13.1）

将在直角坐标系编制程序的指令，转换成直线轴的移动（刀具的移动）和旋转轴的旋转（工件的旋转），而进行轮廓控制的机能，称为极坐标插补。

进行极坐标插补时，可使用下列 G 代码（25 组）：

G12.1/G112：极坐标插补模式（进行极坐标插补）。

G13.1/G113：极坐标插补取消模式（不进行极坐标插补）。

这些 G 代码单独在一个程序段内。当电源接通及复位时，会取消极坐标插补（G13.1）。

进行极坐标插补的直线轴和旋转轴已预先设定于参数（No.5460、No.5461）。

以 G12.1 指令转换成极坐标模式，以特定坐标系的原点（未指定 G52 特定坐标系时，以工件坐标系的原点）为坐标系的原点，以直线轴为平面第一轴，直交于直线轴的假想轴为平面第二轴，构成平面（以下称为极坐标插补平面）。极坐标插补在此平面上进行。

极坐标插补模式的程序指定，以极坐标插补平面的直角坐标值指定，平面中第二轴（假想轴）的指定的轴地址，使用旋转轴（参数 No.5461）的轴地址。但所指定数值单位非度，而是和平面第一轴（以直线轴的轴地址指定）以相同单位（mm 或 inch）指定。但是直径指定或半径指定，则和平面第 1 轴无关，而和旋转轴相同。

极坐标插补模式中，可用直线插补（G01）及圆弧插补（G02、G03）指令，也可用绝对值和增量值。

在 G12.1/G13.1 模式中可使用刀具半径补偿（G41/G42），对刀具半径补偿后的路径进行极坐标插补。但在刀具半径补偿模式（G41/G42）中，不可进行极坐标插补模式（G12.1/G13.1）的切换。G12.1 及 G13.1 必须在 G40（刀具半径补偿取消模式）指令后指定。

进给速度以极坐标插补平面（直角坐标系）的切线速度（工件和刀具的相对速度）F 指定（F 的单位为 mm/min 或 in/min）。使用

指令 G12.1 时，假想轴的坐标值为 0，即指定刀具起点的位置的角度 0，开始极坐标插补。

说明：

1）使用 G12.1 指令前，必须先设定特定坐标系（或工件坐标系），使旋转轴的中心成为坐标原点。G12.1 模式中，不可进行坐标系变更（G50、G52、G53 及相对坐标的重设 G54 ~ G59）。

2）G12.1 指令前的平面（由 G17、G18、G19 选择的平面）取消，相当于使用 G13.1（极坐标插补取消）指令。又复位时，极坐标插补模式也取消，成为 G17、G18、G19 所选平面。

3）在极坐标插补平面进行圆弧插补（G02、G03）时，圆弧半径的指定方法（使用 I、J、K 中哪两个）是由平面第一轴（直线轴）为基本坐标系的那一轴（参数 No.1022）而决定。

① 直线轴为 X 轴或其平行轴，视作 XY 平面内编程，以 I、J 指定。

② 直线轴为 Y 轴或其平行轴，视作 YZ 平面，以 J、K 指定。

③ 直线轴为 Z 轴或其平行轴，视作 ZX 平面，以 K、I 指定。

④ 也可用 R 指令圆弧半径。

4）G12.1 中可使用的 G 码指令有 G01、G65、G66、G67、G02、G03、G04、G98、G95、G40、G41、G42。

5）在 G12.1 模式中，平面内其他轴的移动指令和极坐标无关。

6）刀具半径补偿方式下，不能启动或取消极坐标插补方式，必须在刀尖圆弧半径补偿取消方式指令或取消极坐标插补方式后，才能使用 G12.1/G13.1。

7）G12.1 模式中的“现在位置”以实际坐标值显示，而“剩余移动量”的显示，则以在极坐标插补平面（直交坐标）的程序段的剩余移动量显示。

8）对 G12.1 模式中的程序段，不可进行程序再开始。

9）极坐标插补是将直角坐标系制作程序的形状，变换成旋转轴（C 轴）和直线轴（X 轴）的移动，越近工件中心，即 C 轴的变动越大。如图 4-28 所示，考虑直线 L_1、L_2、L_3，直角坐标系的进给 F，使某单位时间的移动量为 ΔX，若 $L_1 \rightarrow L_2 \rightarrow L_3$ 接近中心，C 轴的移动量 $\theta_1 \rightarrow \theta_2 \rightarrow \theta_3$ 越来越大，单位时间 C 轴的移动量变大。意味着在工件中心附近，C 轴的速度变化越大。

由直角坐标系变换成 C 轴和 X 轴的结果中，C 轴速度成分若超过 C 轴的最大切削进给速度，（参数 No. 1422）则可能出现报警。因此，必须将地址 F 指定的进给速度变小，或程序勿近工件中心（刀具半径补偿时，刀具中心勿近工件中心），使 C 轴速度成分不超过 C 轴最大切削进给速度。

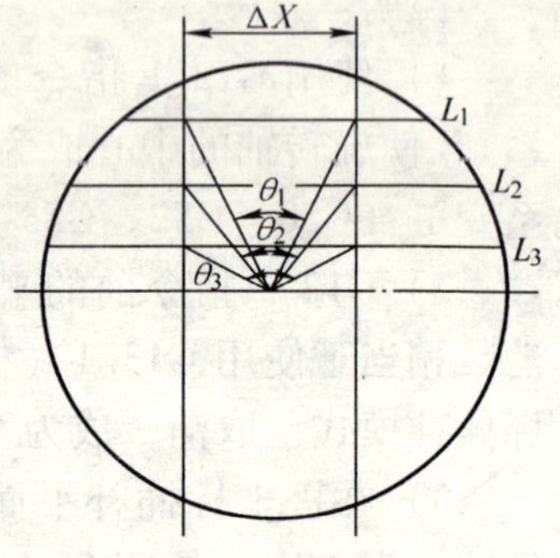

图 4-28　C 轴的速度

L——刀具中心距工件中心最近时，刀具中心和工件中心的距离。

R——C 轴的最大切削进给速度（°/min），在极坐标插补时，F 指令速度可由下式得到，使用时请在此范围内执行指令。注意：下式为理论式，实际上有计算误差，必须在比理论值小的范围内才较安全。

$$F < \frac{LR\pi}{180}(\text{mm/min})$$

例如加工图 4-29 所示的零件。

图 4-29 所示的 X 轴（直线轴）和 C 轴（旋转轴）的极坐标插

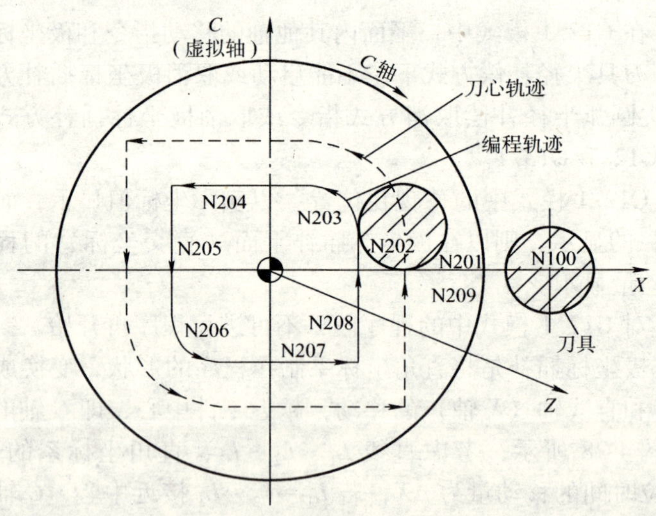

图 4-29　极坐标插补加工举例

补程序如下：

```
O0001
…
N010 T0101
…
N0100 G00 X120.0 C0 Z __
N0200 G12.1
N0201 G42 G01 X40.0 F __
N0202 C10.0
N0203 G03 X20.0 C20.0 R10.0
N0204 G01 X-40.0
N0205 C-10.0
N0206 G03 X-20.0 C-20.0 I10.0 J0
N0207 G01 X40.0
N0208 C0
N0209 G40 X120.0
N0210 G13.1
N0300 Z __
N0400 X __ C __
…
M30
```

例 4-7 加工图 4-30 所示的六方轴。

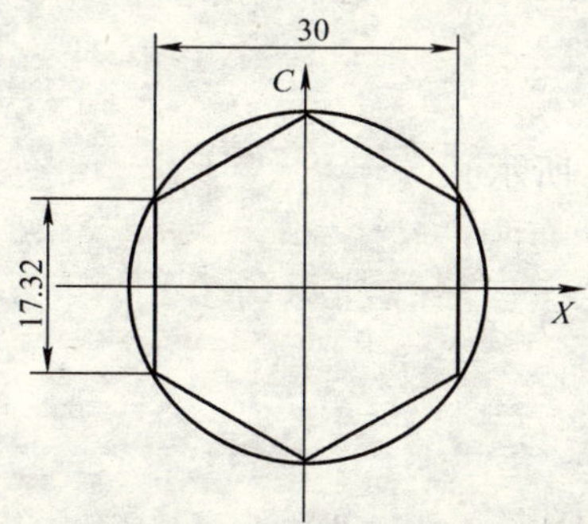

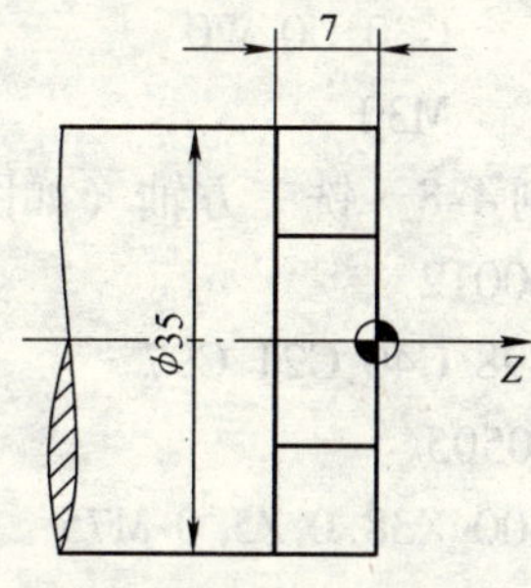

图 4-30 六方轴

```
O0011
G98 G40 G21 G97
T0606
G00 X38.0 Z5.0 M75    ;快速定位并把主切削动力转换到动力头
    S1500 M03
    C0.0
    G17 G112          ;极坐标插补有效
    G01 G42 X30.0 Z2.5 F100
    Z-7.0 F90
    C8.66
    X0.0 C17.32
    X-30.0 C8.66
    C-8.66
    X0.0 C-17.32
    X30.0 C-8.66
    C0.0
    Z5.0 F500
    G40 U50.0
    G113              ;取消极坐标插补
G00 X120.0 Z50.0
    M05
    G99 M76           ;主切削动力转换到车床主轴
    G30 U0 W0
    M30
```


例 4-8 铣三方轴（如图 4-31 所示）

```
O0012
G98 G40 G21 G97
T0505
G00 X38.0 Z5.0 M75
    S1350 M03
    C0.0
```

```
    G112
    G01 G41 X24. 744 Z2. 0 F110
    Z-3. 0 F60
    X-12. 372 C-10. 766
    C10. 766
    X24. 744 C0. 0
    Z5. 0 F500
    G40 U50. 0
    G113
G00 X120. 0 Z50. 0
M05
G95 M76                  ;主切削动力转换到车床主轴
G30 U0 W0
M30
```


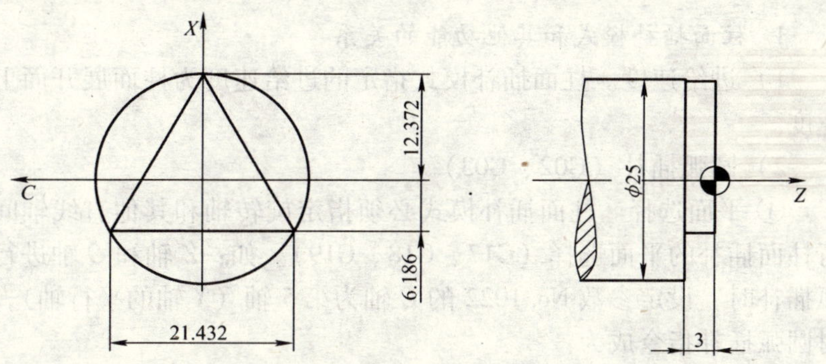

图 4-31　三方轴

三、柱面坐标编程（G07. 1/G107）

柱面插补模式是将以角度指定的旋转轴移动量，先变换成内部的圆周上的直线轴距离和其他轴间进行直线插补、圆弧插补。插补后再逆变换成旋转轴的移动量。

柱面插补功能可在柱面侧面展开的形状下编制程序，因此，柱面凸轮的沟槽加工程序很容易编制。

G07.1　IPr　　　;旋转轴名称柱面半径(1)

G07.1　IP0　　　;旋转轴名称0(2)

其中，IP 为回转轴地址；r 为回转半径。

以（1）的指令进入柱面插补模式，指定柱面插补的旋转轴名称。以（2）的指令解除柱面插补模式。如：

```
O0001
N1 G28 X0 Z0 C0
…
N6 G07.1 C125.0        ;进行柱面插补的旋转轴为 C 轴,柱面半
                        径为 125mm
…
N9 G07.1 C0            ;柱面插补模式解除
…
```

1. 柱面插补模式和其他功能的关系

1）进给速度。柱面插补模式指定的进给速度为柱面展开面上的速度。

2）圆弧插补（G02、G03）

① 平面选择。柱面插补模式必须指定旋转轴和其他直线轴间进行柱面插补的平面选择（G17、G18、G19）。如：*Z* 轴和 *C* 轴进行圆弧插补时，设定参数 No. 1022 的 *C* 轴为第 5 轴（*X* 轴的平行轴），此时圆弧插补指令成为：

G18 Z __ C __

G02（G03）Z __ C __ R __

参数 No. 1022 的 *C* 轴为第 6 轴，此时圆弧插补指令成为：

G19 C __ Z __

G02（G03）Z __ C __ R __

② 半径指定。柱面插补模式不可用地址 I、J、K 指定圆心，必须以地址 R 指定圆弧半径。半径不用角度，而用 mm（米制时）或 inch（英制时）。

3）刀具半径补偿。柱面插补模式中进行刀具半径补偿时，必须和圆弧插补一样进行平面选择。刀具半径补偿必须在柱面插补补偿模式中使用或取消。若在刀具半径补偿状态中设定柱面插补，则无法正确补偿。

4）定位。柱面插补模式中不可进行快速定位（含 G28、G53、G73、G74、G76、G81 ~ G89 等有快速进给的循环）。快速定位时，必须解除柱面插补模式。

5）坐标系设定。柱面插补模式中，不可使用工件坐标系（G50、G54 ~ G59）及特定坐标系（G52）。

2. 说明

1）G07.1 必须在单独程序段中。

2）柱面插补模式中，不可再设定柱面插补模式。若需再设定时，须先将原设定解除。

3）柱面插补可设定的旋转轴只有一个。因此，G07.1 不可指定两个以上的旋转轴。

4）快速定位模式（G00）中，不可使用柱面插补。

5）柱面插补模式中，不可指定钻孔用固定循环（G73、G74、G76、G81 ~ G89）。

6）分度功能使用中，不可使用柱面插补指令。

7）柱面插补模式中不能进行复位。

例 4-9　加工图 4-32 所示的零件，刀具 T0101 为 ϕ8mm 的铣刀。

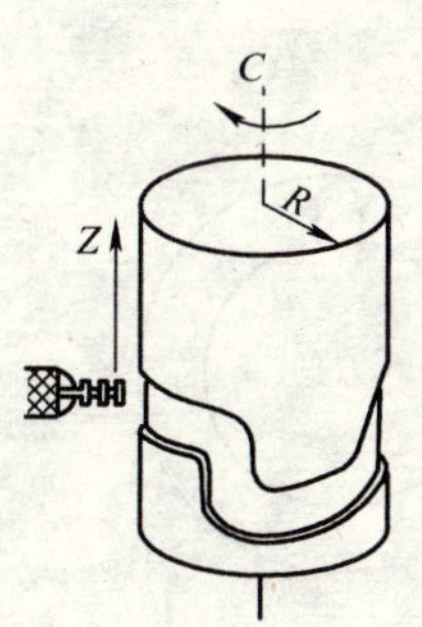

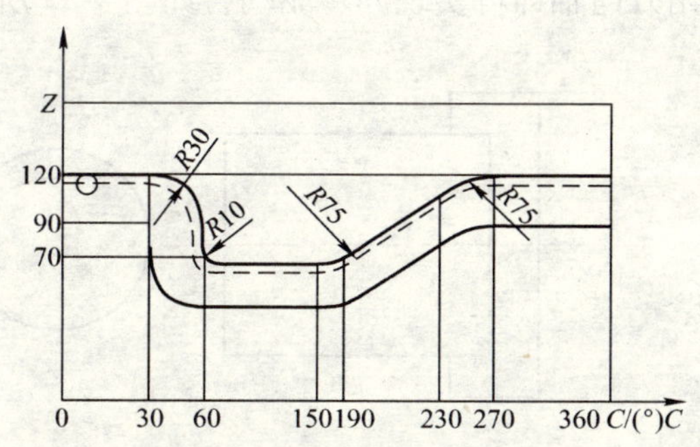

图 4-32　槽的加工

程序编写如下：

```
O0001
N01 G00 Z100. 0 C0 T0101
N02 G01 G18 W0 H0
N03 G07. 1 C57. 299
N04 G01 G42 Z120. 0 D01 F250
N05 C30. 0
N06 G02 Z90. 0 C60. 0 R30. 0
N07 G01 Z70. 0
N08 G03 Z60. 0 C70. 0 R10. 0
N09 G01 C150. 0
N10 G03 Z70. 0 C190. 0 R75. 0
N11 G01 Z110. 0 C230. 0
N12 G02 Z120. 0 C270. 0 R75. 0
N13 G01 C360. 0
N14 G40 Z100. 0
N15 G07. 1 C0
N16 M30
```

四、同步驱动

所谓同步驱动，是指主轴和动力刀具之间有固定的转速比，例如用万向轴即可实现同步驱动，如图 4-33 所示。

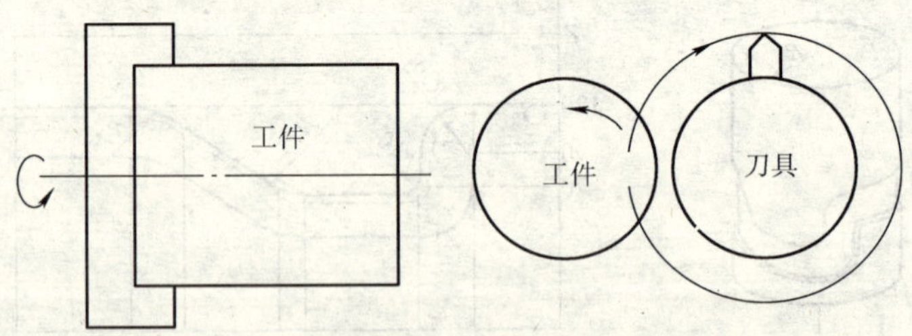

图 4-33　同步驱动

通过改变工件与刀具的转速比，就能加工出方形或六边形的工件。与使用极坐标的 *C* 轴和 *X* 轴加工多边形相比较，可以减少加工时间。然而，加工出的形状并非精确的多边形。通常，同步驱动用于加工方头/或六边形的螺钉或螺母，其指令格式为：

G51.2（G251）P __ Q __；

指令中：P，Q 为主轴和 *Y* 轴的转速，定义范围：对 P 和 Q 为 1 ~9。Q 为正值时，*Y* 轴正向旋转；Q 为负值时，*Y* 轴反向旋转。

说明：对于同步驱动，由 CNC 控制的轴控制刀具旋转。在以下的叙述中，该旋转轴称作 *Y* 轴。

Y 轴由 G51.2 指令控制，使得工件和刀具的旋转速度（由 S 指令）按指定的比率运行。例如：工件（主轴）对 *Y* 轴的转速比为 1:2，并且 *Y* 轴正向旋转，则指令为：

G51.2 P1Q2；

由 G51.2 指定同时启动时，开始检测安装在主轴上的位置编码器送来的一转信号。检测到一转信号后，根据指定的转速比（P:Q）控制 *Y* 轴的回转。即控制 *Y* 轴的旋转以使主轴和 *Y* 轴的转速比为P:Q 的关系。这种关系一直保持，到执行了同步驱动取消指令（G50.2 或复位操作）。*Y* 轴的旋转方向取决于代码 Q，而不受位置编码的旋转方向的影响。

主轴和 *Y* 轴的同步由下述指令取消：

G50.2（G250）；

当指定 G50.2 时，主轴和 *Y* 轴的同步被取消，*Y* 轴停止。在下述情况下，该同步也被取消：

1）切断电源。

2）急停。

3）伺服报警。

4）复位（遇外部复位信号 ERS、复位/倒带信号 RRW 或按下 MDI 上的 RESET 键）。

5）发生 No. 217 ~221 P/S 报警。

同步驱动时，可以用螺纹铣刀以 1:1 的转速比切削螺纹，只要其螺距与工件的螺距相符，即可切削不同直径的螺纹，一般径向切入即可切出与刀宽一致的螺纹。若工件长度大于刀宽，可以将铣刀轴向移动，但移动量应当为螺距的倍数。如图 4-34 所示工件材料为黄铜，加工中使用的螺纹铣刀直径为 ϕ90mm，转速比为 1∶1，切削速度为 200m/min，进给量为 0.02mm/r。

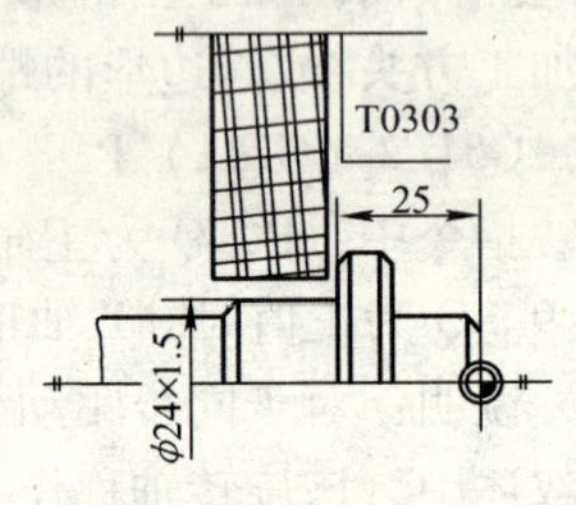

图 4-34　铣螺纹

主轴转速可用下式计算

$$S = \frac{V \times 1000}{\pi(d_1 + d_2 \times i)}(\text{r/min})$$

式中　V——切削速度，m/min；

d_1——件直径；

d_2——螺纹铣刀直径；

i——转速比。

经计算 $S = 570$r/min。编程如下：

```
O0013
G98 G40 G21 G97
T0303
G00 X38.0 Z5.0 M75
    S570 M03
G51.2 P1Q1
G00 Z-28.0
G00 X24.5 M08
G01 X22.16 F0.02                ;X22.16 为螺纹底径
G04 X0.5
G01 Z-25.0
G04 X0.5
G01 X24.5 F0.5
G50.2
M76 M09
M30
```

借助同步驱动车六边形的例子如图 4-35 所示。多边形的边数为转速比与刀盘上刀头数的乘积，当转速比为 1∶2 时，刀盘上刀头为

3，则可车出六边形。如工件材料为青铜，刀具直径为 ϕ90mm，工件外径为 ϕ31.2mm，切削速度为 300m/min。仍按上述公式计算主轴转速 S 为 450r/min。编程如下：

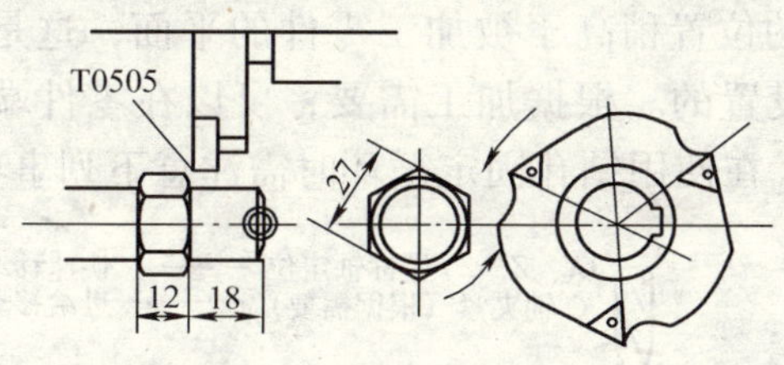

图 4-35　车六边形实例


```
O0014
G98 G40 G21 G97
T0505
G00 X38.0 Z5.0 M75
    S570 M03
G51.2-P1Q2
G00 Z-17.5
G00 X27 M08
G01 Z-31
G50.2
M76 M09
G00 X34
…
```

在车削中心上有的是应用参数确定孔加工后是返回初始点还是 R 点的，而有的是应用G99/G98来确定的，这时每分进给与每转进给用G94与G95确定。

五、车削中心上的钻孔固定循环

钻孔固定循环适用于加工回转类零件端面上中心不与零件轴线重合的孔或零件外表面上的孔。这种循环操作用一个 G 代码来简化

用几个程序段才能完成的加工操作。钻孔固定循环是普通钻孔固定循环 G83/G87、镗孔固定循环 G85/G89 及攻螺纹固定循环 G84/G88 等的简称。钻孔固定循环的一般过程如图 4-36 所示，其中在孔底的动作和退回参考点 *R* 点的移动速度根据具体的钻孔形式而不同。通常参考点 *R* 点的位置稍高于被加工零件的平面，这是为保证钻孔过程安全可靠而设置的。根据加工需要，可以在零件端面上或侧面上进行钻孔加工。在使用钻孔固定循环时需注意下列事项：

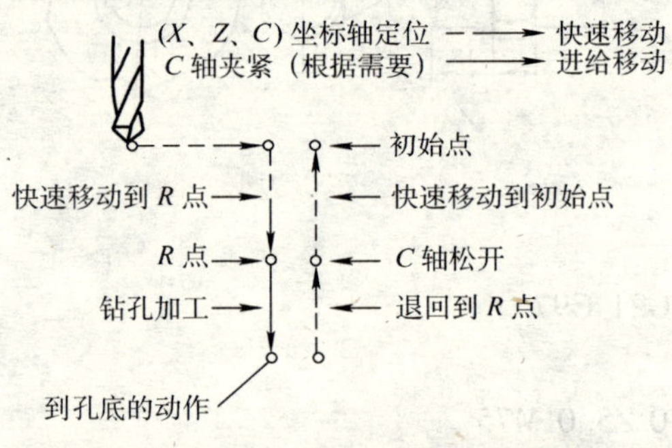

图 4-36　钻孔固定循环一般过程

• 钻削径向孔或中心不在工件回转轴线上的轴向孔时，数控车床必须带有动力刀具，即车床为车削中心，且分别有轴向和径向的动力头。但如果只钻削中心与工件回转轴线重合的轴向孔时，则可采用车床主轴旋转的方法来进行。采用动力头时需用 M 代码将车床主轴的旋转运动转换到动力头主轴的运动，钻孔完毕后再用 M 代码将动力头主轴的运动转换到车床主轴的运动。

• 根据零件情况和每种指令的要求设置好有关参数。在端面上进行钻孔时，孔位置用 *C* 轴和 *X* 轴定位，*Z* 轴为钻孔方向轴；在侧面上钻孔时，孔位置用 *C* 轴和 *Z* 轴定位，*X* 轴为钻孔方向轴。

• 需采用 *C* 轴夹紧/松开功能时，需在机床参数 No. 204 中设置 *C* 轴夹紧/松开的 M 代码。钻孔循环过程中，刀具快速移动到初始点时 *C* 轴自动夹紧，钻孔循环结束后退回到 *R* 点时 *C* 轴自动松开。

• 钻孔固定循环 G 代码是模态指令，直到被取消前一直有效。钻孔模式中的数据一旦指定即被保留，直到修改或取消。进行钻孔

循环时，只需改变孔的坐标位置数据即可重复钻孔。

• 在采用动力头钻孔时，工件不转动，因而钻孔时必须以mm/min为单位，表示钻孔进给速度。

• 钻孔循环可用专用 G 代码 G80 或用 G00、G01、G02、G03 取消。

此固定循环符合 JIS B6314 标准如表 4-7 所示。

表 4-7 固定循环

G 代码	钻孔轴	孔加工操作（－向）	孔底位置操作	回退操作（＋向）	应用
G80	—	—	—	—	取消
G83	*Z* 轴	切削进给/断续	暂停	快速移动	正钻循环
G84	*Z* 轴	切削进给	暂停→主轴反转	切削进给	正攻螺纹循环
G85	*Z* 轴	切削进给	—	切削进给	正镗循环
G87	*X* 轴	切削进给/断续	暂停	快速移动	侧钻循环
G88	*X* 轴	切削进给	暂停→主轴反转	切削进给	侧攻螺纹循环
G89	*X* 轴	切削进给	暂停	切削进给	侧镗循环

1. 端面/侧面钻孔循环（G83/G87）

（1）高速啄式钻孔固定循环　高速啄式钻孔固定循环的工作过程如图 4-37 所示。由于每次退刀时不退到 *R* 平面，因而节省了大量的空行程时间，使钻孔速度大为提高，这种钻孔方式适合于高速钻深孔。是用深孔钻循环还是用高速深孔钻循环取决于参数 No. 5101 中第二位 RTR 的设定。如果不指定每次钻孔的钻削深度，就为普通钻孔循环。高速钻深孔循环（G83/G87）时参数 RTR（No. 5101#2）＝0。

高速啄式钻孔固定循环的指令格式如下：

G83 X(U)__ C(H)__ Z(W)__ R__ Q__ P__ F__ M__ K__ ;端面钻孔

G87 Z(W)__ C(H)__ X(U)__ R__ Q__ P__ F__ M__ K__ ;侧面钻孔

指令中各参数意义如下：

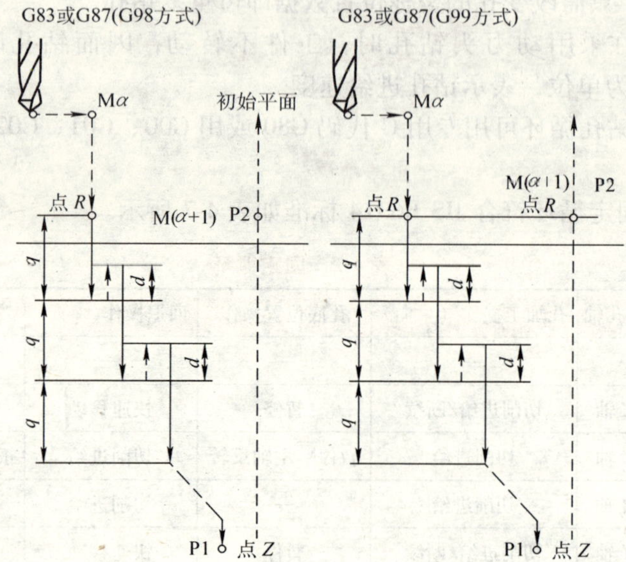

图 4-37　高速啄式钻孔固定循环

Mα—C 轴夹紧的 M 代码

M（α+1）—C 轴松开的 M 代码

P1—程序中指定的暂停

P2—参数 No. 5111 中设定的暂停

d—参数 No. 5114 中设定的回退距离

1）X（U）__ C（H）__ 或 Z（W）__ C（H）__用作指定孔位置坐标。

2）Z（W）__或 X（U）__用作指定孔底部坐标，以相对坐标 W 或 U 表示时，为 R 点到孔底的距离。

3）R __用作指定初始点到 R 点的距离，有正负号。

4）Q __用作指定每次钻孔深度。

5）P __用作指定刀具在孔底停留的延迟时间。

6）F __用作指定钻孔进给速度，以 mm/min 为单位表示。

7）K __用作指定钻孔重复次数（根据需要指定），默认值 K＝1。

8）M __用作指定 C 轴夹紧 M 代码（根据需要）。

（2）啄式钻孔固定循环 啄式钻孔固定循环的工作过程如图4-38所示。由于每次退刀时都退到 R 点，因而空行程时间较长，使钻孔速度比高速啄式钻孔慢，但更有利于切屑排出，更适合于钻深孔（参数 RTR（No. 5112#2 =0）。

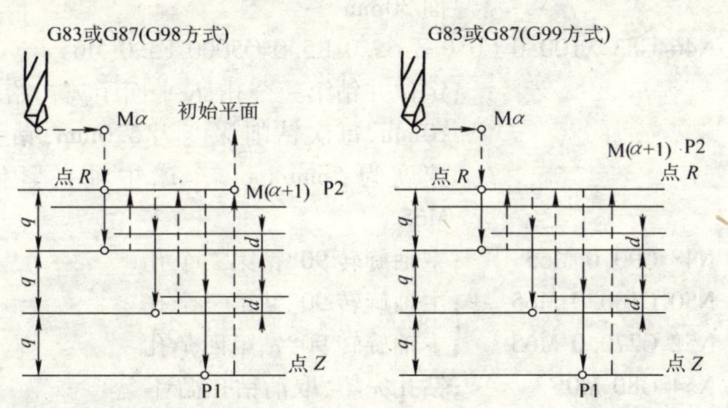

图 4-38 啄式钻孔固定循环

例 4-10 轴向孔的钻削编程实例：如图 4-39 所示的零件在周向有 4 个孔，孔间夹角均为 90°，可采用 G83 指令来钻削，每次钻孔时保持其余参数不变，只改变 C 轴旋转角度，则已指定的钻孔指令可重复执行，数控程序如下：

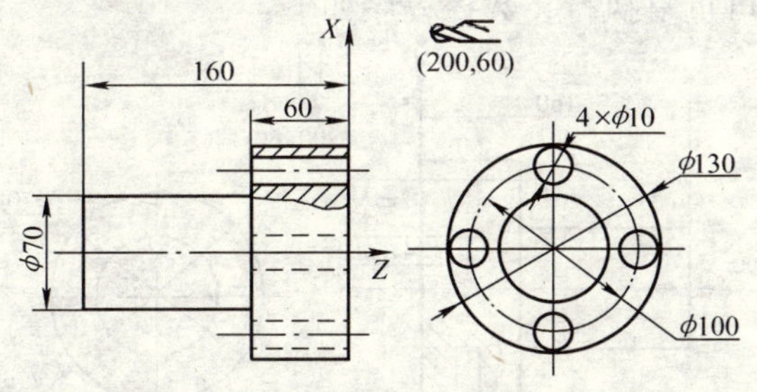

图 4-39 G83 指令钻削周向分布轴向孔

…

N40 G94 M75 ;主切削运动转换到动力头，数据以 mm/min 为单位

N42 M03 S2000

N44 G00 Z30. 0 ;快速走到钻孔初始平面，该平面距离零件端面 30mm

N46 G83 X100. 0 C0. 0 Z-65. 0 R5. 0 Q5000 F5. 0 M65

;定位并钻第一个孔，*R* 平面距离初始平面为 10mm，每次钻削深度为 5. 0mm，钻孔进给速度为 5mm/min，车床主轴夹紧代码为 M65

N48 C90. 0 M65 ;主轴旋转 90°钻第二个孔

N50 C180. 0 M65 ;主轴旋转 90°钻第三个孔

N52 C270. 0 M65 ;主轴旋转 90°钻第四个孔

N54 G80 M05 ;钻孔完毕，取消钻孔循环

N56 G95 M76 ;主切削运动转换到车床主轴，数据以 mm/r 为单位

N57 G30 U0 W0

N58 M30

例 4-11 径向孔钻削编程实例：如图 4-40 所示的轴类零件在圆柱外表面上有 4 个孔，孔间夹角均为 90°，可采用 G87 指令来钻削。每次钻孔时，保持其余参数不变，只改变 *C* 轴旋转角度，则已指定的钻孔指令可重复执行，数控程序如下：

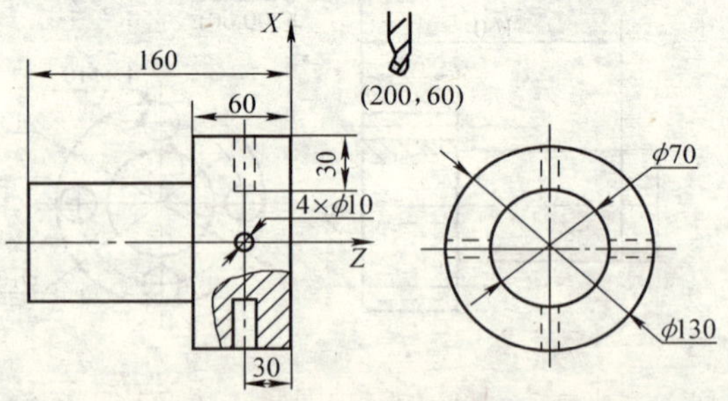

图 4-40 G87 指令钻削圆周分布径向孔

```
…
N40 G94 M75                ;主切削运动转换到动力头,数据以 mm/min
                            为单位
N42 M03 S2000
N44 G00 X170.0             ;快速走到钻孔初始平面,该平面距离零件外
                            圆柱表面 20mm
N46 G87 Z-30.0 C0.0 X70.0 R5.0 Q15000 F5.0 M65
                           ;定位并钻第一个孔,R 平面距离初始平面为
                            10mm,钻孔进给速度为 5mm/min,车床主
                            轴夹紧代码为 M65
N48 C90.0 M65              ;主轴旋转 90°钻第二个孔
N50 C180.0 M65             ;主轴旋转 90°钻第三个孔
N52 C270.0 M65             ;主轴旋转 90°钻第四个孔
N54 G80 M05                ;钻孔完毕,取消钻孔循环
N56 G95 M76                ;主切削运动转换到车床主轴,数据以 mm/r
                            为单位
N57 G30 U0 W0
N58 M30
```

（3）钻孔固定循环　钻孔固定循环的工作过程如图 4-41 所示，钻孔过程中没有回退动作，因而这种钻孔方式只适合于钻浅孔。

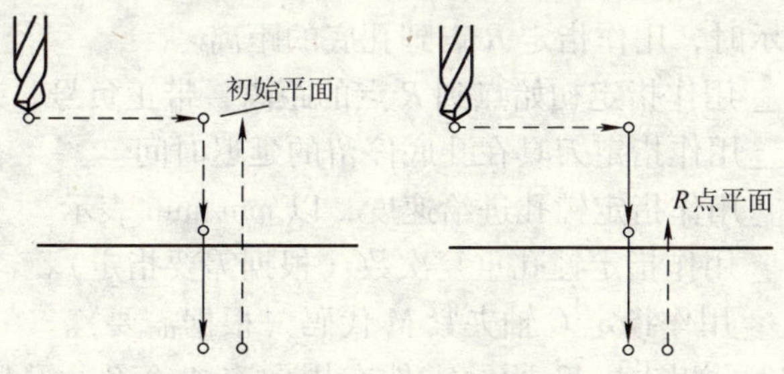

图 4-41　钻孔固定循环

钻孔固定循环的指令格式和指令参数中除没有 Q（每次钻削深

度）外，其余与高速啄式钻孔固定循环相同。

2. 端面/侧面镗孔循环（G85/G89）

镗孔固定循环的工作过程如图 4-42 所示。镗孔固定循环的指令格式如下：

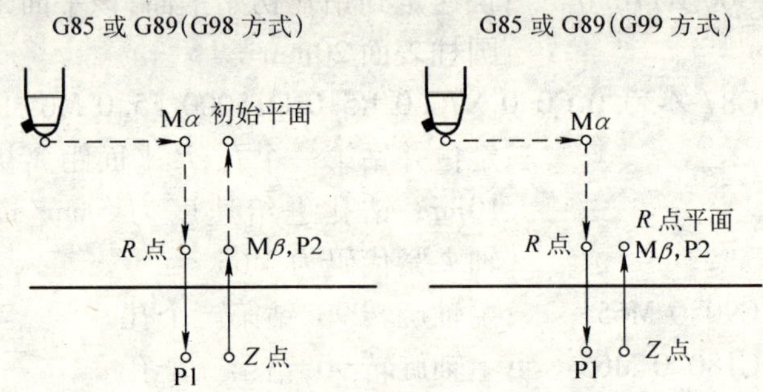

图 4-42　镗孔固定循环

G85 X(U)__ C(H)__ Z(W)__ R__ P__ F__ M__ K__

;端面镗孔

G89 Z(W)__ C(H)__ X(U)__ R__ P__ F__ M__ K__

;侧面镗孔

指令中各参数意义如下：

1）X（U）__C（H）__或 Z（W）__C（H）__用作指定孔位置坐标。

2）Z（W）__或 X（U）__用作指定孔底部坐标，以增量坐标 W 或 U 表示时，用作指定 *R* 点到孔底的距离。

3）R__用作指定初始点到 *R* 点的距离，带正负号。

4）P__用作指定刀具在孔底停留的延迟时间。

5）F__用作指定镗孔进给速度，以 mm/min 表示。

6）K__用作指定镗孔重复次数（根据需要指定）。

7）M__用作指定 *C* 轴夹紧 M 代码（根据需要）。

例 4-12　如图 4-43 所示零件在周向有 4 个孔，孔间夹角均为 90°，可采用 G85 指令来镗孔。每次镗孔时，保持其余参数不变，只改变 *C* 轴，则已指定的镗孔指令可重复执行。数控程序如下：

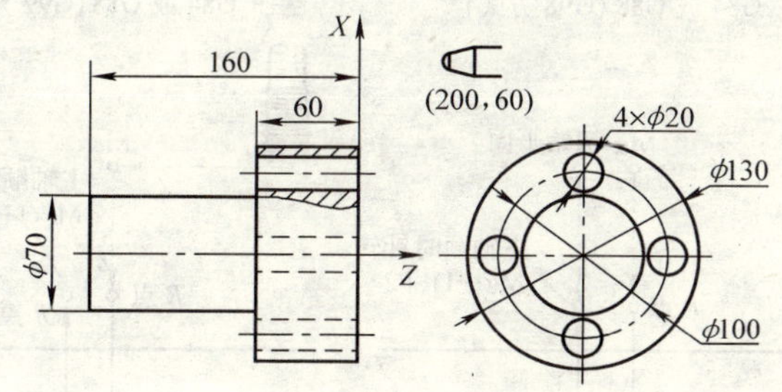

图 4-43　G85 指令镗沿周向分布孔

```
…
N40 G94 M75                ;主切削运动转换到动力头,数据以 mm/min
                            为单位
N42 M03 S2000
N44 G00 Z30.0              ;快速走到镗孔初始平面,该平面距离零件端
                            面 30mm
N46 G85 X100.0 C0.0 Z-65.0 R5.0 P500 F5.0 M65
                           ;定位并镗第一个孔,R 平面距离初始平面为
                            10mm,镗孔进给速度为 5mm/min,在孔底
                            延时 500ms,车床主轴夹紧代码为 M65
N48 C90.0 M65              ;主轴旋转 90°镗第二个孔
N50 C180.0 M65             ;主轴旋转 90°镗第三个孔
N52 C270.0 M65             ;主轴旋转 90°镗第四个孔
N54 G80 M05                ;镗孔完毕,取消镗孔循环
N56 G95 M76                ;主切削运动转换到车床主轴,数据以 mm/r
                            为单位
N57 G30 U0 W0
N58 M30
```

3. 端面/侧面攻螺纹循环（G84/G88）

攻螺纹固定循环的工作过程如图 4-44 所示。攻螺纹固定循环的指令格式如下：

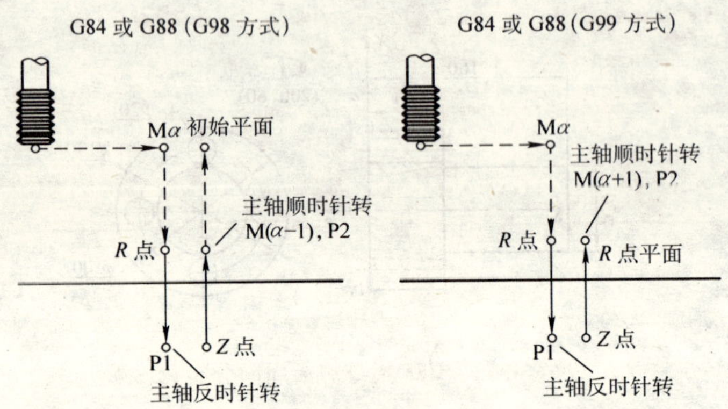

图 4-44　攻螺纹固定循环

G84 X(U)__ C(H)__ Z(W)__ R__ Q__ P__ F__ M__ K__ ;端面攻螺纹

G88 Z(W)__ C(H)__ X(U)__ R__ Q__ P__ F__ M__ K__ ;侧面攻螺纹

指令中各参数意义如下：

1）X（U）__C（H）__或 Z（W）__C（H）__用作指定孔位置坐标。

2）Z（W）或 X（U）用作指定孔底部坐标，以增量坐标 W 或 U 表示时，用作指定 *R* 点到孔底的距离。

3）R __用作指定初始点到 *R* 点的距离，带正负号。

4）P __用作指定刀具在孔底停留的延迟时间。

5）F __用作指定攻螺纹进给速度，以 mm/min 表示（转数与导程的乘积）。

6）K __用作指定攻螺纹重复次数（根据需要指定）。

7）M __用作指定 *C* 轴夹紧 M 代码（根据需要）。

与其他钻孔固定循环不同的是，攻螺纹固定循环在刀具到达孔底后，动力头必须反转，并按 *F* 设定值运动才能使丝锥退回。在这种工作方式下，进给速度倍率调整无效，在刀具返回动作完成以前，即使按暂停键也不能使动作停止下来。

例 4-13　加工端面上沿直径分布的轴向螺纹孔：如图 4-45 所示

的零件沿端面直径上有 3 个螺纹孔，可采用 G84 指令来攻螺纹。每次攻螺纹时保持其余参数不变，只改变 *X* 轴坐标值，则已指定的攻螺纹指令可重复执行，数控程序如下：

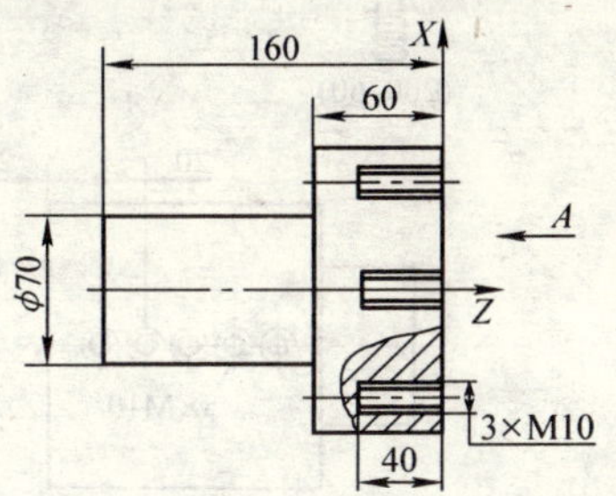

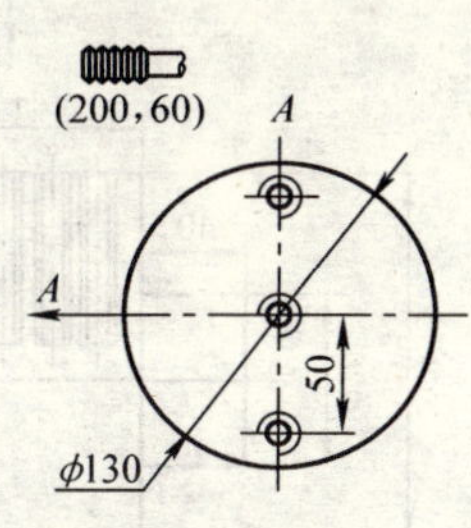

图 4-45　G84 指令攻沿直径分布轴向螺纹孔


```
…
N40 G94 M75              ;主切削运动转换到动力头,数据以 mm/min
                          为单位
N42 M03 S100
N44 G00 Z30.0            ;快速走到钻孔初始平面,该平面距离零件端
                          面 30mm
N46 G84 X100.0 Z-40.0 R10.0 P500 F150.0 M65
                         ;定位并攻第一个孔,R 平面距离初始平面为
                          10mm,攻螺纹进给速度为 150mm/min,在孔
                          底延时 500ms,车床主轴夹紧代码为 M65
N48 X0 M65               ;丝锥移到中心攻第二个孔
N50 X-100.0 M65          ;丝锥移到下端攻第三个孔
N54 G80 M05              ;攻螺纹完毕,取消攻螺纹循环
N56 G95 M76              ;主切削运动转换到车床主轴,数据以 mm/r
                          为单位
N57 G30 U0 W0
N58 M30
```

例 4-14　加工沿轴向分布的径向螺纹孔；如图 4-46 所示的零件沿外表面上有 5 个螺纹孔，可采用 G88 指令来攻螺纹。每次攻螺纹

时保持其余参数不变，只改变 Z 轴坐标值，则已指定的攻螺纹指令可重复执行，数控程序如下：

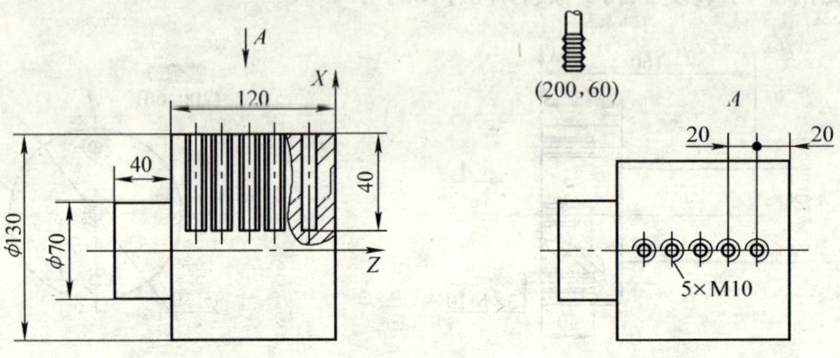

图 4-46 G88 指令攻沿轴向分布径向螺纹孔

```
N40 G94 M75                    ;主切削运动转换到动力头,数据以 mm/min
                                为单位
N42 M03 S100
N44 G00 X170.0                 ;快速走到钻孔初始平面,该平面距离零件外
                                圆 20mm
N46 G88 Z-20.0 X50.0 R10.0 P500 F150.0 M65
                               ;定位并攻第一个孔,R 平面距离初始平面为
                                10mm,攻螺纹进给速度为 150mm/min,车
                                床主轴夹紧代码为 M65
N48 Z-40.0 M65                 ;攻第二个孔
N50 Z-60.0 M65                 ;攻第三个孔
N52 Z-80.0 M65                 ;攻第四个孔
N54 Z-100.0 M65                ;攻第五个孔
N56 G80 M05                    ;攻螺纹完毕,取消攻螺纹循环
N58 G95 M76                    ;主切削运动转换到车床主轴,数据以 mm/r
                                为单位
N59 G30 U0 W0
N60 M30
```

只有具有伺服主轴的机床才具有刚性攻螺纹的功能。

4. 刚性模式的固定循环

（1）概要 攻螺纹循环（G84/G88）有固定模式及刚性模式两种模式。

固定模式为配合攻螺纹轴的动作，使用 M03（主轴正转）、M04（主轴逆转）、M05（主轴停止）等辅助功能使主轴改变旋转方向或停止，而进行螺纹加工，这是以前所介绍过的方法。

刚性模式用于主轴上装有光电编码器的机床，其主轴旋转运动与攻螺纹进给运动严格匹配，当主轴旋转一周时，丝锥进给一个导程，因此，不需像固定模式攻螺纹那样使用浮动丝锥夹头，可进行高速、高精度螺纹加工，这里主要介绍这种模式。

（2）指令格式 刚性模式的指令有在刚性循环指令前先写入 M29 S __的方法、在同一程序段写入 M29 S __的方法和不写入 M29 S __也能进行刚性攻螺纹三种方法。使用第三种方法时，需在 G84（或 G88）前，或同一程序段写入 S __。三种指示格式如下：

1）M29 S __在 G84（或 G88）前指令的使用方法。

M29 S __

G84 X(U)__ C(H)__ Z(W)__ R __ Q __ P __ F __ M __ K __ ;端面攻螺纹

或 G88 Z(W)__ C(H)__ X(U)__ R __ Q __ P __ F __ M __ K __ ;侧面攻螺纹

…

G80

2）M29 S 和 G84（或 G88）在同一程序段指令的使用方法。

G84 X(U)__ C(H)__ Z(W)__ R __ Q __ P __ F __ M __ K __ M29S __ ;端面攻螺纹

或 G88 Z(W)__ C(H)__ X(U)__ R __ Q __ P __ F __ M __ K __ M29S __ ;侧面攻螺纹

…

G80；

3）以 G84（或 G88）刚性攻螺纹 G 代码的使用方法。设定参数 G84（No. 5200#O）为 1。

G84 X(U)__ C(H)__ Z(W)__ R__ Q__ P__ F__ M__ K__ ；端面攻螺纹

或 G88 Z(W)__ C(H)__ X(U)__ R__ Q__ P__ F__ M__ K__ ；侧面攻螺纹

…

G80；

这些指令使主轴停止，刚性模式 DI 信号开启（ON，用 PMC），接着指令的攻螺纹循环成为刚性模式。

程序中的 M29 称为刚性攻螺纹的准备辅助机能，也可用参数 No. 5210 设定为其他 M 码。但本书为了方便起见用 M29。

刚性模式解除指令为 G80，但遇到其他固定循环 G 代码或 01 组的 G 代码，即非攻螺纹循环的指令时，则刚性模式解除。刚性模式 DI 信号随此刚性模式解除指令而关闭（OFF，用 PMC）。

用刚性模式解除指令结束刚性攻螺纹时，主轴停止。也可用复位（复位按钮、外部复位）解除刚性模式。但注意复位不能解除固定循环模式。

说明：

1）以进给速度（mm/min）为单位赋值时，其导程用进给速度除以主轴转速计算；以进给量（mm/r）为单位赋值时，进给量即为导程。

2）S 指令必须在主轴最高转速参数 TPSML（No. 5241）、TPSMM（No. 5242）和 TPSMX（No. 5243）的设定值以下。若超过此值，则会在运行 G84 或 G88 的程序段时产生 P/S 报警（No. 200）。

3）F 指令必须在切削进给速度上限值（以参数 FEDMX（No. 1422）设定）以下。若超过上限值，则会产生 P/S 报警（No. 011）。

4）不可在 M29 和 G84、G88 间写入坐标轴移动指令，否则会出现 P/S 报警（No. 203、No. 204）。

（3）端面螺纹循环（G84）/侧面旋螺纹循环（G88）动作示意

如图4-47所示，刚性模式的G84指令，在*X*/*Z*、*C*轴定位后，以快速进给移动到*R*点。再由*R*点到*Z*/*X*点攻螺纹。攻螺纹完后暂停，主轴停止。停止后主轴再反转，退刀到*R*点，主轴停止，再以快速进给退到起始点。

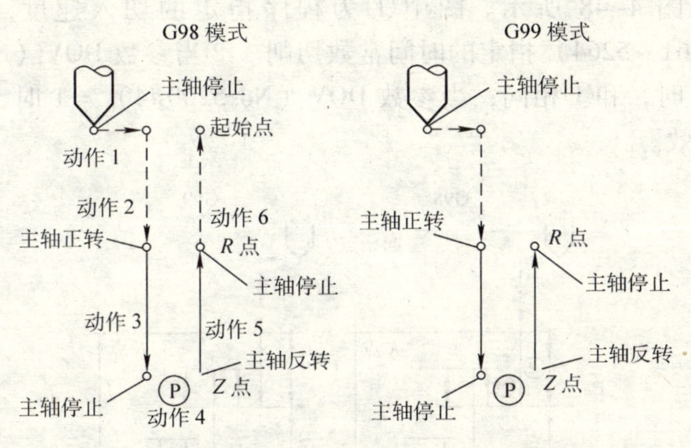

图4-47 刚性攻螺纹循环

攻螺纹轴、主轴分配进给中，速度调整视为100%，主轴转速调整也视为100%，但拔出动作（动作5）可用参数DOV（No.5200#4）、参数RGOVR（No.5211）设定最高达200%的速度调整。

（4）刚性攻螺纹中的进给 *F*的单位见表4-8。

表4-8 ***F*** 的单位

	米制输入	英制输入	附 注
G94	1mm/min	0.01in/min	可用小数点
G95	0.01mm/r	0.0001in/r	可用小数点

（5）深孔刚性攻螺纹循环 刚性攻深螺纹孔会粘住切屑或增加切削阻力，丝锥易折断。为此，可使用此指令从*R*点到*Z*点分几次切削。

深孔攻螺纹循环指令为固定攻螺纹指令的格式，加上每次切入量 Q__。

深孔攻螺纹循环有高速深孔攻螺纹循环和深孔攻螺纹循环两种形式，可由参数 PCP（No. 5200#5）选择。

1）高速深孔攻螺纹循环设定参数 PCP（No. 5200#5）=0 时，动作如图 4-48 所示。图中①为程序指定的切入速度，以参数（No. 5261 ~ 5264）指定的时间常数切削。②当参数 DOV（No. 5200#4）=0 时，和①相同；当参数 DOV（No. 5200#4）=1 时，调整率参数有效。

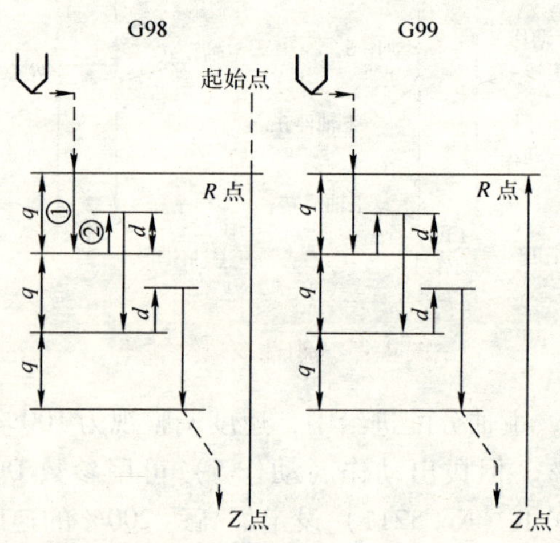

图 4-48 高速深孔刚性攻螺纹循环（d = 退刀量）

2）深孔攻螺纹循环设定参数 PCP（No. 5200#5）=1 时，动作如图 4-49 所示。

①为程序指定的切入速度，以参数（No. 5261 ~ 5264）指定的时间常数切削。② 参数 DOV（No. 5200#4）=0 时，和①相同；当参数 DOV（No. 5200#4）=1 时，调整率参数（No. 5211）有效，以时间常数参数（No. 5271 ~ 5274）切削。③ 参数 DOV（No. 5200#4）=0 时，和①相同；当参数 DOV（No. 5200#4）=1 时，调整率参数（No. 5211）有效，以参数（No. 5261 ~ 5264）指定的时间常数切削。

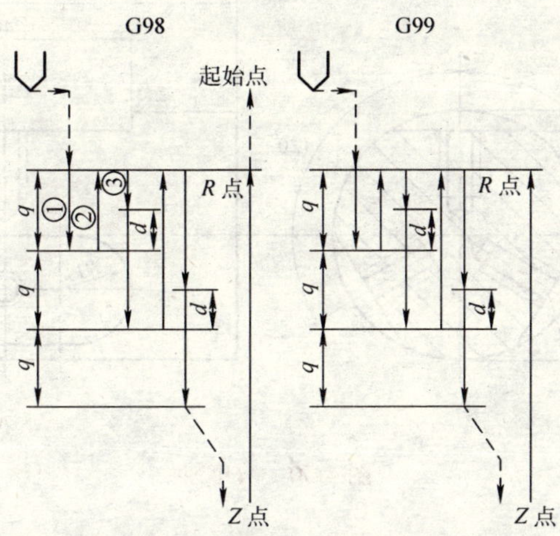

图 4-49　深孔刚性攻螺纹循环

刚性攻螺纹循环中，除了深孔攻螺纹循环③的动作结束时外，在所有的动作结束前，要检查加减速是否结束。

3）指令格式：

M29 S＿；

G84 X(U)＿ C(H)＿ Z(W)＿ R＿ Q＿ P＿ F＿ M＿ K＿ ;端面攻螺纹

或 G88 Z(W)＿ C(H)＿ X(U)＿ R＿ Q＿ P＿ F＿ M＿ K＿ ;侧面攻螺纹

…

G80;

说明：

① 深孔攻螺纹循环的切削开始距离、高速深孔攻螺纹循环的退刀量 d 可在参数（No. 5213）中设定。

② 深孔攻螺纹循环随攻螺纹循环中的 Q 指令而有效，但若指令为 Q0，则不进行深孔攻螺纹循环。

例 4-15　零件如图 4-50 所示。加工要求：铣 3 个互成 120°的平面和加工 3 × *M*6 深 11mm 的螺纹孔。

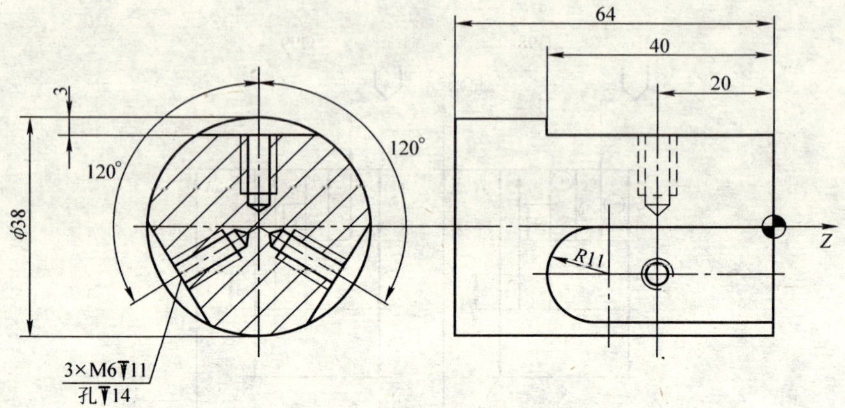

图 4-50　分度轴

程序如下：

```
    O1004
G94 G40 G21 G97
T0202
G00 X32. 0 Z14. 0 M75
    S1350 M03 M08
    C0. 0 M65
G01 Z-29. 0 F70
    X40. 0 F500 M66
G00 Z14. 0 C120. 0 M65
    X32. 0
G01 Z-29. 0 F70
    X40. 0 F500 M66
G00 Z14. 0 C240. 0 M65
    X32. 0
G01 Z-29. 0 F70
    X40. 0 F500 M66
G00 X200. 0 Z100. 0 T0200 M05
T0404
G00 X40. 0 Z-20. 0
```

```
G97 S3500 M03
    C240. 0 M65
G01 X19. 0 F100
G00 X40. 0 M66
    C0. 0 M65
G01 X19. 0 F100
G00 X40. 0 M66
C120. 0 M65
G01 X19. 0 F100
G00 X40. 0 M66
G00 X200. 0 Z100. 0 T0400 M05
    T0606
    X40. 0 Z-20. 0
G97 S1500 M03
    C120. 0 M65
G01 X3. 0 F50
G00 X40. 0 M66
    C240. 0 M65
    G01 X3. 0 F50
G00 X40. 0 M66
    C0. 0 M65
G01 X3. 0 F50
G00 X40. 0 M66
G00 X200. 0 Z100. 0 T0600 M05
    T0808
    X43. 0 Z-20. 0
G97 S500 M03
    C0. 0 M65
    M49                         ；进给倍率无效
G01 X9. 0 F500
    X43. 0 M04
```

```
    M03 M66
    G00 C120. 0 M65
    G01 X9. 0 F500
    X43. 0 M04
    M03 M66
    G00 C240. 0 M65
    G01 X9. 0 F500
    X43. 0 M04
    M66 M48                  ;进给倍率有效
    M76                      ;取消轮廓方式
G30 U0 W0 M05 M09
M30
```


以上程序用的是系统的基本功能编程的，下面用系统提供的简化功能加以简化。程序如下：

```
    O1004
G94 G40 G21 G97
T0202
G00 X32. 0 Z14. 0 M75
    S1350 M03 M08
    C0. 0 M65
G90 X32. 0 Z-29. 0 F70
  M66
  G00 C120. 0 M65
  G90 X32. 0 Z-29. 0 F70
  M66
  G00 C240. 0 M65
  G90 X32. 0 Z-29. 0 F70
  X40. 0 F500 M66
  G00 X200. 0 Z100. 0 T0200 M05
  T0404
  G01 X40. 0 Z-20. 0
```

```
  G97 S3500 M03
  G87 C240.0 X19.0 R-3.0 F100 M65
  C0.0 M65
  C120.0 M65
  M66
  G00 X200.0 Z100.0 T0400 M05
    T0606
    X40.0 Z-20.0
G97 S1500 M03
G87 C120.0 X3.0 R-3.0 F50 M65
    C240.0 M65
    C0.0 M65
    M66
G00 X200.0 Z100.0 T0600 M05
    T0808
    X43.0 Z-20.0
G97S500 M03
G88 C0.0 X9.0 R-3.0 F500 M65
    C120.0 M65
    C240.0 M65
M66
M76                    ;取消轮廓方式
G30 U0 W0 M05 M09
M30
```


第四节　典型零件的加工

本例是第一界全国数控机床操作大赛中的原题。

例 4-16　配合件的加工（两件）

1. 图样分析

加工零件图样见图 4-51 ~ 图 4-53，零件毛坯尺寸分别是

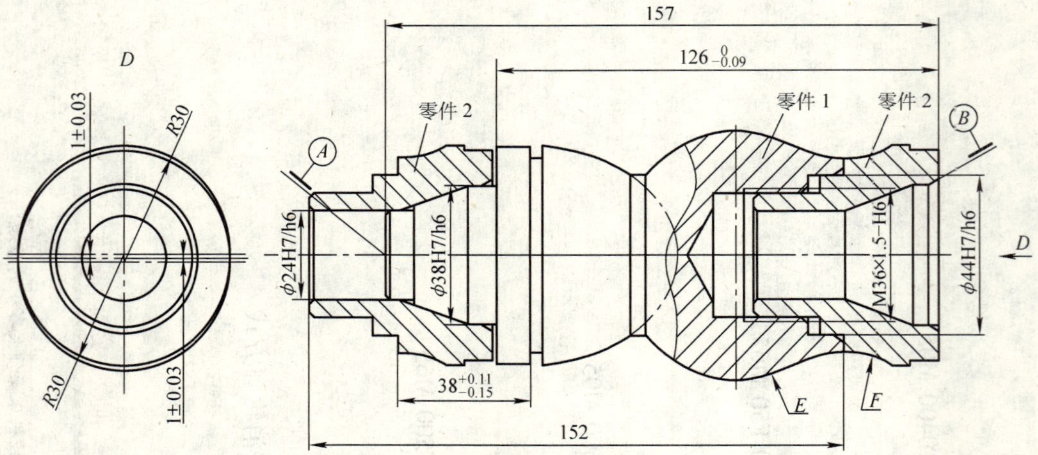

D

1±0.03

R30

R30

1±0.03

157

$126_{-0.09}^{\ 0}$

零件 2

零件 1

零件 2

A

B

ϕ24H7/h6

ϕ38H7/h6

M36×1.5−H6

ϕ44H7/h6

D

$38_{-0.15}^{+0.11}$

E

F

152

技术要求

1. 装配后零件 1 的 *E* 处和零件 2 的 *F* 处轮廓按整体轮廓要求，要求与基准 *A*−*B* 的圆跳动不大于 0.05mm

2. 锥度配合要求尺寸 ($38_{-0.15}^{+0.11}$)mm

3. 右端配合要求尺寸 ($126_{-0.09}^{\ 0}$)mm

选手姓名		数控车－学生组	比例	1:1
机床编号		装配图	材料	
裁判				
接收		第一届全国数控技能大赛	图号：CA−01−00	

图4-51 装配图

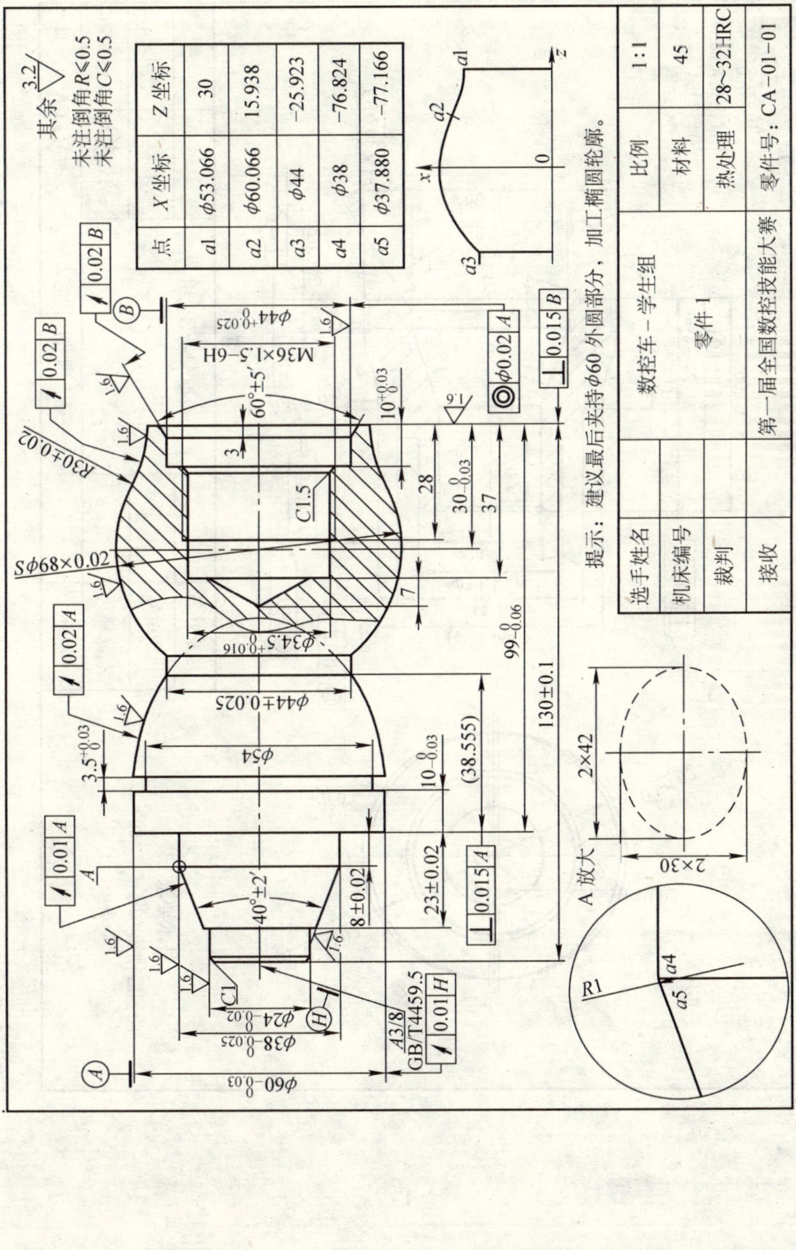

其余 3.2

未注倒角 $R\leqslant0.5$

未注倒角 $C\leqslant0.5$

点	X 坐标	Z 坐标
a1	φ53.066	30
a2	φ60.066	15.938
a3	φ44	−25.923
a4	φ38	−76.824
a5	φ37.880	−77.166

提示：建议最后夹持φ60 外圆部分，加工椭圆轮廓。

选手姓名		数控车－学生组	比例	1:1
机床编号		零件 1	材料	45
裁判			热处理	28~32HRC
接收	第一届全国数控技能大赛		零件号：CA−01−01	

图 4-52 零件1

其余 3.2
未注倒角R≤0.5
未注倒角C≤0.5
52±0.06
34±0.03
27-0.025
(14)
40°±2′
60°±5′
7±0.02
8±0.03
R30±0.02
1±0.03
技术要求
两偏心轴线方向互成180°±2°
选手姓名
机床编号
裁判
接收
数控车－学生组
零件 2
第一届全国数控技能大赛
比例 1:1
材料 45
热处理 28~32HRC
零件号：CA-01-02

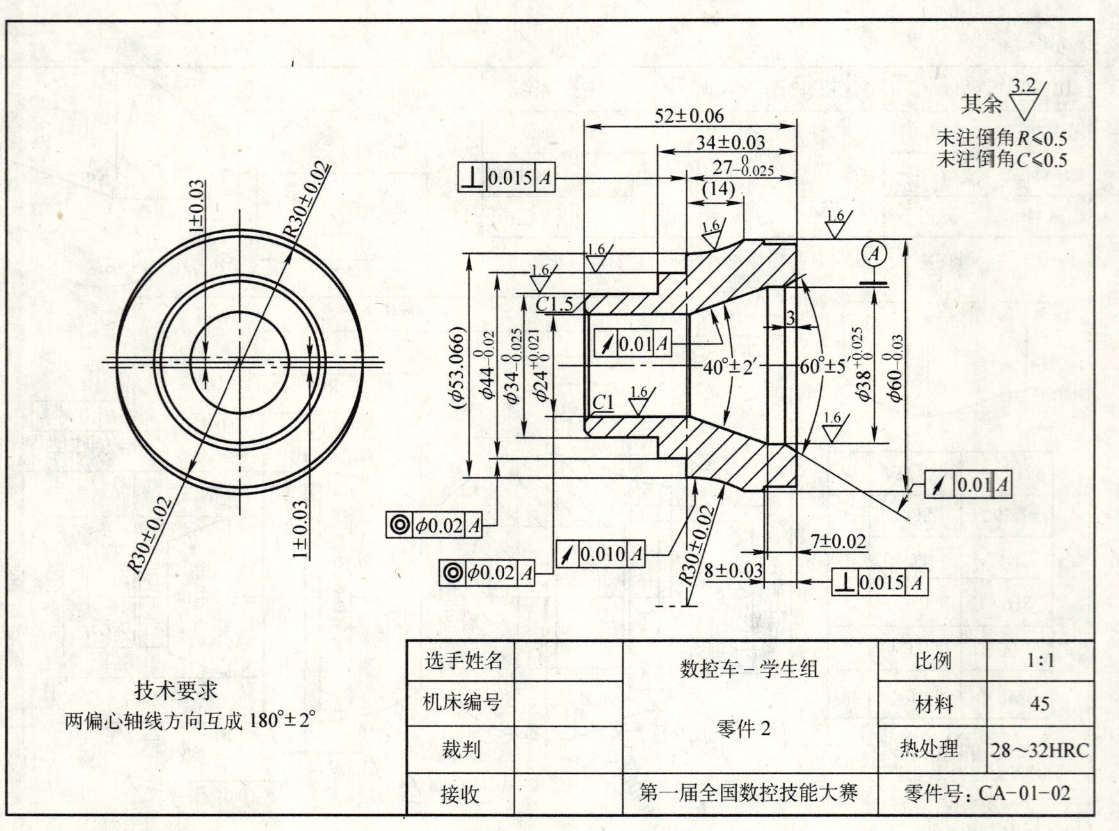

图 4-53 零件2

ϕ100mm × 155mm 和 ϕ80mm × 70mm，毛坯材料为 45 调质钢，硬度为 25 ~ 32HRC。

2. 工艺分析、加工准备与编程

（1）工艺分析　零件 1 的主要加工部分包括 4 段圆柱外径、一段圆锥外径、两段相切的外圆弧、一段椭圆外轮廓、一个外槽、两个圆柱内径和一个米制内螺纹以及端面。外轮廓应分粗、精车和车槽来完成，内轮廓应分钻孔、粗镗、精镗和车螺纹来完成。

零件 2 的主要加工部分包括 3 段圆柱外径、一段外圆弧、一段双偏心外径、两个圆柱内径和两个圆锥内径以及端面。外轮廓应先分粗、精车成型、后分别车双偏心外径。内轮廓应分钻孔、粗镗和精镗来完成。

对零件 1 与零件 2 的圆柱面配合（两种装配形式之一）有轮廓跳动误差要求，一是在零件 1 单独加工时把两段相切的外圆弧、一段椭圆弧和 ϕ44mm 圆柱外径留着不车出；二是在零件 2 单独加工时把圆弧外径留着不车出，把小外径车到 $\phi 36^{-0.15}_{-0.25}$mm 并车出 M36 × 1.5 的米制螺纹；三是将两零件用螺纹装配在一起再车出上述留着未加工的外形部分；四是分体后将零件 2 的外螺纹车掉，即把其小外径车到 $\phi 34^{\ 0}_{-0.025}$mm。

（2）加工工序与工步　两个零件先各加工两道工序，再装配在一起加工共同的第三道工序，拆分后零件 2 再加工 3 道工序。流程框图如图 4-54 所示。

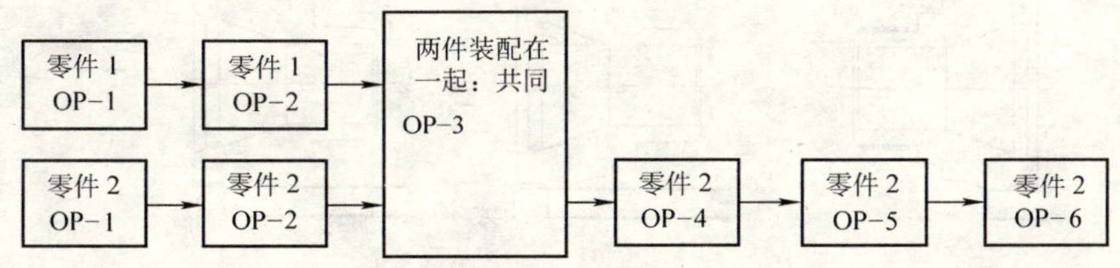

图 4-54　流程框图

零件 1 的工艺过程简图如图 4-55 所示。零件 2 的工艺过程简图如图 4-56 所示。在简图上可以看到装卡方式和加工部位（图形填充部分）。

（3）各工序的装卡方式和加工部件

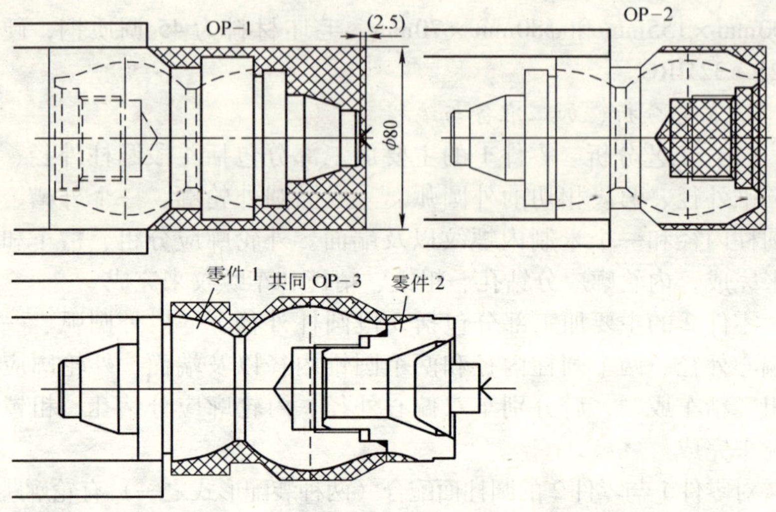

图 4-55　零件 1 的工艺过程简图

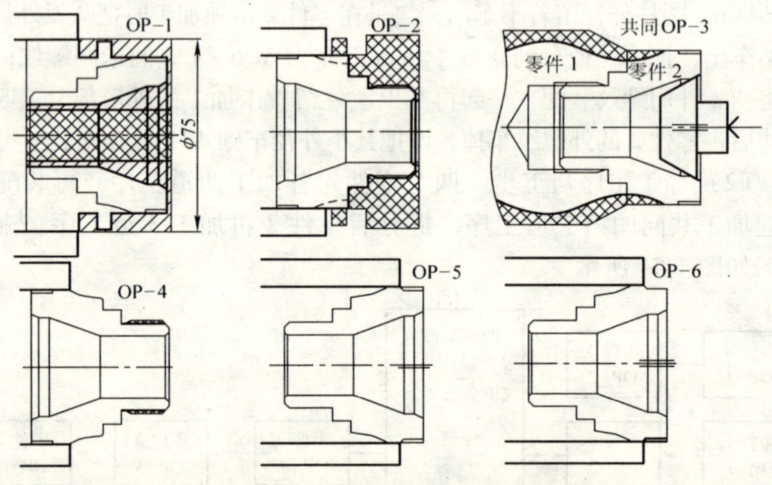

图 4-56　零件 2 的工艺过程简图

1）零件 1OP—1 的装卡方式和加工部位如图 4-57 所示。

2）零件 1 的 OP—2 的装卡方式和加工部位如图 4-58 所示。

3）零件 1 与零件 2 共同的 OP—3 的装卡方式和加工部位如图 4-59所示。

4）零件 2 的 OP—1 的装卡方式和加工部位如图 4-60 所示。

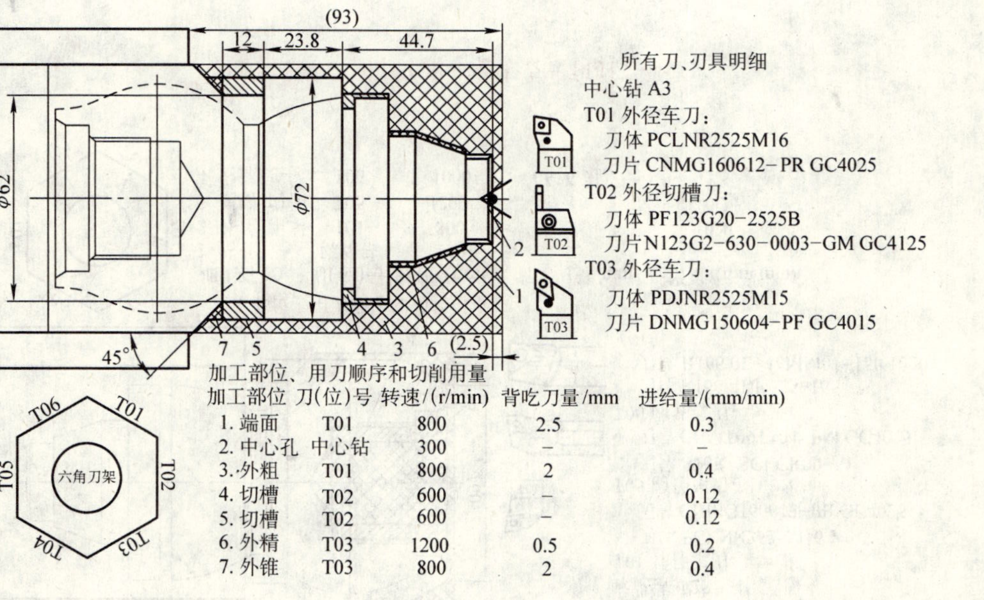

加工部位、用刀顺序和切削用量

加工部位	刀(位)号	转速/(r/min)	背吃刀量/mm	进给量/(mm/min)
1. 端面	T01	800	2.5	0.3
2. 中心孔	中心钻	300	–	–
3. 外粗	T01	800	2	0.4
4. 切槽	T02	600	–	0.12
5. 切槽	T02	600	–	0.12
6. 外精	T03	1200	0.5	0.2
7. 外锥	T03	800	2	0.4

图4-57　零件1的OP−1装卡方式和加工部位

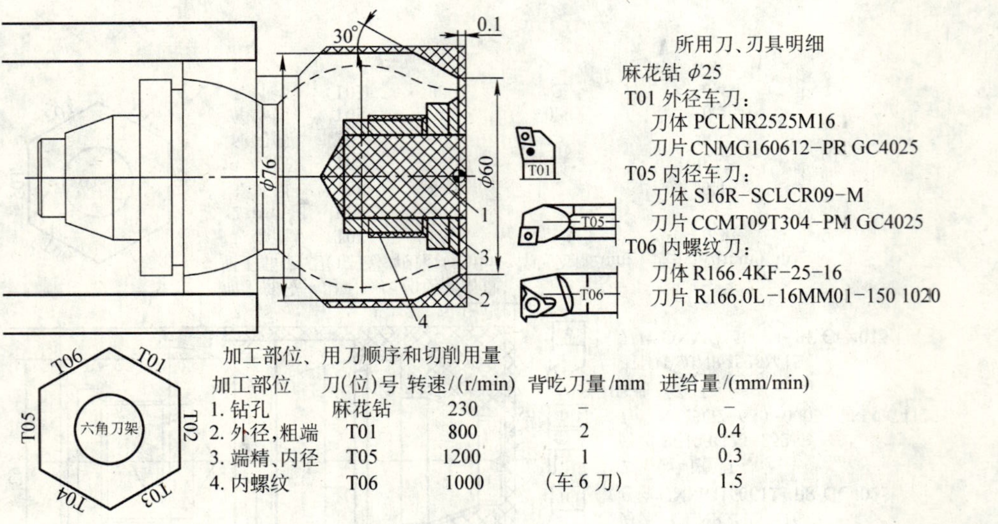

加工部位	刀(位)号	转速/(r/min)	背吃刀量/mm	进给量/(mm/min)
1. 钻孔	麻花钻	230	–	–
2. 外径，粗端	T01	800	2	0.4
3. 端精、内径	T05	1200	1	0.3
4. 内螺纹	T06	1000	（车6刀）	1.5

图4-58 零件1的OP–2装卡方式和加工部位

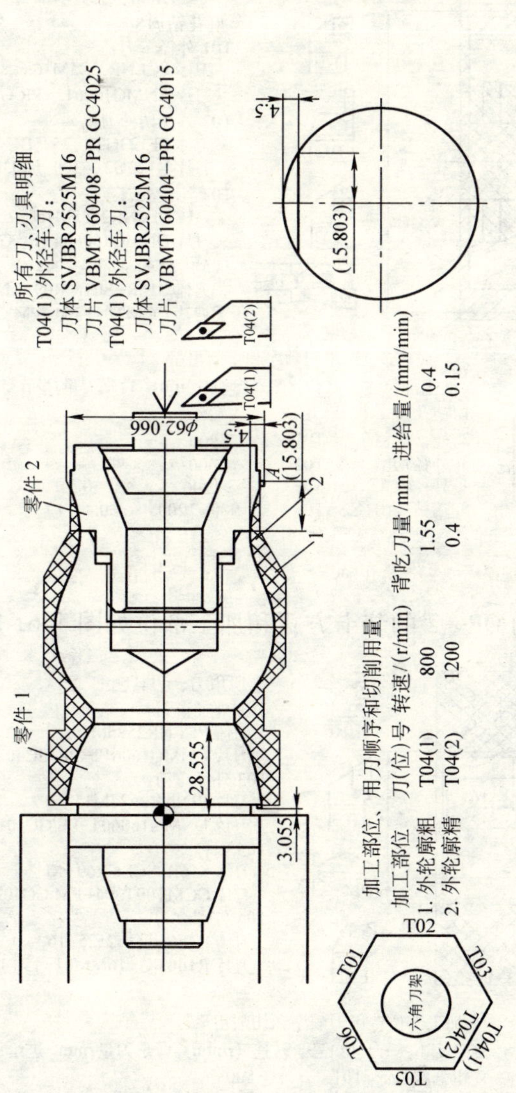

图4-59 共同的OP-3装卡方式和加工部位

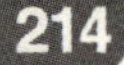

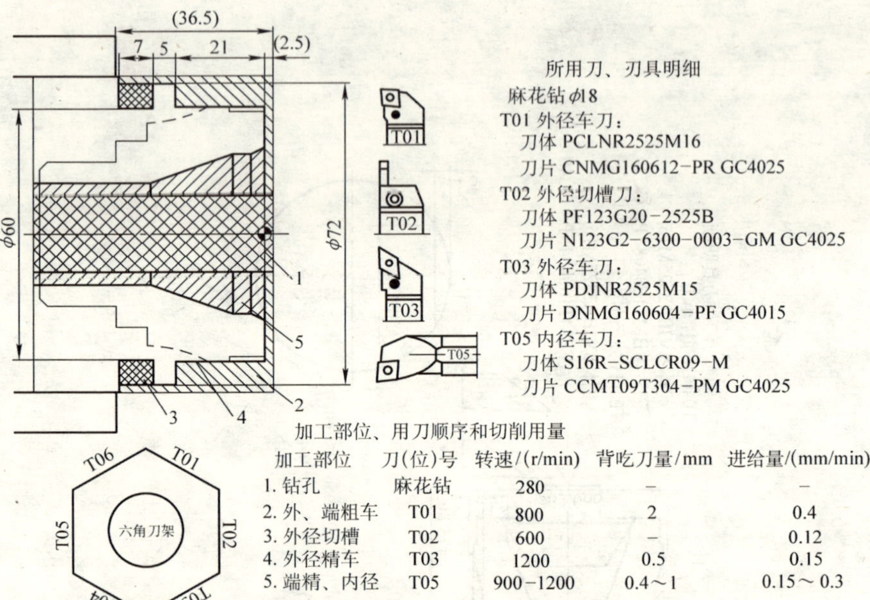

加工部位、用刀顺序和切削用量

加工部位	刀(位)号	转速/(r/min)	背吃刀量/mm	进给量/(mm/min)
1. 钻孔	麻花钻	280	–	–
2. 外、端粗车	T01	800	2	0.4
3. 外径切槽	T02	600	–	0.12
4. 外径精车	T03	1200	0.5	0.15
5. 端精、内径	T05	900–1200	0.4～1	0.15～0.3

图 4-60　零件 2 的 OP—1 装卡方式和加工部位

5）零件 2 的 OP—2 的装卡方式和加工部位如图 4-61 所示。

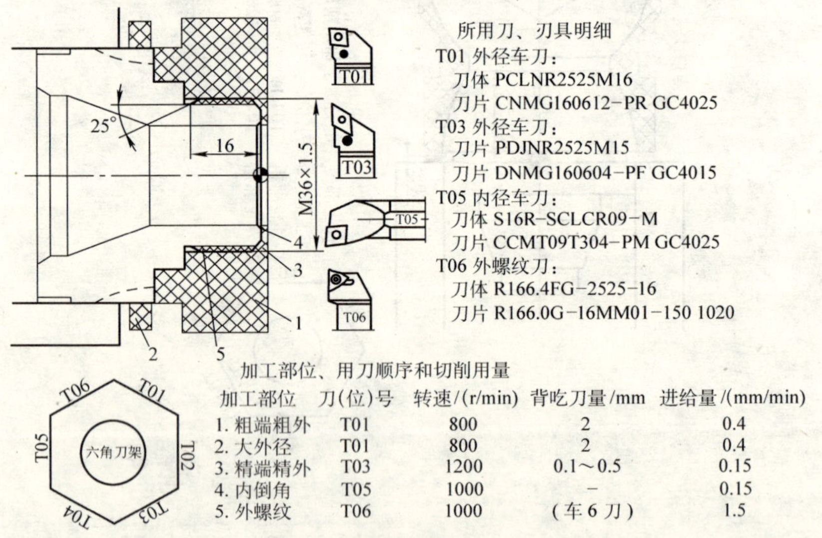

加工部位、用刀顺序和切削用量

加工部位	刀(位)号	转速/(r/min)	背吃刀量/mm	进给量/(mm/min)
1. 粗端粗外	T01	800	2	0.4
2. 大外径	T01	800	2	0.4
3. 精端精外	T03	1200	0.1～0.5	0.15
4. 内倒角	T05	1000	–	0.15
5. 外螺纹	T06	1000	（车 6 刀）	1.5

图 4-61　零件 2 的 OP—2 装卡方式和加工部位

6）零件 2 的 OP—4 的装卡方式和加工部位如图 4-62 所示。

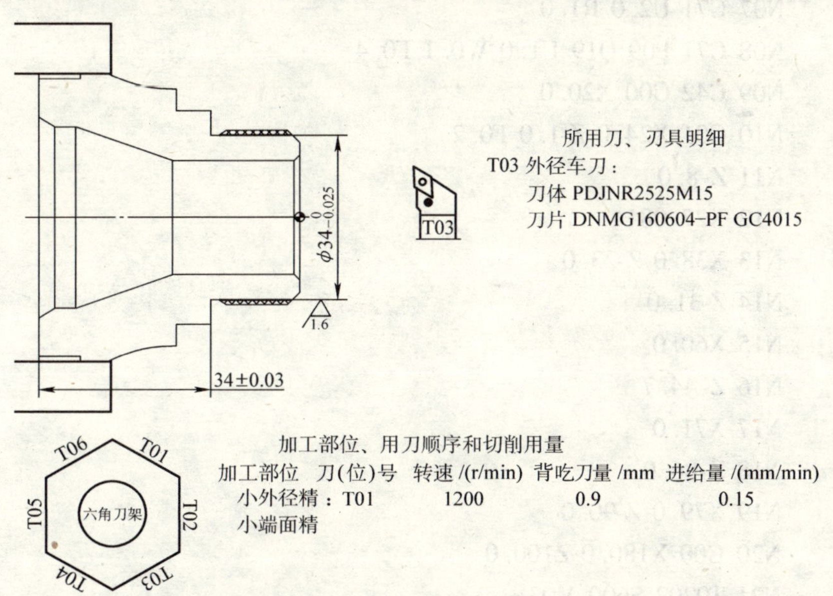

图 4-62 零件 2 的 OP—4 装卡方式和加工部位

7）零件 2 的 OP—5 和 OP—6 的装卡方式和加工部位如图 4-63 所示。

（4）加工程序编制 下面是 A 方案两零件各工序在配 FANUC 0i-Mate TC 系统的 CKA6150 型数控车床上使用的加工程序及其说明。

1）CA-01 加工程序。零件 1 的 OP—1 的加工程序如下，*Z* 向原点选择在零件的外端面中心。

```
O0031
N0 T0101 S800 M03
N02 G54 G00 X85.0 Z0.0 M08
N03 G01 X0.0 F0.2
N04 G00 X280.0 Z1.0
N05 M00
```

```
N06 X80.0
N07 G71 U2.0 R1.0
N08 G71 P09 Q19 U1.0 W0.1 F0.4
N09 G42 G00 X20.0
N10 G01 X24.0 Z-1.0 F0.2
N11 Z-8.0
N12 X27.081
N13 X38.0 Z-23.0
N14 Z-31.0
N15 X60.0
N16 Z-44.7
N17 X71.0
N18 Z-86.0
N19 X79.0 Z-90.0
N20 G00 X180.0 Z100.0
N21 T0202 S600 M03
N22 G55 X74.0 Z-44.5
N23 G01 X60.5 F0.3
N24 X54.0 F0.12
N25 G00 X60.5
N26 Z-44.0
N27 G01 X54.0
N28 G00 X74.0
N29 Z-80.5
N30 G01 X62.0 F0.12
N31 G04 X0.1
N32 G00 X74.0
N33 Z-77.5
N34 G01 X62.0
N35 G04 X0.1
N36 G00 X74.0
```

```
N37 Z-74. 5
N38 G01 X62. 0
N39 G04 X0. 1
N40 G00 X74. 0
N41 Z-71. 5
N42 G01 X62. 0
N43 G04 X0. 1
N44 G00 X180. 0
N45 Z100. 0
N46 G56 T0303 S1200 M08
N47 G70 P09 Q19
N48 G40
N49 G00 Z-80. 0 S800 M03
N50 X67. 0
N51 G01 X72. 0 Z-82. 5 F0. 4
N52 G00 Z-80. 0
N53 X63. 0
N54 G01 X72. 0 Z-84. 5
N55 G00 Z-80. 5
N56 X64. 0
N57 G01 X62. 0
N58 X72. 0 Z-85. 5
N59 G00 X100. 0 Z0 M09
N60 Z250. 0 M05
N61 M30
```

说明：

① 用 T03 刀精车出的 3 段圆柱外径的公差中值比公称尺寸分别小 0. 01mm、0. 0125mm 和 0. 015mm，这 3 个值之间最多才差 0. 005mm，所以编程时这 3 处可直接使用公称尺寸而不必进行调整。

② 切 12mm ×5mm 的槽是为方便下道工序对刀，所以切到槽底应

8±0.03
R30±0.02
1±0.03
T03

加工部位、用刀顺序和切削用量

加工部位	刀(位)号	转速/(r/min)	背吃刀量/mm	进给量/(mm/min)
一侧偏心外径	T01	500	1	0.1

T06 T01 T02 T03 T04 T05 六角刀架

所用刀、刃具明细

T03 外径车刀：

刀体 PDJNR2525M15

刀片 DNMG160604-PP GC4015

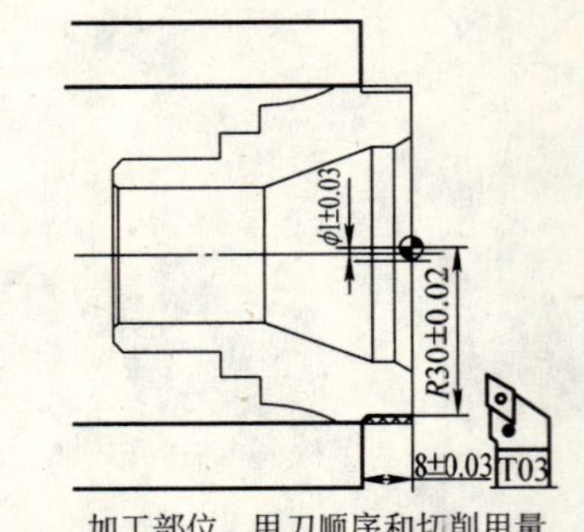

加工部位、用刀顺序和切削用量

加工部位	刀(位)号	转速/(r/min)	背吃刀量/mm	进给量/(mm/min)
另侧偏心外径	T01	500	1	0.1

T06 T01 T02 T03 T04 T05 六角刀架

所用刀、刃具明细

T03 外径车刀：

刀体 PDJNR2525M15

刀片 DNMG160604-PP GC4015

图4-63　零件2的OP—5和OP—6装卡方式和加工部位

延时一转，以便将槽底车圆。

③ 为防止 ϕ60mm 外径与 3.5mm 宽的槽相切处有明显毛刺，此槽应安排在外精车前切出。

④ ϕ72mm 是工艺用外径，所以在粗车循环时应直接将其车到尺寸，精车循环时此处实际车不着。

⑤ 为减轻切刀负担，安排 ϕ72mm 圆柱的右侧面与 3.5m 宽槽侧面离开 0.2mm。

2）零件 1 的 OP—2 的加工程序如下，*Z* 向原点选择在零件的外端面中心。

```
O0032
N01 T0101 S800 M03
N02 G54 G00 X80.0 Z4.0 M08
N03 G71 U2.0 R1.0
N04 G71 P05 Q09 U0.0 W0.1 F0.4
N05 G00 X25.0
N06 G01 Z0.0
N07 X60.0
N08 X76.0 Z-13.82
N09 Z-42.5
N10 G00 X100.0 Z150.0
N11 T0505 S1200 M03
N12 G58 X64.0 Z0.0
N13 G01 X25.0 F0.15
N14 G00 Z1.0
N15 G71 U1.0 R1.0
N16 G71 P17 Q25 U-0.8 W0.1 F0.3
N17 G41 G00 X48.62
N18 G01 X44.0 Z-3.0 F0.15
N19 Z-10.0
N20 X37.7
N21 X34.7 Z-11.5
```

```
N22 Z-31.0
N23 X34.0
N24 Z-37.0
N25 X25.0
N26 G70 P17 Q25
N27 G40
N28 G00 X100.0 Z100.0 M09
N29 M00
N30 T0606 S1000 M03
N31 G59 X30.0 Z5.0 M08
N32 Z-7.0
N33 G76 P010060 Q100 R0.012
N34 G76 X36.0 Z-30.0 P812 Q358 F1.5
N35 G00 Z100.0 M09
N36 X100.0 Z250.0 M05
N37 M30
```

说明：

① 用 T05 刀精车出的两内径的公差中值比公称尺寸公别大 0.0125mm 和 0.008mm，这两个值之间最大才差 0.0045mm，所以编程时这两处可直接使用公称尺寸而不必进行调整。

② 本工序中外圆柱和外圆锥用复合粗车循环直接车出，这样车出的圆锥会略大，不过这两处是工艺需要而不是零件轮廓加工需要，所以是允许的。

③ 安排外端面由内径刀来精车，是为了保两个台阶的纵向尺寸精度。

④ 由于内径粗、精车只能合用一把 ϕ16mm 的内径刀加工，所以粗车背吃刀量 0.1 ~0.2mm。

⑤ 内螺纹径的公称尺寸为 ϕ34.576mm，实际车时会增大 0.1 ~0.2mm，所以小内圆柱面（小内径）与螺纹顶径应分段加工。

3）零件 1 和零件 2 共同的 OP—3 加工程序如下，Z 向原点选在椭球的纵向对称中心。

```
O0033
N01 T0404 S800 M03
N02 G57 X100. 0 Z104. 803 M08
N03 G73 U14. 0 W0. 1 R9. 0
N04 G73 P05 Q10 U0. 8 W0. 0 F0. 4
N05 G00 G42 X62. 066 Z104. 803
N06 G02 X60. 066 Z74. 983 R30. 0
N07 G03 X44. 0 Z33. 077 R34. 0
N08 G01 X28. 555
N09 X44. 5
N10 G03 X60. 5 Z13. 5 R30. 0
N11 G00 X100. 0 Z300. 0 M09
N12 M00
N13 T0404 S1200 M03
N14 X66 Z100. 0 M08
N15 G42 X62. 066 Z104. 803
N16 G02 X60. 066 Z74. 938 R30. 0 F0. 15
N17 G03 X44. 0 Z33. 077 R34. 0
N18 #1 =28. 555
N19 #2 = SQRT[900-0. 5102 * #1 * #1 ]
N20 G01 X[2 * #2] Z#1 F0. 1
N21 #1 = #1-0. 3
N22 1F [#1 GE 3. 055] GOTO 19
N23 G00 X100. 0 Z100. 0 M09
N24 Z250. 0 M05
N25 M30
```

说明:

① 切削起点不能正好在 $R30$mm 圆弧与 $\phi60$mm 轮廓直线的交点，应适当移出。

② N03 段中的 U 值不能小于 14，否则第一刀会切得太深。

③ 粗车时，椭圆轮廓部分可用一段圆弧来代替。

④ 由于只提供可装 35°刀片的刀体，所以只能在程序中运行中途换一次刀片，以便粗车用粗车刀片、精车用精车刀片。

4）零件 2 的 OP—1 的加工程序如下，*Z* 向原点选择在零件的外端面中心。

```
O0034
N01 T0101 S800 M03
N02 G54 G00 X75.0 Z4.0 M08
N03 G71 U2.0 R1.0
N04 G71 P05 Q11 U0.0 W0.0 F0.4
N05 G00 X25.0
N06 G01 Z0.1
N07 X61.0
N08 Z-21.0
N09 X72.0
N10 Z-33.0
N11 X75.0
N12 G00 X180.0 Z100.0
N13 T0202 S600 M03
N14 G55 X74.0 Z-33.0
N15 G01 X60.0 F0.12
N16 G00 X74.0
N17 Z-30.0
N18 G01 X60.0
N19 G00 X74.0
N20 Z-29.0
N21 G01 X60.0 F0.1
N22 G00 X150.0
N23 Z100.0
N24 T0303 S1200 M03
N25 G56 X60.0 Z2.0
N26 G01 Z-21.0 F0.15
```

```
N27 G00 X100. 0 Z150. 0
N28 T0505 S1200 M03
N29 G58 X72. 0 Z0. 0
N30 G01 X18. 0 F0. 15
N31 G00 Z1. 0 S900 F1. 0
N32 G71 U1 R1
N33 G71 P34 Q39 U-0. 8 W0. 0 F0. 3
N34 G00 G42 X42. 062 S1200 M03
N35 G01 X38. 0 Z-3. 0 F0. 15
N36 Z-7. 0
N37 X24. 0 Z-30. 51
N38 Z-54. 0
N39 U-1. 0
N39 G70 P34 Q39
N41 G40
N42 Z100. 0 M09
N43 X100. 0 Z250. 0 M05
N44 M30
```

说明:

① 用 T05 刀精车出的内圆柱直径的公差中值比公称尺寸分别大 0. 0125mm 和 0. 0105mm 这两个值之间最大才差 0. 002mm，所以编程时这两处可直接使用公称尺寸而不必进行调整。

② 切削 7mm×6mm 的槽是为方便下道工序对刀，但只用侧面不用底面，所以底面不用车圆。

③ 由于本工序中车的外径中只有一段是零件轮廓的外径，所以精车没有必要再用复合循环指令来编程。

④ 按排外端面由内径刀来精车，是为了保内圆柱纵向尺寸精度。

⑤ 由于内径粗、精车只能合用一把 ϕ16mm 的内径刀，所以粗车每刀的背吃刀量不能超过 1mm。

5）零件 2 的 OP—2 加工程序如下，Z 向原点选择在零件外端面中心。

```
O0035
N01 T0101 S800 M03
N02 G54 G00 X75. 0 Z4. 0 M08
N03 G71 U2. 0 R1. 0
N04 G71 P05 Q13 U1. 0 W0. 1 F0. 4
N05 G00 G42 X18. 0 F0. 15
N06 G01 Z0. 0
N07 X32. 8
N08 X35. 8 Z-1. 5
N09 Z-18. 0
N10 X44. 0
N11 Z-25. 0
N12 X60. 0
N13 Z-32. 0
N14 G00 X100. 0 Z100. 0
N15 T0303 S1200 M03
N16 G56 X16. 0 Z1. 0
N17 G01 Z42. 0 Z0. 0 F0. 15
N18 X32. 8
N19 X35. 8 Z-1, 5
N20 Z-13. 284
N21 X34. 2 Z-15. 0
N22 Z-18. 0
N23 X44. 0
N24 Z-25. 0
N25 X60. 0
N26 Z-32. 0
N27 G40
N28 G00 Z200. 0
N29 T0505 S1000 M03
```

```
N30 G58 X30.468 Z2.0
N31 G01 X23.0 Z-1.734 F0.15
N32 G00 X150.0 Z50.0 M09
N33 T0606 S1000 M03
N34 G59 X40.0 Z3.0 M08
N35 G76 P010060 Q100 R0.012
N36 G76 X34.376 Z-17 P812 Q358 F1.5
N37 G00 Z100.0 M09
N38 X150.0 Z200.0 M05
N39 M30
```

说明：

① 由于 ϕ44mm 外径和螺纹顶径用同一把刀精车，所以螺纹顶径不能用公称尺寸 ϕ36mm 来编程。

② 由于精车要比粗车多车一个螺纹退刀槽，所以精车不再用复合循环指令来编程。

③ 车螺纹使用复合循环指令编程，此处选用粗车 5 刀，精车 1 刀来车成。

④ 倒角编程时，车削终点不能正好到 ϕ24mm，而要往下移一些，这里车到了 ϕ23mm。

⑤ 倒角应使用假想刀尖点位置来编程。

6）零件 2 的 OP—4 的加工程序如下，Z 向原点选择在零件的外端面中心。

```
O0036
N1 T0303 S1200 M03
N2 G56 G00 X34.0 Z2.0 M08
N3 G01 Z-18.0 F0.15
N4 G00 X100.0 Z100.0 M09
N5 Z250.0 M05
N6 M30
```

7）零件 2 的 OP—5 和 OP—6 可共用如下一个加工程序，Z 向原点选择在零件外端面的中心（由于车偏心外径是断续切削，所以

主轴转速选得比较低）。

```
O0037
N1 T0303 S500 M03
N2 G56 G00 X60.0 Z3.0 M08
N3 G01 Z-8.0 F0.1
N4 G00 X100.0 Z100.0 M09
N5 Z250.0 M05
N6 M30
```

例 4-17 加工如图 4-64 所示零件。外圆精加工余量 *X* 向 0.4mm，*Z* 向 0.1mm，内孔精加工余量 *X* 向 0.4mm，*Z* 向 0.1mm，车槽刀刃宽 4mm，钻头直径为 ϕ18mm，螺纹加工用 G92 命令，*X* 向铣刀直径为 ϕ8mm，工件程序原点如图所示（毛坯上 ϕ50mm 的外圆已粗车至尺寸，不需加工）。

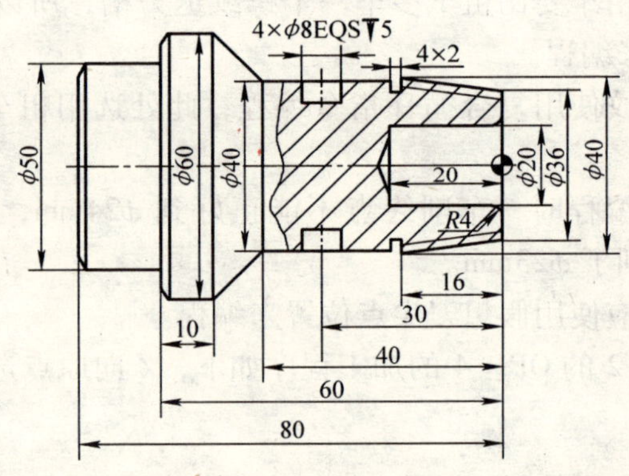

图 4-64 例 4-17 零件图

程序	说明
O0006	
G54 M41	
G50 S1500	
N1	;工序(一)端面车削
G00 G40 G99 S400 T1010 M04 F0.1	
X62.0 Z0.0	

```
G96 S120
G01 X0. 0
G00 G97 S500 Z50. 0
G28 U0 W0 T1000 M05
N2                          ;工序(二)打中心孔
G00 G40 G97 G99 S800 M04 T0101 F0. 02
X0. 0 Z2. 0
G74 R0. 2                   ;钻中心孔时每次退刀量为 0. 2mm
G74 Z-5. 0 Q2000            ;孔深 5mm,每次钻削深度 2mm
G28 U0 W0 T0100 M05
N3                          ;工序(三)钻孔(钻头直径 φ18mm)
G00 G40 G97 G99 S250 M04 T0303 F0. 2
X0 Z2. 0
G74 R1. 0                   ;钻孔时每次退刀量 1mm
G74 Z-24. 0 Q3000           ;孔深 24mm,每次钻孔深度 3mm
G28 U0 W0 T0300 M05
N4                          ;工序(四)外圆粗加工
G00 G40 G97 G99 S400 M04 T0202 F0. 25
X64. 0 Z2. 0
G71 U2. 0 R0. 5
G71 P10 Q11 U0. 4 W0. 1
N10 G00 G42 X16. 0
G01 Z0
X36. 0
X40. 0 Z-16. 0
Z-40. 0
X60. 0 Z-50. 0
Z-60. 0
N11 G01 G40X64. 0
G28 U0 W0 T0200 M05
N5                          ;工序(五)内径粗加工
```

```
G00 G40 G97 G99 S350 T0808 M04 F0.2
X16.0 Z2.0                ;刀具定位至内孔粗加工循环点
G71 U1.5 R0.5             ;粗车每次背吃刀量1.5mm,退刀量
                           0.5mm
G71 P12 Q13 U-0.4 W0.1
N12 G00 G41 X28.0         ;刀尖R补偿方向切换为左刀补
G01 Z0
G02 X20.0 Z-4.0 R4.0
G01 Z-20.0
X18.0
N13 G01 G40 X16.0
G28 U0 W0 T0800 M05
N6                        ;工序(六)外圆精加工
G00 G40 G97 G99 S500 T0404 M04 F0.2
X64.0 Z2.0
G96 S150
G70 P10 Q11
G00 G97 X100.0 S500
G28 U0 W0 T0400 M05
N7                        ;工序(七)内孔精加工
G00 G40 G97 G99 S300 M04 T1212 F0.1
X16.0 Z2.0
G96 S120
G70 P10 Q11
G00 G97 Z50.0 S300
G28 U0 W0 T1200 M05
N8                        ;工序(八)车槽加工
G00 G40 G97 S250 T0606 M04 F0.05
X42.0 Z-20.0
G01 X36.0
G01 X42.0 F0.2
```

```
G28 U0 W0 T0600 M05
N9                          ;工序(九)锥螺纹加工
G00 G40 G97 G99 S500 T0707 M04
X42. 0 Z6. 0                ;刀具定位至螺纹加工循环点
G92 X39. 7 Z-18. 0 R. 3. 0 F1. 5
    X39. 1
    X38. 7
    X38. 6
    X38. 55
G28 U0 W0 T0700 M05
N10                         ;工序(十)铣径向孔
M75
G28 H-30. 0
G50 C0                      ;设定 C 轴坐标系
M65 G00 G40 G97 G98 S700 M04 T1111
Z-30. 0
X42. 0
M98 P40010                  ;调用 O0010 子程序 4 次
G28 U0 W0 H0 T0 M05         ;X 轴、Z 轴、C 轴自动回归原点
M76 M66                     ;C 轴离合器脱开
M30                         ; 程序结束
子程序
O0010
G01 X30. 0 F5
G01 X42. 0F20
G00 H90. 0
M99                         ;子程序调用结束
```

例 4-18　加工图 4-65 所示零件，外圆精加工余量 X 向 0. 05mm，Z 向 0. 01mm，车槽刀刃宽 4mm，螺纹加工用 G92 指令，X 向铣刀直径为 ϕ8mm，Z 向铣刀直径为 ϕ6mm，工件程序原点如图所示（毛坯上 ϕ70mm 的外圆已粗车至尺寸，不需加工）。

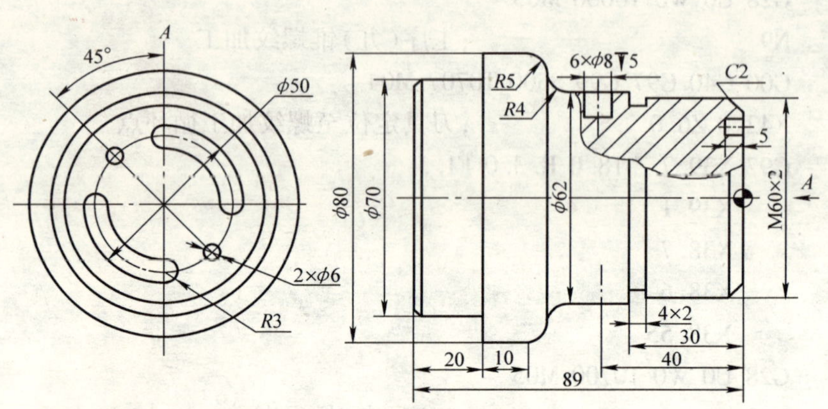

图 4-65　零件图

程序

O0001	
M41	;主轴高速挡
G50 S1500	;主轴最高转速为 1500r/min
N1	;工序(一)外圆粗切削
G00 G40 G97 G99 S600 T0202 M04 F0.15	
	;主轴转速 500r/min 进给量 0.15mm/min
	;刀具号 T02
X84.00 Z2.0	;粗车循环点
G71 U2.0 R0.5	;外圆粗车指令,每次背吃刀量 2.0mm 退刀 0.5mm
G71 P10 Q11 U0.5 W1.0	;*X* 向精加工余量 0.5mm,*Z* 向精加工余量 1.0mm
N10 G00 G42 X0	;工件起始序号 N10,刀具快速到 X0 点,并进行刀具右补偿
G01 Z0	;进刀至 Z0 点
X60.0 C2.0	;切端面,切削倒角 *C*2
Z-30	;切削 ϕ60mm 外圆

```
    X62. 0                            ;切削端面至 φ62mm
    Z-50. 0                           ;车削 φ62mm 外圆
    G02 X70. 0 Z-54. 0 R4. 0          ;车削 R4mm 的倒角
    G03 X80. 0 Z-59. 0 R5. 0          ;车削 R5mm 的倒角
    G01 Z-69. 0                       ;车削 φ80mm 外圆
N11 G01 G40 X82. 0
    G28 U0 W0 T0200 M05               ;刀具自动返回参考点
N2                                    ;工序(二)外圆精车
    G00 S800 T0404 M04 F0. 08 X84. 0 Z2. 0
    G70 P10 Q11
    G28 U0 W0 T0400 M05
N3                                    ;工序(三)车槽
    G97 G99 M04 S200 T0606 F0. 05
    G00 X64. 0 Z-30. 0                ;车槽刀快速至 X64. 0 Z-30. 0
                                       准备车槽
    G01 X56. 0                        ;车槽至槽底尺寸
    G04 X2. 0                         ;暂停 2s
    G01 X62. 0 F0. 2                  ;以 0. 2mm/min 的速度退刀至
                                       X62. 0 处
    G00 X100. 0                       ;快速退刀至 X100. 0 处
    G28 U0 W0 T0600 M05               ;刀具自动返回机械原点
N4                                    ;工序(四) 切削螺纹
    G00 G97 G99 M04 S400 T0707
        X62. 0 Z5. 0                  ;刀具定位至螺纹循环点
    G92 X59. 2 Z-28. 0 F2. 0          ;螺距为 2. 0mm
        X58. 5
        X57. 9
    X57. 5
    X57. 4
    G00 X100. 0
    G28 U0 W0 T0700 M05
```

```
N5                                  ;工序(五) 径向孔
    M54                             ;主轴(C 轴)离合器合上
    G28 H-30                        ;C 轴反向转动 30°,有利于 C
                                     轴回零点
    G50 C0                          ;设定 C 轴坐标系
    G00 G97 G98 M04 S1000 T1111 M04 F10
                                    ;设定转速 1000r/min,进给量
                                     10mm/min
    G00 X64. 0 Z-40. 0              ;铣刀定位
    M98 P1000 L6                    ;调用子程序 O1000 6 次,铣
                                     φ8mm 孔
    G00 X100. 0
    G28 U0 W0 C0 T1100 M05
N6                                  ;工序(六) 铣削端面槽及孔
    G50 C0                          ;设定 C 轴坐标系
    G00 G97 G98 T0909 M04 S1000 T0909
    X44. 0 Z1. 0                    ;铣刀定位
    M98 P1001 L2                    ;调用子程序 O1001 两次,铣断
                                     面圆弧槽
    G0 H-45. 0                      ;铣刀定位准备铣削 φ6mm 孔
    G01 Z-5. 0 F5                   ;铣 φ6mm 孔
    Z1. 0 F20
    G00 H180                        ;铣刀定位准备铣削 φ6mm 孔
    G01 Z-5. 0 F5                   ;铣 φ6mm 孔
    Z1. 0 F20
    G00 X100. 0
    G28 U0 W0 C0 T0900 M05
    M55                             ;主轴(C 轴)离合器断开
    M30
    子程序
    O1000
```

```
G01 X52.0 F5
G04 U1.0
X64.0 F20
G00 H60.0
M99
01001
G00 Z-5.0 F5
G01 H09 F20
Z2.0 F20.0
H90.0
M99
```


复习思考题

1. 用户宏程序的变量有哪几种？
2. 加工非圆曲线常用的方法有哪几种？
3. 在车削中心上加工六面体的方法有哪几种？
4. 试编写图 4-66 ~ 图 4-68 所示工件的加工程序。

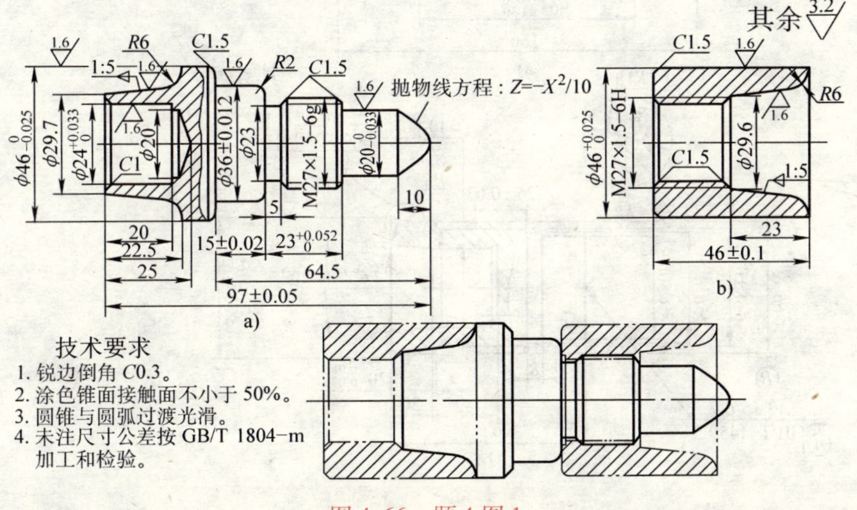

图 4-66　题 4 图 1

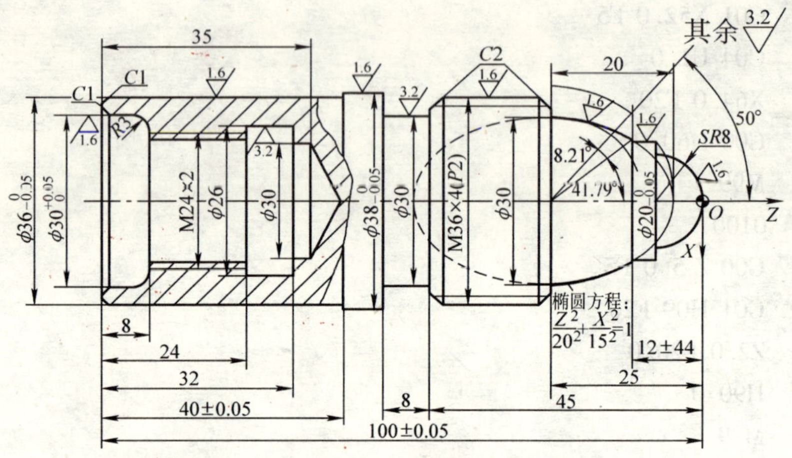

图 4-67　题 4 图 2

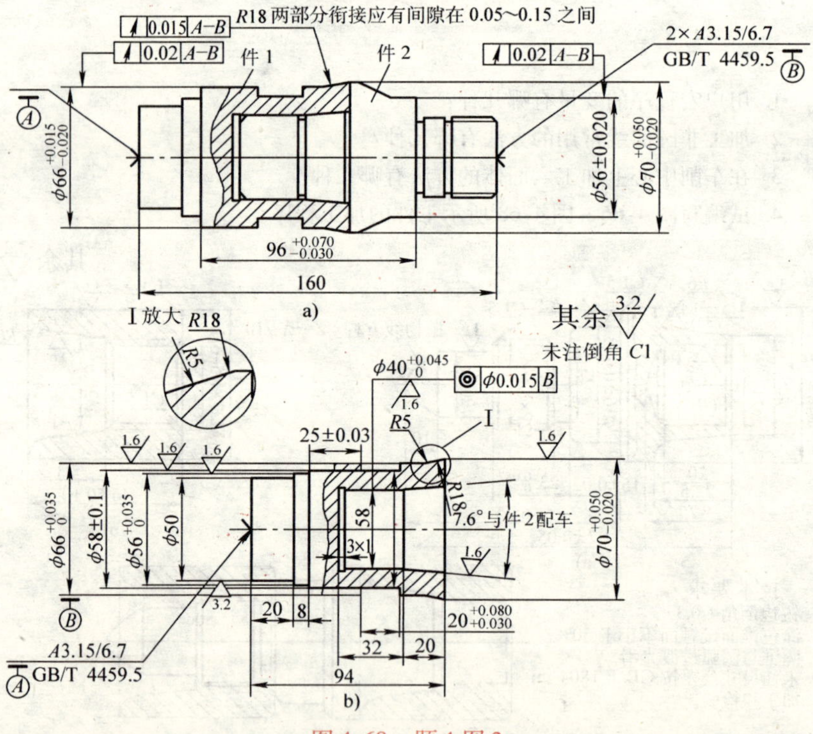

图 4-68　题 4 图 3

a）装配图　b）件 1 零件图

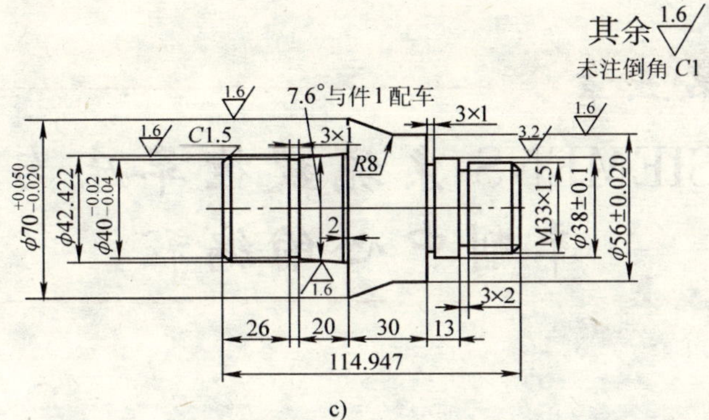

c)

图 4-68 题 4 图 3（续）

c）件 2 零件图

第五章

SIEMENS 系统数控车床与车削中心的编程

培训学习目标 掌握 SIEMENS 802D 系统数控车床与车削中心的编程，重点掌握车削中心的三轴及三轴以上的加工程序的编制。掌握配合件程序的编制方法。掌握非圆曲线的编程方法。

第一节 一般程序的编制

孔加工及铣削循环是车削中心的固定循环。

一、基本功能

1. 准备功能

SIEMENS 802D 车床数控系统常用的准备功能指令见表 5-1。

表 5-1 SIEMENS 802D 车床数控系统准备功能一览表

指令	组别	功能	程序格式及说明
G00	01 （模态）	快速点定位	G00 X __ Z __
G01 *		直线插补	G01 X __ Z __ F __
G02		顺时针圆弧插补	G02 X __ Z __ CR = __ F __ G02 X __ Z __ I __ K __ F __ G02 AR = __ I __ K __ F __ G02 AR = __ X __ Z __ F __ G03…，其他与 G02 相同
G03		逆时针圆弧插补	

（续）

指令	组 别	功 能	程序格式及说明
G04	02（非模态）	暂停	G04 F __或 G04 S __
G74		回参考点	G74 X1 =0 Z1 =0
G75		回固定点	G75 X1 =0 Z1 =0
CIP	01（模态）	通过中间点的圆弧	CIP X __ Z __ I1 __ K1 __ F __
CT		带切线过渡圆弧	N10… N20 CT X __ Z __ F __
G17	06（模态）	选择 *XY* 平面（TRANSMIT 铣削用）	G17
G18 *		选择 *ZX* 平面（标准车削加工）	G18
G19		选择 *YZ* 平面（TACYL 铣削时用）	G19
G25	03（非模态）	主轴转速下限或工作区域下限	G25 S __ G25 X __ Z __
G26		主轴高速限制或工作区域上限	G26 S __ G26 X __ Z __
TRANS		可编程偏置	TRANS X __ Z __
SCALE		可编程比例系数	SCALE X __ Z __
ROT		可编程旋转	ROT RPL = __
MIRROR		可编程镜像功能	MIRROR X0
ATRANS		附加轴的编程偏置	ATRANS X __ Z __
ASCALE		附加轴的可编程比例系数	ASCALE X __ Z __
AROT		附加轴的可编程旋转	AROT RPL = __
AMIRROR		附加轴的可编程镜像功能	AMIRROR X0

（续）

指令	组 别	功 能	程序格式及说明
G33	01（模态）	恒螺距螺纹切削	G33 Z _ K _ SF = _ G33 X _ I _ SF = _ G33 Z _ X _ K _ SF = _ G33 Z _ X _ I _ SF = _
G34		变螺距，螺距增加	G33 Z _ K _ SF = _ G34 Z _ K _ F _
G35		变螺距，螺距减小	G33 Z _ K _ SF = _ G35 Z _ K _ F _
G331		螺纹插补	N10 SPOS = _ N20 G331 Z _ K _ S _
G332		螺纹插补——退刀	G332 Z _ K _
G40 *	07（模态）	刀尖半径补偿取消	G40
G41		刀尖半径左补偿	G41G01 X _ Z _
G42		刀尖半径右补偿	G42G01 X _ Z _
G53 *	9（非模态）	取消零点偏置	G53
G153		按程序段取消零点偏置，包括基本框架	G153
G500 *	8（模态）	取消零点偏置	G500
G54 ~ G59		第一 ~ 第六可设定零点偏置	G54 或 G55 等
G64	10（模态）	连续路径加工	G64
G60 *		准确定位	G60
G09	11（非模态）	准确定位	G09
G601 *	12（模态）	在 G60，G09 方式下精准确定位	G601
G602		在 G60，G09 方式下粗准确定位	G602

（续）

指令	组　别	功　　能	程序格式及说明
G70	13（模态）	英制	G70
G71 *		米制	G71
G700		英制，也用于 F	G700
G710		米制，也用于 F	G710
G90 *	14（模态）	绝对值编程	G90 G01 X __ Z __ F __
AC			G91 G01 X __ Z = AC (__) F __
G91		增量值编程	G91 G01 X __ Z __ F __
IC			G90 G01 X = AC (__) Z __ F __
G94		每分钟进给量	单位为 mm/min
G95 *		每转进给量	单位为 mm/r
G96		恒线速度	G96 S500 LIMS = __（500m/min）
G97		取消恒线速度	G97 S800（800r/min）
G450 *	18（模态）	圆角过渡拐角方式	G450
G451		尖角过渡拐角方式	G451
BRISK *	21（模态）	轨迹跳跃加速	
SOFT		轨迹平滑加速	
FFWOF *	24（模态）	预控关闭	
FFWON		预控打开	
WALIMON *	28（模态）	工作区域限制生效	
WALIMOF		工作区域限制取消	
DIAMOF	29（模态）	半径量方式	DIAMOF
DIAMON *		直径量方式	DIAMON
G290 *	47（模态）	西门子方式	
G291		外部方式（不适用于 802D bl）	

（续）

指令	组 别	功 能	程序格式及说明
CYCLE82	孔加工固定循环	钻、锪孔循环	CALL CYCLE8 __（RTP，RFP，SDIS，DP，DPR，…）
CYCLE83		深孔加工循环	
CYCLE84		刚性攻螺纹循环	
CYCLE840		柔性攻螺纹循环	
CYCLE85		铰孔循环	
CYCLE86		精镗孔循环	
CYCLE88		镗孔循环	
CYCLE93	车削循环	车槽切削	CALL CYCLE9 __（ ） LCYC9 —
CYCLE94		退刀槽（E 形和 F 形）切削	
CYCLE95		毛坯切削	
CYCLE96		螺纹退刀槽	
CYCLE97		螺纹切削	
TRACYL(d)	铣削循环	外圆铣削加工（不适用 802D bl）	TRACYL（__）
TRANSMIT		端面铣削加工（不适用 802D bl）	TRANSMIT 或 TRANSMIT（1）
TRAFOOF		关闭铣削加工（不适用 802D bl）	TRAFOOF

关于准备功能的说明如下：

1）表 5-1 中带“＊”的功能在程序启动时生效。

2）802D 系统有很多指令与 802C/S 系统不同，在编程过程中要特别注意两种系统的不同之处。

3）不同组的 G 指令在同一程序段中可以指令多个。如果在同一程序段中指令了多个同组的 G 指令，仅执行最后指定的那一个。

2. 辅助功能

SIEMENS 802D 车床数控系统常用的辅助功能指令见表 5-2。辅助功能用于进行开关操作，如“打开切削液”，一个程序段中最多有

5 个 M 功能。

表 5-2 SIEMENS 802D 车床数控系统辅助功能一览表

M 指令	功 能	说 明	程序格式
M00	程序暂停	用 M00 停止程序的执行；按“启动”键后加工继续执行	M00
M01	程序选择停止	“任选停止”开关生效时与 M00 一样，“任选停止”开关无效时，数控系统对 M01 不理睬	M01
M02	程序结束	在程序的最后一段被写入	M02
M30	—	预定，没用	
M17	—	预定，没用	
M03	主轴顺时针旋转（用于主轴）		M03
M04	主轴逆时针旋转（用于主轴）		M04
M05	主轴停止（用于主轴）		M05
Mn = 3	主轴顺时针旋转（用于主轴 n）	n = 1 或 = 2	M2 = 3
Mn = 4	主轴逆时针旋转（用于主轴 n）	n = 1 或 = 2	M2 = 4
Mn = 5	主轴停止（用于主轴 n）	n = 1 或 = 2	M2 = 5
M06	更换刀具	仅在通过用 M06 激活机床数据时换刀，否则直接用 T 命令换刀	M06
M40	自动传动级变速机构（用于主轴）		
Mn = 40	自动传动级变速机构（用于主轴 n）	n = 1 或 = 2	M1 = 40
M41 到 M45	传动级 1 至传动级 5（用于主轴）		
Mn = 41 至 Mn = 45	传动级 1 至传动级 5（用于主轴 n）	n = 1 或 = 2	
M70、M19	—	预定，没用	
M…	其他的 M 功能	这些 M 功能没有定义，可由机床生产厂家自由设定	

3. 计算功能

SIEMENS 802D 车床数控系统常用的计算功能见表 5-3。

表 5-3 SIEMENS 802D 车床数控系统常用的计算功能

功 能	格 式	示 例
定义、转换	Ri = Rj	R1 = R2；R1 = 30
加法	Ri = Rj + Rk	R1 = R1 + R2
减法	Ri = Rj-Rk	R1 = 100-R2
乘法	Ri = Rj * Rk	R1 = R1 * R2
除法	Ri = Rj/Rk	R1 = R1/30
正弦（单位/°）	Ri = SIN（Rj）	R10 = SIN（R1）
余弦（单位/°）	Ri = COS（Rj）	R10 = COS（36.3 + R2）
正切（单位/°）	Ri = TAN（Rj）	R11 = TAN（53.4）
反正弦	Ri = ASIN（Rj）	R10 = ASIN（R1）
反余弦	Ri = ACOS（Rj）	R10 = ACOS（R2）
平方根	Ri = SQRT（Rj）	R10 = SQRT（R1 * R1-100）
反正切	Ri = ATAN2（Rj，Rk）	R11 = ATAN2（30.5，80.1）
平方值	Ri = POT（Rj）	R12 = POT（R13）
绝对值	Ri = ABS（Rj）	R9 = ABS（R8）
取整	Ri = TRUNC（Rj）	R10 = TRUNC（R2）
自然对数	Ri = LN（Rj）	R12 = LN（R9）
指数对数	Ri = EXP（Rj）	R8 = EXP（R7）

二、倒圆、倒棱及蓝图编程

1. 倒圆、倒棱

在任何一个轮廓拐角都可以插入倒圆和倒棱。指令 CHF = ________或者 RND = ________与加工拐角的轴运动指令一起写入到程序段中。

编程格式为：

CHF = ____　　　　;插入倒棱。指令后的数值为倒棱长度

RND = ____　　　　;插入倒圆。指令后的数值为倒圆半径

（1）倒棱（CHR = ____）　直线轮廓和圆弧轮廓的任意组合之间切入一直线段。并倒去棱角，如图 5-1 所示。加工语句为：

N10 G01 Z __ CHF = 5　　　　;倒棱 5mm

N20 X __ Z __

(RND = __)

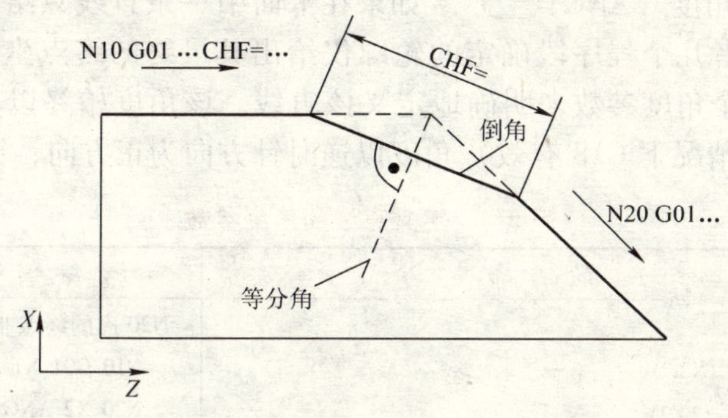

图 5-1　倒棱

（2）倒圆（RND = __）　直线轮廓之间、圆弧轮廓之间以及直线轮廓和圆弧轮廓之间切入一圆弧，圆弧与轮廓进行切线过渡，如图 5-2 所示。

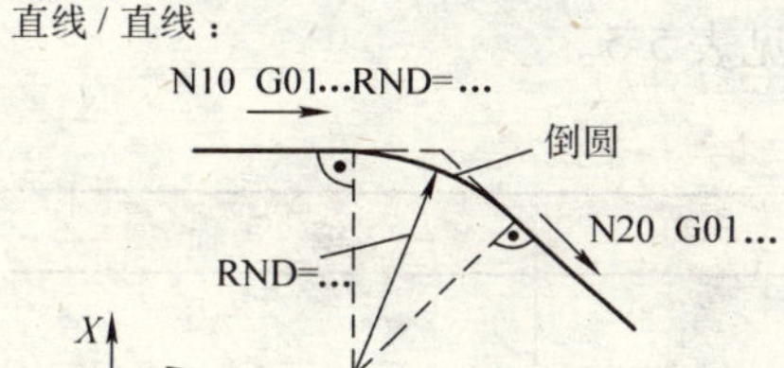

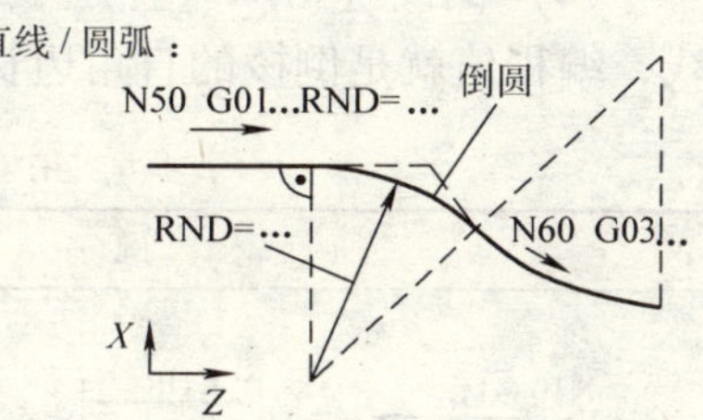

图 5-2　倒圆

加工语句为：

N10 G01 Z __ RND = 8　　　　;倒圆，半径 8mm

N20 X __ Z __

N50 G01 Z __ RND = 7. 3　　　　;倒圆，半径 7. 3mm

N60 G03 X __ Z __

2. 蓝图编程

如果从图样中无法看出轮廓终点坐标，则可以用角度确定一条直线。在任何一个轮廓拐角都可以插入倒圆和倒棱。在拐角程序段中写入相应的指令 ANG = __或者 CHR = __。可以在含有 G00 或 G01 的程序段中使用蓝图编程。

（1）角度（ANG = __）　如果在平面中一条直线只给出一终点坐标，或者几个程序段确定的轮廓仅给出其最终的终点坐标，则可以通过一个角度参数来明确地定义该直线。该角度始终以 Z 轴为参考（通常情况下 G18 有效）角度以逆时针方向为正方向，见表 5-4。

表 5-4　定义直线的角度参数

轮　廓	编　程
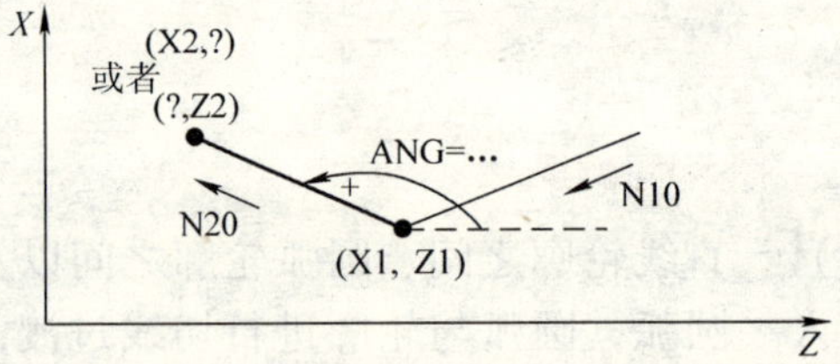 X, (X2,?), 或者, (?,Z2), ANG=..., +, N20, N10, (X1, Z1), Z	N20 内的终点非完全已知 N10 G01 X1 Z1 N20 X2 ANG = . . . 或： N10 G01 X1 Z1 N20 Z2 ANG = . . . 这些值只是象征性的

（2）倒棱（CHR = __）　在拐角处的两段直线之间插入一段直线，编程值就是倒棱的直角边长，见表 5-5。

表 5-5　用 CHR 插入一个倒棱

轮　廓	编　程
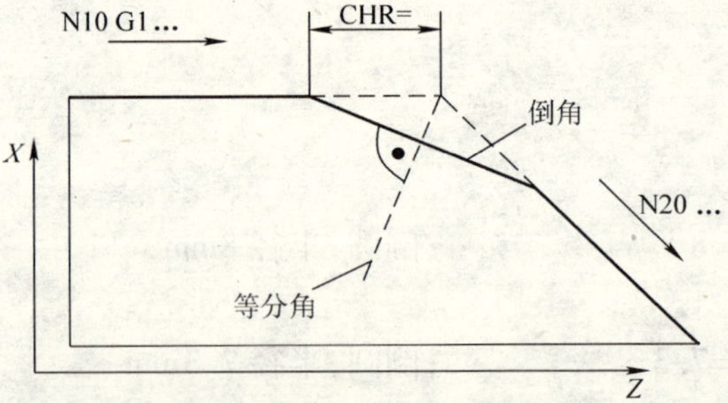 N10 G1 ..., CHR=, 倒角, X, N20 ..., 等分角, Z	加入直角边长为 诸如 5 毫米的倒角： N10 G01 Z. . . CHR = 5 N20 X. . .　Z. . .

在 SIEMENS 系统中把两点的连接、圆弧连接、两直线连接、直线倒角、圆弧倒角、直线到圆弧的平滑过渡、圆弧到直线的平滑过渡、圆弧与圆弧的平滑过渡几种外形组合称为基本轮廓。具体的形状与指令格式见表 5-6。

表 5-6 蓝图编程

轮廓	编程
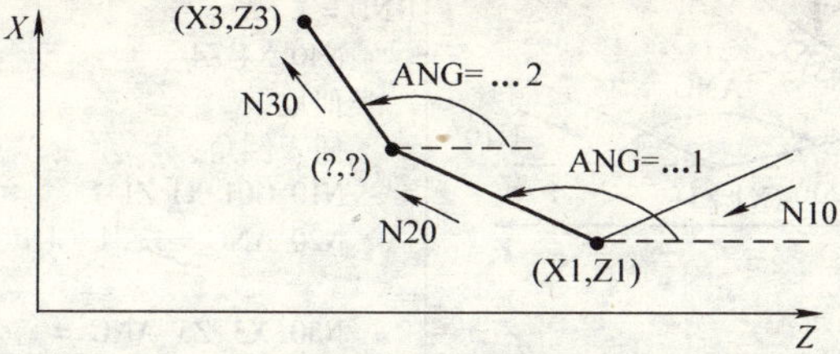 X, Z, (X3,Z3), ANG=...2, N30, (?,?), ANG=...1, N10, N20, (X1,Z1)	N20 内的终点未知 N10 G01 X1 Z1 N20 ANG =...1 N30 X3 Z3 ANG =...2 这些值只是象征性的
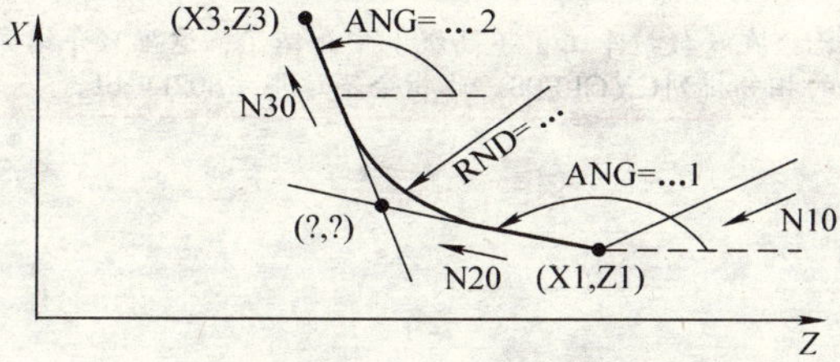 X, Z, (X3,Z3), ANG=...2, N30, RND=..., ANG=...1, (?,?), N10, N20, (X1,Z1)	N20 内的终点未知 插入倒圆： N10 G01 X1 Z1 N20 ANG =...1 RND = ... N30 X3 Z3 ANG =...2 类似地 插入倒角： N10 G01 X1 Z1 N20 ANG =...1 CHR = ... N30 X3 Z3 ANG =...2
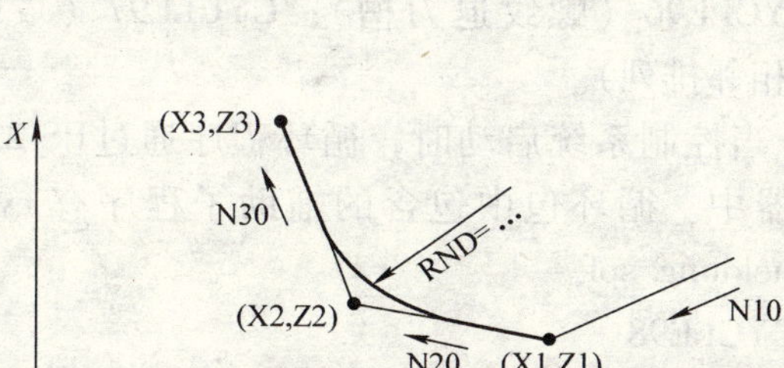 X, Z, (X3,Z3), N30, RND=..., (X2,Z2), N10, N20, (X1,Z1)	N20 内的终点已知 插入倒圆： N10 G01 X1 Z1 N20 X2 Z2 RND =... N30 X3 Z3 类似地 插入倒角： N10 G01 X1 Z1 N20 X2 Z2 CHR =... N30 X3 Z3

（续）

轮　廓	编　程
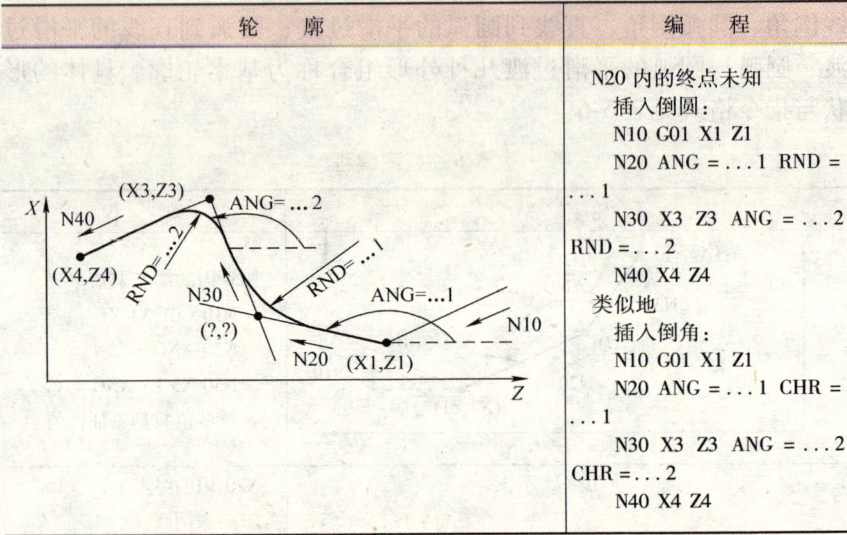	N20 内的终点未知 插入倒圆： N10 G01 X1 Z1 N20 ANG = . . . 1 RND = . . . 1 N30 X3 Z3 ANG = . . . 2 RND = . . . 2 N40 X4 Z4 类似地 插入倒角： N10 G01 X1 Z1 N20 ANG = . . . 1 CHR = . . . 1 N30 X3 Z3 ANG = . . . 2 CHR = . . . 2 N40 X4 Z4

车削循环大部分已经在《数控车工》（高级）中介绍了，这里只介绍高级中没有介绍的螺纹的相邻排列CYCLE98，此指令不适用于802D-bl。

三、车削循环

1. 概述

SIEMENS 802D 车削循环主要包括以下几种：CYCLE93（车槽）；CYCLE94（退刀槽；E 形和 F 形，根据 DIN）；CYCLE95（带精加工的毛坯切削）；CYCLE96（螺纹退刀槽）；CYCLE97（攻螺纹）；CYCLE98（螺纹的相邻排列）。

循环由工具盒提供。当控制系统启动时，循环程序通过RS-232接口装入零件程序存储器中。循环包中包含的辅助子程序有 cyclest. spf、steigung. spf 和 meldung. spf。

2. 螺纹的相邻排列 CYCLE98

（1）编程格式　编程格式为：

CYCLE98（PO1，DM1，PO2，DM2，PO3，DM3，PO4，DM4，APP，ROP，TDEP，FAL，IANG，NSP ，NRC，NID，PP1，PP2，

PP3，VARI，NUMT）

（2）参数说明（见表5-7）

表 5-7　CYCLE98 的参数及说明

参数	种类	说　明
PO1	实数	螺纹在纵向轴上的起始点
DM1	实数	螺纹在起始点处的直径
PO2	实数	纵向轴上的第一个中间点
DM2	实数	第一个中间点处的直径
PO3	实数	第二个中间点
DM3	实数	第二个中间点处的直径
PO4	实数	螺纹在纵向轴上的终点
DM4	实数	终点处的直径
APP	实数	导入行程（升速进刀段），输入时不带正负号
ROP	实数	导出行程（降速退刀段），输入时不带正负号
TDEP	实数	螺纹深度（输入时不带正负号）
FAL	实数	精加工余量（输入时不带正负号）
IANG	实数	进给角度 值域："+"（表示侧面的侧面进给）；"-"（表示交互侧面进给）
NSP	实数	第一个螺纹导程的起始点偏移（输入时不带正负号）
NRC	整数	粗加工段数（输入时不带正负号）
NID	整数	空进刀数（输入时不带正负号）
PP1	实数	螺距 1 作为数值（输入时不带正负号）
PP2	实数	螺距 2 作为数值（输入时不带正负号）
PP3	实数	螺距 3 作为数值（输入时不带正负号）
VARI	整数	确定螺纹的加工方式 值域：1~4
NUMT	整数	螺纹导程数（输入时不带正负号）

说明：

1）该循环将能够加工多个并排的圆柱或圆锥螺纹。各个螺纹段的螺距可以不同，但是螺距在一个螺纹段内部则必须是恒定的。

2）循环启动前到达位置。起始位置可以是任意位置，只需从该位置返回可以无碰撞地回到所编程的螺纹起始点＋导入行程。

3）循环形成以下动作顺序：

① 导入行程开始，加工第一个螺纹导程时，用G00返回循环内部测定的起始点。

② 进行粗加工时的进刀位移应根据VARI中所规定的进给方式进行。

③ 攻螺纹将根据已编程的粗加工段数重复进行。

④ 在随后以G33进行的切削中，将把精加工余量切削完。

⑤ 根据空进刀数重复该步骤。

⑥ 对于以后的每一个螺纹导程，都将重复整个动作过程。

（3）参数含义（见图5-3）

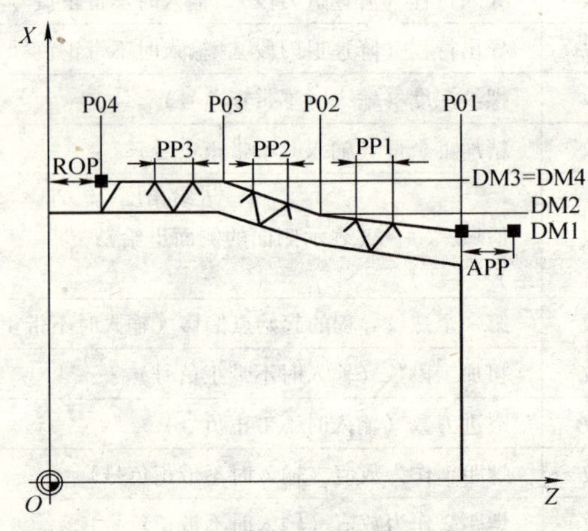

图5-3　参数含义

1）P01和DM1（起始点和直径）。利用这些参数将确定螺纹列的原始起始点。由循环自行测定的起始点将在开始时以G00返回，该起始点位于所编程的起始点之前，相距等于导入行程。

2）P02、DM2和P03、DM3（中间点和直径）。利用这些参数，将确定螺纹中的两个中间点。

3）P04 和 DM4（终点和直径）。螺纹的原始终点将在参数 P04 和 DM4 下进行编程。对于内螺纹，DM1 ~ DM4 为内螺纹大径。

4）APP 和 ROP 的关系（导入/导出行程）。循环中所使用的起始点是向前偏移了导入行程 APP 之后的起始点，而终点也是相应向后偏移了导出行程 ROP 后的编程终点。

在横向轴上，循环所确定的起始点总是位于编程螺纹直径之上 1mm。该退刀面将在控制系统内部自动形成。

5）TDEP、FAL、NRC 和 NID 的关系（螺纹深度、精加工余量、粗加工和空进刀次数）。所编程的精加工余量从规定的螺纹深度 TDEP 中减去，而剩下的余量则在粗加工中被切削掉。该循环将自行根据参数 VARI 计算当前的各个进给深度。在以恒定的切削断面进给切削所要加工的螺纹深度时，切削压力在所有粗加工段中都保持恒定。然后将以不同的进给深度值进行进给。

第二种方法是将整个螺纹深度分为多个恒定的进给深度。这时，切削断面将逐段增大，但是当螺纹深度的数值较小时，该项工艺将带来较好的切削条件。

精加工余量 FAL 将在粗加工后一次性切削掉。然后将执行参数 NID 下所编程的空进刀。

6）IANG（进给角度，见图 5-4）。利用参数 IANG 将确定在螺纹中进给的角度。如果要求垂直于切削方向在螺纹中进给，则应将该参数的值设为零。该参数也可以在参数表中被省略，因为在这种

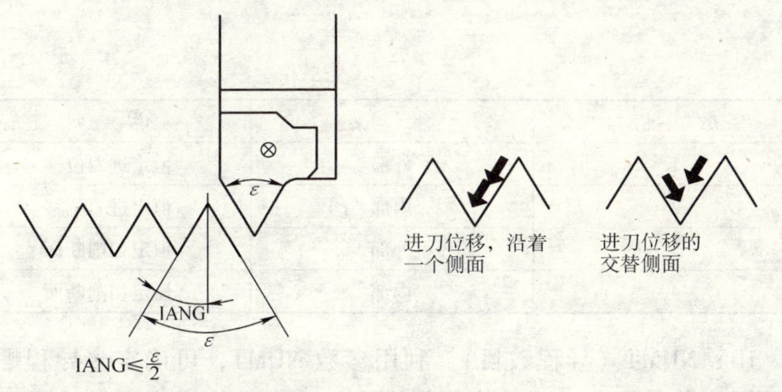

图 5-4 进给角度

情况下，将预设定为零。如果要沿着侧面进给，则该参数的绝对值最大可以达到刀尖角的一半。

该参数的符号将确定进给的执行方式。如果是正数，则始终在同一个侧面进给；如果是负数，则在两个侧面上交替进给。交替侧面进给方式只能在圆柱螺纹中采用。如果圆锥螺纹中的IANG值为负数，循环便会沿着一个侧面进行侧面进给。

7）NSP（起始点偏移）。在该参数下，可以编入角度值，用于确定车削件圆周上的第一个螺纹导程的切入点。这里实际上是一个起始点偏移。该参数的值可以介于+0.0001°~+359.9999°之间。如果未设定起始点偏移，或该参数在参数表中被省略，则第一个螺纹导程就将自动在零度标记处开始。

8）PP1、PP2和PP3（螺距）。利用这些参数可以确定从分成三段的螺纹列中确定螺距值。同时，螺距值应作为平行于轴的值输入，且不带正负号。

9）VARI（加工方式）。利用参数VARI可确定将在外部还是内部进行加工，以及在粗加工时采用哪种进给工艺。参数VARI的值可以在1~4之间，其含义见图5-5与表5-8。

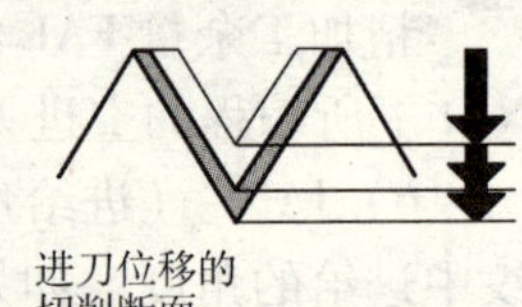

图5-5　加工方式

表5-8　加工方式

数　值	含　义	说　明
1	外部	恒定进刀位移
2	内部	恒定进刀位移
3	外部	恒定切削断面
4	内部	恒定切削断面

10）NUMT（导程数目）。利用参数NUMT，可确定多导程螺纹中的螺纹导程数。对于单线螺纹而言，该参数应设为零，或可以在

参数表中省略掉。

螺纹导程将均匀地分配在车削件的圆周上，第一个螺纹导程将通过参数 NSP 确定。

如果在加工一个多头螺纹时，要求其各个螺纹导程在圆周上不均匀分布，便需要在对相应的起始点偏移进行编程时，对于每个螺纹导程调用该循环，如图 5-6 所示。

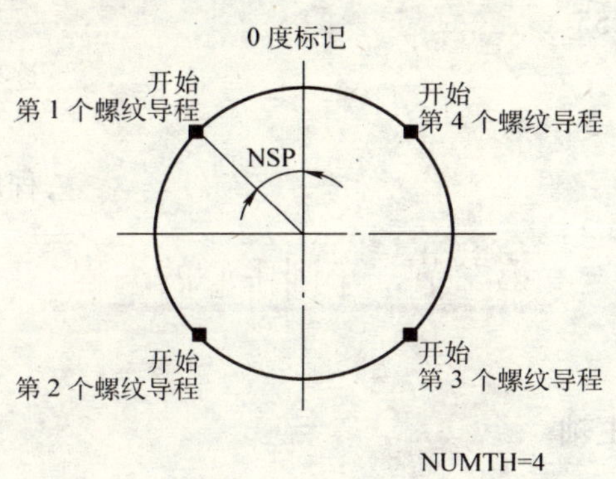

图 5-6　导程数目

如图 5-7 所示，利用该程序可以加工一个以圆柱螺纹开始的链螺纹。进刀位移垂直于螺纹，对精加工余量和起始点偏移均不进行编程。执行 5 个粗加工段和一个空进刀。加工方式规定为纵向、外

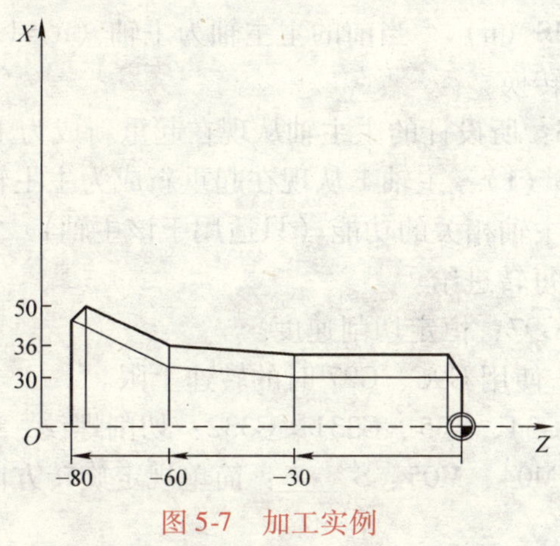

图 5-7　加工实例

部，恒定切削断面。

程序：

```
N10 G95 T5 D1 S1000 M04                    ;工艺值的规定
N20 G00 X40 Z10                            ;回到起始位置
N30 CYCLE98(0,30,-30,30,-60,36,-80,50,10,10,0.92,,,,5,
1,1.5,2,2,3,1)                             ;循环调用
N40 G00 X55
N50 Z10                                    ;逐轴运行
N60 X40
N70 M02                                    ;程序结束
```

第二节　车削中心的编程

一、第 2 主轴

在 SIEMENS 802D 数控车削中心上，可提供第 2 主轴。（这一点不适用于 802D-bI），使用动态转换功能 TRANSMIT 和 TRACYL 进行车削和铣削（第 2 主轴用于铣刀）。

主主轴是通过设计（机床数据）来定义的。主主轴通常为主轴 1。也可以在程序中定义其他主轴为主主轴。

（1）SETMS（n）　当前的主主轴为主轴（n=1 或 2）。

（2）进行转换

1）SETMS：所设计的主主轴从现在起重新成为主主轴。

2）SETMS（1）：主轴 1 从现在起重新成为主主轴。

（3）与主主轴相关的功能（只适用于该主轴）

1）G95：每转进给。

2）G96、G97：恒定切削速度。

3）LIMS：使用 G96、G97 时的转速上限。

4）G33、G34、G35、G331、G332：切削螺纹，螺纹插补。

5）M03、M04、M05、S ____：简单规定旋转方向、停止点和转速。

6）S1 = ____、S2 = ____：主轴 1 或 2 的主轴转速。

7）M1 =3，M1 =4，M1 =5：规定主轴 1 的旋转方向、停止点。

8）M2 =3，M2 =4，M2 =5：规定主轴 2 的旋转方向、停止点。

9）M1 =40，…，M1 =45：主轴 1 的传动级（如果存在的话）。

10）M2 =40，…，M2 =45：主轴 2 的传动级（如果存在的话）。

11）SPOS（n）：主轴 n 准停。

铣削功能与数控铣床的一样，这是本章的重点，但在802D-bI中不可用

二、铣削功能

1. 刀具补偿

（1）补偿号　一个刀具可以匹配 1 ~9 个不同补偿的数据组（用于多个切削刃），如图 5-8 所示。用 D 及其相应的序号可以编制一个专门的切削刃。

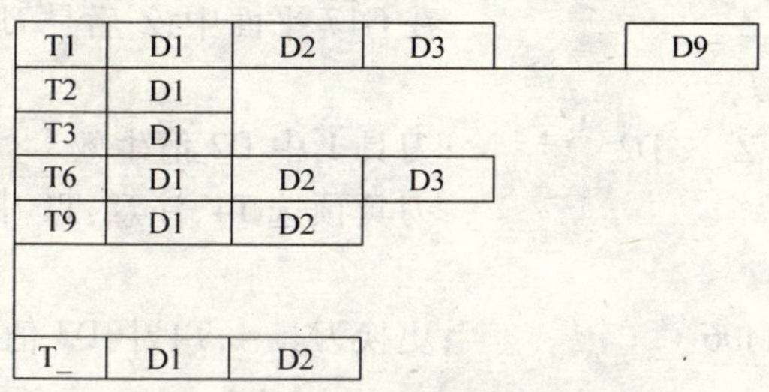

图 5-8　刀具补偿号匹配举例

如果没有编写 D 指令，则 D1 值自动生效；如果编程 D0，则刀具补偿无效。

编程格式：

```
D __              ;刀具补偿号:1 ~9
D0                ;补偿值无效
```

说明：刀具更换后，程序中调用的刀具长度补偿、半径补偿立即生效；如果没有指定 D 后数字，则 D1 值自动生效。先编程的长度补偿先执行，对应的坐标轴也先运行。

系统中最多可以同时存储 64 个刀具补偿数据组。刀具半径补偿

必须与 G41/G42 一起执行。

编程举例：

1）不用 M06 更换刀具（只用 T）

```
N05 G17               ;确定待补偿的平面
N10 T1                ;刀具 1,补偿值 D1 值生效
N11 G00 Z __          ;在 G17 平面中,Z 后是刀具长度补偿值
N50 T4 D2             ;更换刀具 4,T4 中 D2 值生效
…
N70 G00 Z __ D1       ;刀具 4 中 D1 值生效,在此更换切削刃
```

2）用 M6 更换刀具

```
N05 G17               ;确定待补偿的平面
N10 T1                ;预选刀具
…
N15 M06               ;更换刀具 4,T1 中 D1 值生效
N16 G00 Z __          ;在 G17 平面中,Z 后是刀具长度补偿值
…
N20 G00 Z __ D2       ;刀具 1 中 D2 值生效
N50 T4                ;刀具预选 T4,注意:T1 中 D2 仍然有效
…
N55 D3 M06            ;更换刀具 4,T4 中 D3 值生效
…
```

（2）补偿内容

1）几何尺寸、长度、半径。几何尺寸由基本尺寸和磨损尺寸组成。控制器处理这些尺寸，计算并得到最后尺寸（比如：长度总和与半径总和）。在接通补偿存储器时，这些最终（总和）尺寸有效。

由刀具类型指令和 G17 、G18 和 G19 指令确定如何在坐标轴中计算出这些尺寸值（表 5-9），如图 5-9 所示。

2）刀具类型。由刀具类型（铣刀或钻头）可以确定需要哪些几何参数以及怎样进行计算（表 5-10、表 5-11），如图 5-10 和图 5-11 所示。

刀具的特殊情况：在铣刀和钻头中，长度 2 和长度 3 的参数仅用于特殊情况，比如，弯头结构的多尺寸长度补偿。

（3）刀具半径补偿中的几个特殊情况

1）重复执行相同的补偿方式时，可以直接进行新的编程而无需在其中写入 G40 指令。新补偿调用之前的程序段在其轨迹终点处按补偿矢量的正常状态结束，然后开始新的补偿。

2）可以在补偿运行过程中变化补偿号 D。补偿号变换后，在新补偿号程序段的起始处新刀具半径补偿就已经生效，但整个变化须等到程序段结束才能发生。这些修改值由整个程序段连续执行，在圆弧插补时也一样。

3）铣刀半径补偿 G41、G42（见图 5-12），开始补偿刀具以直线方式运动，并在轮廓起始点处与轨迹切向垂直，如图 5-13 所示。

4）补偿方向指令 G41 和 G42 可以相互变换，无需在其中再写入 G40 指令。原补偿方向的程序段在其轨迹终点处按补偿矢量的正常状态结束，然后在新的补偿方向开始进行补偿，如图 5-14 所示。

5）如果通过 M02（程序结束），而不是用 G40 指令结束补偿运行，则最后的程序段以补偿矢量正常位置坐标结束。不进行撤补偿移动，程序以此刀具位结束。

表 5-9　刀具长度补偿有效性（特殊情况）

G17	长度 1 为 Z 轴定向 长度 2 为 Y 轴方向 长度 3 为 X 轴方向 XY 平面中半径	Z Y X
G18	长度 1 为 Y 轴方向 长度 2 为 X 轴方向 长度 3 为 Z 轴方向 ZX 平面中半径	Y X Z
G19	长度 1 为 X 轴方向 长度 2 为 Z 轴方向 长度 3 为 Y 轴方向 YZ 平面中半径	X Z Y

注：刀具为钻头时不考虑半径

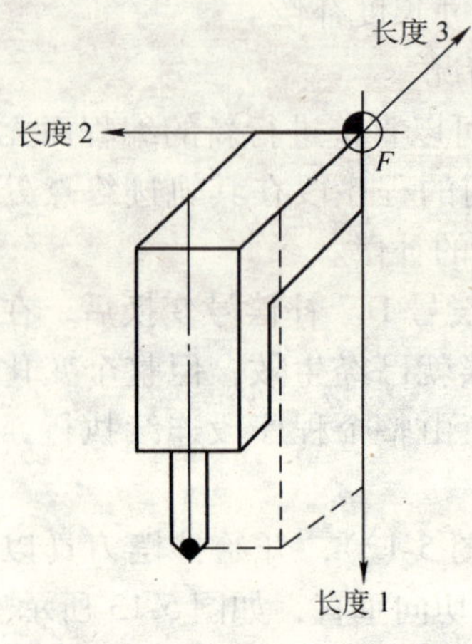

图 5-9　三维刀具长度补偿有效（特殊情况）

F—刀具相关点

表 5-10　钻头刀具补偿有效性

G17	长度 1 为 *Z* 轴方向
G18	长度 1 为 *Y* 轴方向
G19	长度 1 为 *X* 轴方向

表 5-11　铣刀刀具补偿有效性

G17	长度 1 为 *Z* 轴 *XY* 平面中半径
G18	长度 1 为 *Y* 轴 *ZX* 平面中半径
G19	长度 1 为 *X* 轴 *YZ* 平面中半径

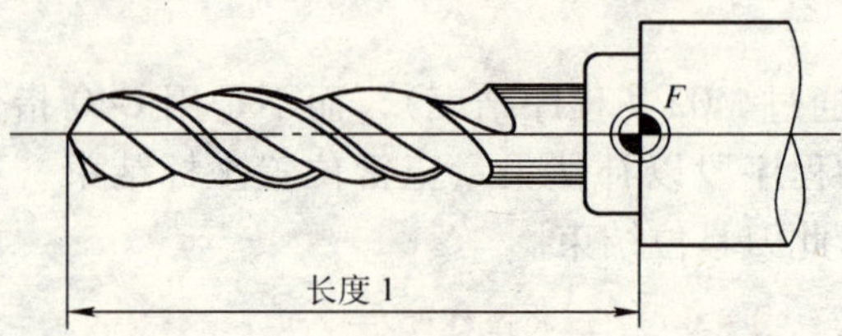

图 5-10　钻头举例说明所要求的补偿参数

F—刀具相关点

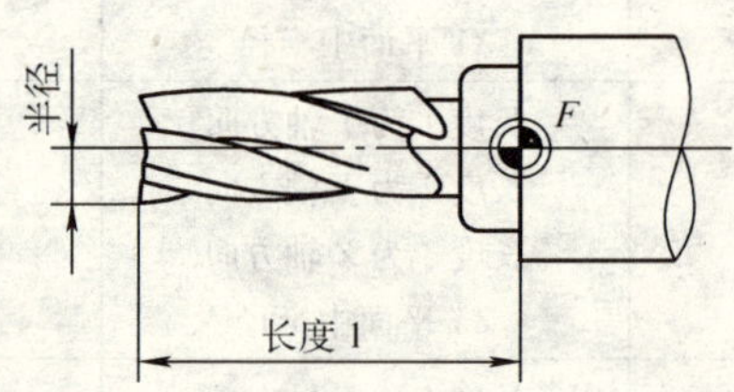

图 5-11　铣刀举例说明所要求的补偿参数

F—刀具相关点

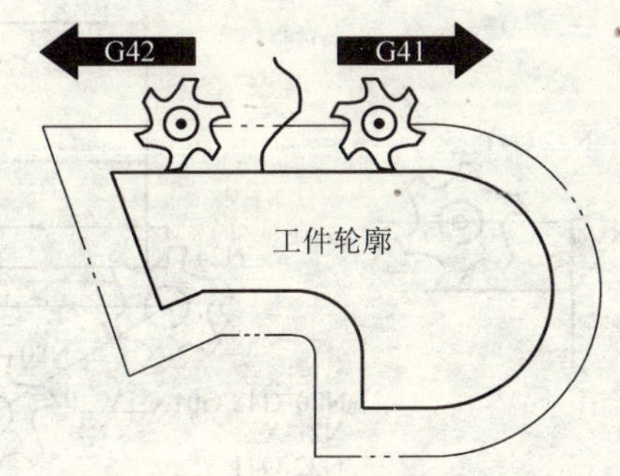

图 5-12　轮廓左边/右边的铣刀半径补偿

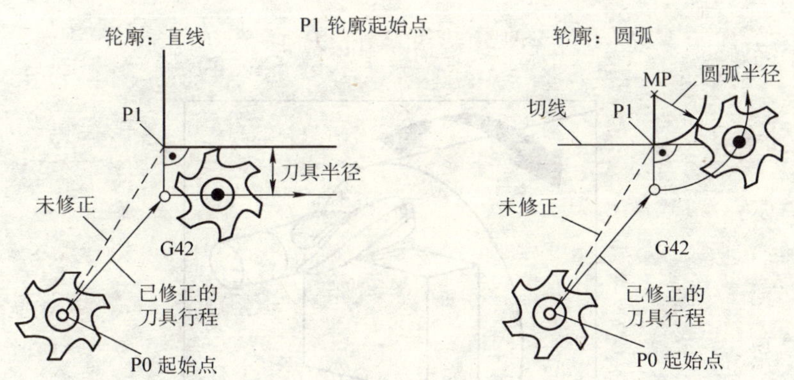

图 5-13　开始进行铣刀半径补偿

2. 端面铣削加工 TRANSMIT（见图 5-15）

（1）说明

1）使用动态转换功能 TRANSMIT 时，可以对夹在旋转夹具上的待车削的工件进行端面铣削或钻削。

2）编程此加工工序时，应使用笛卡儿坐标系。

3）控制系统将编程的笛卡儿坐标系中的进给运动转换为实际加工轴的运动。此时主主轴用作机床回转轴。

4）必须通过专用的机床数据设计 TRANSMIT。允许使用相对于车削中心的刀具中心偏移并允许通过这些机床数据进行设计。

5）除了刀具长度补偿外，也可使用刀具半径补偿（G41、G42）

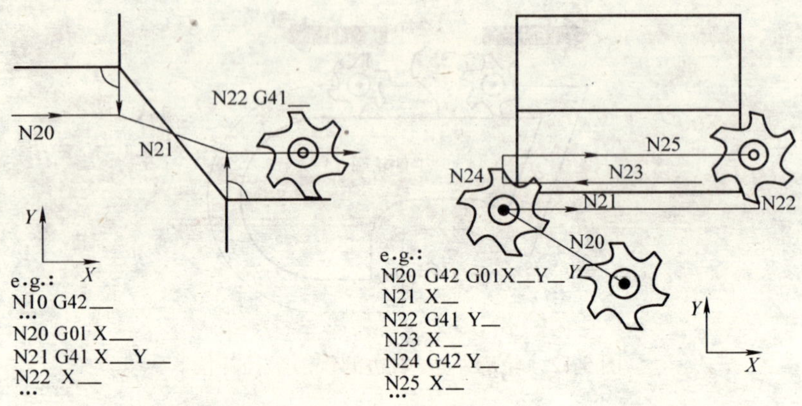

图 5-14　更换补偿方向

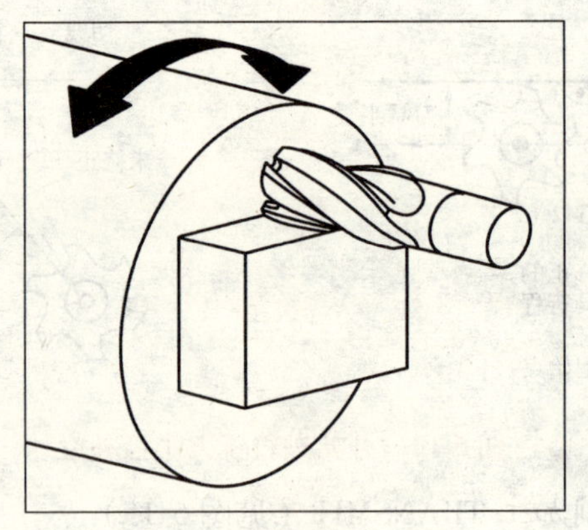

图 5-15　端面铣削加工

进行加工。

6）速度控制考虑到了旋转运动定义的极限。

（2）编程格式

TRANSMIT　　　　　　　　　　;开启 TRANSMIT(单独程序段)

TRAFOOF　　　　　　　　　　;关闭(单独程序段)

TRAFOOF 将取消任何有效的转换功能。

例如加工图 5-16 所示的零件。

使用 TRANSMIT 编程时，笛卡儿坐标系 *X*、*Y*、*Z* 的原点位于工

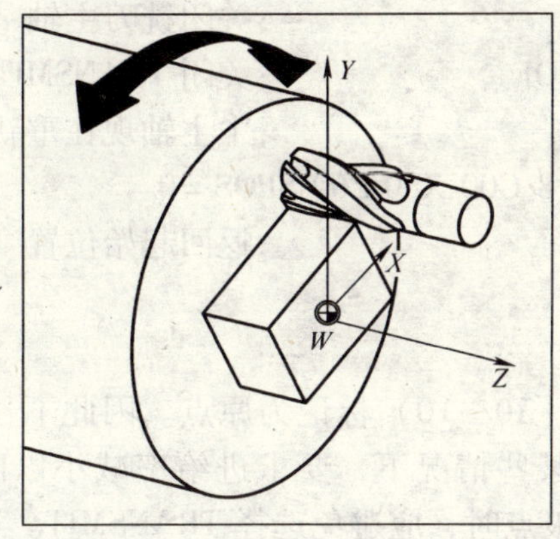

图 5-16 编程实例

件的端面上。

铣四边形的程序如下：

```
N10 T1 F400 G94 G54              ;铣刀,进给率,进给方式
N20 G00 X50 Z60 SPOS=0           ;返回到起始位置
N25 SETMS(2)                     ;主主轴现在为铣削主轴
N30 TRANSMIT                     ;激活 TRANSMIT 功能
N35 G55 G17                      ;激活零点偏移,XY 平面
N40 ROT RPL=-45                  ;在 XY 平面内的可编程旋转
N50 ATRANS X-2 Y3                ;可编程偏移
N55 S600 M03                     ;开启铣刀主轴
N60 G01 X12 Y-10 G41             ;开启刀具半径补偿
N65 Z-5                          ;铣刀进给
N70 X-10
N80 Y10
N90 X10
N100 Y-12
N110 G00 Z40                     ;铣刀退刀
N120 X15 Y-15 G40                ;关闭刀具半径补偿
N130 TRANS                       ;关闭可编程偏移和旋转
```

```
N140 M05                         ;关闭铣刀主轴
N150 TRAFOOF                     ;关闭 TRANSMIT
N160 SETMS                       ;主主轴现在重新为车削主轴
N170 G54 G18 G00 X50 Z60 SPOS=0
                                 ;返回起始位置
N200 M02
```

说明：

车削中心将（*X*0，*Y*0）标记为原点。因此不建议在原点附近加工工件，因为在某些情况下，要求进给率减小以防止旋转轴过载。刀具位置正处于极点时，应避免选择 TRANSMIT。避免将原点（*X*0，*Y*0）经过刀具中点。

3. 柱面铣削加工 TRACYL（图 5-17）

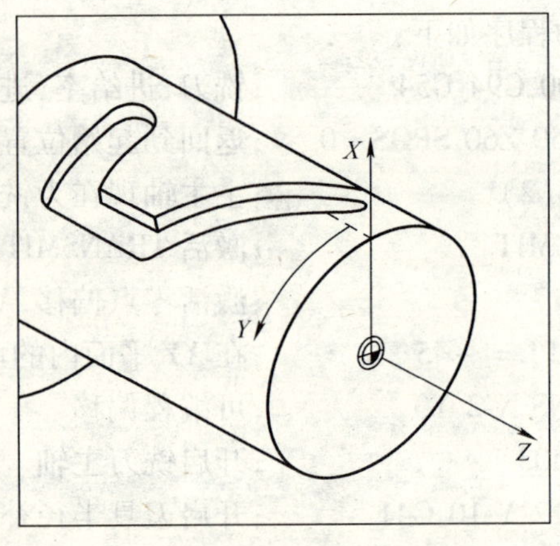

图 5-17　TRACYL

（1）说明

1）动态转换功能 TRACYL 用于圆柱体外表面的铣削加工，可以生成任意方向开口的槽。

2）以特定的加工圆柱直径将柱面展开并编了铣削外表面槽铣削的程序。

3）控制系统将笛卡儿坐标系中的进给动作转换为实际机床轴的动作要求使用回转轴，此时，主轴用作机床回转轴。

4）必须使用专用的机床数据设计 TRACYL；同时也定义了在回转轴的什么位置 $Y=0$。

5）如图 5-18 所示，铣床具有一个实际的加工轴 Y（YM），因此，可以设计一个扩展的 TRACYL 变量。这样就可以加工槽，使用槽壁修正如图 5-19 所示：槽壁与槽底相互垂直，即使刀具直径小于槽宽。否则，只能采用直径与槽宽相等的刀具。

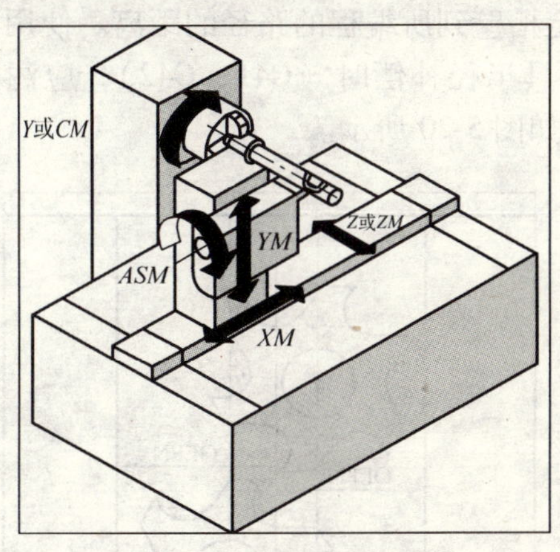

图 5-18　带有附件机床 Y 轴（YM）的特殊机床运动

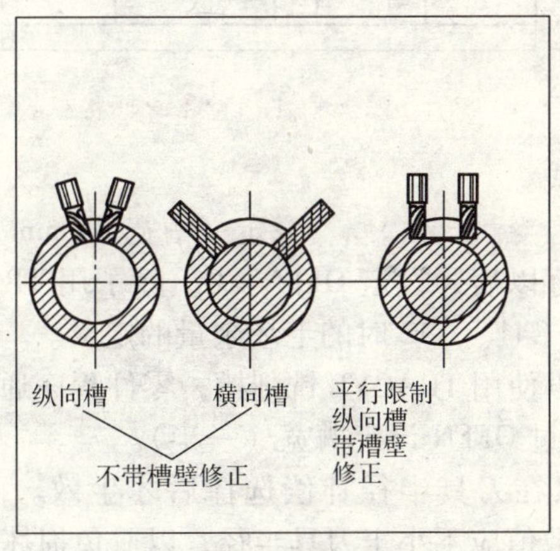

图 5-19　各种槽（截面视图）

(2) 编程格式　编程格式为：

TRACYL(d)　　　　　　　　;激活 TRACYL(单独程序段)

TRAFOOF　　　　　　　　　;取消(单独程序段)

指令中 d 为圆柱加工直径，单位为 mm。使用 TRAFOOF 将取消任何有效的转换功能。

(3) OFFN 地址说明

1）用于指定槽壁到所编程的路径的距离。使用时通常需编程槽中心线。使用刀具半径补偿时（G41、G42），应注意 OFFN 定义应为槽宽的一半，如图 5-20 所示。

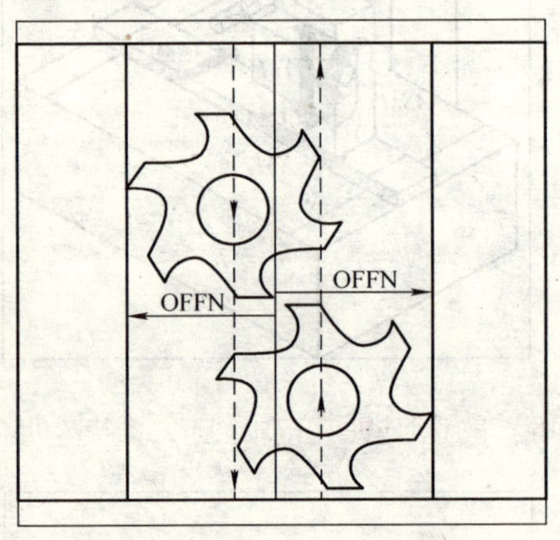

图 5-20　使用 OFFN 定义槽宽

2）编程格式。

OFFN =__　　　　　　　　;定义槽宽,以 mm 为单位。

3）槽加工好以后，设定 OFFN = 0。除了用 TRACYL 时，OFFN 也用于编程使用 G41、G42 时的毛坯余量的定义。

4）为了可以使用 TRACYL 铣削槽，零件程序通过槽的中心线定义坐标，并且通过 OFFN 设定槽宽（一半）。

5）OFFN 只在刀具半径补偿选择后才生效。而且，必须保证 OFFN 所指定的数值应不小于刀具半径，以避免损坏槽壁。

6）通常，铣削槽的零件程序中包含以下内容：

刀具的选择→TRACYL 的选择→相应零点偏移的选择→定位→

OFFN 编程→刀具半径补偿的选择→返回程序段（返回到槽壁，考虑刀具半径补偿）→通过槽中心线的槽加工程序→取消刀具半径补偿→出发程序段（从槽壁出发，考虑刀具半径补偿）→定位→OFFN 删除→TRAFOOF（取消 TRACYL）→重新选择原来的零点偏移（参见编程举例）。

7）导槽：使用和槽宽完全匹配的刀具直径，可以准确加工槽。刀具半径补偿需一直有效。使用 TRACYL 时，也可以用小于槽宽的刀具直径来加工槽。在这种情况下，需充分利用刀具半径补偿（G41、G42）和 OFFN。为了达到精度要求，刀具直径可略小于槽宽。

8）使用带槽壁补偿的 TRACYL 时，应根据槽中心编程。

9）选择刀具半径补偿：为了使刀具移动到槽壁的左侧（槽中心线的右侧），输入 G42。相应的，如果要使刀具移向槽壁的右侧（槽中心线的左侧），必须输入 G41。如果要修改刀具补偿方式，可以在 OFFN 中定义负的槽宽。

10）刀具半径补偿有效时，如果也不使用 TRACYL，但考虑 OFFN，则在 TRAFOOF 之后，OFFN 应复位到零。使用与不使用 TRAYCL 下的 OFFN 的作用不同。

11）可在零件程序中更改 OFFN，这样可以修改实际的中心线。例如加工图 5-21 所示的零件，其进给路线如图 5-22。

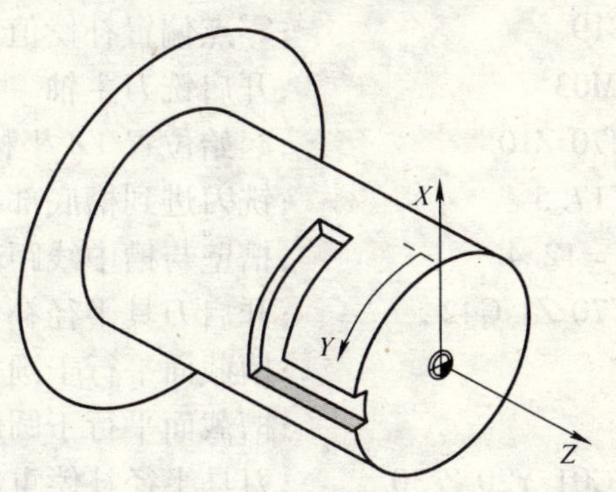

图 5-21 槽加工举例

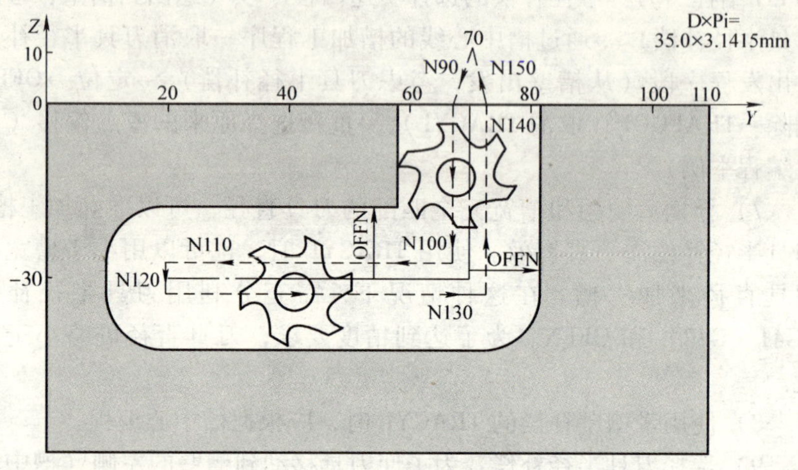

图 5-22　进给图

槽底部圆柱形的加工直径为 35. 0mm；所要求的槽的总宽度为 24. 8mm，所使用的铣刀半径为 10. 123mm。

```
N10 T1 F400 G94 G54          ;指定铣刀、进给率、进给方式及零
                              点偏置补偿值
N30 G00 X25 Z50 SPOS=200     ;返回起始位置
N35 SETMS(2)                 ;主主轴现在为铣削主轴
N40 TRACYL(35.0)             ;开启 TRACYL,加工直径为 35.0mm
N50 G55 G19                  ;零点偏置补偿值,选择 YZ 平面
N60 S800 M03                 ;开启铣刀主轴
N70 G00 Y70 Z10              ;起始位置 YZ 坐标
N80 G01 X17.5                ;铣刀进到槽底部
N70 OFFN=12.4                ;槽壁与槽中线距离为 12.4mm
N90 G01 Y70 Z1 G42           ;开启刀具半径补偿,返回槽壁
N100 Z-30                    ;槽截面平行于圆柱轴
N110 Y20                     ;槽截面平行于圆周
N120 G42 G01 Y20 Z-30        ;刀具半径补偿重新开始,返回另一
                              个槽壁,槽壁与槽中线间的距离仍
                              为 12.4mm
```

```
N130 Y70 F600                     ;槽截面平行于圆周
N140 Z1                           ;槽截面平行于圆柱轴
N150 Y70 Z10 G40                  ;关闭刀具半径补偿
N160 G00 X25                      ;铣刀退刀
N170 M05 OFFN=0                   ;关闭铣刀主轴,删除槽壁距离
N180 TRAFOOF                      ;关闭 TRACYL
N190 SETMS                        ;主主轴现在重新改为车削主轴
N200 G54 G18 G00 X25 Z50 SPOS=200
                                  ;返回起始位置
N210 M02
```

孔加工循环与数控铣床的一样,在数控车削中只有车削中心才有这些功能。其中，CYCLE81、CYCLE86、CYCLE87在802D-bI中不可用。

三、孔加工循环

1. 参数的类型

1）几何参数（图 5-23）。几何参数在所有钻孔循环中都相同，包括参考平面和返回平面，以及安全间隙和绝对或相对的最后钻孔深度。

2）加工参数。加工参数在各个循环中具有不同的含义和作用。因此它们在每个循环中单独编程。

3）平面定义。钻孔循环时，通常通过选择平面 G17 并激活可编程的偏移来定义进行加工的当前的工件坐标系。钻孔轴始终是垂直于当前平面的坐标系的轴。

4）循环调用前必须选择刀具长度补偿。它的作用是始终与所选平面垂直并保持有效，即使在循环结束后，如图 5-24 所示。

在车削时，钻孔轴为 *Z* 轴，在工件的端面钻孔。

5）停留时间编程。钻孔循环中的停留时间参数始终分配给 F 字且值必须为以 s 为单位。

2. 钻削、中心钻孔 CYCLE81

（1）编程格式　CYCLE81（RTP，RFP，SDIS，DP，DPR）

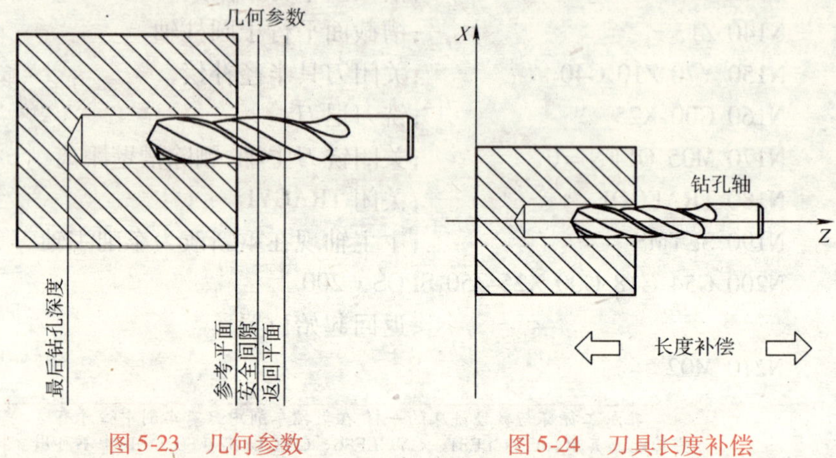

图 5-23 几何参数　　图 5-24 刀具长度补偿

（2）参数及说明（见表 5-12 与图 5-25）

表 5-12 CYCLE81 参数说明

参数	性质	说明
RTP	实数	返回平面（绝对）
RFP	实数	参考平面（绝对值）
SDIS	实数	安全间隙 f（输入时不带正负号）
DP	实数	最后钻孔深度（绝对值）
DPR	实数	相对于参考平面的最后钻孔深度（输入时不带正负号）

1）RFT 和 RTP（参考平面和返回平面）。通常，参考平面（RFP）和返回平面（RTP）具有不同的值。在循环中，返回平面定义在参考平面之前。从返回平面到最后钻孔深度的距离大于参考平面到最后钻孔深度间的距离。

2）SDIS（安全间隙）。安全间隙作用于参考平面；参考平面由安全间隙产生；安全间隙作用的方向由循环自动决定。

3）DP 和 DPR（最后钻孔深度）。最后钻孔深度可以定义成参考平面的绝对值或相对值。定义相对值时，循环将使用参考平面和返回平面的位置自动计算出钻孔深度。如果一个值同时输入给 DP 和 DPR，最后钻孔深度则来自 DPR。如果该值不同于由 DP 编程的绝对

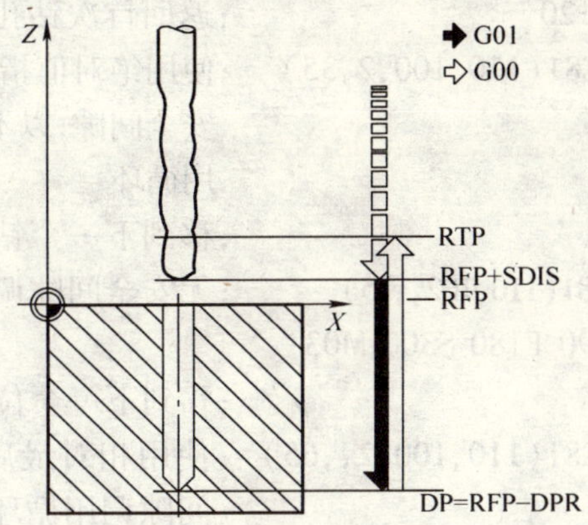

图 5-25　CYCLE81

值深度，在信息栏会出现“深度：符合相对深度值”。

如果参考平面和返回平面的值相同，深度不能用相对值定义。否则将输出错误信息 61101“参考平面定义不正确”且不执行循环。如果返回平面在参考平面后，将输出错误信息。

例如加工如图 5-26 所示的零件。

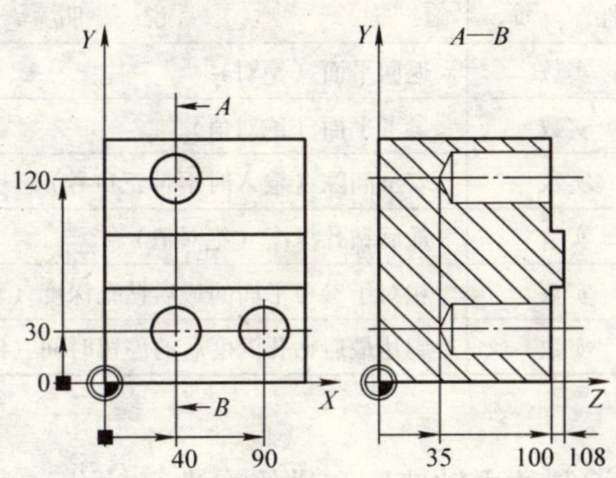

图 5-26　CYCLE81 加工实例

程序如下：

N10 G00 G17 G90 F200 S300 M03

N20 D3 T3 Z110　　　　　　　　;回到返回平面

```
N30 X40 Y120                    ;返回首次钻孔位置
N40 CYCLE81(110,100,2,35)       ;使用绝对值指定最后钻孔深度，
                                 安全间隙，以不完整的参数表调
                                 用循环
N50 Y30                         ;移到下一个钻孔位置
N60 CYCLE81(110,102,,35)        ;无安全间隙调用循环
N70 G00 G90 F180 S300 M03
N80 X90                         ;移到下一个位置
N90 CYCLE81(110,100,2,,65)      ;使用相对最后钻孔深度，安全
                                 间隙调用循环
N100 M02                        ;程序结束
```

3. 钻孔、锪平面 CYCLE82

（1）编程格式　CYCLE82（RTP，RFP，SDIS，DP，DPR，DTB）

（2）参数及说明（见表5-13）

表 5-13　CYCLE82 参数说明

参　　数	性　　质	说　　明
RTP	实数	返回平面（绝对）
RFP	实数	参考平面（绝对值）
SDIS	实数	安全间隙（输入时不带正负号）
DP	实数	最后钻孔深度（绝对值）
DPR	实数	相对于参考平面的最后钻孔深度（输入时不带正负号）
DTB	实数	到达最后钻孔深度后的停留时间（断屑）

说明：

1）其按照编制的主轴速度和进给率进行钻孔，直至达到最后钻孔深度。到达最后钻孔深度后允许停留。

2）动作组成。循环启动前到达位置，钻孔位置在所选平面的两个进给轴中；使用 G00 回到安全间隙之前的参考平面；按循环调用前面编程中的进给率（G01）移动到最后的钻孔深度；在最后钻孔深度处的停留时间；使用 G00 返回到返回平面。

3）DTB（停留时间）。参数 DTB 以 s 为单位指定到达钻孔深度后的停留时间（断屑）。

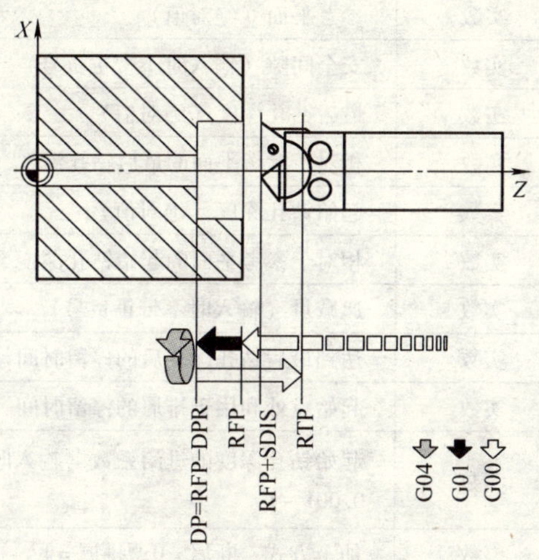

图 5-27　CYCLE82

例如使用 CYCLE82 循环编写在 X0 处加工一个深 20mm 的孔，停留时间是 3s，安全间隙是 2. 4mm。程序如下：

```
N10 G95 G00 G90 G54 F2 S300 M03        ;工艺值的规定
N20 D1 T6 Z50                          ;回到返回平面
N30 G17 X0                             ;返回钻孔位置
N40 CYCLE82(3,1. 1,2. 4,-20,,3)        ;其有最后钻孔深度绝对值
                                        和安全间隙的循环调用
N50 M02                                ;程序结束
```

4. 深孔钻削 CYCLE83

（1） 编程格式

CYCLE83（RTP，RFP，SDIS，DP，DPR，FDEP，FDPR，DAM，DTB，DTS，FRF，VARI）

（2）参数及说明（见表 5-14 与图 5-28 和图 5-29）。

表 5-14　CYCLE83 的参数说明

参　数	性　质	说　明
RTP	实数	返回平面（绝对）
RFP	实数	参考平面（绝对值）
SDIS	实数	安全间隙（输入时不带正负号）
DP	实数	最后钻孔深度（绝对值）
DPR	实数	相对于参考平面的最后钻孔深度（输入时不带正负号）
FDEP	实数	起始钻孔深度（绝对值）
FDPR	实数	相对于参考平面的起始钻孔深度（输入时不带正负号）
DAM	实数	递减量（输入时不带正负号）
DTB	实数	达到最后钻孔深度后的停留时间（断屑）
DTS	实数	起始点处和用于排屑的停留时间
FRF	实数	起始钻孔深度的进给系数（输入时不带正负号）值域：0.001～1
VARI	整数	加工方式：断屑=0；排屑=1

说明：

1）钻头可以在每次进给至指定深度后退回到参考平面+安全间隙，以用于排屑，或者每次退回1mm用于断屑。

2）动作组成。循环启动前到达位置，钻孔位置在所选平面的两个坐标轴中。

① 深孔钻削排屑（VARI=1）。使用G00回到安全间隙之前的参考平面；使用G01移动到起始钻孔深度，进给率来自程序调用中的进给率，它取决于参数FRF（进给系数）；在最后钻孔深度处的停留时间（参数DTB）；使用G00返回到安全间隙之前的参考平面，用于排屑；起始点的停留时间（参数DTS）；使用G00回到上次到达的钻孔深度，并保持预留量距离；使用G01钻削到下一个钻孔深度（持续动作顺序直至到达最后钻孔深度）；使用G00返回到返回平面。

② 深孔钻削断屑（VARI=0）。使用G00回到安全间隙之前的参考平面；用G01钻孔到起始深度，进给率来自程序调用中的进给

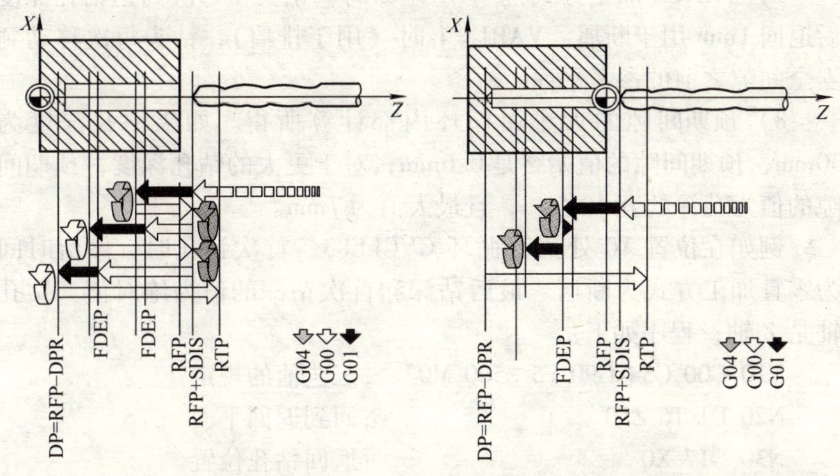

图 5-28 深孔排屑钻　　图 5-29 深孔往复排屑钻

率，它取决于参数 FRF（进给系数）；在最后钻孔深度处的停留时间（参数 DTB）；使用 G01 从当前钻孔深度后退 1mm，采用调用程序中的编程的进给率（用于断屑）；用 G01 按所编程的进给率执行下一次钻孔切削（该过程一直进行下去，直至到达最终钻削深度）；使用 G00 返回到返回平面。

3）参数 DP（或 DPR）、FDEP（或 FDPR）和 DMA。DP 钻孔深度是最后钻孔的深度，首次钻孔深度和递减量在循环中计算方法是：首先，进行首次钻深，只要不超出总的钻孔深度；从第二次钻深开始，每次由上一次钻孔深度减去递减量获得的，但要求钻孔深度大于所编程的递减量；当剩余量大于两倍的递减量时，以后的钻削量等于递减量；最终的两次钻削行程被平分，所以始终大于一半的递减量；如果第一次的钻孔深度值和总钻孔深度不符，则输出错误信息 61107。若首次钻孔深度定义错误则不执行循环程序。

4）DTB（停留时间）。参数 DTB 以 s 为单位编制了到达最后钻孔深度后的停留时间（断屑）。

5）DTS（停留时间）。起始点的停留时间只在 VARI = 1 时执行。

6）FRF（进给系数）。有效进给率的缩减系数，该系数只适用于循环中的首次钻孔深度。

7）VARI（加工方式）。VARI=0 时，钻头在每次到达钻孔深度后退回 1mm 用于断屑。VARI=1 时（用于排屑），钻头每次移动到安全间隙之前的参考平面。

8）预期间隙的大小由循环内部计算所得。如果钻孔深度为 30mm，预期间隙的值始终是 0.6mm；对于更大的钻孔深度，预期间隙的值为孔深的五十之一，且最大值为 7mm。

例如在位置 *X*0 处执行循环 CYCLE83。首次钻孔时，停留时间为零且加工方式为断屑。最后钻深和首次钻深的值为绝对值。钻孔轴是 *Z* 轴；程序如下：

```
N10 G00 G54 G90 F5 S500 M04      ;工艺值的规定
N20 D1 T6 Z50                    ;回到返回平面
N30 G17 X0                       ;返回钻孔位置
N40 CYCLE83(3.3,0,0,-80,0,-10,0,0,0,0,1,0)
                                 ;调用循环,深度参数的值为绝
                                  对值
N50 M02                          ;程序结束
```

5. 刚性攻螺纹 CYCLE84

（1）编程格式

CYCLE84（RTP，RFP，SDIS，DP，DPR，DTB，SDAC，MPIT，PIT，POSS，SST，SST1）

（2）参数及说明（见表 5-15 与图 5-30）

表 5-15　CYCLE84 的参数说明

参　数	性　质	说　　明
RTP	实数	返回平面（绝对值）
RFP	实数	参考平面（绝对值）
SDIS	实数	安全间隙（输入时不带正负号）
DP	实数	最后钻孔深度（绝对值）
DPR	实数	相对于参考平面的最后钻孔深度（输入时不带正负号）
DTB	实数	螺纹到达深度时的停留时间（断屑）
SDAC	整数	循环结束后的旋转方向值：3、4 或 5（用于 M03、M04 或 M05）

（续）

参 数	性 质	说 明
MPIT	实数	螺距作为螺纹尺寸（有符号），数值范围 3（用于 M3）…48（用于 M48）；符号决定了在螺纹中的旋转方向
PIT	实数	螺距作为数值（有符号），数值范围：0.001～2000.000mm；符号决定了在螺纹中的旋转方向
POSS	实数	循环中主轴准停位置（以°为单位）
SST	实数	攻螺纹速度
SST1	实数	退回速度

说明：

1）循环启动前到达位置。螺孔位置在所选平面的两个坐标轴中。

2）动作组成。使用 G00 回到安全间隙之前的参考平面；主轴准停（值在参数 POSS 中）以及将主轴转换为进给轴模式；攻螺纹至最终钻孔深度，速度由 SST 指定；螺纹深度处的停留时间（参数 DTB）；退回到安全间隙前的参考平面，速度由 SST1 指定且方向相反；使用 G00 退回到返回平面；通过在循环调用前重新编程有效的主轴速度以及 SDAC 下编程的旋转方向，从而改变主轴模式。

3）DTB（停留时间）。停留时间以 s 为单位编程。钻螺纹孔时，建议忽略停留时间。

4）SDAC（循环结束后的旋转方向）。在 SDAC 中，将对主轴在循环结束后的旋转方向进行编程。在循环内部自动执行攻螺纹时的反方向。

5）MPIT 和 PIT（以螺距作为螺纹尺寸和数值）。可以将螺纹螺距的值定义为螺纹大小（公称螺纹只在 M3～M48 之间）或一个值（导程作为数值）。不需要的参数在调用中省略或赋值为零。右旋螺纹或左旋螺纹由螺距参数符号定义：正值→右螺纹（如 M03）；负值→左螺纹（如 M04）。如果两个螺纹螺距参数的值有冲突，循环将产生报警 61001“螺纹螺距错误”且循环中断。

6）POSS（主轴准停位置）。攻螺纹前，使用命令SPOS使主轴准停在循环中定义的位置并转换成位置控制。由POSS设定主轴的准停位置。

7）SST（速度）。参数SST包含了用于攻螺纹程序的主轴转速。

8）SST1（退回速度）。在SST1中，可以在用地址为G332的程序段攻螺纹后，对退回转速进行编程。如果该参数的值为零，则按照SST下编程的速度退回。

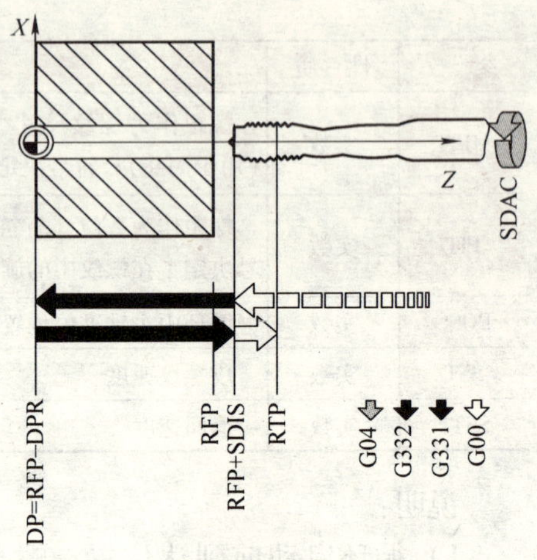

图5-30 刚性攻螺纹CYCLE84

9）循环中攻螺纹时的旋转方向始终自动颠倒。

例如加工在位置X0处，将在没有补偿夹具的情况下攻螺纹，钻孔轴为Z轴。未编程停留时；编程的深度值为相对值。必须给旋转方向参数和螺距参数赋值。被加工螺纹公称直径为M5。程序如下：

```
N10 G00 G90 G54 T6 D1
N20 G17 X0 Z40           ;返回钻孔位置
N30 CYCLE84(4,0,2,,30,,3,5,,90,200,500)
                         ;循环调用;主轴在90°位置停止:攻螺纹速
                          度是200mm/min,退回速度是500mm/min
N40 M02                  ;程序结束
```

6. 带补偿夹具攻螺纹CYCLE840

（1）编程格式

CYCLE840（RTP，RFP，SDIS，DP，DPR，DTB，SDR，SDAC，ENC，MPIT，PIT）

（2）参数及说明（见表5-16与图5-31）

表 5-16　CYCLE840 的参数说明

参　数	性　质	说　　明
RTP	实数	返回平面（绝对值）
RFP	实数	参考平面（绝对值）
SDIS	实数	安全间隙（输入时不带正负号）
DP	实数	最后钻孔深度（绝对值）
DPR	实数	相对于参考平面的最后钻孔深度（输入时不带正负号）
DTB	实数	到达螺纹深度后的停留时间（断屑）
SDR	整数	退回时的旋转方向；值：0（旋转方向自动颠倒）；3或4（用于 M03 或 M04）
SDAC	整数	循环结束后的旋转方向；值：3、4 或 5（用于 M03、M04 或 M05）
ENC	整数	带/不带编码器攻螺纹；值：0 = 带编码器；1 = 不带编码器
MPIT	实数	螺距作为螺纹尺寸（有符号）；数值范围 3（用于 M3）~48（用于 M48）
PIT	实数	螺距作为数值（有符号）；数值范围：0.001 ~ 2000.000mm

说明：

1）使用此循环，可以进行带补偿夹具的攻螺纹；有无编码器和有编码器两种。

2）动作组成。使用 G00 回到安全间隙之前的参考平面；攻螺纹至最终钻孔深度；指定螺纹深度处的停留时间（参数 DTB）；退回到安全间隙前的参考平面；使用 G00 返回到返回平面。

3）DTB（停留时间）。停留时间以 s 为单位编程。时间仅在不带编码器进行攻螺纹时生效。

4）SDR（退回时的旋转方向）。如果要使主轴方向自动颠倒，必须设置 SDR = 0。如果机床数据定义成无编码器（机床数据 MD30200 NUM _ ENCS 为0），参数值必须定义为3 或4；否则，将输出报警 61202“主轴方向未编程”且循环中断。

275

5）SDAC（旋转方向）。参数SDAC下指定的方向和首次调用前在前部程序中编程的旋转方向一致。如果SDR=0，则SDAC的值在循环中没有意义，可以在参数化时忽略。

6）ENC（攻螺纹）。尽管有编码器存在，如果要进行无编码器攻螺纹，参数ENC的值必须设为1。如果没有安装编码器且参数值为0，循环中不考虑编码器。

7）MPIT和PIT（以螺距作为螺纹尺寸和数值）。如果螺距参数只对带编码器的攻螺纹有意义。循环通过主轴速度和螺距计算出进给率。可以将螺纹螺距的值定义为螺纹大小（公称螺纹只在M3～M48之间）或一个值（数值为螺纹导程）。不需要的参数在调用中省略或赋值为零。如果两个螺纹螺距参数的值有冲突，循环将产生报警61001“螺纹螺距错误”且循环中断。

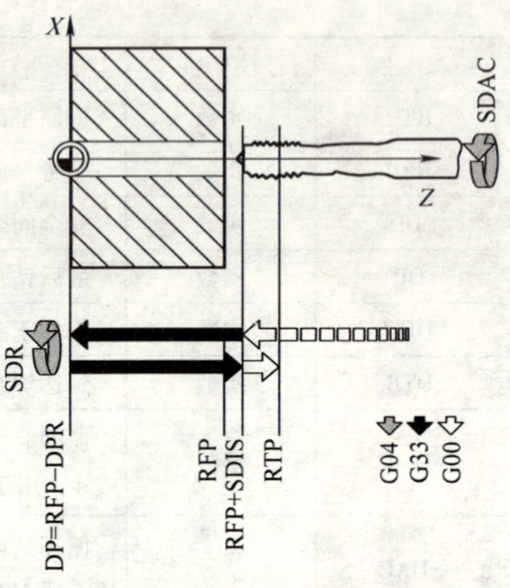

图5-31　CYCLE840

8）根据机床数据MD30200 NUM _ ENCS中的设定，循环可以选择攻螺纹时带或不带编码器。丝锥的旋转方向必须在循环调用之前用M3或M4编程。

例如不带编码器在位置X0处攻螺纹，钻孔轴为Z轴。必须给旋转方向参数SDR和SDAC赋值；参数ENC的值为1，深度的值是绝对值。可以忽略螺距参数PIT。加工时使用补偿夹具。程序如下：

```
N10 G90 G00 G54 D1 T6 S500 M03          ;工艺值的规定
N20 G17 X0 Z60                           ;返回钻孔位置
N30 G01 F200                             ;规定轨迹进给率
N40 CYCLE840(3,0,,-5,0,1,4,3,1,,)        ;停留时间1s,退回时主
                                          轴转向M04,循环时主
                                          轴转向M03
```

```
N50 M02                                    ;程序结束
```

例如带编码器在位置 X0 处攻螺纹。钻孔轴是 Z 轴。必须定义螺距参数，旋转方向自动颠倒已编程。加工时使用补偿夹具。程序如下：

```
N10 G90 G00 G54 D1 T6 S500 M03             ;工艺值的规定
N20 G17 X0 Z60                             ;返回钻孔位置
N30 G01 F200                               ;规定轨迹进给率
N40 CYCLE840(3,0,,-15,0,0,,,0,3.5,)        ;无安全间隙调用循环
N50 M02                                    ;程序结束
```

7. 铰孔1（镗孔1）CYCLE85

（1）编程格式

CYCLE85（RTP，RFP，SDIS，DP，DPR，DTB，FFR，RFF）

（2）参数及说明（见表5-17与图5-32）

表5-17　CYCLE85的参数说明

参　数	性　质	说　明
RTP	实数	返回平面（绝对值）
RFP	实数	参考平面（绝对值）
SDIS	实数	安全间隙（输入时不带正负号）
DP	实数	最后铰孔坐标（绝对值）
DPR	实数	相对于参考平面的最后铰孔坐标（输入时不带正负号）
DTB	实数	铰孔到孔底时的停留时间（断屑）
FFR	实数	进给率
RFF	实数	退回进给率

说明：

1）DTB（停留时间）。DTB以s为单位设定到达最后铰孔深度时的停留时间。

2）FFR（进给率）。铰孔时FFR下编程的进给率值有效。

3）RFF（退回进给率）从孔底退回到参考平面+安全间隙时，RFF下编程的进给率值有效。

例如：在（Z70，X0）处调用循环CYCLE85。铰孔轴是Z轴。

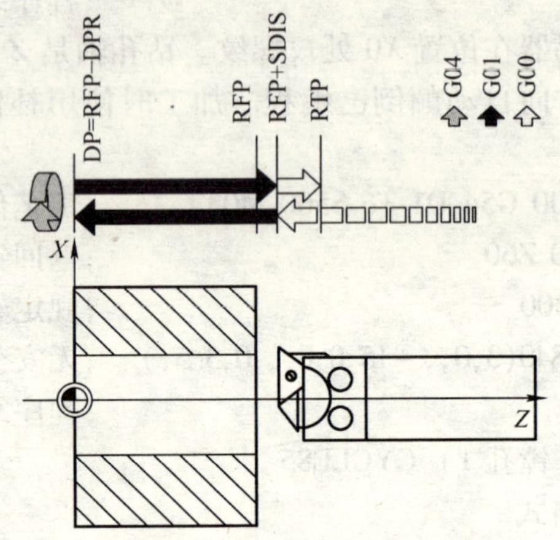

图 5-32　CYCLE85

循环调用中最后铰孔深度的值是作为相对值来编程的；未指定停留时间。工件的上沿在 Z0 处。程序如下：

```
N10 G90 G00 S300 M03
N20 T3 G17 G54 Z70 X0                    ;返回钻孔位置
N30 CYCLE85(10,2,2,,25,,300,450)         ;循环调用
N40 M02                                  ;程序结束
```

8. 镗孔（镗孔 2）CYCLE86

(1) 编程格式

CYCLE86（RTP，RFP，SDIS，DP，DPR，DTB，SDIR，RPA，RPO，RPAP，POSS）

(2) 参数及说明（见表 5-18 与图 5-33）

表 5-18　CYCLE86 的参数说明

参　数	性　质	说　明
RTP	实数	返回平面（绝对值）
RFP	实数	参考平面（绝对值）
SDIS	实数	安全间隙（输入时不带正负号）
DP	实数	最后镗孔坐标（绝对值）

（续）

参 数	性 质	说 明
DPR	实数	相对于参考平面的最后镗孔坐标（输入时不带正负号）
DTB	实数	镗孔到孔底时的停留时间（断屑）
SDIR	整数	旋转方向，值：3（用于 M03）；4（用于 M04）
RPA	实数	平面中第一轴上的返回路径（增量，带符号输入）
RPO	实数	平面中第二轴上的返回路径（增量，带符号输入）
RPAP	实数	镗孔轴上的返回路径（增量，带符号输入）
POSS	实数	循环中定位主轴准停的位置（以度为单位）

说明：

1）此循环可以用来使用车孔刀进行镗孔。

2）镗孔 2 时，一旦到达镗孔深度，便激活了定位主轴停止功能。然后，主轴从返回平面快速回到编程的返回位置。

3）动作组成。使用 G00 回到安全间隙之前的参考平面；使用 G01 和循环调用前编程的进给率移到最终镗孔深度；执行最后镗孔深度处的停留时间；定位主轴停止在 POSS 下编程的位置；使用 G00 在三个轴方向上返回；使用 G00 在镗孔轴方向返回到安全间隙前的参考平面；使用 G00 退回到返回平面（平面的两个轴方向上的初始镗孔位置）。

4）SDIR（旋转方向）。如果参数的值不是 3 或 4（M03/M04），则产生报警 61102“未编程主轴方向”且不执行循环。

5）RPA（第一轴上的返回路径）。定义在第一轴上（横坐标）的返回路径，当到达最后镗孔深度并执行了主轴准停后执行此返回路径。

6）RPO（第二轴上的返回路径）。定义在第二轴上（纵坐标）的返回路径，当到达最后镗孔深度并执行了定位主轴准停后执行此返回路径。

7）RPAP（镗孔轴上的返回路径）。定义在镗孔轴上的返回路径，当到达最后镗孔深度并执行了主轴准停功能后执行此返回路径。

8）POSS（主轴位置）。使用 POSS 编程定位主轴准停的位置，单位为°，该功能在到达最后镗孔深度后执行。可以使当前有效的主轴准停在某个方向。使用转换参数编程角度值。

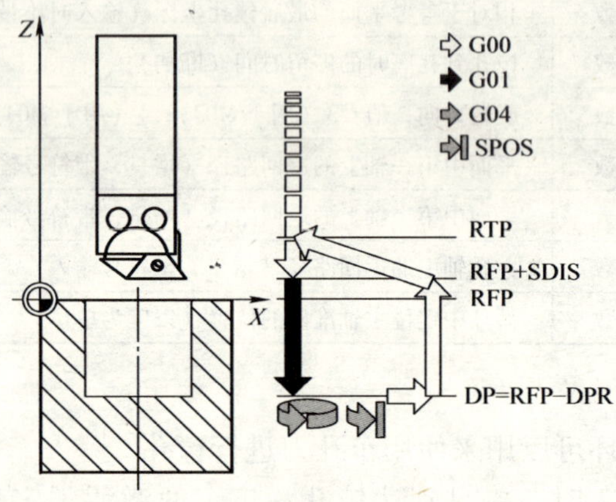

图 5-33 CYCLE86

例如利用镗孔 2 在 *XY* 平面中的（*X*70，*Y*50）处调用 CYCLE86。镗孔轴是 *Z* 轴。编程的最后镗孔深度值为绝对值，未定义安全间隙。在最后镗孔深度处的停留时间是 2s。工件的上沿在 *Z*110 处。在此循环中，主轴由 M03 指定旋转方向并停在 45°位置，如图 5-34 所示。程序如下：

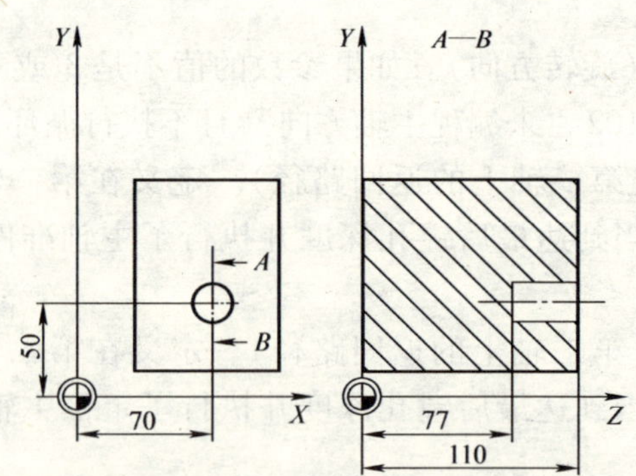

图 5-34 CYCLE86 加工实例

N10 G00 G17 G90 F200 S300 M03 ;工艺值的规定

```
N20 T11 D1 Z112                          ;回到返回平面
N30 X70 Y50                              ;返回钻孔位置
N40 CYCLE86(112,110,,77,0,2,3,-1,-1,1,45)
                                         ;使用绝对钻孔深度调用循环
N50 M02                                  ;程序结束
```

9. 带停止钻孔 1（镗孔 3）CYCLE87

（1）编程格式

CYCLE87（RTP，RFP，SDIS，DP，DPR，SDIR）

（2）参数及说明（见表 5-19 与图 5-35）

表 5-19　CYCLE87 的参数说明

参　数	性　质	说　　明
RTP	实数	返回平面（绝对值）
RFP	实数	参考平面（绝对值）
SDIS	实数	安全间隙（输入时不带正负号）
DP	实数	最后钻孔深度（绝对值）
DPR	实数	相对于参考平面的最后钻孔深度（输入时不带正负号）
SDIR	整数	旋转方向。值：3（用于 M03）；4（用于 M04）

说明：

1）镗孔 3 时，一旦到达钻孔深度，便激活了主轴停止功能 M05，并生成编程暂停 M00。按 NC 启动键继续快速返回直至到达返回平面。

2）动作组成。使用 G00 回到安全间隙之前的参考平面；使用 G01 和循环调用前编程的进给率移到最终钻孔深度；使用 M5 主轴停止；按 NC 启动继续；使用 G00 返回到返回平面。

例如利用镗孔 3 在 *XY* 平面中的（*X*70，*Y*50）处调用 CYCLE87。钻孔轴是 *Z* 轴。最后钻孔深度以绝对值定义。安全间隙为 2mm，如图 5-36 所示。程序如下：

```
DEF REAL DR SDIS                         ;参数定义
N10 DP=77 SDIS=2                         ;赋值
N20 G00 G17 G90 F200 S300                ;工艺值的规定
```

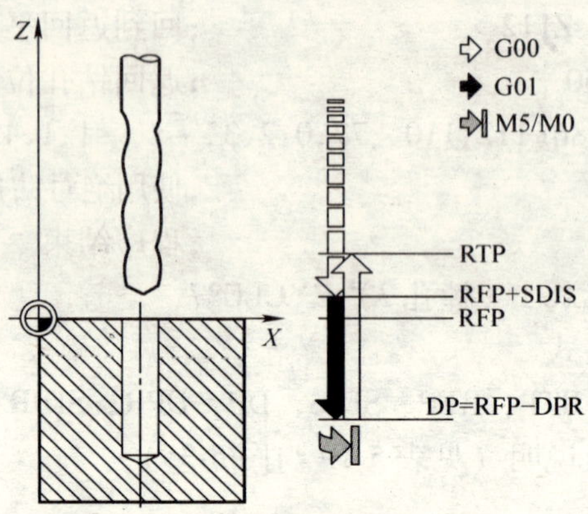

图 5-35　CYCLE87

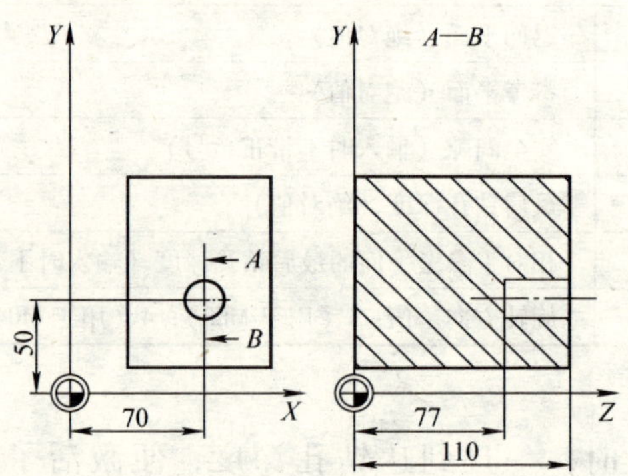

图 5-36　CYCLE87 加工实例

N30 D3 T3 Z113　　　　　　　　　;回到返回平面

N40 X70 Y50　　　　　　　　　　;返回钻孔位置

N50 CYCLE87(113,110,SDIS,DP,,3)　;使用编程的主轴旋转方向 M03 调用循环

N60 M02

10. 带停止钻孔 2（镗孔 4）CYCLE88

（1）编程格式

CYCLE88（RTP，RFP，SDIS，DP，DPR，DTB，SDIR）

（2）参数及说明（见表 5-20 与图 5-37）

表 5-20 CYCLE88 的参数说明

参 数	性 质	说 明
RTP	实数	返回平面（绝对值）
RFP	实数	参考平面（绝对值）
SDIS	实数	安全间隙（输入时不带正负号）
DP	实数	最后钻孔深度（绝对值）
DPR	实数	相对于参考平面的最后钻孔深度（输入时不带正负号）
DTB	实数	到达最后钻孔深度时的停留时间（断屑）
SDIR	整数	旋转方向。值：3（用于 M03）；4（用于 M04）

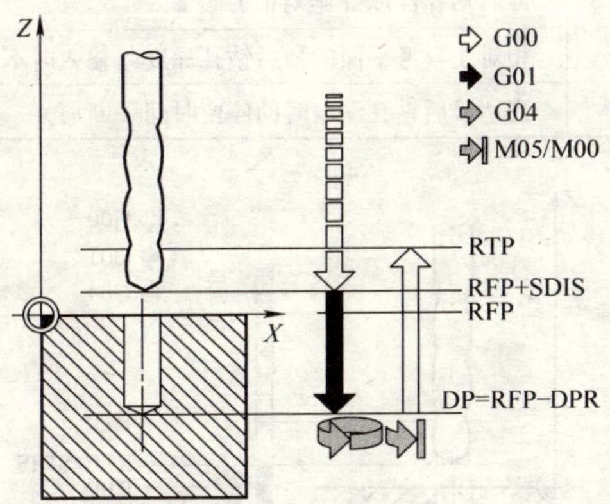

图 5-37 CYCLE88

使用镗孔 4 循环 CYCLE88 编制在 *X*0，钻孔轴是 *Z* 轴；安全间隙是 3mm；最后钻孔深度定义为参考平面的相对值；M04 在循环中有效的程序如下：

```
N10 T1 S300 M03
N20 G17 G54 G90 F1 S450              ;工艺值的规定
N30 G00 X0 Z10                       ;返回钻孔位置
N40 CYCLE88(5,2,3,,72,3,4)           ;使用编程的主轴旋转方向
                                      M04 调用循环
N50 M02                              ;程序结束
```

11. 铰孔2（镗孔5）CYCLE89

(1) 编程格式

CYCLE89（RTP，RFP，SDIS，DP，DPR，DTB）

(2) 参数及说明（见表5-21与图5-38）

表5-21 CYCLE89的参数说明

参数	性质	说明
RTP	实数	返回平面（绝对值）
RFP	实数	参考平面（绝对值）
SDIS	实数	安全间隙（输入时不带正负号）
DP	实数	最后钻孔深度（绝对值）
DPR	实数	相对于参考平面的最后钻孔深度（输入时不带正负号）
DTB	实数	到达最后钻孔深度时的停留时间（断屑）

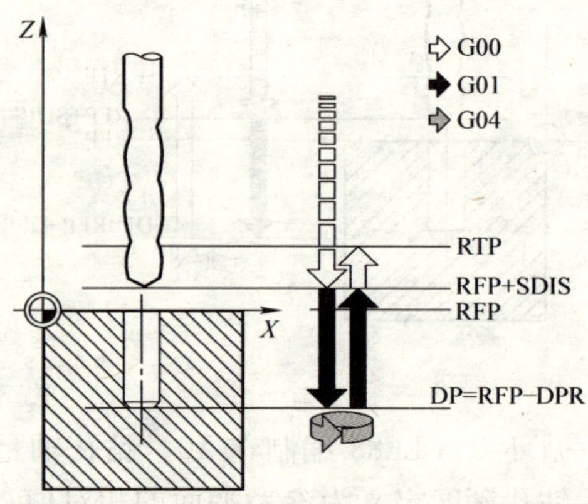

图5-38 CYCLE89

例如加工如图5-39所示的零件。在*XY*平面的（*X*80，*Y*90）处，调用钻孔循环CYCLE89。安全间隙为5mm，最后钻孔深度定义为绝对值。钻孔轴是*Z*轴。程序如下：

```
RFP=102 RTP=107 DP=72 DTB=3                ;赋值
N10 G90 G17 F100 S450 M04                  ;工艺值的规定
N20 G00 X80 Y90 Z107                       ;回到钻孔位置
N30 CYCLE89(RTP,RFP,5,DP,,DTB)
```

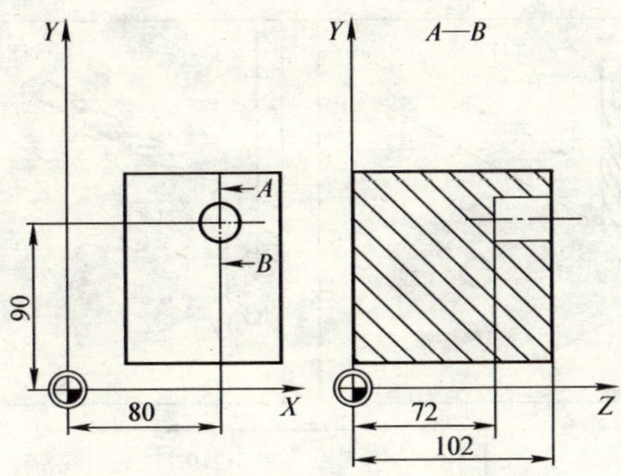

图 5-39 CYCLE89 加工实例

N40 M02

12. 排孔系循环 HOLES1

(1) 编程格式

HOLES1 (SPCA, SPCO, STA1, FDIS, DBH, NUM)

(2) 参数及说明(见表 5-22 与图 5-40)

表 5-22 HOLES1 的参数说明

参 数	性 质	说 明
SPCA	实数	直线(绝对值)上一基准点的平面的第一坐标轴(横坐标)坐标
SPCO	实数	此基准点(绝对值)平面的第二坐标轴(纵坐标)坐标
STA1	实数	与平面第一坐标轴(横坐标)的角度值域:$-180° < STA1 \leq 180°$
FDIS	实数	第一个孔到基准点的距离(输入时不带正负号)
DBH	实数	孔间距(输入时不带正负号)
NUM	整数	孔的数量

说明:

1) 此循环可以用来钻削一排孔,即沿直线分布的孔或网格孔。孔的类型由已被调用的钻孔循环决定。

2) 为了避免不必要的空行程,通过平面轴的实际位置和此排孔的几何分布,循环计算出是从第一孔或是最后一孔开始加工。随后依次快速达到钻孔位置。

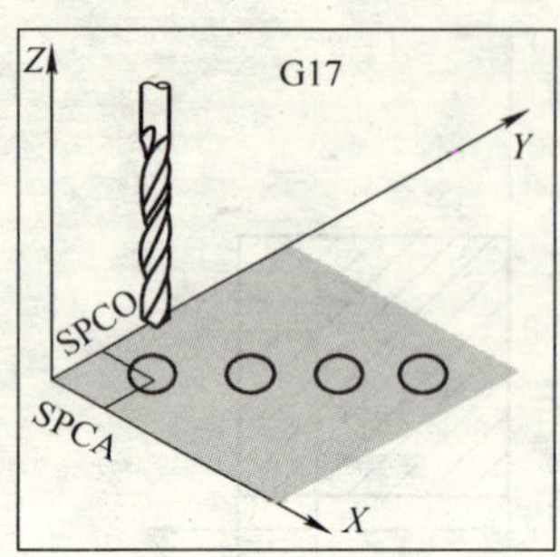

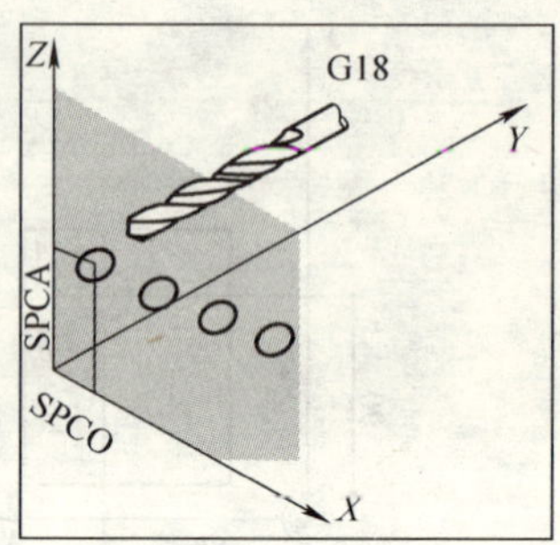

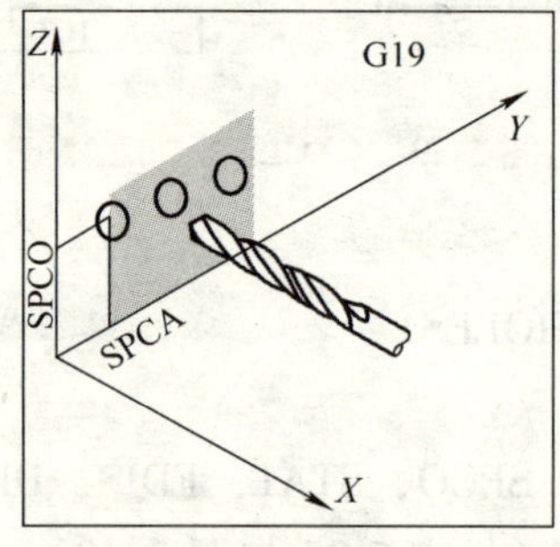

图 5-40　HOLES1

3）SPCA 和 SPCO（平面的第一坐标轴和第二坐标轴的基准点）如图 5-41 所示，排孔形成的直线上的某一点定义成基准点，用于计算孔之间的距离。定义了从这一点到第一个孔 FDIS 的距离。

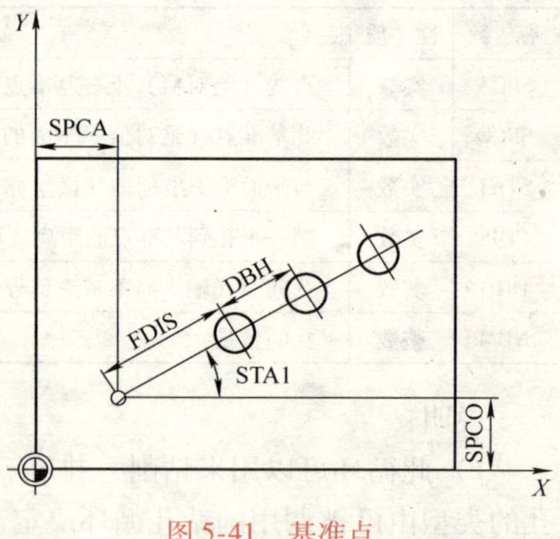

图 5-41　基准点

4）STA1（角度）。直线可以是平面中的任何位置。它是由 SPCA 和 SPCO 定义的点以及直线和循环调用时有效的工件坐标系平面中的第一坐标轴间形成的角度来确定的。角度值以°为单位输入 STA1。

5）FDIS 和 DBH（距离）。使用 FDIS 对第一孔和由 SPCA 和 SP-

CO 定义的基准点间的距离进行规定。参数 DBH 定义了任何两孔间的距离。

6）NUM（数量）。参数 NUM 用来定义孔的数量。

例如加工如图 5-42 所示的零件。该零件上有平行于 *ZX* 平面中 *Z* 轴的 5 个螺纹排孔，并且孔间距是 20mm。排孔的起始点位于（*Z*20，*X*30）处，第一孔距离此点 10mm。

首先，使用 CYCLE82 进行钻孔，然后使用 CYCLE84（无补偿夹具攻螺纹）执行攻螺纹。孔深为 80mm（参考平面和最后钻孔深度间的距离）。程序如下：

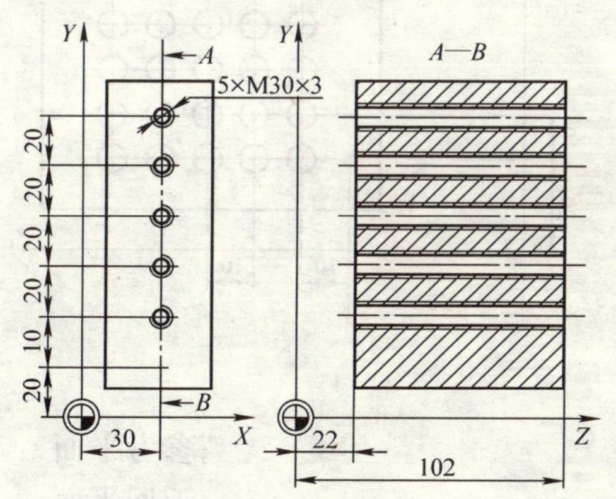

图 5-42　零件图

```
N10 G90 F30 S500 M03 T10 D1              ;加工步骤的工艺值规定
N20 G17 G90 X20 Z105 Y30                 ;回到起始位置
N30 MCALL CYCLE82(105,102,2,22,0,1)
                                         ;钻孔循环的模态调用
N40 HOLES1(20,30,0,10,20,5)              ;调用排孔循环;循环从第一
                                           孔开始加工
N50 MCALL                                ;取消模态调用
N55 T11 D1                               ;更换刀具
N60 G90 G0130 Z110 Y105                  ;移到第五孔的下一个位置
N70 MCALL CYCLE84(105,102,2,22,0,,3,,4.2,,300,)
                                         ;模态调用攻螺纹循环
```

```
N80 HOLES1(20,30,0,10,20,5)      ;从第五孔开始调用排孔循环
N90 MCALL                        ;取消模态调用
N100 M02                         ;程序结束
```

再如加工如图 5-43 所示的网格孔。网格孔包括 5 行，每行 5 个孔，分布在 *XY* 平面中，孔间距为 10mm。网格的起始点在（*X*30，*Y*20）处。用 R 参数编程。程序如下：

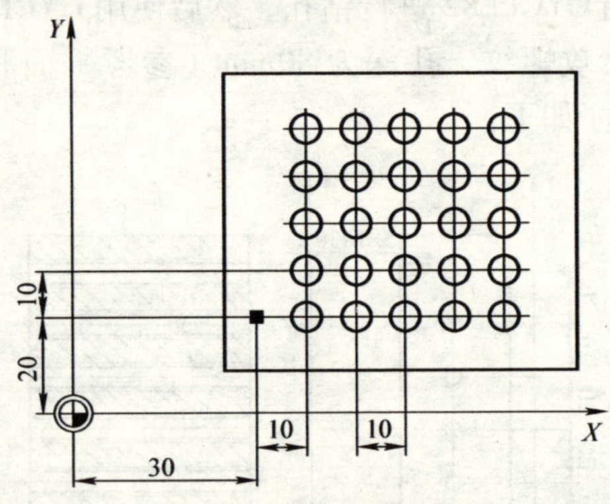

图 5-43　网格孔

```
R10=102                          ;参考平面
R11=105                          ;返回平面
R12=2                            ;安全间隙
R13=75                           ;钻孔深度
R14=30                           ;基准点:平面第一坐标轴的
                                  排孔
R15=20                           ;基准点:平面第二坐标轴的
                                  排孔
R16=0                            ;起始角度
R17=10                           ;第一孔到基准点的距离
R18=10                           ;孔间距
R19=5                            ;每行孔的数量
R20=5                            ;行数
R21=0                            ;行计数
```

```
R22 = 10                              ;行间距
N10 G90 F300 S500 M03 T10 D1          ;工艺值的规定
N20 G17 G00 X = R14 Y = R15 Z105      ;回到起始位置
N30 MCALL CYCLE82(R11,R10,R12,R13,0,1)
                                      ;钻孔循环的模态调用
N40 LABEL1                            ;调用排孔循环
N41 HOLES1(R14,R15,R16,R17,R18,R19)
N50 R15 = R15 + R22                   ;计算下一行的 Y 值
N60 R21 = R21 + 1                     ;增量行计数
N70 IF R21 < R20 GOTOB LABEL1         ;如果条件满足,返回 LABEL1
N80 MCALL                             ;取消模态调用
N90 G90 G00 X30 Y20 Z105              ;回到起始位置
N100 M02                              ;程序结束
```

13. 圆周孔 HOLES2

(1) 编程格式

HOLES2 (CPA, CPO, RAD, STA1, INDA, NUM)

(2) 参数及说明（见表 5-23 与图 5-44）

表 5-23　HOLES2 的参数说明

参　数	性　质	说　　明
CPA	实数	圆周孔的圆心（绝对值），平面的第一坐标轴
CPO	实数	圆周孔的圆心（绝对值），平面的第二坐标轴
RAD	实数	圆周孔的半径（输入时不带正负号）
STA1	实数	起始角值域：−180° < STA1 ≤180°
INDA	实数	增量角度
NUM	整数	孔的数量

说明：

1）CPA、CPO 和 RAD（圆心位置和半径）。加工平面中的圆周孔位置是由圆心（参数 CPA 和 CPO）和半径（参数 RAD）决定的。半径只允许是正值。

2）STA1 和 INDA（起始角和增量角）。参数 STA1 定义了循环调用前有效的工件坐标系中第一坐标轴的正方向（横坐标）与第一孔之间的旋转角。参数 INDA 定义了从一个孔到下一个孔的旋转角。如果参数 INDA 的值为零，循环则会根据孔的数量内部算出所需的角度，使之均匀分布在圆弧上。

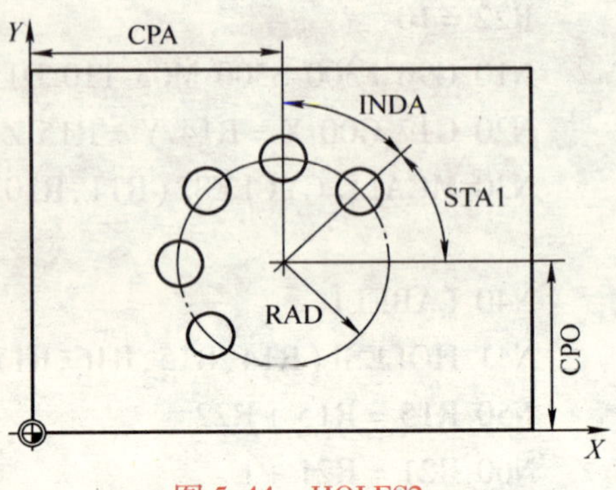

图 5-44 HOLES2

3）NUM（数量）。参数 NUM 定义了孔的数量。

例如加工如图 5-45 所示的圆周孔。使用 CYCLE82 加工 4 个孔，孔深均为 30mm。最后钻孔深度定义成参考平面的相对值。圆弧由平面中的圆心坐标（*X*70，*Y*60）和半径 42mm 决定。起始角是 33°。钻孔轴 *Z* 的安全间隙是 2mm。程序如下：

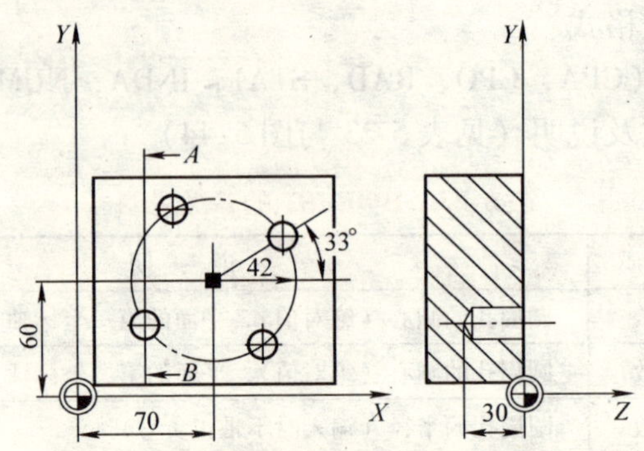

图 5-45 加工圆周孔系

```
N10 G90 F140 S170 M03 T10 D1            ;工艺值的规定
N20 G17 G00 X50 Y45 Z2                  ;回到起始位置
N30 MCALL CYCLE82(2,0,2,,30,0)          ;钻孔循环的模态调用,无
                                          停留时间,未编程
N40 HOLES2(70,60,42,33,0,4)             ;调用圆周孔系统循环
N50 MCALL                               ;取消模态调用
N60 M02                                 ;程序结束
```

第三节 加工实例

本例题的加工方法是在没有车削中心的情况下采用的，对操作者的要求较高，且不经济。若在车削中心上加工则就容易多了。

一、八棱体径向偏心孔的加工

毛坯如图 5-46 所示，零件如图 5-47 所示。

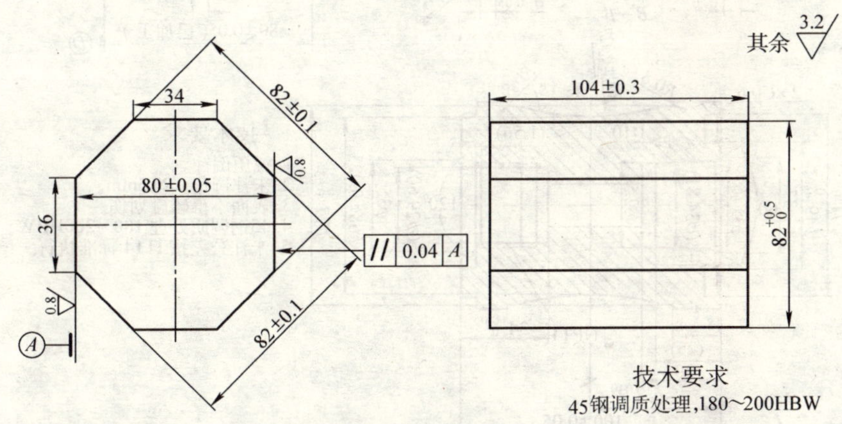

图 5-46 毛坯图

1. 工艺分析及操作要点

(1) 加工难点分析

1) 端面环槽的加工。从图样上看，端面环槽的槽深为 $6^{+0.05}_{0}$mm，大径尺寸为 $\phi71^{+0.04}_{0}$mm，小径尺寸为 $\phi49^{0}_{-0.04}$mm，槽宽为 11mm，倒角为 C0.6，刀片安装于刀板上，刀宽为 4mm，端面槽刀的刀片一般以承受轴向力为主，不能承受大的径向切削力。考虑到刀具的特点，端面槽的加工必须分为粗、精加工两次完成。其中粗加工宜采用从端面沿轴向分层进刀的方式进行，在第一次进给后，各次进给量约为 2mm，槽深与槽宽方向各留余量 0.1～0.2mm，注意槽宽尺寸和刀片厚度，避免过切；精加工宜采用以切削刃两侧为基准

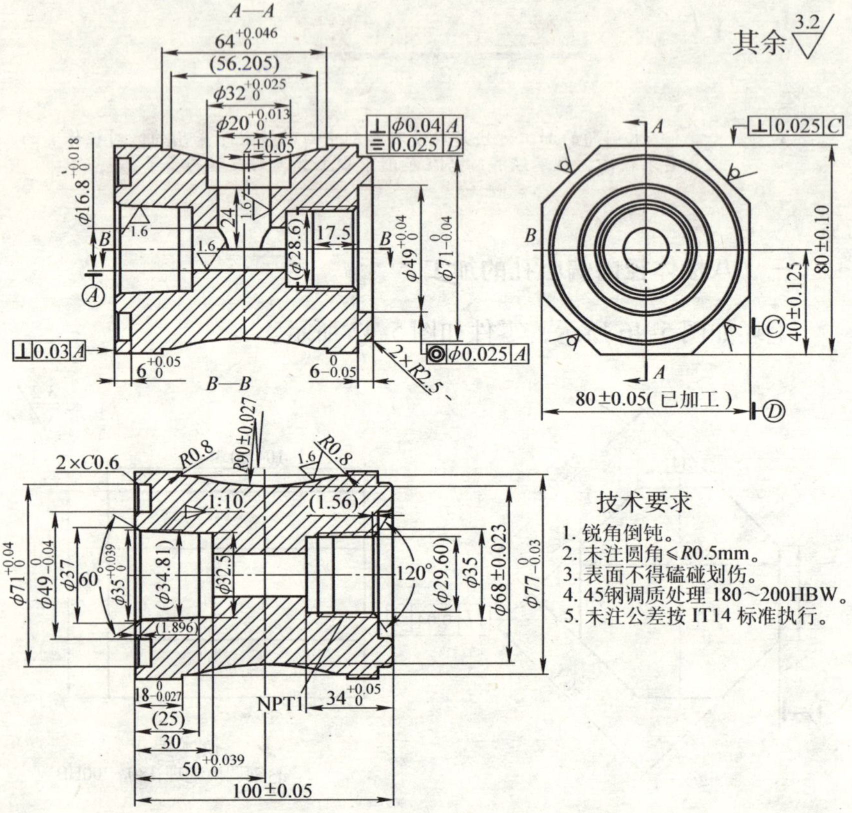

其余 3.2

技术要求

1. 锐角倒钝。
2. 未注圆角≤R0.5mm。
3. 表面不得磕碰划伤。
4. 45钢调质处理 180～200HBW。
5. 未注公差按 IT14 标准执行。

图 5-47　零件图

分别对刀的方法，取刀补值 D1、D2，然后从槽宽两侧分别沿轴向建立刀补进刀，在槽底中间位置接刀，加工中应将刀具补偿调整值尽量一致，以避免槽底出现接刀痕。而为了防止可能出现的接刀痕对精度的影响，接刀完成后采取小斜率斜向出刀，以弥补微量阶差。2×C0.6mm倒角由精车时带刀补完成。

2）外形轮廓的加工。从图样上看，外形轮廓是以 $R90 \pm 0.027$mm 圆弧线为主，加上两段 $\phi77_{-0.03}^{0}$mm 圆柱段，尺寸约束主要为直径和轴向位置尺寸，轮廓形状比较简单。在粗加工时，以圆弧顶点为界，将圆弧分两段，采用同一把刀正反两次装夹的方式，正装刀具，主轴正转加工圆弧的左半段和左端圆柱面，反装刀具，主轴反转完成圆弧右半段和右端圆柱段的加工，圆弧中间接刀，刀具采用斜线入刀，以避免刀具后角可能造成的干涉。为了避免刀具重复更换正反向带来的装夹工作量，在每次粗加工完成后，就进行精加工，并将正、反装刀的加工部位部分变更，即正装刀具，主轴正转在粗加工后完成左端圆柱面的精加工，反装刀具，主轴反转在粗加工完成后进行整个圆弧段和右端圆柱段的精加工，这样解决避免接刀问题和干涉问题，以最短的加工路径和最合理的装夹，获得最佳加工效果，保证精度要求。

3）锥面的加工。在图样中有一段圆锥面，大小径尺寸分别为 $\phi 35^{+0.039}_{0}$mm 和 ϕ32.5mm，长度为 25mm，锥度为 1∶10，锥口倒角 60°，锥面表面粗糙度为 R_a1.6μm。锥口 60°倒角一定要最后加工，而不能与锥面一刀加工，否则锥口尺寸无法精确测量。在加工 60°倒角前，为检测方便，将图样上 1.896mm 的节点数据段车成圆柱面，作为测量基准，待加工合格后再进行倒角。

（2）工艺方案的制定和工序的划分

1）加工工序　加工工序图见表 5-24，加工工步见表 5-25，所用刀具见表 5-26。

表 5-24　工序图表

工序号	工序名称	工 序 简 图
1	车侧平面 H	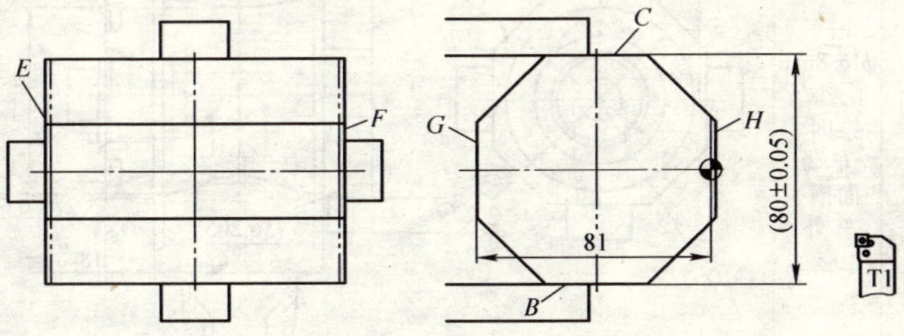 E F G H C B 81 (80±0.05) T1

（续）

工序号	工序名称	工序简图
2	车侧平面G、钻车ϕ20mm孔	
3	车偏心孔	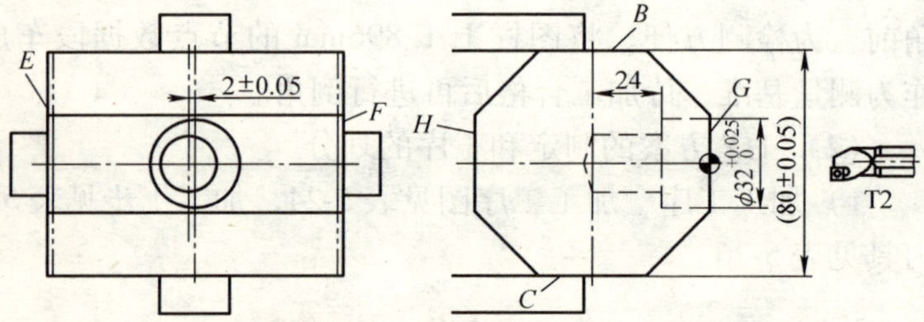
4	车端面E、钻车ϕ16.8mm孔、车锥面、车端面槽、车外形	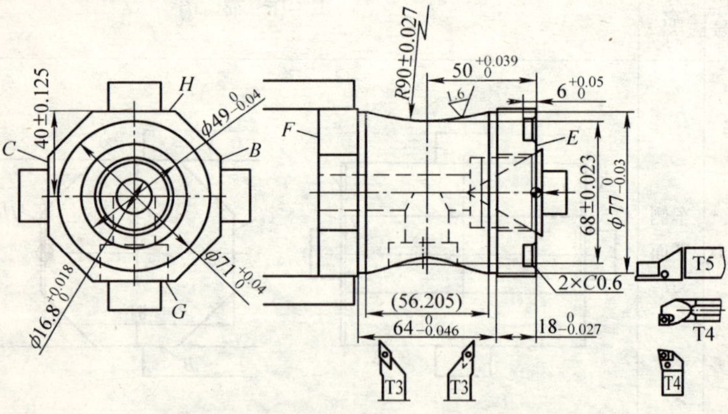

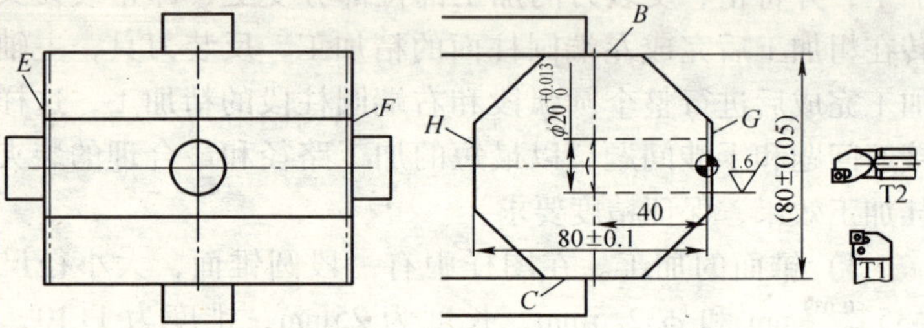

（续）

工序号	工序名称	工序简图
5	车端面凸台、车凸台内孔、车螺纹底孔、车锥螺纹	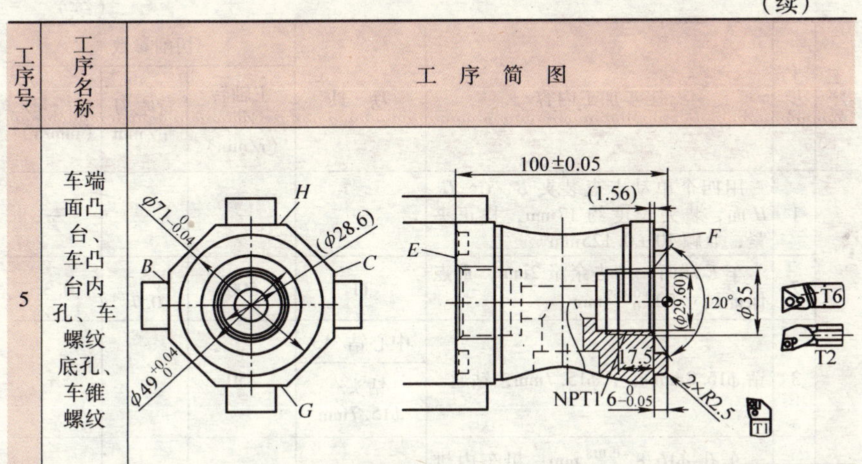

表5-25 加工工步

工序号	工步号	工步加工内容	刀具	切削参数		
				主轴转速/(r/min)	背吃刀量/mm	进给量/(mm/r)
1	1	用四爪单动卡盘装夹C、B、E、F面，找正	—	—	—	—
	2	车侧平面H，约去余量1mm，保证尺寸81mm	T1	500	1	0.3
2	1	反面装夹B、C、E、F面，找正	—	—	—	—
	2	车侧平面G，保证尺寸80±0.1mm，保证B、C两面垂直度公差0.025mm要求	T1	500	0.3~0.7	0.3
	3	用A3中心钻钻定位孔约3mm深，用ϕ18mm钻头钻ϕ20mm的底孔至ϕ18mm，孔深略过中心	中心钻/A3 钻头/ϕ18mm	250	—	—
	4	车孔$\phi20_{0}^{+0.018}$mm，深40mm，保证其对B、C面的对称度误差不超过0.025mm	T2	800	1	0.15
3	1	向E面方向调整偏心量，找正夹紧，保证偏心值2±0.05mm	—	—	—	—
	2	车偏心孔$\phi32_{0}^{+0.018}$mm，深16mm	T2	800	2	0.2

（续）

工序号	工步号	工步加工内容	刀具	切削参数		
				主轴转速/（r/min）	背吃刀量/mm	进给量/（mm/r）
4	1	用四个单动卡盘装夹 *B*、*C*、*G*、*H* 面，装夹长度约 17mm，找正夹紧，兼顾 40±0.125mm	—	—	—	—
	2	车 *E* 端面，约去余量 2mm，重点保证尺寸 $50^{+0.039}_{0}$mm	T1	500	0.3～0.7	0.3
	3	钻 ϕ16.8mm 孔至 ϕ15.7mm，钻通	中心钻/A3 钻头/ϕ15.7mm	250	—	—
	4	车孔 $\phi16.8^{+0.018}_{0}$mm；粗车内锥面留余量约 0.2mm；精车内锥面，保证尺寸 $\phi35^{+0.039}_{0}$mm、32.5mm、30mm、25mm、锥度 1∶10；倒角 60°，保证 ϕ37mm	T4	800	0.5	0.1
	5	车端面槽，保证尺寸 $\phi49^{0}_{-0.04}$mm、$\phi71^{+0.04}_{0}$mm、深 $6^{+0.05}_{0}$mm，倒角 2×C0.6	T5	500	0.2	0.08
	6	在 *E* 面 60°倒角处用尾座顶尖装夹，车外形面，保证 R90±0.027mm、ϕ68±0.023mm、$64^{0}_{-0.046}$mm、$\phi77^{0}_{-0.03}$mm、$18^{0}_{-0.027}$mm、R_a1.6μm	T3	800	1.5（粗） 0.5（精）	0.25（粗） 0.15（精）
5	1	掉头，用四个单动卡盘装夹 *B*、*C*、*G*、*H* 面，找正夹紧	—	—	—	—
	2	车端面，及凸台外径，保证总长 100±0.05mm、$6^{0}_{-0.05}$mm、$\phi71^{0}_{-0.04}$mm、*R*2.5mm	T1	500	0.5	0.3
	3	粗车 60°圆锥管螺纹底孔，单边留量 0.2mm；车凸台内径，保证 $\phi49^{+0.04}_{0}$mm、100±0.05mm、$6^{0}_{-0.05}$mm、*R*2.5mm；精车 60°圆锥管螺纹底孔，倒角 120°，保证 ϕ35mm、$34^{+0.05}_{0}$mm	T4	800	0.5	0.1
	4	车锥螺纹 NPT1，有效长度 17.5mm，用螺纹塞规检查	T6	500	—	2.209

表 5-26 刀具清单

刀具编号	刀具名称	刀具型号		
		刀体/刀柄	刀片	刀板
T1	90°外圆车刀	PCLNR2525M16	CNMGl60612MP KC5025	—
T2	内孔车刀	S16R-SCLCR09	CCMT09T304MF KU30T	—
T3	90°外圆车刀	MVJNR 2525M 16N	VNMGl60408 KU10T	—
T4	内孔车刀	S12M-SCLCR06	CCMT060204 MF KU30T	—
T5	端面车槽刀	KGMSR2525M50	A4G0405M04U 04GMN KU30T	A4M50R0 414B0448072
T6	内螺纹车刀	SNR0020 Q16	16NR11. 5NPT ECl030	—
T7	中心钻	BT40-Z10—45	ϕ3mm（A）	
T8	麻花钻	BT40-M1-45	ϕ18mm	
T9	麻花钻	BT40-M1-45	ϕ15. 7mm	

2）各工序的操作要点

① 工序 1 操作要点：找正 B、C 基准面与机床主轴轴线的平行，平行度误差不超过 0. 02mm。

② 工序 2 操作要点：①找正 B、C 基准面与机床主轴轴线的平行，平行度误差不超过 0. 02mm，保证 B 面对 C 面的垂直度要求；找正 $\phi16.8^{+0.018}_{0}$mm 孔中心线对 B、C 两基准面的对称度在 0. 02mm 以内，并找正其对 E、F 两面的对称度，确定孔的轴线位置。②在用 ϕ18mm 钻头钻 $\phi20^{+0.013}_{0}$mm 的底孔时，注意孔的有效深度，以保证车孔深度需要；注意孔位的轴向位置，孔深不能过深，略过中心即可，以免伤到 ϕ16. 8mm 通孔表面。注意精车 ϕ20mm 内孔时的进给量和背吃刀量要小，以保证表面 $R_a1.6\mu m$ 的粗糙度要求和 $\phi20^{+0.013}_{0}$mm的公差要求。在加工时，注意该孔的车孔深度为距端平面 40mm，与后续加工的 ϕ16. 8mm 孔在母线位置形成凸台，这也是加工后的测量依据之一。

③ 工序 3 操作要点：注意偏心方向和偏心值。找正时，松开 E 面卡爪，向外移动 2mm，松开 B 面卡爪，将工件向左平移，将 F、B 面卡爪拧到位，找正夹紧，保证偏心值 2 ±0. 05mm。

④ 工序 4 操作要点：工步 1 的操作要点，如图 5-48 所示。

a）该工步找正一定要精确，找正对称度与直线度误差符合要求，调整夹紧，满足待加工孔中心对 *B* 面 40 ± 0.125mm 的位置尺寸需要，注意找正时须满足 ϕ20mm 孔与 ϕ16.8mm 孔的垂直度误差不超过 0.04mm 的要求。

b）注意装夹长度不要超过 17.5mm，否则在后续加工外轮廓时会造成干涉现象。

工步 2 的操作要点：以 $\phi20^{+0.013}_{0}$ mm 孔中心为基准，车端面以保证 $50^{+0.039}_{0}$ mm 的精度。

工步 4 的操作要点：车孔 $\phi16.8^{+0.018}_{0}$ mm 时可以车通，有利于保证 $\phi16.8^{+0.018}_{0}$ mm 孔与 $\phi49^{+0.04}_{0}$ mm 端面内孔的同轴度 ϕ0.025mm 的要求。

工步 5 的操作要点：

a）用端面车槽刀粗车端面槽时，侧向及槽底留余量 0.1 ~ 0.2mm。

b）精车时带刀补双侧分向下刀，槽底中间部位接刀，倒角 2 × C0.6mm，保证尺寸 $\phi49^{0}_{-0.04}$ mm、$\phi71^{+0.04}_{0}$ mm、深 $6^{+0.05}_{0}$ mm。

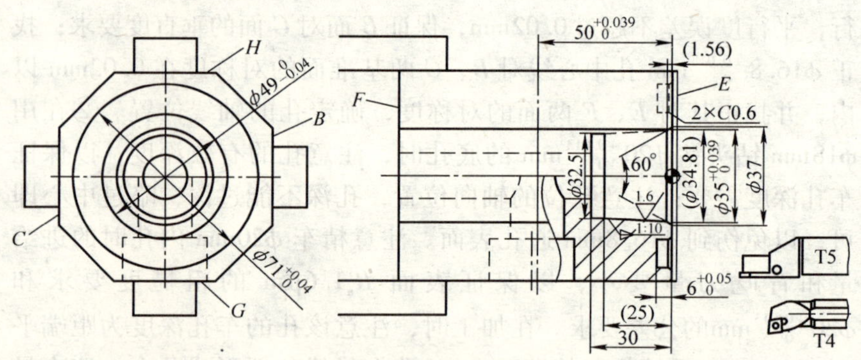

图 5-48　工步 1 ~ 5 的工步图

工步 6 的操作要点，如图 5-49 所示。

a）车 *R*90mm 圆弧时，将装有 35°等边菱形刀片的 90°外圆偏刀正装于刀架上，主轴正转，斜向入刀粗车 *R*90mm 左段圆弧面和

ϕ77mm 左端圆柱面。粗车完成后精车左端 $\phi77_{-0.03}^{\ 0}$mm 圆柱段，保证轴向位置尺寸 $18_{-0.027}^{\ 0}$mm。

b）将该车刀反装，主轴反转，斜向入刀粗车 R90mm 右段圆弧面和 ϕ77mm 右端圆柱面。粗车完成后，精车 R90mm 整个圆弧面和 $\phi77_{-0.03}^{\ 0}$mm 右端圆柱面，保证 $R(90\pm0.027)$mm、$\phi(68\pm0.023)$mm、$64_{-0.046}^{\ 0}$mm，保证 $R_a1.6\mu m$。注意正、反刀对刀时要精确。

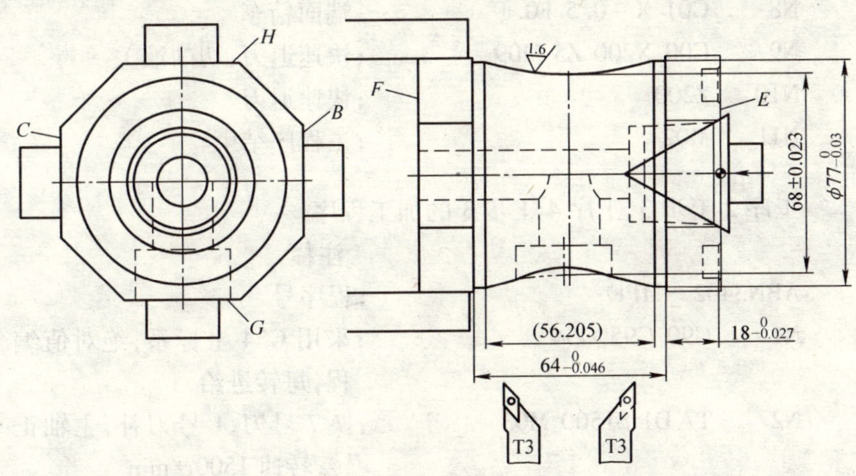

图 5-49　工步 6 的工步图

⑤ 工序 5 操作要点：利用上道工序已加工出的两段 $\phi77_{-0.03}^{\ 0}$mm 圆柱面进行找正，同时，也可利用 $\phi16.8_{\ 0}^{+0.018}$mm 内孔作为辅助找正基准，有利于保证同轴度 ϕ0.025mm 的要求。

2. 加工程序

工序 1（车侧面 H）、工序 2 工步 2（车侧面 G）的加工程序

	注释
ABN3401 _ MPF	程序号
N1　　G90 G95 G54	;采用 G54 坐标系，绝对值编程，每转进给
N2　　T1 D1 S800 M03	;换 1 号刀，1 号刀补，主轴正转，转速 800r/min

```
N3    G00 X120 Z5           ;快速进给靠近工件
N4    Z0.15 M08             ;Z 向到起始位置，切削液开
N5    G01 X0 F0.3           ;以 0.3mm/r 进给量的进给切削
N6    G00 X120 Z2           ;快速退出
N7    Z0                    ;Z 向进至零点
N8    G01 X-0.5 F0.1        ;端面精车
N9    G00 X200 Z5 M09       ;快速退刀，切削液关
N10   Z200                  ;快速退刀
N11   M02                   ;主程序结束
```

工序 2 工步 3、工序 4 工步 3 的加工程序

```
                                 注释
ABN3402_MPF                      ;程序号
N1    G90 G95 G54                ;采用 G54 坐标系，绝对值编程，每转进给
N2    T7 D1 S1500 M03            ;换 7 号刀，1 号刀补，主轴正转，转速 1500r/min
N3    G00 X0 Z5 M08              ;快速逼近，切削液开
N4    G01 Z-3 F0.3               ;钻中心孔
N5    G00 Z5 M09                 ;快速退刀，切削液关
N6    G00 X200 Z200              ;刀架到换刀点
N7    G94 G90 F200 S300 M03      ;主轴正转，每分进给
N8    D3 T8 M08                  ;换麻花钻
N9    G00 X0 Z5                  ;到起刀点
N10   CYCLE81(5,0,5,-45)         ;循环钻孔
N11   G00 Z200 M09               ;快速退刀，切削液关
N12   G00 X200
N13   M02                        ;主程序结束
```

注：只要把本程序 N8 句中的“T8”换为“T9”就成了工序 4 工步 3 的加工程序。

镗孔程序

工序 2 工步 4（车 ϕ20mm 内孔）的加工程序

	注释
ABN3403 _ MPF	;程序号
R1 = 20	;孔的直径
R2 = 0.5	;安全距离
R3 = -40	;孔底坐标
R4 = 18	;X 向退刀位置
R5 = 17	;孔加工前的 X 位置
N1 G90 G95 G54	;采用 G54 坐标系，绝对值编程，每转进给
N2 T2 D1 S800 M03	;换 2 号刀，1 号刀补，主轴正转，转速 800r/min
N3 G00 XR5 Z1 M08	;快速逼近，切削液开
N4 CYCLE95（"AB _ HOLES"，2，0.15，0.05，，0.25，，0.15，11，，，0.2）	;循环调用
N5 G00 X200 Z200 M09	;快速退刀，切削液关
N11 M02	;主程序结束
AB _ HOLES	;子序段
N100 G01 XR1 ZR2 F0.6	;镗孔起刀点
N110 ZR3	;孔底位置
N120 XR4	;X 向退刀位置
N130 M17	;子程序段结束

注：1）工序 3（车 ϕ32mm 偏心孔）的加工程序："R1 = 32"；"R2 = 0.5"；"R3 = -16"；"R4 = 16.5"；"R5 = 16"。

2）工序 4 工步 4 中镗孔 ϕ16.8mm 的加工程序："R1 = 16.8"；"R2 = 0.5"；"R3 = -102"；"R4 = 16"；"R5 = 15"

工序 4 工步 2（车端面 E）的加工程序

	注释
ABN3404 _ MPF	;程序号

```
N1    G90 G95 G54                          ;采用 G54 坐标系,绝对值编
                                            程,每转进给
N2    T1 D1 S800 M03                       ;换 1 号刀,1 号刀补,主轴正
                                            转,转速 800r/min
N3    G00 X90 Z5                           ;快速进给靠近工件
N4    Z0.15 M08                            ;Z 向到起始位置,切削液开
N5    G01 X0 F0.3                          ;以 0.3mm/r 的进给量切削
N6    G00 X90 Z2                           ;快速退出
N7    Z0                                   ;Z 向进至零点
N8    G01 X-0.5 F0.2                       ;端面精车
N9    G00 X200 Z5 M09                      ;快速退刀,切削液关
N10   Z200                                 ;快速退刀
N11   M02                                  ;主程序结束
```

工序 4 的加工程序　　注释

```
ABN3405_MPF                                ;程序号
N1    G90 G95 G54                          ;采用 G54 坐标系,绝对值编
                                            程,每转进给
N2    T4 D1 S800 M03                       ;换 4 号刀,1 号刀补,主轴正
                                            转,转速 800r/min
N3    G00 X16 Z1 M08                       ;快速逼近,切削液开(粗加工
                                            内锥面)
N4    CYCLE95("A4:B4",1,0.15,0.05,,0.25,,0.2,3,,,0.2)
                                           ;循环调用
N5    A4                                   ;启动轮廓程序段
N6    G01 X34.81 Z0.5 F0.6
N7    Z-1.896
N8    X32.5 Z-25
N9    Z-30
N10   X16
N11   B4                                   ;轮廓程序段结束
```

```
N12    G00 Z20                    ;快速退刀
N13    G00 X30 Z1                 ;快速逼近内锥面起点(加工
                                   内锥面)
N14    G01 G41 X34.81 F0.1        ;左刀补进刀
N15    Z-1.896                    ;走测量用直线段
N16    X32.5 Z-25                 ;车锥面
N17    Z-30                       ;内台
N18    X16                        ;退刀
N19    G40 Z-20                   ;取消刀补
N20    G00 Z20                    ;快速退刀,切削液关
N21    G00 X37 Z2                 ;快速逼近(加工 60°倒角)
N22    G01 Z0 F0.3
N23    X34.81 Z-1.896
N24    X30
N25    G00 Z200 M09               ;快速退刀,切削液关
N26    X200                       ;快速退刀
N27    T5 D1 S500 M03             ;换 5 号刀,1 号刀补,主轴正
                                   转,转速 500r/min
N28    G00 X49.2 Z2 M08           ;车端面槽
N26    G01 Z-5.9 F0.1             ;粗车内槽
N30    Z2
N31    X55
N32    Z-5.9
N33    Z2
N34    X59
N35    Z-5.9
N36    Z2
N37    X62.8
N38    Z-5.9
N39    Z2
N40    G00 X60
```

```
N41  G42 G01 X47.8 F0.08          ;右刀补精车端槽内径
N42  X49 Z-0.6
N43  Z-6
N44  X62
N45  Z2
N46  G40 X60                      ;取消刀补
N47  D2                           ;调用2号刀补
N48  G41 X72.2                    ;左刀补精车端槽内径
N49  X71 Z-0.6
N50  Z-6
N51  X60
N52  Z2
N53  G40 X70                      ;取消刀补
N54  G00 X200 Z200 M09            ;切削液关
N55  T3 D1 S800 M03               ;换3号刀,1号刀补,主轴正
                                   转,转速800r/min
N56  G00 X100 Z1 M08              ;快速逼近,切削液开(粗车左
                                   半段外型面)
N57  Z-20
N58  CYCLE95("A5:B5",2,0.15,0.05,,0.25,,0.25,1,,,
0.2)                              ;循环调用
N59  A5                           ;启动轮廓程序段
N60  G00 X90 Z-20 F0.3
N61  X68 Z-50
N62  G02 X77 Z-78.102 CR=90
N63  G01 Z-82
N64  X90
N65  B5                           ;轮廓程序段结束
N66  G00 X200 Z200                ;快速退刀
N67  G00 X100 Z1                  ;快速逼近(精车外型左端圆
                                   柱面)
```

```
N68    Z-60
N69    G01 G42 X77 F0.2
N70    G01 Z-82
N71    X90
N72    G40 Z-70
N73    G00 X200 Z200                    ;快速退刀
N74    G00 X100 Z1                      ;快速逼近(粗车右半段外型面)
N75    Z-80
N76    CYCLE95("A6:B6",2,0.15,0.05,,0.25,,0.15,1,,,
0.2)                                    ;循环调用
N77    A6                               ;启动轮廓程序段
N78    G01 X90 Z-80 F0.3
N79    X68 Z-50
N80    G03 X77 Z-21.898 CR=90
N81    G01 Z-18
N82    X90
N83    B6                               ;轮廓程序段结束
N84    G00 X200 Z200                    ;快速退刀
N85    G00 X100 Z1                      ;快速逼近(精车外型圆弧面
                                         和右端面圆柱)
N86    Z-78.102
N87    G01 G41 X77 F0.2
N88    G03 Z-21.898 CR=90
N89    G01 Z-18.
N90    X90
N91    G40 Z-30
N92    G00 X200 Z200 M09                ;快速退刀,切削液关
N93    M02                              ;主程序结束
```

```
工序 5 的加工程序                        注释
ABN3406_MPF                             ;程序号
```

```
N1    G90 G95 G54                  ;采用 G54 坐标系,绝对值编
                                    程,每转进给
N2    T1 D1 S800 M03               ;换 1 号刀,1 号刀补,主轴正
                                    转,转速 800r/min
N3    G00 X100 Z5                  ;快速进给靠近工件(车端面
                                    及外凸台外径)
N4    Z0.2 M08                     ;Z 向到起始位置,切削液开
N5    X82
N6    G01 Z-5.8 F0.3
N7    Z0.2
N8    X77
N9    Z-5.8
N10   X71.4
N11   Z-5.8
N12   Z0.2
N13   X0
N14   G41 Z0
N15   X66
N16   G03 X71 Z-2.5 CR=2.5
N17   G01 Z-6
N18   X90
N19   G40 Z10
N20   G00 X200 Z200 M09            ;快速退刀,切削液关
N21   T4 D1 S800 M03               ;换 4 号刀,1 号刀补,主轴正
                                    转,转速 800r/min
N22   G00 X15 Z1 M08               ;切削液开(外凸台内圆及螺
                                    纹底孔粗车)
N23   CYCLE95("A7:B7",2,0.15,0.05,,0.25,,0.15,3,,,
0.2)                               ;循环调用
N24   A7                           ;启动轮廓程序段
N25   G01 X49 Z0.5 F0.6
```

```
N26    Z-6
N27    X35
N28    X-29.60 Z-7.56
N29    X28.6 Z-23.5
N30    Z-34
N31    X16
N32    B7                          ;轮廓程序段结束
N33    G00 X200 Z200               ;快速退刀
N34    G00 X54 Z1
N35    G41 G01 Z0 F0.2             ;外凸台内圆精车
N36    G02 X49 Z-2.5 CR=2.5
N37    G01 Z-6
N38    X20
N39    G40 Z10
N40    G00 X200 Z200               ;快速退刀
N41    G00 X30 Z1
N42    G41 G01 X35 F0.1            ;修车螺纹底孔
N43    Z-6
N44    X29.60 Z-7.56
N45    X28.6 Z-23.5
N46    Z-34
N47    X16
N48    G40 Z-20
N49    G00 Z200 M09                ;快速退刀,切削液关
N50    X200
N51    T6 D1 S500 M03              ;换6号刀,1号刀补,主轴正
                                    转,转速500r/min
N52    G00 X29 Z5 M08              ;切削液开(螺纹车削)
N53    G01 X29.6 Z-6 F0.5
N54    CYCLE97(2.209,0,0,-17.5,29.6,28.6,0,0,1.767,
       0.03,30,0,8,1,2,1)          ;螺纹切削循环
```

```
N55    G00 Z10
N56    X200 Z200 M09            ;快速退刀,切削液关
N57    M02                      ;主程序结束
```

二、配合件的加工（图 5-50）

此零件为配合件，件 1 与件 2 相配，配合锥面用涂色法检查，要求锥体接触面积不小于 50%。零件材料为 45 钢，件 1 毛坯为：ϕ50mm×97mm、件 2 毛坯为：ϕ50mm×46mm。

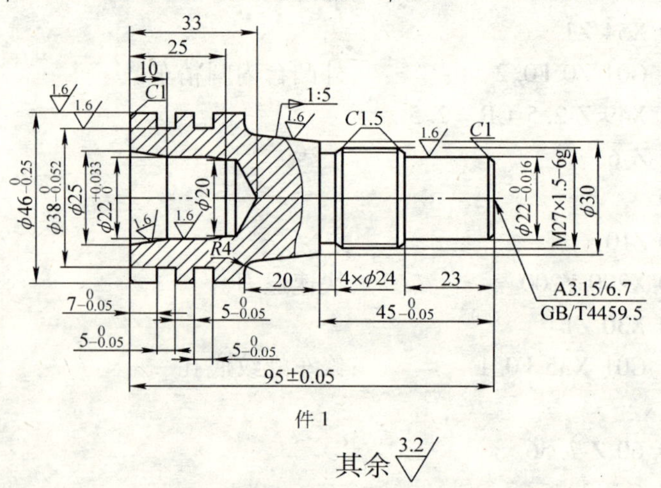

件 1

其余 3.2

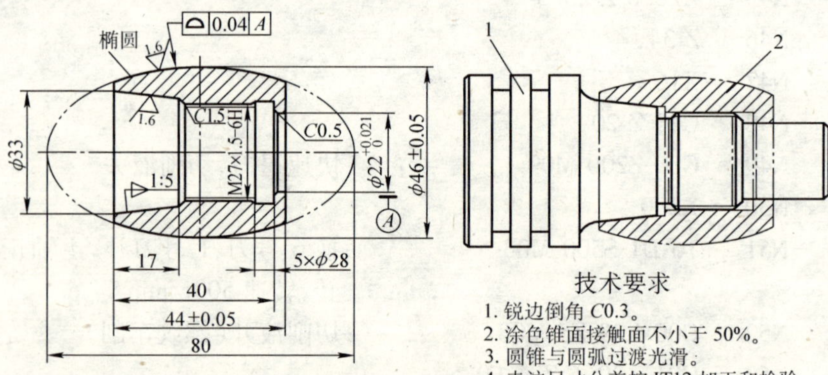

件 2

图 5-50　配合件

1. 加工工艺

(1) 加工路线

1) 粗、精加工加工件 1 左端外形。

2) 车 ϕ38mm×5mm 两槽。

3) 用 CYCLE95 粗加工工件 1 左端内形，用调用子程序精加工工件 1 左端内形。

4) 调头校正，手工车端面，保证总长 95mm，钻中心孔，顶上顶尖。

5) 用 CYCLE95 粗加工工件 1 右端外形，用调用子程序精加工工件 1 右端外形。

6) 车 ϕ24mm×4mm 槽。

7) 用 CYCLE97 螺纹复合循环加工 M27×1.5 外螺纹。

8) 用 CYCLE95 粗加工工件 2 内形，用调用子程序精加工工件 2 内形。

9) 车 ϕ28mm×5mm 内槽。

10) 用 CYCLE97 螺纹复合循环加工 M27×1.5 内螺纹。

11) 将件 2 旋入件 1，粗、精加工件 2 外形。

(2) 刀具的选择及切削参数（见表 5-27）

表 5-27　各工序刀具的切削参数

序号	加工面	刀具号	刀具类型	主轴转速 n/(r/min)	进给速度 v_f/(mm/min)
1	车外型	T1	93°菱形外圆车刀	粗 800，精 1500	粗 150，精 80
2	车外螺纹	T2	60°外螺纹刀	1000	1.5
3	车外槽	T3	外车槽刀	600	25
4	车内孔	T4	内孔轴刀	粗 800，精 1200	粗 100，精 80
5	车内螺纹	T5	60°内螺纹刀	1000	1.5
6	车内槽	T6	内车槽刀	600	25

2. 参考程序

件 1 左端加工程序

```
        ABN34080_MPF_DIR           ;主程序名
        ;SPATH=/_N_MPF_DIR         ;传输格式
N5      G90 G94 G54                ;绝对编程,分进给,零点偏移
N10     T1 D1 S800 M03             ;转速 800r/min 换 1 号刀
```

```
N15   G00 X46.5 Z3            ;快进
N20   G01 Z-35 F150           ;粗车外径
N25   G00 X100 Z50            ;退刀
N30   M05                     ;主轴停转
N35   M00                     ;程序暂停
N40   S1500 M03 F80           ;精车转速 1500r/min,进给速
                               度 80mm/min
N45   G00 X51 Z2              ;快速进刀
N50   G01 X44 Z0
N55   X46 Z-1                 ;倒角
N60   Z-35                    ;精车外径
N65   G00 X100 Z50            ;退刀
N70   M05                     ;主轴停转
N75   M00                     ;程序暂停
N80   T3 D1 S600 M03 F25      ;转速 600r/min,进给速度
                               25mm/min,换车槽刀
N85   G00 X50 Z-22            ;进到车槽起点
N90   G01 X38.2               ;车槽
N95   G00 X50                 ;退刀
N100  Z-21                    ;进刀
N105  G01 X38                 ;车槽
N110  Z-22                    ;精车槽底
N115  G00 X50                 ;退刀
N120  Z-12                    ;进刀
N125  G01 X38.2               ;车槽
N130  G00 X50                 ;退刀
N135  Z-11                    ;进刀
N140  G01 X38                 ;车槽
N145  Z-12                    ;精车槽底
N150  G00 X100                ;退刀
N155  Z50                     ;退刀
```

```
N160  M05                          ;主轴停转
N165  M00                          ;程序暂停
N170  M03 S800 T4 D1               ;转速 800r/min,换 4 号内孔
                                    车刀
N175  G95 G00 X19.5 Z5             ;快进到内径粗车循环起刀点
N180  CYCLE95("A1:B1",2,0.15,0.05,,0.25,,,3,,,0.2)
                                   ;调用循环
N185  A1
N190  G01 X25                      ;快进到内径粗车循环起点
N195  Z0
N200  X22.016 Z-10
N205  Z-25
N210  X20
N215  B1
N220  G00 X100 Z50                 ;退刀
N225  M05                          ;主轴停转
N230  M00                          ;程序暂停
N235  G94 M03 S1200 T4 D1 F80      ;精车转速 1200r/min,进给速
                                   度 80mm/min
N240  G00 G41 X28 Z5 D1            ;快速进刀,引入半径补偿
N245  G01 X25                      ;精加工
N250  Z0
N255  X22.016 Z-10
N260  Z-25
N265  X20
N270  G00 Z100
N275  G40 X100                     ;退刀,撤销半径补偿
N280  M05                          ;主轴停转
N285  M02                          ;程序停止
```

件 1 右端加工程序

```
      ABN34081_MPF_DIR             ;主程序名
```

```
        ;SPATH = /_N _MPF _ DIR ;传输格式
N5      G90 G95 G54              ;绝对编程，每分钟进给，零点偏移
N10     T1 D1 S800 M03           ;转速 800r/min，换 1 号刀
N15     G00 X51 Z2               ;快进到外径粗车循环起刀点
N20     CYCLE95("ABC",2,0.15,0.05,,0.25,,,1,,,0.2)
N25     G00 X150 Z10             ;退刀
N30     M05                      ;主轴停转
N35     M03                      ;程序暂停
N40     G94 S1500 M03 F80 T1 D1  ;精车转速 1500r/min，进给速度 80mm/ min
N45     G00 G42 X25 Z3 Dl        ;快速进刀，引入半径补偿
N50     ABC                      ;调用子程序进行轮廓精加工
N55     G00 G40 X150 Z10         ;退刀，撤销半径补偿
N60     M05                      ;主轴停转
N65     M00                      ;程序暂停
N70     T3 D1 S600 M03 F25       ;转速 600r/min，进给速度 25mm/ min，换车槽刀
N75     G00 Z-45
N80     X32                      ;进到车槽起点
N85     G01 X24                  ;车槽
N90     X27                      ;退刀
N95     Z-43.5                   ;进到倒角起点
N100    G01 X24 Z-45             ;倒角
N105    G00 X150                 ;退刀
N110    Z10                      ;退刀
N115    M05                      ;主轴停转
N120    M00                      ;程序暂停
N125    T2 D1 S1000 M03          ;转速 300r/min，换 2 号刀
N230    CYCLE97(1.5,,-23,-41,27,27,5,1,0.93,0.05,30,0,
        5,3,3,1)                 ;调用外螺纹切削循环
```

```
N235    G00 X100 Z10                  ;退刀
N240    M05                           ;主轴停转
N245    M02                           ;程序停止
        %_N_ABC_MPF                   ;外径轮廓加工子程序名
        ;SPATH =/_N_MPF_DIR           ;传输格式
N5      G01 X20                       ;进到外径循环起点
N10     Z0
N15     X21.992 Z-1                   ;倒角
N20     Z-23
N25     X23
N30     X26.8 Z-24.5                  ;倒角
N35     Z-45
N40     X30
N45     X33.28 Z-61.398
N50     G02 X41.24 Z-65 CR =4
N55     G01 X50
N60     RET                           ;子程序结束并返回
```

件 2 加工程序

```
        ABN34082_MPF_DIR              ;主程序名
        ;SPATH =/_N_MPF_DIR           ;传输格式
N5      G90 G94 G54                   ;绝对编程,每分钟进给,零点
                                       偏移
N10     T4 D1 S800 M03                ;转速 800r/min,换 4 号内孔
                                       车刀
N15     G00 X19.5 Z5                  ;快进到内径粗车循环起刀点
N20     CYCLE95("ABC1",1,0.5,0.2,,150,,,3,,,0.25)
                                      ;粗加工
N25     G00 X100 Z50                  ;退刀
N30     M05                           ;主轴停转
N35     M00                           ;程序暂停
N40     M03 S1200 T4 D1 F80           ;精车转速 1200r/min,进给速
```

```
                                              度 80mm/min
N45    G00 G41 X35 Z5 Dl                      ;快进,引入半径补偿
N50    ABC1                                   ;调用子程序进行轮廓精加工
N55    G00 Z50
N60    G40 X100                               ;退刀,撤销半径补偿
N65    M05                                    ;主轴停转
N70    M00                                    ;程序暂停
N75    S600 M03 T6D1 F25                      ;转速 600r/min,进给速度
                                              25mm/min,换 6 号内车槽刀
N80    G00 X21                                ;快进
N85    Z-40                                   ;快进
N90    G01 X28 .                              ;车内槽
N95    X25                                    ;退刀
N105   Z-37.5                                 ;进刀
N110   X28                                    ;车内槽
N115   X25                                    ;退刀
N120   G00 Z50                                ;退刀
N125   G00 X100                               ;退刀
N130   M05                                    ;主轴停转
N135   M00                                    ;程序暂停
N140   M03 S1000 T5 D1                        ;转速 300r/min
N145   G00 X24 Z5                             ;进到内螺纹复合循环起刀点
N250   CYCLE97(1.5,,-17,-35,25.2,25.2,10,0.5,0.93,0.05,
       30,0,5,3,4,1)
N255   G00 Z100                               ;退刀
N260   X100
N265   M05                                    ;主轴停转
N270   M02                                    ;程序停止
       %_N_ABC1_MPF                           ;内径轮廓加工子程序名
       ;SPATH=/_N_MPF_DIR                     ;传输格式
N5     G01 X33                                ;快进到内径粗车循环起刀点
```

```
N10   Z0
N15   X29.6 Z-17
N20   X28.5
N25   X25.5 Z-18.5                    ;倒角
N30   Z-40
N35   X22.01
N40   Z-45
N45   X20
N50   RET                             ;子程序结束并返回
      ABN34083 _ MPF _ DIR            ;主程序名
      ;SPATH = /_ N _ MPF _ DIR       ;传输格式
N2    G90 G94 G54                     ;绝对编程,分进给,零点偏移
N5    S800 M03 T1 D1 F150             ;转速 800r/min
N10   G00 X51 Z2
N15   R20 = 5.5                       ;R 参数赋值,设置 X 轴偏移值
N20   MA1:G158 X = R20                ;标记程序段,标记符 MA1,X
                                       轴零点偏移 5.5
N25   ABC2                            ;加工椭圆子程序
N30   R20 = R20 - 2                   ;修改 X 轴零点偏移值,每次
                                       背吃刀量加 1mm
N35   IF R20 > =0.5 GOTOB MA1         ;条件跳转:若未完成粗加工,
                                       跳转返回 MA1
N40   G00 Y51 Z2                      ;退刀
N45   S1500 F80                       ;精车转速 1500r/min,进给速
                                       度 80mm/min
N48   G158                            ;取消可编程零点偏移
N50   R20 = 0                         ;修改 X 轴零点偏移值,设置
                                       毛坯余量为 0
N55   ABC2                            ;调用椭圆子程序
N60   G00 X100 Z50                    ;退刀
N65   M05                             ;主轴停转
```

```
N70  M02                              ;程序停止
     %_N_ABC2_MPF                     ;内径轮廓加工子程序名
     ;SPATH=/_N_MPF_DIR               ;传输格式
N5   R1=40                            ;长半轴
N10  R2=23                            ;短半轴
N15  R3=22                            ;Z 轴起始尺寸
N20  MA2:R4=23*SQRT(R1* R1- R3* R3)/40
                                      ;标记程序段,标记符 MA2,
                                       设置短轴(X 向)变量
N25  G01 X=2*R4 Z= R3-22              ;加工椭圆
N30  R3=R3-0.5                        ;Z 轴步距,每次背吃刀量加
                                       0.5mm
N35  IF R3>=-22 GOTOB MA2             ;条件跳转,若椭圆未加工完
                                       毕,返回 MA2
N40  G91 G00 X20                      ;退刀
N45  G90 Z2                           ;退刀
N50  RET                              ;手程序结束
```

三、非圆曲线的加工

加工如图 5-51 所示的轴类零件，该零件由外圆柱面、内孔、内外槽及螺纹构成，该零件的最大外径为 ϕ40mm，有椭圆曲面待车削，且加工精度很高，并需加工 M36×4 和 M24×2 的螺纹，其材料为 45 钢，毛坯尺寸为 ϕ45mm×117mm 的圆棒料。

1. 零件的装夹

该零件左端的内孔和右端的外圆轮廓都需要加工，应采用二次装夹，使用普通三爪自定心卡盘夹紧工件，加工工件的左端时，以右端面和 ϕ45mm 外圆作为定位基准，取工件的左端面中心为工件坐标系的原点；加工工件的右端时，以右端面和 ϕ36mm 外圆作为定位基准，取工件的右端面中心为工件坐标系的原点。

2. 加工工艺

（1）数控加工工艺（见表 5-28）

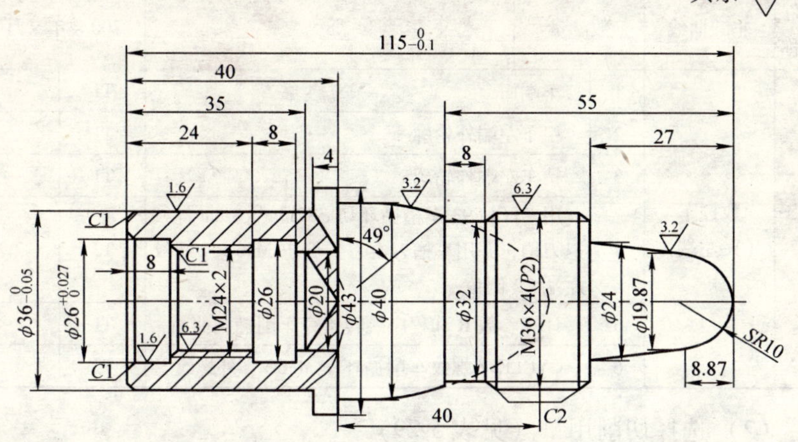

图 5-51 非圆曲线零件

表 5-28 数控加工工艺

零件名称	非圆曲线	数 量	8	200×年×月	
工序	名称	工艺要求		工作者	日期
1	下料	ϕ45mm×117mm			
2	热处理	调质处理 220～250HB			
3	数控车（夹右端）	工步	工步内容	刀具号	
		1	用中心钻钻中心孔	T7	
		2	车左端面，用 ϕ20mm 麻花钻钻 ϕ20mm 底孔	T8	
		3	用 T1 号刀车端面	T1	
		4	粗车左端外轮廓	T1	
		5	精车左端外轮廓	T1	
		6	粗车内孔	T4	
		7	精车内孔	T4	
		8	切削 ϕ26mm×8mm 内孔退刀槽	T5	
		9	车螺纹 M24×2 达零件图样尺寸	T6	

（续）

零件名称	非圆曲线	数　量		8	200×年×月	
4	数控车（夹左端）	1	车端面		T1	
		2	粗车左端外轮廓		T1	
		3	精车左端外轮廓		T1	
		4	用 CYCLE93 车槽循环切 ϕ32mm×8mm 螺纹退刀槽，并用车槽刀右刀尖倒出 M36×4 螺纹左端 C2 倒角		T2	
		5	计算参数 R 和程序跳转指令车削椭圆曲面		T1	
		6	CYCLE97 螺纹车削循环车 M36×4 外螺纹		T3	

（2）选择切削用量（见表 5-29）

表 5-29　切削用量

刀具号	刀具规格名称	数量	加工内容	主轴转速 n(r/min)	进给速度 v_f(mm/r)	备注
T1	93°外圆偏刀	1	车端面、粗精车轮廓	1200	0.2	
T2	车槽刀（刀宽 4mm）	1	切削 ϕ32mm×8mm 螺纹退刀槽	420	0.05	
T3	60°外螺纹车刀	1	车螺纹 M36×4	400	4	
T4	内孔车刀	1	粗、精车内孔	500	0.1	
T5	内车槽刀(刀宽 3mm)	1	切削 ϕ26mm×8mm 内孔退刀槽	420	0.05	
T6	60°内螺纹车刀	1	车螺纹 M24×2	400	2	
T7	A3 中心钻	1	钻中心孔	1500	0.05	
T8	ϕ20mm 麻花钻	1	钻内螺纹底孔	800	0.1	

3. 加工程序

（1）左端加工程序

```
CKHI01_MPF                   ;程序号(左端加工程序)
N0010  G90 G95 G54           ;采用 G54 坐标系,绝对值编程,
                              每转进给
N0020  T7 D1 S1500 M03       ;换 7 号刀,1 号刀补,主轴正转,
                              转速 1500r/min
```

```
N0030   G00 X0 Z5 M08                 ;快速逼近,切削液开
N0040   G01 Z-3                       ;钻中心孔
N0050   G00 Z5 M09                    ;快速退刀,切削液关
N0060   G00 X200 Z200                 ;刀架到换刀点
N0070   G94 G90 F200 S800 M03         ;主轴正转,每分钟进给
N0080   D3 T8 M08                     ;换麻花钻
N0090   G00 X0 Z5                     ;到起刀点
N0100   CYCLE81(5,0,5,-45)            ;循环钻孔
N0110   G00 X200 Z200 M09             ;快速退刀,切削液关
N0120   G158 X0 Z60                   ;采用可编程零点偏移
N0130   S600 M03 T1 D1                ;主轴正转,转速 600r/min,换 1
                                       号外圆刀
N0140   G00 X48 Z0 M08                ;快速进刀,切削液开
N0150   G01 X18 F0.2                  ;车端面
N0160   G00 X44 Z2                    ;快速退刀
N0170   G01 Z-50 F0.2                 ;粗车外圆至 φ44mm
N0180   G00 X45 Z2                    ;快速退刀
N0190   G00 X39                       ;快速进刀
N0200   G01 Z-35.7                    ;车外圆至 φ39mm
N0210   G00 X45 Z2                    ;快速退刀
N0220   G00 X36.5                     ;快速进刀
N0230   G01 Z-35.7                    ;车外圆至 φ36.5mm
N0240   G00 X45 Z2                    ;快速退刀
N0250   M05                           ;主轴停转
N0255   M00                           ;程序暂停
N0260   S1200 M03                     ;主轴变速,转速 1200r/min
N0270   G00 X32 Z1                    ;快速进刀
N0280   G01 X35.985 Z-1 F0.1          ;倒角
N0290   G01 Z-36                      ;精车外圆至 φ35.985mm
N0300   X43                           ;精车台阶
N0310   Z-45                          ;精车 φ43mm 外圆
```

```
N0320  G00 X100 Z100           ;快退回换刀点
N0330  T4 D4                   ;换 4 号内孔车刀
N0340  M05 M00                 ;主轴停转,程序暂停
N0350  S600 M03                ;主轴变速,转速 600r/min
N0360  G00 X21.62 Z2           ;快速进刀
N0370  G01 Z-25 F0.1           ;车内孔至 φ21.62mm
N0380  X18                     ;X 向退刀
N0390  G00 Z2                  ;Z 向退刀
N0400  G00 X23                 ;快速进刀
N0410  G01 Z-8                 ;车孔至 φ23mm
N0420  X18                     ;X 向退刀
N0430  G00 Z2                  ;Z 向退刀
N0440  G00 X25.5               ;快速进刀
N0450  G01 Z-8                 ;车孔至 φ25mm
N0460  G01 X18                 ;X 向退刀
N0470  G00 Z5                  ;Z 向退刀
N0480  M05                     ;主轴停转
N0485  M00                     ;程序暂停
N0490  S1200 M03               ;主轴变速,转速 1200r/min
N0500  G00 X28 Z1              ;快速进刀
N0510  G01 X25.987 Z-1 F0.1    ;孔口倒 C1 倒角
N0520  G01 Z-8                 ;以公差中间值镗止口孔
N0530  G01 X24                 ;镗止口孔端面
N0540  G01 X21.62 Z-9          ;倒 C1 倒角
N0550  G01 Z-24                ;车螺纹底孔 φ21.62mm,螺纹底
                                孔车大 0.1mm
N0560  X18                     ;X 向退刀
N0570  G00 Z100                ;快退回换刀点
N0580  X100                    ;快退回换刀点
N0590  T5 D5                   ;换 5 号内车槽刀
N0600  M05 M00                 ;主轴停转,程序暂停
```

```
N0610  S420 M03                  ;主轴变速,转速 420r/min
N0620  G00 X18 Z2                ;快速进刀
N0630  G01 Z-27 F0.2             ;工进至内退刀槽起始位
N0640  G01 X26 F0.05             ;车槽
N0650  G01 X20 F0.2              ;退刀
N0660  Z-29.5                    ;向左移动 2.5mm
N0670  G01 X26 F0.05             ;车槽
N0680  G01 X20 F0.2              ;退刀
N0690  Z-32                      ;向左移动 2.5mm
N0700  G01 X26 F0.05             ;车槽
N0710  G01 X18 F0.2              ;X 向退刀
N0720  G00 Z100                  ;快退回换刀点
N0730  X100                      ;快退回换刀点
N0740  M05 M00                   ;主轴停转,程序暂停
N0750  T6 D6                     ;换 6 号内螺纹刀
N0760  S400 M03                  ;主轴变速,转速 400r/min
N0770  G00 X18 Z2                ;快速进刀
N0780  CYCLE97(2,,-8,-24,21.52,21.52,4,3,1.3,0.05,30,0,
       6,3,4,1)                  ;加工内螺纹
N0790  G00 X100 Z100             ;退回换刀点
N0800  M05 M09                   ;主轴停转,切削液关
N0810  M02                       ;主程序结束
```

(2) 右端加工工件程序（调头二次装夹）

```
       CKHI02_MPF                ;程序名(右端加工)
N0010  G90 G95                   ;采用绝对值编程,每转进给
N0020  G158 X0 Z100              ;采用可编程零点偏移
N0030  S600 M03                  ;主轴正转,转速 600r/min
N0040  T1 D1 M08                 ;换 1 号外圆刀,切削液开
N0050  G00 X45 Z0                ;快速进刀
N0060  G01 X0.2                  ;车端面
N0070  G00 X45 Z5                ;快速退刀
```

```
N0080  CYCLE95("ABC3",1.5,0.5,0.25,,0.2,,,1,,,2)
                                   ;轮廓加工循环程序
N0090  S1000 M03                   ;主轴变速,转速 1000r/min,调
                                    整 1 号刀补值
N0100  G42 G00 X0 Z2               ;刀具半径右补偿
N0110  G96 S80 LIMS=1800 F0.1;恒线速度 80m/min,主轴极限
                                    转速 1800r/min
N0120  ABC3                        ;调用子程序精加工
N0130  G94 G40 G00 X100 Z100;取消刀具半径补偿,快退回换
                                    刀点,恢复分进给
N0140  G97 S420 M03 F30            ;取消恒线速度、主轴变速,转速
                                    420r/min
N0150  T2 D2                       ;换 2 号切刀
N0160  G00 Z-51                    ;快速进刀
N0170  X42                         ;快速进刀
N180   CYCLE93(38,-51,8,2,0,0,0,0,0,0,0,0.1,0,2,0,1)
                                   ;切槽加工
N0190  G00 X38                     ;快速退刀
N0200  Z-48                        ;快速进刀
N0210  G01 X32 Z-51                ;用车槽刀右刀尖倒 M36 螺纹左
                                    端 C2 倒角
N0220  G00 X100                    ;快退至换刀点
N0230  Z100                        ;快退至换刀点
N0240  S400 M03                    ;主轴变速,转速 400r/min
N0250  T3 D3                       ;换 3 号螺纹刀
N260   CYCLE97(4,,-27,-47,36,36,4,3,2.6,0.05,30,0,8,3,
       3,2)                        ;调用螺纹切削循环
N0270  G00 X100 Z100               ;退回换刀点
N0280  M05 M00                     ;主轴停转,程序暂停
N0290  S600 M03 T1 D1 G95          ;主轴变速,转速 600r/min,换 1
                                    号外圆刀,每转进给
```

```
N0300  G00 X42 Z-52          ;快速进刀
N0310  R8 =2                 ;设置 X 轴偏移值 2mm
N0320  MA1 G158 X = R8 Z4    ;设置标记符 MA1,把工件坐标
                              系原点偏移至椭圆圆心,X 向
                              向外偏移 2mm,为调用椭圆子
                              程序做准备
N0330  ABC6                  ;调用 ABC6 子程序粗加工椭圆
N0340  RS = R8 -1            ;变量每次减 1mm,即 X 向背吃
                              刀量增加 1mm(半径值)
N0350  IF R8 > =0.3 GOTOB MA1
                             ;如工件未加工余量大于 0.3mm,
                              返回 MA1 标记处再加工
N0360  G158 X0 Z4            ;取消 X 向零点偏移
N0370  G96 S80 LIMS =1800    ;主轴变速,恒线速度 80m/min,
                              主轴极限转速 1800r/min
N0380  ABC6                  ;调用 ABC6 子程序精加工椭圆
M0390  G97 G94               ;取消恒线速度控制,恢复分进
                              给
N0400  G00 X100 Z100         ;快退回换刀点
N0410  M02                   ;主程序结束
       %ABC3                 ;右端外轮廓加工子程序名
N0010  G01 X0 Z0             ;右端外轮廓加工
N0020  G03 X19.87 Z-8.87     ;右端外轮廓加工
N0030  G01 X24 Z-27          ;右端外轮廓加工
N0040  X35.8 CHF =2          ;右端外轮廓加工
N0050  Z-55                  ;右端外轮廓加工
N0060  X43.5                 ;右端外轮廓加工
N0070  Z-75                  ;右端外轮廓加工
N0080  X43                   ;右端外轮廓加工
N0090  M17                   ;子程序结束
       %ABC6                 ;椭圆加工子程序名
```

```
N0010   G00 X34.771 Z22               ;快速进刀
N0020   G01 Z20 F0.1                  ;工进至椭圆加工起始点
N0030   R1 = 20                       ;设置Z轴起始变量为20
N0040   MA2:R3 = 2 * 20 * SQRT(1 - R1 * R1/40/40)
                                      ;椭圆X轴变量表达式
N0050   G01 X = R3 Z = R1             ;用直线插补拟合椭圆曲线
N0060   R1 = R1-0.5                   ;椭圆Z轴变量每次减0.5mm
N0070   IF R3 > =40 - 2 * R8 GOTOB MA3
                                      ;如果刀具在X向超过毛坯直
                                       径,返回椭圆加工起始点,以减
                                       少空刀量
N0080   IF R1 > =0 GOTOB MA2;如果Z变量大于等于0,椭圆未
                                      加工完毕,返回MA2标记处再
                                      粗加工
N0090   MA3:G91 G00 X2                ;X方向退刀2mm
N0110   G90 G00 Z22                   ;返回椭圆加工起始点
N0120   M17                           ;子程序结束
```


四、多面体的车削加工

加工如图5-52所示的工件。

1. 加工工艺

1）以零件（63）mm尺寸右面定位，用三爪自定心卡盘夹持ϕ90mm外圆（找正）车右端面、外圆及台阶侧面。

2）精铣六边形各侧面至尺寸要求。

3）钻中心孔（四处）。

4）钻4个ϕ10mm孔，控制尺寸$\phi70\pm0.1$mm。

2. 加工程序

```
        ABIHC01                       ;程序号,车光端面及外圆(外圆
                                       刀)
N10     G0 X150 Z150                  ;快速移到换刀点
N15     T1 D1                         ;换刀
```

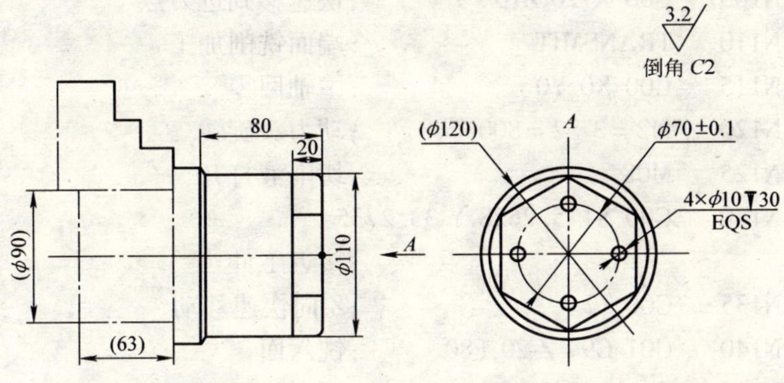

材料：45
毛坯状况：件料，各部余量 0.5mm。

图 5-52 多面体的车削加工

```
N20     M04 S500              ;主轴正转
N25     G00 Z0                ;Z 向快速接近工件
N30     G00 X112              ;X 向快速接近工件
N35     M08                   ;切削液打开
N40     G95 G01 X-0.5 F0.15   ;车端面
N45     G01 Z2                ;Z 向退刀
N50     G00 X102              ;X 向快速移动
N55     G01 X110 Z-2          ;倒角 C2
N60     G01 Z-80              ;车外圆
N65     G01 X116              ;车轴肩
N70     G01 X120 Z-82         ;倒角
N75     G00 X150              ;X 向快速退刀
N80     G00 Z100              ;Z 向快速退刀
N85     M09                   ;切削液关闭
N90     M05                   ;主轴停止
N95     G00 X150 Z50          ;精铣六边形各侧面(快速移到
                              换刀点)
N100    T3 D1                 ;换刀
```

```
N105    G00 X120 Z10              ;快速移到进刀点
N110    TRANSMIT                  ;端面铣削加工
N115    G00 X0 Y0                 ;主轴回零
N120    M2 =3 S2 =800             ;动力头旋转
N125    M08                       ;切削液打开
N130    G00 X115.2628 Y-33.2735
                                  ;接近工件
N135    G00 Z2                    ;Z 向快速移动
N140    G01 G94 Z-20 F80          ;铣六面
N145    G01 Y33.2735
N150    G01 X0 Y66.547
N155    G01 X-115.2628 Y33.2735
N160    G01 Y-33.2735
N165    G01 X0 Y-66.547
N170    G01 X115.2628 Y-33.2735
N175    G00 Z50                   ;Z 向快速退刀
N180    M09                       ;切削液关闭
N185    M2 =5                     ;动力头停止
N190    TRAFOOF                   ;铣削取消
N195    G00 X150 Z100             ;快速退刀
N200    T5 D1                     ;换刀(分度钻中心孔)
N205    G00 Z10                   ;Z 向快速进刀
N210    G00 X70                   ;X 向快速进刀
N215    M03 S100                  ;主轴反转
N220    SPOS =0                   ;主轴定位
N225    M08                       ;切削液打开
N230    M2 =3 S2 =1000            ;动力头反转
N235    G00 Z2                    ;Z 向快速接近工件
N240    G01 G94 Z-3.5 F140        ;Z 向进给切削
N245    G00 Z2                    ;Z 向快速退刀
N250    SPOS =90                  ;主轴转位定位
```

```
N255    G01 Z-3.5                  ;Z 向进给切削
N260    G00 Z2                     ;Z 向快速退刀
N265    SPOS=180                   ;主轴转位定位
N270    G01 Z-3.5                  ;Z 向进给切削
N275    G00 Z2                     ;Z 向快速退刀
N280    SPOS=270                   ;主轴转位定位
N285    G01 Z-3.5                  ;Z 向进给切削
N290    G00 Z100                   ;Z 向快速退刀
N295    M09                        ;切削液关闭
N300    M2=5                       ;动力头停止
N305    G00 X150                   ;X 向退刀
N310    T7 D1                      ;换刀(分度钻孔)
N315    G00 Z10                    ;Z 向快速进刀
N320    G00 X70                    ;主轴反转
N325    M03 S100                   ;切削液打开
N335    M08                        ;动力头反转
N340    M2=3 S2600                 ;Z 向快速接近工件
N345    G00 Z5                     ;深孔钻削
N350    MCALL CYCLE83(5,0,5,-30,,0,-5,0,0,0,1,1)
                                   ;孔系循环
N360    HOLES2(0,0,70,0,90,4)
                                   ;Z 向快速退刀
N370    G00 Z100                   ;切削液关闭
N380    M09                        ;动力头停止
N390    M2=5                       ;X 向快速退刀
N400    G00 X150                   ;程序结束
N410    M02
```

五、梭轴螺旋槽的加工

1. 零件图分析

图 5-53 为梭轴零件图，材料为 45 钢，总长为 343.3mm，直径

为 $\phi80$mm，要求加工宽为 $12^{+0.05}_{-0.05}$mm 深为 15mm 的螺旋槽。

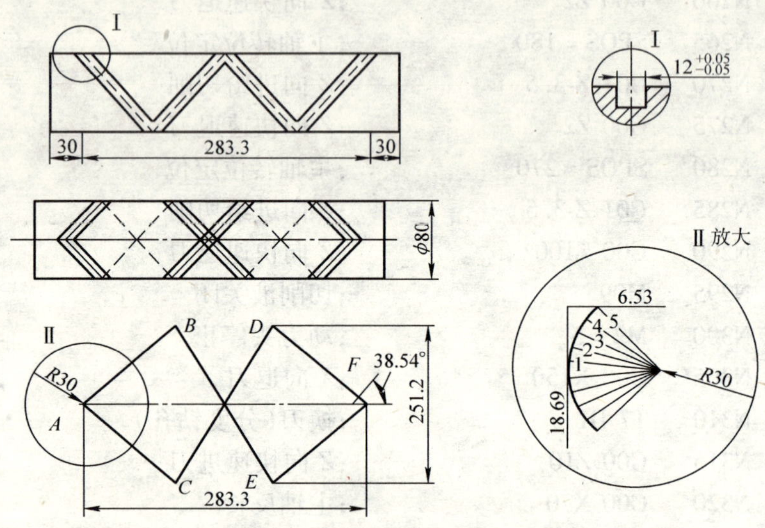

图 5-53　梭轴零件及螺旋槽展开图

2. 工艺分析

此零件需用三爪自定心卡盘和尾座顶尖装夹，这样既能夹紧，还能保证同轴度。

3. 加工坐标原点及路线的确定

根据零件图样及方便编程可设坐标原点为的中心点，展开图中的两 R 都等分成 10 个点，Y 轴旋转方向为正向。

加工路线为 $A \to B \to E \to F \to D \to C \to A$，因为是展开图，$B$、$C$ 为同一点，D、E 为同一点。

4. 数值计算

1）计算公式 $\alpha = l/r$（单位：弧度）；1 弧度 $=180°/\pi$；即：$\alpha = l \times 180/(r \times \pi)$

转角计算以第 1 点为例说明：$\alpha = 2.24 \times 180/(40 \times 3.14) = 3.21$

2）展开图中 r 的 5 个等分点的坐标（Y 坐标实为弧长）为 A_1（0.08，2.24），A_2（0.75，6.67），A_3（2.07，10.95），A_4（4.01，14.98），A_5（6.53，18.69）。

3）弧长转换为角度后的坐标为 A_1（0.08，3.21），A_2（0.75，9.573），A_3（2.07，15.707），A_4（4.01，21.468），A_5（6.53，26.785）。

5. 确定加工所用各种工艺参数

具体工艺参数可参照表 5-30。

表 5-30 数控加工工序卡片

<table>
<tr><td colspan="2">零件名称</td><td>设备名称</td><td colspan="4">材 料</td></tr>
<tr><td colspan="2">梭轴</td><td>CKH1450</td><td colspan="4">45 钢</td></tr>
<tr><td colspan="2">刀具</td><td>程序名</td><td colspan="4">切削用量</td></tr>
<tr><td>T1</td><td>ϕ10mm</td><td rowspan="2">ABC12</td><td>转速</td><td>进给速度</td><td colspan="2">背吃刀量</td></tr>
<tr><td>T2</td><td>$\phi 12^{+0.02}_{-0.02}$mm</td><td>400r/ min</td><td>30mm/min</td><td>14mm</td><td>15mm</td></tr>
</table>

6. 加工程序编制

```
程序                              注释
ABC12                             ;程序号
N0010 T1 F30 G94 G54 G90          ;绝对坐标
N0020 G00 X100 Z50 SPOS=0         ;返回起始点位置
N0030 SETMS(2)                    ;主运动转为铣削主轴
N0040 TRACYL(52)                  ;开启 TRACYL,加工直径为 52mm
N0050 G55 G19                     ;零点偏置,选择 YZ 平面
N0060 M03 S800                    ;开启铣削主轴
N0070 ABC18                       ;调用加工子程序
N0080 G00 X200 Z200               ;快速到换刀点
N0090 T2 F100                     ;换 2 号刀
N0095 TRACYL(50)                  ;开启 TRACYL,加工直径为 50mm
N0100 M03 S1500                   ;铣主轴转速 1500r/min
N0110 ABC18                       ;调用加工子程序
N0120 G00 X200 Z200               ;快速退回
N0130 M05                         ;主轴停
N0140 TRAFOOF                     ;关闭 TRACYL
N0150 SETMS                       ;主运动转为主轴
```

N0160 G54 G18 G0 X100 Z50 SPOS = 0 ;返回起始点

N0170 M02 ;程序结束

ABC18 ;子程序

N0010 G01 Z-0. 08 Y3. 21 ;两轴联动（Z-0. 08，Y3. 21）（A_1 点），进给速度为 30r/min

N0020 G01 Z-0. 75 Y9. 573 ;A_2 点

N0030 G01 Z-2. 07 Y15. 707 ;A_3 点

N0040 G01 Z-4. 01 Y21. 468 ;A_4 点

N0050 G01 Z-6. 53 Y26. 785 ;A_5 点

N0060 G01 Z-276. 77 Y693. 215 ;A_5 点→B→E→F 点（以下 10 个程序段为 F 点处圆弧的 10 个等分点坐标）

N0070 G01 Z-279. 29 Y698. 532

N0080 G01 Z-281. 23 Y704. 293

N0090 G01 Z-282. 5 Y710. 427

N0100 G01 Z-283. 22 Y716. 29

N0110 G01 Z-283. 3 Y720 ;此时开始向 Z 正方向运动

N0120 G01 Z-283. 22 Y723. 21

N0130 G01 Z-282. 55 Y729. 573

N0140 G01 Z-281. 23 Y735. 707

N0150 G01 Z-279. 29 Y741. 768

N0160 G01 Z-276. 77 Y746. 785

N0170 G01 Z-6. 53 Y1413. 215 ;F→D→C→A

N0180 G01 Z-4. 01 Y1418. 532 ;以下 5 个程序段为 A 点处圆弧的 5 个等分点坐标

N0190 G01 Z-2. 07 Y1424. 293

N0200 G01 Z-0. 75 Y1430. 247

N0210 G01 Z-0. 08 Y1436. 79

N0220 G01 Z0 Y1440 ;回到起始点 A 点

N0230 M17 ;子程序结束

复习思考题

1. SIEMENS 802D 车削循环有哪几种？其中包括哪些子程序？

2. 铣削功能的刀具补偿与车削功能的刀具补偿有什么不同？

3. TRANSMIT 有何功能？试述其编程格式。

4. 在深孔钻削 CYCLE83 循环中 VARI = 0 与 VARI = 1 有何区别？各在什么情况下应用？

5. 试编写图 5-54 所示工件的加工程序。

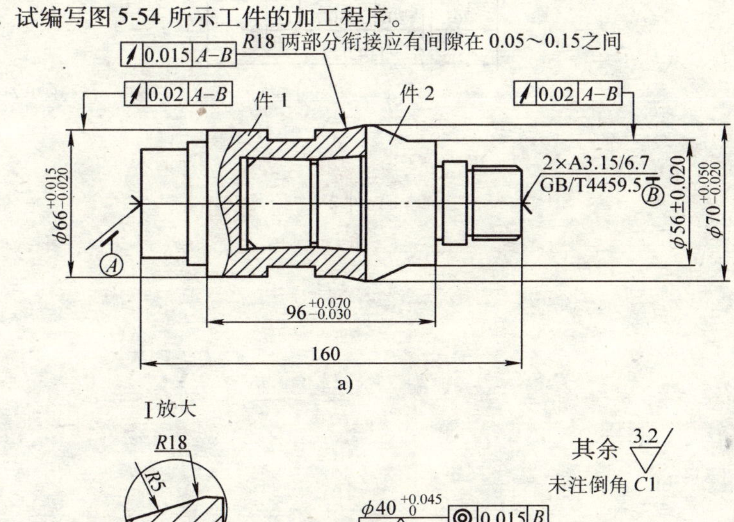

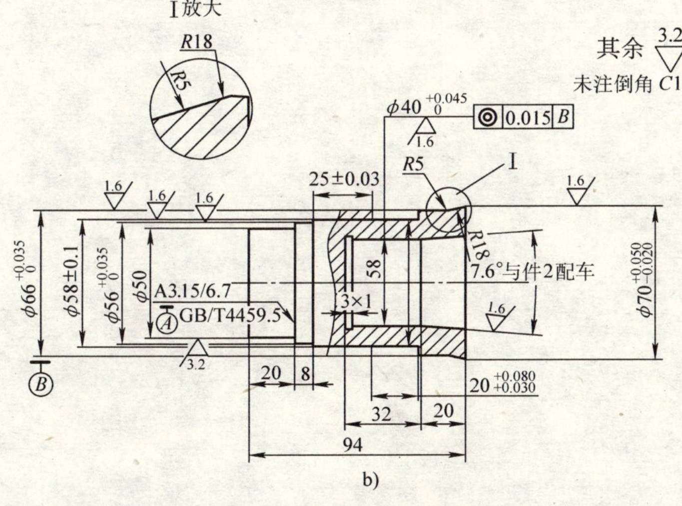

图 5-54 习题图

a）装配图 b）件 1

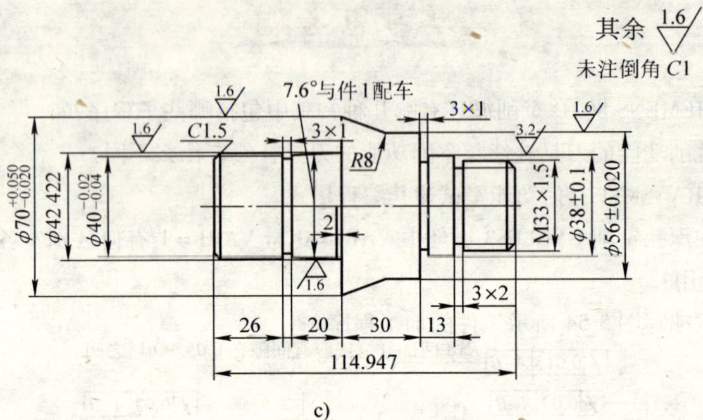

c)

图 5-54 习题图（续）

c）件 2

第六章

数控车床的故障诊断和排除

培训学习目标 让读者掌握数控车床一般维修的必要知识；能排除数控车床机械、液压、气压和冷却系统的一般故障；能够排除数控车床刀架的一般故障；能针对数控机床的现状合理调整数控系统的相关参数；能根据机床电路图、可编程序控制器梯形图检查出故障发生点，并能提出机床维修方案。

本节内容是数控机床维修的前提，并且在考试中经常出现。

第一节 概 述

一、数控机床的故障

数控机床的故障是指数控机床丧失了规定的功能，它包括机械系统、数控系统和伺服系统、辅助系统等方面的故障。

二、数控机床故障产生的规律

数控机床的故障率随时间变化的规律可用图 6-1 所示的浴盆曲线（也称失效率曲线）表示。整个机床的使用寿命期，根据数控机床的故障频率大致分为 3 个阶段，即早期故障期、偶发故障期和耗损故障期。

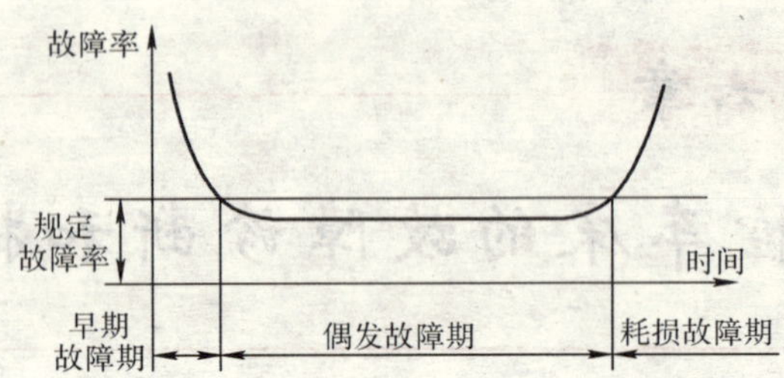

图 6-1　数控机床故障规律（浴盆曲线）

1. 早期故障期

这个时期数控机床故障率较高，但随着使用时间的增加故障率会迅速下降。这段时间的长短，随产品、系统的设计与制造质量而异，一般约为 10 个月。

2. 偶发故障期

数控机床在经历了初期的各种老化、磨合和调整后，开始进入相对稳定的偶发故障期，又称正常运行期。正常运行期约为 10 年左右。在这个阶段里，机床故障率较低而且相对稳定，近似常数。偶发故障是由于偶然因素引起的。

3. 耗损故障期

耗损故障期出现在数控机床使用的后期，其特点是故障率随着运行时间的增加而升高。出现这种现象的基本原因是数控机床的零部件及电子元器件经过长时间的运行，由于疲劳、磨损、老化等原因，使用寿命已接近完结，从而处于频发故障状态。

三、数控机床故障的分类

1. 按数控机床发生故障的部件分类

（1）主机故障　常见的主机故障有：因机械安装、调试及操作使用不当等原因引起的机械传动故障，或导轨运动摩擦过大的故障。液压、润滑与气动系统的故障现象主要是管路阻塞和密封不良。

（2）电气故障　电气故障分弱电故障与强电故障。弱电部分主要指 CNC 装置、PLC 控制器、CRT 显示器以及伺服单元、输入、输出装置等电子电路，这部分又有硬件故障与软件故障之分。

硬件故障主要是指上述各装置的印制电路板上的集成电路芯片、分立元件、接插件以及外部联结组件等发生的故障。

常见的软件故障有：加工程序出错，系统程序和参数的改变或丢失，计算机的运算出错等。

强电部分是指断路器、接触器、继电器、开关、熔断器、电源变压器，电动机、电磁铁、行程开关等电气元件及其所组成的电路，这部分的故障特别常见，必须引起足够的重视。

2. 按数控机床发生的故障性质分类

（1）系统性故障 系统性故障，通常是指只要满足一定的条件或超过某一设定的限度，工作中的数控机床必然会发生的故障。这一类故障现象极为常见。

（2）随机性故障 随机性故障，通常是指数控机床在各种条件相同的状态下工作时只偶然发生一次或两次的故障。也称为“软故障”。

3. 按故障产生时有无破坏性分类

（1）破坏性故障 维修人员在进行故障诊断时，决不允许重现故障，只能根据现场人员的介绍，经过检查来分析，排除故障；维修人员要非常慎重。

（2）非破坏性故障 大部分故障属于非破坏性故障，可以通过对象及对这种故障分析、判断，找到原因所在。

4. 按故障发生在硬件上还是软件上来分类

（1）软件故障 分为程序编制错误与参数设置不正确两种。参数的修改要慎重，一定要搞清参数的含义以及与其相关的其他参数方可改动，否则顾此失彼还会带来更大的麻烦。

（2）硬件故障 指只有更换已损坏的器件才能排除的故障，这类故障也称“死故障”。

5. 按故障发生后有无报警显示分类

（1）有报警显示的故障 这类故障又分为硬件报警显示与软件报警显示两种。

1）硬件报警显示的故障。硬件报警显示通常是指各单元装置上的警示灯（一般由 LED 发光管或小型指示灯组成）的指示。

2）软件报警显示故障。软件报警显示通常是指 CRT 显示器上显示出来的报警号和报警信息。由于数控系统具有自诊断功能，一旦检测到故障，会按故障的级别进行处理，同时在 CRT 上以报警号形式显示该故障信息。

（2）无报警显示的故障　这类故障发生时无任何硬件或软件的报警显示，因此分析诊断难度较大。例如：机床通电后，在手动方式或自动方式下运行 X 轴时出现爬行现象，无任何报警显示。

6. 按故障发生的原因分类

（1）数控机床自身故障　这类故障的发生是由于数控机床自身的原因引起的，与外部使用环境条件无关，数控机床所发生的绝大多数故障均属此类故障。

（2）数控机床外部故障　这类故障是由于外部原因造成的。例如：数控机床的供电电压过低，波动过大，相序不对或三相电压不平衡；周围的环境温度过高，有害气体、潮气、粉尘侵入；外来振动和干扰，如电焊机所产生的电火花干扰等均有可能使数控机床发生故障。还有人为因素所造成的故障，如操作不当，手动进给过快造成超程报警，自动切削进给过快造成过载报警，又如操作人员不按时按量给机床机械传动系统加注润滑油，易造成传动噪声或导轨摩擦因数过大，而使工作台进给电动机超载。

7. 按发生状态分

从故障发生的过程来看，数控机床的故障又分为突然故障和渐变故障。突然故障是指数控机床在正常使用的过程中，事先并无任何故障征兆而突然出现的故障。如因机器使用不当或出现超负荷而引起的零件折断；因设备各项参数达到极限而引起的零件变形和断裂等。渐变故障是指数控机床在发生故障前的某一时期内，已经出现故障的征兆，但此时（或在消除系统报警后）数控机床还能够正常使用，并不影响加工出的产品质量。渐变故障与机器构件材料的磨损、腐蚀、疲劳及蠕变等过程有密切的关系。

8. 按影响程度分

从故障的影响程度来看，数控机床的故障分为完全失效故障和部分失效故障。完全失效故障是指数控机床出现故障后，不能再正

常进行加工工件，只有等到故障排除后，才能让数控机床恢复正常工作的故障。部分失效故障是指数控机床丧失了某种或部分系统功能，而数控机床在不使用该部分功能的情况下，仍然能够正常加工工件的故障。

四、可靠性的概念

可靠性是体现产品耐用和可靠程度的一种性能。它是在设计、制造时赋予产品的。可靠性的定义是：产品在规定的条件下和规定的时间内，完成规定功能的能力。

所谓“规定的条件”是指设计时考虑的环境条件（如温度、压力、湿度、振动、大气腐蚀等）、负荷条件（载荷、电压、电流等）、工作方式（连续工作或断续工作）、运输条件、存储条件及使用维护条件等。数控机床处于不同条件下，其可靠性是不同的。数控机床对上述各种条件的适应性越强，则其可靠性越好。衡量可靠性的几个指标如下：

1. 平均无故障时间（Mean Time Between Failur，简称 MTBF）

可修复产品在两次故障之间能正常工作的时间的平均值，也就是产品在寿命范围内总工作时间与总故障次数的比，平均无故障时间越长越好。

$$\mathrm{MTBF}=\frac{\text{总工作时间}}{\text{总故障次数}}$$

2. 平均修复时间（Mean Time To Restore，简称 MTTR）

数控机床在寿命范围内，每次从出现故障开始维修，直至能正常工作所用的平均时间被称为平均修复时间，此时间越短越好。

$$\mathrm{MTTR}=\frac{\text{累计修复时间}}{\text{修复次数}}$$

3. 有效度 A

指一台可维修的数控机床在某一段时间内，维持其性能的概率，A 小于 1，越接近 1 越好。

$$A=\frac{\mathrm{MTBF}}{\mathrm{MTBF}+\mathrm{MTTR}}$$

五、数控机床故障的诊断

1. 诊断的定义

所谓设备故障诊断技术，就是“在设备运行中或基本不拆卸全部设备的情况下，掌握设备运行状态，判定产生故障的部位和原因，并预测预报未来状态的技术”。因此，它是防止事故的有效措施，也是设备维修的重要依据。

2. 数控机床的诊断技术

数控机床的种类虽然很多，其内部结构的差异也非常大，而且编程格式亦不相同，但当发生故障时，其维修技术是相同的。

（1）实用诊断技术　维修人员用感觉器官对机床进行问、看、听、触、嗅等的诊断技术称为实用诊断技术，见表6-1。

表6-1　实用诊断技术

诊断技术		说明
问		1）弄清故障是突发的，还是渐发的 2）机床开动时有哪些异常现象 3）对比故障前后工件的精度和表面粗糙度，以便分析故障产生的原因 4）传动系统是否正常，出力是否均匀，背吃刀量和进给量是否减小等 5）润滑油品牌号是否符合规定，用量是否适当 6）机床何时进行过保养检修等
看	看转速	1）观察主传动速度的变化。如：带传动的线速度变慢，可能是传动带过松或负荷太大 2）对主传动系统中的齿轮，主要看它是否跳动、摆动 3）对传动轴主要看它是否弯曲或晃动
	看颜色	1）主轴和轴承运转不正常，就会发热。长时间升温会使机床外表颜色发生变化，大多呈黄色 2）油箱里的油也会因温升过高而变稀，颜色变样；有时也会因久不换油、杂质过多或油变质而变成深墨色

（续）

诊断技术		说　明
看	看伤痕	机床零部件碰伤损坏部位很容易发现，若发现裂纹时，应作记号，隔一段时间后再比较它的变化情况，以便进行综合分析
	看工件	1）若车削后的工件表面粗糙度 R_a 数值大，主要是由于主轴与轴承之间的间隙过大，溜板、刀架等压板镶条有松动以及滚珠丝杠预紧松动等原因所致 2）若是磨削后的表面粗糙度 R_a 数值大，这主要是由于主轴或砂轮动平衡差，机床出现共振以及工作台爬行等原因所引起的 3）若工件表面出现波纹，则看波纹数是否与机床主轴传动齿轮的齿数相等，如果相等，则表明主轴齿轮啮合不良是故障的主要原因
	看变形	1）观察机床的传动轴、滚珠丝杠是否变形 2）直径大的带轮和齿轮的端面是否跳动
	看油箱与冷却箱	主要观察油或切削液是否变质，确定其能否继续使用
听		一般运行正常的机床，其声响具有一定的音律和节奏，并保持稳定
触	温升	人的手指触觉是很灵敏的，能相当可靠地判断各种异常的温升，其误差可准确到 3 ~5℃
	振动	轻微振动可用手感鉴别，至于振动的大小可找一个固定基点，用两只手去同时触摸便可以比较出振动的大小
	伤痕和波纹	肉眼看不清的伤痕和波纹，若用手指去摸则可很容易地感觉出来。摸的方法是： 1）对圆形零件要沿切向和轴向分别去摸 2）对平面则要左右、前后均匀去摸 3）摸时不能用力太大，只轻轻把手指放在被检查面上接触便可
	爬行	用手摸可直观的感觉出来
	松或紧	用手转动主轴或摇动手轮，即可感到接触部位的松紧是否均匀适当。
嗅		剧烈摩擦或电器元件绝缘破损短路，使附着的油脂或其他可燃物质发生氧化蒸发或燃烧产生油烟、焦煳等异味，应用嗅觉诊断的方法可收到较好的效果

（2）数控机床常用的故障诊断方法

1）功能程序测试法。功能程序测试法是将所修数控系统的 G、M、S、T、F 功能的全部使用指令编成一个试验程序，并制成控制介质。在故障诊断时运行这个程序，可快速判定哪个功能不良或丧失功能。

2）参数检查法。参数通常是存放在由电池供电保持的 RAM 中，一旦电池电压不足或系统长期不通电或外部干扰会使参数丢失或混乱；当机床长期闲置或无缘无故出现不正常现象或有故障而无报警时，就应根据故障特征，检查和校对有关参数；数控机床到厂后一定要将随机所带参数表与机床实际设置的参数对照确认，并保存好参数表；认真了解掌握每个参数的具体含义，这对数控机床的故障诊断有极其重要的意义。

3）同类对调法。对型号完全相同的电路板、模块、集成电路和其他零部件进行互相交换，观察故障转移情况，以快速确定故障部位。

4）单步执行程序确定故障点。数控系统一般都具有程序单步执行功能，这个功能常用于调试加工程序。当执行加工程序出现故障时，采用单步执行程序可快速确认故障点，从而排除故障。

5）备板置换法。备板置换前，应检查有关部分电路，以免造成好板损坏；应检查试验板上的初始设定是否与原板一致，还应注意板上桥接点和电位器的调整；在置换数控系统的存储板时，往往需要对系统作存储器初始化操作、输入机器参数等，否则系统仍不能正常工作；数控系统的自诊断功能有时可以将故障定位到电路板，但由于目前一些自诊断存在局限性，定位出现偏差的情况时有发生，这时可用备板置换法在报警提示的范围内逐一调板，最后找出坏板。

6）隔离法。有些故障，一时难以区分是数控部分，还是伺服系统或机械部分造成的，常可采用隔离法判断。

7）升降温法。人为地将元器件温度升高（应注意器件的温度参数）或降低，加速一些温度特性较差的元器件产生“病症”或使“病症”消除来寻找故障原因。

8）对比法。以正确的电压、电平或波形与异常的相比较来寻找故障部位；有时还可以将正常部分试验性地造成“故障”或报警（如断开连线，拔去组件），看其是否和相同部分产生的故障现象相

似，以判断故障原因。

9）原理分析法。运用这种方法前必须了解电路的原理，掌握各个时刻各点的逻辑电平和特征参数（如电压值、波形）；用万用表、逻辑笔、示波器或逻辑分析仪对被测点进行测量，并与正常情况相比较，分析判断故障原因，再缩小故障范围，直至找出故障。

六、数控机床的修理

修理（Repair）是指为保证在用数控机床正常、安全地运行，以相同的新的零部件取代旧的零部件或对旧的零部件进行加工、修配的操作，这些操作不应改变数控机床的特性。数控机床中的各种零件，到达磨损极限的经历各不相同，无论从技术角度还是从经济角度考虑，都不能只规定一种修理即更换全部磨损零件。但也不能规定过多，影响数控机床有效使用时间，通常将修理划分为三种，即大修、中修、小修。

1. 数控机床故障维修的原则

（1）先外部后内部　数控机床是机械、液压、电气一体化的机床，故其故障的发生必然要从机械、液压、电气这三者综合反映出来。数控机床的检修要求维修人员掌握先外部后内部的原则。

（2）先机械后电气　机械故障一般较易察觉，而数控系统故障的诊断则难度要大些。先机械后电气就是首先检查机械部分是否正常，行程开关是否灵活，气动、液压部分是否存在阻塞现象等等。因为数控机床的故障中有很大部分是由机械运作失灵引起的。所以，在故障检修之前，首先注意排除机械性的故障，往往可以达到事半功倍的效果。

（3）先静后动　维修人员本身要做到先静后动，不可盲目动手，应先询问机床操作人员故障发生的过程及状态，阅读机床说明书、图样资料后，方可动手查找处理故障。其次，对有故障的机床也要本着先静后动的原则，先在机床断电的静止状态，通过观察测试、分析，确认为非恶性循环性故障，或非破坏性故障后，方可给机床通电，在运行工况下，进行动态的观察、检验和测试，查找故障，然而对恶性的破坏性故障，必须先行处理排除危险后，方可进入通

电，在运行工况下进行动态诊断。

（4）先公用后专用　公用性的问题往往影响全局，而专用性的问题只影响局部。如机床的几个进给轴都不能运动，这时应先检查和排除各轴公用的 CNC、PLC、电源、液压等公用部分的故障，然后再设法排除某轴的局部问题。又如电网或主电源故障是全局性的，因此一般应首先检查电源部分，看看断路器或熔断器是否正常，直流电压输出是否正常。

（5）先简单后复杂　当出现多种故障互相交织掩盖、一时无从下手时，应先解决容易的问题，后解决较大的问题。常常在解决简单故障的过程中，难度大的问题也可能变得容易，或者在排除容易故障时受到启发，对复杂故障的认识更为清晰，从而也有了解决办法。

（6）先一般后特殊　在排除某一故障时，要先考虑最常见的可能原因，然后再分析很少发生的特殊原因。

2. 数控机床维修必要的技术资料和技术准备

维修人员应在平时认真整理和阅读有关数控系统的重要技术资料。维修工作做得好坏，排除故障的速度快慢，主要决定于维修人员对系统的熟悉程度和运用技术资料的熟练程度。数控机床维修人员所必需的技术资料和技术准备见表 6-2。

表 6-2　数控机床维修人员所必需的技术资料与技术准备

分类	技术资料	技术准备
数控装置部分	1）数控装置操作面板布置及其操作说明书 2）数控装置内各电路板的技术要点及其外部连接图 3）系统参数的意义及其设定方法 4）数控装置的自诊断功能和报警清单 5）数控装置接口的分配及其含义等	1）掌握 CNC 原理框图 2）掌握 CNC 结构布置 3）掌握 CNC 各电路板的作用 4）掌握板上各发光管指示的意义 5）通过面板对系统进行各种操作 6）进行自诊断检测，检查和修改参数并能做出备份 7）能熟练地通过报警信息确定故障范围 8）熟练的对系统供维修的检测点进行测试 9）会使用随机的系统诊断纸带对其进行诊断测试

（续）

分类	技术资料	技术准备
PLC 装置部分	1）PLC 装置及其编程器的连接、编程、操作方面的技术说明书 2）PLC 用户程序清单或梯形图 3）I/O 地址及意义清单 4）报警文本以及 PLC 的外部连接图	1）熟悉 PLC 编程语言 2）能看懂用户程序或梯形图 3）会操作 PLC 编程器 4）能通过编程器或 CNC 操作面板（对内装式 PLC）对 PLC 进行监控 5）能对 PLC 程序进行必要的修改 6）熟练地通过 PLC 报警号检查 PLC 有关的程序和 I/O 连接电路，确定故障的原因
伺服单元	1）伺服单元的电气原理框图和接线图 2）主要故障的报警显示 3）重要的调整点和测试点 4）伺服单元参数的意义和设置	1）掌握伺服单元的原理 2）熟悉伺服系统的连接 3）能从单元板上故障指示发光管的状态和显示屏显示的报警号及时确定故障范围 4）能测试关键点的波形和状态，并做出比较 5）能检查和调整伺服参数，对伺服系统进行优化
机床部分	1）数控机床的安装、吊运图 2）数控机床的精度验收标准 3）数控机床使用说明书，含系统调试说明、电气原理图、布置图以及接线图、机床安装、机械结构、编程指南等 4）数控机床的液压回路图和气动回路图	1）掌握数控机床的结构和动作 2）熟悉机床上电气元器件的作用和位置 3）会手动、自动操作机床 4）能编制简单的加工程序并进行试运行
其他	有关元器件方面的技术资料，如： 1）数控设备所用的元器件清单 2）备件清单 3）各种通用的元器件手册	1）熟悉各种常用的元器件 2）能较快地查阅有关元器件的功能、参数及代用型号 3）对一些专用器件可查出其订货编号 4）对系统参数、PLC 程序、PLC 报警文本进行光盘与硬盘备份 5）对机床必须使用的宏指令程序、典型的零件程序、系统的功能检查程序进行光盘与硬盘备份 6）了解备份的内容 7）能对数控系统进行输入和输出的操作 8）完成故障排除之后，应认真作好记录，将故障现象、诊断、分析、排除方法一一加以记录

七、数控机床维修常用工具

1. 拆卸及装配工具

1）单头钩形扳手。分为固定式和调节式，可用于扳动在圆周方向上开有直槽或孔的圆螺母。

2）端面带槽或孔的圆螺母扳手可分为套筒式扳手和双销叉形扳手。

3）弹性挡圈装拆用钳子。分为轴用弹性挡圈装拆用钳子和孔用弹性挡圈装拆用钳子。

4）弹性锤子。可分为木锤和铜锤。

5）拉带锥度平键工具。可分为冲击式拉锥度平键工具和抵拉式拉锥度平键工具。

6）拉带内螺纹的小轴、销式圆锥工具。

7）拉卸工具。拆装在轴上的滚动轴承、皮带轮式联轴器等零件时，常用拉卸工具，拉卸工具常分为螺杆式及液压式两类，螺杆式拉卸工具又分为两爪、三爪和铰链式 。

8）拉开口销扳手和销子冲头。

2. 常用机械维修的测量仪表仪器与工具：

1）尺。平尺和直角尺 。

2）垫铁。面为90°的垫铁、角度面为55°的垫铁和水平仪垫铁。

3）检验棒。带标准锥柄检验棒、圆柱检验棒和专用检验棒。

4）杠杆千分尺。当零件的几何形状精度要求较高时，使用杠杆千分尺可满足其测量要求。其测量精度可达0. 001mm 。

5）游标万能角度尺。用来测量工件内外角度的量具，按其游标读数值可分为2′和5′两种，按其尺身的形状可分为圆形和扇形两种。

八、数控机床维修常用仪表

1. 百分表

用于测量零件相互之间的平行度、轴线与导轨的平行度、导轨的直线度、工作台面平面度以及主轴的端面圆跳动、径向圆跳动和轴向窜动。

2. 杠杆百分表

用于受空间限制测量，如内孔跳动、键槽等，使用时应注意使测量运动方向与测头中心垂直，以免产生测量误差 。

3. 千分表及杠杆千分表

其工作原理与百分表和杠杆百分表一样只是分度值不同，常用于精密机床的修理中。

4. 比较仪

比较仪可分为扭簧比较仪与杆齿轮比较仪。尤其扭簧比较仪特别适用于精度要求较高的跳动量的测量。

5. 水平仪

水平仪是机床制造和修理中最常用的测量仪器之一，它用来测量导轨在垂直面内的直线度，工作台台面的平面度以及零件相互之间的垂直度、平行度等，水平仪按其工作原理可分为水准式水平仪和电子水平仪。水准式水平仪有条式水平仪、框式水平仪和合像水平仪三种结构形式。

6. 光学平直仪

在机械维修中，光学平直仪常用来检查床身导轨在水平面内和垂直面内的直线度以及检验用平板的平面度，是当前导轨直线度测量方法中较先进的仪器之一。

7. 经纬仪

经纬仪是机床精度检查和维修中常用的一种高精度的仪器之一，常用于数控铣床和加工中心的水平转台和可倾工作台的分度精度的精确测量，通常与平行光管组成光学系统来使用。

8. 交流电压表

交流电压表用于测量交流电源电压，测量误差应在 ±2% 以内 。

9. 直流电压表

直流电压表用来测量直流电源电压，常见直流电压表有磁电子电压表、数字式直流电压表和多量程数字直流电压表 。

10. 相序表

在维修晶闸管直流驱动装置时，相序表用于检查电源的输入相序。

11. 万用表

万用表是一种多功能、多量程的便携式电气测量仪表，常用的万用表有模拟式万用表和数字式万用表，万用表一般能测直流电流、直流电压、交流电压、直流电阻，有的万用表还能测交流电流、电容、电感及晶体管的 h_{FE} 值。

12. 钳形电流表

钳形电流表通常为 2.5 级和 5 级，虽然其精确度稍低，但由于其不需切断电路即能测量电流，因而，应用非常广泛。

13. 转速表

常用于测量伺服电动机的转速是检查伺服调速系统的重要依据之一，常用的转速表有离心式转速表和数字式转速表两种。

九、数控机床维修常用仪器

在数控机床的故障检测过程中，借助一些必要的仪器是必要也是有效的，这些专用的仪器能从定量分析的角度直接反映故障点的状况。

1. 测振仪

测振仪是振动检测中最常用、最基本的仪器，它将测振传感器输出的微弱信号放大、变换、积分、检波后，在仪器仪表或显示屏上直接显示被测设备的振动值大小。为了适应现场测试的要求，测振仪一般都做成便携式。

2. 红外测温仪

红外测温是利用红外辐射原理，对物体表面温度的测量转换成对其辐射功率的测量，采用红外探测器和相应的光学系统接收被测物不可见的红外辐射能量，并将其变成便于检测的其他能量形式予以显示和记录。

3. 示波器

数控系统修理通常先用频带宽度为 10 ~ 100MHz 范围内的双通道示波器对机床进行检测。它不仅可以测量电平、脉冲上下沿、脉宽、周期、频率等参数，还可以进行两信号的相位和电平幅度的比较。常用它来观察主开关电源的振荡波形，直流电源或测速发电动

机输出的纹波，伺服系统的超调、振荡波形。用来检查、调整纸带阅读机的光电放大器的输出波形，还可检查 CRT 电路垂直、水平振荡和扫描波形、视放电路的视频信号等。

4. PLC 编程器

不少数控系统的 PLC 控制器必须使用专用的编程器才能对其进行编程、调试、监控和检查。PLC 编程器可以对 PLC 程序进行编辑和修改，监视输入和输出状态及定时器、移位寄存器的变化值，在运行状态下修改定时器和计数器的设置值，可强制内部输出，对定时器、计数器和移位寄存器进行置位和复位等。带有图形功能的编程器还可显示 PLC 梯形图。

5. 逻辑测试笔

逻辑测试笔可以方便地测量数字电路的脉冲、电平，从其发光管指示可以判断是上升沿或下降沿，是电平或连续脉冲，可以粗略估计逻辑芯片的好坏，如图 6-2 所示。逻辑测试笔的用法如图 6-3 所示。

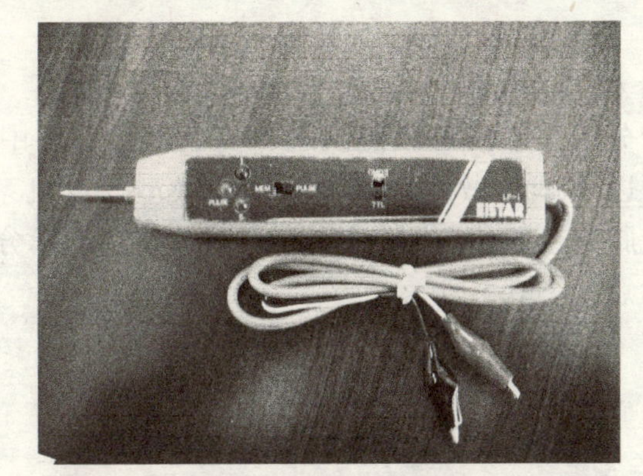

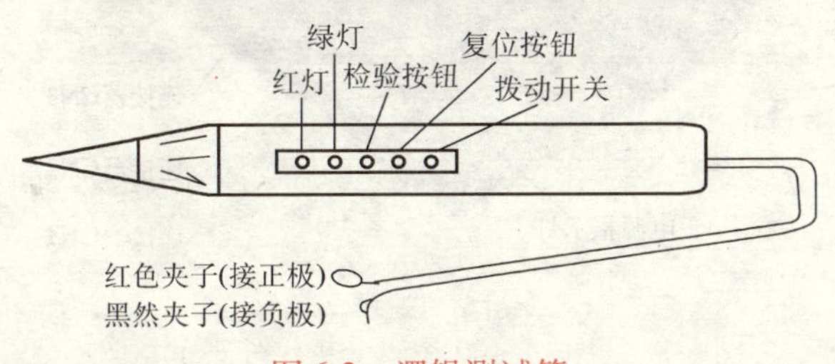

图 6-2　逻辑测试笔

图 6-3　逻辑测试笔的用法

6. 逻辑分析仪的使用

现代逻辑分析仪不仅可以测试运算控制器等部件中逻辑电路的好坏，而且可以测试以微处理器为基础的微型计算机系统。图 6-4 所示为北京飞腾电子股份有限公司生产 L－100 型逻辑分析仪。逻辑分析仪使用示意如图 6-5 所示。

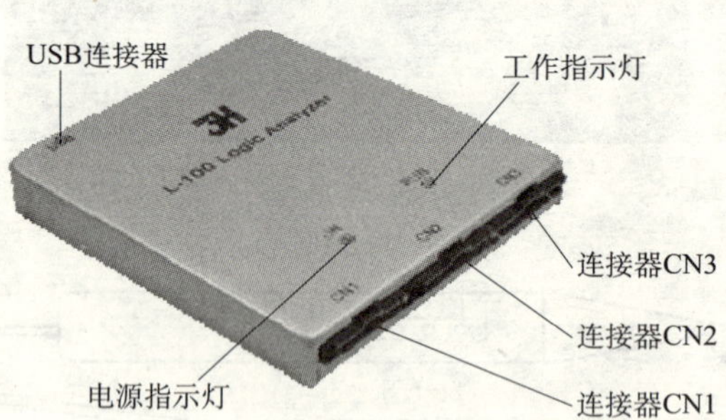

图 6-4　Flyto L-100 逻辑分析仪外观示意图

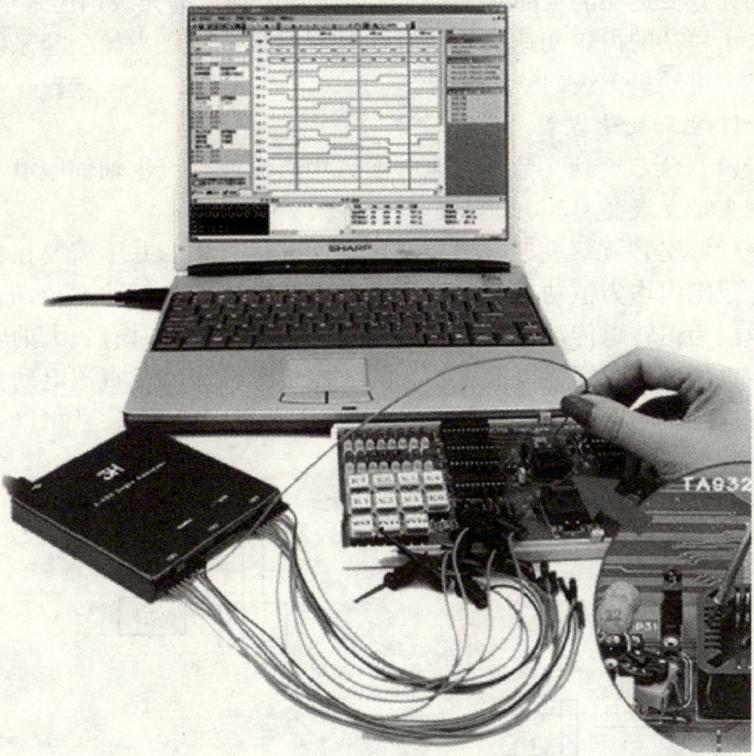

图 6-5　逻辑分析仪的使用

通过本节的学习要求读者能掌握数控车床主传动、进给传动、辅助装置及刀架的机械故障的诊断与维修。

第二节　数控车床的机械故障诊断和排除

一、数控车床的主传动系统

数控车床的主传动系统包括主轴电动机、传动系统和主轴组件。数控车床与普通卧式车床的主传动系统相比在结构上比较简单，这是因为其变速功能全部或大部分已由主轴电动机的无级调速来承担，省去了繁杂的齿轮变速机构，有些只有两级或三级齿轮变速系统用以扩大电动机无级调整的范围。

1. 主轴变速方式

（1）无级变速　数控车床一般采用直流或交流主轴伺服电动机实现主轴无级变速。

（2）分段无级变速　数控车床在实际生产中，并不需要在整个变速范围内均为恒功率。一般要求在中、高速段为恒功率传动，在低速段为恒转矩传动。为了确保数控机床主轴低速时有较大的转矩和主轴的变速范围尽可能大，有的数控机床在交流或直流电动机无级变速的基础上配以齿轮变速，使之成为分段无级变速，如图 6-6a、b 所示。

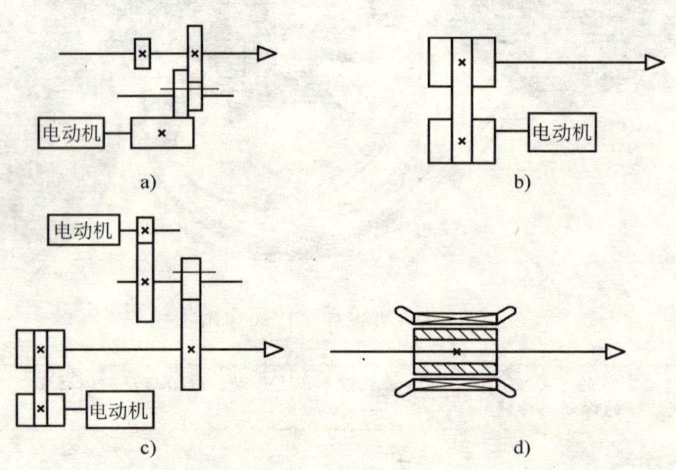

图 6-6　数控车床主传动的四种配置方式

a）齿轮变速　b）带传动

c）两个电动机分别驱动　d）内置电动机主轴传动结构

1）带有变速齿轮的主传动（图 6-6a）。这是大中型数控车床较常采用的配置方式，通过少数几对齿轮的传动，来扩大变速范围。滑移齿轮的移位大都采用液压拨叉或直接由液压缸带动齿轮来实现。

2）通过带传动的主传动（图 6-6b）。这种传动主要用在转速较高、变速范围不大的机床，不用齿轮变速，电动机本身的调整就能够满足要求，这样可以避免由齿轮传动时所引起的振动和噪声。它适用于高速、低转矩特性的主轴，常用的传动带是同步齿形带。

3）用两个电动机分别驱动主轴。这是上述两种方式的混合传动，具有上述两种性能（图6-6c），高速时由一个电动机通过带传动，低速时由另一个电动机通过齿轮传动，齿轮起到降速和扩大变速范围的作用，这样就使恒功率区增大，扩大了变速范围，避免了低速时转矩不够且电动机功率不能充分利用的问题。但两个电动机不能同时工作，也是一种浪费。

（3）内置电动机主轴变速　这种主传动是由电动机直接带动主轴旋转的，见图6-6d，因而大大简化了主轴箱体与主轴的结构，有效地提高了主轴部件的刚度，但主轴输出转矩小，电动机发热对主轴的精度影响较大。

2. 主轴的支承

数控车床主轴的支承配置形式主要用三种（见图6-7）：

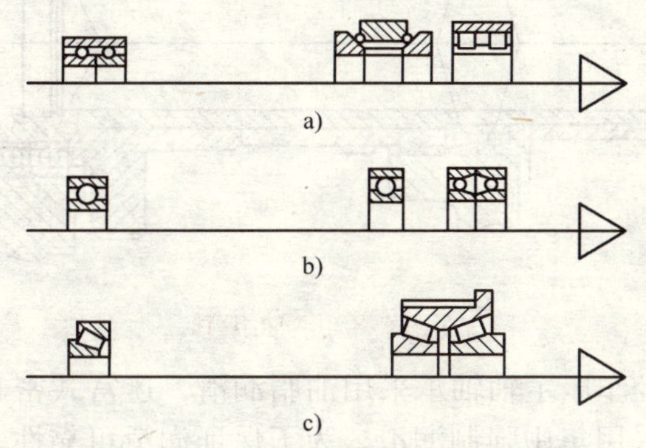

图6-7　数控车床的主轴支承

1）前支承采用双列圆柱滚子轴承和60°角接触双列球轴承组合，后支承采用成对安装的角接触轴承。这种配置形式使主轴的综合刚度大幅度提高，普遍应用于各类数控车床主轴。

2）前轴承采用高精度双列（或三列）角接触球轴承，后支承采用单列（或双列）角接触球轴承，这种配置适用于高速、轻载和精

密的数控车床主轴。

3）前后轴承采用双列和单列圆锥滚子轴承，适用于中等精度、低速与重载的数控车床主轴。

3. 数控车床的主轴部件

数控车床主轴部件的精度、刚度和热变形都对加工质量有直接的影响。图 6-8 所示为 TND360 数控车床的主轴部件，主轴内孔是用于通过长的棒料，也可用于通过气动、液压夹紧装置（动力夹盘）。主轴前端的短圆锥面及其端面用于安装卡盘或拨盘。主轴前后支承都采用角接触球轴承，前支承采用三个轴承为一组，前面两个大口朝前端，后面一个大口朝后端；后支承采用两个角接触球轴承小口相对。前后轴承都由轴承厂配好，成套供应，装配时不需修配。

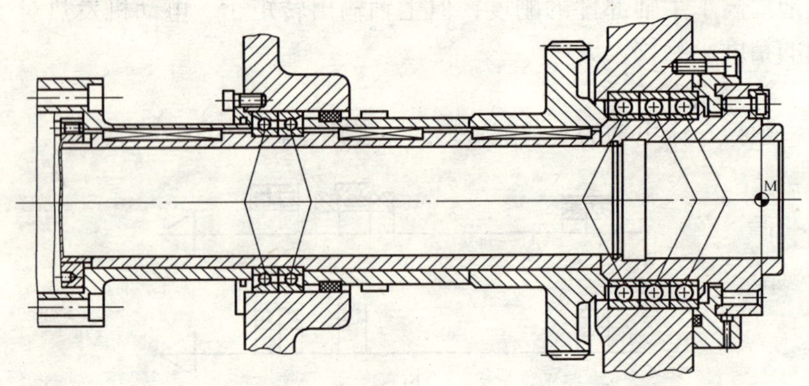

图 6-8　主轴组件

有的数控车床主轴轴承采用油脂润滑，迷宫式密封。有的数控车床主轴承采用集中强制润滑，为了保证润滑可靠性，常装有压力继电器作为失压报警装置。

4. 卡盘

（1）卡盘的结构　卡盘一般由卡盘体、活动卡爪和卡爪驱动机构三部分组成。卡盘体直径最小为 65mm，最大可达 1500mm，中央有通孔，以便通过工件或棒料；背部有圆柱形或短锥形结构，直接或通过法兰盘与机床主轴端部相连接。卡盘通常安装在车床，外圆磨床和内圆磨床上使用，也可与各种分度装置配合，用于铣床和钻床上。

卡盘按驱动卡爪所用动力不同，分为手动卡盘和动力卡盘两种。手动卡盘为通用附件，常用的有自动定心式的三爪自定心卡盘、每个卡爪可以单独移动的四爪单动卡盘，三爪自定心卡盘由小锥齿轮驱动大锥齿轮，大锥齿轮的背面有阿基米德螺旋槽，与 3 个卡爪相啮合。因此用扳手转动小锥齿轮，便能使 3 个卡爪同时沿径向移动，实现自动定心和夹紧，适用于夹持圆形，正三角形或正六边形等的工件。四爪单动卡盘的每个卡爪底面有内螺纹与螺杆联接，用扳手转动各个螺杆便能分别地使相连的卡爪作径向移动，适于夹持四边形或不对称形状的工件。动力卡盘属于自动定心卡盘，配以不同的动力装置（气缸、油缸或电动机），便可组成气动卡盘，液压卡盘或电动卡盘。气缸或油缸装在机床主轴后端，用穿在主轴孔内的拉杆或拉管，推拉主轴前端卡盘体内的楔形套，由楔形套的轴向进退使 3 个卡爪同时径向移动。这种卡盘动作迅速，卡爪移动量小，适于在大批量生产中使用。上述几种卡盘示意结构见表 6-3。

表 6-3　卡盘结构

名　称	外形结构
三爪自定心卡盘	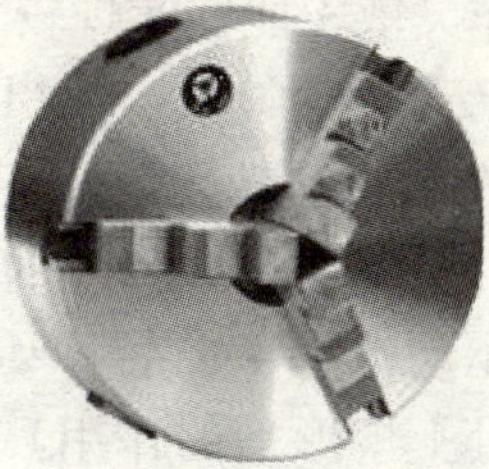
短锥定位三爪自定心卡盘	

（续）

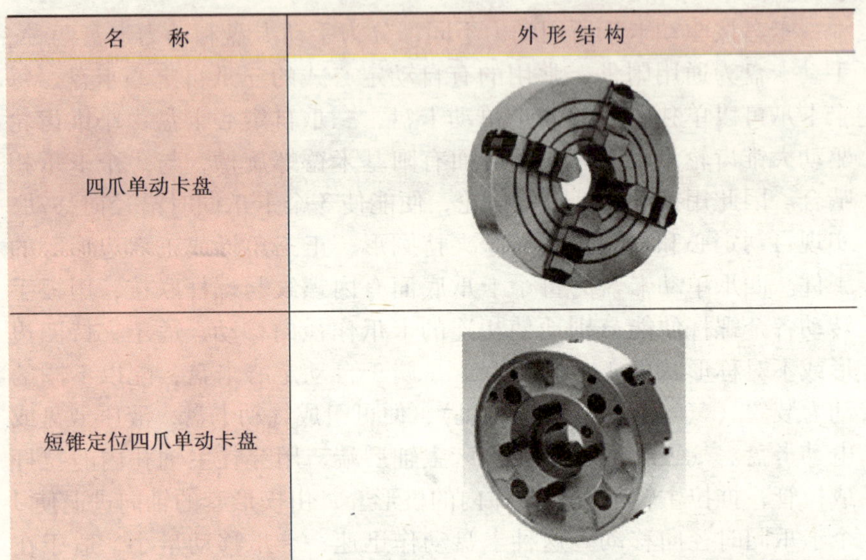

名　　称	外形结构
四爪单动卡盘	
短锥定位四爪单动卡盘	

（2）液压卡盘　数控车床的液压动力卡盘用于夹持加工零件，它主要由固定在主轴后端的液压缸和固定在主轴前端的卡盘两部分组成，其夹紧力的大小通过调整液压系统的压力进行控制，具有结构紧凑、动作灵敏、能够实现较大夹紧力的特点。

图6-9所示为数控车床上采用的一种液压卡盘。卡盘体9用螺钉10固定安装在主轴前端，回转液压缸1固定在主轴的后端。松开卡盘的过程是：回转液压缸1内的压力油推动活塞和空心拉杆向卡盘方向移动→驱动滑套4向右移动→卡爪座11带着卡爪12沿径向移动（由于滑套上楔形槽的作用）→卡盘松开。反之，活塞和拉杆向主轴后端移动时，卡盘则夹紧。

（3）高速动力卡盘简介　为提高数控车床的生产率，要求主轴转速越高越好，以实现高速甚至超高速切削。现代数控车床主轴的最高转速已由1000～2000r/min，提高到每分钟数千转，有的甚至达到10000 r/min。普通卡盘已不能胜任这样的高转速要求，必须采用高速卡盘。早在20世纪70年代末期，德国福尔卡特公司就研制了KGF型高速动力卡盘，其试验速度达到了10000 r/min，实用的速度

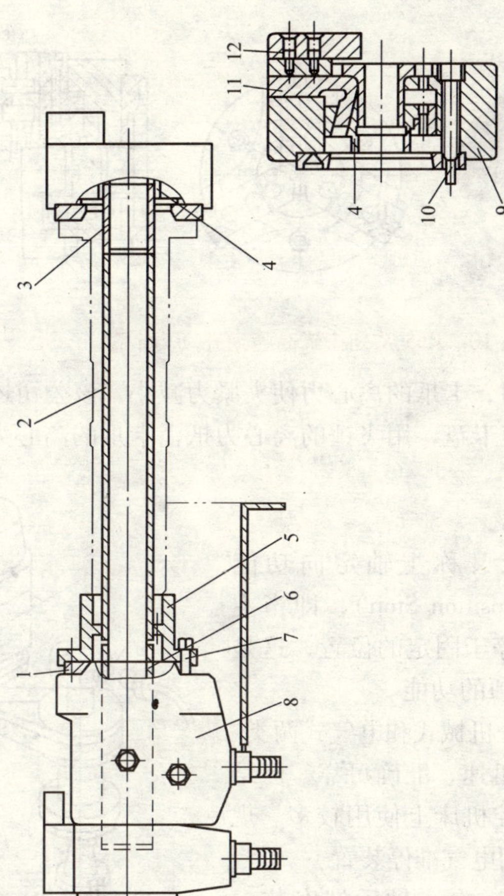

图6-9 液压卡盘

1—回转液压缸 2—空心拉杆 3—连接套 4—滑套 5—接套 6—活塞
7、10—螺钉 8—回转液压缸箱体 9—卡盘体 11—卡爪座 12—卡爪

达到了8000r/min。图6-10所示为K55系列楔式高速通孔卡盘，卡盘的松夹是靠用拉杆连接的液压卡盘和液压夹紧油缸的协调动作来实现的。卡盘配带梳齿坚硬卡爪和软爪各一副。适用于高速（转速小于或等于4000 r/min）全功能数控车床上进行各种棒料、盘类零件的加工。

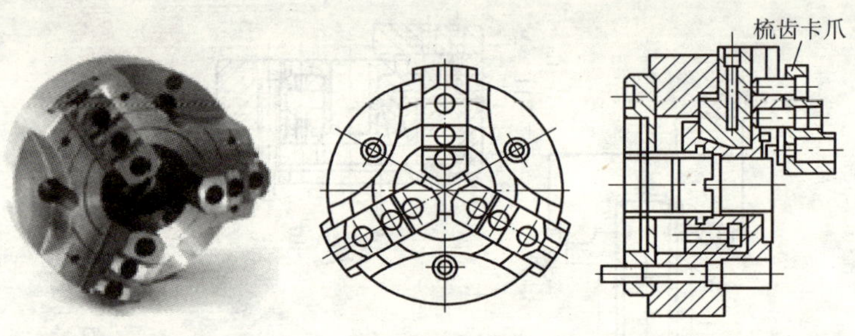

图6-10　K55系列楔式高速通孔动力卡盘

卡盘高速旋转时，卡爪的离心力使夹紧力减小，该公司还生产了一种加装飞锤的高速卡盘，用飞锤的离心力抵消卡爪的离心力，使夹紧力稳定。

5. 主轴准停装置

主轴准停功能又称主轴定向功能（Spindle Specified Position Stop），即当主轴停止时，控制其停于固定的位置，这是车削中心 C 轴所必须的功能。

主轴准停装置分机械式和电气式两类。机械准停装置动作迅速、准确可靠，但结构复杂，在早期数控机床上使用较多。现代数控机床一般都用电气准停装置。

如图6-11所示，在主轴后端安装一个永久磁铁与主轴一起旋转，在距离永久磁铁旋转轨迹外1～2mm处固定一个磁传感器，磁传感器安装在主轴箱上，其安装位置决定了主轴的准停点。

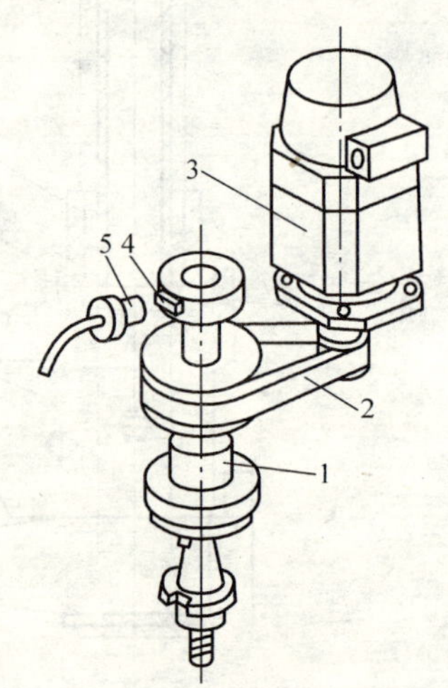

图6-11　磁性传感器主轴准停装置

1—主轴　2—同步齿形带　3—主轴电动机　4—永久磁铁　5—磁传感器

图6-13为沈阳第一机床厂生产的

MDC200MS3 车削中心的主轴传动系统结构和 *C* 轴传动及主传动系统简图。*C* 轴分度采用可啮合和脱开的精密蜗轮副结构，它由一个转矩为 18.2N·m 的伺服电动机驱动蜗杆 1 及主轴上的蜗轮 3，当机床处于铣削和钻削状态时，即主轴需通过 *C* 轴回转或分度时，蜗杆与蜗轮啮合。该蜗杆蜗轮副由一个可固定的精确调整滑块来调整，以消除啮合间隙。*C* 轴的分度精度由一个脉冲编码器来保证，分度精度为 0.01°。

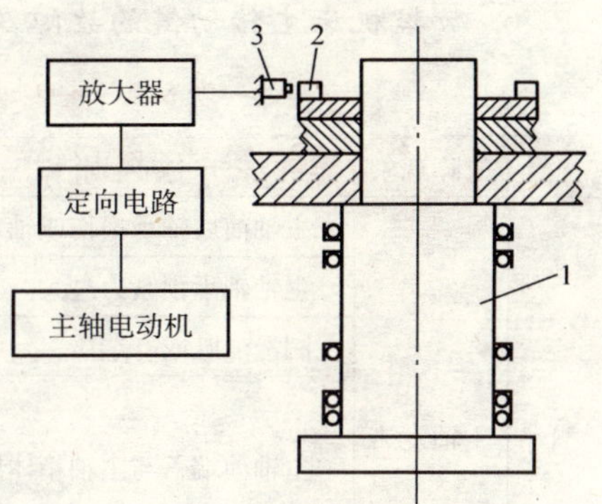

图 6-12　主轴准停装置工作原理

1—主轴　2—永久磁铁　3—磁传感器

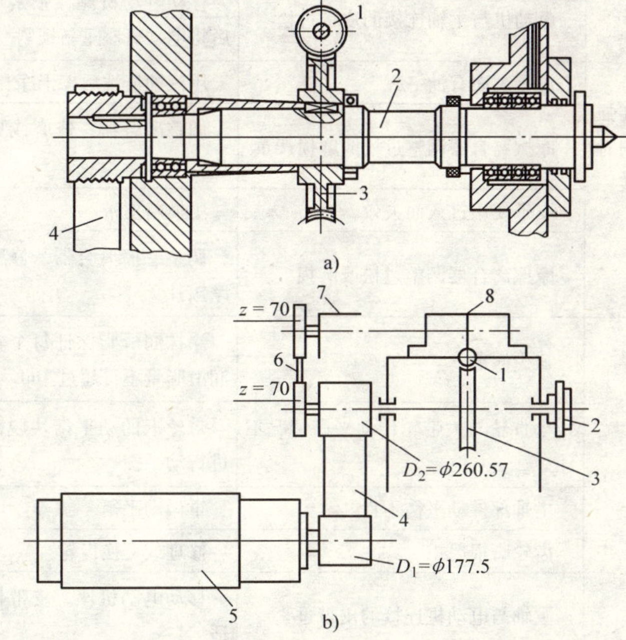

图 6-13　MDC200MS3 车削中心 *C* 轴传动系统

a）主轴结构简图　b）C 轴传动及主传动系统示意图

1—蜗杆（i=132）　2—主轴　3—蜗轮　4—齿形带　5—主轴电动机

6—同步齿形带　7—脉冲编码器　8—C 轴伺服电动机

6. 数控机床主传动链的故障及排除方法（见表6-4）

表6-4 主传动链的故障诊断

序号	故障现象	故障原因	排除方法
1	主轴发热	主轴前后轴承损伤或轴承不清洁	更换坏轴承，清除污物
		主轴轴承预紧力过大	调整预紧力
		润滑油脏或有杂质	清洗主轴箱，更换润滑油
		主轴前端盖与主轴箱体压盖研伤	修磨主轴前端盖使其压紧主轴前轴承，轴承与后盖有0.02～0.05mm间隙
		轴承润滑油脂耗尽或润滑油脂涂抹过多	涂抹润滑油脂，每个轴承3mL
2	主轴在强力切削时停转	电动机与主轴连接的皮带过松	移动电动机座，张紧皮带，然后将电动机座重新锁紧
		皮带表面有油	用汽油清洗后擦干净，再装上
		摩擦离合器调整过松或磨损严重	调整离合器，修磨或更换摩擦片
		皮带使用过久而失效	更换新皮带
		摩擦离合器调整过松或磨损	调整摩擦离合器，修磨或更换摩擦片
3	主轴噪声	缺少润滑	涂抹润滑脂保证每个轴承涂抹润滑脂量不得超过3mL
		小带轮与大带轮传动平衡情况不佳	带轮上的动平衡块脱落，重新进行动平衡
		主轴部件动平衡不良	重做动平衡
		齿轮磨损严重	修理或更换齿轮
		主轴与电动机连接的皮带过紧	移动电动机座，皮带松紧度合适
		轴承拉毛或损坏	更换轴承
		齿轮啮合间隙不均匀或齿轮损坏	调整啮合间隙或更换新齿轮
		传动轴承损坏或传动轴弯曲	修复或更换轴承，校直传动轴

（续）

序号	故障现象	故障原因	排除方法
4	主轴没有润滑油循环或润滑不足	油泵转向不正确，或间隙过大	改变油泵转向或修理油泵
		吸油管没有插入油箱的油面以下	将吸油管插入油面以下2/3处
		油管或滤油器堵塞	清除堵塞物
		润滑油压力不足	调整供油压力
5	润滑油泄漏	润滑油量过大	调整供油量
		检查各处密封件是否有损坏	更换密封件
		管件损坏	更换管件
6	主轴无变速	变挡液压缸压力不足	检测工作压力，若低于额定压力，应调整
		变挡液压缸研损或卡死	修去毛刺或研伤，清洗后重装
		变挡液压缸拨叉脱落	修复或更换
		变挡液压缸窜油或内泄	更换密封圈
		变挡电磁阀卡死	检修电磁阀并清洗
		变挡复合开关失灵	更换开关

二、滚珠丝杠螺母副

滚珠丝杠螺母副是直线运动与回转运动相互转换的传动装置，常用于回转运动向直线运动的转换。

1. 滚珠丝杠螺母副的循环方式

常用的循环方式有两种：滚珠在循环过程中有时与丝杠脱离接触的称为外循环；始终与丝杠保持接触的称内循环。

（1）外循环　图6-14所示为一种常用的外循环方式，这种结构是在螺母体上轴向相隔数个半导程处钻两个孔与螺旋槽相切，作为滚珠的进口与出口。再在螺母的外表面上铣出回珠槽并沟通两孔。另外在螺母内进出口处各装一挡珠器，并在螺母外表面装一套筒，这样构成封闭的循环滚道。外循环滚珠丝杠的结构和制造工艺简单，使用较广泛。其缺点是滚道接缝处很难做得平滑，影响滚珠滚动的平稳性，甚至发生卡珠现象，噪声也较大。

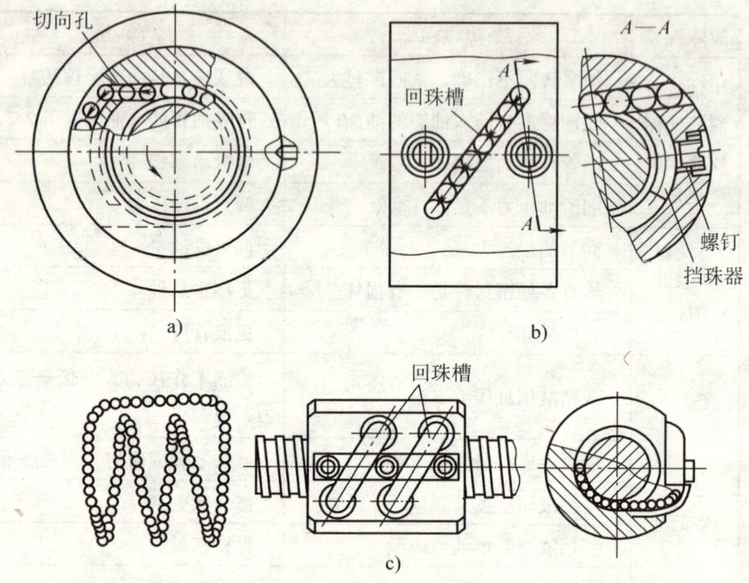

图 6-14 外循环滚珠丝杠

（2）内循环　内循环均采用反向器实现滚珠循环。反向器有两种型式：如图 6-15a 所示为圆柱凸键反向器，反向器的圆柱部分嵌入螺母内，端部开有反向槽 2，反向槽靠圆柱外圆面及其上端的凸键 1 定位，以保证对准螺纹滚道方向；图 6-15b 所示为扁圆镶块反向器，反向器为一半圆头平键形镶块，镶块嵌入螺母的切槽中，其端部开有反向槽 3，用镶块的外廓定位。两种反向器比较，后者尺寸较小，从而减小了螺母的径向尺寸及缩短了轴向尺寸。但这种反向器的外廓和螺母上的切槽尺寸精度要求较高。

2. 滚珠丝杠螺母副间隙的消除

为了保证滚珠丝杠反向传动精度和轴向刚度，必须消除滚珠丝杠螺母副轴向间隙。消除间隙的方法常采用双螺母结构，利用两个螺母的相对轴向位移，使两上滚珠螺母中的滚珠分别贴紧在螺旋滚道的两个相反的侧面上，用这种方法预紧消除轴向间隙时，应注意预紧力不宜过大，预紧力过大会使空载力矩增加，从而降低传动效率，缩短使用寿命。

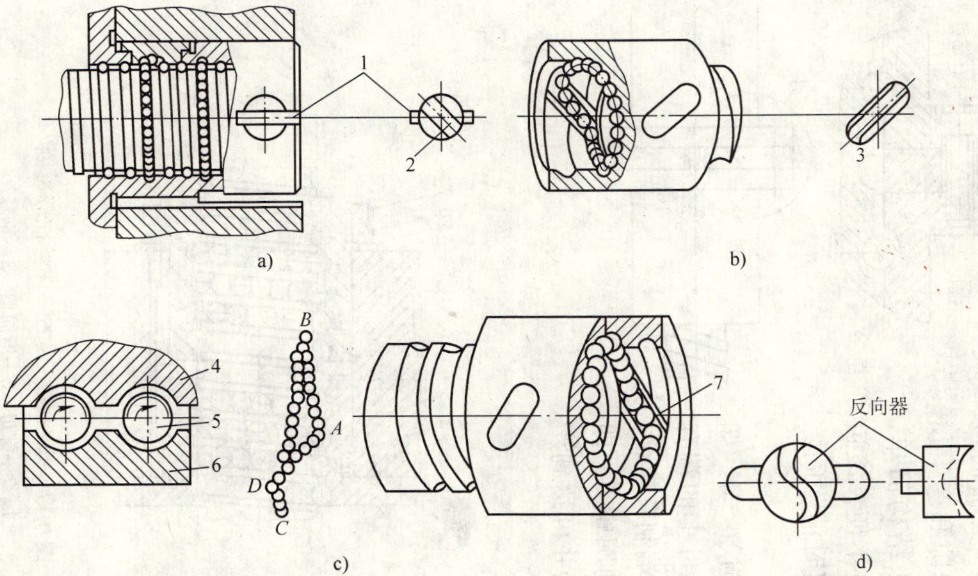

图6-15 内循环滚珠丝杠

1—凸键 2、3—反向槽 4—丝杠 5—钢珠 6—螺母 7—反向器

双螺母消隙　常用的双螺母丝杠消除间隙方法有：

1）垫片调隙式。如图6-16所示，调整垫片厚度使左右两螺母产生轴向位移，即可消除间隙和产生预紧力。这种方法结构简单，刚性好，但调整不便，滚道有磨损时不能随时消除间隙和进行预紧。

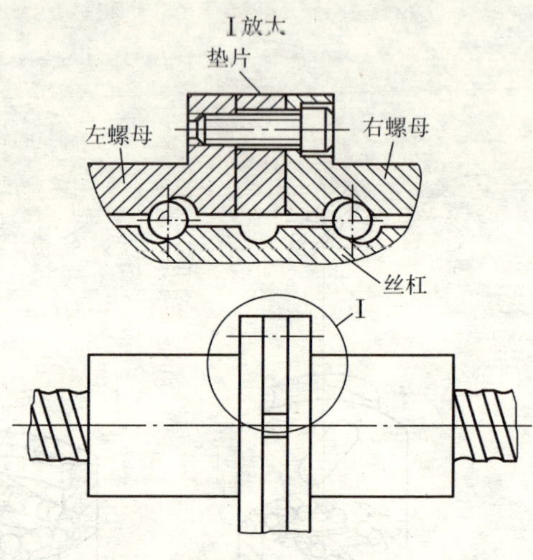

图 6-16　垫片调隙式

2）螺纹调整式。如图6-17所示，螺母1的端有凸缘，螺母7外端制有螺纹，调整时只要旋动圆螺6，即可消除轴向间隙并可达到产生预紧力的目的。

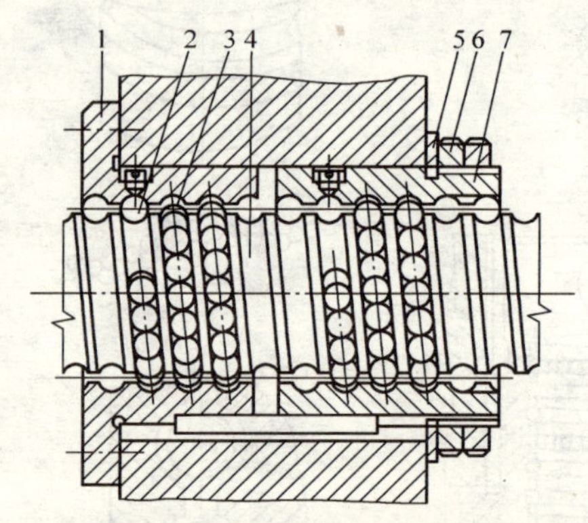

图 6-17　螺纹调整式的滚珠丝杠螺母副

1、7—螺母　2—返向器　3—钢球

4—螺杆　5—垫圈　6—圆螺母

3）齿差调隙式。如图6-18所示，在两个螺母的凸缘上各制有圆柱外齿轮，分别与固紧在套筒两端的内齿圈相啮合，其齿数分别

为 z_1 和 z_2，并相差一个齿。调整时，先取下内齿圈，让两个螺母相对于套筒同方向都转动一个齿，然后再插入内齿圈，则两个螺母便产生相对角位移，其轴向位移量 $S=(1/z_1-1/z_2)P_n$。例如，$z_1=80$，$z_2=81$，滚珠丝杠的导程为 $P_n=6\text{mm}$ 时，$S=6/6480\approx0.001\text{mm}$，这种调整方法能精确调整预紧量，调整方便、可靠、但结构尺寸较大，多用于高精度的传动。

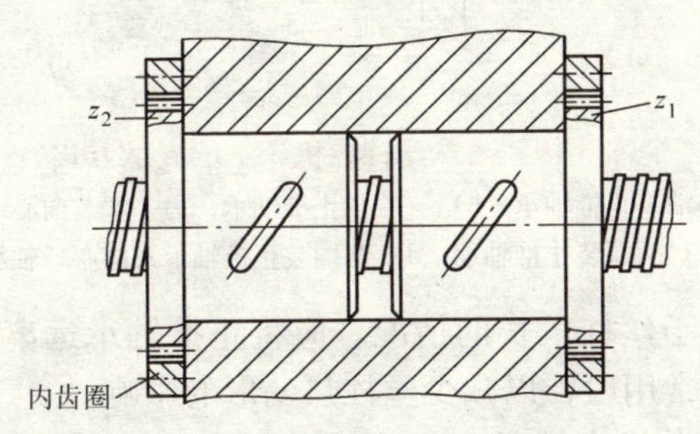

图 6-18　齿差调隙式

3. 滚珠丝杠螺母副的预紧力

滚珠丝杠螺母副，为保证传动精度及刚度，除消除传动间隙外，要求预紧。预紧力计算公式为

$$F_v = 1/3F_{max}$$

式中　F_{max}——轴向最大工作载荷。

前述各例消除滚珠丝杠螺母副轴向间隙的方法，都能对螺母副进行预紧。调整时只要注意预紧力大小 $F_v=1/3F_{max}$ 即可。

4. 滚珠丝杠的支承

滚珠丝杠常用推力轴承支座，以提高轴向刚度（当滚珠丝杠的轴向负载很小时，也可用角接触球轴承支座），滚珠丝杠在机床上的安装支承方式有以下几种：

（1）一端装推力轴承　如图 6-19a 所示，这种安装方式的承载能力小，轴向刚度低。只适用于短丝杠，一般用于数控机床的调节环节或升降台式数控铣床的立向（垂直）坐标中。

（2）一端装推力轴承，另一端装向心球轴承　如图 6-19b 所示，

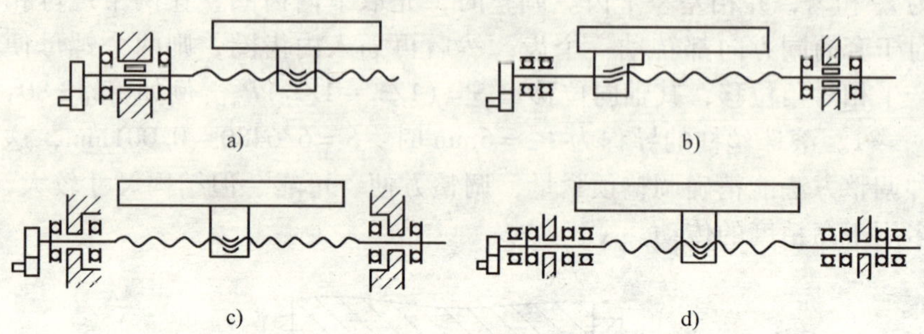

图 6-19　滚珠丝杠在机床上的支承方式

a）一端装止推轴承　b）一端装止推轴承，另一端装向心球轴承
c）两端装止推轴承　d）两端装止推轴承及向心球轴承

此种方式可用于丝杠较长的情况。应将止推轴承远离液压马达等热源及丝杠上的常用段，以减少丝杠热变形的影响。

（3）两端装推力轴承　如图 6-19c 所示，把推力轴承装在滚珠丝杠的两端，并施加预紧拉力，这样有助于提高刚度，但这种安装方式对丝杠的热变形较为敏感，轴承的寿命较两端装推力轴承及向心球轴承方式低。

（4）两端装推力轴承及向心球轴承　如图 6-19d 所示，为使丝杠具有最大的刚度，它的两端可用双重支承，即推力轴承加向心球轴承，并施加预紧拉力。这种结构方式不能精确地预先测定预紧力，预紧力的大小是由丝杠的温度变形转化而产生的。但设计时要求提高推力轴承的承载能力和支架刚度。

近来出现一种滚珠丝杠专用轴承，其结构如图 6-20 所示。这是一种能够承受很大轴向力的特殊角接触球轴承，与一般角接触球轴承相比，接触角增大到 60°，增加了滚珠的数目并相应减小滚珠的直径。这种新结构的轴承比一般轴承的轴向刚度提高两倍以上，使用极为方便。产品成对出售，而且在出厂时已经选配好内外环的厚度，装配调试时只要用螺母和端盖将内环和外环压紧，就能获得出厂时已经调整好的预紧力。

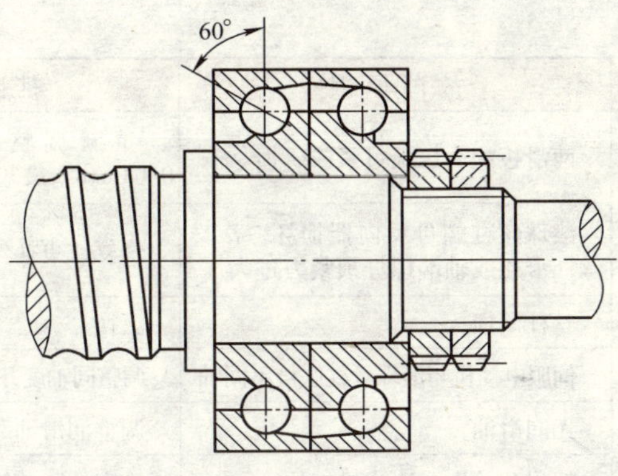

图6-20　接触角60°的角接触球轴承

5. 丝杠传动副的故障维修（见表6-5）

表6-5　滚珠丝杠副故障诊断

序号	故障现象	故障原因	排除方法
1	加工件粗糙值高	导轨的润滑油不足够,致使溜板爬行	加润滑油，排除润滑故障
		滚珠丝杠有局部拉毛或研损	更换或修理丝杠
		丝杠轴承损坏，运动不平稳	更换损坏的轴承
		伺服电动机未调整好，增益过大	调整伺服电动机控制系统
2	反向误差大，加工精度不稳定	丝杠轴联轴器锥套松动	重新紧固并用百分表反复测试
		丝杠轴滑板配合压板过紧或过松	重新调整或修研，用0.03mm塞尺塞不入为合格
		丝杠轴滑板配合镶条过紧或过松	重新调整或修研，使接触率达70%以上，用0.03mm塞尺塞不入为合格
		滚珠丝杠预紧力过紧或过松	调整预紧力。检查轴向窜动值，使其误差不大于0.015mm
		滚珠丝杠螺母端面与结合面不垂直，结合过松	修理、调整或加垫处理
		丝杠支座轴承预紧力过紧或过松	修理调整
		滚珠丝杠制造误差大或轴向窜动	用控制系统自动补偿功能消除间隙，用仪器测量并调整丝杠窜动
		润滑油不足或没有	调节至各导轨面均有润滑油
		其他机械干涉	排除干涉部位

（续）

序号	故障现象	故障原因	排除方法
3	滚珠丝杠在运转中转矩过大	两滑板配合压板过紧或研损	重新调整或修研压板，使0.04mm塞尺塞不入为合格
		滚珠丝杠螺母反向器损坏，滚珠丝杠卡死或轴端螺母预紧力过大	修复或更换丝杠并精心调整
		丝杠研损	更换
		伺服电动机与滚珠丝杠联接不同轴	调整同轴度并紧固连接座
		无润滑油	调整润滑油路
		超程开关失灵造成机械故障	检查故障并排除
		伺服电动机过热报警	检查故障并排除
4	丝杠螺母润滑不良	分油器是否分油	检查定量分油器
		油管是否堵塞	清除污物使油管畅通
5	滚珠丝杠副噪声	滚珠丝杠轴承压盖压合不良	调整压盖，使其压紧轴承
		滚珠丝杠润滑不良	检查分油器和油路，使润滑油充足
		滚珠产生破损	更换滚珠
		丝杠支承轴承可能破裂	更换轴承
		电动机与丝杠联轴器松动	拧紧联轴器锁紧螺钉
6	滚珠丝杠不灵活	轴向预加载荷太大	调整轴向间隙和预加载荷
		丝杠与导轨不平行	调整丝杠支座位置，使丝杠与导轨平行
		螺母轴线与导轨不平行	调整螺母座的位置
		丝杠弯曲变形	校直丝杠

三、数控车床用导轨

导轨按运动轨迹可分为直线运动导轨和圆运动导轨。按工作性质可分为主运动导轨、进给运动导轨和调整导轨。按受力情况可分为开式导轨和闭式导轨。

1. 导轨的基本类型

（1）滑动导轨　两导轨工作面的摩擦性质为滑动摩擦，其中有滑动导轨、液体动压导轨和液体静压导轨。

1）液体静压导轨。两导轨面间有一层静压油膜，其摩擦性质属于纯液体摩擦，多用于进给运动导轨。

2）液体动压导轨。当导轨面之间相对滑动速度达到一定值时，液体的动压效应使导轨面间形成压力油膜，把导轨面隔开。这种导轨属于纯液体摩擦，多用于主运动导轨。

3）混合摩擦导轨。这种导轨在导轨面间有一定的动压效应，但相对滑动速度还不足以形成完全的压力油膜，导轨面大部分仍处于直接接触，介于液体摩擦和干摩擦（边界摩擦）之间的状态。大部分进给运动属于此类型。

（2）滚动导轨　这种导轨两导轨面之间为滚动摩擦，导轨面间采用滚珠、滚柱或滚针等滚动体，它在进给运动中用得较多。

2. 塑料导轨

镶贴塑料导轨已被广泛用于数控机床上，其特点有：摩擦因数小，且动、静摩擦因数差很小，能防止低速爬行现象；耐磨性，抗撕伤能力强；加工性和化学稳定性好，工艺简单，成本低，并有良好的自润滑性和抗震性，塑料导轨多与铸铁导轨或淬硬钢导轨相配使用。

（1）贴塑导轨　近年来国内、外已研制了数十种塑料基体的复合材料用于机床导轨，其中比较引人注目的是应用较广的填充 PTEE（聚四氟乙烯）软带材料，导轨软带使用工艺很简单。首先将导轨粘贴面加工至表面粗糙度 R_a1. 6 ~ 3. 2μm，有时为了使对软带起定位作用，导轨粘贴面加工成 0. 5 ~ 1mm 深的凹槽，用汽油或金属清净剂或丙酮清洗粘接面后，用胶粘剂粘合。加压初固化 1 ~ 2h 后再合拢到配对的固定导轨或专用夹具上，施以一定的压力，并在室温固化 24h，取下后清除多余的胶粘剂，即可开油槽和进行精加工。由于这类导轨软带采用粘接方法，国内习惯上称为“贴塑导轨”。

（2）注塑导轨　以环氧树脂和二硫化钼为基体，加入增塑剂，混合成液状或膏状的一组分和固化剂为另一组分的双组分塑料涂层。由于这类涂层导轨采用涂刮或注入膏状塑料的方法，国内习惯上称为“涂塑导轨”或“注塑导轨”。

3. 滚动导轨

（1）滚动导轨的特点　滚动导轨摩擦因数小（μ = 0. 0025 ~ 0. 005），动、静摩擦因数很接近，且不受运动速度变化的影响，因面运动轻便灵活，所需驱动功率小；摩擦发热少、磨损小、精度保

持性好；低速运动时，不易出现爬行现象，定位精度高；滚动导轨可以预紧，显著提高了刚度。适用于要求移动部件运动平稳、灵敏，以及实现精密定位的场合，在数控机床上得到了广泛的应用。

滚动导轨的缺点是结构较复杂、制造较困难、成本较高。此外，滚动导轨对污物较敏感，必须要有良好的防护装置。

（2）滚动导轨的结构形式　滚动导轨分为开式和闭式两种，开式滚动导轨用于加工过程中载荷变化较小，颠覆力矩较小的场合。当颠覆力矩较大，载荷变化较大时则应用闭式滚动导轨，此时采用预加载荷，能消除其间隙，减小工作时的振动，并大大提高了导轨的接触刚度。

滚动导轨的滚动体，可采用滚珠、滚柱、滚针。滚珠导轨的承载能力小，刚度低，适用于运动部件质量不大，切削力和颠覆力矩都较小的机床。滚柱导轨的承载能力和刚度都比滚珠导轨大，适用于载荷较大的机床，滚针导轨的特点是滚针尺寸小，结构紧凑，适用于导轨尺寸受到限制的机床。现代所采用的滚动导轨支承块已做成独立的标准部件，其特点是刚度高，承载能力大，便于拆装，可直接装在任意行程长度的运动部件上，其结构如图6-21所示。

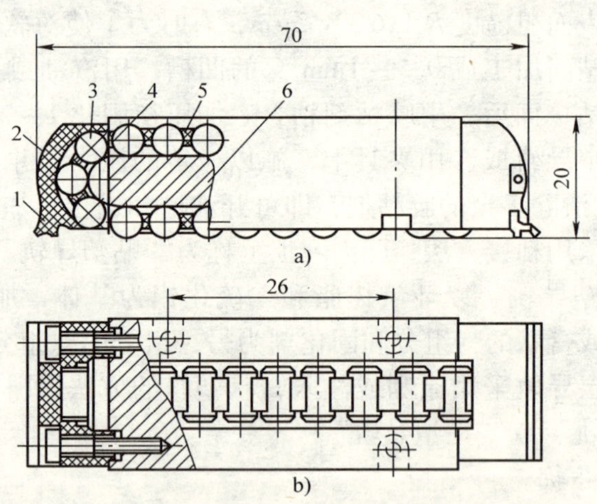

图6-21　滚动导轨块结构

1—防护板　2—端盖　3—滚柱　4—导向片　5—保持器　6—本体

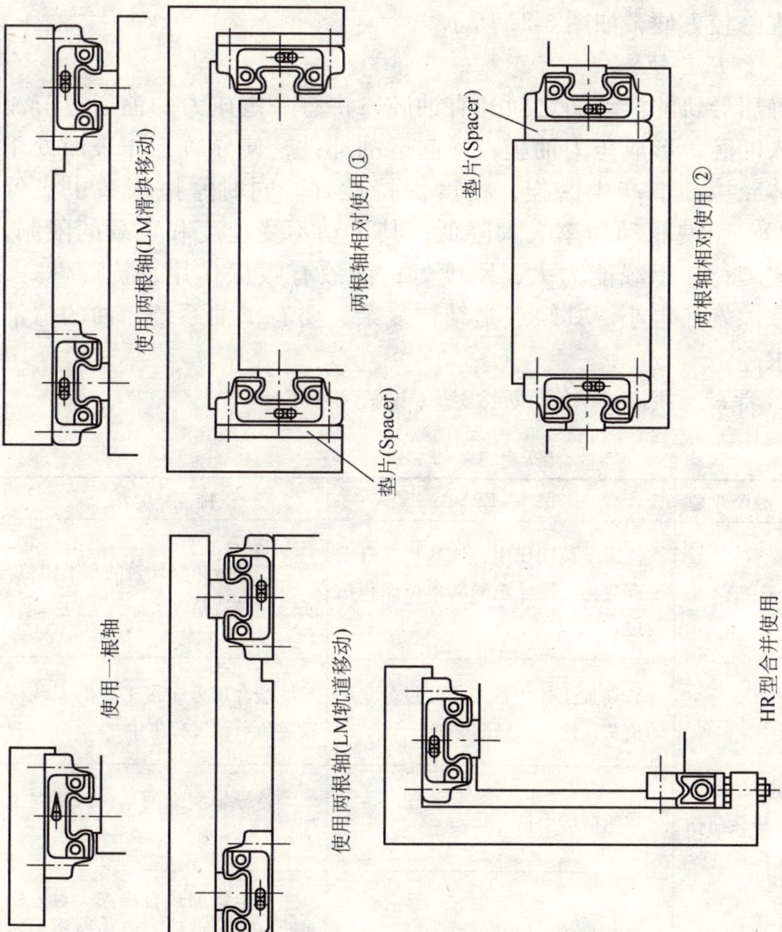

使用两根轴(LM滑块移动)

两根轴相对使用①

垫片(Spacer)

垫片(Spacer)

两根轴相对使用②

使用一根轴

使用两根轴(LM轨道移动)

HR型合并使用

图6-22　THK系列LM导轨

1 为防护板，端盖 2 与导向片 4 引导滚动体返回，5 为保持器，当运动部件移动时，滚柱 3 在支承部件的导轨面与本体 6 之间滚动，同时又绕本体 6 循环滚动。

现代数控机床上 THK 系列 LM 导轨用的较多，为一体型结构，使用维修较方便，如图 6-22 所示。

4. 静压导轨

静压导轨的滑动面之间开有油腔，将有一定压力的油通过节流器输入油腔，形成压力油膜，浮起运动部件，使导轨工作表面处于纯液体摩擦，不产生磨损，精度保持性好。同时摩擦因数也极低（0.0005），使驱动功率大大降低；其运动不受速度和负载的限制，低速无爬行，承载能力大，刚度好；油液有吸振作用，抗震性好，导轨摩擦发热也小。其缺点是结构复杂，要有供油系统，油的清洁度要求高。

5. 导轨常见故障的诊断方法（见表 6-6）

表 6-6　导轨故障诊断

序号	故障现象	故障原因	排除方法
1	导轨研伤	机床经长期使用，地基与床身水平有变化，使导轨局部单位面积负荷过大	定期进行床身导轨的水平调整，或修复导轨精度
		长期加工短工件或承受过分集中的负荷，使导轨局部磨损严重	注意合理分布短工件的安装位置避免负荷过分集中
		导轨润滑不良	调整导轨润滑油量，保证润滑油压力
		导轨材质不佳	采用电镀加热自冷淬火对导轨进行处理，导轨上增加锌铝铜合金板，以改善摩擦情况
		刮研质量不符合要求	提高刮研修复的质量
		机床维护不良，导轨里落入污物	加强机床保养，保护好导轨防护装置

（续）

序号	故障现象	故障原因	排除方法
2	导轨上移动部件运动不良或不能移动	导轨面研伤	用F180砂布修磨机床导轨面上的研伤
		导轨压板研伤	卸下压板调整压板与导轨间隙
		导轨镶条与导轨间隙太小，调得太紧	松开镶条止退螺钉，调整镶条螺栓，使运动部件运动灵活，保证0.03mm塞尺不得塞入，然后锁紧止退螺钉
3	加工面在接刀处不平	导轨直线度超差	调整或修刮导轨，公差0.015mm/500mm
		工作台镶条松动或镶条弯度太大	调整镶条间隙，镶条弯度在自然状态下小于0.05mm/全长
		机床水平度差，使导轨发生弯曲	调整机床安装水平，保证平行度、垂直度在0.02mm/1000mm之内

四、自动换刀装置

各类数控车床的自动换刀装置的结构取决于机床的类型、工艺范围、使用刀具种类和数量。数控机床常用的自动换刀装置见表6-7。

表6-7　自动换刀装置类型

名　　称	结构形状
GSK立式四工位刀架	

（续）

名　称	结构形状
六工位数控电动刀架	 
十二工位卧式回转刀架	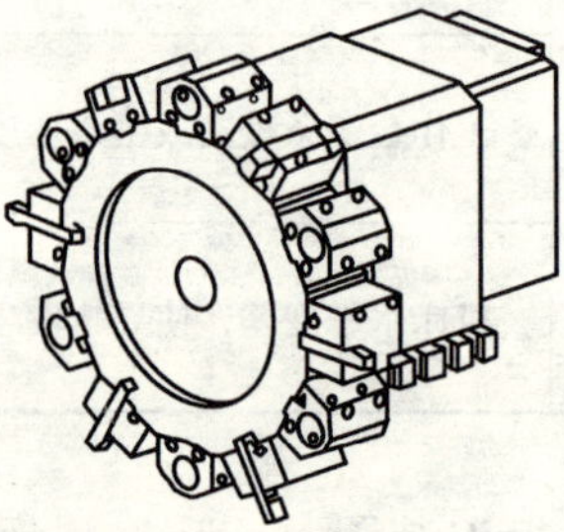

1. 经济型数控车床方刀架

经济型数控车床方刀架是在卧式车床四工位刀架的基础上发展的一种自动换刀装置，其功能和普通四工位刀架一样：有 4 个刀位，能装夹四把不同功能的刀具，方刀架回转 90°时，刀具交换一个刀位，但方刀架的回转和刀位号的选择是由加工程序指令控制。换刀时方刀架的动作顺序是：刀架抬起、刀架转位、刀架落下定位和夹紧。为完成上述动作要求，要有相应的机构来实现，下面就以 WZD4 型刀架为例说明其具体结构，如图 6-23 所示。

转位信号由加工程序指定。当换刀指令发出后，小型电动机 1 起动正转，通过平键套筒联轴器 2 使蜗杆轴 3 转动，从而带动蜗轮 4 转动。蜗轮的上部外圆柱加工有外螺纹，所以该零件称蜗轮丝杠。刀架体 7 内孔加工有内螺纹，与蜗轮丝杠旋合。蜗轮丝杠内孔与刀

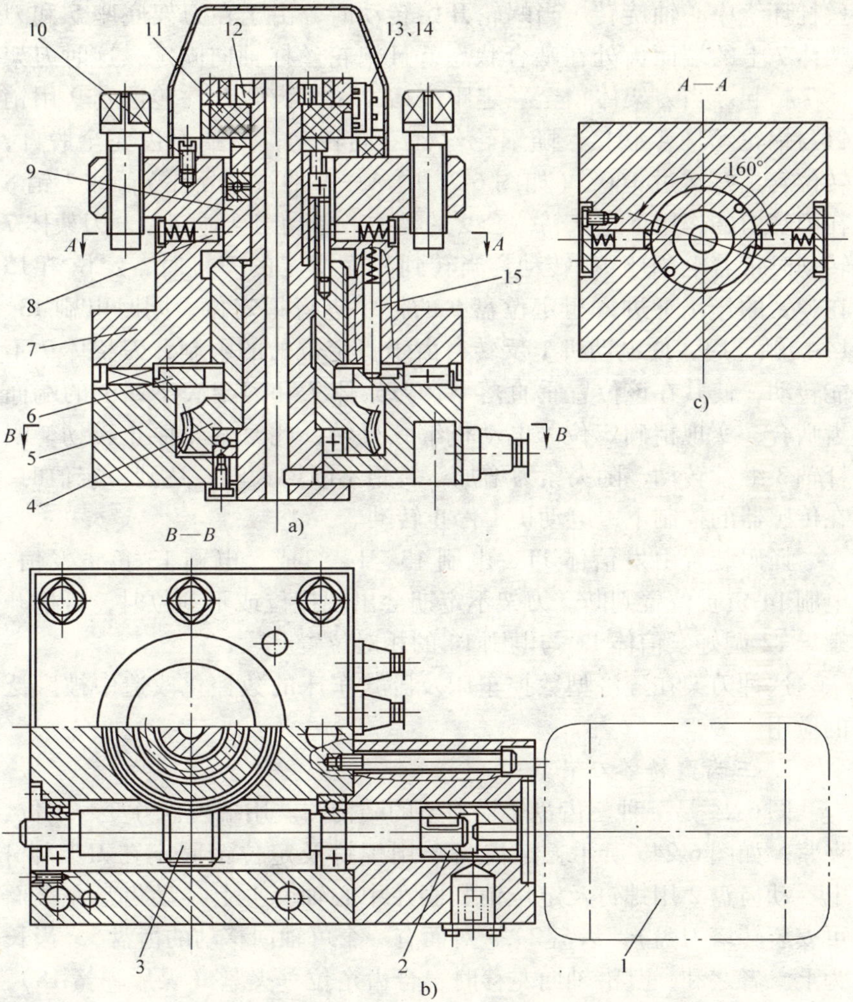

图 6-23　数控车床方刀架结构

1—电动机　2—联轴器　3—蜗杆轴　4—蜗轮丝杠　5—刀架底座
6—粗定位盘　7—刀架体　8—球头销　9—转位套　10—电刷座
11—发信体　12—螺母　13、14—电刷　15—粗定位销

架中心轴外圆是滑动配合，在转位换刀时，中心轴固定不动，蜗轮丝杠环绕中心轴旋转。当蜗轮开始转动时，由于在刀架底座5和刀架体7上的端面齿处在啮合状态，且蜗轮丝杠轴向固定，这时刀架体7抬起。当刀架体抬至一定距离后，端面齿脱开。转位套9用销钉与蜗轮丝杠4联接，随蜗轮丝杠一同转动，当端面齿完全脱开，转位套正好转过160°（如图6-23中A—A剖视图所示），球头销8在弹簧力的作用下进入转位套9的槽中，带动刀架体转位。刀架体7转动时带着电刷座10转动，当转到程序指定的刀号时，定位销15在弹簧的作用下进入粗定位盘6的槽中进行粗定位，同时电刷13、14接触导通，使电动机1反转，由于粗定位槽的限制，刀架体7不能转动，使其在该位置垂直落下，刀架体7和刀架底座5上的端面齿啮合，实现精确定位。电动机继续反转，此时蜗轮停止转动，蜗杆轴3继续转动，随夹紧力增加，转矩不断增大时，达到一定值时，在传感器的控制下，电动机1停止转动。

译码装置由发信体11、电刷13、14组成，电刷13负责发信，电刷14负责位置判断。刀架不定期会出现过位或不到位时，可松开螺母12调好发信体11与电刷14的相对位置。

这种刀架在经济型数控车床及卧式车床的数控化改造中被广泛的应用。

2. 三齿盘转塔刀架

图6-24是一种三齿盘转塔刀架的结构图。用端齿盘分变、定位、夹紧。如图6-24a所示，定齿盘3用螺钉及定位销固定在刀架体4上。动齿盘2用螺钉及定位销紧固在中心轴套1上（动齿盘左端面可安装转塔刀盘），齿盘2、3对面有一个可轴向移动的齿盘5，齿长为上二者之和，其沿轴向左移时，合齿定位、夹紧（碟形弹簧18），其沿轴向右移时，松开脱齿。与双齿盘结构的区别是分变时刀架不做轴向运动，因而减少了污物的侵入的可能。

可轴向移动的齿盘5的右端面，在3个等分位置上装有3个滚子6。此滚子与端面凸轮盘7的凹槽相接触，其工作情况如图6-24b、c所示。当端面凸轮盘回转使滚子落入端面凸轮的凹槽时，可轴向移动的齿盘右移，齿盘松开、脱齿，如图6-24b所示，当端面凸轮盘

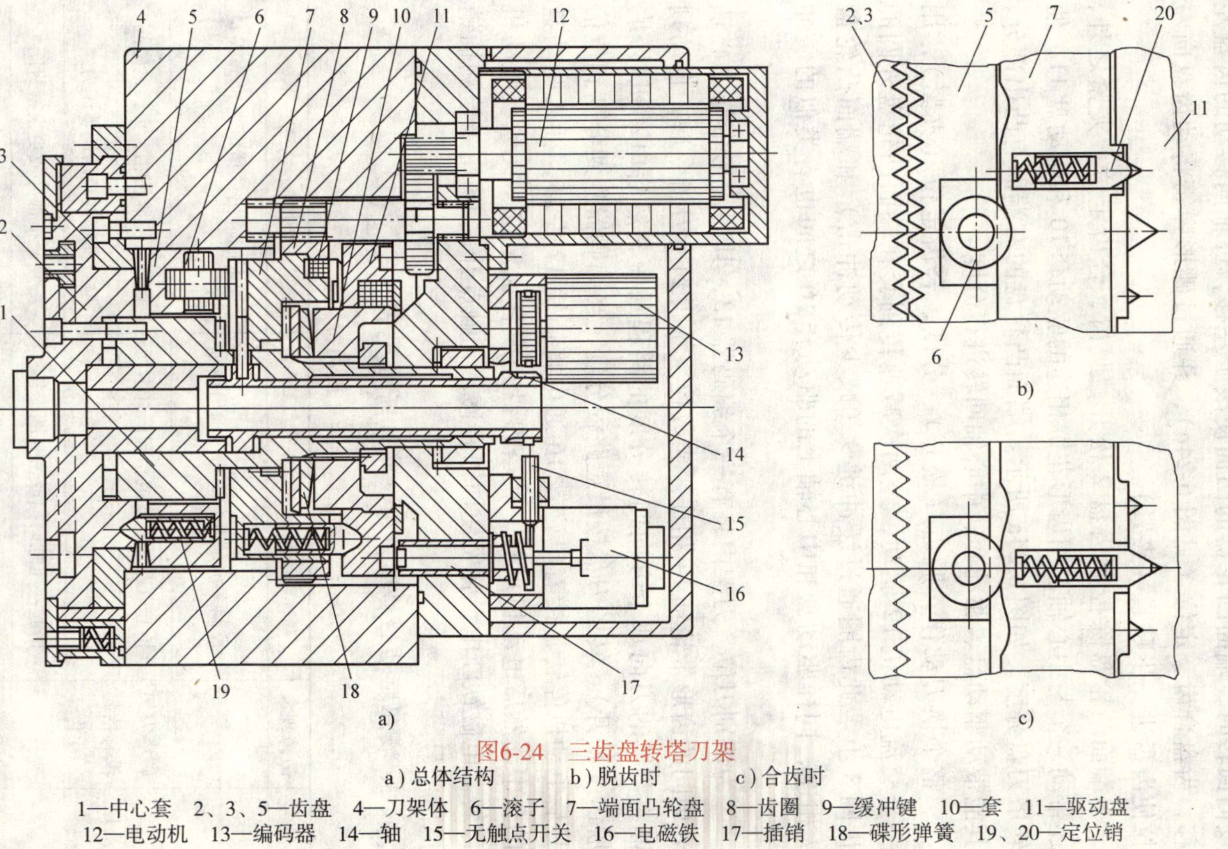

图6-24　三齿盘转塔刀架

a）总体结构　b）脱齿时　c）合齿时

1—中心套　2、3、5—齿盘　4—刀架体　6—滚子　7—端面凸轮盘　8—齿圈　9—缓冲键　10—套　11—驱动盘　12—电动机　13—编码器　14—轴　15—无触点开关　16—电磁铁　17—插销　18—碟形弹簧　19、20—定位销

反向回转时，端面凸轮盘的凸面使滚子左移，可轴向移动的齿盘左移，齿盘合齿、定位（见图 6-24c），并通过碟形弹簧将动齿盘向左拉使齿盘进一步贴紧（夹紧）。

端面凸轮盘除控制齿盘 2 松开，脱齿、合齿定位、夹紧之外，还带动一个与中心轴套用齿形花键相连的驱动套 10 和驱动盘 11，使转塔刀盘分度。如图 6-24a 所示。端面凸轮盘的右端面有凸出部分，其能带动驱动盘、驱动套、中心轴回转进行分度。

整个换刀动作，脱齿（松开）、分度、合齿定位（夹紧），用一个交流电动机 12 驱动，经两次减速传到套在端面凸轮盘外圆的齿圈 8 上。此齿圈通过缓冲键 9（减少传动冲击）和端面凸轮盘 7 相连，同样驱动盘和中心轴上的驱动套 10 之间也有类似的缓冲键。

为识别刀位，刀架内装有一个编码器 13，其用齿形带与中心轴套中间的齿形带轮轴 14 相连。当数控系统得到换刀指令后，自动判断将要换的刀向那个方向回转分度的路程最短，然后电动机转动，脱齿（松开）、转塔刀盘按最短路程分度，当编码器测到分度到位信号后电动机停转，接着电磁铁 16 通电将插销 17 左移，插入驱动盘的孔中，然后电动机反转，转塔刀盘完成合齿定位、夹紧，电动机停转。电磁铁断电，弹簧使插销右移，无触点开关 15 用于检测插销退出信号。

3. 液压驱动的转塔刀架故障诊断（见表 6-8）

表 6-8　液压驱动的转塔刀架故障诊断

序号	故障现象	故障原因	排除方法
1	转塔刀架没有抬起动作	控制系统是否有 T 指令输出信号	如未能输出，请电器维修人员排除
		抬起电磁铁断线或抬起阀杆卡死	修理或清除污物，更换电磁阀
		压力不够	检查油箱并重新调整压力
		抬起液压缸研损或密封圈损坏	修复研损部分或更换密封圈
		与转塔抬起连接的机械部分研损	修复研损部分或更换零件

（续）

序号	故障现象	故障原因	排除方法
2	转塔转位速度缓慢或不转位	检查是否有转位信号输出	检查转位继电器是否吸合
		转位电磁阀断线或阀杆卡死	修理或更换
		压力不够	检查是否液压故障，调整到额定压力
		转位速度节流阀是否卡死	清洗节流阀或更换
		液压泵研损卡死	检修或更换液压泵
		凸轮轴压盖过紧	调整调节螺钉
		抬起液压缸体与转塔平面产生摩擦、研损	松开连接盘进行转位试验；取下连接盘配磨平面轴承下的调整垫并使相对间隙保持在0.04mm
		安装附具不配套	重新调整附具安装，减少转位冲击
4	转塔转位时碰牙	抬起速度或抬起延时时间短	调整抬起延时参数，增加延时时间
5	转塔不到位	转位盘上的撞块与选位开关松动，使转塔到位时传输信号超期或滞后	拆下护罩，使转塔处于正位状态，重新调整撞块与选位开关的位置并紧固
		上、下连接盘与中心轴花键间隙过大，产生位移偏差大，落下时易碰牙顶，引起不到位	重新调整连接盘与中心轴的位置；间隙过大可更换零件
		转位凸轮与转位盘间隙大	塞尺测试滚轮与凸轮，将凸轮调至中间位置，转塔左右窜量保持在二齿中间，确保落下时顺利咬合；转塔抬起时用手摆，摆动量不超过二齿的1/3
		凸轮在轴上窜动	调整并紧固固定转位凸轮的螺母
		转位凸轮轴的轴向预紧力过大或有机械干涉，使转塔不到位	重新调整预紧力，排除干涉

（续）

序号	故障现象	故障原因	排除方法
6	转塔转位不停	两计数开关不同时计数或复位开关损坏	调整两个撞块位置及两个计数开关的计数延时，修复复位开关
		转塔上的24V电源断线	接好电源线
7	转塔刀重复定位精度差	液压夹紧力不足	检查压力并调到额定值
		上、下牙盘受冲击，定位松动	重新调整固定
		两牙盘间有污物或滚针脱落在牙盘中间	清除污物保持转塔清洁，检修更换滚针
		转塔落下夹紧时有机械干涉（如夹铁屑）	检查排除机械干涉
		夹紧液压缸拉毛或研损	检修拉毛研损部分更换密封圈
		转塔液压缸拉毛或研损	修理调整压板和镶条，0.04mm塞尺塞不入为合格

五、辅助装置

1. 尾座

（1）工作原理　数控车床尾座一般是在加工时对工件起辅助支承作用，它是由尾座体和尾座套筒两部分组成。尾座体可在床身上移动和固定。尾座套筒前端安装顶尖，套筒可以自动伸出和缩回，实现顶尖对工件的支撑作用。

图6-25是TND360数控车床的尾座结构图。尾座装在床身导轨上，它可以根据工件的长短调整位置后，用拉杆加以夹紧定位。顶尖装在套筒的锥孔中。尾座套筒安装在尾座体的圆孔中，并用平键导向，所以套筒只能轴向移动。在尾座套筒尾部的孔中装有一活塞杆与尾座套筒一起构成一个液压缸。当套筒液压缸左腔进压力油时，右腔内的油回油，套筒向前伸出；当液压缸右腔中进压力油时，左腔中的油回油，套筒向后回缩。液压回路的控制由机床电气控制系统控制液压元件中的电磁换向阀来实现。套筒上还装有接盘和撞块杆，当套筒伸出和回缩时压下前、后极限行程开关，以停止套筒的

运动。

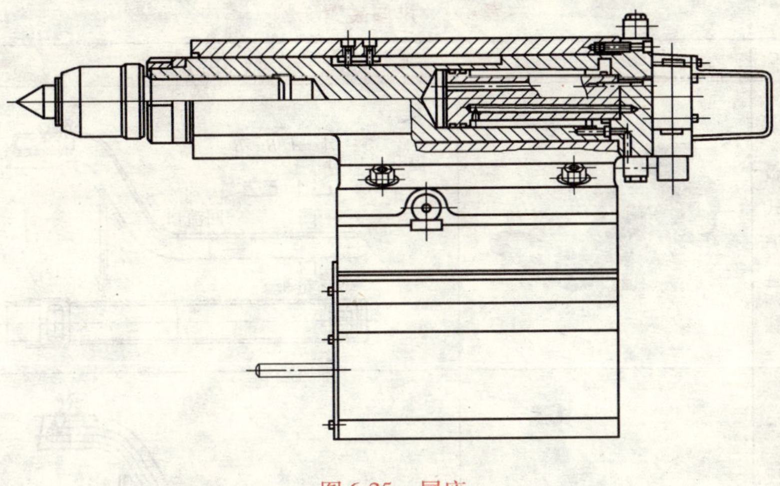

图 6-25　尾座

（2）尾座觉常见故障的排除

1）尾座主轴不能伸缩：

① 检查尾座主轴压力表其值是否适当。

② 检查尾座主轴伸缩用电磁阀是否动作。

③ 检查控制尾座伸缩用电磁阀的继电器动作是否异常。

④ 检查控制尾座主轴伸缩速度的节流阀的调整位置是否合适，是否被堵塞。

⑤ 检查尾座主轴的润滑情况，尾座主轴表面有无划伤、研坏的痕迹。

2）尾座用回转顶尖转动异常：

① 尾座主轴的推力是否过大。

② 回转顶尖内部的轴承是否损坏。

3）尾座体推不动：

① 移动时，尾座夹紧装置是否松开。

② 尾座导轨面的润滑情况如何，是否有研坏的情况。

2. 排屑装置

（1）种类　排屑装置的种类繁多，表 6-9 所示为常见的几种排屑装置结构。

表 6-9　排屑装置结构

名称	实　物	结构简图
平板链式排屑装置	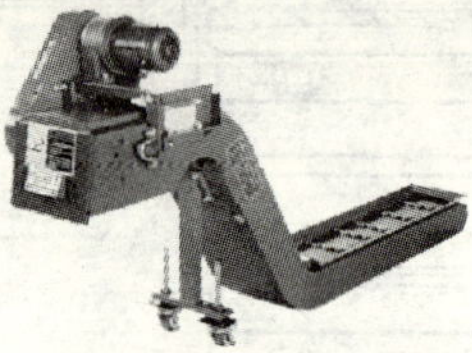	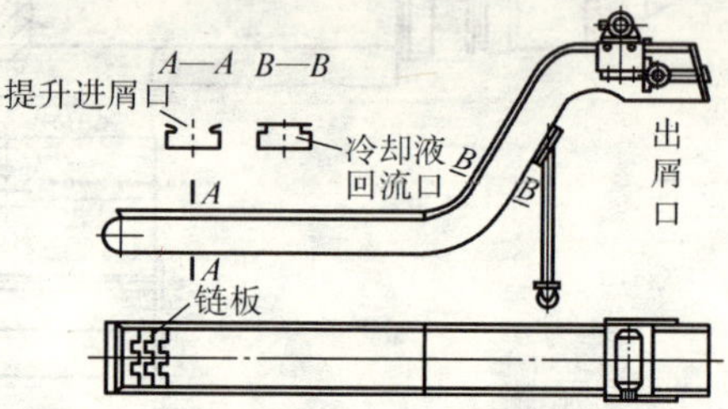 A—A B—B 提升进屑口 冷却液回流口 出屑口 链板
刮板式排屑器	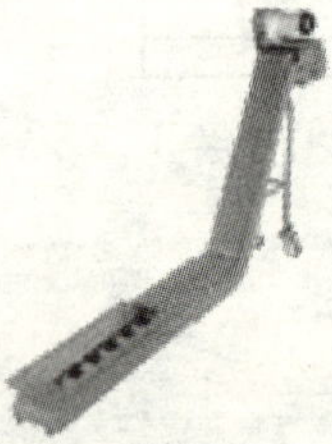	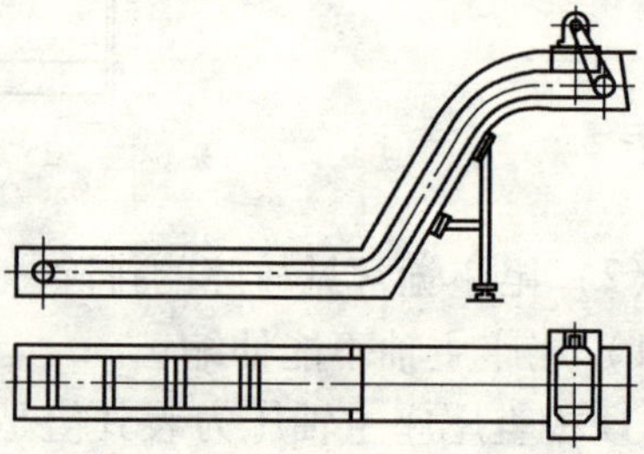
螺旋式排屑装置	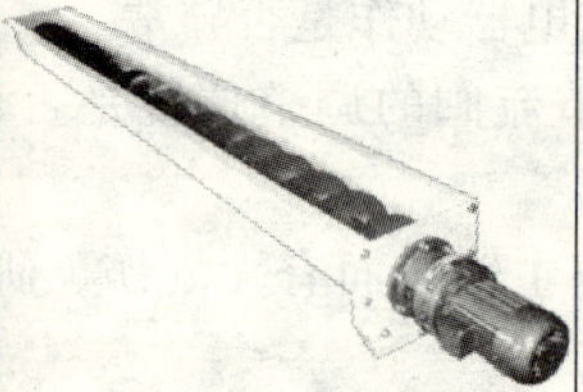	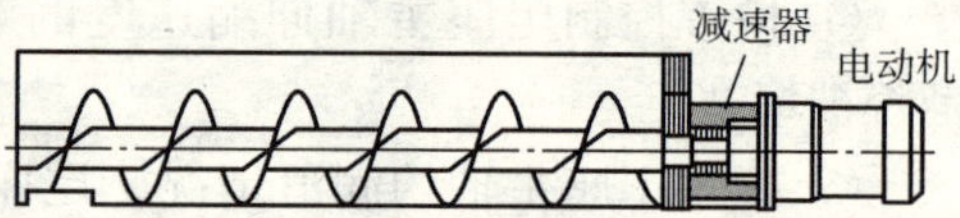 减速器 电动机
磁性板式排屑器	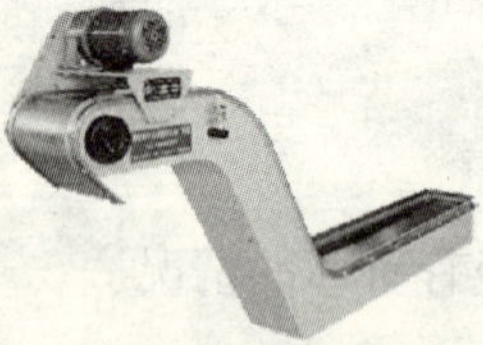	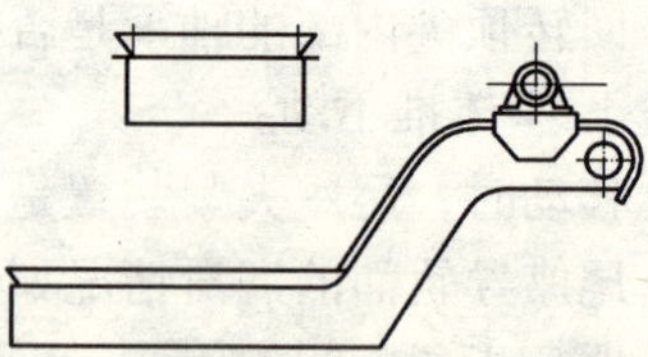

（续）

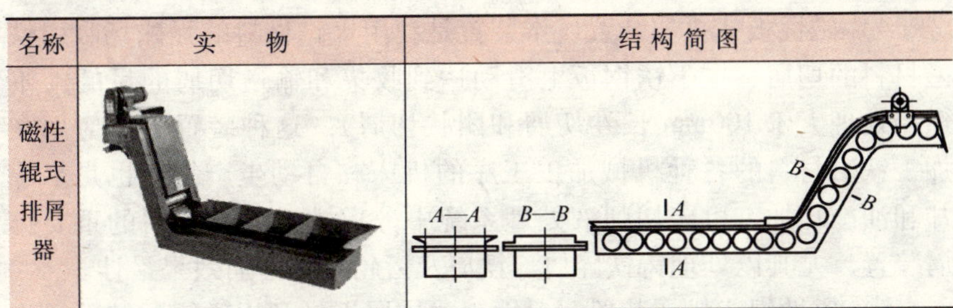

名称	实　物	结构简图
磁性辊式排屑器		

1）平板链式排屑装置。该装置以滚动链轮牵引钢制平板链带在封闭箱中运转，加工中的切屑落到链带上，经过提升将废屑中的切削液分离出来，切屑排出机床，落入存屑箱。这种装置主要用于收集和输送各种卷状、团状、条状、块状切屑。广泛应用于各类数控机床、加工中心和柔性生产线等自动化程度较高的机床。也可作为冲压、冷镦机床小型零件的输送机。也是组合机床切削液处理系统的主要排屑功能部件。适应性强，在车床上使用时多与机床切削液箱合为一体，以简化机床结构。

2）刮板式排屑装置。该装置传动原理与平板链式的基本相同，只是它带有刮板链板。刮板两边装有特制滚轮链条，刮屑板的高度及间距可随机设计，有效排屑宽度多样化，因而传动平稳，结构紧凑，强度好，工作效率高。这种装置常用于输送各种材料的短小切屑，尤其是在处理磨削加工中的砂粒、磨粒以及汽车行业中的铝屑效果时比较好，排屑能力较强。可用于数控机床、加工中心、磨床和自动线，应用广泛。因其负载大，故需采用较大功率的驱动电动。

3）螺旋式排屑装置。该装置是采用电动机经减速装置驱动安装在沟槽中的一根长螺旋杆进行驱动的。螺旋杆转动时，沟槽中的切屑即由螺旋杆推动连续向前运动，最终排入切屑收集箱。螺旋杆有两种形式，一种是用扁形钢条卷成螺旋弹簧状，另一种是在轴上焊上螺旋形钢板。主要用于输送金属、非金属材料的粉末状、颗粒状和较短的切屑。这种装置占据空间小，安装使用方便，传动环节少，故障率极低，尤其适于排屑空隙狭小的场合。螺旋式排屑装置结构简单，排屑性能良好，但只适合沿水平或小角度倾斜直线方向排屑，

不能用于大角度倾斜、提升或转向排屑。

4）磁性板式排屑装置。本装置是利用永磁材料的强磁场吸引铁磁材料的切屑，在不锈钢板上滑动达到收集和输送切屑的目的（不适用处理大于100mm长卷切屑和团状切屑）。这种装置广泛应用在加工铁磁材料的各种机械加工工序的机床和自动生产线。也是水冷却和油冷却加工机床切削液处理系统中分离铁磁材料切屑的重要排屑装置，尤其以处理铸铁碎屑、铁屑及齿轮机床落屑效果最佳。

5）磁性辊式排屑装置。磁性辊式排屑机是利用磁辊的转动，将切屑逐级在每个磁辊间传动，以达到输送切屑的目的。该排屑装置是在磁性排屑器的基础上研制的。它弥补了磁性排屑器在某些使用方面性能和结构上的不足。这种装置适用于湿式加工中粉状切屑的输送，更适用于切屑和切削液中含有较多油污状态下的排屑。

（2）排屑装置故障诊断　排屑装置常见故障及维修方法见表6-10。

表6-10　排屑装置常见故障及维修方法

序号	故障现象	故障原因	排除方法
1	执行排屑器起动指令后，排屑器未起动	排屑器上的开关未接通	将排屑器上的开关接通
		排屑器控制电路故障	由数控机床的电气维修人员来排除故障
		电动机保护热继电器跳闸	测试检查，找出跳闸的原因，排除故障后，将热继电器复位
2	执行排屑器起动指令后，只有一个排屑器起动工作	另一个排屑器上的开关未接通	将未起动的排屑器上的开关接通
		控制电路故障	方法同上
		电动机保护热继电器跳闸	方法同上
3	排屑器噪声增大	排屑器机械变形或有损坏	检查修理，更换损坏部分
		铁屑堵塞	及时将堵塞的铁屑清理掉
		排屑器固定松动	重新紧固
		电动机轴承润滑不良磨损或损坏	定期检修，加润滑脂，更换已损坏的轴承

（续）

序号	故障现象	故障原因	排除方法
4	排屑困难	排屑口被切屑卡住	及时清除排屑口的积屑
		机械卡死	调整修理
		刮板式排屑器摩擦片的压紧力不足	调整碟形弹簧压缩量或调整压紧螺钉

六、数控车床的防护装置

1. 防护罩系列

防护罩种类繁多，表6-11为几种常见的机床防护罩。

表6-11　防护罩系列

名称	实　物	结构简图
柔性风琴式防护罩		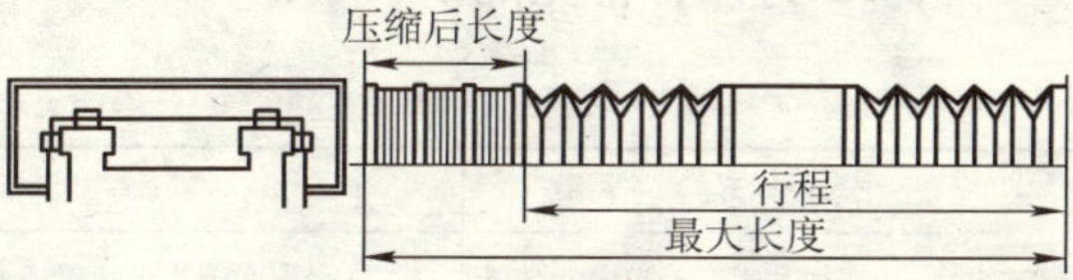 压缩后长度 行程 最大长度
钢板机床导轨防护罩	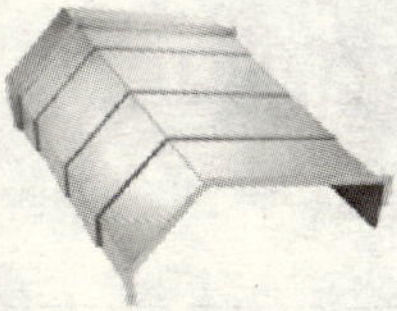	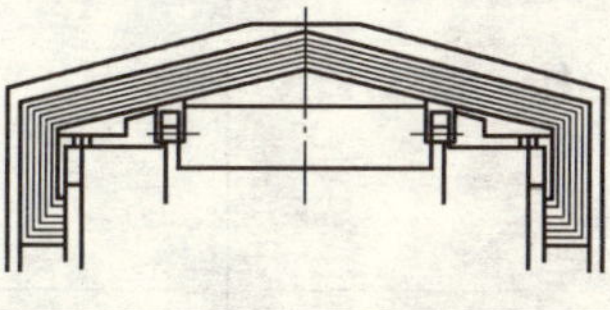
盔甲式机床防护罩		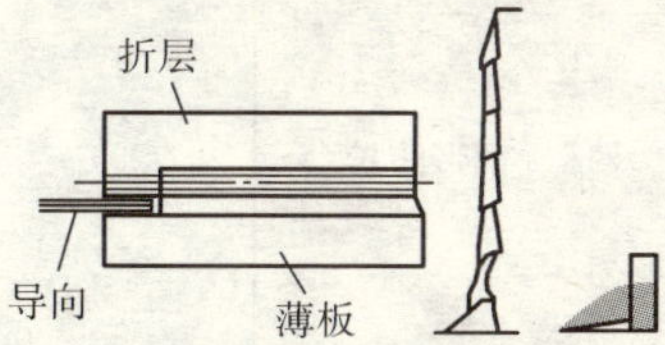 折层 导向 薄板
卷帘布式防护罩		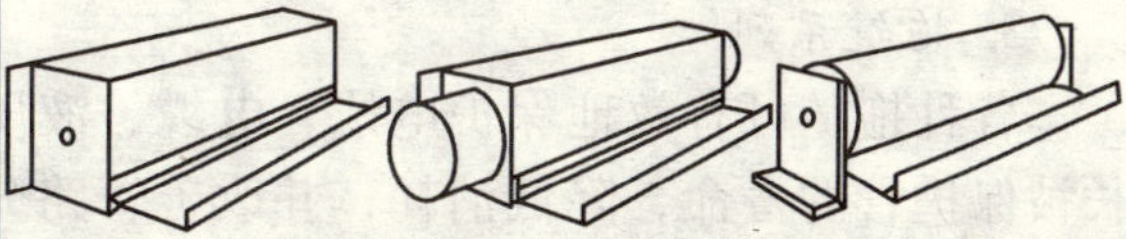

（续）

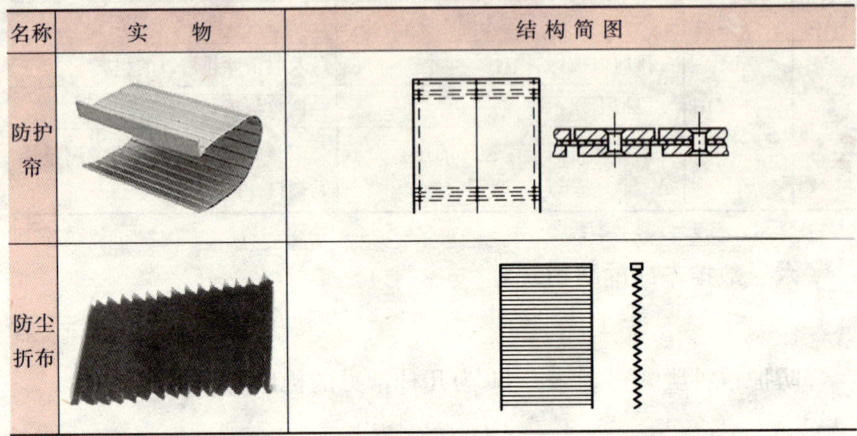

名称	实　物	结构简图
防护帘		
防尘折布		

2. 防护套系列

表6-12 为几种常见的防护套。

表 6-12　防护套系列

名　称	实　物
圆筒式橡胶丝杠、光杠防护套	
丝杠防护套及螺旋钢带防护套	

3. 拖链系列

各种拖链可有效地保护电线、电缆、液压与气动的软管，可延长被保护管的寿命，降低消耗，并改善管路分布零乱状况，增强机床整体艺术造型效果。表6-13 为常见的拖链。

表 6-13　拖链系列

名　称	实　物
桥式工程塑料拖链	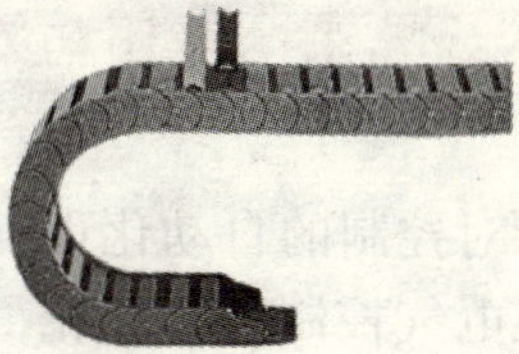
全封闭式工程塑料拖链	
DGT 导管防护套	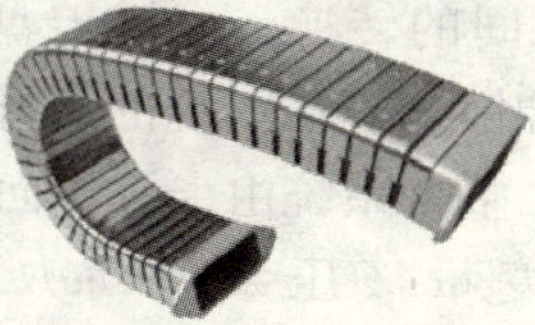
JR－2 型矩形金属软管	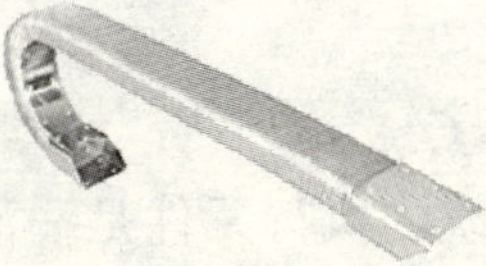
加重型工程塑料拖链、S 形工程塑料拖链	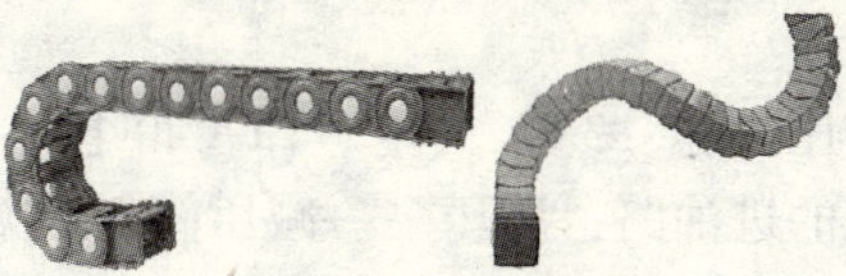
钢制拖链	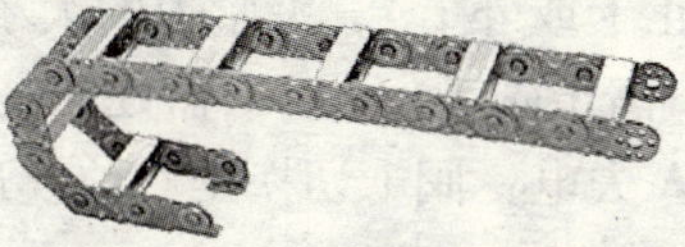

通过本节的学习要求读者能掌握数控车床液压和冷却系统一般故障的排除。

第三节　数控车床液压与冷却系统的故障诊断和排除

数控机床对控制的自动化程度要求很高，液压与气压传动由于能方便地实现电气控制与自动化，从而成为数控机床中广为采用的传动与控制方式之一。本节将通过对典型的数控机床上的液压系统的分析，介绍液压传动在数控机床中的应用。

一、MJ—50 数控车床液压系统

MJ—50 数控车床液压系统主要承担卡盘、回转刀架与刀盘及尾座套筒的驱动与控制。它能实现卡盘的夹紧与放松及两种夹紧力（高与低）之间的转换；回转刀盘的正反转及刀盘的松开与夹紧；尾座套筒的伸缩。液压系统的所有电磁铁的通、断均由数控系统用 PLC 来控制。整个系统由卡盘、回转刀盘与尾座套筒三个分系统组成，并以一变量液压泵为动力源。系统的压力调定为 4MPa。图 6-26是 MJ—50 数控车床液压系统的原理图。各分系统的工作原理如下：

1. 卡盘分系统

卡盘分系统的执行元件是一液压缸，控制油路则由一个有两个电磁铁的二位四通换向阀 1、一个二位四通换向阀 2、两个减压阀 6 和 7 组成。

高压夹紧：3YA 失电、1YA 得电，换向阀 2 和 1 均位于左位。分系统的进油路：液压泵→减压阀 6→换向阀 2→换向阀 1→液压缸右腔。回油路：液压缸左腔→换向阀 1→油箱。这时活塞左移使卡盘夹紧（称正卡或外卡），夹紧力的大小可通过减压阀 6 调节。由于阀 6 的调定值高于阀 7，所以卡盘处于高压夹紧状态。松夹时，使 2YA 得电、1YA 失电，阀 1 切换至右位。进油路：液压泵→减压阀 6→换向阀 2→换向阀 1→液压缸左腔。回油路：液压缸右腔→换向阀 1→油箱。活塞右移，卡盘松开。

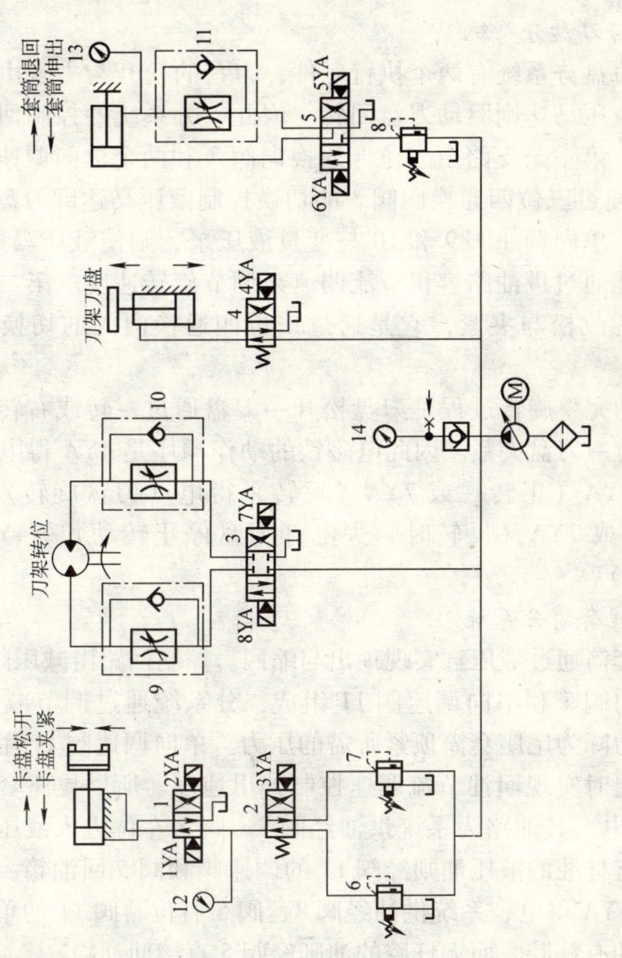

图6-26　MJ—50数控车床液压系统的原理图

低压夹紧：油路与高压夹紧状态基本相同，惟一的不同是这时 3YA 得电而使阀 2 切换至右位，因而液压泵的供油只能经减压阀 7 进入分系统。通过调节阀 7 便能实现低压夹紧状态下的夹紧力。

2. 回转刀盘分系统

回转刀盘分系统有两个执行元件，刀盘的松开与夹紧由液压缸执行，而液压马达则驱动刀盘回转。因此，分系统的控制回路也有两条支路。第一条支路由三位四通换向阀 3 和两个单向调速阀 9 和 10 组成。通过三位四通换向阀 3 的切换控制液压马达即刀盘正、反转，而两个单向调速阀 9 和 10 与变量液压泵，则使液压马达在正、反转时都能通过进油路容积节流调速来调节旋转速度。第二条支路控制刀盘的放松与夹紧，它是通过二位四通换向阀的切换来实现的。

刀盘的完整旋转过程是刀盘松开→刀盘通过左转或右转就近到达指定刀位→刀盘夹紧。因此电磁铁的动作顺序是 4YA 得电（刀盘松开）→8YA（正转）或 7YA（反转）得电（刀盘旋转）→8YA（正转时）或 7YA（反转时）失电（刀盘停止转动）→4YA 失电（刀盘夹紧）。

3. 尾座套筒分系统

尾座套筒通过液压缸实现顶出与缩回。控制回路由减压阀 8、三位四通换向阀 5 和单向调速阀 11 组成、分系统通过调节减压阀 8，将系统压力降为尾座套筒顶紧所需的压力。单向调速阀 11 用于在尾座套筒伸出时实现回油节流调速控制伸出速度。所以尾座套筒伸出时 6YA 得电，其油路为系统供油经阀 8、阀 5 左位进入液压缸的无杆腔，而有杆腔的液压油则经阀 11 的调速阀和阀 5 回油箱。尾座套筒缩回时 5YA 得电，系统供油经阀 8、阀 5 右位、阀 11 的单向阀进入液压缸的有杆腔，而无杆腔的油则经阀 5 直接回油箱。

通过上述系统的分析，不难发现数控机床液压系统的特点为：

1）数控机床控制的自动化程度要求较高，它对动作的顺序要求较严格，并有一定的速度要求。液压系统一般由数控系统的 PLC 或 PC 来控制，所以动作顺序直接用电磁换向阀切换来实现。

2）由于数控机床的主运动已趋于直接用伺服电动机驱动，所以液压系统的执行元件主要承担各种辅助功能，虽其负载变化幅度不是太大，但要求稳定。因此常采用减压阀来保证支路压力的恒定。

二、CK3225 数控车床液压系统

CK3225 数控车床可以车削内圆柱、外圆柱和圆锥及各种圆弧曲线，适用于形状复杂、精度高的轴类和盘类零件的加工。

图 6-27 为 CK3225 系列数控机床的液压系统。它的作用是用来控制卡盘的夹紧与松开、主轴变挡、转塔刀架的夹紧与松开、转塔刀架的转位、尾座套筒的移动。

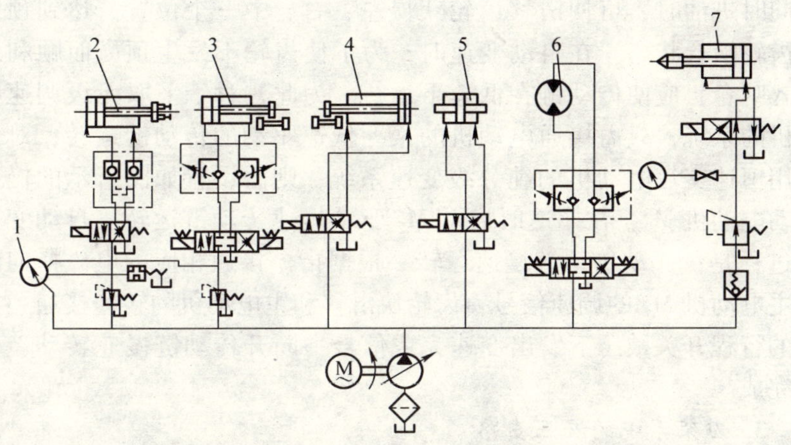

图 6-27　CK3225 数控车床的液压系统图

1—压力计　2—卡盘液压缸　3—变挡液压缸Ⅰ　4—变挡液压缸Ⅱ
5—转塔夹紧缸　6—转塔转位液压马达　7—尾座液压缸

1. 卡盘支路

支路中减压阀的作用是调节卡盘夹紧力，使工件既能夹紧，又尽可能减小变形。压力继电器的作用是当液压缸中压力不足时，立即使主轴停转，以免卡盘松动，将旋转工件甩出，危及操作者的安全以及造成其他损失。该支路还采用液控单向阀的锁紧回路。在液

压缸的进、回油路中都串联液控单向阀（又称液压锁），活塞可以在行程的任何位置锁紧，其锁紧精度只受液压缸内少量的内泄漏影响，因此锁紧精度较高。

2. 液压变速机构

变挡液压缸 I 回路中，减压阀的作用是防止拨叉在变挡过程中滑移齿轮和固定齿轮端部接触（没有进入啮合状态），如果液压缸压力过大会损坏齿轮。

液压变速机构在数控机床及加工中心得到普遍使用。图 6-28 为一个典型液压变速机构的原理图。三个液压缸都是差动液压缸，用 Y 形三位四通电磁阀来控制。滑移齿轮的拨叉与变速油缸的活塞杆连接。当液压缸左腔进油右腔回油、右腔进油左腔回油、或左右两腔同时进油时，可使滑移齿轮获得左、右、中三个位置，达到预定的齿轮啮合状态。在自动变速时，为了使齿轮不发生顶齿而顺利地进入啮合，应使传动链在低速下运行。为此，对于采取无级调速电动机的系统，只需接通电动机的某一低速驱动的传动链运转；对于采用恒速交流电动机的纯分级变速系统，则需设置如图所示的慢速驱动电动机 M_2，在换速时启动 M_2 驱动慢速传动链运转。自动变速的过程是：起动传动链慢速运转→根据指令接通相应的电磁换向阀和主电动机 M_1 的调速信号→齿轮块滑移和主电动机的转速接通→相应的行程开关被压下发出变速完成信号→断开传动链慢速转动→变速完成。

3. 刀架系统的液压支路

根据加工需要，CK3225 数控车床的刀架有 8 个工位可供选择。转塔刀架采用回转轴线与主轴轴线平行的结构形式，如图 6-29所示。

刀架的夹紧和转动均由液压系统驱动。当接到转位信号后，液压缸 6 后腔进油，将中心轴 2 和刀盘 1 抬起，使鼠牙盘 12 和 11 分离。随后液压马达驱动凸轮 5 旋转，凸轮 5 拨动回转盘 3 上的 8 个柱销 4，使回转盘带动中心轴 2 和刀盘旋转。凸轮每转一周，拨过一个柱销，使刀盘转过一个工位；同时，固定在中心轴 2 尾端的八面选位凸轮 9 相应压合计数开关 10 一次。当刀盘转到新的预选工位时，

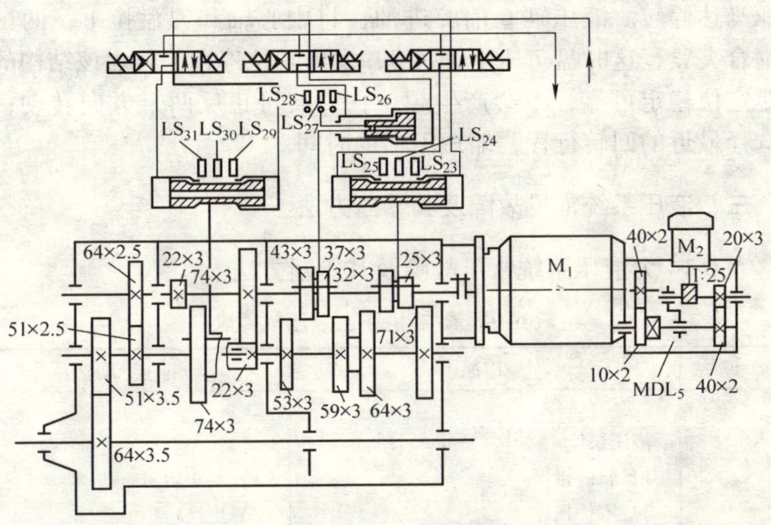

图 6-28 液压变速机构原理

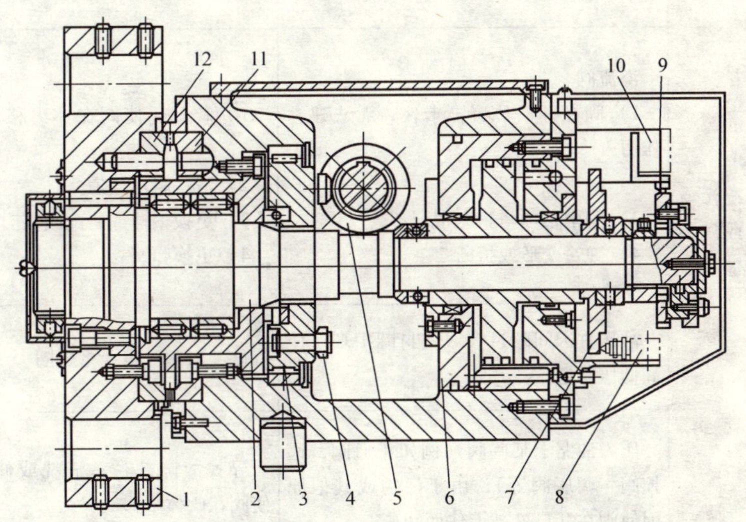

图 6-29 CK3225 数控车床刀架结构

1—刀盘 2—中心轴 3—回转轴 4—柱销 5—凸轮 6—液压缸 7—盘 8—开关 9—选位凸轮 10—计数开关 11、12—鼠牙盘

液压马达停转。液压缸6前腔进油，将中心轴和刀盘拉下，两鼠牙盘啮合夹紧，这时盘7压下开关8，发出转位停止信号。该结构的特点是定位稳定可靠，不会产生越位；刀架可正反两个方向转动；自动选择最近的回转行程，缩短了辅助时间。

三、液压系统常见故障及其诊断方法

表6-14为液压系统常见故障及其诊断方法。

表6-14　数控机床上液压故障表

故障现象	产生原因	排除方法
系统没有压力或压力提不高	液压泵 1）转向错误 2）零件损坏 3）运动件磨损间隙过大泄漏严重 4）进油吸气、排油泄漏	1）纠正转向 2）更换 3）修复或更换 4）拧紧各接合处，保证密封
	溢流阀 1）阀在开口位置被卡住，无法建立压力 2）阻尼孔堵塞 3）阀中钢球与管座密合不严 4）弹簧变形或折断	1）修研，使阀在体内移动灵活 2）清洗阻尼通道 3）更换钢球或研配阀座 4）更换弹簧
	液压缸因间隙过大或密封圈损坏，使高低压互通	修配活塞或更换密封圈
	压力油路上某些阀（例如止通阀，远控阀、调压阀等），由于污物或其他原因使阀在开口处被卡住而卸荷	寻找故障部位，清洗或修研，使阀在阀体中移动灵活
	压力油路上泄漏	拧紧各结合处，排除泄漏
	压力表失灵损坏，不能反应系统的实际压力	更换压力表

（续）

<table>
<tr><th>故障现象</th><th>产生原因</th><th>排除方法</th></tr>
<tr><td rowspan="2">系统爬行</td><td>空气浸入液压系统
1）油面过低，吸油不畅
2）吸油口处滤油器被堵，形成局部真空
3）吸、排油管相距太近，排油飞溅吸入气泡
4）回油管在油面上，停机时空气侵入系统
5）接头密封不严，空气侵入
6）元件密封质量差，空气侵入</td><td>1）加足油液在油标线上
2）拆卸清洗，更换脏油
3）两者适当远离
4）将回油管插入油液中
5）拧紧接头螺纹，严防空气侵入
6）修正或更换，保证密封</td></tr>
<tr><td>摩擦阻力变化
1）导轨精度不好，局部阻力变化，接触不良，油膜不易形成
2）液压缸中心线与导轨不平行，活塞杆弯曲，缸孔拉毛，活塞与活塞杆不同轴等，产生不均匀的摩擦力
3）润滑情况不良，缺乏润滑油，导轨刮研点过多或过少，润滑条件较差不能形成油膜，使摩擦因数变化
4）滑板的镶条或压板调整太紧，以及镶条弯曲等</td><td>1）恢复导轨规定精度，对新导轨或重新刮研过的，可在导轨接触面均匀地涂上一层薄薄的氧化铬，用手动方法使之对研几次减少刮研点引起的阻力
2）相应重装、校直、修复、更换、配制等
3）根据故障原因，采取相应措施。采用黏性较大的油，可使摩擦因数在很大速度范围内保持常量
4）重新进行调整或修刮镶条，使运动部件移动无阻滞现象</td></tr>
<tr><td>系统产生噪声和振动</td><td>液压泵
外界因素中有：
1）液压泵吸油口密封不严，引起空气侵入
2）油箱中的油液不足
3）吸油管浸入油箱太少
4）液压泵吸油位置太高
5）油液粘度太大，增加流动阻力
6）液压泵吸油口面积过小，造成吸油不畅
7）过滤器表面被污物阻塞</td><td>1）拧紧进油口螺母
2）加油至油标线上
3）将吸油管浸入油箱的2/3高度处
4）液压泵吸油口至进油口一般不超过500mm
5）更换粘度较小的油液
6）将进油管口斜切成45°，以增加吸油面积
7）清除附着在滤油器上的污物</td></tr>
</table>

（续）

故障现象	产生原因	排除方法
系统产生噪声和振动	内部因素中有： 齿轮泵的齿形精度不高，叶片泵的叶片卡死、断裂或配合不良，柱塞泵的柱塞卡死或移动不灵活 液压泵内零件磨损，轴向、径向间隙过大，油量不足，压力波动	修复或更换损坏零件 修复或配换有关零件
	溢流阀作用失灵 1）阀座损坏 2）油口杂质较多，将阻尼孔堵塞 3）阀与阀体孔配合间隙过大 4）弹簧疲劳或损坏，使阀移动不灵活 5）因拉毛或污物等使阀在阀体孔内移动不灵活	1）修复阀座 2）疏通阻尼孔 3）研磨阀孔，更换新阀，修配间隙 4）更换弹簧 5）去毛刺，清除阀体内脏物，使其移动灵活无阻滞现象
	油管管道碰击 1）管道细长，没有用管夹装置固定而叠在一起，造成进回油互相碰击 2）吸油管距回油管太近	1）尽可能使管道之间，管道与机床之间保持一定距离 2）使两者适当远离
	电磁铁失灵 1）电磁铁焊接不良 2）弹簧损坏或过硬 3）滑阀在阀体中卡住	1）重新焊接 2）更换弹簧 3）研配滑阀，使其在阀体内移动灵活
	其他因素 1）液压泵电动机联轴器不同轴或松动 2）运动件换向时缺乏阻尼 3）管道泄漏或油管没有浸入油池，而造成大量空气进入系统 4）液压泵及电动机振动而引起液压元件的振动	1）使联轴器同轴度在0.1mm之内，最好在联轴器销座内装橡皮垫圈 2）增设或调整换向阀的阻尼器，使换向平稳无冲击 3）紧固各连接处，并将主要回油管浸入油箱 4）平衡各运动部件

（续）

故障现象	产生原因	排除方法
油温过高	液压系统设计不太理想，系统在非工作过程中有大量的压力油损耗	合理地选用液压泵，按工作速度要求调节泵的吸油量。采用差动式的溢流阀使液压泵自动卸荷，这样可以减少溢流阀在节流调速时大量油液溢向油箱而发热。采用出口节流。将闭式系统改为开式系统以改善散热条件（以不影响工作性能为准）
	压力调整不当，比实际所需偏高较多	合理调整系统压力，在满足机床正常工作的前提下尽最调低。如在装有背压阀的油路中，背压阀的压力调整以保证工作速度稳定的前提下尽量调低。对于大批置生产其压力应按被加工零件所需的切削力、系统的背压和摩擦力来调整
	液压泵及各连接处的泄漏，造成容积损失而发热	紧固各连接处，严防泄漏
	油管过细，油路过长，弯曲太多等因素造成压力损失而发热	将油管适当加粗，特别是总回油管应保证回油舒畅，增加进油管口的吸油面积（斜切45°），尽量减小弯曲，缩短管道
	滑阀与阀体，活塞杆与油封等液压系统内各相对运动零件的机械摩擦生热	修复时注意提高各相对运动零件的加工精度（如滑阀）和各液压元件的装配精度（如液压缸），改善相对运动零件间的润滑条件（如导轨润滑等）
	油箱散热性能差和容积小	对于精密液压传动机床，不宜以床身作油箱，应在机床外另设油箱以减少机床的热变形，如果油箱的容积小可适当加大油箱的容积，以改善散热条件，必要时还可采用强迫冷却，如增加冷却装置等
	油液粘度太大，增加了摩擦发热	合理选择油液的粘度和油液的质量，最好用温度升高时粘度变化最小的油液
	周围温度高，切削热等使油温过高	减少和隔绝外界热流

（续）

故障现象	产生原因	排除方法
快速行程时工作速度不够	液压泵供油最不足，压力不够 1）液压泵吸空 2）液压泵磨损，容积效率下降 3）电动机转速低	1）检查，按泵的轴向和径向配合间隙要求修泵 2）更换液压泵 3）检查电动机转速
	安全溢流阀失灵 1）溢流阀弹簧调整太松 2）溢流阀弹簧太软或失效	1）调节溢流阀 2）更换弹簧
	油液串腔，活塞与液压缸配合间隙过大	修复液压缸，保证密封
	系统漏油	检查泄漏原因进行妥善处理
启动开停阀（开关）工作台不运动	系统压力建立不起来，油量不足 1）电动机转向不对，转速不够 2）油温低或粘度大 3）液压泵故障 4）溢流阀故障 5）系统漏油	1）重新接线纠正转向，纠正电动机转速 2）开开停停重复几次使系统升温 3）修复、更换液压泵 4）更换溢流阀 5）检查漏油原因，进行妥善排除
	换向阀不换向 1）污物卡死 2）电磁铁损坏或力量不足 3）滑阀拉毛或卡死 4）有中间位置的阀的弹簧力超过电磁铁吸力或弹簧折断 5）滑阀摩擦力过大	1）清洗换向阀，排除污物 2）更换电磁铁 3）清洗、修研滑阀 4）更换弹簧 5）检查滑阀配合及两端密封阻力
	电器失灵	检查电器部位进行即时处理
	液压泵供油不足	检修排除

（续）

故障现象	产生原因	排除方法
工作时产生冲击	1）导向阀或换向阀的制动锥斜角太大，致使换向时的液流速度变化剧烈 2）节流缓冲失灵——单向节流缓冲装置中节流阀磨损，单向阀密封不严或有其他泄漏之处 3）工作压力调整过高 4）溢流阀存在故障，使压力突然升高 5）背压阀压力太低或存在故障 6）油液粘度太小 7）用针阀节流缓冲时，因节流变化大，且稳定性差 8）系统中有大量的空气	1）以减少滑阀的制动锥斜角，或增加制动锥度的长度 2）作对应修复或更换 3）调整压力阀，适当降低工作压力 4）参照溢流阀有关故障的排除方法排除 5）适当提高背压阀的压力，或排除其故障 6）更换粘度较大的油液 7）改针阀式节流为三角槽式节流 8）排除系统中的空气
尾座顶不紧或不运动	1）压力不足 2）液压缸活塞拉毛或研损 3）密封圈损坏 4）液压阀断线或卡死 5）套筒研损	1）用压力表检查 2）更换或维修 3）更换密封圈 4）清洗、更换阀体或重新接线 5）修理研损部件
导轨润滑不良	1）分油器堵塞 2）油管破裂或渗漏 3）没有气体动力源 4）油路堵塞	1）更换损坏的定量分油器 2）修理或更换油管 3）查气动柱塞泵有否堵塞，是否灵活 4）清除污物，使油路畅通
滚珠丝杠润滑不良	1）分油管是否分油 2）油管是否堵塞	1）检查定量分油器 2）清除污物，使油路畅通

通过本节的学习要求读者能掌握数控车床气压系统的诊断与维修

第四节　数控车床气压系统的分析

车削加工薄壁零件时，装夹是比较困难的，很久以来这已成为从事工艺编制人员的一大难题。虽然对铁系材料的工件可以使用磁性卡盘，但是加工件容易被磁化，这是一件很麻烦的问题，而真空卡盘则是较理想的夹具。

真空卡盘的结构原理如图6-30所示，下面简单介绍其工作原理。

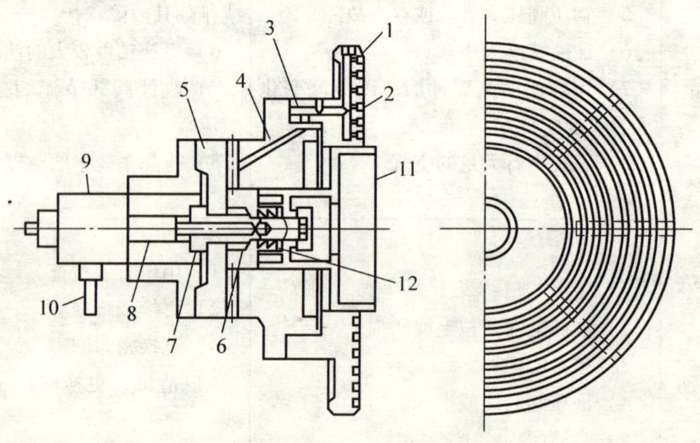

图6-30　真空卡盘的结构简图

1—本体　2—沟槽　3—小孔　4—孔道　5—转接件　6—腔室
7—孔　8—连接管　9—转阀　10—软管　11—活塞　12—弹簧

在卡盘的前面装有吸盘，盘内形成真空，而薄的被加工件就靠大气压力被压在吸盘上以达到夹紧的目的。一般在卡盘本体1上开有数条圆形的沟槽2，这些沟槽就是前面提到的吸盘，这些吸盘是通过转接件5的孔道4与小孔3相通，然后与卡盘体内气缸的腔室6相连接。另外腔室6通过气缸活塞杆后部的孔7通向连接管8，然后与装在主轴后面的转阀9相通。卡盘通过软管10同真空泵系统相连接，按上述的气路造成卡盘本体沟槽内的真空，以吸着工件。反之，要取下被加工的工件时，则向沟槽内通以空气。气缸腔室6内有时为真

空，有时充满空气，所以活塞11有时缩进，有时伸出。此活塞前端的凹窝在卡紧时起到吸着的作用。即工件被安装之前缸内腔室与大气相通，所以在弹簧12的作用下活塞伸出卡盘的外面。当工件被卡紧时缸内造成真空则活塞头缩进，一般真空卡盘的吸引力与吸盘的有效面积和吸盘内的真空度成正比。在自动化应用时，有时要求卡紧速度要快，而卡紧速度则由真空卡盘的排气量来决定。

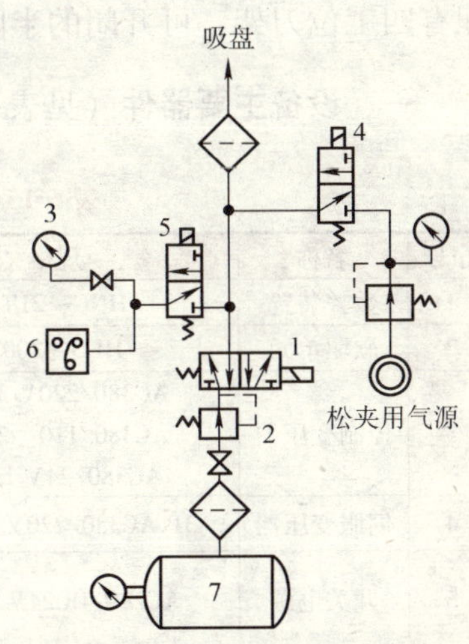

图6-31　真空卡盘的气动回路

1、4、5—电磁阀　2—真空调节阀　3—压力计　6—压力继电器　7—真空罐

真空卡盘的夹紧与松夹是由图6-31中电磁阀1的换向来进行的。即打开包括真空罐7在内的回路以造成吸盘内的真空，实现卡紧动作。松夹时，在关闭真空回路的同时，通过电磁阀4迅速地打开空气源回路，以实现真空下瞬间松卡的动作。电磁阀5是用以开闭压力继电器6的回路。在卡紧的情况下此回路打开，当吸盘内真空度达到压力继电器的规定压力时，给出夹紧完了的信号。在松卡的情况下，回路已换成空气源的压力了，为了不损坏检测真空的压力继电器，将此回路关闭。如上所述，卡紧与松卡时，通过上述的三个电磁阀自动地进行操作，而卡紧力的调节是由真空调节阀2来进行的，根据被加工工件的尺寸、形状可选择最合适的卡紧力数值。

通过本节的学习要求读者能掌握数控车床强电系统的故障诊断与维修。

第五节　数控车床强电系统的故障诊断和排除

本节以宝鸡机床厂生产的TK1640数控车床为例来介绍数控车床强电系统的故障诊断与排除方法。机床主轴采用变频调速，三挡无级变速，采用HNC—21TD车床数控系统实现机床的两轴联动，机床配有四工位刀架，可开闭的半防护门。

一、设备主要器件（见表6-15）

表6-15 设备主要器件

序号	名称	规格	主要用途	备注
1	数控装置	HNC—21TD	控制系统	HCNC
2	软驱单元	HFD—2001	数据交换	HCNC
3	控制变压器	AC380/220V 300W AC380/110V 250W AC380/24V 100W	伺服控制电源、开关电源供电 交流接触器电源 照明灯电源	HCNC
4	伺服变压器	3P AC380/220V 2.5kW	为伺服供电	HCNC
5	开关电源	AC220/DC24V 145W	HNC—21TD、PLC及中间继电器	明玮
6	伺服驱动器	HSV—16D030	*X*、*Z*轴电动机伺服驱动器	HCNC
7	伺服电动机	GK6062—6AC31—FE（7.5N·M）	*X*轴进给电动机	HCNC
8	伺服电动机	GK6063—6AC31—FE（11N·M）	*Z*轴进给电动机	HCNC

二、主回路分析

图6-32所示是380V强电回路。图中QF1为电源总开关。QF3、QF2、QF4、QF5分别为主轴强电、伺服强电、冷却电动机、刀架电动机的断路器，作用是接通电源及短路、过电流时起保护作用；其中QF4、QF5带辅助触头，该触点输入PLC，作为报警信号，并且该空开的保护电流为可调的，可根据电动机的额定电流来调节空开的设定值，起过电流保护作用。KM3、KM1、KM6分别为主轴电动机、伺服电动机、冷却电动机交流接触器，由它们的主触点控制相应电动机；KM4、KM5为刀架正反转交流接触器，用于控制刀架电动机的正、反转。TC1为三相伺服变压器，将交流380V变为交流200V供给伺服电源模块；RC1、RC3、RC4为阻容吸收，当相应的电路断开后，吸收伺服电源模块、冷却电动机、刀架电动机中的能量，避免产生过电压而损坏器件。

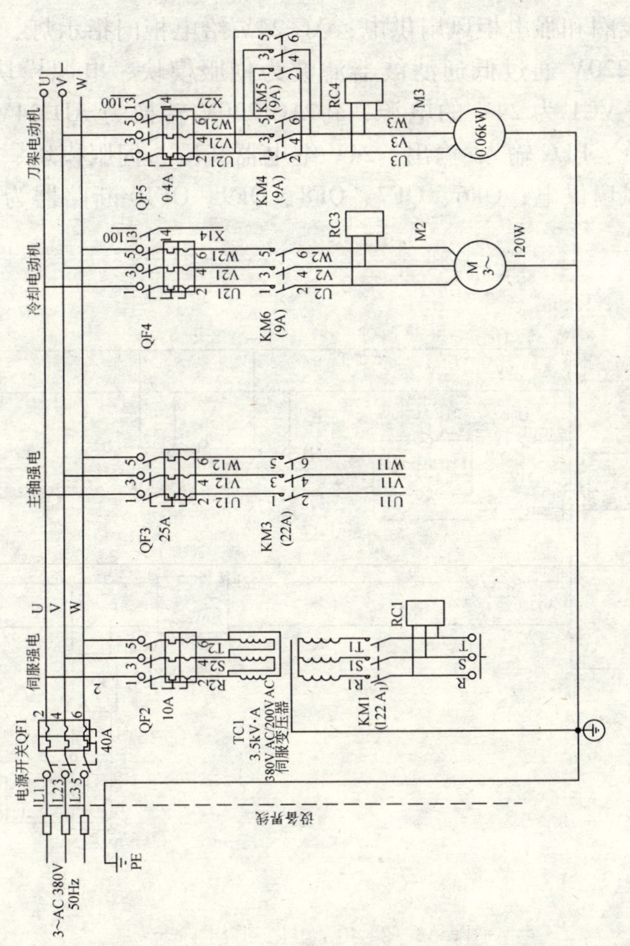

图6-32 TK40A强电回路

三、电源电路分析

图6-33所示为电源回路图。图中TC2为控制变压器，原方为AC 380V，副方为AC 110V、AC 220V、AC 24V，其中AC 110V给交流接触器线圈和强电柜风扇供电；AC 24V给电柜门指示灯、工作灯供电；AC 220V通过低通滤波器滤波为伺服模块、电源模块、24V电源供电；VC1为24V的电源，将AC 220V转换为AD 24V电源，给数控系统、PLC输入/输出、24V继电器线圈、伺服模块、电源模块、吊挂风扇供电；QF6、QF7、QF8、QF9、QF10断路器为电路的短路保护。

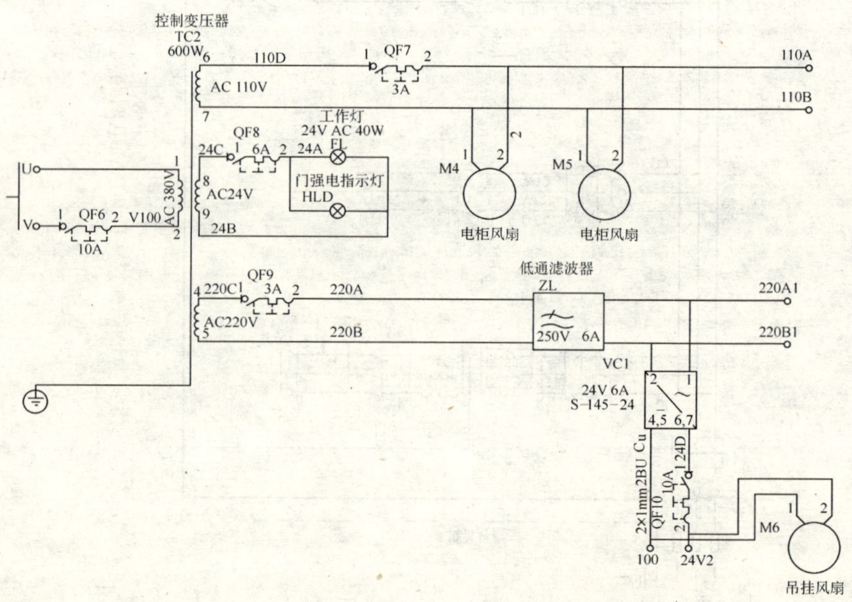

图6-33 TK40A电源回路图

四、控制电路分析

1. 主轴电动机的控制

图6-34、图6-35所示分别为交流控制回路图和直流控制回路图。

先将 QF2、QF3 断路器合上，见图 6-32，当机床未压限位开关、急停未压下伺服系统、主轴未报警时，KA2、KA3 继电器线圈通电，继电器触点吸合，并且 PLC 输出点 Y00 发出伺服允许信号，KA1 继电器线圈通电，继电器触点吸合，KM1 交流接触器线圈通电，交流接触器触点吸合，KM3 主轴交流接触器线圈通电，交流接触器主触点吸合，主轴变频器加上 AC 380V 电压。若有主轴正转或主轴反转及主轴转速指令时（手动或自动），PLC 输出主轴正转 Y10 或主轴反转 Y11 有效，主轴 AD 输出对应于主轴转速的直流电压值（0 ~ 10 V），主轴按指令值的转速正转或反转；当主轴速度到达指令值时，主轴变频器输出主轴速度到达信号给 PLC 输入 X31（未标出），主轴转动指令完成。主轴的起动时间、制动时间由主轴变频器内部参数设定。

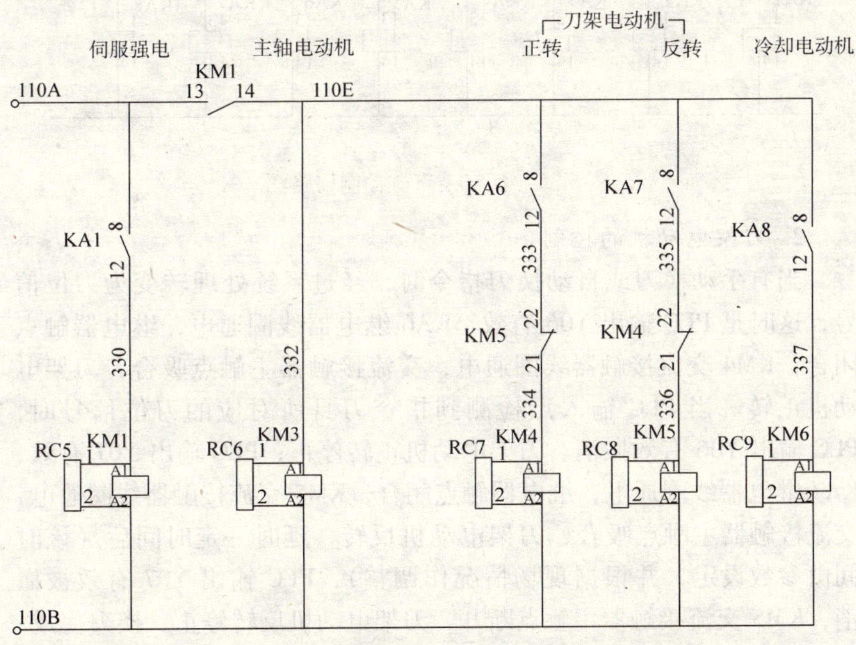

图 6-34　TK40A 交流控制回路图

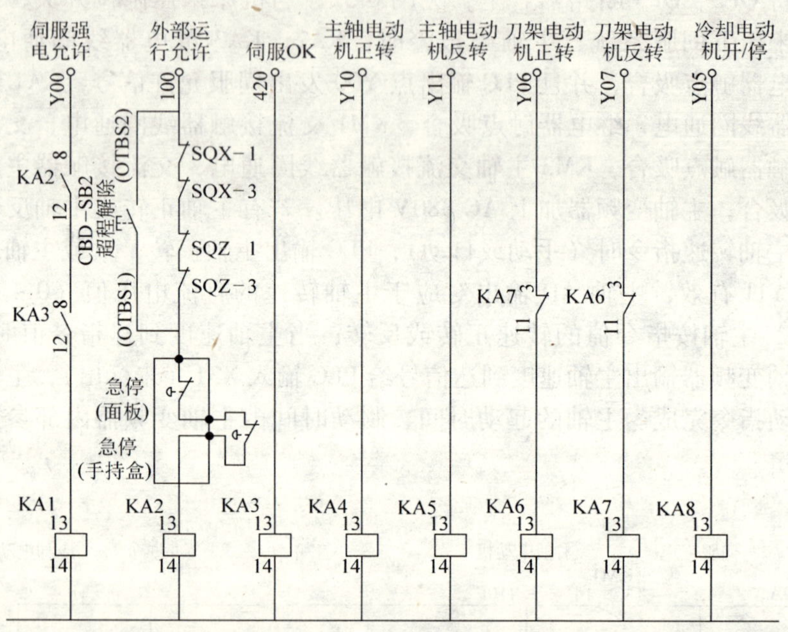

图 6-35　TK40A 直流控制回路图

2. 刀架电动机的控制

当有手动换刀或自动换刀指令时，经过系统处理转变为刀位信号，这时是 PLC 输出 Y06 有效，KA6 继电器线圈通电，继电器触点闭合，KM4 交流接触器线圈通电，交流接触器主触点吸合，刀架电动机正转。当 PLC 输入点检测到指令刀具所对应的刀位信号时，PLC 输出 Y06 有效撤消、刀架电动机正转停止；PLC 输出 Y07 有效，KA7 继电器线圈通电，继电器触点闭合，KM5 交流接触器线圈通电，交流接触器主触点吸合，刀架电动机反转，延时一定时间后（该时间由参数设定，并根据现场情况作调整），PLC 输出 Y07 有效被撤消，KM5 交流接触器主触点断开，刀架电动机反转停止。换刀完成。为了防止电源短路，在刀架电动机正转、继电器线圈、接触器线圈回路中串入了反转继电器、接触器常闭触点，如图 6-35 所示。请注意，刀架转位选刀只能向一个方向转动，取刀架电动机正转。刀架

电动机反转只为刀架定位。

3. 冷却电动机控制

当有手动或自动冷却指令时，这时 PLC 输出 Y05 有效，KA8 继电器线圈通电，继电器触点闭合，KM6 交流接触器线圈通电，交流接触器主触点吸合，冷却电动机旋转，带动冷却泵工作。

五、数控机床的抗干扰技术

1. 干扰的基本概念

数控机床运行中会遇到的干扰主要是电磁干扰，电磁干扰一般是指系统在工作过程中出现的一些与有用信号无关的，并且对系统性能或信号传输有害的电气变化现象。这些有害的电气变化现象使得有用信号的数据发生瞬态变化，增大误差，出现假象，甚至使整个系统出现异常信号而引起故障。例如几毫伏的噪声可能淹没传感器输出的模拟信号，构成严重干扰，影响系统正常运行。

2. 电磁的分类

电磁根据其现象和信号特征有不同的分类方法。

（1）按干扰性质分

1）自然干扰。主要由雷电、太阳异常电磁辐射及来自宇宙的电磁辐射等自然现象形成的干扰。

2）人为干扰。分有意干扰和无意干扰。有意干扰指由人有意制造的电磁干扰信号。人为无意干扰很多，如工业用电、高频及微波设备等引起的干扰。

3）固有干扰。主要是电子元器件固有噪声引起的干扰，包括信号线之间的相互串扰，长线传输时由于阻抗不匹配而引起的反射噪声、负载突变而引起的瞬变噪声以及馈电系统的浪涌噪声干扰等。

（2）按干扰的耦合模式分

1）电场耦合干扰。电场通过电容耦合的干扰，包括电路周围物件上聚积的电荷直接对电路的泄放，大载流导体产生的电场通过寄生电容对受扰装置产生的耦合干扰等。

2）磁场耦合干扰。大电流周围磁场对装置回路耦合形成的干扰。动力线、电动机、发电动机、电源变压器和继电器等都会产生这种磁场。

3）漏电耦合干扰。绝缘电阻降低而由漏电流引起的干扰。多发生于工作条件比较恶劣的环境或器件性能退化、器件本身老化的情况下。

4）共阻抗感应干扰。电路各部分公共导线阻抗、地阻抗和电源内阻压降相互耦合形成的干扰。这是机电一体化系统普遍存在的一种干扰。

5）电磁辐射干扰。由各种大功率高频、中频发生装置、各种电火花以及电台、电视台等产生的高频电磁波，向周围空间辐射，形成电磁辐射干扰。

3. 数控机床的抗干扰措施

机床所使用的电缆分类如表 6-16 所示，每组电缆应按表中所述处理方法处理，并按分组走线，电缆走线方法如图 6-36 所示。

表 6-16　信号线的分组

<table>
<tr><th>组别</th><th>信号线</th><th>处理方法</th></tr>
<tr><td rowspan="6">A</td><td>一次交流电源线</td><td rowspan="6">B、C 组的电缆必须与其他组电缆分开走线[①]或进行电磁屏蔽[②]</td></tr>
<tr><td>二次交流电源线</td></tr>
<tr><td>交/直流动力线（包括伺服电动机、主轴电动机动力线）</td></tr>
<tr><td>交/直流线圈</td></tr>
<tr><td>交/直流继电器</td></tr>
<tr><td></td></tr>
<tr><td rowspan="4">B</td><td>直流线圈（24V　DC）</td><td rowspan="4">在直流线圈和继电器上连接二极管，A 组电缆要与其他组电缆分开走线或电磁屏蔽；尽量使 C 组远离其他组；最好进行屏蔽处理</td></tr>
<tr><td>直流继电器（24V　DC）</td></tr>
<tr><td>CNC—强电柜之间的 D1/D0 电缆</td></tr>
<tr><td>CNC—机床之间的 D1/D0 电缆</td></tr>
</table>

（续）

组别	信 号 线	处 理 方 法
C	CNC—伺服放大器之间的电缆	A 组电缆要和其他组电缆分开走线，要进行电磁屏蔽；B 组电缆尽量与其他组电缆分开；必须实施屏蔽处理
	位置反馈、速度反馈用的电缆	
	CNC—主轴放大器之间的电缆	
	位置编码器电缆	
	手摇脉冲发生器电缆	
	CRT（LCD）MDI 用的电缆	
	RS—232C，RS—422 用的电缆	
	电池电缆	
	其他需要屏蔽用的电缆	

① 分开走线指每组间的电缆间隔要在 10cm 以上。

② 电磁屏蔽指各组间用接地的钢板屏蔽。

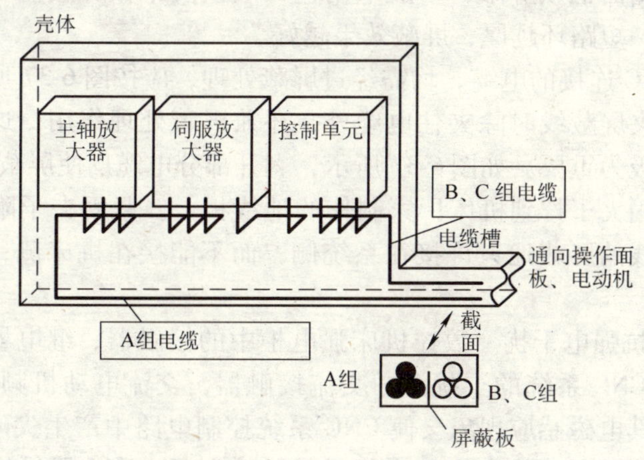

图 6-36　信号线分组与走线

（1）屏蔽　屏蔽是利用导电或导磁材料制成的盒状或壳状屏蔽体将干扰源或干扰对象包围起来，从而割断或削弱干扰场的空间耦合通道，阻止其电磁能量的传输。按需要屏蔽的干扰场性质的不同，可分为电场屏蔽、磁场屏蔽和电磁场屏蔽。

电场屏蔽是为了消除或抑制由于电场耦合引起的干扰。通常用

铜和铝等导电性能良好的金属材料作屏蔽体。屏蔽体结构应尽量完整、严密并保持良好的接地。

磁场屏蔽是为了消除或抑制由于磁场耦合引起的干扰。对静磁场及低频交变磁场，可用高磁导率的材料作屏蔽体，并保证磁路畅通。对高频交变磁场，由于主要靠屏蔽体壳体上感生的涡流所产生的反磁场起排斥原磁场的作用，因此，应选用良导体材料，如铜、铝等作屏蔽体。

一般情况下，单纯的电场或磁场是很少见的，通常是电磁场同时存在的，因此应将电磁场同时屏蔽。例如，在电子仪器内部，最大的工频磁场来自电源变压器，对变压器进行屏蔽是抑制其干扰的有效措施。操作方法是在变压器绕组线包的外面包一层铜皮作为漏磁短路环，当漏磁通穿过短路环时，在铜环中感生涡流，因此会产生反磁通以抵消部分漏磁通，使变压器外的磁通减弱。对变压器或扼流圈的侧面也须屏蔽，一般采用包一层铁皮来做屏蔽盒。铁皮的层数越多，短路环越厚，屏蔽效果越好。

与 CNC 连接的电缆，均需经过屏蔽处理，应按图 6-37 所示方法紧固。装夹屏蔽线时除夹住电缆外，还兼屏蔽处理作用，这对系统的稳定性极为重要。如图 6-37 所示，剥开部分电缆皮使屏蔽层露出，将其用紧固夹子拧到机床厂家制作的地线板上。紧固夹子附在 CNC 上。屏蔽线的屏蔽地只许接在系统侧，而不能接在机床侧，否则会引起干扰。

（2）抗强电干扰　数控机床强电柜中的接触器、继电器等电磁部件都是 CNC 系统的干扰源。交流接触器，交流电动机频繁起动、停止时，其电磁感应现象会使 CNC 系统控制电路中产生尖峰、浪涌等噪声，线圈电感将产生很高能量的脉冲电压。这个脉冲电压会通过电缆干扰电子线路。因此，一定要对这些电磁干扰采取措施，予以消除。为减小这个电压，在 AC 设备中使用灭弧器，在 DC 中使用二极管，具体的措施如下：

1）在交流接触器线圈的两端或交流电动机的三相输入端并联 RC 网络，称为 CR 型灭弧器。如图 6-38 所示。灭弧器的 CR 值标准根据线圈的静态电流和直流电阻确定。

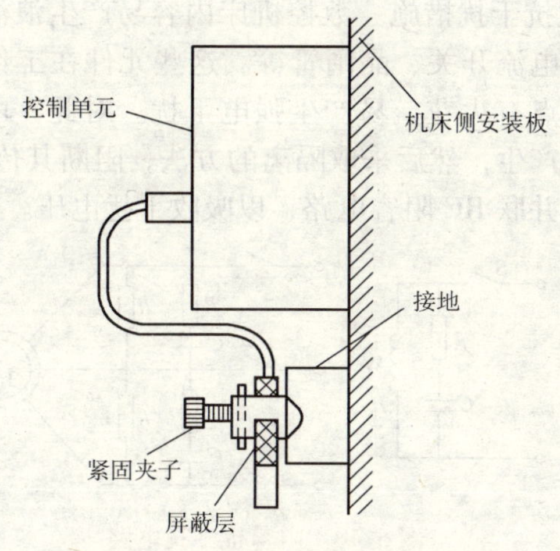

图 6-37　电缆的装夹与屏蔽处理

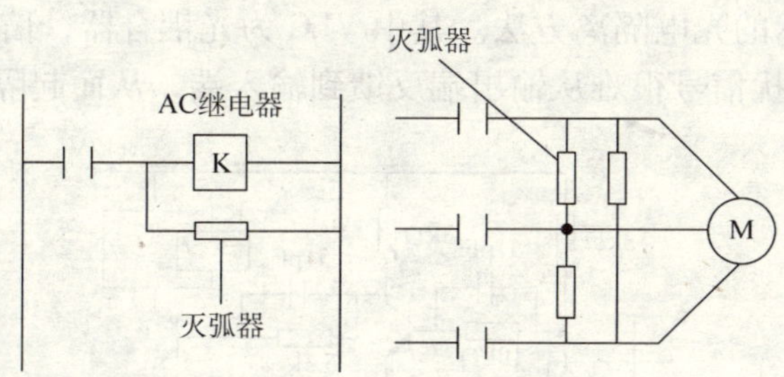

图 6-38　CR 型灭弧器

2）对于直流接触器或直流电磁阀的线圈，在它们的两端反相并入一个续流二极管，称为二极管形灭弧器，如图 6-39 所示。二极管的耐电压和电流值约为额定电压、电流的 2 倍。

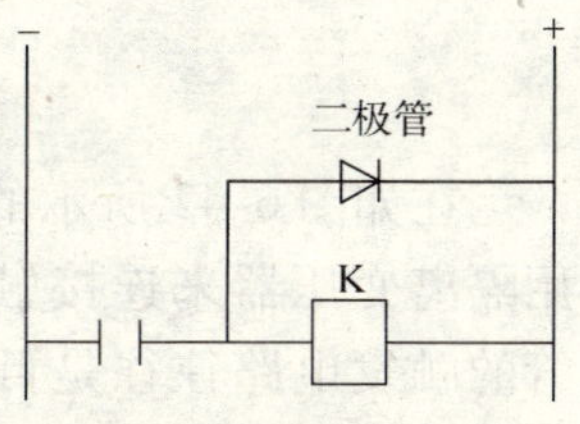

图 6-39　二极管形灭弧器

这些办法均可抑制这些电器产生的干扰。但要注意的一点是，这些吸收网络的连线不应大于 20cm，否则，效果不会太好。另外，在 CNC 系统的控制电路的输入电源部分，也要采取措施。一般是在三相电源线间并联浪涌吸收器，从而有效地吸收电网中的尖峰电压，起到一定的保护作用。

（3）其他抗干扰措施　数控机床内容易产生浪涌的器件有继电器、接触器、电流开关、晶闸管等。这些元件在工作中要释放线圈中的能量，触点有火花，易产生强电干扰。对此，可以采取吸收的方法，抑制其产生，然后采取隔离的方法，阻断其传导。图 6-40 所示为在线圈上并联 RC 阻容电路，以吸收干扰电压。

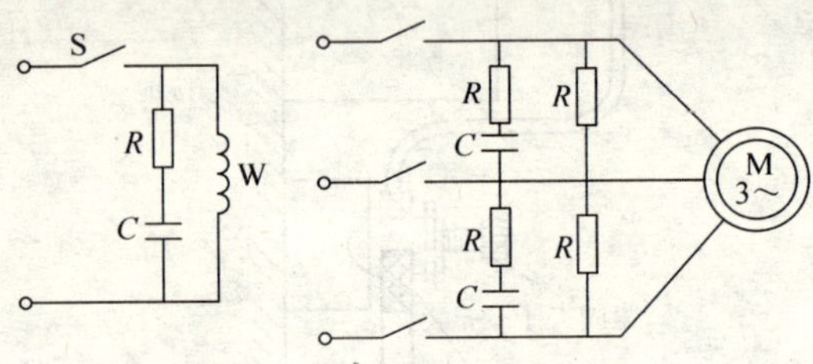

图 6-40　阻容抗干扰电路

为防止驱动接口中的强电干扰及其他干扰进入控制器，可采用图 6-41 所示的光电隔离方法。其中 VLC 为光耦合器，信号在其中单向传输，干扰信号很难从输出端反馈到输入端，从而起隔离的作用。

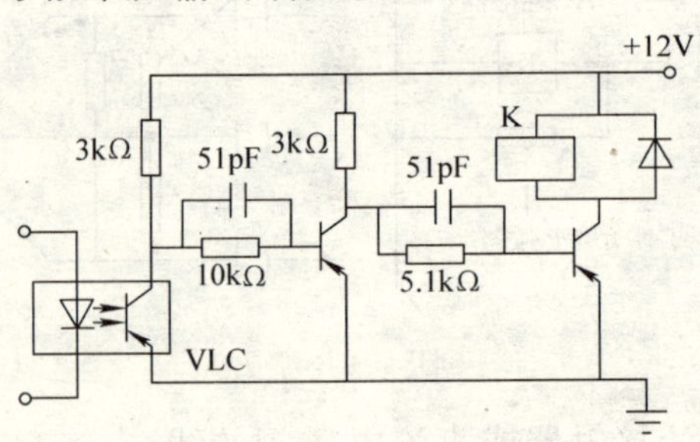

图 6-41　驱动接口的隔离措施

在如图 6-42 所示的晶闸管电路中，利用隔离变压器来连接触发电路。因为晶闸管的触发电路往往是低电平控制的，而阳极电压往往很高，采用隔离变压器后，不仅可以防止高电压工作时对低电平电路的影响，而且通过变化的选择，还可使晶闸管的门极得到强触发，输入阻抗得到匹配。

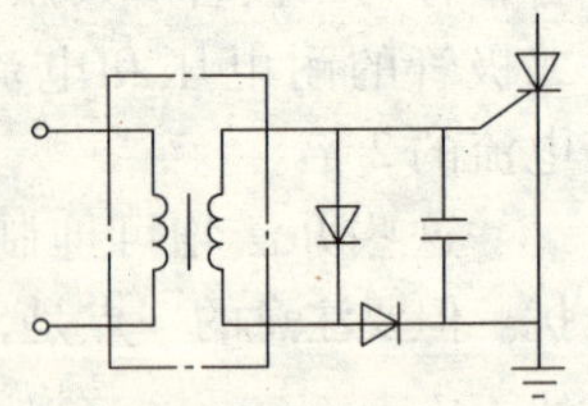

图 6-42　隔离变压器方式

通过本节的学习要求读者能根据PLC梯形图检查出故障的发生点，并提出机床维修方案；本节介绍的只是FANUC系统的PMC，这是高级技师要求的内容

第六节　可编程序控制器在数控车床上的应用

PLC 在数控机床中主要实现 M、S、T 的控制功能。以下介绍数控系统中 PLC 控制程序的几个实例。

一、主轴准停控制

在加工中心进行加工时，为了换刀时使机械手对准抓刀槽或精镗孔退刀时都要用到主轴准停功能。在 FANUC 系统中采用 PLC 实现的梯形图如图 6-43 所示。

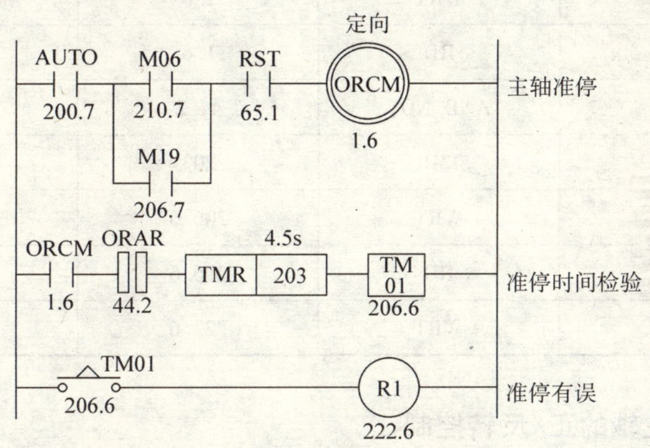

图 6-43　主轴准停控制梯形图

在图 6-43 中，控制主轴准停运动有两个主要信号，一个是 M06，它是换刀指令信号，另一个是主轴准停控制指令信号。这两个信号并联作为主轴准停控制的主令信号，只要其中一个信号动作，就能控制主轴作准停运动。除此之外，对主轴的控制还需要其他信号，如：Auto 为自动工作方式状态信号，手动时 AUTO 为“0”，自动时为“1”；RST 为 CNC 系统的复位信号；ORCM 为主轴准停继电

器，其触点输出到机床以控制主轴准停；ORAR 为从机床侧输入的“准停到位”信号。为了检测主轴准停是否在规定时间内完成，这里应用了功能指令 TMR 进行定时操作。设定时限为 4. 5s，如在 4. 5s 内不能完成准停控制，将发出报警信号，R1 即为报警继电器。梯形图 6-43 转为语句见表 6-17。

表 6-17　图 6-43 的语句表

1	RD	200. 7	AUTO
2	RD. STK	210. 7	M06
3	OR	206. 7	M19
4	AND. STK	—	M06 + M19
5	AND. NOT	65. 1	—
6	WRT	1. 6	准停输出
7	RD	1. 6	ORCM
8	AND. NOT	44. 2	ORAM
9	TMR	203	—
10	WRT	206. 6	—
11	RD	206. 6	TM01
12	WRT	222. 6	—

二、主轴的正/反转控制

图 6-44 是控制主轴的正、反转的梯形图，图中中间继电器 SPAW（R715. 2）是控制主轴旋转的条件，必须在以下 3 个条件同时满足时主轴才可能旋转。

1. 主轴旋转的条件

1）CNC 处于非紧急停止状态，即 * ESP = “1”。

2）主轴必须处于紧刀状态，即 SQHB = “1”（紧刀状态开关接通）。

3）主轴停止条件不满足。

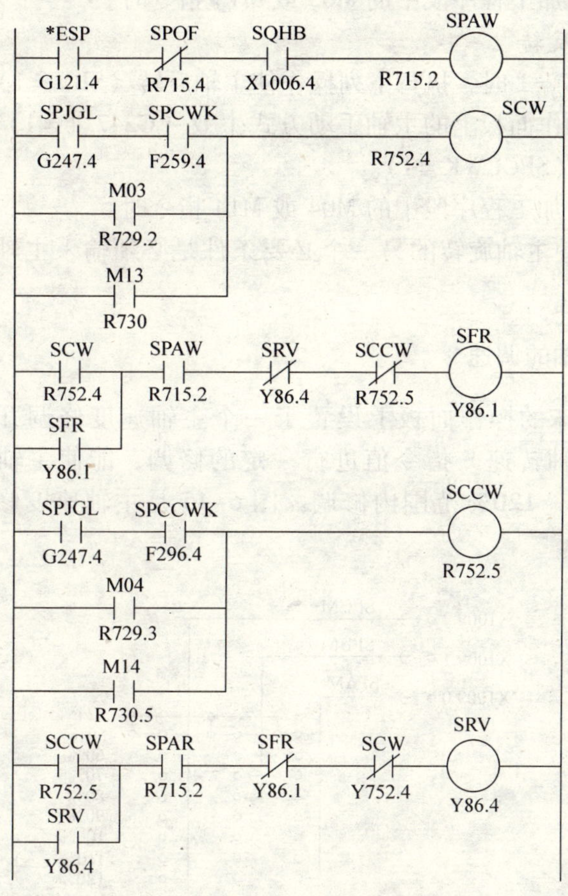

图 6-44　主轴正、反转控制梯形图

在图 6-44 中，PLC 传送到 MT 信号 SFR（Y86.1）和 SRV（Y86.4）为输出到主轴伺服装置的主轴正转和反转命令（SFR = 1 时，主轴正转；SRV = 1 时，主轴反转）。

2. 主轴正转

当 SPAW = 1 时，执行下列操作使主轴正转（SFR = 1）：

1）在操作面板上的主轴手动方式生效（G247.4 = 1）时按下主轴正转键（SPCWK = 1）

2）执行加工程序段中的 M03 或 M13 指令时。

3. 主轴反转

当 SPAW =1 时，执行下列操作使主轴反转（SRV =1）：

1）在操作面板上的主轴手动方式生效（G247. 4 =1）时，按下主轴反转键（SPCCWK =1）。

2）执行加工程序段中的 M04 或 M14 指令时。

注：要使主轴旋转的另一个必要条件是必须输入主轴速度命令 S。

三、主轴的调速

数控机床的操作面板上设置了一个主轴速度修调开关，用来对程编的主轴转速 S 指令值进行一定的修调，能使主轴程编速度在一定 50% ~120% 范围内修调。图 6-45 是主轴速度修调开关的连接图。

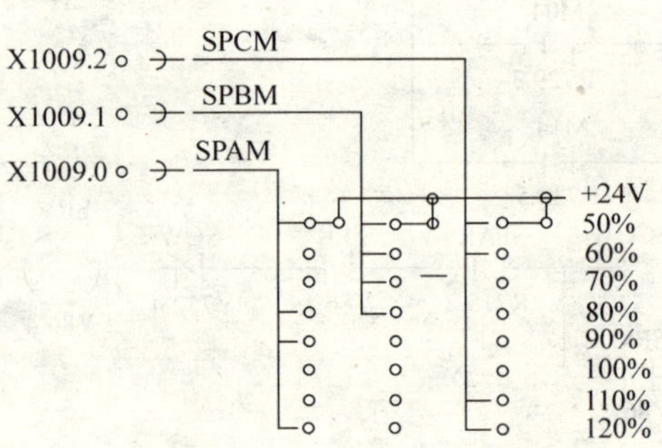

图 6-45　主轴速度修调开关的连接图

在图 6-45 中，触点信号 SPAM、SPBM 和 SPCM 是从机床操作面板的主轴速度开关输入到 PLC 的输入信号，即 MT→PLC。它们的地址分别为 X1009. 0、X1009. 1 和 X1009. 2。表 6-18 是主轴速度修调范围内的信号状态表。其中 SPA、SPB 和 SPC 为 PLC 传送到 CNC 的输入信号，它们的地址分别为 G103. 3、G103. 4 和 G103. 5，通过将这 3 个信号以不同状态进行组合，使得主轴的速度可在 50% ~120% 范围内的修调。

表 6-18　主轴速度修调范围的信号状态

主轴修调百分率(%)	3 位信号		
	SPA	SPB	SPC
50	1	1	1
60	0	1	1
70	0	1	0
80	1	1	0
90	1	0	0
100	0	0	0
110	0	0	1
120	1	0	1

图 6-46 中的梯形图将外部开关信号 SPAM、SPBM 和 SPCM 直接与 CNC 输入点 SPA、SPB 和 SPC 接通，使外部开关的 8 种不同状态输入到 CNC 中，从而达到主轴速度修调的目的。

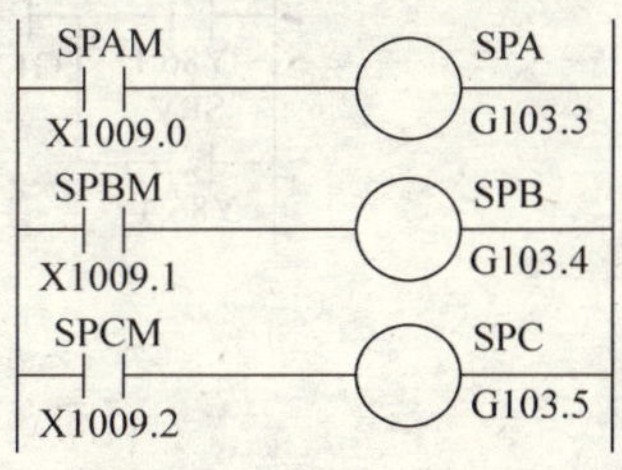

图 6-46　主轴速度修调控制程序梯形图

四、主轴的停止控制

主轴停止控制梯形图如图 6-47 所示。要实现主轴的停止（R715.4 = 1）必须满足以下条件：

1）主轴手动方式有效（G247.4 = 1），进给运动已经停止（F149.3 = 1）时按下主轴停止键（F294.4 = 1）。

2）执行的程序段中有选择停止指令 M01，且操作面板上的选择停止方式有效（G246.1 = 1），进给运动停止后。

3）程序段中有 M00、M05、M02 和 M30 指令且进给运动停止后。图 6-47 中 PLC 传送给 CNC 的信号 * SSTP 为主轴停止信号，只有在 * SSTP = 1 时，才允许控制主轴速度的模拟电压输出。

五、M 功能的译码

M 功能用来控制机床的辅助操作，通常被编写在零件加工程序

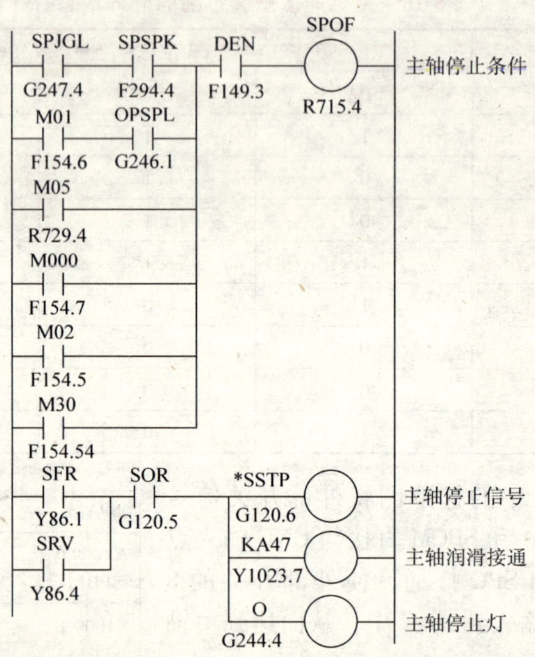

图 6-47　主轴停止控制梯形图

之中。CNC 系统执行含有 M 功能指令的零件加工程序段时，在 CNC 装置传送给可编程序控制器，数据区地址为 F151 的字节中产生相应的 M 代码值。可编程序控制器通过执行相应的译码程序，从中识别相应的代码类型，进行相应的辅助功能控制。图 6-48 中为主轴控制用的一些 M 功能代码的译码程序，其中 M03 为主轴正转，M04 为主轴反转，M05 为主轴停止，M19 为主轴准停。

当 F151 的内容为 2 位 BCD 码数为 03 时，中间继电器 R729. 2 为 1；当 F151 的内容为 2 位 BCD 码数为 04 时，中间继电器 R729. 3 为 1。PLC 可以用这两个触点信号来控制主轴的正转和反转，同理，当 F151 的内容为 2 位 BCD 码数 05 时，中间继电器 R729. 4 为 1，PLC 利用这个节点信号控制主轴的停止；当 F151 的内容为 2 位 BCD 码数 19 时，中间继电器 R731. 2 为 1，PLC 利用这个节点信号来控制主轴的准停运动。

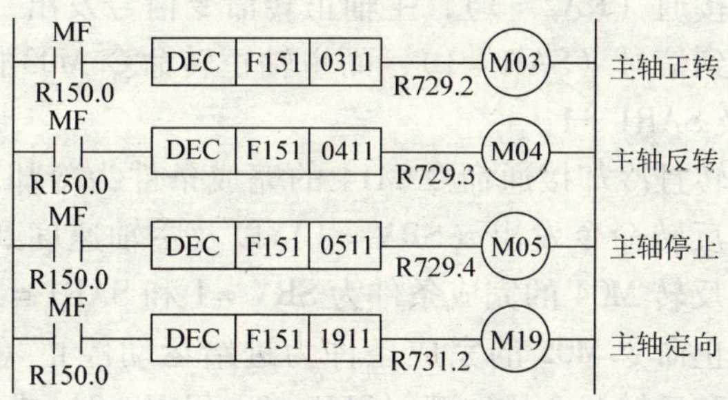

图 6-48 M 功能译码梯形图

在图 6-48 中，触点 MF 为 M 功能的代码读信号，它是在 CNC 发出 M 功能代码之后发出的由 CNC 传送到 PLC 的信号。

六、M 功能信号的处理

CNC 系统发出辅助功能指令 M，主轴转速指令 S 和刀具选择指令都是编写在零件加工程序段中的，只有在这些指令完成以后，加工程序才能进入下一个程序段。为了简单起见，下面以 M 功能为例说明其完成信号的处理方法。

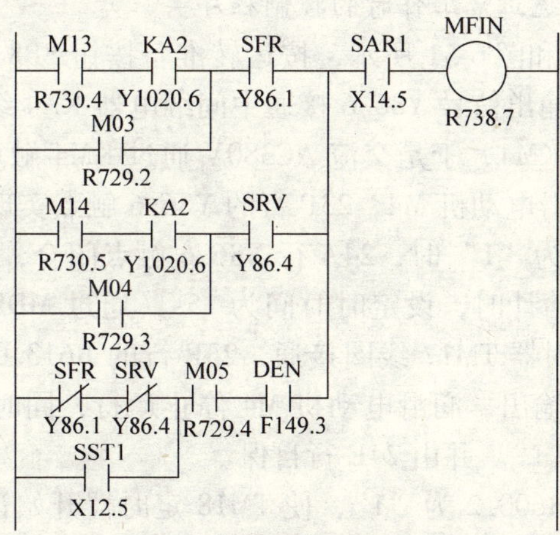

图 6-49 M 功能信号处理梯形图

从图 6-49 中可以看出，主轴正转且冷却接通命令 M13 的完成条件为冷却泵接通（KA2 =1），主轴正转命令信号发出（SFR =1）以及主轴速度到信号（SAR =1），而主轴正转命令 M03 的完成条件为 SFR =1 以及 SAR1 =1。

主轴反转且冷却接通命令 M14 的完成条件为冷却泵接通（KA2 =1），主轴反转命令发出（SRV =1）以及主轴速度到达（SAR1 = 1），而主轴反转 M04 的完成条件为 SRV =1 和 SAR1 =1。

主轴停止命令 M05 的完成条件为进给运动停止（DEN =1）以及主轴正转和反转命令均取消（SFR =0，SRV =0）或者主轴速度为“0”（SST1 =1）。

七、润滑系统自动控制

图 6-50 为某数控机床润滑系统的电气控制原理图，图 6-51 为该润滑系统控制流程图，图 6-52 为该润滑系统 PLC 控制梯形图。

从图 6-50 中可知，润滑系统 PLC 要处理来自机床侧的 4 个以 X 字母开头的输入地址信号，2 个以 Y 地址开头的输出地址信号，从图 6-49 可以看出，还要处理 12 个以 R 字母开头的内部继电器以及 4 组以 T 字母开头的固定定时器时间设定地址。梯形图控制顺序简述如下。

1. 润滑系统正常工作时的控制程序

如图 6-50 和图 6-51 所示，按运转准备按钮 SB8、23N 行 X17. 7 触点闭合，使输出信号 Y86. 6 接通中间继电器 KA4 线圈，KA4 触点又接通接触器 KM4，于是交流 AC380V 通过 KM4 触点与 M4 电动机接通，起动润滑电动机 M4，23P 行的 Y86. 6 触点实现自保。

当 Y86. 6 为“1”时，24A 行 Y86. 6 触点闭合，TM17 号定时器（R613. 0）开始计时，设定时时间为 15s（通过 MDI 面板设定）到达 15s 后，定时器 TM17 线圈接通，23P 行的 R613. 0 触点断开，于是 Y86. 6 停止输出，润滑电动机 M4 停止运行，同时也使 24D 行输出 R600. 2 为“1”。并由 24E 行自保。

24F 行的 R600. 2 为“1”，使 TM18 定时器开始计时，计时时间设定为 25min。到达时间后，输出信号 R613. 1 为“1”，使 24G 行的 R613. 1 触点闭合，Y86. 6 输出并自锁，润滑电动机 M4 重新起动运行，重复上述控制过程。

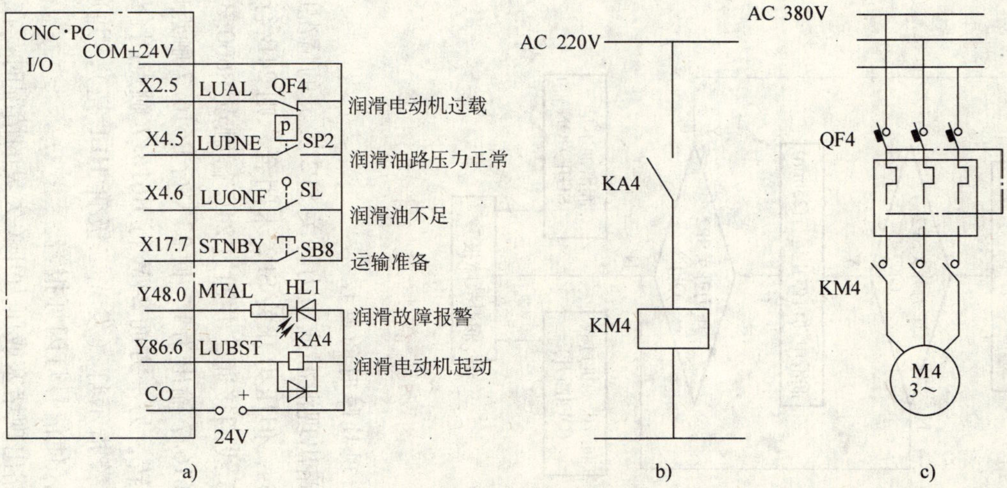

图6–50　润滑系统电气控制原理图

a）I/O接口电路　b）继电控制电路　c）主电路

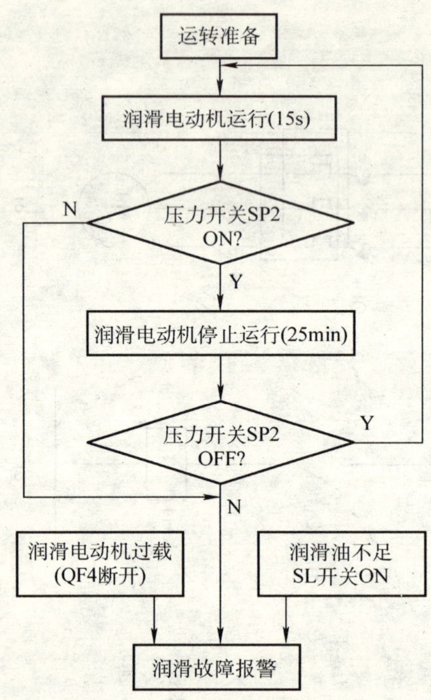

图 6-51　润滑系统控制流程图

2. 润滑系统出现故障时的监控

1）当润滑油路出现泄漏或压力开关 SP2 失灵的情况时，润滑电动机 M4 已运行 15s，但压力开关 SP2 未闭合，则 24B 行的 X4. 5 触点未打开，R600. 3 线圈接通，并通过 24C 行触点 R600. 3 实现自保。一方面使 24I 行 R616. 7 输出为 1，使 23N 行 R616. 7 触点断开，润滑电动机 M4 停止运转，另一方面 24M 行 R616. 7 触点闭合，使 Y48. 0 输出为 1，接通报警指示灯（发光二极管 HL1 亮），并通过 TM02、TM03 定时器控制，使信号灯闪烁报警。

2）当润滑油路出现堵塞或压力开关失灵的情况时，在润滑电动机 M4 已停止运行 25min 后，油路压力降不下来（SP2 处于闭合状态），则 24G 行的 X4. 5 闭合，R600. 4 输出为 1，同样使 24I 行的 R616. 7 输出为 1，又使 23N 行的 R616. 7 断开，润滑电动机将不再起动。

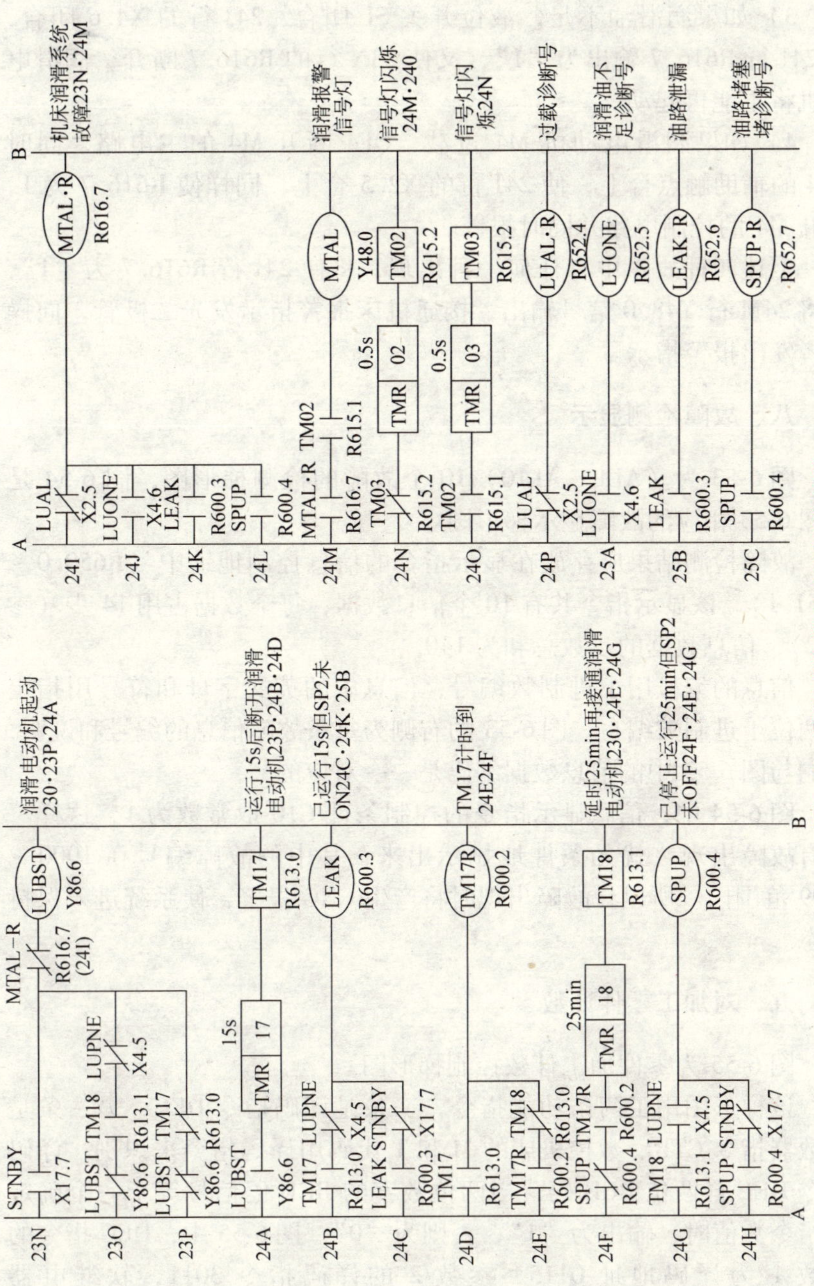

图6-52 润滑系统的PLC控制梯形图

3）如果润滑油不足，液位开关 SL 闭合，24J 行的 X4.6 闭合，使 24I 行 R616.7 输出为“1”，又使 23N 行的 R616.7 断开，润滑电动机将不能再起动。

4）如果润滑电动机 M4 过载，QF4 断开 M4 的主电路，同时 QF4 的辅助触点合上，使 24I 行的 X2.5 合上，同样使 R616.7 为 1，断开 M4 的控制电路并同时报警。

上述四种故障中有任何一种出现，将使 24I 行 R616.7 为“1”，并将 24M 行 Y48.0 信号输出，接通机床报警指示发光二极管，向操作者发出报警指示。

八、故障检测显示

图 6-53 为（AL1 ~ AL10）10 个故障的检测梯形图，图 6-54 是与图 6-53 相应的故障显示梯形图。

故障检测结果应存放在显示指令的信息控制地址中（R650.0 ~ R651.1）。该显示指令共有 10 个信息数据，每个数据占用 14 步（参数 2），信息数据的步数总和为 140。

信息的编号用十进制数编号，信息中的英文字母和符号用指定的两位十进制数编写。图 6-53 的右侧为每条故障信息的编号和说明，它们与图 6-53 中的信息数据编码是一一对应的。

图 6-54 中，信息显示指令的控制条件 C10 取常数为 1，这样一旦有故障出现，就无条件地显示出来，其中的故障编号在 1000 ~ 1099 范围内。所以，故障出现时将产生 CNC 报警，使系统进入保持状态。

九、对加工零件计数

图 6-55 为零件加工计数控制梯形图。

该梯形图用了两条功能指令，一条是译码指令 DEC，另一条是计数器指令 CTR。数控机床的 M 和 T 代码用译码指令来识别，译码指令 DEC 译两位 BCD 码，当两位数字的 BCD 码信号等于一个确定的指令数值时，输出为“1”，否则为“0”。图 6-55 中，DEC 指令的参数 1 为译码地址 0115，参数 2 的译码指令 3011，软继电器

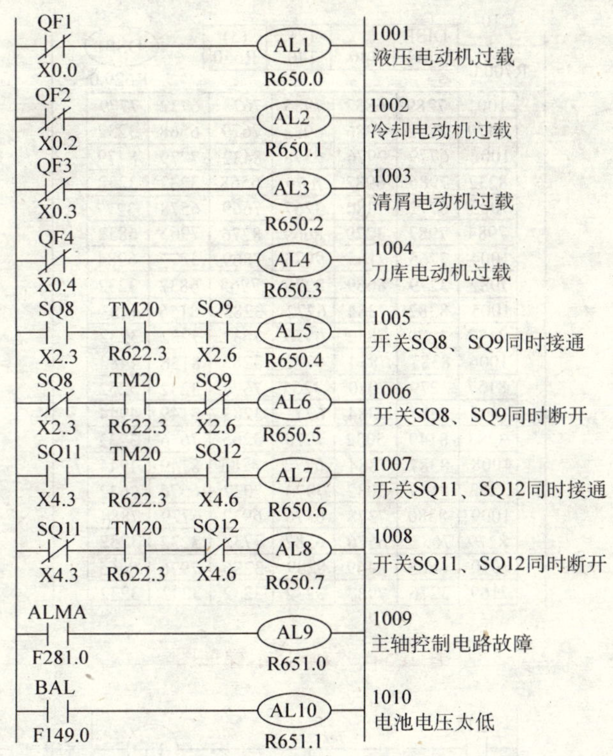

图 6-53　故障检测梯形图

M30（150. 1）即为译码输出。

在数控加工中，每当零件加工程序执行到结尾时，程序中出现 M30 代码，经译码输出，M30 为“1”，以此作为 CTR 计数脉冲，即可实现零件加工计数。在 CTR 功能指令中参数为计数器号，也就是一个 16 位的存储器地址单元，最大预置数为 9999。零件加工件数的预期值可通过手动数据输入（MDI）面板设置。控制条件 200. 1 为常闭触点表示计数器初始值为“0”及计数器作加法计数，为满足这一控制条件，在梯形图顶部首先设置了 L1 作为逻辑“1”电路。同时，M30 常开触点作为 CTR 的计数脉冲，当计数到预置值时，R1 输出“1”，图中 R1 常闭触点与 M30 常开触点串联，一旦计数到位，即可断开计数操作。

C10 R700.0 —— DISP SUB49 | (1) 140 | (2) 140 | (3) R650 —— DSP1 R629.0

1001	7289	6882	7985	7673	6732	7779
8479	8232	7986	6982	7679	6568	3232
1002	6779	7976	6578	8432	7779	8479
8232	7986	6982	7679	6568	3232	3232
1003	6772	7380	3267	7669	6578	3277
7984	7982	3279	8669	8276	7965	6832
1004	7765	7165	9073	7869	3277	6984
7982	3279	8669	8276	7965	6832	3232
1005	8387	7384	6772	3283	8156	4483
8157	3279	7832	6576	7632	3232	3232
1006	8387	7834	6772	3283	8156	4483
8157	3279	7070	3265	7676	3232	3232
1007	8387	7384	6772	3283	8149	4944
3283	8149	5032	7978	3265	7676	3232
1008	8387	7384	6772	3283	8149	4944
3283	8149	5032	7970	7032	6576	7632
1009	8380	7378	6876	6932	6779	7884
8279	7632	6576	6582	7732	3232	3232
1010	6665	8469	8289	3286	7976	8465
7169	3276	7987	3232	3232	3232	3232

图 6-54　故障显示梯形图

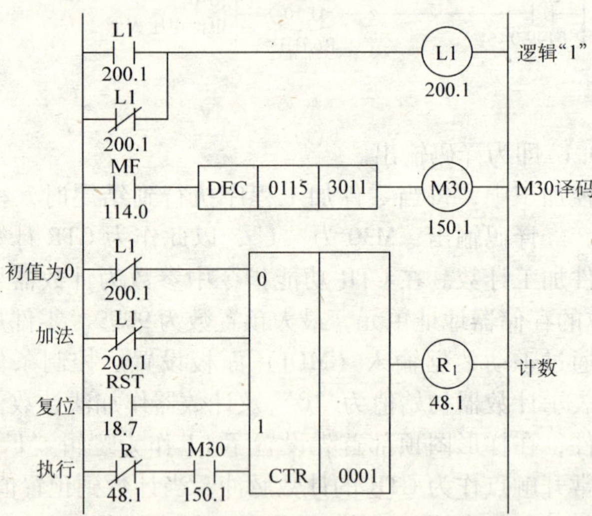

图 6-55　为零件加工计数控制梯形图

通过本节的学习要求读者能根据机床的现状合理调整机床参数；本节介绍的只是FANUC系统中PMC参数的调整，这是高级技师要求的内容。

第七节　参数的调整

一、PMC 接口地址的分配

PMC 接口的地址表达形式如图 6-56 所示，第一位字母表示地址类型，包括机床侧的输入（X）、输出线圈（Y）信号、NC 系统部分的输入（F）、输出线圈（G）信号、内部继电器（R）、信息显示请求信号（A）、计数器（C）、保持型继电器（K）、数据表（D）、定时器（T）、标号（L）和子程序号（P）。小数点前的数字表示该地址类型的字节地址，小数点后一位数字表示该字节中具体某一位的位地址，范围为“0～7”。在功能指令中指定字节单位的地址时，位号就不必给出了。

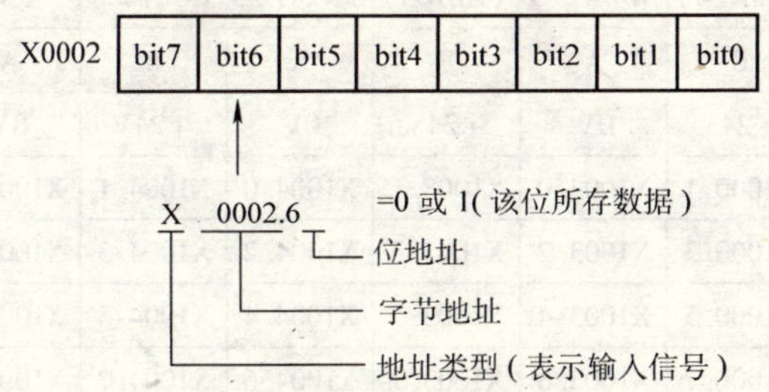

图 6-56　PMC 接口的地址表达形式

PMC 与 CNC 系统部分，以及与机床侧辅助电气部分的接口关系如图 6-57 所示。从图中能够看到，X 代表来自机床侧的输入信号（如接近开关、极限开关、压力开关、操作按钮、对刀仪等检测元件），内装 I/O 的地址是从 X1000 开始的，共有 96 个输入点，见表 6-19。而 I/O LINK 的地址是从 X0（实际为 X0000，因为前三个都是 0 省略不写，其他存储地址的表达形式类似）开始的，共 128 个字节。PMC 接收从机床侧各检测装置反馈回来的输入信号，在控制程序中进行逻辑运算，作为机床动作的条件及对外围设备进行自诊断的依据。另外从机床侧输入的部分信号是存储在指定地址上的（表 6-20）,NC 在运行时直接引用这些地址信号，如果同时引用 I/O LINK 和内装 I/O 卡，则以内装 I/O 卡指定的地址有效。

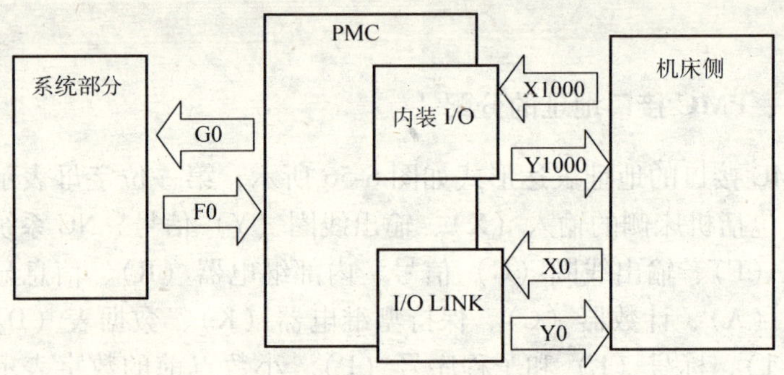

图 6-57　PMC、CNC 与机床侧的接口关系

表 6-19　控制单元 I/O 板内装 I/O 卡的地址分配

	DI/DO－1（CB104）		DI/DO－2（CB105）		DI/DO－3（CB106）		DI/DO－4（CB107）	
	A	B	A	B	A	B	A	B
01	0V	+24V	0V	+24V	0V	+24V	0V	+24V
02	X1000.0	X1000.1	X1003.0	X1003.1	X1004.0	X1004.1	X1007.0	X1007.1
03	X1000.2	X1000.3	X1003.2	X1003.3	X1004.2	X1004.3	X1007.2	X1007.3
04	X1000.4	X1000.5	X1003.4	X1003.5	X1004.4	X1004.5	X1007.4	X1007.5
05	X1000.6	X1000.7	X1003.6	X1003.7	X1004.6	X1004.7	X1007.6	X1007.7
06	X1001.0	X1001.1	X1008.0	X1008.1	X1005.0	X1005.1	X1010.0	X1010.1
07	X1001.2	X1001.3	X1008.2	X1008.3	X1005.2	X1005.3	X1010.2	X1010.3
08	X1001.4	X1001.5	X1008.4	X1008.5	X1005.4	X1005.5	X1010.4	X1010.5
09	X1001.6	X1001.7	X1008.6	X1008.7	X1005.6	X1005.7	X1010.6	X1010.7
10	X1002.0	X1002.1	X1009.0	X1009.1	X1006.0	X1006.1	X1011.0	X1011.1
11	X1002.2	X1002.3	X1009.2	X1009.3	X1006.2	X1006.3	X1011.2	X1011.3
12	X1002.4	X1002.5	X1009.4	X1009.5	X1006.4	X1006.5	X1011.4	X1011.5
13	X1002.6	X1002.7	X1009.6	X1009.7	X1006.6	X1006.7	X1011.6	X1011.7

（续）

	DI/DO－1（CB104）		DI/DO－2（CB105）		DI/DO－3（CB106）		DI/DO－4（CB107）	
	A	B	A	B	A	B	A	B
14	—	—	—	—	COM4	—	—	—
15	—	—	—	—	HDI0	—	—	—
16	Y1000. 0	Y1000. 1	Y1002. 0	Y1002. 1	Y1004. 0	Y1004. 1	Y1006. 0	Y1006. 1
17	Y1000. 2	Y1000. 3	Y1002. 2	Y1002. 3	Y1004. 2	Y1004. 3	Y1006. 2	Y1006. 3
18	Y1000. 4	Y1000. 5	Y1002. 4	Y1002. 5	Y1004. 4	Y1004. 5	Y1006. 4	Y1006. 5
19	Y1000. 6	Y1000. 7	Y1002. 6	Y1002. 7	Y1004. 6	Y1004. 7	Y1006. 6	Y1006. 7
20	Y1001. 0	Y1001. 1	Y1003. 0	Y1003. 1	Y1005. 0	Y1005. 1	Y1007. 0	Y1007. 1
21	Y1001. 2	Y1001. 3	Y1003. 2	Y1003. 3	Y1005. 2	Y1005. 3	Y1007. 2	Y1007. 3
22	Y1001. 4	Y1001. 5	Y1003. 4	Y1003. 5	Y1005. 4	Y1005. 5	Y1007. 4	Y1007. 5
23	Y1001. 6	Y1001. 7	Y1003. 6	Y1003. 7	Y1005. 6	Y1005. 7	Y1007. 6	Y1007. 7
24	DOCOM	DOCOM	DOCOM	DOCOM	DOCOM	DOCOM	DOCOM	DOCOM
25	DOCOM	DOCOM	DOCOM	DOCOM	DOCOM	DOCOM	DOCOM	DOCOM

表 6-20 存储在指定地址上的信号

信号		符号	地址	
			当使用 I/O Link 时	当使用内装 I/O 卡时
车床系统	*X* 轴测量位置到达信号	XAE	X4. 0	X1004. 0
	Z 轴测量位置到达信号	ZAE	X4. 1	X1004. 1
	刀具补偿测量值直接输入功能 B ＋*X* 方向信号	＋MIT1	X4. 2	X1004. 2
	刀具补偿测量值直接输入功能 B －*X* 方向信号	－MIT1	X4. 3	X1004. 3
	刀具补偿测量值直接输入功能 B ＋*Z* 方向信号	＋MIT2	X4. 4	X1004. 4
	刀具补偿测量值直接输入功能 B －*Z* 方向信号	－MIT2	X4. 5	X1004. 5

（续）

信号		符号	地址	
			当使用 I/O Link 时	当使用内装 I/O 卡时
加工中心系统	*X* 轴测量位置到达信号	XAE	X4.0	X1004.0
	Y 轴测量位置到达信号	YAE	X4.1	X1004.1
	Z 轴测量位置到达信号	ZAE	X4.2	X1004.2
公共	跳转（SKIP）信号	SKIP	X4.7	X1004.7
	急停信号	* ESP	X8.4	X1008.4
	第 1 轴参考点返回减速信号	* DEC1	X9.0	X1009.0
	第 2 轴参考点返回减速信号	* DEC2	X9.1	X1009.1
	第 3 轴参考点返回减速信号	* DEC3	X9.2	X1009.2
	第 4 轴参考点返回减速信号	* DEC4	X9.3	X1009.3
	第 5 轴参考点返回减速信号	* DEC5	X9.4	X1009.4
	第 6 轴参考点返回减速信号	* DEC6	X9.5	X1009.5
	第 7 轴参考点返回减速信号	* DEC7	X9.6	X1009.6
	第 8 轴参考点返回减速信号	* DEC8	X9.7	X1009.7

Y 代表由 PMC 输出到机床侧的信号。在 PMC 控制程序中，根据自动控制的要求，输出信号控制机床侧的电磁阀、接触器、信号指示灯动作，满足机床运行的需要。内装 I/O 的地址是从 Y1000 开始的，共有 64 个输出点，见表 6-20。而 I/O LINK 的地址是从 Y0 开始的，共 128 个字节。

I/O LINK 实际上是一个串行接口，可以将单元控制器、分布式 I/O 等设备连接起来，并在各设备之间高速传送 I/O 信号，输入或输出最多可以有 1024 个点。FANUC I/O LINK 会将一个设备作为主单元，例如把 FANUC 的控制主板为主单元，通过 JD1A 进行连接的设备为子单元。一个 I/O LINK 最多可以连接 16 组子单元。用于 I/O LINK 连接的两个接口分别叫做 JD1A 和 JD1B。对于 I/O LINK 中所有单元来说，JD1A 和 JD1B 的连接电缆插脚都是通用的。连接电缆总是从一个单元的 JD1A 连接到下一个单元的 JD1B。连接到最后一

个单元时，其 JD1A 是不需要连接的。

FANUC 数控系统的输入接口的电路形式如图 6-58 所示。对连接到输入点的触点电气参数额定值要求为：电压大于等于 30V，电流大于等于 16mA，断路时的触点泄漏电流小于 1mA，接通时的触点之间的电压降（包括电缆上的压降）小于 2V。

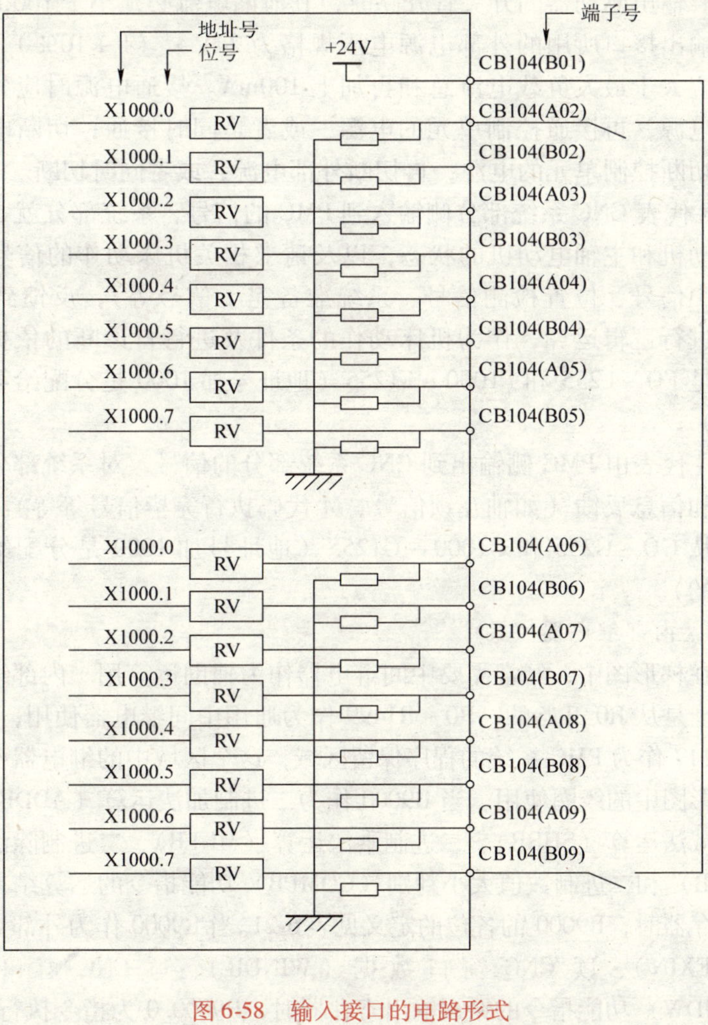

图 6-58　输入接口的电路形式

输出接口的电路形式如图 6-59 所示，注意一定不允许采用驱动器并联输出的连接方式。驱动器的最大负载电流小于 200mA，每一个 DOCOM 电源引脚的最大电流小于 0.7A（包括瞬间浪涌电流）。驱动输出时开关管的饱和压降最大为 1.0V（当负载电流为 200mA 时）。输出驱动器的耐压为小于 24V×（1+20%），包括瞬间的浪涌电压。输出驱动器的开关管开路时，其泄漏电流必须小于 100μA。

输出接口所用的外部电源电压规格为 24V×（1+10%），电源电流应大于最大负载电流总和再加上 100mA。接通电源时应先接通外部电源，再接通控制单元的电源，或者是同时接通；切断电源时应先切断控制单元的电源，再切断外部电源，或者同时切断。

F 代表 CNC 系统部分侧输入到 PMC 的信号，系统部分就是将伺服电动机和主轴电动机的状态，以及请求相关机床动作的信号（如移动中信号、位置检测信号、系统准备完了信号等），反馈到 PMC 中去进行逻辑运算，作为机床动作的条件及进行自诊断的依据。其地址是 FO~F255 和 F1000~F1255（地址号加 1000 是分配给第二系统的）。

G 代表由 PMC 侧输出到 CNC 系统部分的信号，对系统部分进行控制和信息反馈（如轴互锁信号、M 代码执行完毕信号等等）。其地址是从 GO~G255 和 G1000~G1255（地址号加 1000 是分配给第二系统的）。

1. 内部继电器（R）

在梯形图中，经常需要中间继电器作为辅助运算用。内部继电器的地址是从 R0 开始的，R0~R1499 作为通用中间继电器使用，R9000~R9117 作为 PMC 系统的程序保留区域，这个区域中的继电器不能用作梯形图中的线圈使用。当 R9000 作为二进制加法运算（ADDB）、二进制减法运算（SUBB）、二进制乘法运算（MULB）、二进制除法运算（DIVB）和二进制数值大小判别（COMPB）功能指令的运算结果输出用寄存器时，R9000 的各位的定义见表 6-21。当 R9000 作为外部数据输入（EXIN）、读 CNC 窗口数据（WINDR）、写 CNC 窗口数据（WINDW）功能指令的错误输出寄存器时，R9000.0 为指令执行出错。当 R9000~R9005 是二进制除法运算（DIVB）功能指令的运算结果输

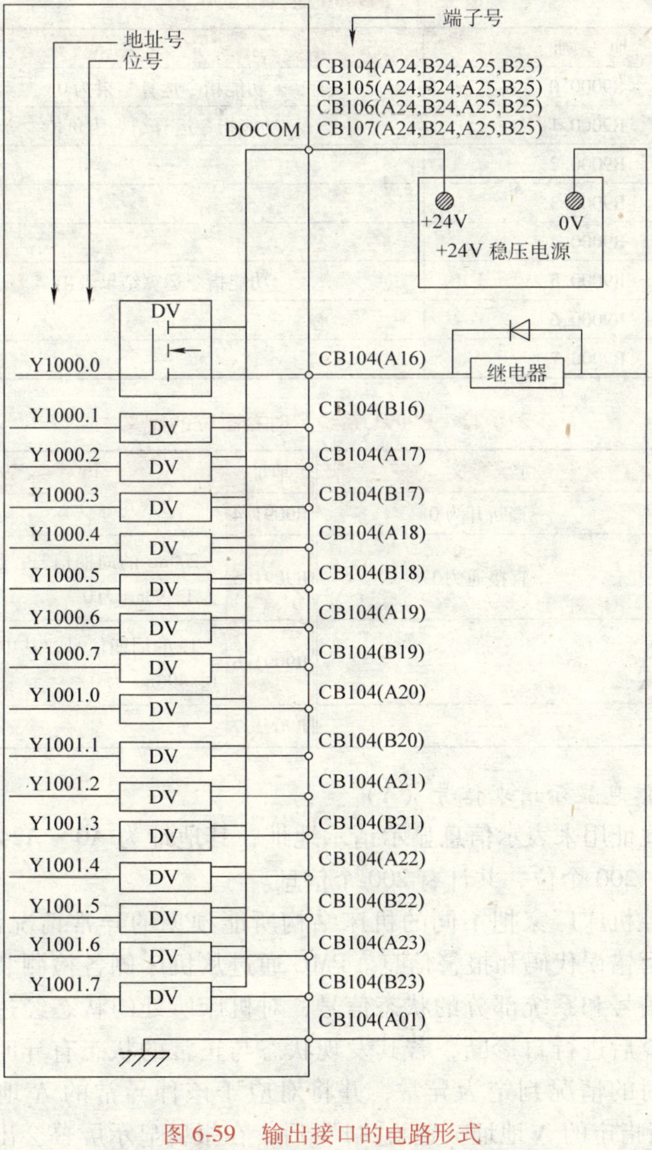

端子号
地址号
位号
CB104(A24,B24,A25,B25)
CB105(A24,B24,A25,B25)
CB106(A24,B24,A25,B25)
CB107(A24,B24,A25,B25)
DOCOM
+24V
0V
+24V 稳压电源
继电器
Y1000.0 DV CB104(A16)
Y1000.1 DV CB104(B16)
Y1000.2 DV CB104(A17)
Y1000.3 DV CB104(B17)
Y1000.4 DV CB104(A18)
Y1000.5 DV CB104(B18)
Y1000.6 DV CB104(A19)
Y1000.7 DV CB104(B19)
Y1001.0 DV CB104(A20)
Y1001.1 DV CB104(B20)
Y1001.2 DV CB104(A21)
Y1001.3 DV CB104(B21)
Y1001.4 DV CB104(A22)
Y1001.5 DV CB104(B22)
Y1001.6 DV CB104(A23)
Y1001.7 DV CB104(B23)
CB104(A01)

图 6-59　输出接口的电路形式

出寄存器时，执行 DIVB 功能指令后的余数输出到这些寄存器。R9091 是系统定时器，其各位的定义见表 6-22。

表 6-21　R9000 的各位的定义

地　址	定　义
R9000.0	功能指令运算结果为0
R9000.1	功能指令运算结果为负值
R9000.2	—
R9000.3	—
R9000.4	—
R9000.5	功能指令运算结果溢出
R9000.6	—
R9000.7	—

表 6-22　R9091 系统定时器各位的定义

地址	定　义	地址	定　义
R9091.0	一直断开为0	R9091.4	—
R9091.1	一直接通为1	R9091.5	200ms 的周期信号，其中 104ms 为1，96ms 为0
R9091.2	—	R9091.6	1s 的周期信号，其中 504ms 为 1，496ms 为0
R9091.3	—	R9091.7	—

2. 信息显示请求信号（A）

A 地址用来表示信息显示请示地址，其地址为 A0～A24，共 25 个字节，200 个位，共计有 200 个信息。

数控机床厂家把不同的机床结构所能预见的异常情况汇总后，自己编写错误代码和报警信息。PMC 通过从机床侧各检测装置反馈回来的信号和系统部分的状态信号，对机床所处的状态经过程序的逻辑运算后进行自诊断，若其发现状态与正常的状态有异时，则将机床当时的情况判定为异常，并将对应于该种异常的 A 地址置为“1”。当指定的 A 地址被置为“1”后，在报警显示屏幕会出现相关的信息，帮助操作人员查找和排除故障。而该故障信息是由机床厂家在编辑 PMC 程序时写入的。如果你对机床的机械结构和元件的分布不是很熟悉，当出现机床侧异常的情况，报警显示屏幕上显示的

报警信息也未读懂的时候，就可以利用当出现机床侧异常时在屏幕出现的报警信息，和其相对应的A地址也会相应的地址置“1”这一关联关系，查阅相关的梯形图，通过分析梯形图，找出使A地址置为“1”的要素，从而定位故障点并将其排除。

3. 计数器地址（C）

C为计数器地址，其地址为C0～C79，共80个字节。该地址用于计数器（CTR）功能指令设定计数值，每4个字节组成一个计数器（其中两个字节作保存预置值用，另外两个字节作保存当前值用），也就是说总共可分为20个计数器，计数器号从1～20。这一区域是非易失性存储区域，因此在系统断电时，存储器中的内容也不会丢失。

4. 保持继电器（K）

K为保持继电器地址，其地址为K0～K19，共20个字节160个位。K0～K16为一般通用地址，K17～K19为PMC系统软件参数设定区域，由PMC系统使用。在数控系统运行的过程中，若发生停电，输出继电器和内部继电器全部成为断开状态。当电源再次接通时，输出继电器和内部继电器都不可自动恢复到断电前的状态，所以停电保持用继电器就用于当需要保存停电前的状态，并在再运行时再现该状态的情形。

5. 数据表地址（D）

D为数据表地址，其地址为D0～D1859，共1860个字节。在PMC程序中，某些时候需要读写大量的数字数据（在这里称为数据表），D就是用来存储这些数据的非易失性存储器。这一区域是非易失性存储区域，因此在系统断电时，存储器中的内容也不会丢失。

6. 定时器地址（T）

T为定时器地址，其地址为T0～T79，共80个字节。该地址用于定时器（TMR）功能指令存储设定时间，每两个字节组成一个定时器，共可分为40个定时器，定时器号从1～40。这一区域是非易失性存储区域，因此在系统断电时，存储器中的内容也不会丢失。

7. 标记地址（L）

L为标记地址，从L1开始，共有9999个标记数，用于指定标号跳转（JMPB、JMPC）功能指令中跳转目标标号。在PMC程序中，

相同的标号可以出现在不同的 LBL 指令中，只要在主程序和子程序中是惟一的就可以了。

8. 子程序号（P）

P 为子程序号的标志，从 P1 开始，共有 512 个子程序数，也就是说总共只能定义 512 个子程序。子程序号用于指定条件调用子程序（CALL）和无条件调用子程序（CALLU）功能指令中调用的目标子程序号。在 PMC 程序中，子程序号是惟一的。

二、PMC 的操作

通过查看 PMC 屏幕画面，可以对梯形图进行监控、查看各地址状态、地址状态的跟踪、参数（T、C、K、D）的设定。

1. 进入 PMC 管理

首先，要调出 PMC 屏幕画面，操作方法为：按下 MDI 键盘上的 SYSTEM 键，进入管理界面，见图 6-60，然后按下 PMC 下的软键进入 PMC 管理界面的画面，如图 6-61 所示。

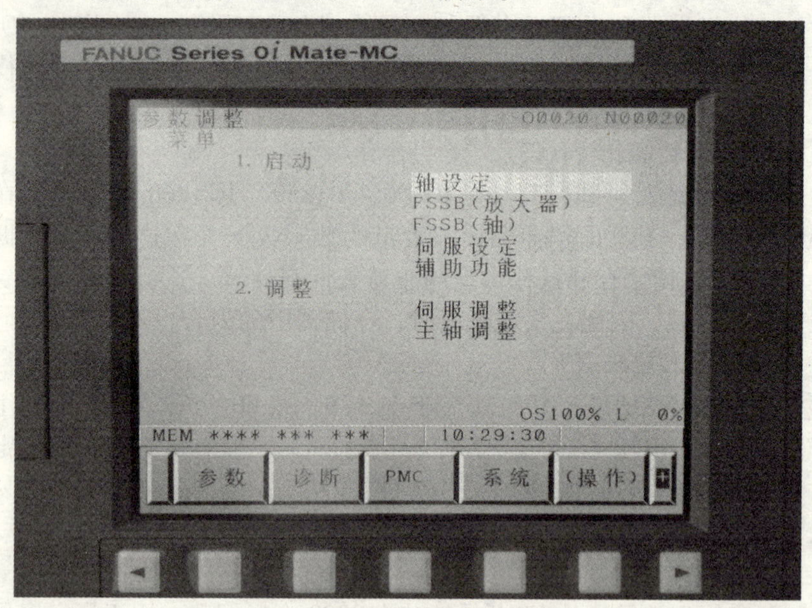

图 6-60　调出系统管理界面

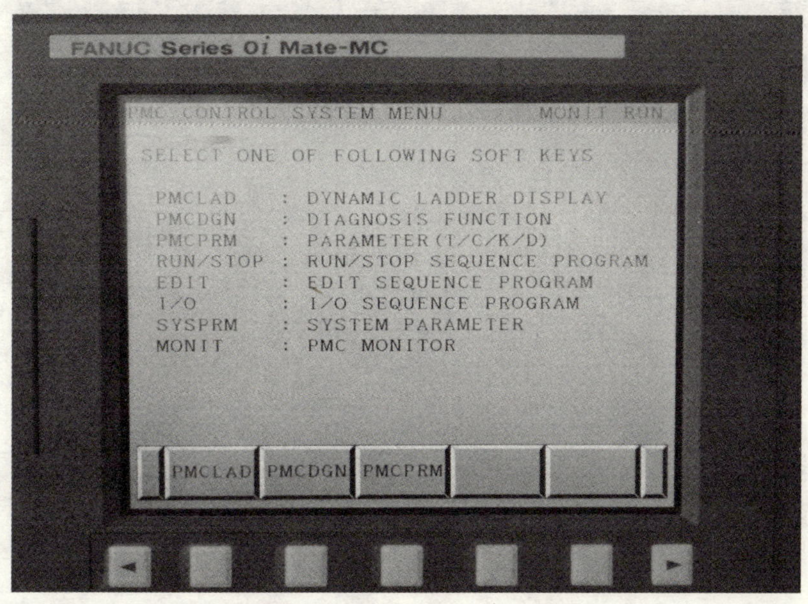

图 6-61　调出 PMC 菜单屏幕画面

PMCLAD 为梯形图实时显示画面，当按下 PMCLAD 下的软键时，系统会提示输入密码方可进入。因为梯形图控制程序是不允许随意更改的，这属于管理员级别的操作，最终用户是不需要进入的。

2. 进入 PMC 诊断功能

当按下 PMCDGN 软键进入 PMC 诊断功能界面。TITLE 界面给出了该机型所用 PMC 的相关信息，如程序的存储容量、扫描周期等，如图 6-62 所示。

按下 STATUS 软键进入信号状态监控界面。该界面提供了查阅 I/O、中间继电器等信号的状态，即为 PMC 的实时信号状态监控画面，如图 6-63 所示。在状态监控画面里要查找某信号的状态时，只需按下 SEARCH 软键。按动 MDI 键盘的 page up、page down 翻页键就可以找到想要查询的地址状态。

ALARM 是 PMC 的报警画面激活软键。在 PMC 系统中，有与数控系统报警和外围报警相独立的报警画面。当 PMC 系统中发生报警时，其报警信息在独立的 PMC 的报警画面中显示。按下 ALARM 软

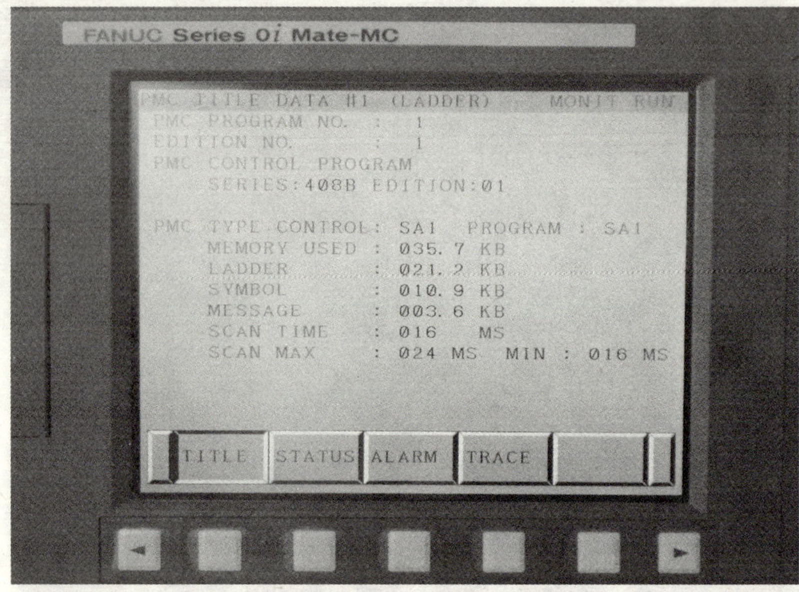

图 6-62　PMC 信息显示界面

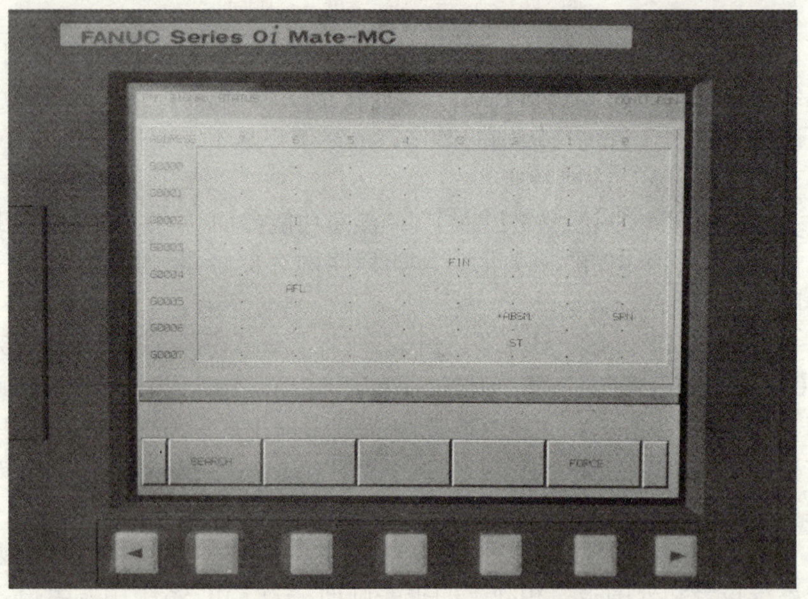

图 6-63　梯形图实时信号状态监控

键可进入报警信息显示界面，如图 6-64 所示。

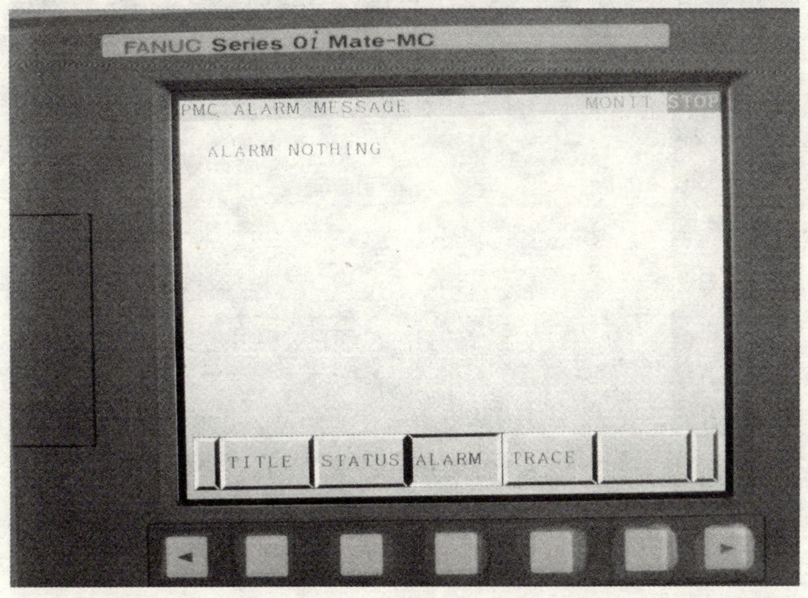

图 6-64　报警信息界面

PMC 中的跟踪功能（TRACE）是一个可检查信号变化的履历，记录信号连续变化的状态，特别是对一些偶发性的特殊故障的查找、定位起着重要的作用。通过对跟踪条件的详细设定，便能准确有效地对指定信号的状态进行跟踪，如图 6-65 所示。

例如对 X0.3 的信号状态变化进行跟踪，首先按下 TRCPRM 软键进行跟踪参数设定，如图 6-66 所示。

1）TRACE MODE。跟踪方式的选择，当其值为“0”时，可跟踪并存储一个字节的信号变化；当其值为“1”时，可跟踪并存储两个字节的信号变化；当其值为“2”时，可跟踪并存储连续两个字节的信号变化。也就是说，当设定第一个字节地址后，第二个字节的地址为设定的第一个字节地址连续的下一个地址。如果第一个字节的地址设定为 X0，则第二个字节的地址默认为 X1。

2）ADDRESS TYPE。设定跟踪地址的类型。当其值为“0”时，

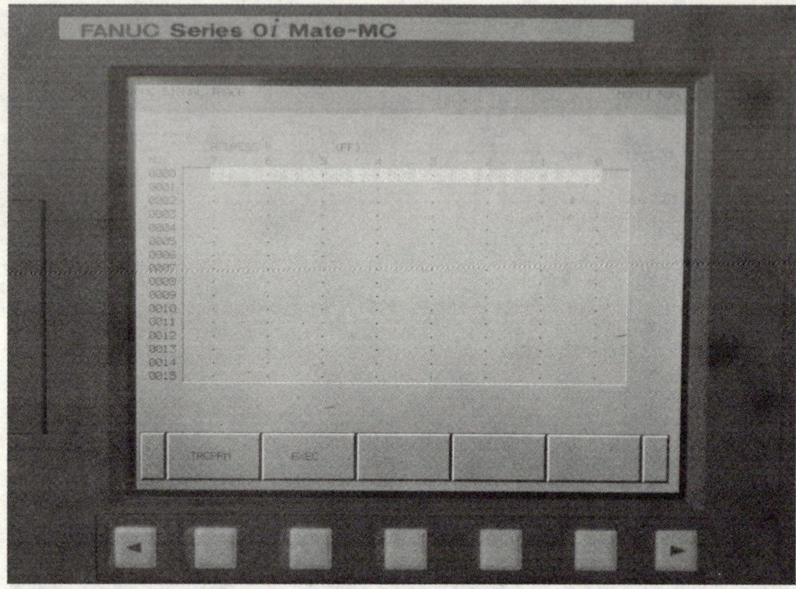

图 6-65　PMC 信号跟踪画面

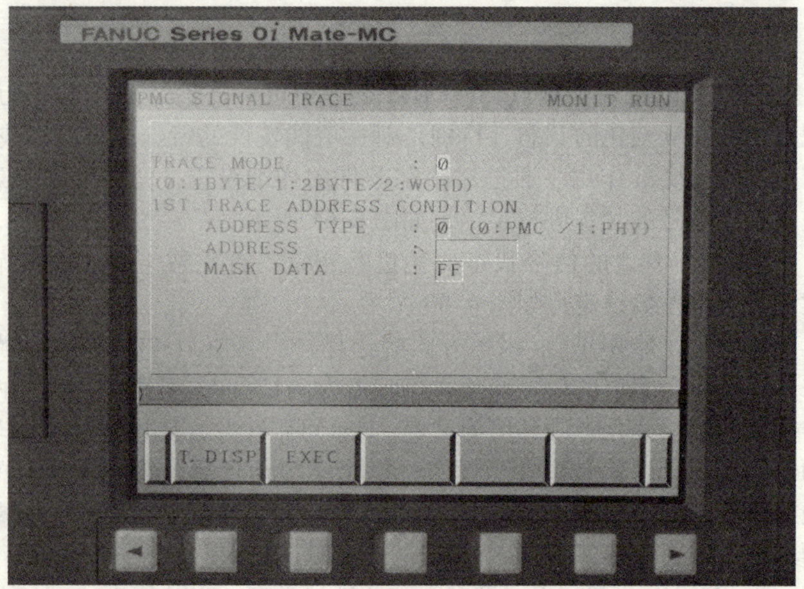

图 6-66　跟踪信号的参数设定

用 PMC 地址设定跟踪地址，这是最常用的类型；当其值为“1”时，用物理地址设定跟踪地址，主要在 C 语言中作用。

3）ADDRESS。设定跟踪地址。

4）MASK DATA。设定跟踪位。使用两位 16 进制数来指定跟踪位。如跟踪 X0.0、X0.3、X0.5 和 X0.7 的信号状态，设定的两位 16 进制数为：

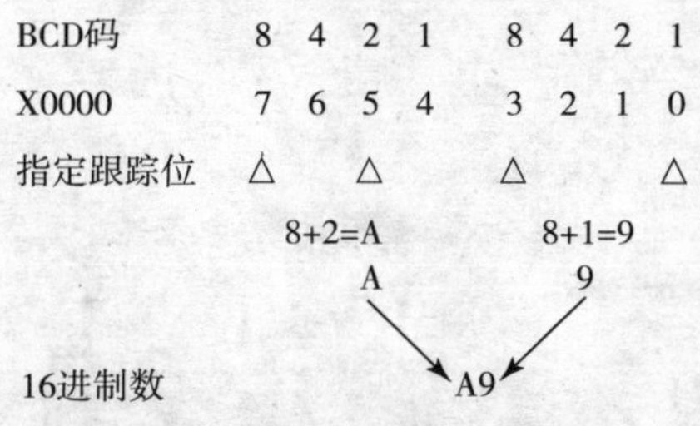

所以设定的 16 进制数为 A9。

如果指定信号 X0.3 的值从“0”变成“1”时，会增加一条新的记录，记录号从当前的“0001”变成“0002”，而非指定信号发生变化不会增加一条新的记录，记录号保持在“0001”。

3. PMC 参数的设定

功能指令定时器（SUB3）的定时时间、计数器（SUB4）的预设值和保持继电器的值，以及数据表可以通过 PMCPRM 画面进行设定和显示。

按下 TIMER 软键，进入定时器时间的设定界面，如图 6-67 所示。可变定时器的预置时间设定的最小单位是 8ms，也就是说所设定的时间值必须是 8 的倍数，余数将被忽略。例如，设定预置时间值为 73ms，73 除以 8 等于 9 余 1，则实际的预置时间为 72ms。

按下 COUNTR 软键，调出计数器管理界面，可以对所选用的计数器的设定值进行设定或修改，如图 6-68 所示。PRESET 栏中数值为设定值，CURRENT 栏中数值为当前值。

KEEPRL 为保持继电器管理界面，按下该软键进入管理界面，如图 6-69 所示。

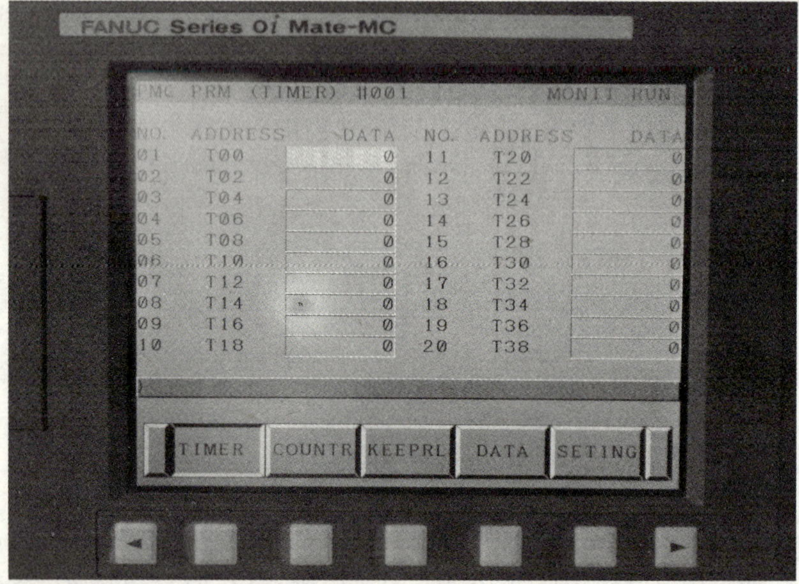

图 6-67　定时器的参数设定界面

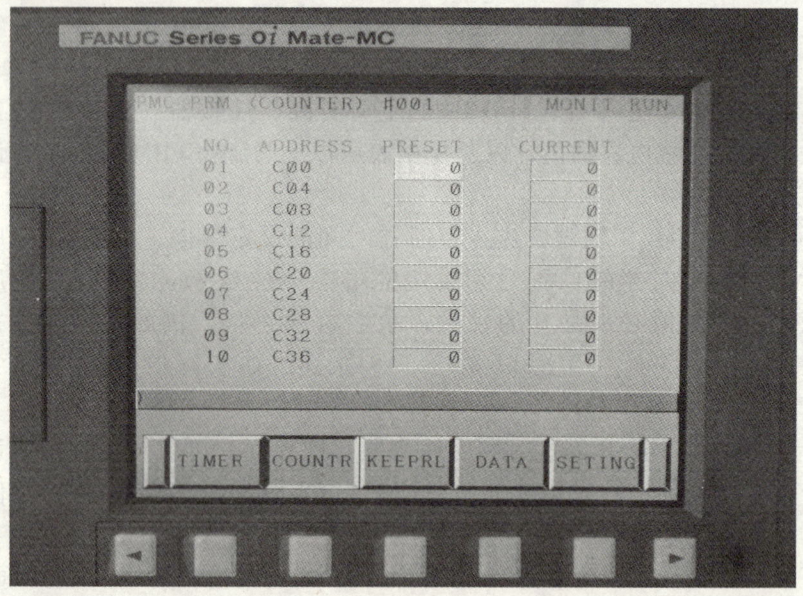

图 6-68　计数器的参数设定界面

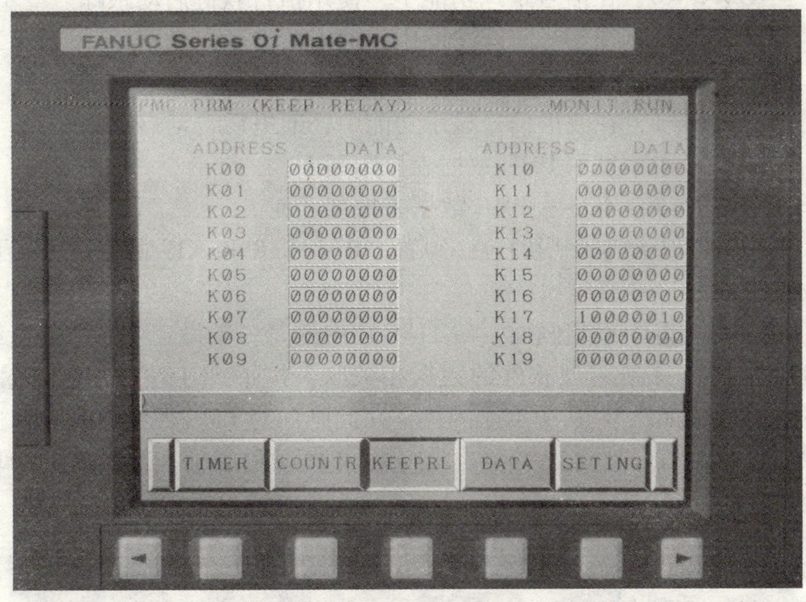

图 6-69　保持继电器参数的设定界面

在保持继电器中，有特殊用途保留区域 K16、K17、K18 和 K19。其中 K16 为非易失性存储器的控制数据，具体含义如下：

K16.6 =1：保持非易失性存储器的写入状态。

K16.7 =1：确认保持非易失性存储器的写入状态。

K17、K18 和 K19 为 PMC 系统管理软件数据，其中 K17 具体含义如下：

K17.0 =0：梯形图动态显示。

K17.0 =1：不进行梯形图动态显示。

K17.1 =0：内装式编程功能无效（如果有的话）。

K17.1 =1：内装式编程功能有效（如果有的话）。

K17.2 =0：通电后 PMC 程序自动执行。

K17.2 =1：通电后 PMC 程序手动启动执行。

K17.4 =0：在显示 PMC 参数画面中，不能输入数据。

K17.4 =1：在显示 PMC 参数画面中，可以输入数据。

K17.5 =0：在信号跟踪功能中，使用执行软键启动跟踪。

K17.5 =1：在信号跟踪功能中，通电后自动启动跟踪。

K17.6 =0：在波形信号显示功能中，使用执行软键启动跟踪。

K17.6 =1：在波形信号显示功能中，通电后自动启动跟踪。

K17.7 =0：显示 PMC 数据表控制画面。

K17.7 =1：不显示 PMC 数据表控制画面。

在 K17 中没有使用的位必须置“0”。K18 和 K19 的设定不得修改。

PMC _ PRM 设定画面（SETING）中的每一项设定项目与保持继电器中 PMC 系统管理软件的数据相关联，按下 SETING 软键，进入设定界面，如图 6-70 所示。因此，在此画面对 PMC 系统管理软件的数据进行修改，比在保持继电器画面更直观和准确，减少出错的可能性。

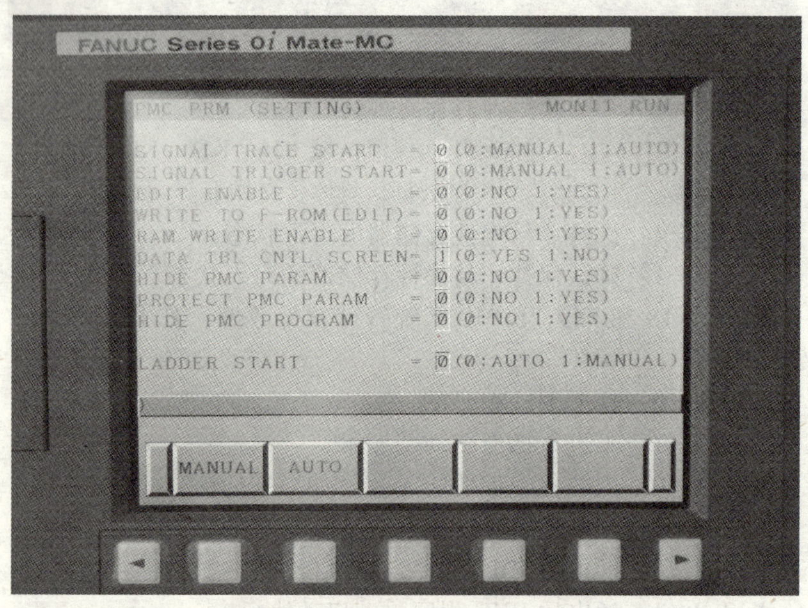

图 6-70 PMC _ PRM 设定界面

按下 DATA 软键，进入数据表设定管理界面，如图 6-71 所示。

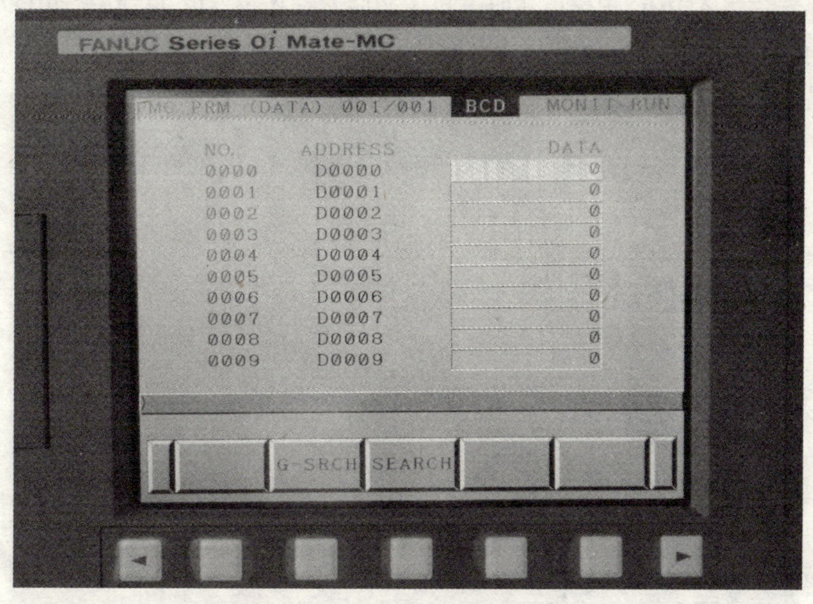

图 6-71　数据表参数的设定界面

数据表中的"DATE（参数）"主要是对数据进行格式指定和输入保护的设定，具体如图 6-72 所示。

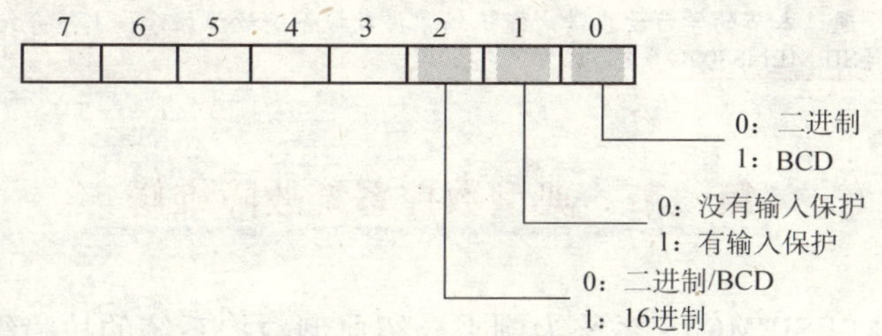

图 6-72　参数格式

4. PMC 程序的启动与停止

在一般情况下，PMC 程序在通电后会自动运行。而在某些情况下，如进行 PMC 程序更新时，就必须将 PMC 程序从运行（RUN）状态置于停止（STOP）。在系统管理界面，按下方向（▶）软键，进入系统管理扩展菜单，如图 6-73 所示。按下 STOP 软键，PMC 程序将停止运行。在 PMC 程序停止时，机床的所有动作将会停止，PMC 程序不再接收输入信号，也不会输出信号去驱动各种装置的运行。

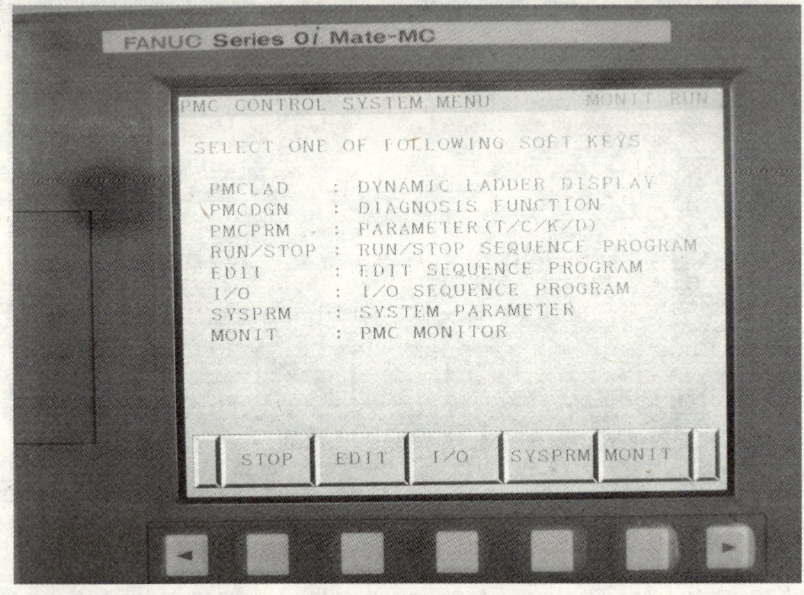

图 6-73　由运行切换到停止状态

通过本节的学习要求读者能根据掌握数控系统故障维修；本节介绍的只是SIEMENS802D系统的。

第八节　典型数控系统故障维修

本节以 SIEMENS 系统为例来介绍典型数控系统的故障维修。

一、SIEMENS 数控系统的硬件

以 SIEMENS 802D 为例来介绍 SIEMENS 数控系统的硬件。

1. SIEMENS 系统各部件的连接（见图 6-74）

2. PROFIBUS 总线的连接

SIEMENS 802D 是基于 PROFIBUS 总线的数控系统。输入/输出

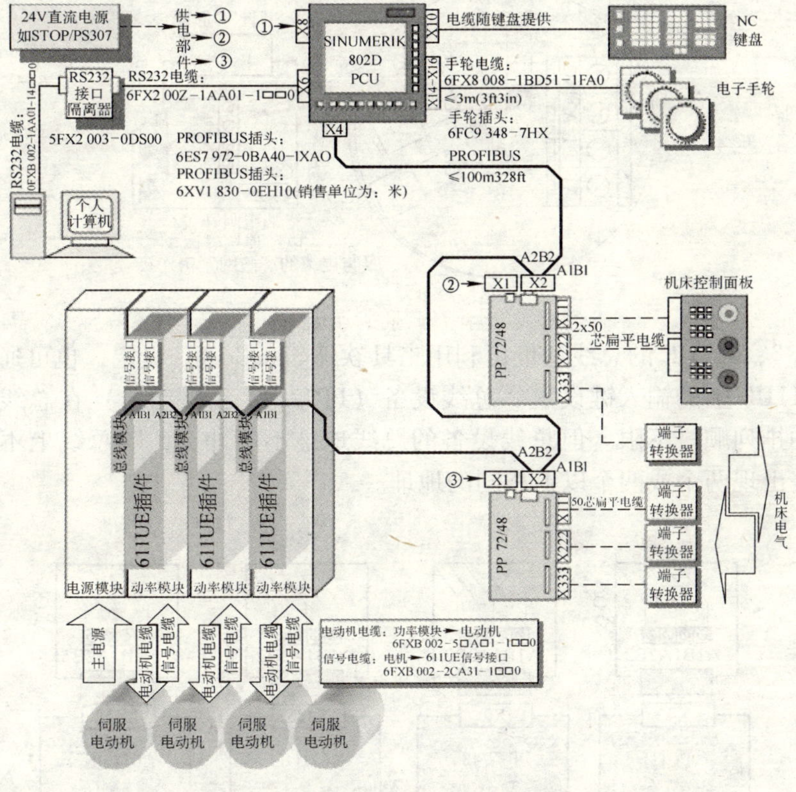

图 6-74　SIEMENS 系统各部件的连接

信号是通过 PROFIBUS 传送的，位置调节（速度给定和位置反馈信号）也是通过 PROFIBUS 完成的。

PROFIBUS 电缆应由机床制造商根据其电柜的布局连接。系统提供 PROFIBUS 的插头和电缆，插头应按照图 6-75 所示方法连接。

PCU 为 PROFIBUS 的主设备，每个 PROFIBUS 从设备（如 PP72/48、611UE）都具行自己的总线地址，因而从设备在 PROFIBUS 总线上的排列次序是任意的。PROFIBUS 的连接请参照图 6-76。PROFIBUS 两个终端设备的终端电阻开关应拨至 ON 位置。P72/48 的总线地址由模块上的地址开关 S1 设定。第一块 PP72/48 的总线地址为“9”（出厂设定）。如果选配第二块 PP72/48，其总线地址应设定为

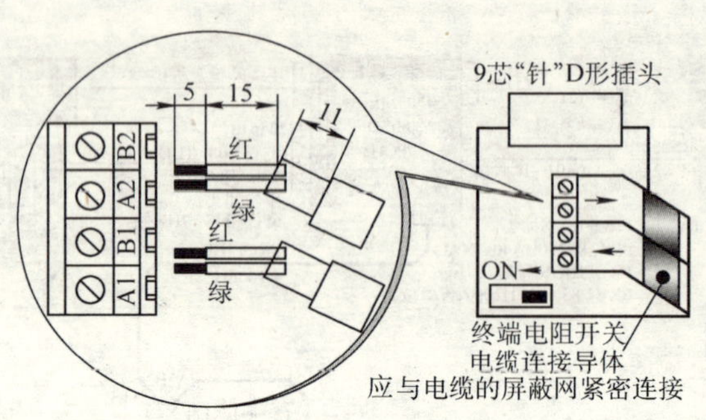

图 6-75　插头连接图

“8”；611UE 的总线地址可利用工具软件 SimoCom U 设定，也可通过 611UE 上的输入键设定。总线设备（PP72/48 和驱动器）在总线上的排列顺序不限。但总线设备的总线地址不能冲突，既总线上不允许出现两个或两个以上相同的地址。

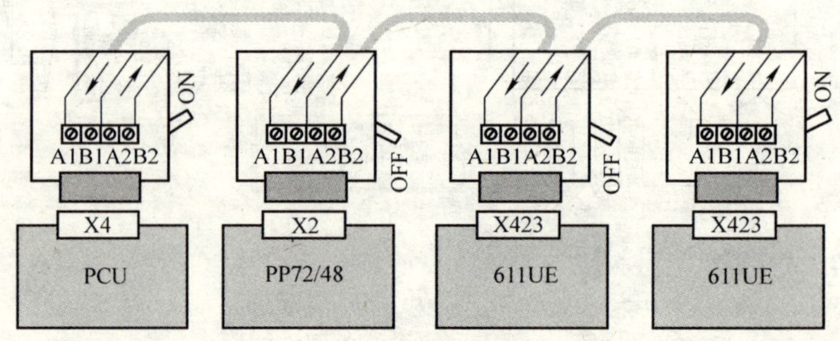

图 6-76　PROFIBUS 的连接图

3. 硬件说明

（1）SIEMENS 802D PCU 部件（见图 6-77）

1）24V DC 电源（×8）。3 芯端子式插座（插头上已标明 24V，0V 和 PE）。

2）PROFIBUS（×4）。9 芯孔式 D 形插座。

3）COM1（×6）。9 芯孔式 D 形插座。

4）手摇脉冲发生器 1～3（×14/×15/×16）。15 芯孔式 D 形插座，手轮电缆插头（15 芯孔 D 形插头）布局（与接口×14/X15/×16 连接）见表 6-23。

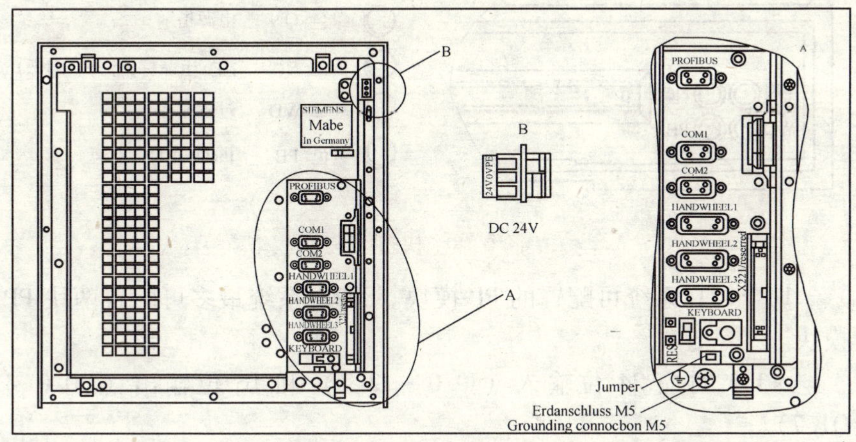

图 6-77　SIEMENS 802D PCU 部件

表 6-23　手摇脉冲发生器的连接

引　　脚	信　号　名	说　　明	引　　脚	信　号　名	说　　明
1	1P5	5V 手轮电源	9	1P5	5V 手轮电源
2	1M	信号地	10	N. C.	—
3	A _ HWx	A 相脉冲	11	1M	信号地
4	XA _ HWx	A 相脉冲负	12	N. C.	—
5	N. C.		13	N. C.	—
6	B _ HWx	B 相脉冲	14	N. C.	—
7	XB _ HWx	B 相脉冲负	15	N. C.	—
8	N. C.	—	—	—	—

5）键盘（×10）。

6）状态指示。前端盖内有 4 个发光二极管用于状态指示，如图 6-78 所示。

（2）输入/输出模块 PP72/48　输入输出模块 PP72/48 模块可提供 72 个数字输入和 48 个数字输出。每个模块具有两个独立的 50 芯插槽，每个插槽中包括了 24 位数字量输入和 16 位数字量输出（输出的驱动能力为 0. 25A，同时系数为 1）。

ON NC
WD PB

绿色 ON 电源指示
黄色 NC NC 生命标记监控(闪烁)
红色 WD 过程监控
黄色 PB PROFIBUS 状态

图 6-78 状态指示

1）802D 系统可配置的 PP 模块。802D 系统最多可配置两块 PP 模块。

×111 对应 24 位输入（I0.0～I2.7）和 16 位输出（Q0.0～Q1.7）。

×222 对应 24 位输入（I3.0～I5.7）和 16 位输出（Q2.0～Q3.7）。

×333 对应 24 位输入（I6.0～I8.7）和 16 位输出（Q4.0～Q5.7）。

图 6-79 PP 72/48 模块 1（地址：9）

图 6-80 PP 72/48 模块 2（地址：8）

×111 对应 24 位输入（I9.0～I11.7）和 16 位输出（Q6.0～Q7.7）。

×222 对应 24 位输入（I12.0～I14.7）和 16 位输出（Q8.0～Q9.7）。

×333 对应 24 位输入（I15.0～I17.7）和 16 位输出（Q10.0～Q11.7）。

2）PP72/48 结构图（图 6-81）

① 24V DC 电源（×1）。3 芯端子式插头（插头上已标明 24V，OV 和 PE）。

② PROFIBUS（×2）。9 芯孔式 D 形插头。

③ ×111、×222、×333。50 芯扁平电缆插头，用于数字量输

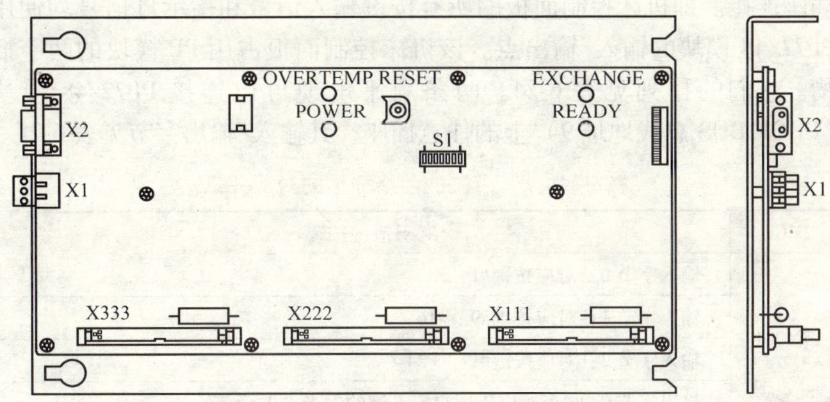

图 6-81 PP72/48 结构图

入和输出，可与端子转换器连接。

④ S1。PROFIBUS 地址开关。

⑤ 4 个发光二极管。用于 PP72/48 的状态显示，如图 6-82 所示。

绿色	POWER:	电源指示。
红色	READY:	PP 72/48 就绪： 但无数据交换。
绿色	EXCHANGE:	PP 72/48 就绪： PROFIBUS 数据交换。
红色	OVTEMP:	超温指示。

图 6-82 4 个发光二极管及 PP72/48 的状态显示

3）PP72/48 模块的外部供电。

① 输入信号的公共端可由 PP72/48 任意接口的第二脚供电；也可由为系统供电的 24V DC 电源提供（该 24V 电源的 0V 应连接到 PP72/48 每个接口的第一脚）。

② 输出信号的驱动电流由 PP72/48 各接口的公共端（×111/×222/×333 的端子 47/48/49/50）提供。输出公共端也可由为系统供电的 24V DC 电源提供，也可采用单独的电源；如果采用独立电源为输出公共端供电，则该电源的 0V 应与为系统 24V 电源的 0V 连接。

（3）机床控制面板（Machine Control Panel）的连接 机床控制面板背后的两个 50 芯扁平电缆插座可通过扁平电缆与 PP72/48 模块的

插座连接。即机床控制面板的所有按键输入信号和指示灯信号均使用PP72/48模块的输入/输出点。该机床控制面板占用PP模块的两个插槽。它们的排列见表6-24。两条扁平电缆可以连接PP72/48模块（PROFIBUS总线地址9）上的任意插座，其输入/输出字节见表6-25。

表6-24　PP模块的两个插槽的对应关系

MCP	对应的按键
×1201	输入字节0：对应按键#1～#8
	输入字节1：对应按键#9～#16
	输入字节2：对应按键#17～#24
	输出字节0：6个对应于用户定义键的发光二极管
×1202	输入字节3：对应按键#25～#27
	输入字节4：对应进给倍率开关（5位格林码）
	输入字节5：对应主轴倍率开关（5位格林码）
	输出字节1：保留

表6-25　PP72/48模块输入/输出字节

PP72/48	输入字节	输出字节
×111	IB0，IB1，IB2	QB0，QB1
×222	IB3，IB4，IB5	QB2，QB3
×333	IB6，IB7，IB8	QB4，QB5

4. 供电

（1）802D的供电　建议采用图6-83的方式给802D的供电。

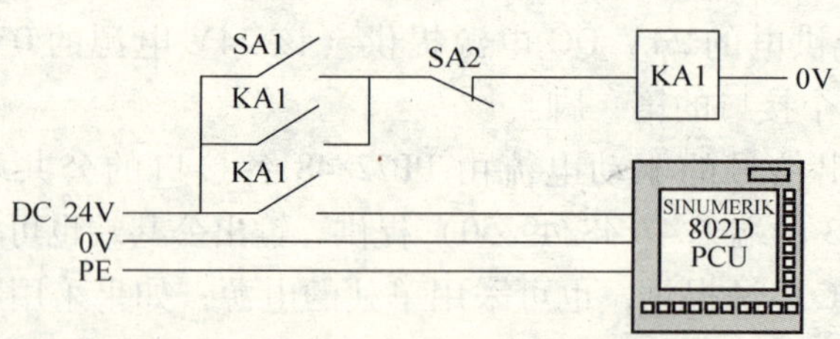

图6-83　802D的供电方式

（2）驱动器供电　三相交流电源通过主电源开关直接连接到电源模块。若配备电抗器，应连接在主电源与电源模块之间，且与电源模块的连线应尽可能短。断路器可串接在总电源和电抗器之间。电源模块进线电压的出厂设定为 AC 400V ×（1 ± 10%），当电压超出该范围时，电源模块会报警（进线故障灯亮），且"就绪"信号丢失（72 号端子与 73.1 号端子断开）。

5. 接地

1）接地标准及办法需遵守国标 GB/T 5226.1－2002"机械安全　机械电气设备　第 1 部分：通用技术条件"中的有关规定。

2）中性线不能作为保护地使用。

3）PE 接地只能集中在一点接地，接地线截面积必须 ≥6mm²，接地线严格禁止出现环绕，如图 6-84 和图 6-85 所示。

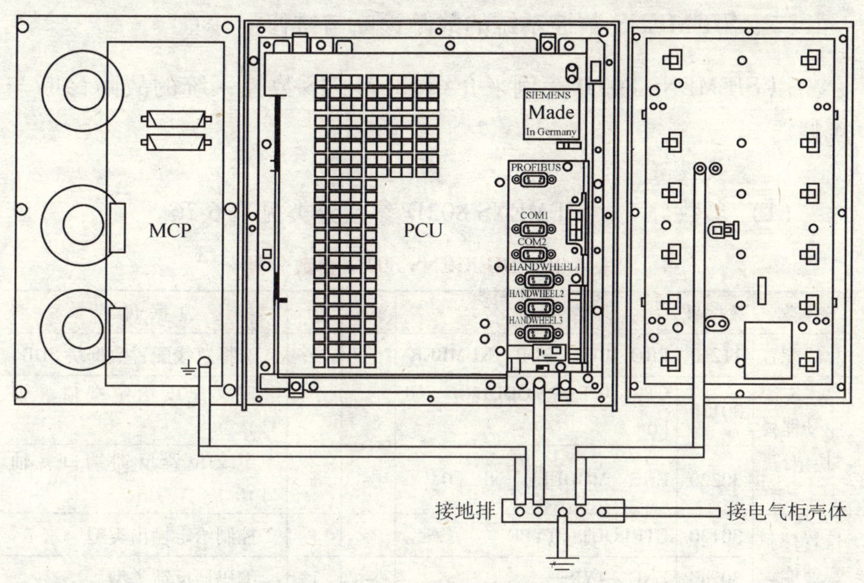

图 6-84　机壳接地

其中：

1）只有 PE 接地良好时才能连接，如果不能确定 PE 是否良好，禁止连接。

2）接地线截面积必须 ≥10mm²，以确保接地效果。

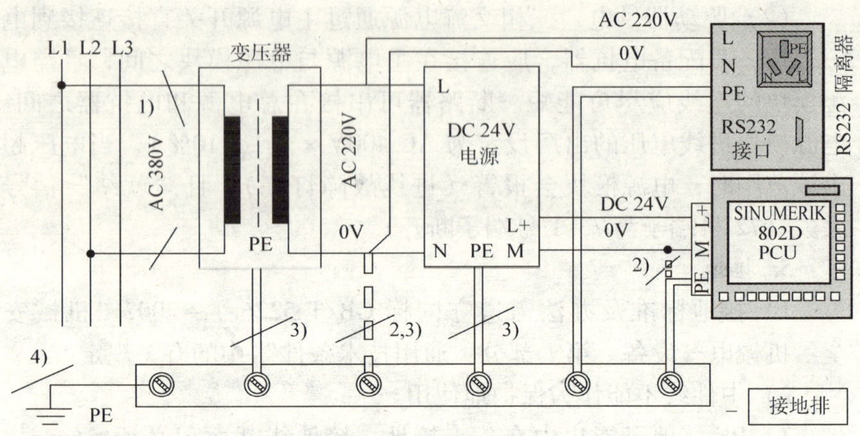

图 6-85 系统接地

二、SIEMENS 数控系统的故障诊断与维修

以 SIEMENS 802D 为例来介绍 SIEMENS 数控系统的故障诊断与维修。

1. 参数设置

（1）参数分类 SIEMENS 802D 参数分类见表 6-26。

表 6-26 SIEMENS 802D 参数分类

分类	数据号	数 据 名	单位	值	数 据 说 明
总线配置	11240	PROFIBUS _ SDB _ NUMBER	–	*	选择总线配置数据块 SDB
驱动器模块定位	30110	CTRLOUT _ MODULE _ NR [0]	–	*	定义速度给定端口（轴号）
	30220	ENC _ MODULE _ NR [0]	–	*	定义位置反馈端口（轴号）
位置控制使能	30130	CTRLOUT _ TYPE	–	1	控制给定输出类型
	30240	ENC _ TYPE	–	1	编码器反馈类型
传动系统参数配比	31030	LEADSCREW _ PITCH	mm		丝杠螺距
	31050	DRIVE _ AX _ RATIO _ DENUM [0 ~5]	–	*	电动机端齿轮齿数（减速比分子）
	31060	DRIVE _ AX _ RATIO _ NOMERA [0 ~5]	–	*	丝杠端齿轮齿数（减速比分母）

（续）

分类	数据号	数 据 名	单位	值	数据说明
坐标速度	32000	MAX _ AX _ VELO	mm/min	*	最高轴速度
	32010	JOG _ VELO _ RAPID	mm/min	*	点动快速
	32020	JOG _ VELO	mm/min	*	点动速度
	36200	AX _ VELO _ LIMIT	mm/min	*	坐标轴速度限制
加速度	32300	MA _ AX _ ACCEL	mm/s^2	*	最大加速度（标准值：1mm/s^2）
位置环增益	32200	POSCTRL _ GAIN	–	*	位置环增益（标准值：1）
参考点返回	34010	REFP _ CAM _ DIR _ IS _ MINUS	–	0/1	返回参考点方向：“0”-正；“1”-负
	34020	REFP _ VELO _ SEARCH _ CAM	mm/min	*	检测参考点开关的速度
	34040	REFP _ VELO _ SEARCH _ MARKER	mm/min	*	检测零脉冲的速度
	34050	REFP _ SEARCH _ MARKER _ REVERSE	–	0/1	寻找零脉冲方向：“0”-正；“1”-负
	34060	REFP _ MAX _ MARKER _ DIST	mm	*	检测参考点开关的最大距离
	34070	REFD _ VELO _ POS	mm/min	*	返回参考点定位速度
	34080	REFP _ MOVE _ DIST	mm	*	参考点移动距离（带符号）
	34090	REFP _ MOVE _ DIST _ CORR	mm	*	参考点移动距离修正量
	34092	REFP _ CAM _ SHIFT	mm	*	参考点撞块电子偏移
	34100	REFP _ SET _ POS	mm	*	参考点（相对机床坐标系）位置

（续）

分类	数据号	数据名	单位	值	数据说明
软限位	36100	POS _ LIMIT _ MINUS	mm	*	负向软限位
	36110	POS _ LIMIT _ PLUS	mm	*	正向软限位
反向间隙补偿	32450	BACKLASH	mm	*	反向间隙，回参考点后补偿生效
用户的数据保护级	207	USER _ CLASS _ READ _ TOA		3～7	保护级：刀具参数读操作
	208	USER _ CLASS _ WRITE _ TOA _ GEO		3～7	保护级：刀具几何参数写操作
	209	USER _ CLASS _ WRITE _ TOA _ WEAR		3～7	保护级：刀具磨损参数写操作
	210	USER _ CLASS _ WRITE _ ZOA		3～7	保护级：可设定零点偏移写操作
	212	USER _ CLASS _ WRITE _ SEA		3～7	保护级：设定数据写操作
	213	USER _ CLASS _ READ _ PROGRAM		3～7	保护级：零件程序读操作
	214	USER _ CLASS _ WRITE _ PROGRAM		3～7	保护级：零件程序写操作
	215	USER _ CLASS _ SELECT _ PROGRAM		3～7	保护级：零件程序选择操作
	218	USER _ CLASS _ WRITE _ RPA		3～7	保护级：R 参数写操作
	219	USER _ CLASS _ SET _ V24		3～7	保护级：RS-232 参数设定

（2）参数的设置

1）总线配置。SIEMENS 802D PROFIBUS 的配置是通过通用参数 MDl1240 来确定的。总线配置见表 6-27。

表 6-27　总线配置

参数设定（MD11240）	PP72/48 模块	驱　动　器
0	1+1	无（出厂设定）
3	1+1	双轴+单轴+单轴
4	1+1	双轴+双轴+单轴
5	1+1	单轴+双轴+单轴+单轴
6	1+1	单轴+单轴+单轴+单轴

该参数生效后，611UE 液晶窗口显示的驱动报警应为：A832（总线无同步）；611UE 总线接口插件上的指示灯变为绿色。

2）驱动器模块定位。数控系统与驱动器之间通过总线连接，系统根据下列参数与驱动器建立物理联系。参数的设定见表 6-28。

表 6-28　驱动器模块定位参数设定

MD11240=3			MD11240=4			MD11240=5			MD11240=6		
611UE	地址	轴号	611UE	地址	轴号	611UE	地址	轴号	611UE	地址	轴号
双轴 A	12	1	双轴 A	12	1	单轴	20	1	单轴	20	1
双轴 B	12	2	双轴 B	12	2	单轴	21	2	单轴	21	2
单轴	10	5	双轴 A	13	3	双轴 A	13	3	单轴	22	3
单轴	11	6	双轴 B	13	4	双轴 B	13	4	单轴	10	5
			单轴	10	5	单轴	10	5			

3）位置控制使能

系统出厂设定各轴均为仿真轴，既系统不产生指令输出给驱动器，也不读电动机的位置信号。按表 6-29 设定参数可激活该轴的位置控制器，使坐标轴进入正常工作状态。

参数生效后，611UE 液晶窗口显示：“RUN”。这时通过点动可使伺服电动机运动；此时如果该坐标轴的运动方向与机床定义的运动方向不一致，则可通过表 6-29 修改参数。

表 6-29　位置控制使能修改参数

数据号	数据名	单位	值	数据说明
32100	AX _ MOTION _ DIR	–	1 -1	电动机正转（出厂设定） 电动机反转

4）返回参考点的设置

① 设置机床参数见表 6-30。

表 6-30　设置机床参数

数据号	数　据　名	单位	值	数 据 说 明
34200	ENC _ REFP _ MODE	–	0	绝对值编码器位置设定
34210	ENC _ REFP _ STATE	–	0	绝对值编码器状态：初始

② 进入“手动”方式，将坐标移动到一个已知位的置设置。

③ 输入已知位的位置值见表 6-31。

表 6-31　输入已知位的位置值

数据号	数　据　名	单位	值	数 据 说 明
34100	REFT _ SET _ POS	mm	*	机床坐的位置

④ 激活绝对值编码器的调整功能见表 6-32。

表 6-32　激活绝对值编码器的调整功能

数据号	数　据　名	单位	值	数 据 说 明
34210	ENC _ REFP _ STATE	mm	1	绝对值编码器状态：调整

⑤ 激活机床参数。按机床控制面板上的复位键，可激活的以上设定的参数。

⑥ 返回参考点。通过机床控制面板进入返回参考点方式。

⑦ 设定完毕见表 6-33。

表 6-33　设定完毕的参数

数据号	数　据　名	单位	值	数 据 说 明
34090	REFP _ MOVE _ DIST _ CORR	mm	*	参考点偏移量
34210	ENC _ REFP _ STATE	–	2	绝对值编码器状态：设定完毕

2. 驱动器参数优化

对于伺服系统，首先要对速度环的动态特进行调试，然后才能对位置环进行调试。速度环的动态特性可通过 SimoComU 进行优化，其步骤如下：

1）首先利用准备好的“驱动器调试电缆”将计算机与 611UE 的 X471 连接起来；如果对带制动的电动机进行优化，需要设定 NC 通用参数 MDl4512［18］的第 1 位设为“1”（优化完毕后恢复“0”）。

2）驱动器使能（电源模块端子 T48、T63 和 T64 与 T9 接通）；并将坐标移动到适中的位置（因为优化时电动机要转大约两转）：优化时，驱动器的速度给定由 PC 机以数字量给出。

3）然后进入工具软件 SimoComU，且选择联机方式，选择 PC 机控制，选择“OK”，如图 6-86 所示。

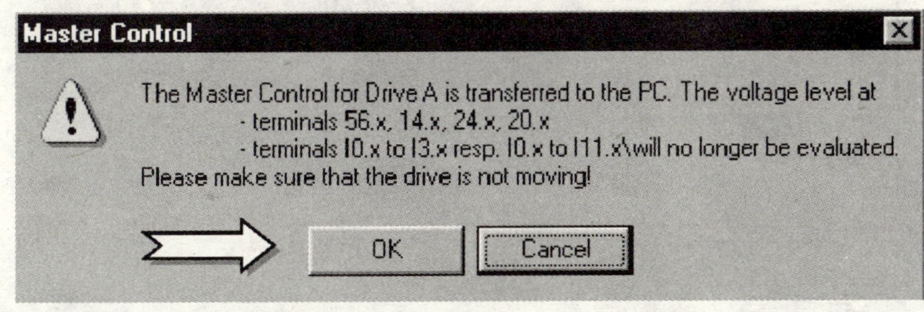

图 6-86　进入工具软件 SimoComU

4）进入控制器目录（Controller），出现如图 6-87 所示的画面。选择“None of these”后将出现如图 6-88 所示的画面。选择运行自动速度控制器优化“Execute automatic speed controller setting”。

5）进入如图 6-89 所示的优化画面。

选择“1 ~ 4 步”自动执行优化过程：

① 第一步分析机械特性一（电动机正转，带制动电动机的抱闸应释放）。

② 第二步分析机械特性二（电动机反转，带制动电动机的抱闸应释放）。

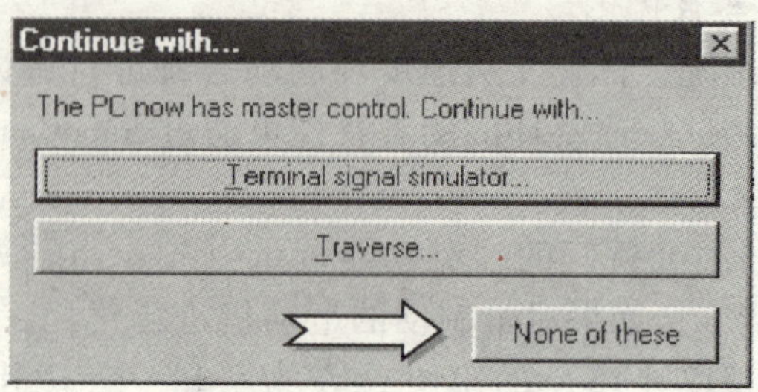

图 6-87　进入控制器目录

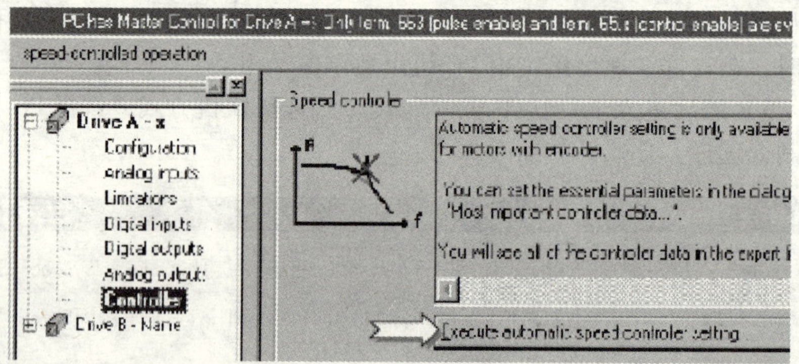

图 6-88　自动速度控制器优化选择画面

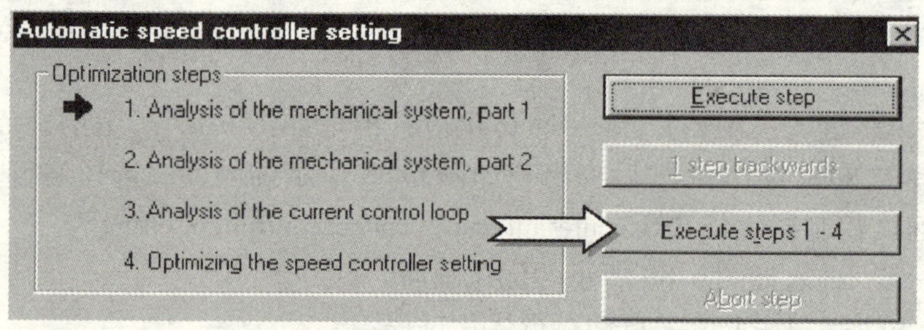

图 6-89　优化画面

③ 第三步电流环测试（电动机静止，带制动电动机的抱闸应夹紧）。

④ 第四步参数优化计算。

执行完第二步时，调试工具软件 SimoComU 会出现提示：“电流环优化，垂直轴的电动机抱闸一定要夹紧，以防止坐标下滑”。此时对于带制动电动机的抱闸必须夹紧，否则坐标会下滑。对垂直轴的伺服参数进行优化时，特别是在该轴没有平衡装置时，一定要注意优化过程中对抱闸释放和夹紧的时机，避免出现由于坐标轴滑落导致机械的损坏。

3. 丝杠螺距误差补偿

（1）补偿数据（见表6-34）

表 6-34　补偿数据

数据号	数　据　名	单位	固定值	数 据 说 明
38000	MM _ ENC _ COMP _ MAX _ POINTS	–	125	最大补偿点数

（2）补偿原理（见图 6-90）

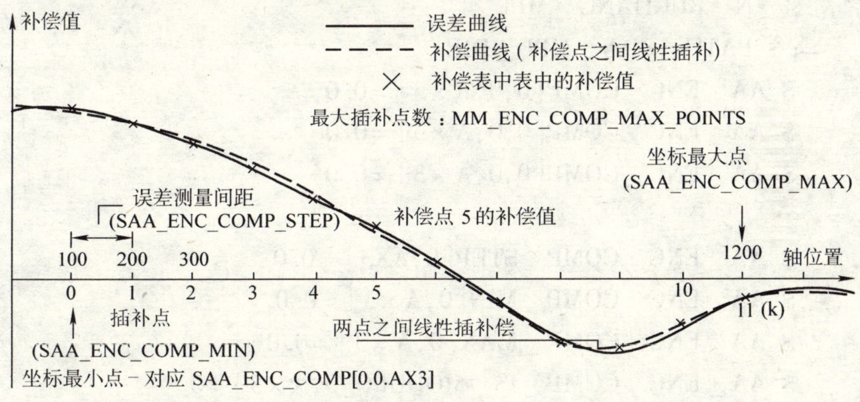

图 6-90　补偿原理

（3）补偿的方法

方法一：

1）首先利用准备好的“802D 调试电缆”将计算机和 802D 的 COM1 连接起来：从 WINDOWS 的“开始”中找到通信工具软件 WinPCIN，并启动。

2）WinPCIN 中选择“文本”通信方式（Text Format）；然后选

择接收数据（Receive Data）。

3）进入系统的通信画面，设定相应的通信参数，然后用键盘的光标键选择“数据…”，并选择其中的“丝杠误差补偿”，按菜单键“读出”启动数据传输。

4）按照预定的最小位置，最大位置和测量间隔移动要进行补偿的坐标。

5）用激光干涉仪测试每一点的误差；并将误差值编辑在刚刚传出的补偿文件中。

6）将编辑好的补偿文件传回802D系统中。

7）设定轴参数MD32700＝1，然后返回参考点。补偿值生效。

方法二：

1）同方法一，将补偿文件由802D传到计算机上。

2）编辑补偿文件，修改文件头和文件尾（见下面的例子）：

```
%_N_BUCHANG_MPF
;$PATH=/_N_MPF_DIR
$AA_ENC_COMP[0,0,A×3]=0.0
$AA_ENC_COMP[0,0,A×3]=0.0
$AA_ENC_COMP[0,0,A×3]=0.0
…
$AA_ENC_COMP_STEP[0,AX3]=0.0
$AA_ENC_COMP_MIN[0,A×3]=0.0
$AA_ENC_COMP_MAX[0,A×3]=0.0
$AA_ENC_COMP_IS_MODULO[0,A×3]=0
M02
```

3）修改过的文件再传回802D中。这时在加工程序的目录中就可以看到名为“BUCHANG”的加工程序。

4）用激光干涉仪测试每一点的误差；将误差值编辑在加工程序“BUCHANG”中。

5）按软菜单键“执行”选择加工程序“BUCHANG”。802D进入“自动方式”，然后按机床面板上的“NC启动”键，执行加程序“BUCHANG”后补偿值存入802D系统中。

6）设定轴参数 MD32700 = 1，返回参考点。补偿生效。

只有在机床参数：MD32700 = 0 时，补偿文件才能写入 802D 系统；当 MD32700 = 1 时，802D 内部的补偿数组进入写保护状态。

复习思考题

1. 什么是数控机床的故障？数控机床发生故障的规律是什么？
2. 数控机床的诊断含义是什么？诊断数控机床的诊断方法有哪些？
3. 数控车床常见的机械故障有哪些？怎样维修？
4. PLC 在数控车床的应用有哪些？
5. 数控机床的参数怎样调整？
6. 根据本章的有关图样，说明数控车床刀架的工作原理。

第七章

生产管理的有关知识

培训学习目标 让读者掌握质量管理的知识，并能在本职工作中认真贯彻各项质量标准；能协助部门领导进行生产计划、调度及人员的管理；能进行加工工艺的改进，编制成组工艺，能实现操作过程的质量分析与控制。

这里只介绍一些基础知识，是制定数控加工工艺的基础。

第一节 成组技术在数控加工中的应用

随着传统的单一品种大批量生产方式在制造业中的比重逐步下降，多品种中小批量生产不断增加。在新条件下如何组织生产，提高生产率，降低成本，增加经济效益，成组技术正是解决以上问题的有效途径之一。成组技术（GT，Group Technology）不仅是一种方法，也是自然和社会的一种哲理，并可为制造业所利用。

成组技术的基础是相似性。相似性是指不同类型、不同层次的系统间存在某些共有的物理、化学、几何、生物学或功能等方面的具体属性或特征。

零件的相似性是制造业应用成组技术的基础。每种零件具有多种特征，如结构、形状、技术条件、材料、工艺和生产管理等多方面。因此，零件的相似性即为零件间确定其特征的相似。此外，有些特征之间存在着相关性，如零件的几何形状、结构和材料的相似性与工艺相似性有较密切的联系。

多品种中小批生产中，工艺过程的编制传统上采用按零件单独编制的方法。因此存在着缺乏科学性、工作重复性和工艺多样性等问题。缺乏科学性是指零件工艺的编制常取决于个人的经验和学识，没有建立符合工厂实际条件的统一的工艺原则和规定。工作重复性是指由于新产品的急剧增加，工艺人员任务繁重，即使功能、形状十分相似的零件在不同时期出现时都得为之单独编制工艺过程及文件，不断进行重复性工作。工艺多样性指的是同类零件由于编制人员不同的背景和文化，可能编制出五花八门形形色色的工艺过程。以上存在的问题不仅降低了编制工艺规程的质量，增加了工作量，同时还使生产组织和管理复杂化，增加了管理工作的困难。按零件组（族）编制成组工艺，不仅是为了实施成组生产的需要，使工厂当前生产中，属于同一工艺组的相似零件能按照成组工艺进行生产；同时从战略角度看也是为了实现工艺标准化的目标，也是为实施计算机辅助工艺设计（CAPP）而必须做的前期工作。成组工艺的实施及其标准化可为传统工艺过程编制中的缺点，找到一条正确解决问题的途径。其还影响到生产准备、机床调整、加工、调度管理、质量控制等，而且能为企业带来经济效益。

一、成组工艺的编制方法

对零件进行分类编码时，首先要将零件划分为回转体和非回转体两类。因为这两大类零件结构和工艺有很大区别，从而使编制成组工艺的方法也完全不同，以下分别进行讨论。

1. 用复合零件法编制回转体零件成组工艺

在编制回转体零件成组工艺时，要将不同的零件合在一组内加工，要求做到机床、工艺装备（包括夹具、刀具和辅助工具）和工艺的三统一。回转体零件的加工，主要是内外回转表面的车削，定位、夹紧方式较简单，所用夹具式样少。编制成组工艺的重点是成组调整。成组调整的要点如下：

1）用同一夹具、同一套刀具和辅助工具加工一组零件。

2）同一零件组内不同零件加工时，允许更换刀具，但主要依靠尺寸的调节来适应。

3）用各种快速调整措施，缩短更换零件时的调整时间。

基于回转体零件的这些特点，常用复合零件法编制成组工艺。复合零件是必须拥有同组零件的全部待加工表面要素，由于其他零件所具有的待加工表面要素都比复合零件少，因此按复合零件编制的成组工艺，既能加工复合零件本身，同时也能加工同组的其他零件（只要删去该组零件成组工艺中不为其他零件所具有的表面要素和工序工步即可）。由于复合零件的上述特点，因此复合零件可以是零件组中某个具体的零件，也可以是虚拟的假想零件，尤以假想零件的情况为多，如图 7-1 所示是由 7 个表面要素或工步组成的回转体复合零件。

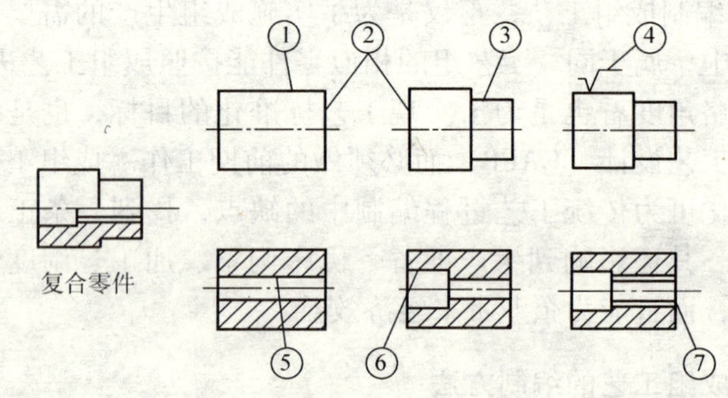

图 7-1　复合零件概念图

2. 用复合路线法编制非回转体零件成组工艺

对非回转体零件，为了满足成组工艺的要求，应该做到机床、夹具和工艺三统一。由于非回转体零件几何形状不对称，不规则，其安装和定位方式远较回转体零件复杂，因此夹具的统一是三统一中的关键。同时，不可能将复合零件原理用于非回转体零件。因此，常用复合路线法编制非回转体零件的成组工艺。复合路线法是以同组零件中最复杂的工艺路线为基础，与组内其他零件的工艺路线相比较，凡组内其他零件所需要而最复杂工艺路线所没有的工序分别添上，最后能形成满足全组零件加工要求的成组工艺过程。图 7-2 即为按复合路线法编制成组工艺过程的概念图。

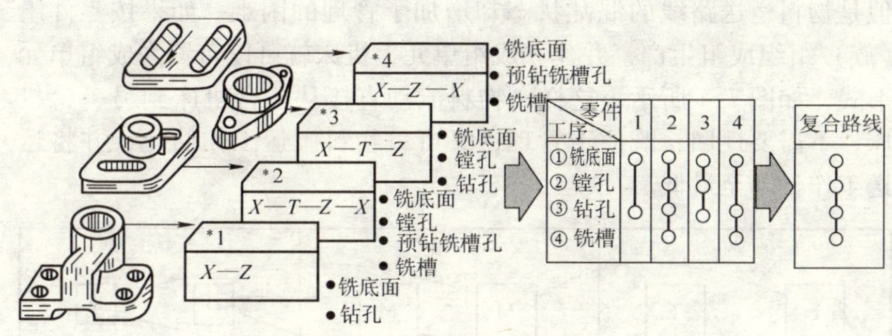

图 7-2　复合路线法编制成组工艺概念图

二、成组生产组织形式

在工厂运用成组技术时，必须采用相应的生产组织形式。现有两种成组生产组织形式，即成组单机和成组生产单元。

1. 成组单机

成组单机是成组生产组织的最简单形式，即在一台机床上实现成组生产。由于生产中存在许多中小尺寸、形状不太复杂、精度要求并不高的相似零件，因此一台机床可以将零件全部加工完毕。特别是车削加工中心和镗铣加工中心在生产中的使用，更加扩大了成组单机的使用范围。由于成组单机在组织生产和管理上简单、方便，因此，这是在工厂运用成组技术时优先被推荐的成组生产组织。

2. 成组生产单元

由于生产中存在大量多工序加工的零件，因此在车间中，由一组机床和一组生产工人，共同完成相关零件组的全部工艺过程的成组生产组织称为成组生产单元或简称成组单元。因此，成组单机是成组单元的一个特例，成组单元是成组生产的基本组织形式。

三、成组技术在车间设备布置（Layout）中的应用

中小批生产中采用机群式的传统设备布置将相同类型的机床如车床、铣床、磨床排列在一起，如图 7-3 所示。机群式的优点是在小批量生产条件下，便于共用同类工夹具，此外班长也便于管理。

但是物料运送路线的混乱状态却增加了管理的困难。如果按零件组（族）组织成组生产，并建立成组单元，机床就可以布置为成组单元形式，如图 7-4 所示。这样，物料流动直接从一台机床到另一台机床，不需要迂回，既便于管理，又可将物料搬运工作简化，并将运送工作量降至最低。

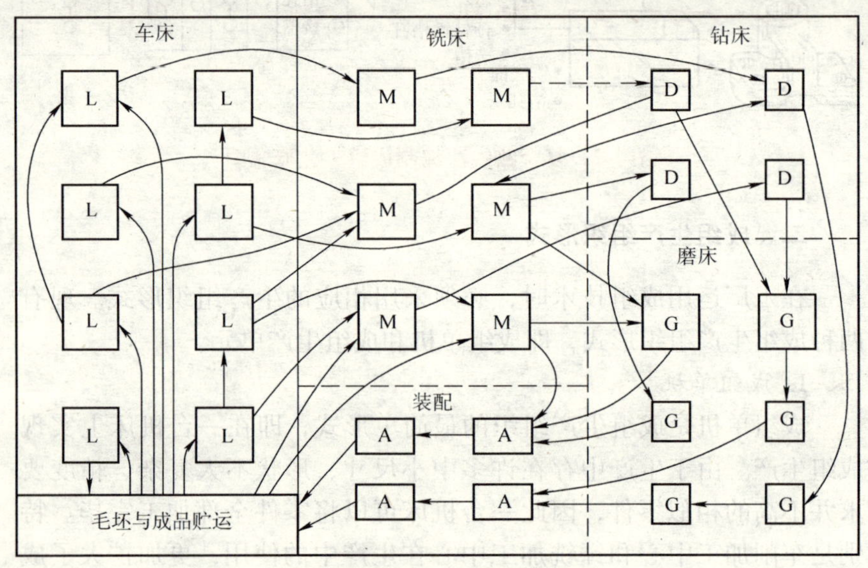

图 7-3　按机群式布置机床

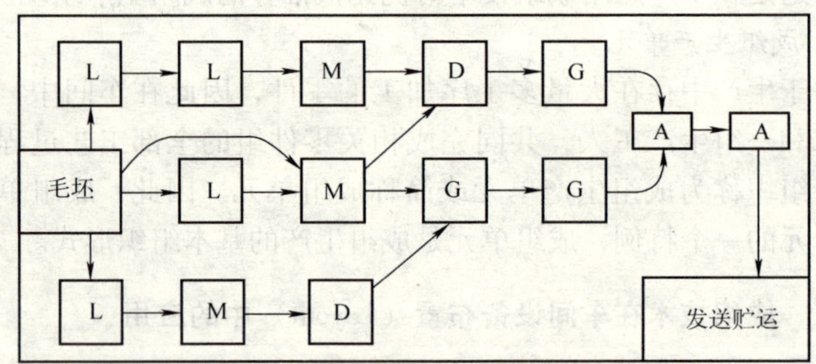

图 7-4　按成组单元形式布置机床

回转体零件实现成组工艺的基本原则是调整的统一，如在多工

位机床上加工时（如转塔车床、自动车床、数控车床）调整的统一是夹具和刀具附件的统一，即采用相同夹具条件下用同一套刀具做到统一，因此，用同一套刀具及其附件是实现回转体零件成组工艺的基本要求。由于 CNC 车削中心的进步及完善，在 CNC 车削中心上很容易实现回转体零件的成组工艺。

图 7-5 为在数控车床上加工套类零件组时，刀具及其附件的布置，以及一些零件组的代表件。

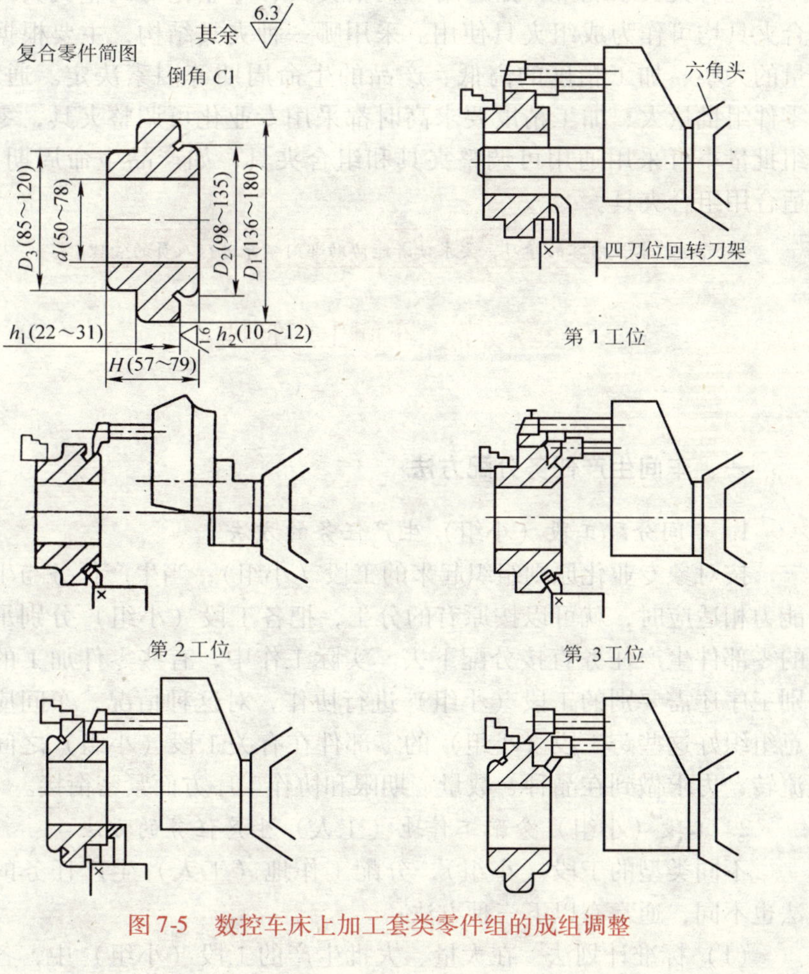

图 7-5　数控车床上加工套类零件组的成组调整

非回转体零件实现成组工艺的基本原则之一是零件组必须采用统一的夹具——成组夹具。成组夹具是可调整夹具，即夹具的结构可分为基本部分（夹具体、传动装置等）和可调整部分（如定位元件、夹紧元件等称为调整件）。基本部分对某一零件组或同类数个零件组都适用不变，当加工零件组中某一零件时只需要调整或更换夹具上的可调整部分，即调整和更换少数几个定位或夹紧元件，就可以加工同一组中的任何零件。

现有夹具系统中，如通用可调整夹具、专业化可调整夹具、组合夹具均可作为成组夹具使用。采用哪一种夹具结构，主要根据批量的大小、加工精度的高低、产品的生命周期等因素决定。通常，零件组批量大、加工精度要求高时都采用专业化可调整夹具，零件组批量小可采用通用可调整夹具和组合夹具，如产品生命周期短，适合用组合夹具。

通过本节内容的学习，要求读者能协助部门领导进行人员的管理。

第二节　车间生产管理

一、车间生产任务分配方法

1. 车间分配工段（小组）生产任务的方法

按对象专业化原则组织起来的工段（小组），当生产任务与生产能力相适应时，就可以按原有的分工，把各工段（小组）分别承担的零部件生产任务直接分配下去。实际工作中，有些零件加工的个别工序还需要别的工段（小组）进行协作，对这种情况，车间应注意组织好这些跨工段（小组）的零部件在有关工段（小组）之间的流转，力求做到在品种、数量、期限和协作工序方面紧密衔接。

2. 工段（小组）分配工作地（工人）生产任务的方法

不同类型的工段（小组），分配工作地（工人）生产任务的方法也不同，通常有以下三种方法：

（1）标准计划法　在大量、大批生产的工段（小组）中，各个

工作地的计划，可以编制成标准计划指示图表，严格按标准计划的安排，进行生产活动。每日不必再编制计划，只需每月对产量任务做适当调整即可。

标准计划指示图表就是把工段（小组）所加工的各种制品的投入及出产顺序、期限和数量，制品在各个工作地上加工的次序、期限和数量，以及各个工作地上加工的不同制品的次序、期限和数量全部制成标准，并固定下来，即标准化了的生产作业计划。

（2）定期计划法　在成批生产的工段（小组）中，每一个工作地和每一个工人要轮番生产多种零部件，轮番执行多种工序，为使各道工序相互衔接、机器设备能满负荷，就必须安排零部件工序进度和机器设备负荷进度计划。因编制这种计划的工作量很大，所以在品种多的情况下，只编制某些关键零部件的加工进度和某些关键设备的负荷进度，以保证关键零部件的出产及关键设备的负荷。其他零件则采用日常分配法解决。

（3）日常分配法　该法适用于单件小批生产的车间，在一些不太稳定的单件小批生产的工段（小组）里由于变化因素多，难以事先做长期安排，只能根据生产任务要求和各设备的实际负荷情况，每天给工作地安排生产任务。

二、生产作业控制

生产作业控制的主要内容包括生产进度控制、在制品占用量控制和生产调度。

1. 生产进度控制

生产进度控制包括：投入进度控制、出产进度控制和工艺进度控制。

（1）投入进度控制　是指控制产品（零部件）开始投入的日期、数量、品种是否符合计划要求，以及原材料、毛坯、零部件投入的提前期和设备、人力、技术措施项目的投入使用日期的控制等。

做好投入进度控制，可避免计划外生产和产品积压，保证在制品正常流动以及投入的均衡性和成套性。

（2）出产进度控制　是指对产品（零部件）的出产日期、出产提前期、出产量、出产均衡性和成套性的控制。

（3）工序进度控制　是指对产品（零部件）在生产过程中经过的每道工序的进度所进行的控制。用于单件和成批生产条件，对加工周期长、工序多的产品（零部件）除控制投入和出产进度外，也必须控制工序进度。

2. 在制品占用量的控制

在制品占用量控制是对生产过程各个环节的在制品实物和账目进行控制。大量生产条件下，控制方法采用轮班任务报告单结合生产原始凭证或台账来进行控制。即以工作地每一轮班的实际占用量，与规定的在制品定额比较，使在制品流转量和储备量经常保持正常水平。

在成批和单件生产条件下，可采用工票或加工路线单来控制在制品的流转，并通过在制品台账来掌握在制品占用量的变化情况，检查是否符合原定控制标准，发现偏差，及时采取措施，组织调节，使在制品占用量被控制在允许范围之内。

3. 生产调度

生产作业计划控制和生产调度是密切相关的。生产进度控制和在制品占用量控制也是生产调度的重要内容。生产调度工作的内容还包括：监督生产技术准备工作；合理调配劳动力；控制生产过程中的物质供应；检查生产设备的运转状况及调度厂内运输。做好调度工作应遵循下列原则：

（1）计划性　以生产作业计划为依据，指挥生产。

（2）预见性　要对生产中可能出现的问题有一定的预见性，掌握调度工作的主动权，既抓好当前又做好下一步工作。

（3）集中性　建立一个统一的生产调度系统，做到令则行，禁则止。

（4）科学性　调度人员要实事求是，坚持用科学态度抓好调度工作。

（5）及时性　要及时发现问题，及时果断处理问题。

三、生产班组的技术管理

生产班组的中心任务是在不断地提高技术理论水平和实际操作

技能的基础上，以提高经济效益为中心，全面完成工厂、车间和工段的生产任务和各项经济技术指标。

（1）管理措施

1）积极组织和参加技术理论知识和实际操作技能技巧的学习，多提合理化建议，努力开展技术革新活动。

2）根据车间或工段下达的生产计划，组织好生产，保质保量、均衡全面地完成或超额完成生产任务。

3）以质量管理为重点，以岗位经济责任制为基础，建立健全各项规章制度。不断提高班组科学管理和民主管理水平。

4）积极开展“学先进、赶先进和创先进”的竞赛活动，认真搞好劳动竞赛工作。

5）搞好安全技术教育，维护好设备，做到安全生产和文明生产。

6）关心职工的健康和生活。

（2）劳动纪律　强调劳动纪律，是发展生产和提高效益的一种手段。劳动纪律包括以下三方面内容：

1）工时纪律。要求工人遵守工作时间，减少停工，杜绝迟到、早退和旷工现象。

2）工艺纪律。要求准确地遵守工艺规程和本工种的生产顺序。遵守材料加工和成品装备方式方法。遵守安全操作规程等各项有关规章制度。

3）生产纪律要求把全部工作时间用于生产，不随便离开工作岗位，不从事与生产无关的活动，不妨碍别人的工作。

现代的管理过程中，已经有人提出了“6S”的管理方式，也就是在“5S”的基础上加上“安全”。

四、“5S”管理

1.“5S”活动的含义

“5S”活动是日本企业中优化现场管理的主要方法之一。“5S”活动包括生产现场整理（日文音译为 Seiri）、整顿（日文音译 Seiton）、清扫（日文音译为 Seisoh），清洁（日文音译为 Seiketsu）、

素养（日文音译为 Shitsuke）五项活动的统称，由于这 5 项活动每一个词的第一个字母都是“S”，所以简称“5S”。

“5S”活动在日本企业中推行得十分广泛，它相当于我国工厂里开展的文明生产活动。其含义之一是生产文明化或科学化，其对立面即是手工式生产，不讲科学，单凭经验组织生产；其含义之二是指在生产现场的管理中，要使生产现场保持良好的生产环境和生产秩序，其对立面是不文明生产，生产现场“脏、乱、差”，管道到处“跑、冒、滴、漏”等。

2. “5S”活动的内容与要求

（1）整理　区分要与不要的东西，现场不需要的东西坚决清除，做到生产现场无不用之物。通过整理，可以有效地提高场地的利用率，行道通畅，消除混乱。

整理是对停滞物的管理，重点是区分要与不要，在每个人的工位上，上下左右，在每台设备（包括工具箱）的周围，进行彻底搜寻，不需要的东西，坚决、果断地清理出现场。

（2）整顿　把必要的东西定位放置，以便使用时随时能找到，减少寻找时间。保证现场整齐，一目了然，没有不安全因素，没有“跑、冒、滴、漏”现象。

整顿是对整理后需要的东西的整顿。其要点是：需要的东西定置摆放，能做到过目知数，用完的物品归还原位，工装器具要按类别、规格摆放整齐；其核心是每个人都参加整顿，在整顿过程中制定各种管理规范，人人遵守，贵在坚持。同时也为提高工作效率打下基础。

（3）清扫　将生产和工作现场的灰尘、油污、垃圾清除干净，提高设备以及工装夹具的清洁度和润滑度，保证生产或工作现场地面整洁、干净。其要点是：每个人要把自己用的东西清扫干净，不是单靠清洁工来完成，清扫的目的就是要使生产时弄脏的现场恢复干净。

（4）清洁　整理、整顿、清扫这三项的坚持与深入就是清洁。同时也包括对人体有害的油、尘、噪声、有毒气体的根除。其要点是坚持和保持，不搞突击。清洁可以美化现场，有助于职工愉快地工作，消除灾害发生的根源。

(5) 素养 培养现场作业人员执行作业、遵守现场规章制度的习惯和作风，提高人员的素质。这是“5S”活动的核心。没有人员素质的提高，“5S”活动不能顺利开展，即使开展了也不能坚持。因此“5S”活动要始终着眼于提高人员的素质。

3. “5S”活动与现场管理

“5S”活动的目的就是不断地改善现场，使现场环境和人们的心情处于最佳状态。具体的现场管理是：

(1) 将“5S”活动纳入岗位责任制 要使每一部门、每一个人员都有明确的岗位责任和工作标准。表7-1为某数控加工车间每日清扫内容的实例，表7-2为每周清扫内容的实例。

表7-1 每日清扫实例

内容 项目 / 人员	地面	机床	工具	工位器具	铁屑
操作人员	清扫自己活动区地面	按设备日清扫标准执行	处理无用刀具，定位放好使用过的工、检、刀、夹具	小车按规定放好	将工作区的铁屑清扫入铁屑箱
清扫人员	清扫各行走干道	—	把清扫工具放在自己的休息室	运铁屑车辆放置在固定位置	将铁屑箱内铁屑清除干净
辅助人员	保证车间地面清洁	—	使用的工具不随意放在现场	—	—

表7-2 每周清扫实例

内容 项目 / 人员	地面	机床	工具	工位器具	铁屑
操作人员	清扫自己活动区地面	按设备周清扫标准执行	做日清扫事项，擦洗管理点架，整理工具箱内部	擦洗小车滑道等。包括脚踏板并定置放好	彻底清除设备周围铁屑

（续）

项目 内容 人员	地面	机床	工具	工位器具	铁屑
清扫人员	清扫各主干道	—	同“日清扫”	同“日清扫”	同“日清扫”
辅助人员	清查现场有无自己负责的无用品。如有则清除	配合操作者进行设备保养	同“日清扫”	—	—

（2）严格执行检查、评比、考核制度　检查、评比、考核是保证“5S”活动能坚持不断改进的重要措施，必须严格执行。检查、考核的方法可以多种多样，应根据各单位的实际条件决定。

这里介绍一种评分标准。评比可分为4个等级：4分—良好—绿色；3分—中等—蓝色；2分—及格—黄色（黄牌警告）；1分—差—红色（停工整顿）；将评比的结果及时公布，如图7-6所示。

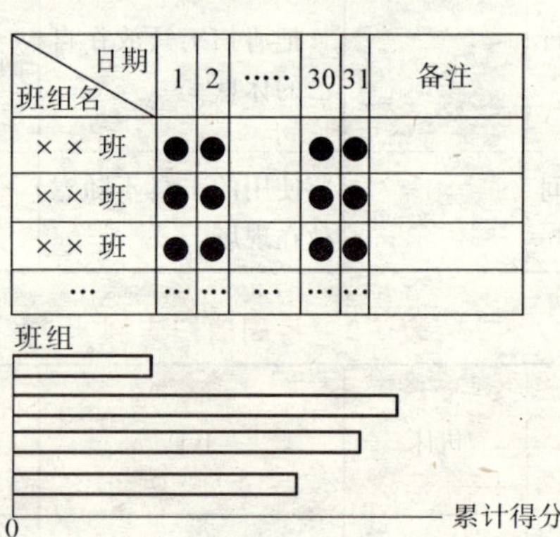

图7-6　“5S”活动竞赛评比牌格式

图表中牌上的●分为绿、蓝、黄、红四种颜色，下边是各相应班组的累计得分数。

(3) 坚持“5S”循环，不断提高现场的“5S”水平　“5S”活动需要不懈地坚持、不断地改善及不断地循环。其循环是以素养为中心的，并始终围绕着素养的不断提高而不停地进行运转，因此在开展“5S”活动中，一定要紧紧抓住这个中心不放，如图7-7所示。

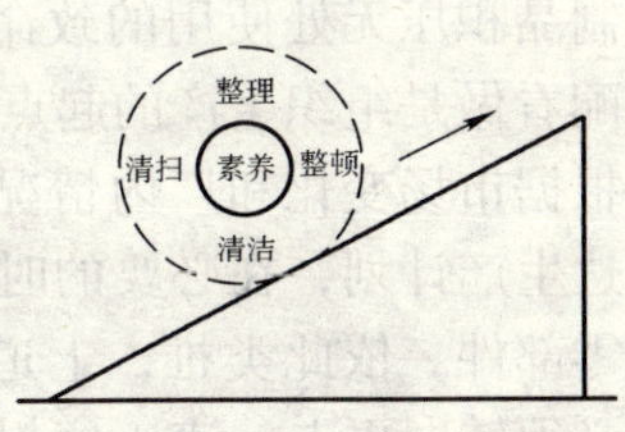

图7-7　“5S”循环

五、准时生产制和看板管理

准时生产制和看板管理是日本丰田汽车工业公司创立的一种先进的生产管理制度。这种制度以看板为工具，严格按照既定的期量标准控制整个生产过程的在制品流转数量，从而达到减少在制品储备量的目的，并能做到准时生产。

1. 准时生产制

传统的生产管理制度一般是上一道工序向下一道工序供应零部件，采取增加在制品储备方法以应付生产中的失调和事故等问题以及需求上的变动。这种方式的缺点是上道工序不管下道工序所需零部件是否用完，零部件生产出来就往下道工序送，这就易使下道工序积压在制品。为了克服以上缺点，准时生产制应运而生。

准时生产制的要点是准时，即只在必要的时候按必要的数量，生产必要的产品（零件、部件、成品）。它的目标是将在制品储备量压缩到最低限度，从而最大限度地节约资金，最充分地利用人力和设备，提高效率，降低成本。同时，该制度富有灵活性。在人的因素方面，要求生产工人有较高的积极性和发挥较大的主动性。

下一道工序向上一道工序提取零部件时，传统生产管理的方法是：生产管理部门按计划期产品出产计划制定生产进度表；各道工序按计划生产，由上道工序向下道工序传送在制品；由毛坯加工成零件、部件，最后组装为成品。准时生产制克服了传统方法对市场需求变化适应性差，反应不灵敏，容易过量生产，以致造成大量在制品积压无处使用的致命缺陷，而以市场导向组织生产，把产品装配看做是组织生产的起点。具体的做法如下：以总装配工序为起点，根据市场变化和厂内情况决定必要的品种和必要的数量，并据以下达生产计划，在必要的时候由下道工序向上道工序提取必要数量的零部件。依此类推，上道工序提供零部件后，由于储备量的减少，必须转向更上一道工序提取必要数量的零部件，以便继续进行生产并补充其必要的储备。如此层层向上推动，把各道工序连接起来，形成一条准时生产的生产线。

化大批量为小批量，尽可能地减少在制品储备和做到按件传送。实行准时生产制的各车间与各道工序一般都避免成批生产或成批搬运，要求尽可能做到必要的时候只生产一件，只传送一件，只储备一件。任何工序不准生产额外数量的产品，做到宁可暂时中断生产而决不积压在制品。

用最后装配工序来调节、平衡全部生产。既然准时生产制以最后装配工序为组织生产的起点，这就意味着装配工序实际上起着调节与平衡全部生产的作用。

日本丰田汽车工业公司实行准时生产制的具体步骤如下：

1）每月由公司根据市场情况与用户订货合同，按型号和规格，拟定本月生产各种汽车的数量，经审查批准后，下达生产任务。

2）工厂的装配车间将月份应生产的车辆除以本月的工作日，得出日平均产量，据以安排生产。

3）装配车间开始生产后，按照下道工序向上道工序提取零部件的规定，把生产过程组织起来。

4）宁可中断生产，也不积压储备。

2. 看板管理

准时生产制是以看板为工具将上下工序联系起来以组成流水作业而进行准时生产的。看板又称为传票卡，它是一张张的卡片，预先填好零部件的名称、号码、材质、生产数量、生产时间、重量、加工地点、运送地点、运送时间、工位器具及容量等项目。每张看板固定代表一定数量的零部件，如一张一件，或一张十件等。看板必须随同实物一起流转。看板管理就是按照看板上规定的要求，在

企业内部以及企业与协作企业之间传递作业指示，即利用看板从总装配开始，依次向上道工序订货和领货，从而使各个生产工序都在必要的时间得到必要数量的必要产品（或零部件），以实现准时生产，借以消灭不必要的在制品，达到彻底杜绝浪费这一根本目的。

（1）看板的功能

1）它是领货指令、运送指令和生产指令。“没有看板不领货”：下道工序根据消耗掉的零件的相应看板量去向上道工序领货；“没有看板不运送”：搬运工人根据看板的数量在工序之间运送零部件；“没有看板不生产”：送来多少看板，就生产多少零部件，一个不多，一个也不少。

2）防止过量制造、过量运送。看板的数量是限定的，如果装配线上当天装配的数量少了一些，还有些零件没有用完，那么，能够拿出来向上道工序领取零件的看板数量也就相应的减少些，上道工序的零件加工量也就相应的减少。这样，看板就像货币的发行量制约着商品流通的数量那样，在生产过程中防止着零部件的过量制造和储存。

3）它是贯彻目视管理的工具。看板与在制品同时放在一起，只要一看看板标明的件号和数量，就可以一目了然地知道在制品的品种和数量。有的看板直接附在工位器具上，一个工位器具就是一张看板，则更可以帮助我们直观地和形象化地掌握在制品的储备状况。

（2）看板的使用规则　为了使看板充分发挥其功能和作用，必须制订必要的措施，并且要严格遵守，这是使用看板管理的前提条件。具体说来，看板的使用规则有：

1）下道工序到上道工序取货。改变以往那种上道工序往下道工序送货的传统做法。实施看板管理，必须做到下道工序在必要的时候到上道工序领取必要数量的零部件，以防止产需脱节而生产不必要的产品。为确保这条规则的实行，下道工序还必须遵守下面三条具体规定：

①禁止不带看板领取零部件。

② 禁止领取超过看板规定数量的零部件。

③ 实物必须附有看板。

2）次品不交给下道工序。制造不合格产品就等于把原材料、设备、人力投入卖不出去的产品中去，这是最大的浪费，是与企业降低成本的目的相违背的。因此，上道工序必须为下道工序生产百分之百的合格品；如果发现生产次品，必须立即停止生产，并查明原因，采取措施，防止再度发生，以保证产品质量和防止生产中不必要的浪费。

3）上道工序只生产下道工序所领取的数量。各道工序只能按照下道工序的要求进行生产，而不能生产超过看板所规定数量的产品，以控制过量生产和合理库存，彻底消除无效劳动。

4）进行均衡化生产。为了实行“只生产下道工序领取的数量”，所有工序都需要具备必要的设备和人员，以便能够“在需要的时候，生产需要的数量”。在这种情况下，如果下道工序在时间和数量上以零散的形式来领取，那么上道工序如果没有富余的人员和设备就很难应付，越是靠前的工序就越困难。但是，准时生产制和看板管理既不允许有富余的人员和设备，又不允许提前进行生产，这就需要有节奏、按比例地进行生产，也就是使生产均衡化。

5）利用看板进行微调。为了适应下道工序订货的要求，又由于各道工序的生产能力和产品合格率高低不同，必须依据看板在允许的范围内进行微调，即适当地进行增加或减少的调整，并且尽量不给上道工序造成很大的波动而影响均衡生产。

6）使工序稳定化和合理化。为了保证对下道工序提供百分之百的合格品，必须实行作业的标准化、合理化和设备的稳定化，以消除在作业方法和时间等方面的无效劳动，从而提高劳动生产率。

（3）看板的运行传递　看板的正常运行传递是实施看板管理的关键。为了充分发挥看板管理的作用，不仅要遵守有关看板的使用规则，而且还必须按照一定的程序、步骤传送看板。看板分两种：一种叫生产看板，它不出本工序，在工序内部运行传递；一种叫传件看板，它在工序之间运行传递。每一道工序的设备附近，均设有

两个存件箱，一个存放上道工序已制成的本工序待加工的零部件，另一个则存放着本工序已生产完成以备下道工序随时提用的零部件。现以最后装配工序为起点，具体说明看板的运行传递方法，如图 7-8 所示。

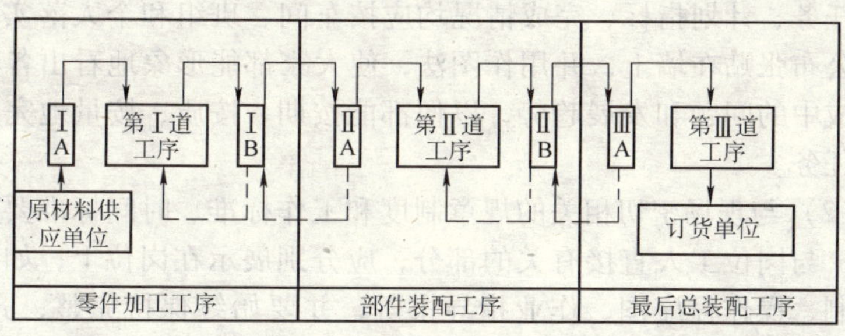

图 7-8　看板的传递方法

图 7-8 图中，A 为本工序待加工存件箱，B 为本工序已完成件的存件箱，实线为零部件实物运行传递过程，虚线为有关看板运行传递过程。当总装工序的工人装配一批产品送给订货单位后，他就从ⅢA 箱中取用一定数量的零部件按计划继续进行总装，同时，从箱子取出一块传递看板到上道工序的ⅡB 箱中提取同样数量的相同零部件，以补充ⅢA 箱中已使用的零部件。再从ⅡB 箱中取出一块生产看板交给第Ⅱ道工序的工人。这块看板的作用相当于一个生产通知单，第Ⅱ道工序的工人在接到这块看板后，就赶紧按看板的要求开始生产这个零件，制成后补入ⅡB 箱中；在第Ⅱ道工序开始加工时，他又必须按同样程序从ⅡA 箱中提取待加工的零部件。如此倒溯而上，一条准时生产的流水生产线就在传递看板和生产看板的联系与推动下，一环紧扣一环地运行。因此可以说，在实施看板管理的单位中，看板左右着企业中产品物件的流通，支配着各工序的生产活动。

六、目视管理

1. 目视管理的含义

目视管理是利用形象直观、色彩适宜的各种视觉感知信息来组

织现场生产活动，所以它是一种以公开化和视觉显示为特征的管理方式。

2. 目视管理的内容与形式

（1）生产任务和完成情况要公开化和图表化　公开化就是要将生产任务、计划指标、完成情况均应按车间、班组和个人落实，并列表公布张贴在墙上，并用作图法，使大家都能形象地看出各项指标完成中的问题和发展趋势，以便都能按期、按质、按量地完成各自的任务。

（2）与现场密切相关的规章制度和工作标准、时间标准要公布于众　与岗位工人直接有关的部分，应分别展示在岗位上，如岗位责任制、操作程序图、作业指导书等，并要始终保持完整、齐全、正确。

（3）以清晰的、标准化的视觉显示信息落实定置设计　即应按定置设计，采用清晰的、标准化的信息显示符号，将各种区域、通道、物品的摆放位置鲜明地标示出；机器设备和各种辅助器具均应运用标准颜色，不得任意涂抹。

（4）要采用与现场工作状况相适应的信息传导信号　为能及时地控制生产作业，生产环节和工种之间，也要设立方便实用的信息传导信号，以尽量减少工时损失，提高生产的连续性。

在各数控加工的生产管理点，要有质量控制图，以便清楚地显示质量波动情况，车间要公布不良品的统计情况，当天出现的废品要陈列在展示台上，以利分析、会诊、改进。

（5）现场各种物品的码放和运送要标准化　在现场中，各种物品要按标准化运送及码放，以便过目知数。

（6）统一规定现场人员的着装，实行挂牌制度　统一着装可以进一步体现正规化、标准化。单位挂牌和个人佩戴标志可以起到激励和推动的作用。

（7）现场的各种色彩运用要实行标准化　为利于生产和工人的身心健康，现场中的色彩也要标准化。

3. 目视管理的基本要求

（1）统一　即目视管理要实行标准化，以消除五花八门、杂乱

无章的现象。

(2) 简明　即各种视觉显示信号应易看懂，一目了然，简单明确。

(3) 醒目　即各种视觉显示信号要清晰、位置适宜。

(4) 实用　少花钱、多办事、讲究实效。

(5) 严格　严格遵守和执行有关规定。

MRP法是现代计算机管理的基础。

七、MRP 法

MRP 是指用电子计算机编制生产作业计划的一种方法。它主要适用于成批生产的加工装配型企业，特别适用于根据订货进行生产或不稳定的成批生产。

这种方法是根据反工艺顺序法的原理，从最终产品的数量和期限的计划出发，按产品结构展开，再按照存储量，以及提前期等，推算出各种零部件的投入、出产的数量和期限。它的特点是编制作业计划很快，情况变化能及时调整。

这种方法最初是在美国出现的，在 20 世纪 40 ~ 60 年代，美国的生产管理模式发生了变化，改变过去以产品为中心的生产方式为以零部件为中心的生产方式，即根据市场需求和预测，事先将零部件生产出来存在库中，一旦接受订货，立即将零部件组装起来迅速完成订货。这种生产方式灵活，适应性强，但也出现一些问题，有时零件多，占用流动资金多；有时零件少（缺件），影响交货。当时，对零件的需求量主要靠手工计算，由于产品结构复杂，很难准确反映，如果情况变化大，控制就更难了。到了 20 世纪 60 年代，当电子计算机在企业中运用普及，MRP 法也就产生了。MRP 的发展经历了三个阶段。

1. 初期 MRP

初期 MRP，即狭义的 MRP（Material Requirements Planning）又称物料需求量计划，是指建立库存管理系统，即根据主生产进度计划确定的最终物品需要量，按照产品结构、物料清单、存储记录等对最终物品作 MRP 计算，确定生产哪些零部件，数量多少，何时下

达零部件的生产任务以及何时交货，并发出加工和采购订单，进行库存控制。其处理过程如图 7-9 所示。

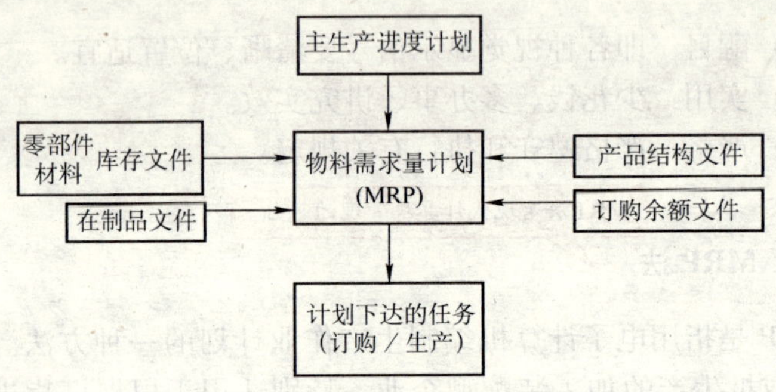

图 7-9　初期 MRP

这种初期 MRP 只能根据有关数据计算出相关物料需求的期限和数量，但没有解决如何保证所需零部件生产计划成功实施的问题。它缺乏对完成计划所需的各种资源进行计划与保证的功能；也缺乏根据计划实施情况的反馈信息，缺乏对计划进行调整的功能。因此，这种 MRP 对物资管理有重要意义，主要应用于订购等方面。

2. 闭环 MRP

闭环 MRP 是在初期 MRP 的基础上，引入资源计划，安排生产，执行监控与反馈等功能，形成生产与库存管理系统。其处理过程如图 7-10 所示。

从图 7-10 中可以看出，主生产进度计划及物料需求量计划以后，还要通过粗能力计划、能力需求量计划等进行生产能力平衡。若生产能力不能满足计划要求，应根据能力调整相应的计划。同时，它还能收集生产（采购）活动执行结果，以及外界环境变化的反馈信息，作为制定下一周期计划或调整计划的依据。由于增加了上述功能，可以有效地对生产过程进行计划和控制。

3. 制造资源计划（MRPⅡ）

MRPⅡ（Manufacturing Resources Planning）是在闭环 MRP 完成对生产的计划与控制基础上，进一步扩展，将经营、财务与生产管

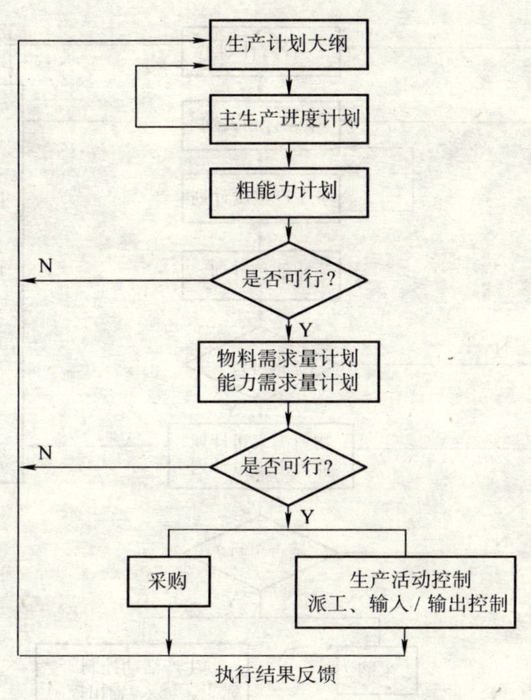

图 7-10　闭环 MRP

理子系统相结合，形成的制造资源计划系统。其处理过程如图 7-11 所示。

由于 MRPⅡ将经营、财务与生产系统相结合，并且具有模拟功能，因此，它不仅能对生产过程进行有效管理和控制，还能对整个企业计划的经济效果进行模拟，对辅助企业高级管理人员进行决策具有重要意义。目前，国外已有数以万计的企业采用了 MRPⅡ技术，在减少库存，提高生产效率，降低成本，改善用户服务，保证按时交货等方面取得了显著的经济效益。国内有些企业也已开始使用这种技术。

4. MRP 系统的目标和组成

(1) MRP 系统的目标　MRP 能根据产品的生产量，自动地计算出构成这些产品的零部件与材料的需求量，并能由产品的交货期展

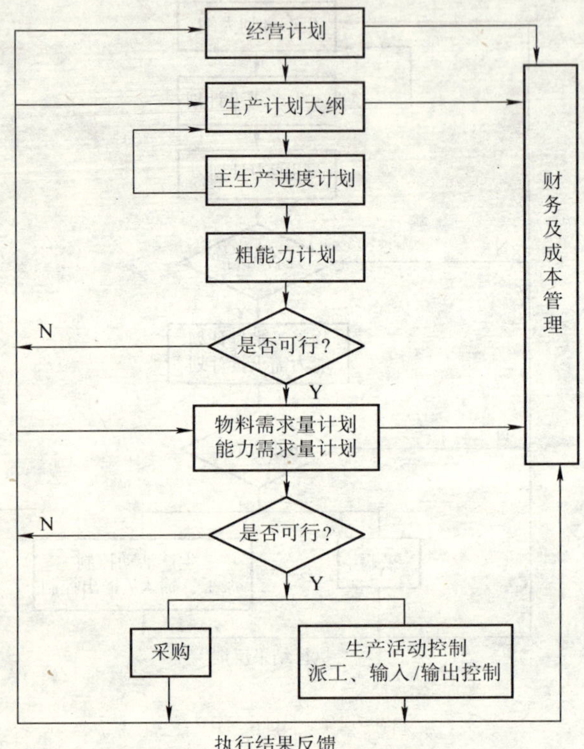

图 7-11　MRPⅡ

开成零部件生产日程和材料及外购件的采购日程；当计划执行情况有变化时，还能根据新情况区分轻重缓急，调整生产优先顺序，重新编出符合新情况的作业计划。MRP 的目标是：

1）保证按时供应用户所需产品，及时取得生产所需原材料及零部件。

2）保证尽可能低的库存水平。

3）计划生产活动、交货进度与采购活动，使各车间生产的零部件、外购配套件与装配的要求在时间和数量上精确衔接。

（2）MRP 系统的组成　主生产进度计划、物料清单、存储记录是 MRP 的输入部分；采购订单和加工订单以及反映变化情况的辅助

报告是 MRP 系统的输出部分，另外，能力计划和控制也是 MRP 系统的重要组成部分。

1）主生产进度计划。它表明最终物品在具体时间段内的需求量。产品的需求量是根据市场预测和用户订货并经过生产能力平衡后编出的生产计划而确定的。主生产进度计划在某些 MRP 软件中通常划分为 52 个时间段，每个时间段长度为一周。主生产进度计划的对象主要指按独立需求的产成品，有些企业除产成品外，还包括生产（销售）用于维修或试验用的属于独立需求的备件和部件。

2）物料清单。这实际上是一种用树形表示的产品结构，它表示一个产品是如何组装制造的，包括对各零部件的说明和每一个零部件的需求（包括时间、数量）。物料清单是针对具有从属性需求的物品而言的。从属性需求是指某物品的需求与其他物件的需求有直接的或派生的关系。

这里举一个例子，图 7-12 中，最高层次（0 层）的 A 是企业的最终成品。它是由部件 B（每个 A 产品需要 2 个 B）、部件 C（每个 A 产品需要 2 个 C）以及部件 D（每个 A 产品需要 3 个 D）组成。第一层次 B 部件，又是由部件 D（1 个）、零件 E（2 个）组成的，以此类推。这些部件、零件中有些是工厂自己生产的，有些是外购的。如果是外购件就不必再进一步分解。在绘图时，处于不同层次需要的同一零部件，仍应绘在同一个层次，以便运算，如部件 D 都放在第二层次，零件 E 都放在第三层次。产品结构图各层次分为母项和子项，如物品 B 由物品 D、E 构成，则称物品 B 为物品 D、E 的母项；称物品 D、E 为物品 B 的子项。最终物品无母项，最底层的原材料、零部件无子项。LT 表示的是提前期。有了以上产品的构成关系就可以计算出各物品的需求量，并列出汇总表。

3）存储记录。这包括全部存储物品的状况，主要内容有：

① 预计存储量。这是指工厂仓库中预计存放的可用库存量。

② 预计收到量。这是指根据正在执行中的采购订单或生产订单，在未来某个时间周期项目的入库量。在这些项目入库的那个周期内，把它视为库存可用量。

③ 提前期。这是指执行某项任务由开始到完成所消耗的时间。

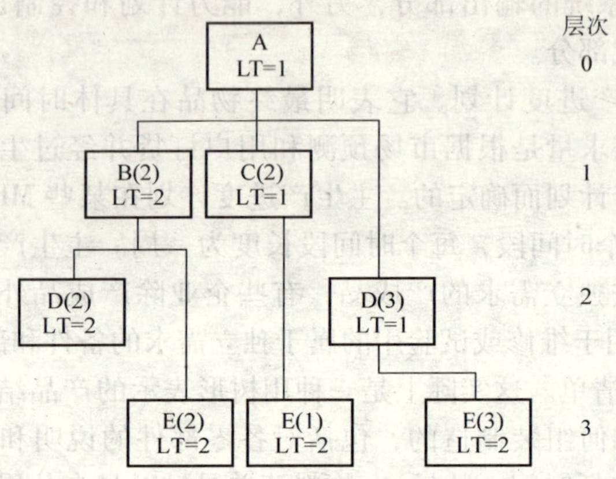

图 7-12　产品结构图

④ 订购（生产）批量。这是指在某个时间周期向供应商订购（或要求生产部门生产）某项目的数量。

⑤ 保险库存量。这是为了预防需求或供应方面不可预测的波动，在仓库中经常应保持的最低库存数量。

除以上 5 条外，还要考虑废品允许量等情况。

4）MRP 输出。分为主报告和辅报告两类。主报告包括计划将要发出的采购订单和加工订单；重新安排进度计划的变动报告；存储状态数据等。辅报告包括例外情况报告，即出现严重偏差的报告，如过量废品或缺件等；预测未来某时间段的需求；执行情况的控制报告等。

5）能力的计划与控制。这是闭环 MRP 系统的一个重要组成部分。能力计划就是确定某一生产任务所需的人力和设备、物质资源等，它决定、计量和调整产出水平。能力计划和控制的目标是使生产水平符合需要水平，减少生产过程的波动。能力计划有粗能力计划和能力需求量计划。粗能力计划是从总产量出发，调整自制或外购件以及人员，处理可能存在的“瓶颈”等问题。能力需求量计划要计算每一加工中心的作业量，进行能力的微调整。当生产能力小于所需要的能力时，可以通过加班加点，转包合同等办法来增加现有能力；也可以通过减少主生产进度计划的需求量等办法来减少所需要的能力。

第三节　数控设备的网络化

在现代制造技术中，数控机床的通信和网络技术是分不开的，CNC 数控装置作为独立控制的控制装置，一般配备有各种输入输出设备，通过并行或串行的传输电缆，完成有关的输入、输出操作。CNC 装置作为控制装置要与各种被控系统相连接，与各种系统和设备进行信息的交换，才能完成加工任务。要传递各种控制信号，就必须了解信息的交换是如何进行的，这就涉及许多通信方面的知识，如通信的方式（并行和串行）和通信时的同步等问题，进行计算机网络通信时的有关标准和协议问题，进行通信的设备与传输媒体的通信接口问题以及现代制造系统中有关总线的问题等。

一、数据通信

在现代制造系统或各加工单元之间进行数据通信时，要通过有关通信设备和传输媒体交换信息。而这些通信设备和传输媒体构成了连接各加工设备的数据通信系统，从数据通信的角度出发其结构如图 7-13 所示。图 7-13 中的 A 和 B 表示进行通信的双方，AP 表示进行通信的应用程序（如数控系统中的通信功能子程序），虚线表示逻辑通信，实线表示物理通信。例如制造单元计算机 A 将控制信息和数控加工程序送往数控系统 B，在数控系统 B 进行加工的过程中，再将有关的加工状态和过程信息传送给制造单元计算机 A。这个双方通信的过程用图中虚线来表示，即逻辑上的通信。而实际上双方之间的通信要经过有关的通信装置和通信信道（即通信线路）才能完成。图中发送、接受信息的制造单元计算机和数控系统在通信系统中称之为数据终端设备 DTE（Data Terminal Equipment）。DTE 是对信息进行收集和处理的设备，它们是信源（信息的发送端）或信宿（接收信息的一端）或两者兼有。在通信过程中要通过信号变换器将准备传输的数据（即标准的二进制代码信号）转换为适合信道

传输的信号。在通信系统中，将信号变换器等类似的装置称为数据电路终接设备 DCE（Data-Circuit-terminating Equipment）或数据通信设备，它们作为 DTE 和通信信道的连接点。在远距离传输时，可将二进制脉冲信号通过调制解调器（MODEM）转换（调制）为音频载波信号后再送到信道上，在接收端，再将接收到的音频载波信号通过 MODEM 转换（解调）为原数据的脉冲序列。

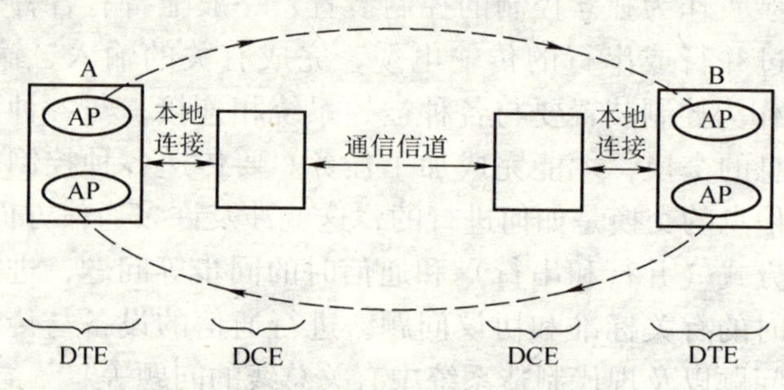

图 7-13　数据通信系统的一般结构

AP—应用程序　虚线—逻辑通信　实线—物理通信

图 7-13 中数据通信系统的通信过程（以 A 到 B 的通信为例）可以理解为：A 地的 DTE 作为信源发出信息，经本地连接（如 RS－232C 接口）到 DCE，将数据转换为适合信道传输的信号，再通过通信信道传输到 B 地的 DCE，并转换为原来的数字信号，经本地连接最后传输到 B 地的信宿 DTE，完成一次通信任务。

二、数控机床的网络技术

网络制造在广义上表现为使用网络的企业与企业间可跨地域的协同设计、协同制造、信息共享、远程监控及远程服务；企业与社会间的供应、销售、服务等内容。在狭义上表现为企业内部的网络化，将企业内部的管理部门（产、供、销、人、财、物等）、设计部门（CAD/CAM/CAPP/CAE 等）、生产部门（生产监测、生产管理、刀、夹、量、材料管理、设备管理等）在网络、数据库技术支持下进行系统集成。

在第六代即开放式的数控系统中安装网络通信以及相配套的软

件设施，在国际上已经成为最流行最实用的一项举措了。比如日本的马扎克公司、大畏公司、德国西门子公司、瑞士米克郎公司等著名的公司都已实施这一举措。在中国，互联网进入制造业的工厂、车间也将是大势所趋，只是时间的问题。

智能化网络提高了CNC程序管理的效率，淘汰了穿孔纸带等旧式存储设备。通过TCP/IP通信协议进行网络通信的以太网是目前最为普及的网络方式。智能化网络能够为制造商提供出整套且数据信息一致的生产方案：使不同的CNC控制程序、编程加工位置以及刀具定位点等数据信息得到统一。通过这样的网络通信，数据传递的速度得到极大地提高，比如过去某一大程序，通过中介传输数据需要几个小时才能完成；而现在通过网络只需几秒钟就行了，如图7-14所示。瑞士米克朗公司的高速加工机床的数控系统均采用以太网通信，并均配有大硬盘以加大程序的存储量。然而，更为高效的CNC网络通信功能远远不止上述的快速传递数据及信息而已。通过连接调制解调器与通信软件，可以实现CNC机床的远程诊断。如此，一个技术人员即使在机床生产厂家的办公室，也可以通过远程诊断对遥远的CNC机床进行实时问题诊断，及时作出决定，并直接发出指令进行调整。这一切操作的完成无需该技术人员亲临工作现场。

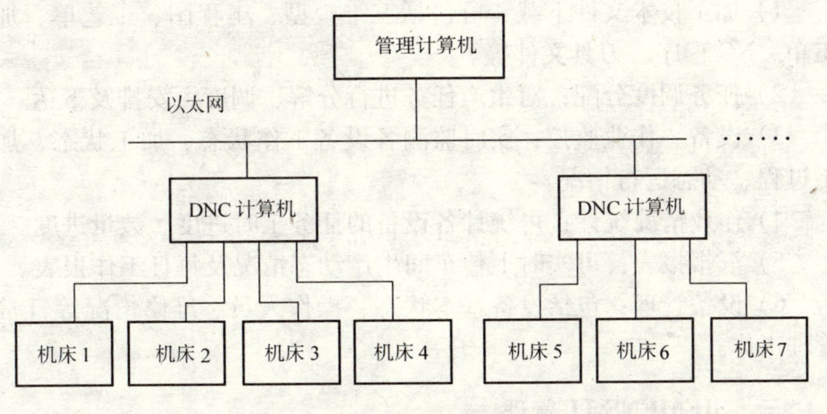

图7-14　智能化网络

工业控制系统即企业信息系统的底层一般是现场总线。目前现场总线标准的特点是通信协议比较简单，通信速率比较低。如基金

会现场总线 FF 的 HI 传输速率只有 31.25kbit/s。随着控制技术的发展，传输的数据日趋复杂，传输的信息量越来越大（甚至是 Web 网页），因此网络传输的高速性越来越重要。此外，作为管理者，总希望得到更多实时的信息，而不是在一段时间后才得到信息的汇总，因此，工业以太网就以价廉、高速、方便的特性得到青睐。

作为完整的网络传输协议，必须具备高层控制协议，以太网便选择了 TCP/IP 协议。IP 为每个数据包提供独立寻址的能力，但不能保证每个数据包都能正确到达目的地，网络阻塞和传输错误都可能使数据包丢失。而 TCP 可以解决这个问题，它在两站之间建立一条可靠的连接通道，以保证数据流的正确传递。随着 Internet 的发展，以太网已经成为事实上的工业标准，TCP/IP 由于简单实用而深入人心，为广大用户所接受。

采用 TCP/IP 通信协议进行网络通信还有一个基本条件就是机床数控系统的操作平台最好是 Windows 平台，传统的专用计算机数控系统（既第五代数控系统）要做到这一点是很困难的。四开公司的 SKY2000N 型数控系统的操作平台是建立在 Windows98 平台和 Windows2000 平台之上的。SKY2003N 型是 Windows-XP 平台。真正的制造车间、工厂网络化集成管理系统（图 7-15）应包括以下功能：

1）加工技术文件下载：可包括三维模型、工程图、工艺单、加工单、NC 程序、刀具文件等。

2）任务调度分配：对生产任务进行分解、调度、安排及下达。

3）设备、作业监控：实时监测各设备工作状态、加工状态、加工过程、动态运行情况。

4）作业情况统计：可统计各设备的任务工时进度、数量进度。

5）汇报报表：可实时上传车间生产动态情况及每日工作报表。

6）设备管理：包括设备基本状态、操作人员、维修情况等日常管理工作。

三、SIEMENS IT 管理

目前，机床的 IT 管理是提高生产力的关键。因为这样可以提高机床的利用率、减少准备时间、缩短机床停机时间和简化故障的分

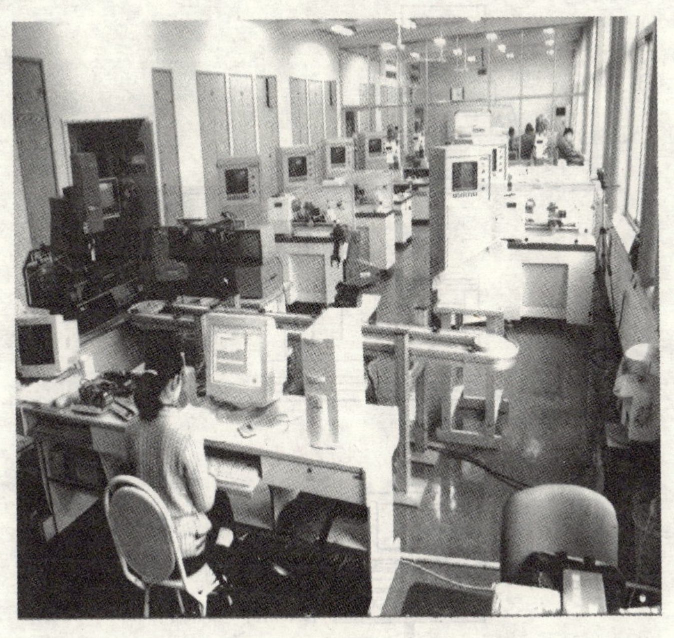

图 7-15　工厂网络化集成管理系统

析过程。IT 解决方案包含以下功能：

1. 生产数据管理

利用 SIEMENS 的 WinBDE，可以直接监控车间的数控机床，如图 7-16 所示。其数据直接来源于机床的简单图形报告，利用生产的最新信息优化生产过程；通过与车间计算机和 PPS 系统（如 SAP R/3或 WinPDA）的简单连接实现加工时间的准确记录，从而能够进行后续的计算和无纸生产。

2. 数控程序管理

1）通过 SinDNC 直接通过网络为机床提供 NC 程序。

2）如图 7-17 所示，通过 DNC NT－2000 向数控机床提供 NC 程序。

3. 刀具管理

无论对于单台机床、柔性传输线还是一整套的机床，或是为了连接刀具调整单元、编码传送系统，都需要如图 7-18 所示的刀具管理系统。其软件为 SinTDM/SinTDI/SinTDC。

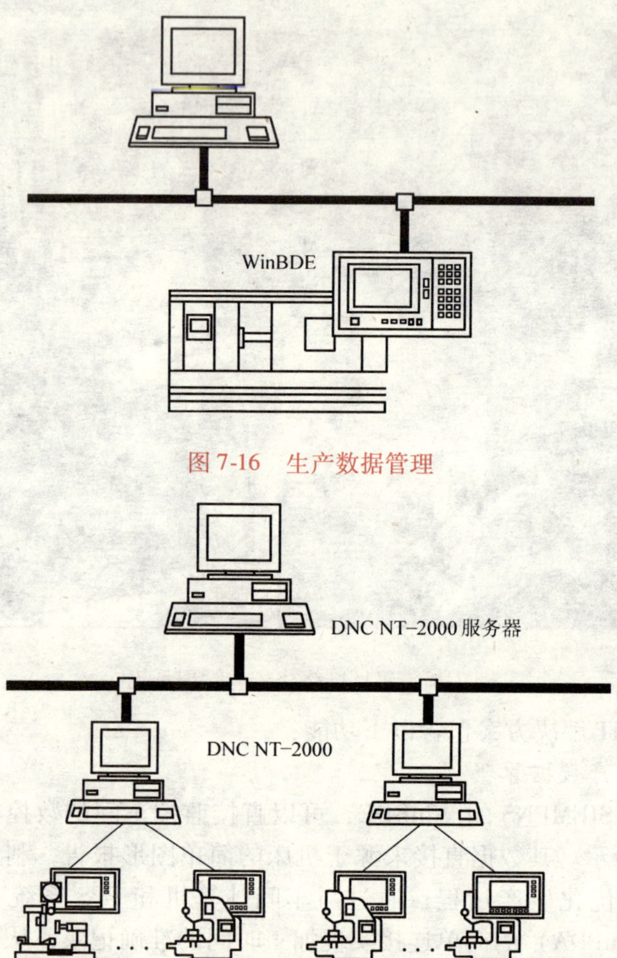

图 7-16　生产数据管理

图 7-17　数控程序管理

4. 维护管理

利用 WinTPM 可以提醒机床操作者提前进行清洁、维修及维护工作。WinTPM 既可以作为用于单台机床的单模块使用，也可在传输线上联网。

5. 维修管理（远程诊断）

利用@_event，通过在发生故障时的快速信息传递和通过电话

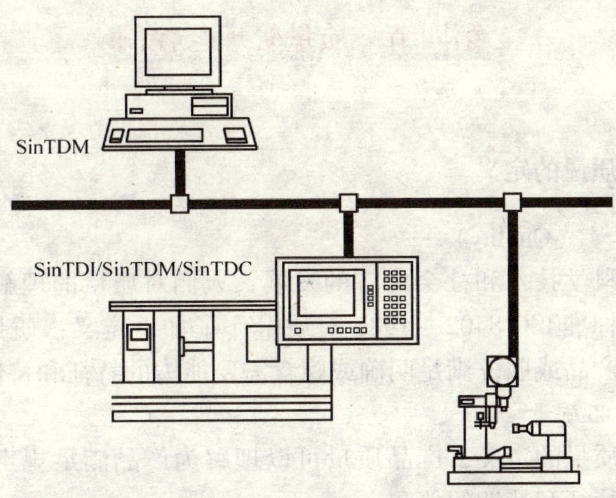

图 7-18　刀具管理

进行简单的在线诊断来减少机床的停机时间。

6. 生产管理

SinCOM 运行在 PCU50/MMC103 和中央计算机端上，可进行生产管理，如图 7-19 所示。

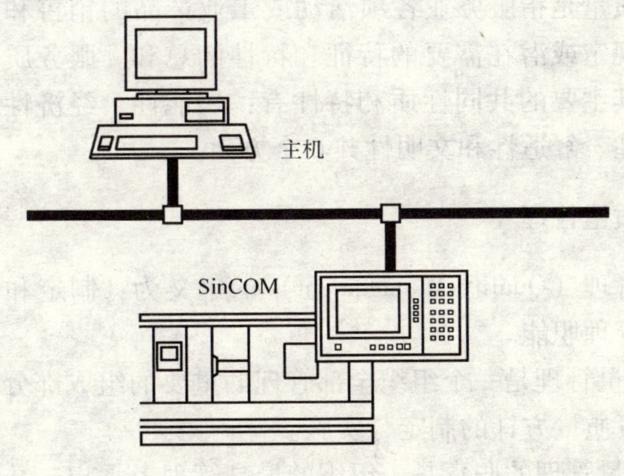

图 7-19　生产管理

第四节　质量管理与控制

一、质量的定义

1. 质量（Quality）

随着科学技术和社会经济的发展，人们对质量的理解也有所变化。国际标准 ISO 8402－1986 对质量作了如下定义：质量（品质）是反映新产品或服务满足明确或隐含需要能力的特征和特性的总和。

2. 产品质量

根据质量的定义，产品质量可以理解为产品满足规定需要或潜在需要的特征和特性的总和。

对于产品质量来说，不论是简单产品或者复杂产品，都应当用产品质量特征和特性描述。产品质量特性依产品的特点而异，表现的参数和指标也多种多样，归纳起来一般有 6 个方面的特性，即性能、寿命、可靠性与维修性、安全性、适应性和经济性。

3. 服务质量

服务质量是指服务业各项活动或工业产品的销售和售后服务活动，满足规定或潜在需要的特征和特性的总和。服务质量特性依行业而定，其主要的共同性质和特性有：功能性、经济性、安全可靠性、时间性、舒适性和文明性共 6 个方面。

二、质量管理

质量管理（Quality Management）的定义为：制定和实施质量方针的全部管理职能。

1）质量管理是一个组织全部管理的重要的组成部分，它的管理职能是负责质量方针的制定与实施。

2）质量管理的职责是由组织的最高管理者承担，并不能推卸给其他的领导者，也不能由质量职能部门负责，这一点必须明确。

3）质量是和组织内每一个成员相关联的，他们的工作都直接或

间接地影响着产品或服务的质量。因此，为了获得所希望的质量，必须要求组织内所有成员参与质量管理活动，并承担相应义务和责任。

4）质量管理涉及面广。从横向来说，包括战略规划、资源分配和其他有系统的活动，如质量计划、质量保证，质量控制和改进等活动。从纵向来说，质量管理应当包括质量方针，质量目标，以及实现质量方针和目标的质量体系。

5）在质量管理中，必须考虑经济因素，即要考虑质量保证的经济效益。

三、全面质量管理

全面质量管理是指企业为了保证和提高产品质量，组织全体职工及有关部门参加，综合运用一整套质量管理体系、管理技术、科学方法，控制影响质量全过程的各因素，结合改善生产技术，经济地研制和生产用户满意的产品的系统管理活动。

1. 全面质量管理的特点

（1）满足用户需要是全面质量管理的基本出发点　把用户需要放在第一位，牢固树立为用户服务、对用户负责的观点，是企业推行全面质量管理的指导思想和基本原则。企业通过开展全面质量管理，不仅要经济地研制和生产出用户满意的产品，而且要为用户使用过程提供各种方便和技术服务，以充分发挥产品的效用，达到更好地满足用户需要的目的。这条基本原则不仅适用于生产企业处理与用户之间的关系，而且可以引用到企业内部处理前、后工序（或环节）间的关系中。全面质量管理要求企业各道工序（或工作环节）都必须树立“后工序（或环节）就是用户”、“努力为后工序服务”的思想。

（2）全面质量管理所管的对象是全面的　全面质量管理不仅管产品质量，而且管产品质量赖以形成的工作质量。不改善工作质量，提高产品质量是不可能的。全面质量管理特别要在改善工作质量上下工夫。通过提高工作质量，不仅可以保证和提高产品质量，而且可以做到降低成本，供货及时，服务周到，以全面质量的提高来满

足用户的要求。

（3）全面质量管理所管的范围是全面的　实行全过程的质量管理，要在产品生产过程的一切环节加强控制，消除产生不合格品的种种隐患及其深层的原因，形成一个能够稳定生产合格产品的生产系统；要加强开发设计的质量管理，提高开发设计的质量，使产品设计充分满足用户的适用性要求；要保证用户的使用质量，保证技术服务工作质量。这就把质量管理从原来的生产制造过程扩大到市场调查、开发设计、制订工艺、采购、制造、检验、销售、用户服务等各个环节，形成“一条龙”的总体质量管理。

（4）全面质量管理是全员参加的管理　企业产品质量的好坏，是企业许多工作和许多环节活动的综合反映，它涉及企业各个部门和全体职工。保证和提高产品质量需要依靠全体职工的共同努力，从企业领导、技术人员、管理人员到每个工人，都必须参加质量管理，学习和运用全面质量管理的思想、方法，做好自己的工作。只有人人关心质量，承担相应的质量责任，做到主要领导亲自抓，分管部门具体抓，各个部门协同抓，才能搞好全面质量管理。广泛开展群众性的质量管理小组活动，是组织广大职工参加质量管理，把群众关心质量的积极性引导到实现质量目标上来的有效形式。

（5）全面质量管理所采用的方法是多种多样的综合的　在全面质量管理的各项活动中，要把数理统计等科学方法与改革专业技术、改善组织管理，以至与加强思想教育等方面紧密结合起来，综合发挥它们的作用。因为影响产品质量的因素错综复杂，来自各个方面，既有物的因素，又有人的因素；既有生产技术因素，又有组织管理因素；既有自然因素，又有心理、环境、经济、政治等社会因素；既有企业内部因素，又有企业外部因素等。为把这方方面面的因素综合地系统地控制起来，必须根据不同情况，有针对性地采取各种不同的管理方法和措施，才能促进产品质量长期稳定地持续提高。

2. 全面质量管理的指导思想

（1）一切为用户满意　这是全面质量管理的方向，它是由产品质量最终反映在实用价值上的规律所决定的。

全面质量管理对质量的指导思想从对指标负责转变到为了用户

满意，这是一个很大的转折。随之而来的是企业的工作也应作相应的变化：了解用户，研究用户，按用户的需要生产成了企业一项重要的工作。

一切为用户满意扩大到生产过程中，下道工序就是上道工序的用户，因此企业的职工在搞好本工序的前提下，还要服务下道工序，帮助上道工序。

（2）一切以预防为主　这是全面质量管理的方针，也是由新产品质量取决于技术基础性工作的规律所决定的。产品质量是设计、制造出来的。在设计中要保证新产品性能、寿命、可靠性、安全性、经济性等质量要求；在制造过程中，一定要抓好影响工序质量的“4M1E”，即操作者（Man）、设备（Machine）、材料（Material）、工艺方法（Method）及环境（Environment）因素，把质量管理的重点从“事后把关”转移到“事前预防”上来。

（3）一切用数据说话　这是全面质量管理的方法，是由质量特性值的随机波动规律所决定的。数据是质量管理的基础，一定要深入现场，收集资料，通过有关的数理统计方法对数据进行整理分析，从中找出质量波动的客观规律。

（4）一切按 PDCA 办事　一切按计划（P）、实施（D）、检查（C）、处理（A）办事。这是全面质量管理的工作方式，是由新产品质量管理逐步形成、水平不断提高的规律所决定的。

四、ISO 9000 标准

1. ISO 9000 标准简介

ISO 9000 标准也称《质量管理和质量保证标准》，它是由国际标准化组织（简称 ISO）于 1987 年 3 月正式发布的，经 1994 年和 2000 年两次修订成为了如今的 ISO 9000 族标准。

ISO 9000 族标准澄清并统一了质量术语的概念，反映了和发展了世界上技术先进、工业发达国家质量管理的实践经验，因此很快就受到了世界各国的普遍重视和采用。目前世界上已有 60 多个国家和地区等同或等效采用了该系列标准，73000 多家企业通过了 ISO 9000 认证。

我国为适应国际贸易发展的需要，也推行了 ISO 9000 系列标准，开展质量体系评审工作。我国在 1988 年等效采用了 ISO 9000 系列标准，国家标准编号为 GB/T10300，1992 年放弃 GB/T10300 标准而等同采用了 ISO 9000 系列标准，1994 年及时等同转化了修订后的系列标准（1994 版），国家标准编号为 GB/T19000—1994 系列标准。1993 年 2 月 22 日第七届全国人民代表大会常务委员会第 30 次会议通过的《中华人民共和国产品质量法》第二章第九条规定："国家根据国际通用的质量管理标准，推行企业质量体系认证制度。企业根据自愿原则，可以向国务院产品质量监督部门或者国务院产品质量监督管理部门授权的部门认可的认证机构申请企业质量体系认证，经认证合格的，由认证机构颁发企业质量体系认证证书。"国家技术监督局正在"中国质协质量认证中心"等实体机构开展质量体系认证工作。出口商品生产企业可以向商检机构申请质量体系评审。

2. ISO 9000 族的结构和内容

现有相关标准内容如下：

· ISO 9000：2000　质量管理体系——基础和术语

· ISO 9001：2000　质量管理体系——要求

· ISO 9004：2000　质量管理体系——业绩改进指南

· ISO 19011：2002　质量和（或）环境管理体系审核指南

· ISO 10012 ISO 10012 -1：1994　测量设备的质量保证要求——计量确认体系

· ISO 10012 ISO 10012 -2：1997　测量设备的质量保证要求——测量过程控制指南

· ISO 10006：1997　项目管理指南

· ISO 10007：1995　技术状态管理指南

· ISO/TR10013：2001　质量管理体系文件指南

· ISO/TR10014：1998　质量经济性管理指南

· ISO/TR10015：1999　质量管理培训指南

· ISO 10017：1999　用于 ISO 9001：1994 的统计技术指南

3. 质量体系的认证作用

质量体系认证又称质量体系评价与注册。这是指由权威的、公

正的、具有独立第三方法人资格的认证机构派出合格审核员组成的检查组，对申请方质量体系的质量保证能力依据三种质量保证模式标准进行检查和评价，对符合标准要求者授予合格证书并予以注册的全部过程。

企业获得质量体系评审合格证书可以增强客户与供应者之间的信任感。评审时采用同一系列的国际标准，有利于各国评审机构相互认证，方便商品进出口。

在公司内部开展质量体系评审，可以加强企业质量管理，提高一次成功率，增加产量，降低成本，提高效益。

开展质量体系评审，对需方来说，可以查阅获得质量体系评审合格证书的生产企业名录，从中选择能连续提供保证产品质量的供方，购到高质量的商品，减少验收费用和库存费用。

质量体系的认证是由专门的认证机构进行的，认证人员现在也是通过专门培训后才能进行。

4. 质量体系的认证程序

质量体系认证大体分为两个阶段，一是认证的申请和评定阶段，其主要任务是受理申请并对接受申请的供方质量体系进行检查评价，决定能否批准认证和予以注册，并颁发合格证书；二是对获准论证的供方质量体系进行日常监督管理阶段，目的是使获准认证的供方质量体系在认证有效期内持续符合相应质量体系标准的要求。质量体系认证的具体程序如图 7-20 所示。

五、质量的波动性

从生产结果来看，质量是有其波动性的。由于设计已确定了产品质量水平，所以考核质量好坏主要看其波动性大小。质量波动小，质量就稳定；质量波动大，质量就不稳定。如果进一步进行分析，产品质量波动可分为正常波动和异常波动两类。

1. 正常波动

正常波动又称随机波动。应当指出，即使是在符合规定的工艺条件下生产，仍会产生原材料性质上的微小差异，机床的轻微振动，

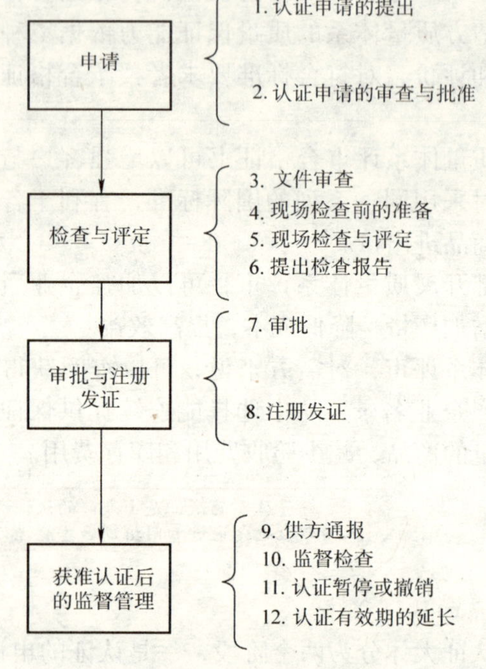

图 7-20　质量体系的认证程序

刀具的正常磨损，夹具的微小松动，工人操作上的微小变化，车间温度、湿度的微小变化等都会使质量产生波动。但是它们在什么时候发生，具有一定的随机性（偶然性），因此，亦称随机波动。

2. 异常波动

异常波动又称系统波动。由于生产中某种异常原因存在，例如混入了不同规格成分的原材料，机床、刀具的过度磨损，夹具的严重松动，机床或刀具安装和调整不准确，孔加工基准尺寸的误差，量具的误差等，引起了工序质量的较大波动。这两类波动的具体区别，详见表 7-3。

表 7-3　常波动与异常波动的比较

类别	发生原因	对质量影响程度	是否避免	清除难易	消除费用	处理
正常波动	许多	小	不可避免	难	大	保持
异常波动	少	大	可避免	易	小	消除

需要注意的是，随着科学技术的发展和人们认识水平的提高，以及对产品要求的提高，正常波动可能转化为异常波动，此外，在正常情况下，仍需密切重视和控制正常波动在一个适度水平。否则，任其发展，不加控制，机床的轻微振动也有可能转化为严重振动；刀具正常磨损也有可能转化为过度磨损，这时正常波动也可能转化为异常波动。概括地说，质量控制的任务就是保持正常波动，消除异常波动。

六、质量控制

1. 质量控制的含义

质量控制就是维持新产品质量长期处于稳定状态的活动。具体说，就是根据产品的工艺要求，安排合适的工人和配置适当的设备，组织有关部门密切配合，根据产品质量波动的规律，判断产品质量异常因素所造成的波动，并采取各种措施保证产品达到技术要求的活动。为搞好产品质量控制，必须具有以下三个条件：

1）要制定进行控制所需要的各种标准。包括产品标准、工序作业标准、设备保证标准、仪器仪表校正标准等。这些标准是作为判断产品质量是否处于稳定状态的依据。

2）要取得实际执行结果同原有标准之间产生偏差的信息。因此，有必要建立一套灵敏的信息反馈系统，把握工序的现状及可能发展的趋势。

3）要具有纠正实际执行结果同原有标准之间所产生偏差的措施。没有纠正措施，工序控制就失去意义。

2. 产品质量控制的内容

（1）对生产条件的控制　就是对人、机、料、法、环五大影响因素进行控制。也就是要求生产技术业务部门为生产提供保持合乎标准要求的条件，以工作质量去保证产品质量。同时还要求每道工序的操作者，对所规定的生产条件进行有效的控制，包括开工前的检查和加工中的监控，特别是检验人员应给予有效的监督。

（2）对关键工序的控制　这是对工序的特殊要求。对关键工序除了控制上述生产条件外，还要随时掌握工序质量变化趋势，使其始终处于良好的状态。关键工序的具体控制方法，是通过工序能力的验证与分析，按实际需要选用控制图或记录表，将其编入工艺文件，作为工序纪律要求操作者执行，检验人员督促检查。要使控制关键工序持续有效，必须准确编制关键工序目录；选择适用的控制方法，不搞形式主义；同时还要给予操作者进行工序控制的技术指导和时间保证。

（3）计量和测试的控制　计量测试关系到质量数据的准确性，必须严加控制。要规定严格的检定制度，编制计量标准器具、周期送检进度表，合格者有明显的标志，超期和不合格者要挂禁用牌，同时，应保证合格的环境条件。

（4）不合格品控制　不合格品控制应由质量管理或质量保证部门负责，不能由检验部门负责。质量管理或质量保证部门，除对不合格品的适用性作出判断外，还应据此掌握质量信息，进行预防性质量控制，组织质量改进，改善外购件供应等，不合格品控制应有明确的制度和程序。

复习思考题

1. 在成组工艺编制过程中复合路线法与复合零件法有什么区别与联系？
2. 什么是质量？什么是产品质量？什么是服务质量？
3. 车间任务的分配方法有哪些？
4. 质量的波动有哪几种？应怎样控制各种波动？
5. 质量论证的程序有哪几个步骤？
6. 5S 管理的具体内容是什么？

试题库

知识要求试题

一、判断题（对画√，错画×）

1. 切削铸铁等脆性材料时，宜选用 YG 硬质合金刀具。（ ）

2. 刃倾角是在主截面内测量的主切削刃与基面间的夹角。（ ）

3. 刀补程序段内必须有 G00 或 G01 功能才有效。（ ）

4. 砂轮的硬度大，表示磨粒容易从砂轮上脱落。（ ）

5. 伺服系统包括驱动装置和执行机构两部分。（ ）

6. 三轴联动、五轴控制的机床至少要有五个数控轴。（ ）

7. CIMS 是指计算机集成制造系统，FMS 是指柔性制造系统。（ ）

8. 驱动重负荷滚珠丝杠垂向传动的伺服电动机，必须配备电磁锁紧装置。（ ）

9. 当基准不重合时，各工序尺寸的确定只能由最后一道工序向前推算至毛坯尺寸。（ ）

10. W18Cr4V 是高速钢，1Cr13 是不锈钢，65Mn 是工具钢。（ ）

11. 在系统断电时，用电池储存的能量来维持 RAM 中的数据。更换电池时一定要在数控系统通电的情况下进行。（ ）

12. 若刀具长度值为150mm，对刀块高度为100mm，对刀后机床坐标系的 Z 向坐标值为“-350”，则G54工件坐标系的 Z 坐标设定为“-600”。（　）

13. 刀具在加工中会产生初期磨损，使其长度减小，影响加工件尺寸精度，这种尺寸误差可以通过刀具长度磨损值进行补偿。（　）

14. 插补参数I、J、K是指起点到圆心的矢量在 X、Y、Z 三个坐标轴上的分量。（　）

15. 辅助功能M00指令为无条件程序暂停，执行该程序指令后，所有的运转部件停止运动，且所有的模态信息全部丢失。（　）

16. 需渗碳淬硬的主轴，上面的螺纹会因淬硬而无法车削，因此要车好螺纹后，再进行淬火。（　）

17. 数控机床的参考点是机床上的一个固定位置点。（　）

18. 数控车床的运动量是由数控系统内的可编程序控制器（PLC）控制的。（　）

19. 增大刀具前角 γ_o 能减小切削力，减少切削时产生的热量，可提高刀具的使用寿命。（　）

20. 齿形带常用于高速或平稳性与运动精度要求较高的传动中。（　）

21. 数控车床适宜加工轮廓形状复杂或难于控制尺寸的回转体零件、箱体类零件以及精度要求高的回转体类零件和特殊的螺旋类零件等。（　）

22. 数控机床的联动轴数与控制轴数是不同的概念，联动轴数一般多于控制轴数。（　）

23. 车削加工时，若切屑流向工件的待加工表面，则说明刀尖强度较好。（　）

24. 切削纯铜和不锈钢等弹塑性材料时，应选用直线圆弧型或直线型断屑槽。（　）

25. 孔和轴的公差带是由标准公差与基本偏差组成的。（　）

26. 钢中合金元素百分比含量愈高，则淬火后钢的硬度和强度愈高。（　）

27. 圆柱心轴和孔一般采用 H7/f7 的配合，采用这种配合的优点是装卸工件方便，定心精度高。（ ）

28. 钻小孔时，因钻头直径小，强度低，容易折断，故钻头转速要比钻一般孔时低。（ ）

29. 若切断刀的前角大，则切断工件时容易产生扎刀现象。（ ）

30. 刀具位置偏置补偿可分为刀具形状补偿和刀具磨损补偿两种。（ ）

31. HT100、KTH300-06、QT400-18 三种材料的力学性能各不相同，主要原因是它们的基体组织不同。（ ）

32. 一般来说，零件的定向误差大于其定位误差。（ ）

33. 经过动平衡的刚性回转构件，一定是静平衡，无需再校核。（ ）

34. 较硬的零件表面层有利于提高耐磨性，故加工中可让工件保持一定的硬化层以增加零件的耐磨性。（ ）

35. 用内径百分表测量内孔时，必须摆动内径百分表，所得最大尺寸是孔的实际尺寸。（ ）

36. 当工件导程为丝杠螺距整数倍时，不会产生乱扣。（ ）

37. 刃倾角能控制切屑流向，也能影响断屑。（ ）

38. MasterCAM 中的工作深度 Z，是定义构图平面在 Z 方向的位置。（ ）

39. 数控装置发出的脉冲指令频率越高，则工作台的位移速度越慢。（ ）

40. 切削时，刀具、工件、切屑三者中，刀具吸收的热量最多。（ ）

41. G41 表示刀具半径右补偿，G42 表示刀具半径左补偿。（ ）

42. 为防止工件变形，夹紧部位应尽可能与支承件靠近。（ ）

43. 高速钢车刀通常都不允许采用负前角。（ ）

44. 在数控车床主轴前部安装增量式光电编码器，可解决螺纹车削加工中出现的问题。（ ）

45. 数控机床坐标轴的重复定位精度为各测点重复定位误差的平均值。 （ ）

46. 数控车床属于轮廓控制数控机床，加工过程中对刀具相对于工件运动的轨迹进行控制。 （ ）

47. 在程序段 G02 U0 W5 R50 中，圆弧插补指令过象限。 （ ）

48. 难加工材料主要是指切削加工性差的材料，不一定简单地从力学性能上来区分。如在难加工材料中，有硬度高的，也有硬度低的。 （ ）

49. 铰孔不适宜加工短孔和断续孔，一般情况下铰孔不能纠正上道工序造成的孔的位置误差。 （ ）

50. 数控车床加工过程中刀尖位置不进行人工调整。 （ ）

51. 对于大型框架件、薄板件和薄壁槽形件的高效高精度加工，高速切削加工是目前惟一有效的方法。 （ ）

52. 几个 FMC 用计算机和输送装置联系起来可以组成 FMS。 （ ）

53. 车床主轴部分在工作时承受很大的剪切力。 （ ）

54. 零件上凡已加工过的表面就是精基准。 （ ）

55. 加工轴类零件时，采用一夹一顶的定位必定是重复定位。 （ ）

56. 标准公差可以是＋、－或0。 （ ）

57. 液压传动系统中，液压油的作用主要是传递压力。 （ ）

58. P 类硬质合金刀片适合加工长切屑的钢铁材料。 （ ）

59. 车削加工主要使用乳化液作切削液。 （ ）

60. 数控机床使用滚珠丝杠螺母副的原因是没有传动间隙。 （ ）

61. 数控机床伺服系统将数控装置的脉冲信号转换成机床部件的运动。 （ ）

62. ROM 允许用户读写数据。 （ ）

63. UG 和 CAXA 既是 CAD 软件，又是 CAM 软件。 （ ）

64. 在轮廓加工拐角处应注意进给速度太高时会出现“超程”，

进给速度太低时会出现“欠程”。 ( )

65. 所有零件只要是对称几何形状的均可采用镜像加工功能。 ( )

66. 对于具有几个相同几何形状的零件，编程时只要编制某一个几何形状的加工程序即可。 ( )

67. 数控机床的插补过程，实际是用微小的直线段来逼近曲线的过程。 ( )

68. 模态代码也称续效代码，如 G01、G02、M03、T04 等。 ( )

69. 数控车床不能使用刀库。 ( )

70. 中断型软件结构中，中断信号来自软件。 ( )

71. 数控车床主传动结构中没有机械变速机构。 ( )

72. 切削液的主要作用是冷却和润滑。 ( )

73. 刀具切削部位材料的硬度必须大于所加工工件材料的硬度。 ( )

74. 在精加工时要设法避免积屑瘤的产生，但对于粗加工却有一定的好处。 ( )

75. 刃磨车削右旋丝杠的螺纹车刀时，左侧工作后角应大于右侧工作后角。 ( )

76. 数控机床中 CCW 代表顺时针方向旋转，CW 代表逆时针方向旋转。 ( )

77. 数控机床编程有绝对值和增量值编程，使用时不能将它们放在同一程序段中。 ( )

78. 圆弧插补用半径编程时，当圆弧所对应的圆心角大于 180°时半径取负值。 ( )

79. 不同的数控机床可能选用不同的数控系统，但数控加工程序指令都是相同的。 ( )

80. 在开环和半闭环数控机床上，定位精度主要取决于进给丝杠的精度。 ( )

81. 数控系统出现故障后，如果了解了故障的全过程并确认通电对系统无危险时，就可通电进行观察、检查故障。 ( )

82. 衡量数控机床可靠性的指标有平均无故障工作时间、平均排除故障时间及有效度。（　）

83. 非模态指令只能在本程序段内有效。（　）

84. 在数控加工中，如果遗漏圆弧指令后的半径，则圆弧指令作直线指令执行。（　）

85. 车床主轴编码器的作用是防止切削螺纹时乱扣。（　）

86. 数控机床配备的固定循环功能主要用于孔加工。（　）

87. 通常在编程时，不论何种机床，都假定工件静止刀具相对工件移动。（　）

88. 一个主程序中只能有一个子程序。（　）

89. 子程序的编写方式必须是增量方式。（　）

90. 绝对编程和增量编程不能在同一程序中混合使用。（　）

91. 数控机床在输入程序时，无论是整数和小数都不必加入小数点。（　）

92. 顺时针圆弧插补（G02）和逆时针圆弧插补（G03）的判别方向是：沿着不在圆弧平面内的坐标轴负方向向正方向看去，顺时针方向为 G02，逆时针方向为 G03。（　）

93. 伺服系统的执行机构常采用直流或交流伺服电动机。（　）

94. 液压系统的输出功率就是液压缸等执行元件的工作功率。（　）

95. 数控机床加工过程中可以根据需要改变主轴速度和进给速度。（　）

96. 数控车床可以车削直线、斜线、圆弧、米制和英制螺纹、55°非密封管螺纹、圆锥螺纹，但是不能车削多头螺纹。（　）

97. 同一工件，无论用数控机床加工还是用普通机床加工，其工序都一样。（　）

98. 切削用量中，影响切削温度最大的因素是切削速度。（　）

99. 工艺尺寸链中，组成环可分为增环与减环。（　）

100. 长光栅称为尺光栅，固定在机床上的移动部件上；短光栅称为指示光栅，装在机床的固定部件上，两块光栅互相平行并保持

一定的距离。（ ）

101. 精益生产方式为自己确定一个有限目标：可以容忍一定的废品率、限额的库存等，认为要求过高会超出现有条件和能力范围，要花费更多投入，增加更多成本更高。（ ）

102. MRPⅡ中的制造资源是指生产系统的内部资源要素。（ ）

103. MRPⅡ最基本的功能是生产计划决策功能。（ ）

104. 能力需求计划功能子系统的核心是寻求能力与任务的平衡方案。（ ）

105. IS09000 族标准与全面质量管理应该相互兼用，不应搞代替。（ ）

106. 我国新修订的 GB/T19000 系列国家标准完全等同于国际 1994 年版的 ISO 9000 族标准。（ ）

107. 从 A 点（X20 Y10）到 B 点（X60 Y30），分别使用“G00”及“G01”指令编制程序，其刀具路径相同。（ ）

108. 刀位点是刀具上代表刀具在工件坐标系的一个点，对刀时，应使刀位点与对刀点重合。（ ）

109. 机床参考点通常是机床坐标系中一个固定不变的位置点，是用于对机床工作台、滑板与刀具相对运动的测量系统进行标定和控制的点，因此数控机床开机后，必须先进行手动返回参考点操作，才能建立机床坐标系，但不能消除由于种种原因产生的基准偏差。（ ）

110. 固定循环只能用 G80 取消。（ ）

111. 钻孔直径≤5mm 时，加工时应选较高的切削速度，较高的转速。（ ）

112. YG8 硬质合金其代号后面的数字代表碳化钛的质量分数，常用于铸铁等短切屑材料的粗加工。（ ）

113. 数控加工中，对于易发生变形、毛坯余量较大、精度要求较高的零件，常以粗、精加工划分工序。（ ）

114. 宏程序的特点是可以使用变量，变量之间不能进行运算。（ ）

115. 调速阀是一个节流阀和一个减压阀串联而成的组合阀。（ ）

116. 伺服系统包括驱动装置和执行机构两大部分。（ ）

117. 不同结构布局的数控机床有不同的运动方式，但无论何种形式，编程时都认为刀具相对于工件运动。（ ）

118. 一个主程序调用另一个主程序称为主程序嵌套。（ ）

119. 数控车床的刀具功能字 T 既指定了刀具数，又指定了刀具号。（ ）

120. 螺纹指令 G32 X41.0 W－43.0 F1.5 是以 1.5mm/min 的速度加工螺纹。（ ）

121. 在数控机床上加工单一零件时，应尽量选用组合夹具或通用夹具装夹工件。（ ）

122. 加工塑性金属材料时，当切削速度 V_c 从 50 m/min 增至 500 m/min 时，切削力减少约 10%，高速切削技术就是基于该原理创造的。（ ）

123. 数控铣床的主轴上没有安装脉冲编码器，也可以攻螺纹。（ ）

124. 光栅尺是属于绝对式检测装置。（ ）

125. 工艺基准包括：装配基准、测量基准、工序基准、定位基准。（ ）

126. 一般低碳钢和中碳结构钢多采用正火作为预备热处理，其目的是均匀细化钢的组织，提高低碳钢的硬度，改善切削加工性能。（ ）

127. 当工艺系统的刚性差，如车削细长的轴类零件时，为避免振动，宜增大主偏角。（ ）

128. 一般情况下，在使用砂轮等旋转类设备时，操作者必须带手套。（ ）

129. 外圆车刀装的低于工件中心时，车刀的工作前角减小，工作后角增大。（ ）

130. 加工偏心零件时，应保证偏心的中心与机床主轴的回转中心重合。（ ）

131. 数控车床上切断时，宜选择较高的进给速度；车削深孔或精车时宜选择较低的进给速度。（ ）

132. 液压系统常用的流量控制阀有节流阀和溢流阀。（ ）

133. 刀具半径补偿是一种平面补偿，而不是轴的补偿。（ ）

134. 刀具补偿寄存器内只允许存入正值。（ ）

135. 数控机床的机床坐标原点和机床参考点是重合的。（ ）

136. 外圆粗车循环方式适合于加工棒料毛坯除去较大余量的切削。（ ）

137. 固定形状粗车循环方式适合于加工已基本铸造或锻造成型的工件。（ ）

138. 刀具补偿功能包括刀补的建立、刀补的执行和刀补的取消三个阶段。（ ）

139. 因为毛坯表面的重复定位精度差，所以粗基准一般只能使用一次。（ ）

140. 陶瓷的主要成分是氧化铝，其硬度、耐热性和耐磨性均比硬质合金高。（ ）

141. 点位控制的特点是：可以以任意途径达到要计算的点，因为在定位过程中不进行加工。（ ）

142. 自动换刀装置的形式有回转刀架换刀、更换主轴换刀、更换主轴箱换刀、带刀库的自动换刀系统。（ ）

143. 自动换刀装置只要满足换刀时间短、刀具重复定位精度高的基本要求即可。（ ）

144. 车削加工中心必须配备动力刀架。（ ）

145. 转塔式的自动换刀装置是数控车床上使用最普遍、最简单的自动换刀装置。（ ）

146. 一个工序中只能有一次安装。（ ）

147. 脉冲当量是指每个脉冲信号使伺服电动机转过的角度。（ ）

148. 所有的 G 功能代码都是模态指令。（ ）

149. 在钢的杂质元素中，硫使钢产生热脆性，磷使钢产生冷脆性，因而硫磷是有害元素。（ ）

150. 数控机床按数控系统按刀具轨迹分类，可以分为开环系统、半闭环和闭环系统。（　）

151. 数控机床的运动精度主要取决于伺服驱动元件和机床传动机构精度、刚度和动态特性。（　）

152. 闭环数控系统是不带反馈装置的控制系统。（　）

153. 造成液压卡盘失效故障的原因一般是液压系统故障。（　）

154. 尾座顶不紧的原因可能是密封圈损坏或液压压力不足。（　）

155. 在滚珠丝杠副轴向间隙的调整方法中，常用双螺母结构形式，其中以齿差调隙式调整最为精确方便。（　）

156. 数控机床为避免运动部件的爬行现象，可通过减少运动部件的摩擦来实现，如采用滚珠丝杠螺母副、滚动和静压导轨。（　）

157. 小型数控车床一般采用75°导轨倾斜角。（　）

158. 具有换刀装置的数控车床，就可以被称为车削中心。（　）

159. 正确使用数控机床能防止设备非正常磨损、延缓劣化进程，及时发现和消除隐患于未然。（　）

160. 加强对设备的维护保养、修理，能够延长设备的技术寿命。（　）

161. 能进行轮廓控制的数控机床，一般也能进行点位控制和直线控制。（　）

162. 有安全门的加工中心在安全门打开的情况下也能进行加工。（　）

163. 数控机床若有旋转轴时，旋转轴 A 是指绕 Z 轴旋转的轴。（　）

164. 带有刀库、动力刀具、C 轴控制的数控车床通常称为车削中心。（　）

165. 带有刀库的数控铣床一般称为加工中心。（　）

166. 车削中心是可以完成一个工件所有加工工序的数控机床。（　）

167. 数控机床加工的加工精度比普通机床高，是因为数控机床的传动链较普通机床的传动链长。（　）

168. 数控机床为避免运动部件运动时的爬行现象，可通过减少运动部件的摩擦来实现，如采用滚珠丝杠螺母副，滚动导轨和静压导轨等。（　）

169. 主轴轴承的轴向定位采用前端支承定位。（　）

170. 保证数控机床各运动部件间的良好润滑就能提高机床寿命。（　）

171. 加工中心主轴特有的装置是主轴准停和自动换刀装置。（　）

172. 加工中心主轴特有的装置是主轴准停和拉刀换刀装置。（　）

173. 在程序中 F 只是表示进给速度。（　）

174. 滚珠丝杠副有一特点能实现自锁。（　）

175. 定期检查、清洗润滑系统、添加或更换油脂油液，使丝杠、导轨等运动部件保持良好的润滑状态，目的是降低机械的磨损速度。（　）

176. 对于一般数控机床和加工中心，由于采用了电动机无级变速，故简化了机械变速机构。（　）

177. 直齿圆柱齿轮常用改变中心距和错齿的方法消除侧面间隙。（　）

178. 数控机床进给传动机构中采用滚珠丝杠的原因主要是为了提高丝杠精度。（　）

179. 在开环和半闭环数控机床上，定位精度主要取决于进给丝杠的精度。（　）

180. 在数控机床中常用滚珠丝杠，用滚动摩擦代替滑动摩擦。（　）

181. 滚珠丝杠螺母副是通过预紧的方式调整丝杠和螺母间的轴向间隙的。（　）

182. 换刀时发生掉刀的原因之一可能是换刀时间太短。（　）

183. 换刀时发生掉刀的原因之一可能是刀具超过规定重量。（　）

184. 钨钛钴类硬质合金中的含 TiC 量多，Co 含量少，耐磨性好，适合粗加工，TiC 含量少，Co 含量多，承受冲击性能好，适合精加工。（　）

185. 工件材料硬度高低会影响刀具切削速度，同一刀具加工硬材料时切削速度需提高，而加工较软材料时，切削速度需降低。（　）

二、选择题（将正确答案的序号填入括号内）

1. 表面粗糙度波形起伏间距 λ 和幅度 h 的比值 λ/h 一般应为（　）。

A. <40　　B. 40～1000　　C. <1000　　D. <2400

2. 纯铜呈紫红色，密度为 $8.96\times10^3\text{kg/m}^3$，熔点为（　）。

A. 1187℃　　B. 1083℃　　C. 1238℃　　D. 1038℃

3. 齿轮传动效率较高，一般圆柱齿轮的传动效率为（　）。

A. 85%～90%　　B. 90%～95%

C. 95%～98%　　D. 98%～99%

4. 车床主轴长径比小于 12 的刚性轴是阶梯空心轴。分析工艺方案时首先考虑车削方法，为了减少变形还要选择（　）的方法，之后确定加工基准等。

A. 装夹的　　B. 消除应力　　C. 加工顺序　　D. 热处理

5. 不同的加工中心，其换刀程序是不同的，通常选刀和换刀（　）进行。

A. 一起　　B. 同时　　C. 同步　　D. 分开

6. 四爪单动卡盘是（　）。

A. 专用夹具　　B. 通用夹具　　C. 组合夹具　　D. 可调夹具

7. 端面多齿盘齿数为 72，则分度最小单位为（　）。

A. 17°　　B. 5°　　C. 11°　　D. 26°

8. 碟形弹簧片定心夹紧机构的定心精度为（　）。

A. ϕ0.04mm　B. ϕ0.03mm　C. ϕ0.02mm　D. ϕ0.01mm

9. 机夹可转位车刀，刀片型号规则中“S”表示（　　）。

A. 三角形　B. 四边形　C. 五边形　D. 梯形

10. 车削中心是以全功能型数控车床为主体，实现（　　）复合加工的机床。

A. 多工序　B. 单工序　C. 双工序　D. 任意

11. 数控系统的主要功能有：多坐标控制、插补、进给、主轴、刀具、刀具补偿、机械误差补偿、操作、程序管理、图形显示、辅助编程、自诊断报警和（　　），这些可用于机床的数控系统的基本功能。

A. 通信与通信协议　B. 传递信息

C. 网络连接　D. 指挥管理

12. 数控车床液压卡盘在配车卡爪时，应在（　　）下进行。

A. 空载状态　B. 夹持　C. 受力状态　D. 反撑

13. 影响开环伺服系统定位精度的主要因素是（　　）。

A. 插补误差　B. 传动元件的传动误差

C. 检测元件的检测精度　D. 机构热变形

14. 新型数控机床闭环控制伺服系统中的伺服电动机多采用（　　）。

A. 步进电动机　B. 直流电动机

C. 交流电动机　D. 测速发电机

15. 加工平面任意直线应采用（　　）。

A. 点位控制数控机床　B. 点位直线控制数控机床

C. 轮廓控制数控机床　D. 闭环控制数控机床

16. 金属陶瓷刀具的主要性能特点是（　）。

A. 金属陶瓷不适宜加工铸铁类

B. 金属陶瓷与钢材的摩擦因数比硬质合金大

C. 金属陶瓷的抗氧化性能明显弱于 YG、YT 类合金

D. 金属陶瓷硬度和耐磨性比 YG、YT 类合金低

17. 数控机床的精度指标中，根据各轴所能达到的（　　）就可以判断实际加工时零件所能达到的相关精度。

A. 几何精度　B. 运动精度　C. 传动精度　D. 位置精度

18. 铰削铸件孔时，应选用（　）。

A. 硫化切削液　B. 活性矿物油作为切削液

C. 煤油作为切削液　D. 乳化液作为切削液

19. 粗加工多头蜗杆，应采用（　）装夹的方法。

A. 一夹一顶　B. 两顶尖

C. 三爪自定心卡盘　D. 四爪单动卡盘

20. 在测量过程中，不会有累积误差，电源切断后信息不会丢失的检测元件是（　）。

A. 增量式编码器　B. 绝对式编码器

C. 圆磁栅　D. 磁尺

21. 双连杆在花盘上加工，首先要检验花盘盘面的（　）及花盘对主轴轴线的垂直度。

A. 对称度　B. 直线度　C. 平行度　D. 平面度

22. 花盘可直接安装在车床的主轴上。它的盘面有很多长短不同的（　）槽，可安装插各种螺钉以紧固工件。

A. 矩形　B. 圆形　C. T 形　D. 方形

23. 塑料滑动导轨比滚动导轨（　）。

A. 摩擦因数小、抗振性好　B. 摩擦因数大、抗振性差

C. 摩擦因数大、抗振性好　D. 摩擦因数小、抗振性差

24. 主轴增量式编码器的 A、B 相脉冲信号可作为（　）。

A. 主轴转速的检测　B. 主轴正、反转的判断

C. 作为准停信号　D. 手摇脉冲发生器信号

25. 机械传动效率（　）。

A. 大于 1　B. 小于 1　C. 等于 1　D. 小于 0

26. 外圆粗车加工指令 G71 中指定的 X、Z 值用于指令（　）。

A. 终点坐标　B. 起点坐标

C. 粗车的余量　D. 精车的余量

27. 机床脉冲当量是（　）。

A. 相对于每一脉冲信号，传动丝杠所转过的角度

B. 相对于每一脉冲信号，步进电动机所回转的角度

C. 脉冲当量乘以进给传动机构的传动比就是机床部件的位移量

D. 对于每一脉冲信号，机床运动部件的位移量

28. PDA 循环中的“P”、“D”、“C”、“A”分别代表计划（　　）。

A. 组织、指挥、协调　　B. 组织、指挥、控制

C. 实施、检查、处理　　D. 计划、组织、检查、控制

29. 三爪自定心卡盘定位限制（　　）自由度。

A. 2 个　　B. 3 个　　C. 4 个　　D. 5 个

30. 在数控车床中为了提高径向尺寸精度，*X* 向的脉冲当量取为 *Z* 向的（　　）。

A. 1/2　　B. 2/3　　C. 1/4　　D. 1/3

31. ϕ30H7/k6 属于（　　）配合。

A. 间隙　　B. 过盈　　C. 过渡　　D. 滑动

32. 轮廓数控系统确定刀具运动轨迹的过程称为（　　）。

A. 拟合　　B. 逼近　　C. 插值　　D. 插补

33. HNC—21T 数控系统接口中的 XS40 ~43 是（　　）。

A. 电源接口　　B. 开关量接口　　C. 网络接口　　D. 串行接口

34. 机械制图中，因零件过长需要采用截断画法时断面轮廓线使用（　　）。

A. 粗实线　　B. 细实线　　C. 点划线　　D. 虚线

35. 闭环控制系统的反馈装置装在（　　）。

A. 电动机轴上　　B. 位移传感器上

C. 传动丝杠上　　D. 机床移动部件上

36. 圆弧加工指令 G02/G03 中 I、K 值用于指定（　　）。

A. 圆弧终点坐标　　B. 圆弧起点坐标

C. 圆心的坐标　　D. 起点相对于圆心位置

37. 机床脉冲当量是（　　）。

A. 相对于每一脉冲信号，传动丝杠所转过的角度

B. 相对于每一脉冲信号，步进电动机所回转的角度

C. 脉冲当量乘以进给传动机构的传动比就是机床部件的位移量

D. 对于每一脉冲信号，机床运动部件的位移量。

38. 经济型数控设计的宗旨是（ ）。

A. 不求最佳但求满意　　B. 开发周期短

C. 不采用滚珠丝杠　　D. 不采用刀库

39. 数控机床四轴三联动的含义是（ ）。

A. 四轴中只有三个轴可以运动

B. 有四个控制轴，其中任意三个轴可以联动

C. 数控系统能控制机床四轴运动，只有三个轴能联动

D. 有一个旋转轴

40. 数控机床电气柜的空气交换部件应（ ）清除积尘，以免温升过高产生故障。

A. 每日　　B. 每周　　C. 每季度　　D. 每年

41. 对数控机床反向间隙要严加控制的是（ ）。

A. 点位控制机床　　B. 直线控制机床

C. 轮廓控制机床　　D. 以上三种机床

42. 机床通电后应首先检查（ ）是否正常。

A. 机床导轨　　B. 各开关按钮和键

C. 工作台面　　D. 护罩

43. 按伺服系统的控制方式分类，数控机床的步进驱动系统是（ ）数控系统。

A. 开环　　B. 半闭环　　C. 全闭环　　D. 经济型

44. 数控机床能成为当前制造业最重要的加工设备是因为（ ）。

A. 自动化程度高

B. 对工人技术水平要求低

C. 劳动强度低

D. 适应性强、加工效率高和工序集中

45. 数控机床每天开机通电后首先应检查（ ）。

A. 液压系统　　B. 润滑系统　　C. 冷却系统　　D. 回参考点

46. 公差配合 H7/g6 是（ ）。

A. 间隙配合，基轴制　　B. 过渡配合，基孔制

C. 过盈配合，基孔制　　D. 间隙配合，基孔制

47. 在车床上钻深孔时，由于钻头刚性不足，钻削后（ ）。

A. 孔径变大，孔中心线不弯曲　　B. 孔径不变，孔中心线弯曲
C. 孔径变大，孔中心线平直　　D. 孔径不变，孔中心线不变

48. 若消除报警，则需要按（ ）键。
A. RESET　　B. HELP　　C. INPUT　　D. CAN

49. 图样上一般退刀槽，其尺寸的标注形式为（ ）。
A. 槽宽×直径或槽宽×槽深　　B. 槽深×直径
C. 直径×槽宽　　D. 直径×槽深

50. 用硬质合金车刀精车时，为了提高工件表面粗糙度，应尽量提高（ ）。
A. 进给量　　B. 切削厚度　　C. 切削速度　　D. 背吃刀量

51. 有一普通螺纹的公称直径为 12 mm，螺距为 1 mm，单线，中径公差代号为6g，顶径公差代号为6 g，旋合长度为L，左旋，则正确标记形式为（ ）。
A. M12×1—6g 6g—LH　　B. M12×1 LH—6g 6g—L
C. M12×1—6g 6g—L 左　　D. M12×1 左—6g 6g—L

52. 数控系统所规定的最小设定单位就是（ ）。
A. 数控机床的运动精度　　B. 机床的加工精度
C. 脉冲当量　　D. 数控机床的传动精度

53. 确定数控机床坐标轴时，一般应先确定（ ）。
A. *X* 轴　　B. *Y* 轴　　C. *Z* 轴　　D. *D* 轴

54. 采用数控机床加工的零件应该是（ ）。
A. 单一零件　　B. 中小批量、形状复杂
C. 大批量　　D. 外圆类零件

55. 数控机床的核心是（ ）。
A. 伺服系统　　B. 数控系统　　C. 反馈系统　　D. 传动系统

56. 液压系统中的压力的大小取决于（ ）。
A. 外力　　B. 调压阀　　C. 液压泵　　D. 变量阀

57. “CNC”的含义是（ ）。
A. 数字控制　　B. 计算机数字控制
C. 网络控制　　D. 可编程序控制器

58. 机床上的卡盘，中心架等属于（ ）夹具。

A. 通用　B. 专用　C. 组合　D. 成组夹具

59. 数控车床加工钢件时希望的切屑是（　　）。

A. 带状切屑　B. 挤裂切屑　C. 单元切屑　D. 崩碎切屑

60. 在切削用量三要素中，影响切屑形状的最大是（　　）。

A. 切削速度　B. 进给量　C. 背吃刀量　D. 主轴转速

61. 设 H01 =6mm，则“G91 G43 G01 Z -15.0 H01”；执行后的实际移动量为（　　）。

A. 9mm　B. 21mm　C. 15mm　D. -9mm

62. 执行下列程序后，累计暂停进给时间是（　　）。

N1 G91 G00 X120.0 Y80.0

N2 G43 Z -32.0 H01

N3 G01 Z -21.0 F120

N4 G04 P1000

N5 G00 Z21.0

N6 X30.0 Y -50.0

N7 G01 Z -41.0 F120

N8 G04 X2.0

N9 G49 G00 Z55.0

N10 M02

A. 3s　B. 2s　C. 1002s　D. 1.002s

63. 假设用剖切平面将机件的某处切断，仅画出断面的图形称为（　　）。

A. 剖视图　B. 断面图　C. 半剖视　D. 半剖面

64. 机床导轨润滑不良，首先会引起的故障现象为（　　）。

A. 导轨研伤　B. 床身水平超差

C. 压板或镶条松动　D. 导轨直线度超差

65. 车削加工时的切削力可分解为切削力 F_c、背向力 F_p 和进给力 F_f，其中消耗功率最大的力是（　　）。

A. 进给力 F_f　B. 背向力 F_p　C. 切削力 F_c　D. 不确定

66. 切断刀主切削刃太宽，切削时容易产生（　　）。

A. 弯曲　B. 扭转　C. 刀痕　D. 振动

67. 判断数控车床（只有 X、Z 轴）圆弧插补顺逆时，观察者沿圆弧所在平面的垂直坐标轴（Y 轴）的负方向看去，顺时针方向为 G02，逆时针方向为 G03。通常圆弧的顺逆方向判别与车床刀架位置有关，如图所示，正确的说法为（　）。

A. 图 1a 表示前置刀架时的情况

B. 图 1b 表示前置刀架时的情况

C. 图 1a 表示后置刀架时的情况

D. 图 1b 表示后置刀架时的情况

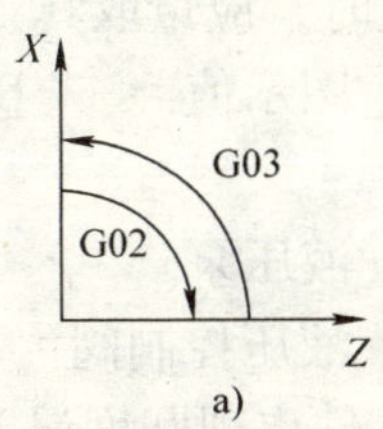

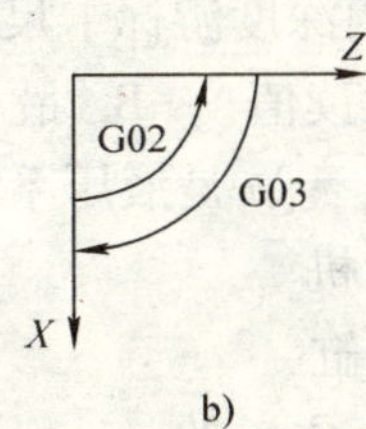

图 1　圆弧的顺逆方向与刀架位置的关系

68. 从刀具使用寿命角度出发，切削用量的选择原则是：（　）。

A. 先选取切削速度，其次确定进给速度，最后确定背吃刀量或侧吃刀量

B. 先选取背吃刀量或侧吃刀量，其次确定进给速度，最后确定切削速度

C. 先选取进给速度，其次确定进给速度，最后确定背吃刀量或侧吃刀量

D. 先选取背吃刀量或侧吃刀量，其次确定进给速度，最后确定进给速度

69. 中碳钢中碳的质量分数为（　）。

A. <0.25%　　B. 0.15% ~0.45%

C. 0.25% ~0.6%　　D. 0.6% ~1.5%

70. 性能要求较高的零件在粗加工后，精加工之前应安排（　）处理，以提高零件心部的综合力学性能。

A. 退火　　B. 回火　　C. 正火　　D. 调质

71. 当机器开机之后，首先操作项目通常为（　　）。

A. 输入刀具補正值　　B. 输入参数资料

C. 机械原点复位　　D. 程式空车测试

72. 开机时，荧幕画面上显示“NOT READY”是表示（　　）。

A. 机器无法运转状态　　B. 伺服系统过负荷

C. 伺服系统过热　　D. 主轴过热

73. 国际规定度量环境的标准温度是（　　）。

A. 15℃　　B. 20℃　　C. 25℃　　D. 30℃

74. 使用深度游标卡尺度量内孔深度时，应量取其（　　）。

A. 最大读值　　B. 最小读值　　C. 图示值　　D. 偏差量

75. （　　）是液压系统的执行元件。

A. 电动机　　B. 液压泵

C. 液压缸　　D. 液压控制阀

76. 车床主轴的（　　）使车出的工件出现圆度误差。

A. 径向圆跳动　　B. 摆动　　C. 轴向窜动　　D. 窜动

77. 刀具磨损过程中，（　　）阶段磨损比较慢、稳定。

A. 初级磨损　　B. 正常磨损

C. 急剧磨损　　D. 三者均不是

78. 为了保证钻孔时钻头的定心作用，钻头在刃磨时应修磨(　　)。

A. 横刃　　B. 前刀面　　C. 后刀面　　D. 棱边

79. 公差带位置由（　　）确定。

A. 基本偏差　　B. 上偏差　　C. 下偏差　　D. 公差

80. 当钢材的硬度在（　　）范围内时，其加工性能较好。

A. 20～40HRC　　B. 160～230HBW

C. 58～64HRC　　D. 500～550HBW

81. 布氏硬度的符号是（　　）。

A. HR　　B. HV　　C. HRC　　D. HBC

82. 刀具、量具等对耐磨性要求较高的零件应进行（　　）处理。

A. 淬火　　B. 淬火＋低温回火

C. 淬火＋中温回火　　D. 淬火＋高温回火

83. （　　）夹紧装置夹紧力最小。

A. 气动　　B. 气-液压　　C. 液压　　D. 卡盘

84. 粗加工阶段的关键问题是（　　）。

A. 生产率　　B. 精加工余量的确定

C. 加工精度　　D. 加工表面质量

85. 车削中若出现警告信号时应（　　）。

A. 离开机器　　B. 压下急停按钮

C. 大声呼救　　D. 检查并排除错误

86. 刀尖崩损的原因，下列（　　）是不正确的。

A. 刀片材质太脆　　B. 刀具弯曲，刚性不足

C. 继续使用已钝化的切削刃　　D. 背吃刀量及进给量太小

87. 车削窄槽时，车槽刀刀片断裂弹出，最可能的原因是(　　)。

A. 过多的切削液　　B. 排屑不良

C. 车削速度太快　　D. 进给量太小

88. 合理的使用绝对坐标方式或增量坐标方式编程，可以使（　　）变得更容易。

A. 坐标计算　　B. 工艺分析　　C. 输入程序　　D. 调试程序

89. （　　）与切削时间无关。

A. 刀具角度　　B. 进给率　　C. 背吃刀量　　D. 切削速度

90. （　　）不常用为舍弃式刀片的材质。

A. 高速钢　　B. 碳化物

C. 陶瓷　　D. 被覆碳化钛之碳化物

91. 根据图 2 的主、俯视图，正确的左视图是（　　）。

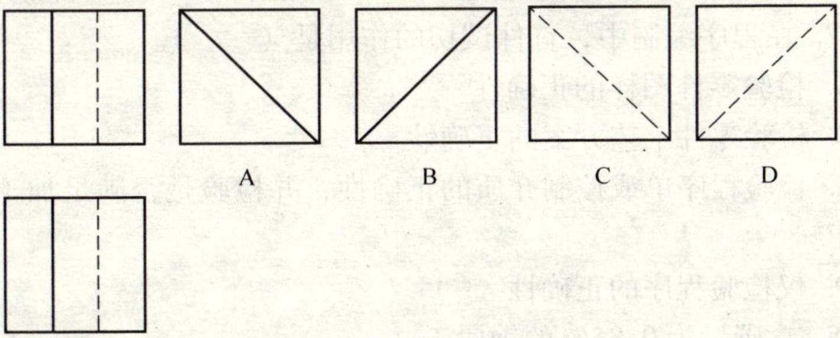

A　　B　　C　　D

图 2

92. 国际标准化组织（ISO513－1975（E））规定，将切削加工用硬质合金分为三大类，其中M类相当于我国的（　　）类硬质合金。

A. YG　　B. YT　　C. YW　　D. YZ

93. 精车如图3所示的工件内轮廓，加工路线为 $A \to B \to C \to D \to E \to F$，进行刀尖圆弧半径补偿时使用（　　）。

A. G40　　B. G41　　C. G42　　D. G43

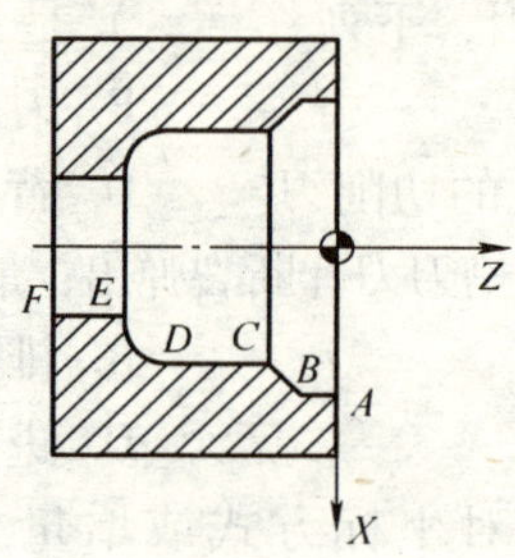

图　3

94. 加工如图3所示的DE段轮廓，使用的G代码是（　　）。

A. G00　　B. G01　　C. G02　　D. G03

95. 下列指令中，用于控制程序走向的辅助功能M指令是（　　）。

A. M03　　B. M06　　C. M98　　D. M07

96. T10钢按碳的质量分数属于（　　）钢。

A. 中碳　　B. 高碳　　C. 低碳　　D. 不锈钢

97. 在程序编制中，首件试切的作用是（　　）。

A. 检验零件图样的正确性

B. 检验零件工艺方案的正确性

C. 检验程序单或控制介质的正确性，并检验是否满足加工精度的要求

D. 仅检验程序的正确性

98. 含碳量为0.85%的钢属于（　　）。

A. 亚共析钢　　B. 共析钢　　C. 共晶铸铁　　D. 过共析钢

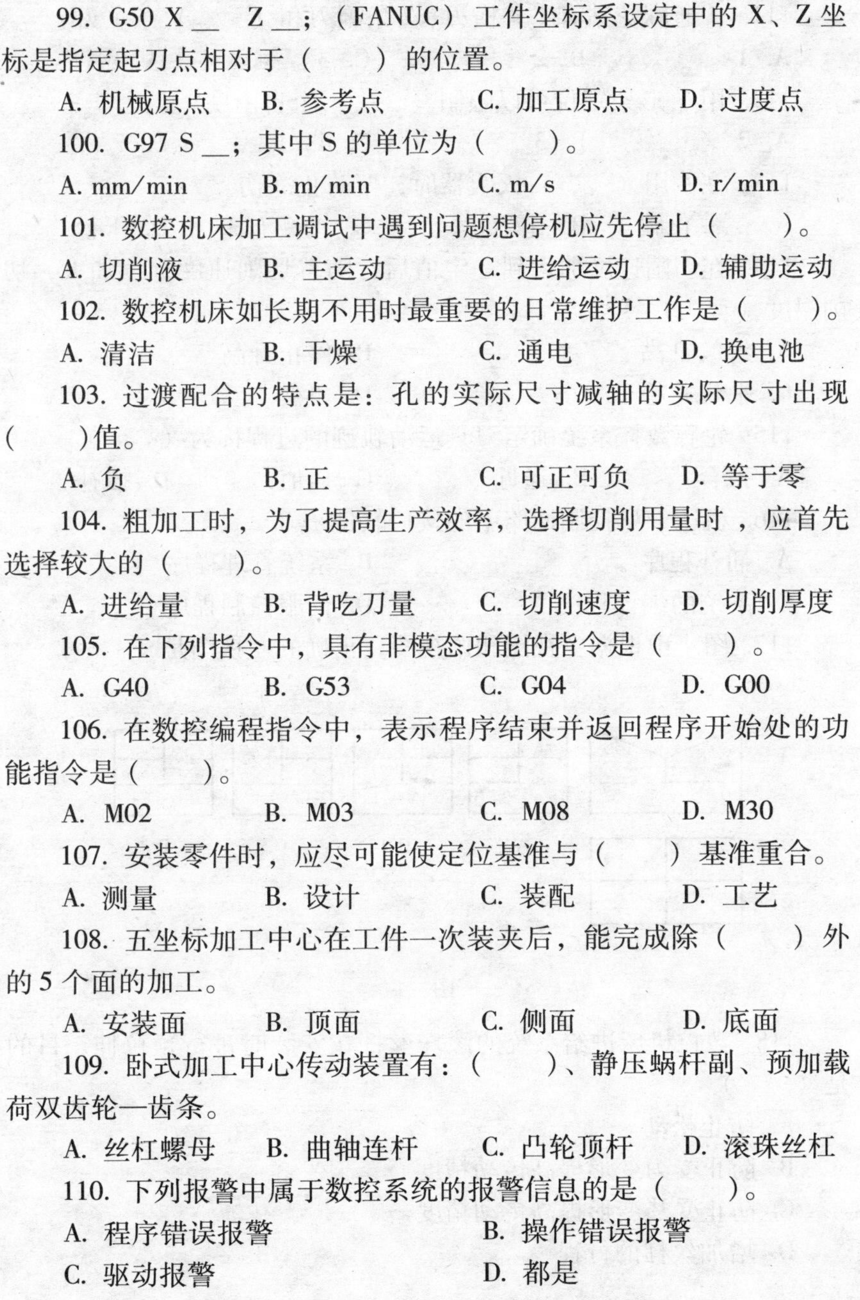

99. G50 X __ Z __；（FANUC）工件坐标系设定中的 X、Z 坐标是指定起刀点相对于（ ）的位置。

A. 机械原点 B. 参考点 C. 加工原点 D. 过度点

100. G97 S __；其中 S 的单位为（ ）。

A. mm/min B. m/min C. m/s D. r/min

101. 数控机床加工调试中遇到问题想停机应先停止（ ）。

A. 切削液 B. 主运动 C. 进给运动 D. 辅助运动

102. 数控机床如长期不用时最重要的日常维护工作是（ ）。

A. 清洁 B. 干燥 C. 通电 D. 换电池

103. 过渡配合的特点是：孔的实际尺寸减轴的实际尺寸出现（ ）值。

A. 负 B. 正 C. 可正可负 D. 等于零

104. 粗加工时，为了提高生产效率，选择切削用量时，应首先选择较大的（ ）。

A. 进给量 B. 背吃刀量 C. 切削速度 D. 切削厚度

105. 在下列指令中，具有非模态功能的指令是（ ）。

A. G40 B. G53 C. G04 D. G00

106. 在数控编程指令中，表示程序结束并返回程序开始处的功能指令是（ ）。

A. M02 B. M03 C. M08 D. M30

107. 安装零件时，应尽可能使定位基准与（ ）基准重合。

A. 测量 B. 设计 C. 装配 D. 工艺

108. 五坐标加工中心在工件一次装夹后，能完成除（ ）外的 5 个面的加工。

A. 安装面 B. 顶面 C. 侧面 D. 底面

109. 卧式加工中心传动装置有：（ ）、静压蜗杆副、预加载荷双齿轮—齿条。

A. 丝杠螺母 B. 曲轴连杆 C. 凸轮顶杆 D. 滚珠丝杠

110. 下列报警中属于数控系统的报警信息的是（ ）。

A. 程序错误报警 B. 操作错误报警

C. 驱动报警 D. 都是

111. 普通麻花钻有 1 条横刃、2 条副刃和（　　）条主刃。

A. 1　　B. 2　　C. 3　　D. 0

112. 用 V 形架定位可以限制（　　）个自由度。

A. 2　　B. 3　　C. 4　　D. 5

113. 在使用（　　）灭火器时，要防止冻伤。

A. 二氧化碳　　B. 化学　　C. 机械泡沫　　D. 干粉

114. 在切削速度加大到一定值后，随着切削速度继续加大，切削温度（　　）。

A. 继续升高　　B. 停止升高

C. 平稳并趋于减小　　D. 不变

115. 轮廓数控系统确定刀具运动轨迹的过程称为（　　）。

A. 拟合　　B. 逼近　　C. 插值　　D. 插补

116. 机床 I/O 控制回路中的接口软件是（　　）。

A. 插补程序　　B. 系统管理程序

C. 系统的编译程序　　D. 伺服控制程序

117. 图 4 中根据主视图和俯视图，正确的左视图是（　　）。

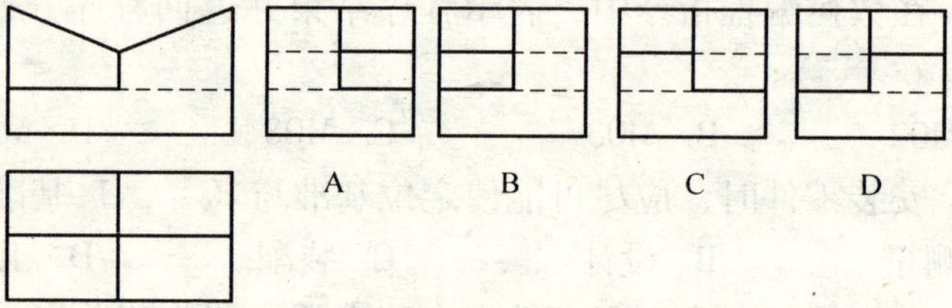

A　　B　　C　　D

图　4

118. 数控机床进给系统的滚珠丝杆在安装时进行预拉伸，目的是（　　）。

A. 防止松动

B. 防止受力变形提高传动精度

C. 防止受热变形提高传动精度

D. 增加丝杠的行程

119. 回转体零件车削后，端面产生垂直度误差主要原因是（ ）。

A. 主轴有轴向跳动

B. 主轴前后支承孔不同轴

C. 主轴支承轴颈有圆度误差

120. 数控机床进给传动系统中不能用链传动是因为（ ）。

A. 平均传动比不准确　　B. 瞬时传动比是变化的

C. 噪声大　　D. 制造困难

121. 加工中心与普通数控机床区别在于（ ）。

A. 有刀库与自动换刀装置　　B. 转速

C. 机床的刚性好　　D. 进给速度高

122. 小型液压传动系统中用得最为广泛的泵为（ ）。

A. 柱塞泵　　B. 转子泵　　C. 叶片泵　　D. 齿轮泵

123. CB 总线属于（ ）。

A. 内总线　　B. 外总线　　C. 片总线　　D. 控制总线

124. 在高温下能够保持刀具材料切削性能的能力称为（ ）。

A. 硬度　　B. 耐热性

C. 耐磨性　　D. 强度和韧性

125. 在 M20—6g 中，6g 表示（ ）的公差带代号。

A. 大径　　B. 小径　　C. 中径　　D. 外螺纹

126. YG8 硬质合金，其中数字“8”表示（ ）含质量百分数。

A. 碳化钨　　B. 钴　　C. 钛　　D. 碳化钛

127. 机械效率值永远是（ ）。

A. 大于 1　　B. 小于 1　　C. 等于 1　　D. 负数

128. 硬质合金刀具易产生（ ）。

A. 粘结磨损　　B. 扩散磨损　　C. 氧化磨损　　D. 相变磨损

129. （ ）是由链条和具有特殊齿形的链轮组成的传动运动和动力的传动。

A. 齿轮传动　　B. 链传动　　C. 螺旋　　D. 带

130. 按齿轮形状不同可将齿轮传动分为圆柱齿轮传动和（ ）

传动两类。

A. 直齿轮　　B. 齿轮齿条　　C. 斜齿轮　　D. 锥齿轮

131. 齿轮传动是由主动齿轮、（　　）和机架组成。

A. 齿条　　B. 从动轮　　C. 从动齿条　　D. 主动带轮

132. 常见硬质合金的牌号有（　　）。

A. W6Mo5Cr4V2　　B. T12

C. YG3　　D. 5

133. 数控机床导轨按接合面的摩擦性质可分为滑动导轨、滚动导轨和（　　）导轨三种。

A. 贴塑　　B. 静压　　C. 动摩擦　　D. 静摩擦

134. 贴塑导轨的摩擦性质，属（　　）摩擦导轨。

A. 滚动　　B. 滑动　　C. 液体润滑　　D. 固体润滑

135. 贴塑导轨（在两个金属滑动面之间粘贴了一层特制的复合工程塑料带）比滚动导轨的抗振性要好，主要是由于动、静副之间（　　）。

A. 面接触　　B. 线接触　　C. 点接触　　D. 不接触

136. 目前国内外应用较多的塑料导轨材料有（　　）为基，添加不同填充料所构成的高分子复合材料。

A. 聚四氟乙烯　　B. 聚氯乙烯

C. 聚氯丙烯　　D. 聚乙烯

137. 如果滚动导轨强度不够，结构尺寸亦不受限制，应该（　　）。

A. 增加滚动体数目　　B. 增大滚动体直径

C. 增加导轨长度　　D. 增大预紧力

138. 静压导轨的摩擦因数约为（　　）。

A. 0.05　　B. 0.005　　C. 0.0005　　D. 0.5

139. 已知两圆的方程，需联立两圆的方程求两圆交点，如果判别式 $\Delta>0$，则说明两圆弧（　　）。

A. 有一个交点　　B. 有两个交点

C. 没有交点　　D. 相切

140. 在数控程序传输参数中，“9600 E 7 1 ”，分别代表(　　)。

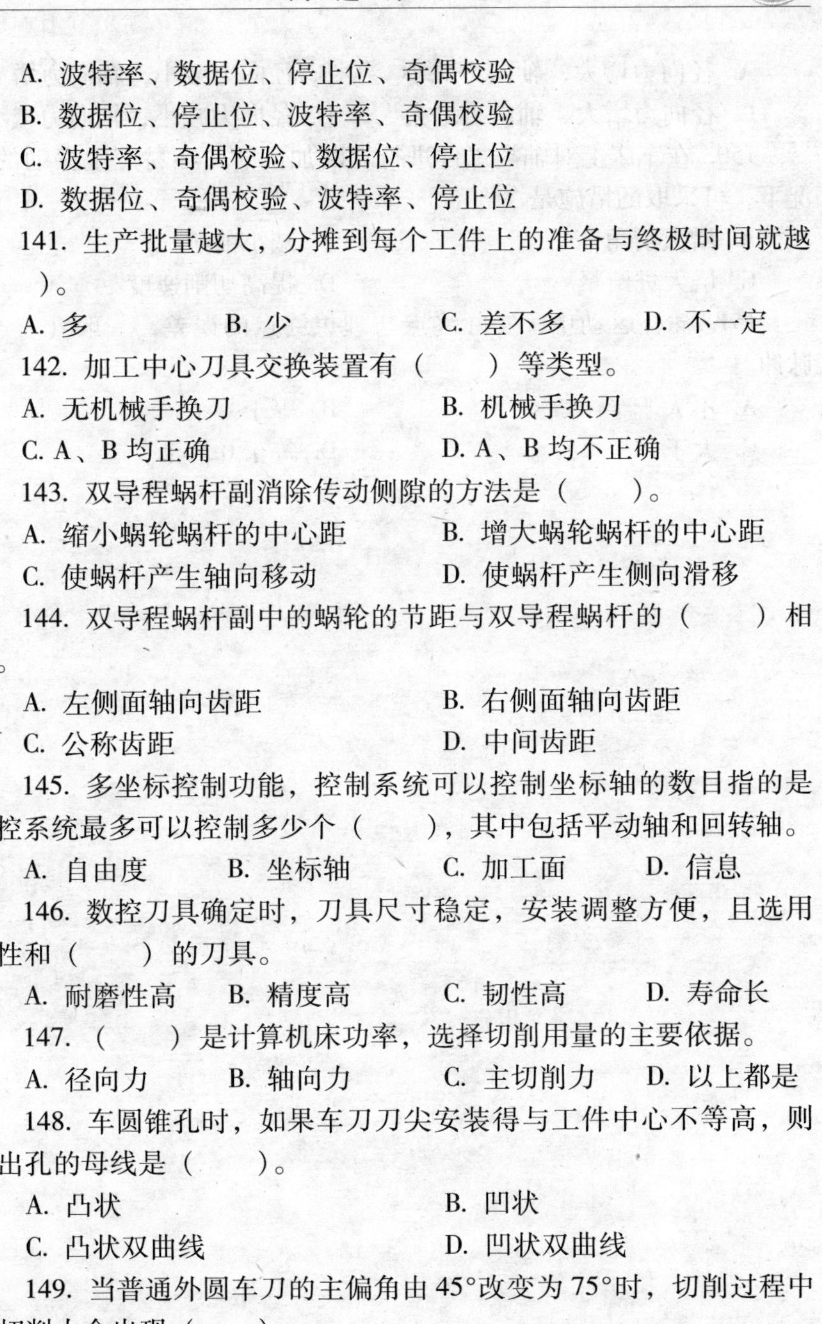

A. 波特率、数据位、停止位、奇偶校验

B. 数据位、停止位、波特率、奇偶校验

C. 波特率、奇偶校验、数据位、停止位

D. 数据位、奇偶校验、波特率、停止位

141. 生产批量越大，分摊到每个工件上的准备与终极时间就越（　　）。

A. 多　　B. 少　　C. 差不多　　D. 不一定

142. 加工中心刀具交换装置有（　　）等类型。

A. 无机械手换刀　　B. 机械手换刀

C. A、B 均正确　　D. A、B 均不正确

143. 双导程蜗杆副消除传动侧隙的方法是（　　）。

A. 缩小蜗轮蜗杆的中心距　　B. 增大蜗轮蜗杆的中心距

C. 使蜗杆产生轴向移动　　D. 使蜗杆产生侧向滑移

144. 双导程蜗杆副中的蜗轮的节距与双导程蜗杆的（　　）相等。

A. 左侧面轴向齿距　　B. 右侧面轴向齿距

C. 公称齿距　　D. 中间齿距

145. 多坐标控制功能，控制系统可以控制坐标轴的数目指的是数控系统最多可以控制多少个（　　），其中包括平动轴和回转轴。

A. 自由度　　B. 坐标轴　　C. 加工面　　D. 信息

146. 数控刀具确定时，刀具尺寸稳定，安装调整方便，且选用刚性和（　　）的刀具。

A. 耐磨性高　　B. 精度高　　C. 韧性高　　D. 寿命长

147.（　　）是计算机床功率，选择切削用量的主要依据。

A. 径向力　　B. 轴向力　　C. 主切削力　　D. 以上都是

148. 车圆锥孔时，如果车刀刀尖安装得与工件中心不等高，则车出孔的母线是（　　）。

A. 凸状　　B. 凹状

C. 凸状双曲线　　D. 凹状双曲线

149. 当普通外圆车刀的主偏角由 45°改变为 75°时，切削过程中的切削力会出现（　　）。

A. 径向力增大，轴向力减小　　　B. 径向力减小，轴向力增大

C. 径向力增大，轴向力增大　　　D. 径向力减小，轴向力减小

150. 在车床上对轴类工件进行切断加工时，在易产生振动的情况下，可采取的措施是（　）。

A. 增大前角　　　B. 减小前角

C. 增大进给量　　　D. 提高切削速度

151. 插补运动中，实际终点与理想终点的误差，一般（　　）脉冲。

A. 不大于半个　　　B. 等于一个

C. 大于一个　　　D. 等于 0.8 个

技能要求试题

一、复杂零件的加工（一）

1. 技术要求

1）以小批量生产条件编程。

2）不准用砂布及锉刀等修饰表面。

3）未注公差尺寸按 GB/T1804-m。

4）端面允许打中心孔。

5）材料为 45 钢，备料为 ϕ65mm×165mm 的棒料。

2. 评分标准（见表 1）

表 1　评分标准

工种	数控车床		图号			学校		总得分		
考试批次			机床编号			姓名		级别		
序号	考核项目	考核内容及要求		配分	评分标准	检测结果	扣分	得分	备注	
1	全长	160±0.05mm	IT	6	超差 0.01mm 扣 2 分					
2	外圆	$\phi60_{-0.03}^{0}$mm	IT	6	超差 0.01mm 扣 2 分				2 处	
3			R_a	2	降一级扣 2 分				2 处	
4		$\phi54_{-0.033}^{0}$mm	IT	6	超差 0.01mm 扣 4 分					
5			R_a	2	降一级扣 2 分					
6		7:24	IT	6	有效接触面积大于 70%满分，每差 10%扣 2 分					
7			R_a	4	降一级扣 2 分					
8		30±0.02mm	IT	5	超差 0.01mm 扣 2 分					

（续）

序号	考核项目	考核内容及要求		配分	评分标准	检测结果	扣分	得分	备注
9	内孔	$\phi30^{+0.033}_{0}$mm	IT	8	超差0.01mm扣4分				
10			R_a	3	降一级扣2分				
11		$\phi20^{+0.033}_{0}$mm	IT	6	超差0.01mm扣2分				
12			R_a	2	降一级扣2分				
13	成形面	$R6$mm	IT	4	超差0.02mm扣1分				2处
14			R_a	2	降一级扣1分				2处
15		$R4$mm	IT	4	超差0.02mm扣2分				2处
16			R_a	2	降一级扣2分				2处
17		$R18$mm	IT	4	超差0.04mm扣2分				
18			R_a	2	降一级扣2分				
19		40±0.03mm	IT	6	超差0.01mm扣1分				2处
20	外螺纹	33±0.1mm	IT	4	超差0.01mm扣2分				
21		M30×0.75－6g	IT	4	不合格不得分				
22			R_a	2	降一级扣2分				
23	形位公差	◎ | ∅0.025 | A		10	超差0.01mm扣4分				
24	文明生产	按有关规定每违反一项从总分中扣3分，发生重大事故取消考试。扣分不超过10分							
25	程序编制	① 程序要完整，有自动换刀，连续加工（除端面外，不允许手动加工） ② 加工中有违反数控工艺（如未按小批量生产条件编程等），视情况酌情扣分 ③ 扣分不超过20分							
26	其他项目	① 未注尺寸公差按照GB1804—92m ② 工件必须完整，考件局部无缺陷（夹伤等） ③ 扣分不超过10分							
27	加工时间	定额时间，240min，到时间停止加工							

记录员		监考人		检验员		考评人	

3. 零件图样（见图5）

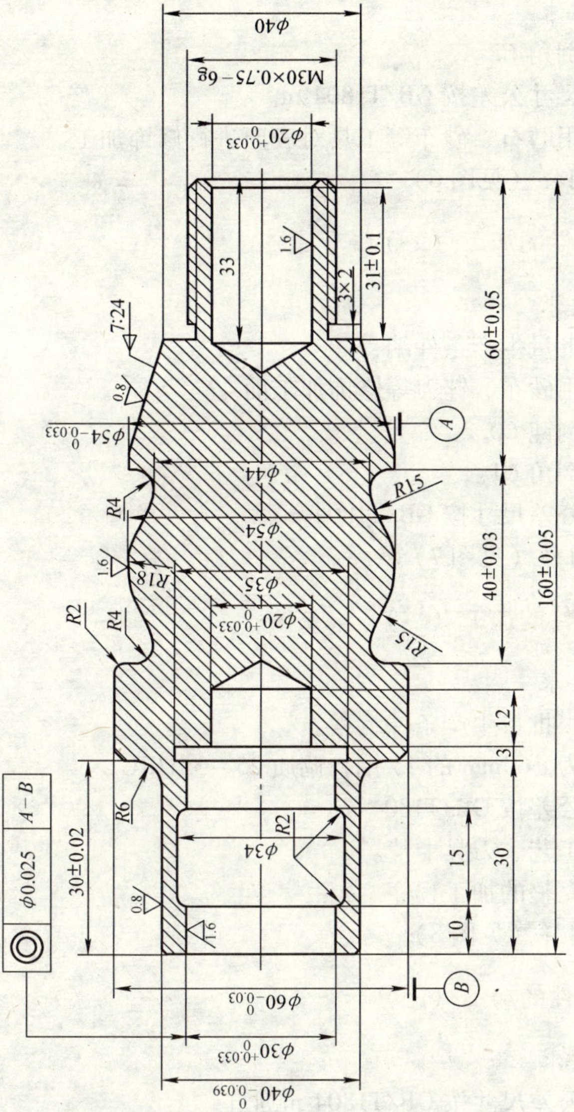

图5 复杂零件的加工（一）

二、复杂零件的加工（二）

1. 技术要求

1）未注倒角 $C2$。

2）未注尺寸公差按 GB/T1804-m。

3）不得用磨石、砂布等工具对表面进行修饰加工。

2. 零件图样（见图6）

三、配合件的加工（一）

1. 技术要求

1）以小批量生产条件编程。

2）不得用砂布、锉刀等修饰加工面。

3）锐角倒钝 $C0.2$。

4）未注倒角 $C1$。

5）未注公差尺寸按 GB/T1804-m。

2. 零件图样（见图7）

四、配合件的加工（二）

1. 技术要求

1）以中小批量生产条件编程。

2）毛坯为 ϕ60mm 的 45 钢，调质 25～35HRC。

3）未注公差按 GB/T1804-m。

4）填写工艺、刀具卡片。

5）编写完整的加工程序。

2. 零件图样（见图8）

五、配合件的加工（三）

1. 技术要求

1）未注公差尺寸按 GB/T1804-m 加工。

2）毛坯尺寸为 ϕ55mm×120mm，ϕ55mm×90mm。

其余 3.2
正切曲线方程 { x = −3×t
y = 2×tant
0.02 A B
38 0 −0.035
22 +0.027 0
φ40 0 −0.02
80°±2′
R3
R2
C1.5
M30×2−6H
φ24 +0.02 0
φ44
φ48 0 −0.02
φ28
φ38
M30×2−6g
A3/8
GB/T4459.5
1.6
0.8
A
B
10
15
4
16
24 +0.027 0
20±0.02
35±0.02
38 0 −0.035
58 0 −0.035
120±0.02
选手姓名
机床编号
裁 判
接 收
数控车－学生组
零件图
2006年浙江省数控技能大赛
比 例
1:1
材 料
45
热处理
28~32HRC
图号:

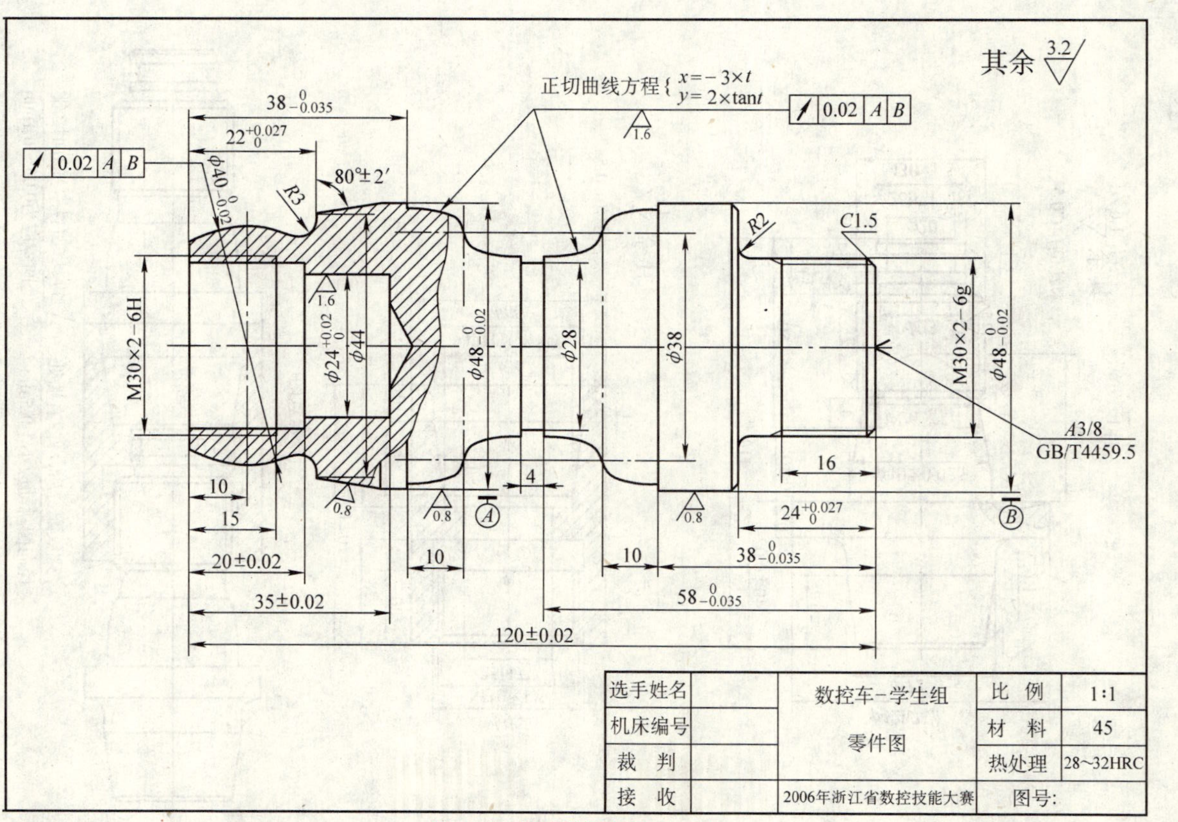

图6 复杂零件的加工（二）

件1
其余 1.6
未注倒角C0.5
40
1:6.7
C1
R3
12.5
C1
$\phi42h7_{-0.025}^{0}$
$\phi72_{-0.25}^{0}$
$\phi40\pm0.025$
$\phi26_{-0.01}^{0}$
$\phi23$
$\phi20$
$\phi26h71_{-0.01}^{0}$
M30×1.5
C2
1
5×7
4
3
15
20
10±0.03
50
40±0.02
$110_{-0.1}^{0}$
件2
其余 1.6
未注倒角C0.5
R4
$\phi98$
M30×1.5
$\phi25H7_{0}^{+0.01}$
$\phi36$
$\phi42H7(_{0}^{+0.13})$
$\phi60$
12.5
20
28
20
10
33
70±0.05
组合示意图
螺纹配合后，件2右端处
径向圆跳动应小于0.5mm
锥孔配合后，端面接触
处间隙应为0.05～0.1mm

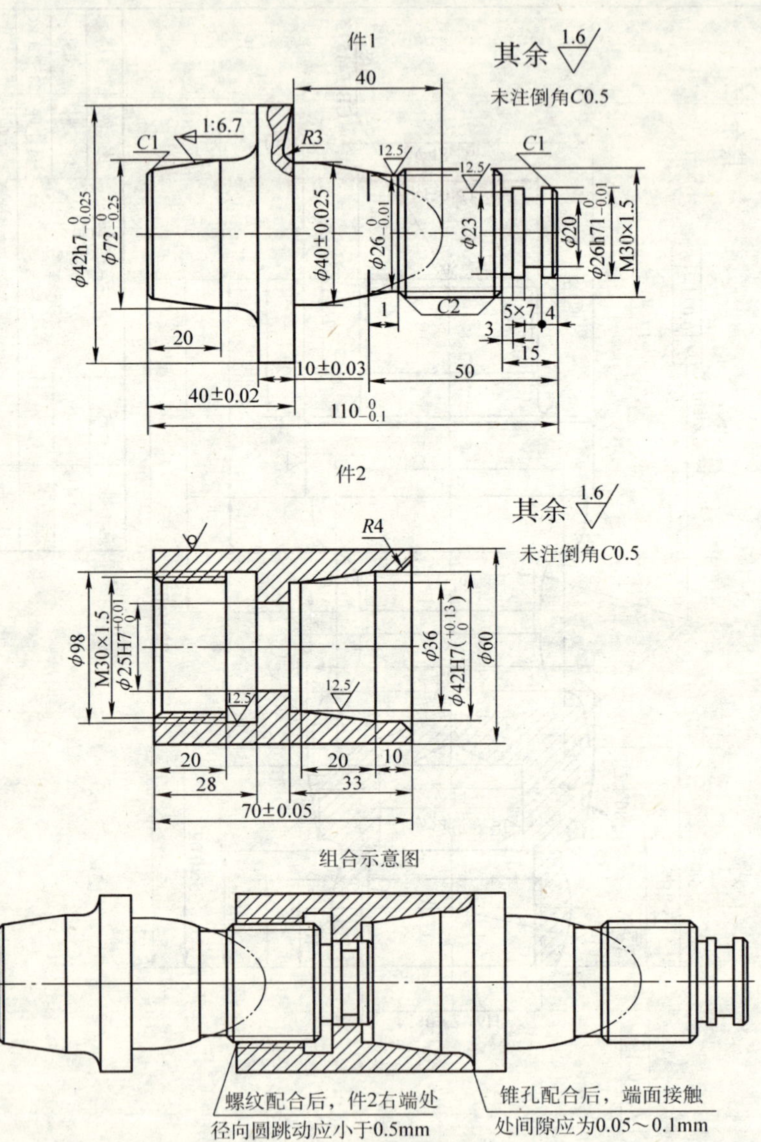

图7　配合件的加工（一）

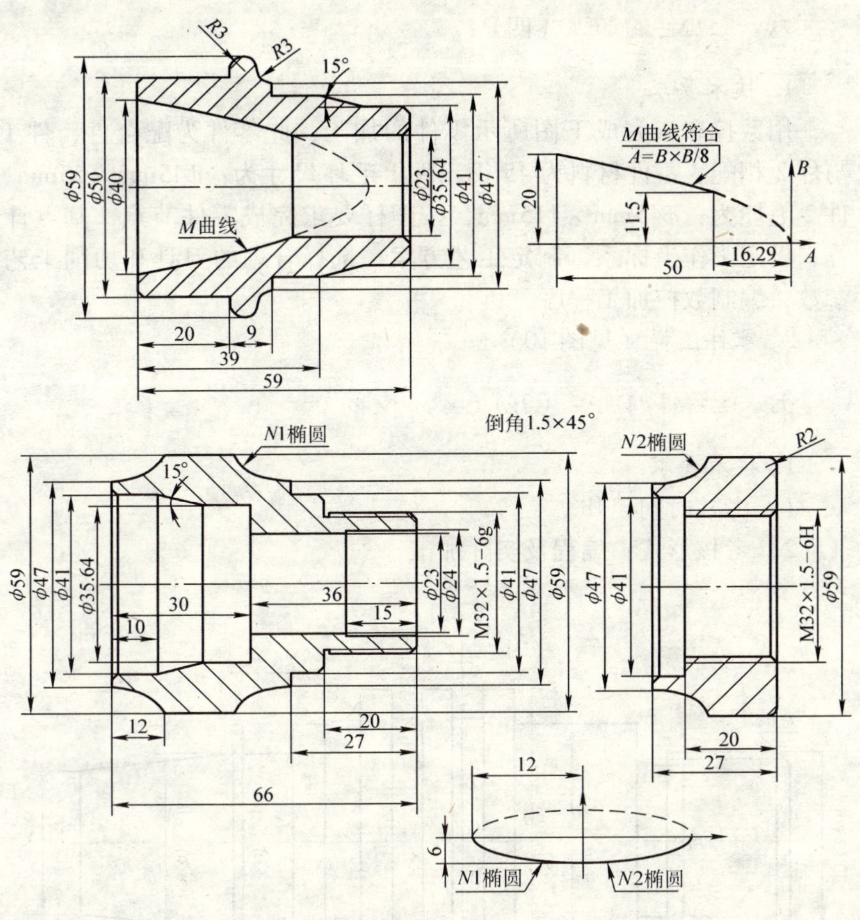

图 8 配合件的加工（二）

3）材料为 45 钢。

2. 零件图样（见图9）

六、配合件的加工（四）

1. 技术要求

用数控车床完成下图所示零件的加工，此零件为配合件，件1与件2相配。零件材料为45钢，件1毛坯尺寸为：ϕ45mm×55mm、件2毛坯为：ϕ45mm×115mm，按图样要求完成零件节点、基点计算，设定工作坐标系，制定工艺方案，选择合理的刀具和切削工艺参数，编制数控加工程序。

2. 零件图样（见图10）

七、配合件的加工（五）

1. 技术要求

1）考核时间：4h。

2）考核形式：编程及实际加工。

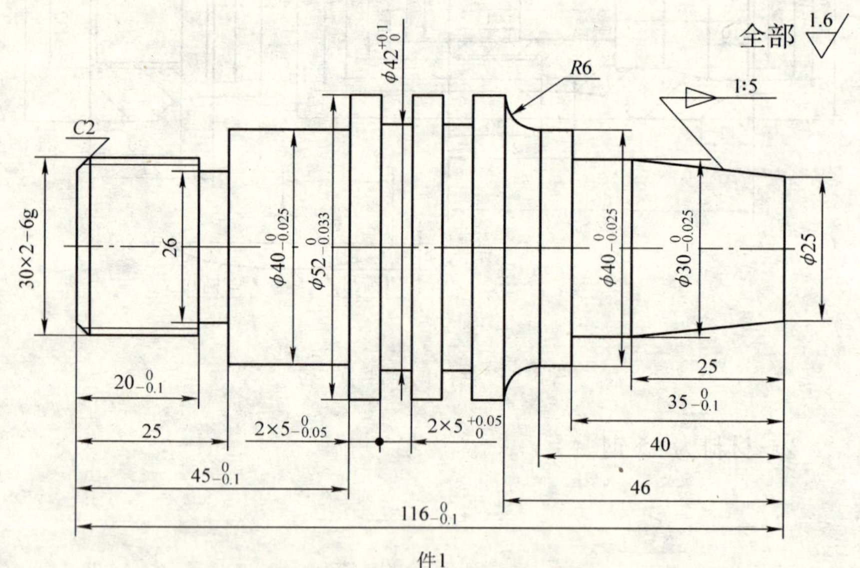

图9 配合件的加工（三）

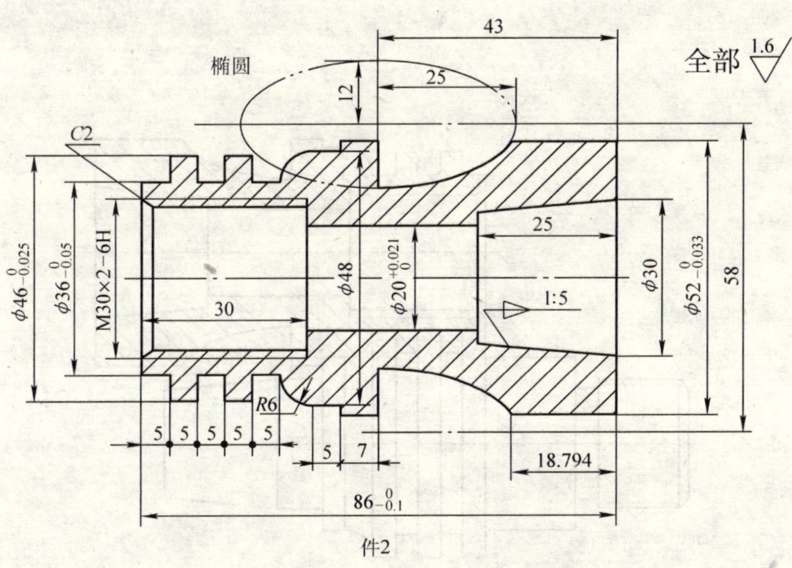

件2

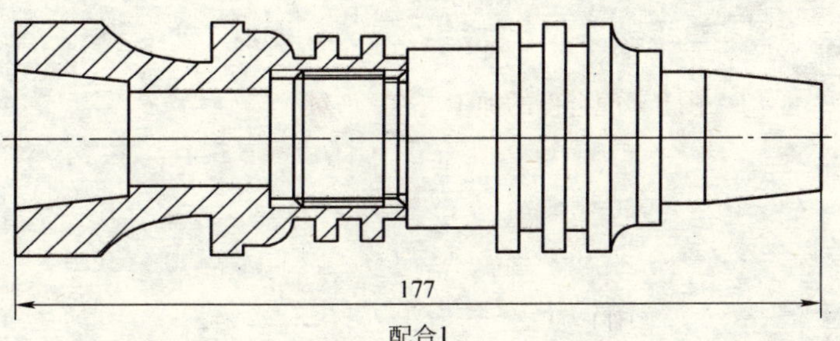

配合1

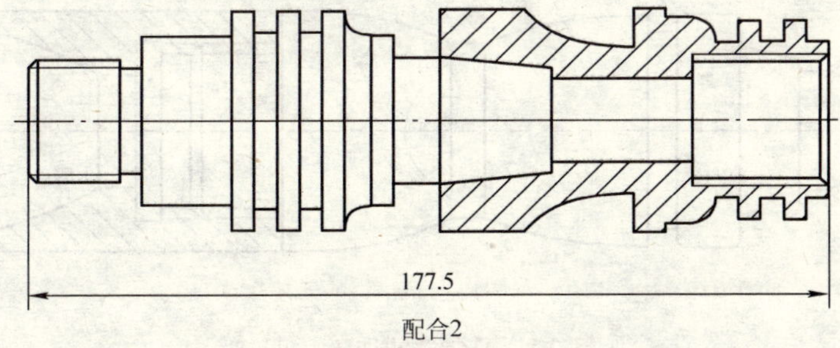

配合2

图9 配合件的加工（三）（续）

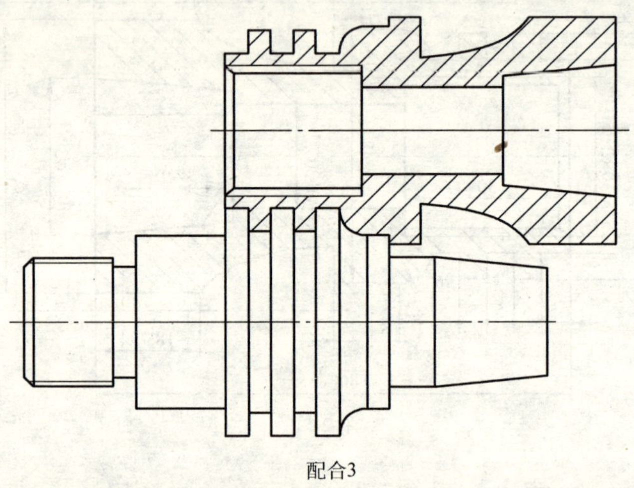

配合3

图 9　配合件的加工（三）（续）

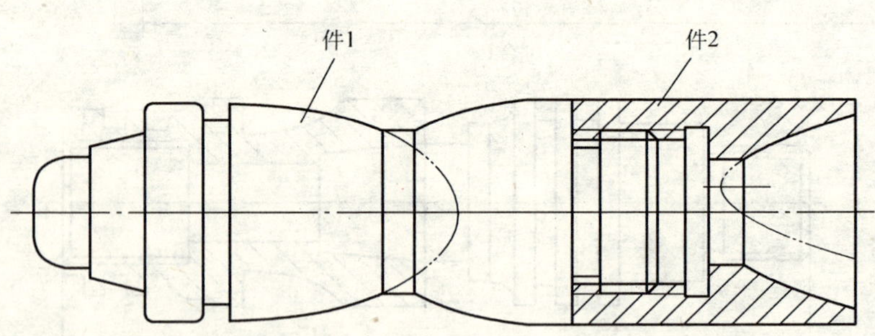

图 10　配合件的加工（四）

件 1 零件图

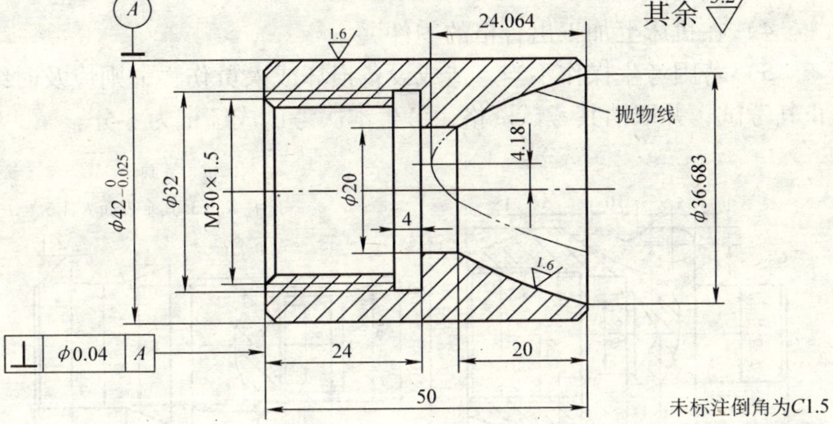

其余 3.2

24.064

抛物线

4.181

$\phi 36.683$

$\phi 42^{\ 0}_{-0.025}$

$\phi 32$

M30×1.5

$\phi 20$

4

1.6

⊥ | $\phi 0.04$ | A

24

20

50

未标注倒角为C1.5

其余 3.2

件 2 零件图

◎ | $\phi 0.015$ | A

C1

5

R40

C1.5

R6

3.2

1.6

$\phi 40^{\ 0}_{-0.025}$

$\phi 24$

$\phi 20^{\ 0}_{-0.021}$

$\phi 34$

$\phi 30 \pm 0.025$

$\phi 42^{\ 0}_{-0.025}$

$\phi 24$

M30×1.5

10

A3/8

GB/T4459.5

1:2

10　10　(31.458)

61°38′33″

15

⊥ | $\phi 0.04$ | A

43

$90^{\ 0}_{-0.06}$

110±0.1

2×20

2×40

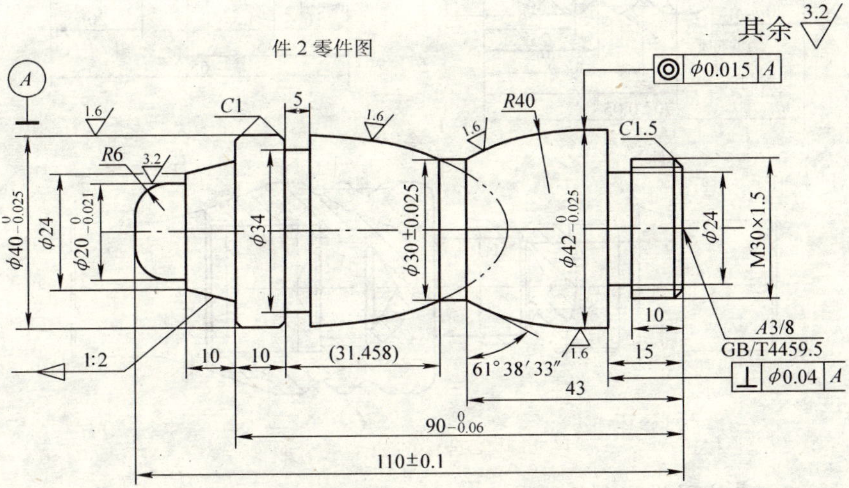

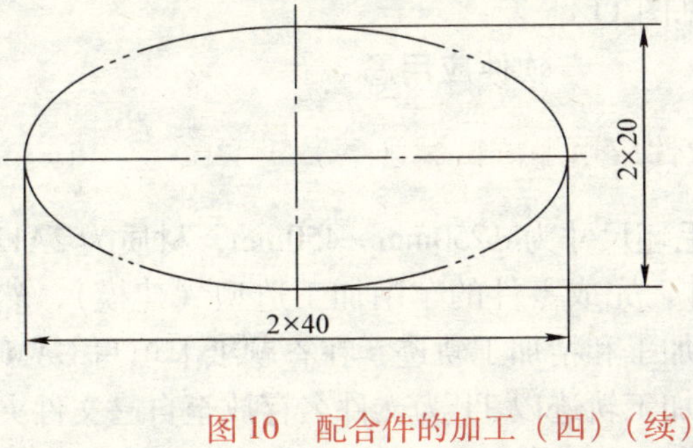

图 10　配合件的加工（四）（续）

3）填写加工工步卡。

4）在机床上加工出合格的零件。

5）若因考生操作不当，造成设备损坏或人员伤亡，则应及时终止其考试，并取消其考试资格，考生本次考试成绩记为零分。

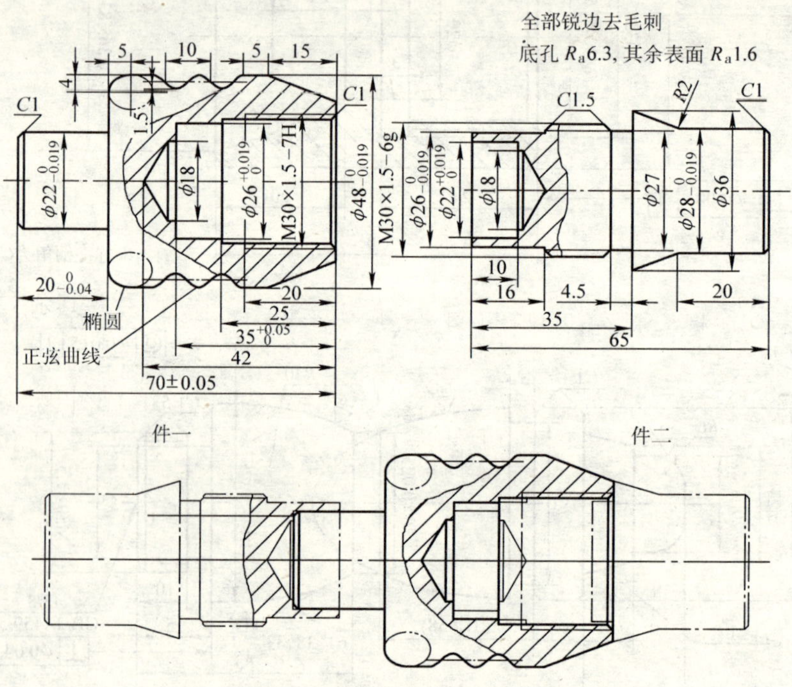

图 11　配合件的加工（五）

2. 零件图样（见图 11）

软件应用题

一、数控车床软件应用测试试题（一）

1）已知零件的毛坯尺寸为 ϕ250mm×450mm，材质为 2A12。根据图 12 所示的零件尺寸，完成零件的车削加工造型（建模），然后设置合理加工参数生成粗加工和精加工轨迹，在答题纸上填写 CAM 加工参数表，最后将造型和加工轨迹以 T1 为文件名存放至自己文件夹。

2）已知零件的毛坯尺寸为 ϕ130mm×410mm，材质为 2A12。根据

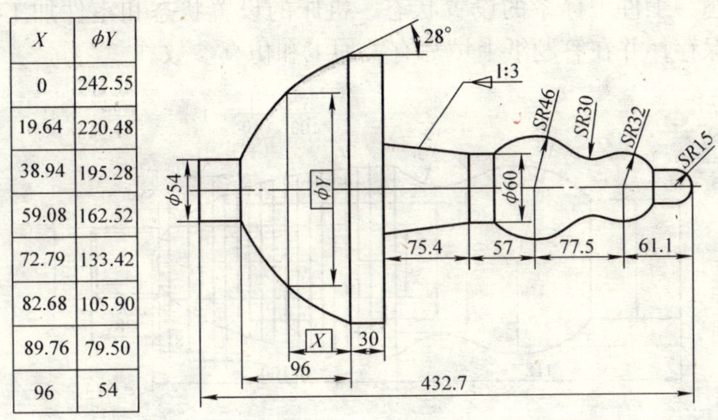

X	ϕY
0	242.55
19.64	220.48
38.94	195.28
59.08	162.52
72.79	133.42
82.68	105.90
89.76	79.50
96	54

图 12

图 13 给定的零件尺寸，完成零件的车削加工造型（建模），然后设置合理加工参数，并生成粗加工和精加工轨迹，在答题纸上填写 CAM 加工参数表，最后将造型和加工轨迹以 T2 为文件名存放至自己文件夹。

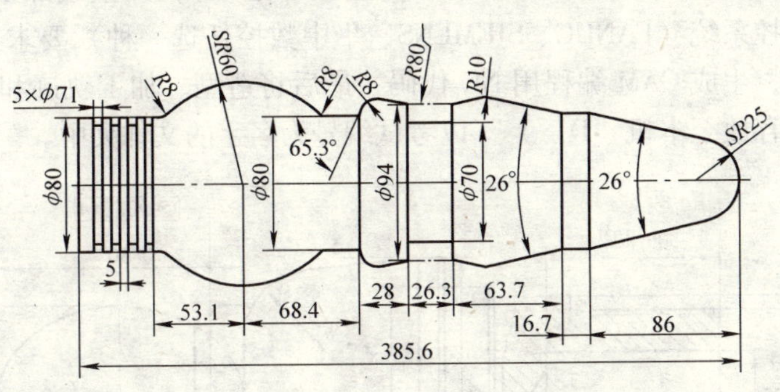

图 13

3）已知零件的毛坯尺寸为 ϕ85mm × 400mm，材质为 2A12。根据图 14 给定的零件尺寸，完成零件的车削加工造型（建模），然后设置合理加工参数，并生成粗加工和精加工轨迹，以 T3 为文件名保存造型和轨迹数据。根据所选的数控系统（FANUC、SIEMENS、华中数控任选一种）生成 NC 程序并保存在自己文件夹中，最后调用生成的 NC 程序进行零件的仿真加工，将刀具的设置状态、程序的设置状态、工件坐标系的设置状态、机床的设置状态和零件加工数据进行保存，并在答题纸上填写有关加工和仿真参数。

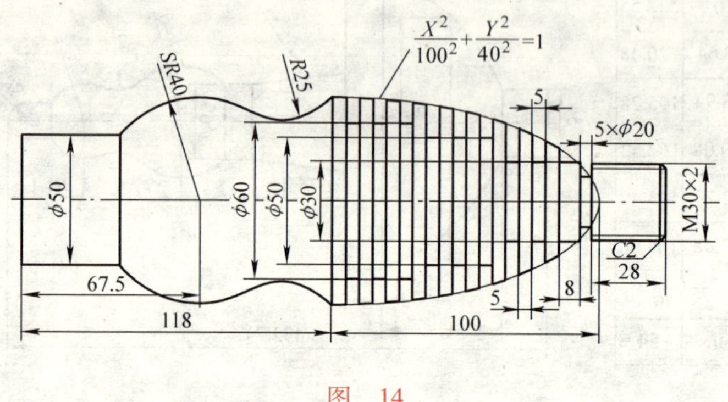

图 14

二、数控车床软件应用测试试题（二）

1）已知毛坯尺寸为 ϕ70mm×180mm，材质为 45 调质钢。根据零件图 15 尺寸，完成零件的车削加工造型（建模），并生成加工轨迹。根据数控系统（FANUC、SIEMENS、华中数控任选一种）要求进行后置处理，生成 CAM 编程用 NC 代码，最后将造型、加工轨迹和 NC 代码文件存放至本机“D：\”以考试编号为名字的文件夹中。

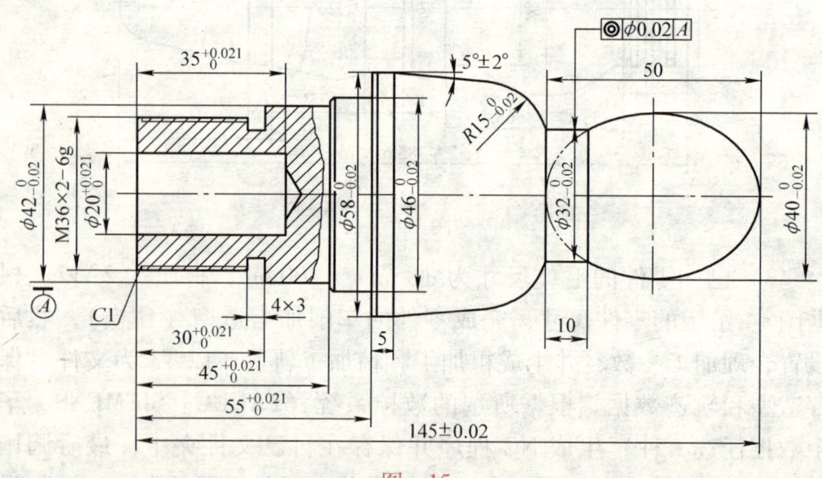

图 15

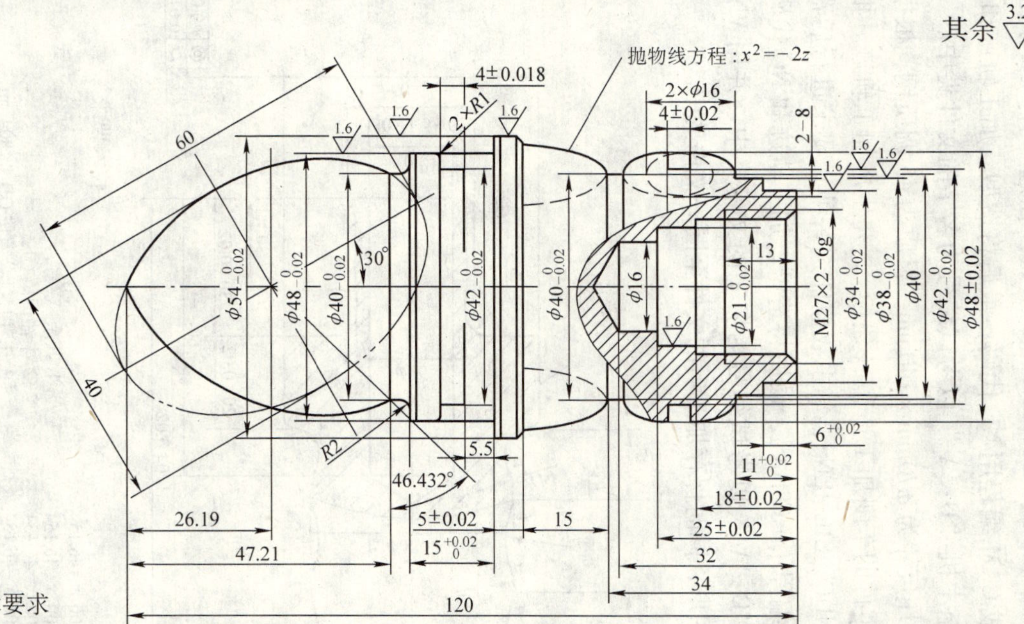

其余 3.2

抛物线方程：$x^2=-2z$

4±0.018

2×R1

2×ϕ16

4±0.02

2−8

60

40

30°

R2

46.432°

5.5

ϕ54$^{\ 0}_{-0.02}$

ϕ48$^{\ 0}_{-0.02}$

ϕ40$^{\ 0}_{-0.02}$

ϕ42$^{\ 0}_{-0.02}$

ϕ40$^{\ 0}_{-0.02}$

ϕ16

ϕ21$^{\ 0}_{-0.02}$

13

M27×2−6g

ϕ34$^{\ 0}_{-0.02}$

ϕ38$^{\ 0}_{-0.02}$

ϕ40

ϕ42$^{\ 0}_{-0.02}$

ϕ48±0.02

1.6

$6^{+0.02}_{\ 0}$

$11^{+0.02}_{\ 0}$

18±0.02

25±0.02

26.19

47.21

5±0.02

$15^{+0.02}_{\ 0}$

15

32

34

120

技术要求

1. SR 及 R 不准用样板刀
2. 不准用锉刀、砂布等修饰加工面
3. 锐角倒钝
4. 未注倒角 C1

考件名称	材料	比例	工时定额	毛坯尺寸
轴	45	1:1		

图 16

2）已知毛坯尺寸为 ϕ70mm × 135mm，材质为 45 调质钢，根据图 16 尺寸，完成零件的车削加工造型（建模），并生成加工轨迹。根据数控系统（FANUC、SIEMENS、华中数控任选一种）要求进行后置处理，生成 CAM 编程用 NC 代码，最后将造型、加工轨迹和 NC 代码文件存放至本机“D：\”以考试编号为名字的文件夹中。

3）已知毛坯尺寸为 ϕ70mm × 140mm，材质为 45 调质钢，根据图 17 尺寸，完成零件的车削加工造型（建模），并生成加工轨迹。根据数控系统（FANUC、SIEMENS、华中数控任选一种）要求进行后置处理，生成 CAM 编程用 NC 代码，最后将造型、加工轨迹和 NC 代码文件存放至本机“D：\”以考试编号为名字的文件夹中，并用 VNUC 软件模拟加工图形，同时保存加工后的文件至同一文件夹中。

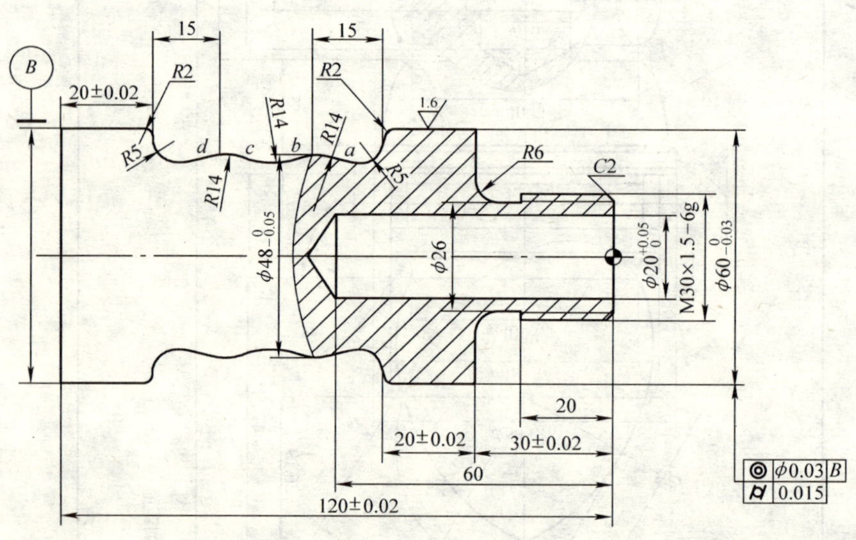

技术要求

a 点坐标：*z* = −60.000　*x* = 46.154
b 点坐标：*z* = −70.000　*x* = 46.154
c 点坐标：*z* = −80.000　*x* = 46.154
d 点坐标：*z* = −90.000　*x* = 46.154

1. 其余：6.3▽
2. 未注倒角 *C*1
3. 未注尺寸公差按 GB/T 1804−m
4. 不得用磨石砂布等工具对表面进行修饰加工

图　17

模拟试卷样例

一、判断题（对画✓，错画×；每题1分，共50分）

1. 珠光体是由铁素体和渗碳体构成，它们都是铁碳合金的基本相。（ ）

2. 莱氏体和渗碳体性能基本相同，都具有硬度高、脆性大的特点。（ ）

3. 光体和渗碳体都是铁碳合金的基本相。（ ）

4. 二次渗碳体是由莱氏体中析出的。（ ）

5. 二次渗碳体是由液体中析出的。（ ）

6. 渐开线齿轮的标准压力角 α 等于20°，因此齿廓上各点的压力角均应等于20°。（ ）

7. 一对相互啮合的渐开线齿轮，其两齿廓接触点的移动轨迹称为啮合线。啮合线也是两齿廓接触点的公法线，两基圆的公切线。（ ）

8. 一对相啮合的标准直齿圆柱齿轮，其中大齿轮的齿一定比小齿轮的齿大。（ ）

9. 一对斜齿轮正确啮合的条件是法面模数和齿形角分别相等，且旋向相同。（ ）

10. 蜗杆传动中，蜗杆与蜗轮的轴线互相垂直相交，且以蜗杆作主动件。（ ）

11. 麻花钻的螺旋角越大，前角越大。（ ）

12. 麻花钻的后角变小时，横刃斜角也随之变小。（ ）

13. 横刃斜角越大，横刃越长。（ ）

14. 铰孔时，若切削速度选择不当，会产生积削瘤，并增大孔表面的粗糙度值。（ ）

15. 麻花钻的顶角为118°左右，横刃斜角为55°左右。（ ）

16. 零件表面粗糙度直接影响机器等的装配使用性能，对使用寿命无关。（ ）

17. 在满足技术条件和使用要求的前提下，应尽量选较大的表面粗糙度数值。（ ）

18. 尺寸公差、形状公差数值小，表面粗糙度数值也小。（ ）

19. 零件表面粗糙度数值越小，越有利于提高零件的耐磨性和抗腐蚀性。（ ）

20. 用三针测量的目的，主要是检验螺纹的牙型角和螺距。（ ）

21. 直径相同，导程大的螺纹的螺纹升角小。（ ）

22. 当两螺纹的导程相同时，直径大的、螺纹升角大。（ ）

23. 左右切削法比直进法车出的螺纹牙型角正确。（ ）

24. 攻制同种螺纹，脆性金属比塑料金属的底孔大。（ ）

25. 螺旋传动主要由螺杆、螺母和螺栓组成。（ ）

26. 车削硬、脆金属材料时，刀具应取较小的前角。（ ）

27. 粗加工时应取较小的前角，精加工时应取较大的前角。（ ）

28. 高速钢车刀应取较小的前角，硬质合金钢应取较大的前角。（ ）

29. 一般粗加工时，刀具应取较小的后角，精加工时应取较大的后角。（ ）

30. 增大车刀的主偏角时，可使刀具寿命降低，背向力减小，并容易断屑。（ ）

31. 切削脆性大的材料，容易产生积屑瘤。（ ）

32. 在数控机床上加工零件，应尽量选用组合夹具和通用夹具装夹工件，避免采用专用夹具。（ ）

33. 数控机床加工过程中可以根据需要改变主轴转速和进给速度。

34. 车床主轴编码器的作用是防止切削螺纹时乱扣。（ ）

35. 跟刀架是固定在机床导轨上来抵消车削时的径向切削力的。（ ）

36. 切削速度增大时，切削温度升高，刀具使用寿命长。（ ）

37. 热处理调质工序一般安排在粗加工之后，半精加工之前进行。（ ）

38. 为保证工件达到图样所规定精度和技术要求，夹具上的定位基准应与工件上设计基准、测量基准尽可能重合。（ ）

39. 加工零件在数控编程时，首先应确定数控机床，然后分析加工零件的工艺特性。（ ）

40. G00 功能是以车床设定的最大运动速度定位到目标点。（ ）

41. G02 功能是逆时针圆弧插补，G03 功能是顺时针圆弧插补。（ ）

42. G32 功能为螺纹切削加工，只能加工直螺纹。（ ）

43. G90 功能为封闭的直线切削和锥形切削循环。（ ）

44. 工艺尺寸链中，组成环可分为增环与减环。（ ）

45. 尺寸链按其功能可分为设计尺寸链和工艺尺寸链。（ ）

46. 直线型检测元件有感应同步器、光栅、磁栅、激光干涉仪。（ ）

47. 旋转型检测元件有旋转变压器、脉冲编码器、测速发电机。（ ）

48. 开环进给伺服系统的数控机床，其定位精度主要取决于伺服驱动元件和机床传动机构精度、刚度和动态特性。（ ）

49. 宏程序的特点是可以使用变量，变量之间不能进行运算。（ ）

50. 在镜像功能有效后，刀具在任何位置都可以实现镜像指令。（ ）

二、选择题（将正确答案的序号填入括号内；每题1分，共50分）

1. CNC 系统主要由（ ）。

A. 计算机和接口电路组成

B. 计算机和控制系统软件组成

C. 接口电路和伺服系统组成

D. 控制系统硬件和软件组成

2. 数控机床用伺服电动机实现无级变速，但用齿轮传动主要目的是增大(　　)。

A. 输出转矩　B. 输出速度　C. 输入转矩　D. 输入速度

3. 刀具补偿功能代码 H 后的两位数字为存放刀具补偿量的寄存器(　　)，如 H08 表示刀具补偿量用第 8 号。

A. 指令　B. 指令字　C. 地址　D. 地址字

4. (　　)是机床夹具中一种标准化、系列化、通用化程度较高的工艺装备。

A. 液动夹具　B. 通用夹具　C. 专用夹具　D. 组合夹具

5. 滚珠丝杠副的公称直径 d_0 应取为(　　)。

A. 小于丝杠工作长度的 1/30　B. 大于丝杠工作长度的 1/30

C. 根据接触角确定　D. 根据螺旋升角确定

6. 步进电动机转速突变时，若没有加速或减速过程，会导致电动机(　　)。

A. 发热　B. 不稳定　C. 失步　D. 失控

7. 在循环加工时，当执行有 M00 指令的程序段后，如果要继续执行下面的程序，必须按(　　)按钮。

A. 循环启动　B. 转换　C. 输出　D. 进给保持

8. 强电和微机系统隔离常采用(　　)。

A. 光耦合器　B. 晶体管

C. 74LS138 编码器　D. 8255 接口芯片

9. 为细化组织，提高力学性能，改善切削加工性能，常对低碳钢进行(　　)处理。

A. 完全退火　B. 正火

C. 去应力退火　D. 再结晶退火

10. 高碳钢和某些合金钢制锻坯件，加工时发现硬度过高，为使其容易加工，可进行(　　)处理。

A. 正火　B. 退火

C. 淬火　　D. 淬火和低温回火

11. 工具钢、轴承钢等锻压后，为改善其切削加工性能和最终热处理性能，常需进行(　)处理。

A. 完全退火　　B. 去应力退火

C. 正火　　D. 球化退火

12. 通常浇铸出砂后的铸铁件都要进行退火，常用的是进行(　)处理。

A. 去应力退火　　B. 完全退火

C. 球化退火　　D. 再结晶退火

13. 某些重要的、精密的钢制零件，在精加工前，预先要进行(　)处理。

A. 退火　　B. 正火

C. 调质　　D. 淬火和低温回火

14. 为了保证刀具刃部性能的要求，工具钢制造的刀具最终要进行(　)处理。

A. 淬火　　B. 淬火和低温回火

C. 淬火和中温回火　　D. 调制

15. 一对渐开线齿轮在标准中心距条件下啮合时，其分度圆与节圆(　)齿形角与啮合角(　)。

A. 重合　　B. 分离　　C. 相等　　D. 不相等

16. 表面粗糙度是零件精度的(　)误差。

A. 宏观几何误差　　B. 微观几何误差

C. 宏观相互位置　　D. 微观相互位置

17. 数控机床的核心是(　)。

A. 伺服系统　　B. 数控系统　　C. 反馈系统　　D. 传动系统

18. 在 FANUC 数控车床中“G99　G01　X　F　”；程序中的 F 指令后的数值一般指以(　)为单位。

A. m/min　　B. mm /r

C. mm/min 或 mm/r　　D. m /r

19. 圆弧插补方向（顺时针和逆时针）的规定与(　)有关。

A. X 轴　　B. Z 轴

C. Y 轴　　　　　　　　　　D. 不在圆弧平面内的坐标轴

20. 数控铣床的基本控制轴数是(　　)。

A. 一轴　　B. 二轴　　C. 三轴　　D. 四轴

21. 数控机床与普通机床的进给机构最大的不同点是数控机床采用了(　　)。

A. 数控装置　　　　　　　　B. 滚动导轨

C. 滚珠丝杠　　　　　　　　D. 伺服电动机

22. 数控车床加工钢件时希望的切屑是(　　)。

A. 带状切屑　　B. 挤裂切屑　　C. 单元切屑　　D. 崩碎切屑

23. 选择切断车刀刃口宽度，是依被车削工件的(　　)而定。

A. 外径　　B. 切断深度　　C. 材质　　D. 形状

24. 大量粗车削外圆车刀之主偏角一般宜选用(　　)。

A. 0°　　B. 20°　　C. 30°　　D. 45°

25. "K"类碳化物硬质合金刀具主要用于车削(　　)。

A. 软钢　　B. 合金钢　　C. 碳钢　　D. 铸铁

26. 正弦规的功用是(　　)。

A. 度量曲线　　B. 检验螺纹　　C. 检验锥度　　D. 度量槽宽

27. 切削刃形状复杂的刀具用(　　)材料制造较为合适。

A. 硬质合金　　　　　　　　B. 人造金刚石

C. 陶瓷　　　　　　　　　　D. 高速钢

28. 闭环进给伺服系统与半闭环进给伺服系统主要区别在于(　　)。

A. 位置控制器　　　　　　　B. 检测单元

C. 伺服驱动器　　　　　　　D. 控制对象

29. 工件的一个或几个自由度被不同的定位元件重复限制的定位称为(　　)。

A. 完全定位　　　　　　　　B. 欠定位

C. 过定位　　　　　　　　　D. 不完全定位

30. 数控机床有不同的运动形式，需要考虑工件与刀具相对运动关系及坐标方向，编写程序时，采用(　　)的原则编写程序。

A. 刀具固定不动，工件相对移动

B. 铣削加工刀具只做转动，工件移动；车削加工刀具移动，工件转动

C. 分析机床运动关系后再根据实际情况

D. 工件固定不动，刀具相对移动

31. (　　)是液压系统的执行元件。

A. 电动机　　B. 液压泵

C. 液压缸　　D. 液压控制阀

32. 后角较大的车刀，较适合车削(　　)。

A. 铝　　B. 铸铁　　C. 中碳钢　　D. 铜

33. “M”类碳化物刀具主要用于车削(　　)。

A. 不锈钢　　B. 碳钢　　C. 铸铁　　D. 非铁金属

34. 为了保障人身安全，在正常情况下，电气设备的安全电压规定为(　　)。

A. 42V　　B. 36V　　C. 24V　　D. 12V

35. 数控编程时，应首先设定(　　)。

A. 机床原点　　B. 固定参考点

C. 机床坐标系　　D. 工件坐标系

36. 交、直流伺服电动机和普通交、直流电动机的(　　)。

A. 工作原理及结构完全相同

B. 工作原理相同但结构不同

C. 工作原理不同但结构相同

D. 工作原理及结构完全不同

37. 在机床上，为实现对鼠笼式异步电动机的连续速度调节，常采用(　　)。

A. 转子回路中串电阻法　　B. 改变电源频率法

C. 调节定子电压法　　D. 改变定子绕组极对数法

38. 数字积分插补法的插补误差(　　)。

A. 总是小于一个脉冲当量

B. 总是等于一个脉冲当量

C. 总是大于一个脉冲当量

D. 有时可能大于一个脉冲当量

39. 设计夹具时，定位元件的公差应不大于工件的公差的(　　)。

A. 主要定位基准面　　B. 加工表面

C. 未加工表面　　D. 已加工表面

40. 为避免齿轮发生根切现象，齿数 Z≥(　　)。

A. 20　　B. 17　　C. 15　　D. 21

41. 步进电动机在转速突变时，若没有一个加速或减速过程，会导致电动机(　　)。

A. 发热　　B. 不稳定　　C. 丢步　　D. 失控

42. 位置检测元件是位置控制闭环系统的重要组成部分，是保证数控机床(　　)的关键。

A. 精度　　B. 稳定性　　C. 效率　　D. 速度

43. 切削时，切屑流向工件的待加工表面，此时刀尖强度(　　)。

A. 好　　B. 差　　C. 一般　　D. 波动较大

44. 刀具磨钝标准通常都按(　　)的磨损值来制订。

A. 月牙洼深度　B. 前面　　C. 后面　　D. 刀尖

45. 当交流伺服电动机正在旋转时，如果控制信号消失，则电动机将会(　　)。

A. 立即停止转动　　B. 以原转速继续转动

C. 转速逐渐加大　　D. 转速逐渐减小

46. 粗加工时，切削液以(　　)为主。

A. 煤油　　B. 切削油　　C. 乳化液　　D. 柴油

47. 镗孔的关键技术是刀具的刚性、冷却和(　　)问题。

A. 振动　　B. 质量　　C. 排屑　　D. 刀具

48. 刀具切削过程中产生积屑瘤后，刀具的实际前角(　　)。

A. 增大　　B. 减小

C. 一样　　D. 以上都不是

49. 适应控制机床是一种能随着加工过程中切削条件的变化，自动地调整(　　)实现加工过程最优化的自动控制机床。

A. 主轴转速　　B. 切削用量　　C. 切削过程　　D. 进给用量

50. 重型数控车床一般不能用的颜色(   )。

A. 白色　　B. 红色　　C. 灰色　　D. 黑灰色

51. 在 SIEMENS802D 数控车床上铣削轴向凸轮槽时所用的旋转轴为(   )。

A. X 轴　　B. Y 轴　　C. D 轴　　D. Z 轴

答 案 部 分

一、判断题

1. ✓　2. ×　3. ✓　4. ×　5. ✓　6. ✓　7. ✓　8. ✓
9. ×　10. ×　11. ✓　12. ✓　13. ✓　14. ✓　15. ×　16. ×
17. ✓　18. ×　19. ✓　20. ✓　21. ×　22. ×　23. ×　24. ×
25. ✓　26. ×　27. ×　28. ×　29. ✓　30. ✓　31. ×　32. ×
33. ✓　34. ×　35. ×　36. ✓　37. ✓　38. ✓　39. ×　40. ×
41. ×　42. ✓　43. ✓　44. ✓　45. ×　46. ✓　47. ✓　48. ✓
49. ✓　50. ×　51. ✓　52. ×　53. ✓　54. ×　55. ×　56. ×
57. ✓　58. ✓　59. ✓　60. ×　61. ✓　62. ×　63. ✓　64. ×
65. ×　66. ✓　67. ✓　68. ✓　69. ×　70. ×　71. ×　72. ✓
73. ✓　74. ✓　75. ×　76. ×　77. ×　78. ✓　79. ×　80. ✓
81. ✓　82. ✓　83. ✓　84. ×　85. ✓　86. ×　87. ✓　88. ×
89. ×　90. ×　91. ×　92. ×　93. ✓　94. ✓　95. ✓　96. ×
97. ×　98. ✓　99. ✓　100. ×　101. ×　102. ×　103. ✓　104. ✓
105. ✓　106. ✓　107. ×　108. ✓　109. ×　110. ×　111. ×　112. ✓
113. ✓　114. ×　115. ✓　116. ✓　117. ✓　118. ×　119. ×　120. ×
121. ✓　122. ×　123. ×　124. ✓　125. ✓　126. ✓　127. ×　128. ×
129. ✓　130. ✓　131. ×　132. ×　133. ✓　134. ×　135. ×　136. ✓
137. ✓　138. ✓　139. ✓　140. ✓　141. ✓　142. ✓　143. ×　144. ✓
145. ✓　146. ×　147. ×　148. ×　149. ✓　150. ×　151. ✓　152. ×
153. ✓　154. ✓　155. ✓　156. ✓　157. ×　158. ×　159. ✓　160. ×
161. ✓　162. ×　163. ×　164. ✓　165. ✓　166. ×　167. ×　168. ✓
169. ✓　170. ×　171. ×　172. ✓　173. ×　174. ×　175. ✓　176. ✓

177. ✓ 178. × 179. ✓ 180. ✓ 181. ✓ 182. ✓ 183. ✓ 184. ×
185. ×

二、选择题

1. A 2. B 3. C 4. B 5. D 6. B 7. B 8. C
9. B 10. A 11. A 12. C 13. B 14. C 15. C 16. A
17. D 18. C 19. A 20. B 21. D 22. C 23. C 24. A
25. B 26. D 27. D 28. C 29. C 30. A 31. B 32. D
33. D 34. B 35. D 36. D 37. D 38. A 39. B 40. B
41. C 42. B 43. A 44. D 45. B 46. D 47. C 48. A
49. A 50. C 51. B 52. C 53. C 54. B 55. B 56. A
57. B 58. A 59. C 60. B 61. A 62. A 63. B 64. D
65. C 66. D 67. C 68. A 69. B 70. D 71. C 72. A
73. B 74. B 75. C 76. A 77. B 78. B 79. A 80. B
81. D 82. B 83. A 84. A 85. D 86. D 87. B 88. A
89. A 90. A 91. A 92. C 93. B 94. D 95. C 96. B
97. C 98. D 99. C 100. D 101. C 102. C 103. C 104. B
105. C 106. D 107. B 108. A 109. A 110. D 111. B
112. C 113. A 114. C 115. D 116. D 117. A 118. C
119. A 120. B 121. A 122. D 123. D 124. B 125. D
126. B 127. B 128. A 129. B 130. D 131. B 132. C
133. B 134. B 135. A 136. A 137. B 138. C 139. B
140. C 141. B 142. C 143. C 144. C 145. B 146. D
147. C 148. C 149. B 150. A 151. A

附　　录

附录 A　数控车削加工常用词汇英汉对照表

1. Absolute coordinate 绝对坐标
2. Accessories 附件、辅助设备
3. Accumulator 累加器
4. Accuracy 准确度
5. Adapter 适配器
6. Adder 加法器
7. Add operation 加法运算
8. AI（Artificial Intelligence）人工智能
9. Alarm 报警
10. Alarm display 报警显示
11. Alarm number 报警号
12. AMP（adjustable machine parameter）可调机床参数
13. Analysis 分析
14. Annunciator 报警器
15. Answerback 响应
16. Application program 应用程序
17. APT（Automatic Programmed Tools）自动编程系统
18. Arc，clockwise 顺时针圆弧
19. Arc，counter clockwise 逆时针圆弧

20. Assembly 装配
21. Automatic cycle 自动循环
22. AUTOPROL（Automatic Program for Lathe）车床自动程序
23. Axial feed 轴向进给
24. Axis 坐标轴、轴
25. Axis interchange 坐标轴交换
26. Backlash compensation 间隙补偿
27. Ball screw pair 滚珠丝杠副
28. Bench mark 基准，基准程序
29. BMI（Basic Machine Interface）机床基本接口
30. BOS（Basic Operating System）基本操作系统
31. BRA（Breaker Alarm）断路器报警
32. Bug 错误、故障
33. Cancel 作废、删除
34. Canned cycle 固定循环
35. Canned routine 固定程序
36. Cartesian coordinate 笛卡儿坐标
37. Chip conveyer 排屑装置
38. Chip removal system 排屑系统
39. Circular interpolation 圆弧插补
40. CNC lathe 数控车床
41. CNC milling machine 数控铣床
42. CNC turning machine 数控车床
43. Diagnosis 诊断
44. Diagnostic routine 诊断程序
45. Diagnostic test 诊断测试
46. Digital readout 数字显示
47. Drift 漂移
48. Dry run 空运转
49. Edit 编辑
50. Edit mode 编辑方式

51. Editor 编辑器
52. Emergency button 应急按钮
53. Emergency stop 急停
54. EOP（End of Program）程序结束
55. ES（Expert System）专家系统
56. Executive program 执行程序
57. Executive system 执行系统
58. Feedback 反馈
59. Feedrate 进给速度
60. Fixed cycle 固定循环
61. Flexibility 灵敏性、柔性
62. G-code G 代码
63. G-function 准备功能
64. Graphic display function 图形显示功能
65. GT（Group Technology）成组技术
66. Interference 干扰
67. Input/Output device 输入/输出设备
68. Insertion 插入
69. Interface 接口
70. Interpolation 插补
71. Input/output interface 输入/输出接口
72. Jig mode 手动连续进给方式
73. Jump 转移
74. Keyboard 键盘
75. Longitudinal feed 纵向进给
76. LVAL（10w Voltage Alarm）欠电压报警
77. Linear interpolation 直线插补
78. Machine datum 机床参考点
79. Machine home 机床零点
80. Magnetic disc memory 磁盘存储器
81. Main program 主程序

82. Main routine 主程序
83. Maintenance 维修
84. Malfunction 故障
85. Man-machine dialogue 人机对话
86. Manual continuous feed 手动连续进给
87. Manual data input 手动数据输入
88. Manual feed 手动进给
89. Manual feed rate override 手动进给速度倍率
90. Memory 存储器
91. Memory cell 存储单元
92. Menu 菜单
93. Mode of automatic operation 自动操作方式
94. NC station 数控操作面板
95. NC system 数控系统
96. Nest 嵌套
97. Off-line 脱机，离线
98. Operation 操作，运算
99. Oriented spindle stop 主轴定向停止
100. Origin button 回原点按钮
101. OS（Operating system）操作系统
102. Output 输出
103. Overheat 过热
104. Overload 过载
105. Overspeed 超速
106. Overtravel 超程
107. Parabolic interpolation 抛物线插补
108. Parameter setting 参数设定
109. Parity check 奇偶校验
110. Part programmer 编程员
111. Plotter 绘图机
112. PMC（Programmable Machine Controller）可编程机床控制器

（也就是 FANUC 系统用 PLC）

113. Position accuracy 定位精度
114. Position feedback 位置反馈
115. Radial feed 径向进给
116. Reference input signal 基准输入信号
117. Reference offset 零点偏置
118. Reference point return 返回参考点
119. Relative coordinates 相对坐标；增量坐标
120. Reset 清零、复位
121. Self-diagnosis function 自诊断功能
122. Sensitivity 灵敏度
123. Sensor 传感器
124. Sequence number 顺序号；程序段号
125. S-function 主轴功能
126. Spindle 主轴
127. Start-up diagnostics 启动诊断
128. System diagnostics 系统诊断
129. T-function 刀具功能
130. Thread cutting 螺纹切削
131. Thread Cutting cycle 螺纹循环切削
132. Tool diameter compensation 刀具直径补偿
133. Tool length compensation 刀尖半径补偿
134. tool radius compensation 刀具半径补偿
135. Tool retracting 退刀
136. Turning cell 车削单元
137. Turning center 车削中心
138. User macro 用户宏程序
139. User macro instruction 用户宏指令
140. abrasion 磨损
141. accurate to dimension 符合加工尺寸
142. adjust nut 调整螺母

143. adjust screw 调整螺钉
144. air chuck 气动卡盘
145. allowable deviation 允许偏差
146. allowance （1）（配合）公差（2）（加工）余量
147. amount of feed 进给量
148. angle square 角尺
149. angular thread 三角形螺纹
150. arbour 心轴，刀杆
151. back center 尾顶尖
152. bar stock 棒料
153. basis 基准
154. bench 台，工作台
155. bent tool 弯头车刀
156. bilateral tolerance 双向公差
157. block gauge 量块
158. bore hole 镗孔
159. boring bar 镗杆
160. boring cutter 镗刀
161. bering depth 镗孔深度
162. caliber rule 卡尺
163. Turret lathe 转塔式车床
164. Turret rest 转塔刀架
165. carbide alloy 硬质合金
166. carbide chin 硬质合金刀片
167. carrier 鸡心夹头
168. center bit 中心钻
169. center lathe 卧式车床，顶尖车床
170. center rest 中心架
171. centerline 中心线
171. chain dotted line 点画线
172. change gear box 交换齿轮箱

173. change gear bracket 交换齿轮架
174. chuck 卡盘，头盘
175. class of accuracy 公差等级
176. coarse thread 粗牙螺纹
177. counter-sunk belt 埋头螺栓
178. counter-sunk screw 埋头螺钉
179. curved lined 曲线
180. curved surface 曲面
181. cylindrical grinder 外圆磨床
182. cylindrical grinding 外圆磨削
183. dash line 虚线
184. data plate 铭牌
185. dead center 固定顶尖
186. depth 深度
187. depth of cut 切削深度；背吃刀量
188. depth of thread 螺纹深度；牙型高
189. detail（1）零件图，分件图，详图（2）明细
190. development（1）展开（2）展开图
191. diameter 直径
192. diameter at bottom of thread 螺纹低径
193. diameter of axle 轴径
194. diameter of bore 内孔直径
195. diameter of thread 螺纹直径（公称直径）
196. diameter of work 工件直径
197. diameter run-out 径向圆跳动
198. diamond borer 金刚石镗床
199. die for English standard thread 英制螺纹板牙
200. die for metric thread 米制螺纹板牙
201. die for taper thread 锥螺纹板牙
202. die handle 板牙扳手，板牙架
203. die hob 标准丝锥

204. dimension 尺寸，尺度
205. dimensional tolerance 尺寸公差
206. direction of feed 进给方向
207. disc chuck 花盘
208. distance 距离
209. dividing head 分度头
210. double-housing planer 龙门刨床
211. double stroke 双行程，双冲程
212. dovetail （1）燕尾（2）楔形楔
213. drill groove 燕尾槽
214. drill bushing 钻套
215. drill machine 钻床
216. drill plate 钻模
217. dynamic balance 动平衡
218. easy push fit 滑动配合
219. eccentric axis 偏心轴
220. eccentric distance 偏心距离
221. elastic deformation 弹性变形
222. end elevation 侧视图
223. end face 端面
224. end mill 立铣刀，端铣刀
225. English spanner 活扳手
226. escape 退刀槽
227. external thread 外螺纹
228. fast return 快速返回
229. fast travel 快速行程
230. fatigue resistance 疲劳强度
231. feed per minute 每分钟进给量
232. feed per revolution 每转进给量
233. feed per tooth 每齿进给量
234. flange （1）凸缘（2）法兰，法兰盘

235. four—jaw chuck 四爪单动卡盘
236. front rake angle 前角
237. gearbox 齿轮箱
238. graduate disk 刻度盘
239. grinding machine 磨床
240. half 半，二分之一
241. hard facing（1）表面硬化（2）表面淬化
242. heart carrier 鸡心头
243. heat treatment process 热处理过程
244. holding device 夹具
245. holding down plate 后板
246. indexing disc 分度盘
247. indexing head 分度头
248. initial allowance 机械加工余量
249. key beating 键槽
250. knurl 压花，滚花
251. knurl wheel 滚花轮
252. lathe 车床
253. lathe accessories 车床附件
254. lathe slide 车床滑板
255. lathe carrier 车床鸡心夹头
256. lathe center 车床顶尖
257. lathe operator 车刀
258. lathe tool 车刀
259. lathe turning 车床车削
260. laying out 划线
261. length of thread 螺纹长度
262. long and short dash line 点画线
263. long and two-short dash line 双点画线
264. lubricating 润滑
265. lubricating oil 润滑油，润滑脂

266. machine（1）机器（2）机床（3）机械加工
267. major repair 大修
268. mandrel 心轴；主轴
269. main spindle box 主轴箱
270. mark 符号，记号，标志
271. marking-off 划线
272. marking-offpin 划线针
273. marking-off plate 划线板
274. marking-offtable 划线台
275. milling machine 铣床
276. Morse's cone 莫氏圆锥
277. Morse's taper 莫氏锥度
278. Morse taper reamer 莫氏锥形铰刀
279. Morse tapered hole 莫氏锥形孔
280. multiple thread 多头螺纹
281. multitool 多刀工具
282. multitool lathe 多刀车床
283. normal rated power 额定功率
284. oil seal 油封
285. oil trough 油管
286. one start screw 单头螺纹
287. one-way clutch 单向离合器
288. one-way valve 单向阀
289. operation card 工艺卡
290. outside surface 外装面
291. oval（1）椭圆形（2）椭圆形的
292. parallelism 平行度
293. pitch of holes 孔距
294. pitch of screw 螺距
295. plug thread gage 螺纹塞规
296. plunger 柱塞

297. plunger pump 柱塞泵
298. principal motion 主运动
299. principal section 主剖面，主截面
300. procedure（1）工序（2）程序
301. production rate 生产率
302. quenching 淬化，淬硬
303. reamed hole 铰孔
304. rectilinear motion 直线运动
305. rectilinear scale 直尺
306. roughing 粗加工
307. roughing turning tool 粗车刀
308. roughness 表面粗糙度
309. screw cutting 螺纹切削
310. screw tool 螺纹刀具
311. scribing calipers 内外卡钳
312. seal ring 密封环
313. set tap 平用丝锥
314. shaft basis 基轴制
315. side rake angle 副前角
316. side relief angle 副后角
317. slide guide 导轨
318. sphere 球，球面
319. spherical cutter 球面刀
320. spindle 主轴
321. spindle box 主轴箱
322. spindle hole 主轴孔
323. spindle speed 主轴转速
324. spindle speed control 主轴转速控制
325. spindle taper 主轴锥度
326. spiral chute 螺旋槽
327. spring cotter 开口销，开尾销

328. steel ruler 金属直尺
329. stiffness 刚性，刚度
330. T-slot T 型槽
331. table control level 工作台控制手柄
332. table crosswise movement 工作台横向运动
333. table feed 工作台进给
334. table longitudinal movement 工作台纵向运动
335. tail centre 尾顶尖
336. tap 丝锥
337. tap chuck 丝锥夹头
338. tap die holder 丝锥板牙两用夹头
339. tap for metric thread 米制螺纹丝锥
340. taper bit 锥形铰刀
341. taper calculating 锥度计算
342. technical condition 技术条件
343. technical parameter 技术参考
344. technical terms 技术术语
345. templet 样板
346. thread plug gage 螺纹塞规
347. thread ring gage 螺纹环规
348. title panel 标题栏
349. tolerance 公差
350. tolerance and fit 公差及配合
351. tolerance of dimension 尺寸公差
352. tolerance of fit 配合公差
353. tool carrier 刀架
354. tool clamp 刀夹
355. trim cut 试切，试切削
356. turnings 切屑
357. twist drill 麻花钻
358. vertical boring and turning machine 立式车床

359. vernier caliper 游标卡尺
360. vernier depth gauge 深度游标卡尺
361. vernier height gage 高度游标卡尺
362. weld 熔焊，焊接
363. welding crack 焊缝
364. working-hours 工作时间

附录 B　数控车工技师论文写作与答辩要点

一、论文写作

1. 论文的定义

论文是讨论和研究某种问题的文章，是一个人从事某一专业（工种，如数控车工）的学识、技术和能力的基本反映，也是个人劳动成果、经验和智慧的升华。

2. 论文的构成

论文由论点、论据、引证、论证、结论等几个部分构成。

1）论点是论述中的确定性意见及支持意见的理由。

2）论据是证明论题判断的依据。

3）引证是引用前人事例或著作作为明证、根据、证据。

4）论证是用以论证论题真实性的论述过程。一般根据个人的了解或理解证明。机械加工（如数控车工）技师论文是用事实即加工出的零件来证明。

5）结论从一定的前提推论得到的结果，对事物作出的总结性判断。

3. 技术论文的撰写

（1）论文命题的选择　论文命题的标题应做到贴切、鲜明、简短。写好论文关键在如何选题。就机械行业来讲，由于每个单位情况不同，各专业技术工种也不同；就同一工种而言，其技术复杂程

度、难易、深浅各不相同，专业技术各不相同，因此，不能用一种模式、一种定义来表达各不相同的专业技术情况。选择命题不是刻意地寻找，去研究那些尚未开发的领域，不要超出技师的要求，比如数控车工技师论文选择为《五坐标刀具补偿的算法》（硕士论文）或《五坐标刀具补偿的建模》（博士论文）都是不合理的，而是把生产实践中解决的生产问题、工作问题通过筛选总结整理出来，上升为理论，以达到指导今后生产和工作的目的。数控车工技师论文选择《在车削中心上非圆曲线端面凸轮的编程与加工》就比较合适。命题是论文的精髓所在，是论文方向性、选择性、关键性、成功性的关键和体现，命题方向选择失误往往导致论文的失败。选题确定后再选择命题的标题。

（2）摘要 摘要是论文内容基本思想的浓缩，其作用是简要阐明论文的论点、论据、方法、成果和结论。摘要要完整、准确和简练，其本身是完整的短文，能独立使用，字数一般两三百字为好，至多不超过500字。

（3）主题词 主题词是对论文内容的高度概括，是代表论文的关键性词语。比如《在车削中心上非圆曲线端面凸轮的编程与加工》的主题词就是“车削中心；非圆曲线；宏程序；加工方法；等距线；动力刀具”等。主题词一般为4~6个，一般不要超过10个。

（4）前言 前言是论文的开场白，主要说明本课题研究的目的、相关的前人成果和知识空白、理论依据和实践方法、设备基础和预期目标等。切忌自封水平，客套空话，政治口号和商业宣传。

（5）正文 正文是论文的主体，包括论点、论据、引证、论证、实践方法（包括其理论依据）、实践过程及参考文献、实际成果等。写好这部分文章要有材料、有内容，文字简明精炼，通俗易懂，准确地表达必要的理论和实践成果。在写作中表达数据的图、表要经过精心挑选；论文中凡引用他人的文章、数据、论点、材料等，均应按出现顺序依次列出参考文献，并准确无误。

（6）结论 结论是整篇论文的归结，它不应是前文已经分别作的研究、实践成果的简单重复，而应该提到更深层次的理论高度进行概括，文字组织要有说服力，要突出科学性、严密性，使论文有完善的结尾。对于数控车工技师来说，最好是呈现已经用作者的加工方法加工出来的零件。

论文是按一定格式撰写的。一般分为：题目、作者姓名和工作单位、摘要、前言、实践方法（包括其理论依据）、实践过程和参考文献等。论文全文的长短根据内容需要而定，一般在三四千字以内。要明确读者对象，要充分占有资料。初稿完稿后，要进行反复推敲与修改，使文字表达符合我国的语言习惯和行业标准，文字精练，逻辑关系明确。除自审外，最好请有关专家审阅，按所提的意见再修改一次，以消除差错，进一步提高论文质量，达到精益求精的目的。

二、论文的答辩

1. 专家组成

专业技术工种专家组须由5~7相应技术工种的专家、技师、高级技师、工程师、高级工程师组成。

2. 答辩者自序

自序包括两部分内容。

1）答辩者的个人情况，包括工作简历，发明创造，技术革新，时间不要超过5min。

2）论文情况，答辩者介绍一下论文的论点、论据、在本论文中的创新点、本论文存在的问题等。要注意，这不是论文的宣读。时间不要超过10min。

3. 专家提问

专家组提问考核，时间约为15min。主要包括以下几个方面：

1）论文中提出的结构、原理、定义、原则、公式推导、方法等。

2）本工种的专业工艺知识，一般以鉴定标准为依据。

3）在相关知识，不同的工种是不同的，比如数控车工技师的相关知识大体上涉及加工工艺、夹具、刀具、电气、维修、验收、工效学、质量管理、消防、安全生产、环境保护等知识。

4. 结论

对具体论文（工作总结）主要从论文项目的难度、项目的实用性、项目经济效果、项目的科学性进行评估。作出“优秀、良好、中等、及格、不及格”的结论。

参考文献

[1] 刘雄伟．数控机床操作与编程培训教程［M］．北京：机械工业出版社，2001.
[2] 毕毓杰．机床数控技术［M］．北京：机械工业出版社，1996.
[3] 华茂发．数控机床加工工艺［M］．北京：机械工业出版社，2000.
[4] 郭培全，王红岩．数控机床编程与应用［M］．北京：机械工业出版社，2001.
[5]《数控大赛试题·答案·点评》编委会．数控大赛试题·答案·点评［M］．北京：机械工业出版社，2006.
[6] 眭润舟．数控编程与加工技术［M］．北京：机械工业出版社，2001.
[7] 袁锋．全国数控大赛试题精选［M］．北京：机械工业出版社，2005.
[8] 刘书华．数控机床与编程［M］．北京：机械工业出版社，2001.
[9] 唐应谦．数控加工工艺学［M］．北京：中国劳动社会保障出版社，2000.
[10] 劳动和社会保障部/中国就业培训技术指导中心．车工（技师技能 高级技师技能）［M］．北京：中国劳动社会保障出版社，2003.
[11] 王维．数控加工工艺及编程［M］．北京：机械工业出版社，2001.
[12] 唐健．数控加工及程序编制基础［M］．北京：机械工业出版社，2001.
[13] 全国数控培训网络天津分中心．数控编程［M］．北京：机械工业出版社，2002.
[14] 王贵明．数控实用技术［M］．北京：机械工业出版社，2001.
[15] 许祥泰，刘艳芳．数控加工编程实用技术［M］．北京：机械工业出版社，2001.
[16] 顾京．数控机床加工程序编制［M］．北京：机械工业出版社，2001.
[17] 罗振璧，朱耀祥．现代制造系统［M］．北京：机械工业出版社，1995.
[18] 张超英，罗学科．数控加工综合实训［M］．北京：化学工业出版社，2003.
[19] 张超英．数控车床［M］．北京：化学工业出版社，2003.
[20] 陆根奎．车工技师培训教材［M］．北京：机械工业出版社，2001.
[21] 吴国梁．高级车工技术与实例［M］．南京：江苏科学技术出版社，2004.
[22] 第一届全国数控技能大赛组委会，机床杂志社．决赛试题解析与点评

[M]．北京：中国科学技术出版社，2005.

[23] 王平．数控机床与编程实用教程［M］．北京：化学工业出版社，2004.

[24] 黄卫．数控技术与数控编程［M］．北京：机械工业出版社，2004.

[25] 明兴祖．数控加工技术［M］．北京：化学工业出版社，2002.

[26] 林宋，田建军．现代数控机床［M］．北京：化学工业出版社，2003.

[27] 贾慈力．模具数控加工技术［M］．北京：机械工业出版社，2004.

[28] 李超．数控加工实训［M］．沈阳：辽宁科学技术出版社，2005.

[29] 方忻．数控机床编程与操作［M］．北京：国防工业出版社，1999.

[30] 蒋建强．数控加工技术与实训［M］．北京：电子工业出版社，2003.

[31] 顾京．数控加工编程及操作［M］．北京：高等教育出版社，2003.

[32] 陈志雄．数控机床与数控编程技术［M］．北京：电子工业出版社，2003.

[33] 关颖．数控车床［M］．沈阳：辽宁科学技术出版社，2005.

[34] 吴国梁．高级铣工技术与实例［M］．南京：江苏科学技术出版社，2006.

[35] 王猛．机床数控技术应用实习指导［M］．北京：高等教育出版社，1999.

[36] 孙德茂．数控机床车削加工直接编程技术［M］．北京：机械工业出版社，2005.

[37] 沈建峰，朱勤惠．数控加工生产实训［M］．北京：化学工业出版社，2007.

[38] 晏初宏．数控加工工艺与编程［M］．北京：化学工业出版社，2004.

[39] 赵长明，刘万菊．数控加工工艺及设备［M］．北京：高等教育出版社，2003.

[40] 高级技工学校机械类教材编审委员会．高级车工技能训练［M］．北京：中国劳动社会保障出版社，2001.

[41] 盛晓敏，邓朝晖．先进制造技术［M］．北京：机械工业出版社，2002.

[42] 张伯霖．高速切削技术及应用［M］．北京：机械工业出版社，2002.

[43] 王钢．数控机床调试、使用与维护［M］．北京：化学工业出版社，2006.

[44] 范钦武．模具数控加工技术及应用［M］．北京：化学工业出版社，2004.

[45] 徐宏海，等．数控机床刀具及其应用［M］．北京：化学工业出版社，2005.

［46］关颖．数控车床［M］．北京：化学工业出版社，2005.
［47］袁锋．数控车床培训教程［M］．北京：机械工业出版社，2005.
［48］劳动和社会保障部教材办公室，上海市职业培训指导中心．数控机床操作工（高级）［M］．北京：中国劳动社会保障出版社，2004.

读者信息反馈表

为了更好地为您服务，有针对性地为您提供图书信息，方便您选购合适图书，我们希望了解您的需求和对我们教材的意见和建议，愿这小小的表格为我们架起一座沟通的桥梁。

<table>
<tr><td>姓　名</td><td></td><td>所在单位名称</td><td colspan="2"></td></tr>
<tr><td>性　别</td><td></td><td>所从事工作（或专业）</td><td colspan="2"></td></tr>
<tr><td>通信地址</td><td colspan="2"></td><td>邮　编</td><td></td></tr>
<tr><td>办公电话</td><td></td><td>移动电话</td><td colspan="2"></td></tr>
<tr><td>E-mail</td><td colspan="4"></td></tr>
<tr><td colspan="5">1. 您选择图书时主要考虑的因素（在相应项前画✓）
（　）出版社（　）内容（　）价格（　）封面设计（　）其他
2. 您选择我们图书的途径（在相应项前画✓）
（　）书目（　）书店（　）网站（　）朋友推荐（　）其他</td></tr>
<tr><td colspan="5">希望我们与您经常保持联系的方式：
☐ 电子邮件信息　☐ 定期邮寄书目
☐ 通过编辑联络　☐ 定期电话咨询</td></tr>
<tr><td colspan="5">您关注（或需要）哪些类图书和教材：</td></tr>
<tr><td colspan="5">您对我社图书出版有哪些意见和建议（可从内容、质量、设计、需求等方面谈）：</td></tr>
<tr><td colspan="5">您今后是否准备出版相应的教材、图书或专著（请写出出版的专业方向、准备出版的时间、出版社的选择等）：</td></tr>
</table>

非常感谢您能抽出宝贵的时间完成这张调查表的填写并回寄给我们，您的意见和建议一经采纳，我们将有礼品回赠。我们愿以真诚的服务回报您对机械工业出版社技能教育分社的关心和支持。

请联系我们——

地址　北京市西城区百万庄大街 22 号　机械工业出版社技能教育分社

邮编　100037

社长电话　（010）88379080，88379083；68329397（带传真）

E-mail　jnfs@ mail. machineinfo. gov. cn

机械工业出版社网址：http://www. cmpbook. com

教材网网址：http：//www. cmpedu. com

检 2